全国勘察设计注册工程师执业资格考试辅导系列

全国勘察设计注册工程师公共基础考试

历年真题与模拟题详解

（第2版）

主编：圣才学习网

www.100xuexi.com

中国石化出版社

内 容 提 要

本书是全国勘察设计注册工程师执业资格考试科目《公共基础考试》(上午卷)的历年真题与模拟题详解。全书由两部分组成：第一部分为历年真题及详解，包含了2008～2022年的14套真题及详解(其中2008～2013年为电子书，2015年停考)，并对所有真题进行了详细的分析和解答；第二部分为模拟题及详解，根据最新考试大纲及近年考试真题的命题规律精心编写了2套模拟题，且附有详细解析。

圣才学习网(www.100xuexi.com)提供全国勘察设计注册工程师等各种职称资格考试辅导方案【视频课程、电子书、题库等】。购书即可免费享受大礼包增值服务【本书电子书(手机、电脑、平板三端同步)+2008～2013年真题PDF(电脑端下载)+部分真题讲解视频观看权+2019～2022年真题模考软件使用权】。手机扫码(本书封底二维码)免费领取本书大礼包。

图书在版编目(CIP)数据

全国勘察设计注册工程师公共基础考试历年真题与模拟题详解:第2版/圣才学习网主编.—北京:中国石化出版社,2023.3

ISBN 978-7-5114-6999-1

Ⅰ.①全… Ⅱ.①圣… Ⅲ.①建筑工程-地质勘探-资格考试-题解 Ⅳ.①TU19-44

中国国家版本馆CIP数据核字(2023)第042236号

中国石化出版社出版发行

地址:北京市东城区安定门外大街58号

邮编:100011　电话:(010)57512500

发行部电话:(010)57512575

http://www.sinopec-press.com

E-mail:press@sinopec.com

武汉市盛宏源印务有限公司印刷

全国各地新华书店经销

*

787×1092毫米16开本21.75印张535千字

2023年3月第2版　2023年3月第1次印刷

定价:68.00元

序　言

为帮助考生顺利通过全国勘察设计注册工程师执业资格考试，根据最新考试大纲和参考教材编写了全国勘察设计注册工程师执业资格考试辅导用书。

本书是全国勘察设计注册工程师执业资格考试科目《公共基础考试》（上午卷）的历年真题与模拟试题详解。全书由两部分组成：第一部分为历年真题及详解，包含了2008～2022年的14套真题及详解（其中2008～2013年为电子书，2015年停考），并对所有真题进行了详细的分析和解答；第二部分为模拟题及详解，根据最新考试大纲及近年考试真题的命题规律精心编写了2套模拟题，且附有详细解析。

★品质保证：真题解析步骤详细，多年打磨，已成为市场上畅销的圣才精品图书之一。

★适用专业：一级注册结构工程师、注册土木工程师（岩土、港口与航道工程、水利水电工程、道路工程）、注册电气工程师（发输变电、供配电）、注册化工工程师、注册环保工程师。

★超值大礼：购书赠大礼包，扫码即可获得：①本书电子书（手机、电脑、平板三端同步）；②2008～2013年真题PDF（电脑端下载）；③部分真题讲解视频观看权；④2019～2022年真题模考软件使用权，模拟真实考试环境，感受考试氛围。

特别说明：本考试2015年停考一年，因此没有2015年真题。

圣才学习网（www.100xuexi.com）是一家为全国各类考试和专业课学习提供名师网络课程、电子书、题库等全方位教育服务的综合性学习型视频学习网站，拥有近100种考试（含418个考试科目）、194种经典教材（含英语、经济、管理、证券、金融等共16大类），合计近万小时的面授班、网授班课程。

职称资格：www.100xuexi.com（圣才学习网）
考研辅导：kaoyan.100xuexi.com（圣才考研网）

圣才学习网编辑部

目　录

第一部分　历年真题及详解

2022 年全国勘察设计注册工程师《公共基础考试》真题及详解 ………………………（共 32 页）

2021 年全国勘察设计注册工程师《公共基础考试》真题及详解 ………………………（共 32 页）

2020 年全国勘察设计注册工程师《公共基础考试》真题及详解 ………………………（共 35 页）

2019 年全国勘察设计注册工程师《公共基础考试》真题及详解 ………………………（共 36 页）

2018 年全国勘察设计注册工程师《公共基础考试》真题及详解 ………………………（共 36 页）

2017 年全国勘察设计注册工程师《公共基础考试》真题及详解 ………………………（共 35 页）

2016 年全国勘察设计注册工程师《公共基础考试》真题及详解 ………………………（共 32 页）

2014 年全国勘察设计注册工程师《公共基础考试》真题及详解 ………………………（共 36 页）

说明：2015 年该考试停考！2008 ~ 2013 年真题及详解为电子书，获取方式参见本书大礼包。

第二部分　模拟题及详解

全国勘察设计注册工程师《公共基础考试》模拟题及详解（一） ………………………（共 31 页）

全国勘察设计注册工程师《公共基础考试》模拟题及详解（二） ………………………（共 36 页）

2022 年全国勘察设计注册工程师执业资格考试《公共基础考试》真题

单项选择题(共 120 题，每题 1 分，每题的备选项中只有一个最符合题意)

1. 下列极限中，正确的是(　　)。

A. $\lim\limits_{x\to0}2^{\frac{1}{x}}=\infty$　　B. $\lim\limits_{x\to0}2^{\frac{1}{x}}=0$　　C. $\lim\limits_{x\to0}\sin\dfrac{1}{x}=0$　　D. $\lim\limits_{x\to\infty}\dfrac{\sin x}{x}=0$

2. 若当 $x\to\infty$ 时，$\dfrac{x^2+1}{x+1}-ax-b$ 为无穷大量，则常数 a、b 应为(　　)。

A. $a=1$，$b=1$　　B. $a=1$，$b=0$

C. $a=0$，$b=1$　　D. $a\neq1$，b 为任意实数

3. 抛物线 $y=x^2$ 上点 $\left(-\dfrac{1}{2},\ \dfrac{1}{4}\right)$ 处的切线是(　　)。

A. 垂直于 Ox 轴　　B. 平行于 Ox 轴

C. 与 Ox 轴正向夹角为 $\dfrac{3\pi}{4}$　　D. 与 Ox 轴正向夹角为 $\dfrac{\pi}{4}$

4. 设 $y=\ln(1+x^2)$，则二阶导数 y'' 等于(　　)。

A. $\dfrac{1}{(1+x^2)^2}$　　B. $\dfrac{2(1-x^2)}{(1+x^2)^2}$　　C. $\dfrac{x}{1+x^2}$　　D. $\dfrac{1-x}{1+x^2}$

5. 在区间[1，2]上满足拉格朗日定理条件的函数是(　　)。

A. $y=\ln x$　　B. $y=\dfrac{1}{\ln x}$　　C. $y=\ln(\ln x)$　　D. $y=\ln(2-x)$

6. 设函数 $f(x)=\dfrac{x^2-2x-2}{x+1}$，则 $f(0)=-2$ 是 $f(x)$ 的(　　)。

A. 极大值，但不是最大值　　B. 最大值

C. 极小值，但不是最小值　　D. 最小值

7. 设 $f(x)$、$g(x)$ 可微，并且满足 $f'(x)=g'(x)$，则下列各式中正确的是(　　)。

A. $f(x)=g(x)$　　B. $\int f(x)\mathrm{d}x=\int g(x)\mathrm{d}x$

C. $\left(\int f(x)\mathrm{d}x\right)'=\left(\int g(x)\mathrm{d}x\right)'$　　D. $\int f'(x)\mathrm{d}x=\int g'(x)\mathrm{d}x$

8. 定积分 $\int_0^1\dfrac{x^3}{\sqrt{1+x^2}}\mathrm{d}x$ 的值等于(　　)。

A. $\dfrac{1}{3}(\sqrt{2}-2)$　　B. $\dfrac{1}{3}(2-\sqrt{2})$　　C. $\dfrac{2}{3}(1-2\sqrt{2})$　　D. $\dfrac{1}{\sqrt{2}}-1$

9. 设向量的模 $|\boldsymbol{\alpha}|=\sqrt{2}$，$|\boldsymbol{\beta}|=2\sqrt{2}$，且 $|\boldsymbol{\alpha}\times\boldsymbol{\beta}|=2\sqrt{3}$，则 $\boldsymbol{\alpha}\cdot\boldsymbol{\beta}$ 等于(　　)。

A. 8 或 −8　　B. 6 或 −6　　C. 4 或 −4　　D. 2 或 −2

10. 设平面方程为 $Ax+Cz+D=0$，其中 A，C，D 是均不为零的常数，则该平面(　　)。

A. 经过 Ox 轴　　B. 不经过 Ox 轴，但平行于 Ox 轴

C. 经过 Oy 轴　　D. 不经过 Oy 轴，但平行于 Oy 轴

11. 函数 $z=f(x, y)$ 在点 (x_0, y_0) 处连续是它在该点偏导数存在的(　　)。

A. 必要而非充分条件　　B. 充分而非必要条件

C. 充分必要条件　　D. 既非充分又非必要条件

12. 设 D 是圆域：$x^2+y^2\leqslant 1$，则二重积分 $\iint\limits_D x\mathrm{d}x\mathrm{d}y$ 等于(　　)。

A. $2\int_0^{\pi}\mathrm{d}\theta\int_0^1 r^2\sin\theta\mathrm{d}r$　　B. $\int_0^{2\pi}\mathrm{d}\theta\int_0^1 r^2\cos\theta\mathrm{d}r$

C. $4\int_0^{\frac{\pi}{2}}\mathrm{d}\theta\int_0^1 r\cos\theta\mathrm{d}r$　　D. $4\int_0^{\frac{\pi}{4}}\mathrm{d}\theta\int_0^1 r^3\cos\theta\mathrm{d}r$

13. 微分方程 $y'=2x$ 的一条积分曲线与直线 $y=2x-1$ 相切，则微分方程的解是(　　)。

A. $y=x^2+2$　　B. $y=x^2-1$　　C. $y=x^2$　　D. $y=x^2+1$

14. 下列级数中，条件收敛的级数是(　　)。

A. $\sum\limits_{n=2}^{\infty}(-1)^n\frac{1}{\ln n}$　　B. $\sum\limits_{n=1}^{\infty}(-1)^n\frac{1}{n^{3/2}}$

C. $\sum\limits_{n=1}^{\infty}(-1)^n\frac{n}{n+2}$　　D. $\sum\limits_{n=1}^{\infty}\frac{\sin\left(\frac{4n\pi}{3}\right)}{n^3}$

15. 在下列函数中，为微分方程 $y''-2y'+2y=0$ 的特解的是(　　)。

A. $y=e^{-x}\cos x$　　B. $y=e^{-x}\sin x$

C. $y=e^{x}\sin x$　　D. $y=e^{x}\cos(2x)$

16. 设 L 是从点 $A(a, 0)$ 到点 $B(0, a)$ 的有向直线段($a>0$)，则曲线积分 $\int_L x\mathrm{d}y$ 的值等于(　　)。

A. a^2　　B. $-a^2$　　C. $\frac{a^2}{2}$　　D. $-\frac{a^2}{2}$

17. 若幂级数 $\sum\limits_{n=1}^{\infty}a_nx^n$ 的收敛半径为3，则幂级数 $\sum\limits_{n=1}^{\infty}na_n(x-1)^{n+1}$ 的收敛区间是(　　)。

A. $(-3, 3)$　　B. $(-2, 4)$　　C. $(-1, 5)$　　D. $(0, 6)$

18. 设 $z=\frac{1}{x}f(xy)$，其中 $f(u)$ 具有连续的二阶导数，则 $\frac{\partial^2 z}{\partial x\partial y}$ 等于(　　)。

A. $xf'(xy)+yf''(xy)$　　B. $\frac{1}{x}f'(xy)+f''(xy)$

C. $xf''(xy)$　　D. $yf''(xy)$

19. 设 $\boldsymbol{A}$、$\boldsymbol{B}$、$\boldsymbol{C}$ 为同阶可逆矩阵，则矩阵方程 $\boldsymbol{ABXC}=\boldsymbol{D}$ 的解 $\boldsymbol{X}$ 为(　　)。

A. $\boldsymbol{A}^{-1}\boldsymbol{B}^{-1}\boldsymbol{D}\boldsymbol{C}^{-1}$　　B. $\boldsymbol{B}^{-1}\boldsymbol{A}^{-1}\boldsymbol{D}\boldsymbol{C}^{-1}$

C. $\boldsymbol{C}^{-1}\boldsymbol{D}\boldsymbol{A}^{-1}\boldsymbol{B}^{-1}$　　D. $\boldsymbol{C}^{-1}\boldsymbol{D}\boldsymbol{B}^{-1}\boldsymbol{A}^{-1}$

20. 设 $r(\boldsymbol{A})$ 表示矩阵 $\boldsymbol{A}$ 的秩，n 元齐次线性方程组 $\boldsymbol{A}x=0$ 有非零解时，它的每一个基础解系中所含解向量的个数都等于(　　)。

A. $r(\boldsymbol{A})$　　B. $r(\boldsymbol{A})-n$　　C. $n-r(\boldsymbol{A})$　　D. $r(\boldsymbol{A})+n$

21. 若对称矩阵 $\boldsymbol{A}$ 与矩阵 $\boldsymbol{B}=\begin{pmatrix}1 & 0 & 0\\ 0 & 0 & 2\\ 0 & 2 & 0\end{pmatrix}$ 合同，则二次型 $f(x_1, x_2, x_3)=\boldsymbol{x}^T\boldsymbol{A}\boldsymbol{x}$ 的标准型是（　　）。

A. $f=y_1^2+2y_2^2-2y_3^2$　　B. $f=2y_1^2-2y_2^2-y_3^2$

C. $f=y_1^2-y_2^2-2y_3^2$　　D. $f=-y_1^2+y_2^2-2y_3^2$

22. 设 A、B 为两个事件，且 $P(A)=\frac{1}{2}$，$P(B|A)=\frac{1}{10}$，$P(B|\bar{A})=\frac{1}{20}$，则概率 $P(B)$ 等于（　　）。

A. $\frac{1}{40}$　　B. $\frac{3}{40}$　　C. $\frac{7}{40}$　　D. $\frac{9}{40}$

23. 设随机变量 X 与 Y 相互独立，且 $E(X)=E(Y)=0$，$D(X)=D(Y)=1$，则数学期望 $E((X+Y)^2)$ 的值等于（　　）。

A. 4　　B. 3　　C. 2　　D. 1

24. 设 G 是由抛物线 $y=x^2$ 和直线 $y=x$ 所围成的平面区域，而随机变量 (X, Y) 服从 G 上的均匀分布，则 (X, Y) 的联合密度 $f(x, y)$ 是（　　）。

A. $f(x, y)=\begin{cases}6, & (x, y)\in G\\ 0, & \text{其他}\end{cases}$　　B. $f(x, y)=\begin{cases}\frac{1}{6}, & (x, y)\in G\\ 0, & \text{其他}\end{cases}$

C. $f(x, y)=\begin{cases}4, & (x, y)\in G\\ 0, & \text{其他}\end{cases}$　　D. $f(x, y)=\begin{cases}\frac{1}{4}, & (x, y)\in G\\ 0, & \text{其他}\end{cases}$

25. 在热学中经常用 L 作为体积的单位，而（　　）。

A. $1\text{L}=10^{-1}\text{m}^3$　　B. $1\text{L}=10^{-2}\text{m}^3$　　C. $1\text{L}=10^{-3}\text{m}^3$　　D. $1\text{L}=10^{-4}\text{m}^3$

26. 两容器内分别盛有氢气和氦气，若它们的温度和质量分别相等，则（　　）。

A. 两种气体分子的平均平动动能相等　　B. 两种气体分子的平均动能相等

C. 两种气体分子的平均速率相等　　D. 两种气体的内能相等

27. 对于室温下的双原子分子理想气体，在等压膨胀的情况下，系统对外所做的功与从外界吸收的热量之比 W/Q 等于（　　）。

A. 2/3　　B. 1/2　　C. 2/5　　D. 2/7

28. 设高温热源的热力学温度是低温热源的热力学温度的 n 倍，则理想气体在一次卡诺循环中，传给低温热源的热量是从高温热源吸收热量的多少倍？（　　）

A. n　　B. $n-1$　　C. $1/n$　　D. $(n+1)/n$

29. 相同质量的氢气和氧气分别装在两个容积相同的封闭容器内，环境温度相同，则氢气与氧气的压强之比为（　　）。

A. 1/16　　B. 16/1　　C. 1/8　　D. 8/1

30. 一平面简谐波的表达式为 $y=-0.05\sin\pi(t-2x)$ (SI)，则该波的频率 v(Hz)，波速 u(m/s) 及波线上各点振动的振幅 A(m) 依次为（　　）。

A. 1/2，1/2，-0.05　　B. 1/2，1，-0.05

C. 1/2，1/2，0.05　　D. 2，2，0.05

31. 横波以波速 u 沿 x 轴负方向传播，t 时刻波形曲线如图所示，则该时刻(　　)。

A. A 点振动速度大于零

B. B 点静止不动

C. C 点向下运动

D. D 点振动速度小于零

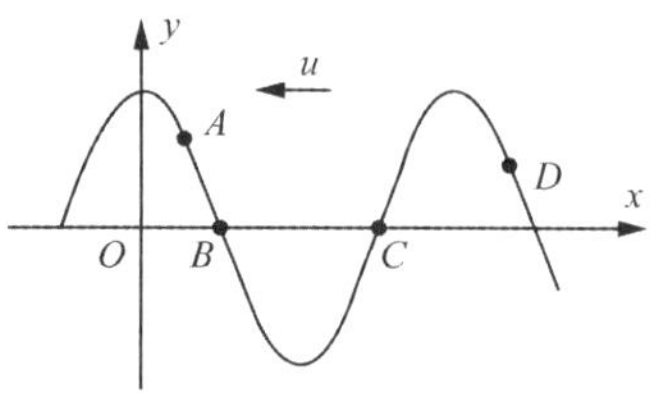

题 31 图

32. 常温下空气中的声速约为(　　)。

A. 340m/s　　B. 680m/s　　C. 1020m/s　　D. 1360m/s

33. 简谐波在传播过程中，一质元通过平衡位置时，若动能为 ΔE_k，其总机械能等于(　　)。

A. ΔE_k　　B. $2\Delta E_k$　　C. $3\Delta E_k$　　D. $4\Delta E_k$

34. 两块平板玻璃构成的空气劈尖，左边为棱边，用单色平行光垂直入射。若上面的平板玻璃慢慢地向上平移，则干涉条纹(　　)。

A. 向棱边方向平移，条纹间隔变小　　B. 向远离棱边方向平移，条纹间隔变大

C. 向棱边方向平移，条纹间隔不变　　D. 向远离棱边方向平移，条纹间隔变小

35. 在单缝衍射中，对于第二级暗条纹，每个半波带的面积为 S_2，对于第三级暗条纹，每个半波带的面积 S_3 等于(　　)。

A. $\dfrac{2}{3}S_2$　　B. $\dfrac{3}{2}S_2$　　C. S_2　　D. $\dfrac{1}{2}S_2$

36. 使一光强为 I_0 的平面偏振光先后通过两个偏振片 P_1 和 P_2。P_1 和 P_2 的偏振化方向与原入射光光矢量振动方向的夹角分别是 α 和 90°，则通过这两个偏振片后的光强 I 是(　　)。

A. $\dfrac{1}{2}I_0\cos^2\alpha$　　B. 0　　C. $\dfrac{1}{4}I_0\sin^2(2\alpha)$　　D. $\dfrac{1}{4}I_0\sin^2\alpha$

37. 多电子原子在无外场作用下，描述原子轨道能量高低的量子数是(　　)。

A. n　　B. n，l　　C. n，l，m　　D. n，l，m，m_s

38. 下列化学键中，主要以原子轨道重叠成键的是(　　)。

A. 共价键　　B. 离子键　　C. 金属键　　D. 氢键

39. 向 $NH_3 \cdot H_2O$ 溶液中加入下列少许固体，使 $NH_3 \cdot H_2O$ 解离度减小的是(　　)。

A. $NaNO_3$　　B. NaCl　　C. NaOH　　D. Na_2SO_4

40. 化学反应：$Zn(s)+O_2(g)\rightarrow ZnO(s)$，其熵变 $\Delta_r S_m^\Theta$ 为(　　)。

A. 大于零　　B. 小于零　　C. 等于零　　D. 无法确定

41. 反应 $A(g)+B(g)\rightleftharpoons 2C(g)$ 达平衡后，如果升高总压，则平衡移动的方向是(　　)。

A. 向右　　B. 向左　　C. 不移动　　D. 无法判断

42. 已知 $K^\Theta(HOAc)=1.8\times10^{-5}$，$K^\Theta(HCN)=6.2\times10^{-10}$，下列电对中，标准电极电势最小的是(　　)。

A. $E^\Theta(H^+/H_2)$　　B. $E^\Theta(H_2O/H_2)$

C. $E^\Theta(HOAc/H_2)$　　D. $E^\Theta(HCN/H_2)$

43. $KMnO_4$ 中 Mn 的氧化数是(　　)。

A. +4　　B. +5　　C. +6　　D. +7

44. 下列有机物中只有 2 种一氯代物的是(　　)。

A. 丙烷　　B. 异戊烷

C. 新戊烷　　D. 2，3－二甲基戊烷

45. 下列各反应中属于加成反应的是(　　)。

A. $CH_2 = CH_2 + 3O_2 \xrightarrow{加热} 2CO_2 + 2H_2O$

B. $C_6H_6 + Br_2 \rightarrow C_6H_5Br + HBr$

C. $CH_2 = CH_2 + Br_2 \rightarrow BrCH_2—CH_2Br$

D. $CH_3—CH_3 + 2Cl_2 \xrightarrow{催化剂} ClCH_2—CH_2Cl + 2HCl$

46. 某卤代烷 $C_5H_{11}Cl$ 发生消除反应时，可以得到两种烯烃，该卤代烷的结构式可能为(　　)。

A. $CH_3—\underset{\displaystyle CH_2Cl}{\overset{H}{C}}—\overset{H_2}{C}—CH_3$　　B. $CH_3—\overset{H_2}{C}—\overset{H_2}{C}—\underset{\displaystyle Cl}{\overset{H}{C}}—CH_3$

C. $CH_3—\overset{H_2}{C}—\underset{\displaystyle Cl}{\overset{H}{C}}—\overset{H_2}{C}—CH_3$　　D. $CH_3CH_2CH_2CH_2CH_2—Cl$

47. 图示构架，G、B、C、D 处为光滑铰链，杆及滑轮自重不计。已知悬挂物体重 F_P，且 $AB = AC$。则 B 处约束力的作用线与 x 轴正向所成的夹角为(　　)。

A. 0°　　B. 90°　　C. 60°　　D. 150°

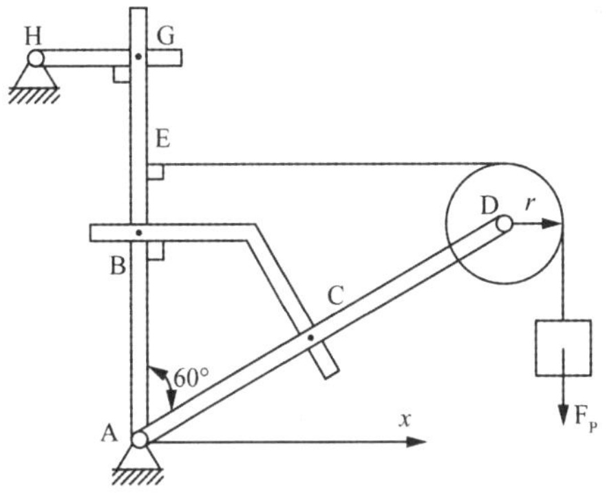

题 47 图

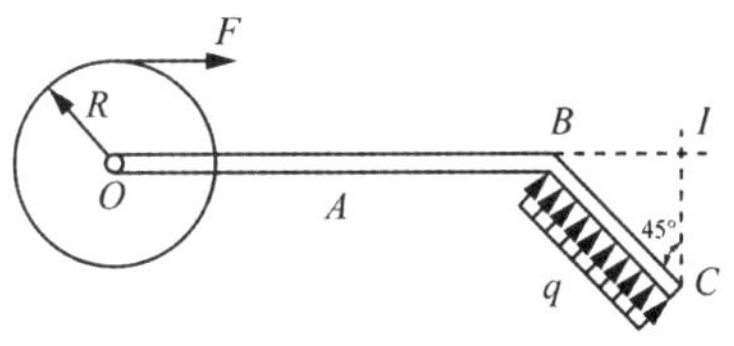

题 48 图

48. 图示平面力系中，已知 $F = 100N$，$q = 5N/m$，$R = 5cm$，$OA = AB = 10cm$，$BC = 5cm$ ($BI \perp IC$ 且 $BI = IC$)。则该力系对 I 点的合力矩为(　　)。

A. $M_I = 1000N \cdot cm$(顺时针)　　B. $M_I = 1000N \cdot cm$(逆时针)

C. $M_I = 500N \cdot cm$(逆时针)　　D. $M_I = 500N \cdot cm$(顺时针)

49. 三铰拱上作用有大小相等、转向相反的二力偶，其力偶矩大小为 M，如图所示。略去自重，则支座 A 的约束力大小为(　　)。

A. $F_{Ax} = 0$；$F_{Ay} = \dfrac{M}{2a}$　　B. $F_{Ax} = \dfrac{M}{2a}$；$F_{Ay} = 0$

C. $F_{Ax}=\dfrac{M}{a}$；$F_{Ay}=0$　　　　D. $F_{Ax}=\dfrac{M}{2a}$；$F_{Ay}=M$

50. 重 $W=60\text{kN}$ 的物块自由地放在倾角为 $\alpha=30°$ 的斜面上，如图示。已知摩擦角 $\varphi_m<\alpha$，则物块受到摩擦力的大小是(　　)。

A. $60\tan\varphi_m\cos\alpha$　　B. $60\sin\alpha$　　C. $60\cos\alpha$　　D. $60\tan\varphi_m\sin\alpha$

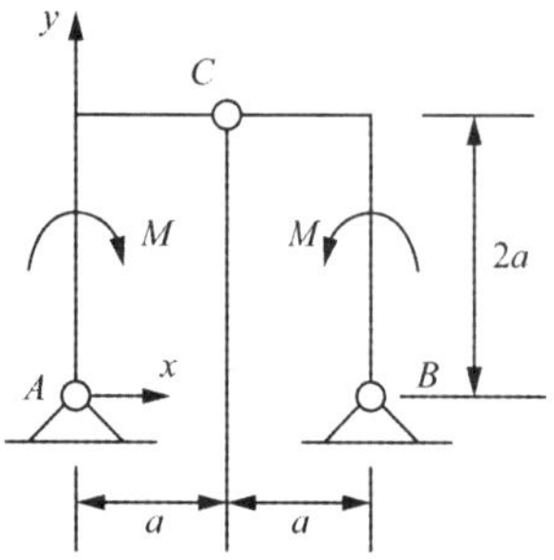

题 49 图

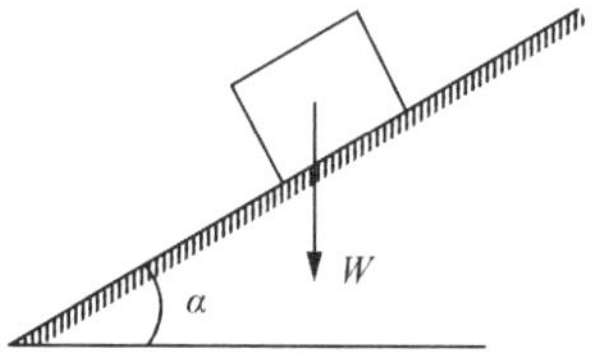

题 50 图

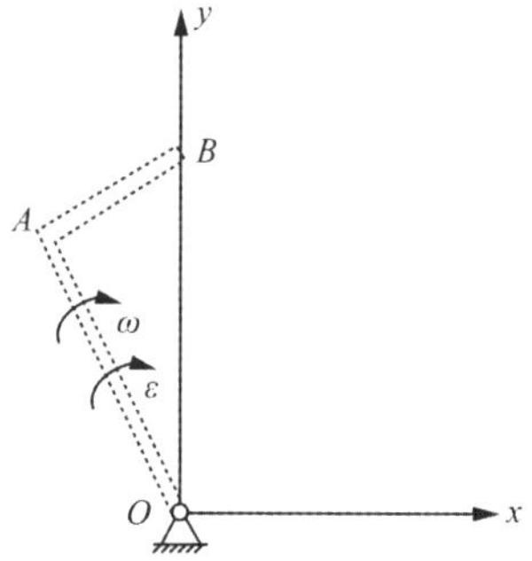

题 53 图

51. 点沿直线运动，其速度 $v=t^2-20$，则 $t=2s$ 时，点的速度和加速度为(　　)。

A. -16m/s，4m/s^2　　B. -20m/s，4m/s^2

C. 4m/s，-4m/s^2　　D. -16m/s，2m/s^2

52. 点沿圆周轨迹以 80m/s 的常速度运动，法向加速度是 120m/s^2，则此圆周轨迹的半径为(　　)。

A. 0.67m　　B. 53.3m　　C. 1.50m　　D. 0.02m

53. 直角刚杆 OAB 可绕固定轴 O 在图示平面内转动，已知 $OA=40\text{cm}$，$AB=30\text{cm}$，$\omega=2\text{rad/s}$，$\varepsilon=1\text{rad/s}^2$。则图示瞬时，$B$ 点的加速度在 x 方向的投影及在 y 方向的投影分别为(　　)。

A. -50cm/s^2；200cm/s^2　　B. 50cm/s^2；200cm/s^2

C. 40cm/s^2；-200cm/s^2　　D. 50cm/s^2；-200cm/s

54. 在均匀的静液体中，质量为 m 的物体 M 从液面处无初速度下沉，假设液体阻力 $F_R=-\mu v$，其中 μ 为阻尼系数，v 为物体的速度，该物体所能达到的最大速度为(　　)。

A. $v_{极限}=\text{mg}\mu$　　B. $v_{极限}=\text{mg}/\mu$　　C. $v_{极限}=\text{g}/\mu$　　D. $v_{极限}=\text{g}\mu$

55. 弹簧原长 $l_0=10\text{cm}$，弹簧常量 $k=4.9\text{kN/m}$，一端固定在 O 点，此点在半径为 $R=10\text{cm}$ 的圆周上，已知 $AC\perp BC$，OA 为直径，如图所示。当弹簧的另一端由 B 点沿圆圆弧运动至 A 点时，弹性力所做的功是(　　)。

A. 24.5N·m　　B. −24.5N·m　　C. −20.3N·m　　D. 20.3N·m

56. 如图所示，圆环的半径为 R，对转轴的转动惯量为 I，在圆球中的 A 放一质量为 m 的小球，此时圆环以角速度 ω 绕铅直轴 AC 自由转动，设由于微小的干扰，小球离开 A 点，忽略一切摩擦，则当小球达到 C 点时，圆环的角速度是(　　)。

A. $\dfrac{mR^2\omega}{I+mR^2}$　　B. $\dfrac{I\omega}{I+mR^2}$　　C. ω　　D. $\dfrac{2I\omega}{I+mR^2}$

57. 均质细杆 OA，质量为 m，长 l。在如图位置静止释放，当运动到铅垂位置时，角速度为

$\omega=\sqrt{\dfrac{3g}{l}}$，角加速度 $\alpha=0$，轴承施加于杆 OA 的附加动反力为(　　)。

A. 3mg/2(↑)　　B. 6mg(↓)　　C. 6mg(↑)　　D. 3mg/2(↓)

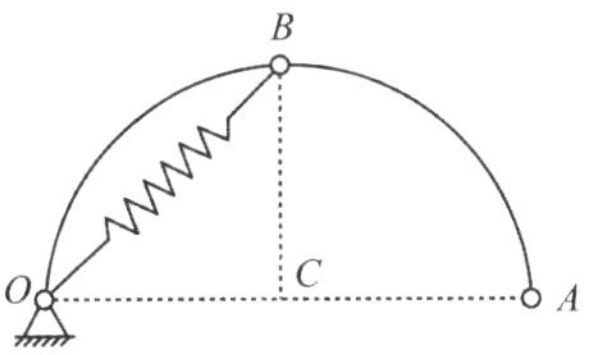

题 55 图

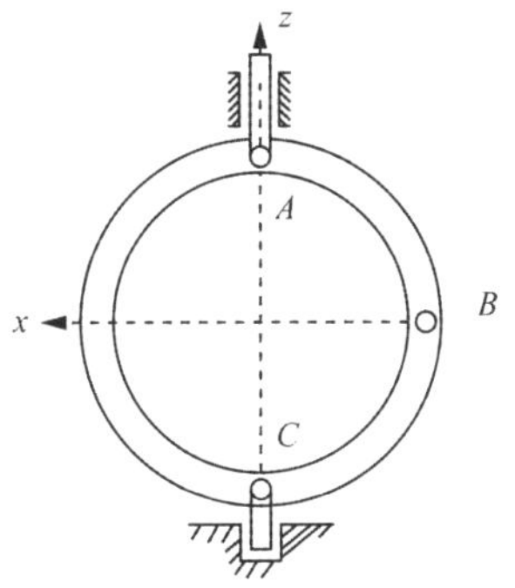

题 56 图

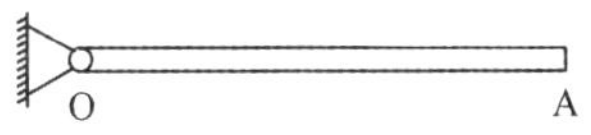

题 57 图

58. 将一刚度系数为 k，长为 L 的弹簧截成等长(均为 $L/2$)的两段，则截断后每根弹簧的刚度系数均为(　　)。

A. k　　B. $2k$　　C. $k/2$　　D. $1/(2k)$

59. 关于铸铁试件在拉伸和压缩实验中的破坏现象，下面说法中正确的是(　　)。

A. 拉伸和压缩断口均垂直于轴线

B. 拉伸断口垂直于轴线，压缩断口与轴线大约成45°角

C. 拉伸和压缩断口均与轴线大约成45°角

D. 拉伸断口与轴线大约45°角，压缩断口垂直于轴线

60. 图示等截面直杆，在杆的 B 截面作用有轴向力 F，已知杆的拉伸刚度为 EA，则直杆轴端 C 的轴向位移为(　　)。

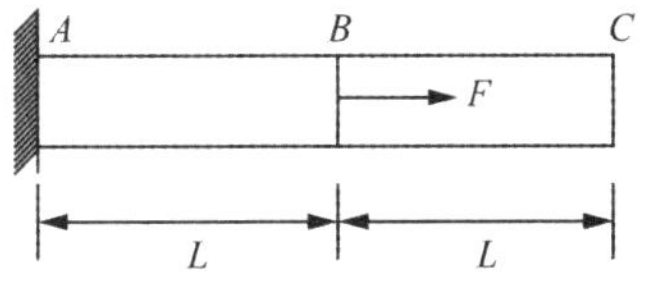

题 60 图

A. 0　　B. $\dfrac{2FL}{EA}$　　C. $\dfrac{FL}{EA}$　　D. $\dfrac{FL}{2EA}$

61. 如图所示，钢板用销轴连接在铰支座上，下端受轴向拉力 F，已知钢板和销轴的许用挤压应力均为 $[\sigma_{bs}]$，则销轴的合理直径 d 是(　　)。

A. $d\geqslant\dfrac{F}{t[\sigma_{bs}]}$

B. $d\geqslant\dfrac{F}{2t[\sigma_{bs}]}$

C. $d\geqslant\dfrac{F}{b[\sigma_{bs}]}$

D. $d\geqslant\dfrac{F}{2b[\sigma_{bs}]}$

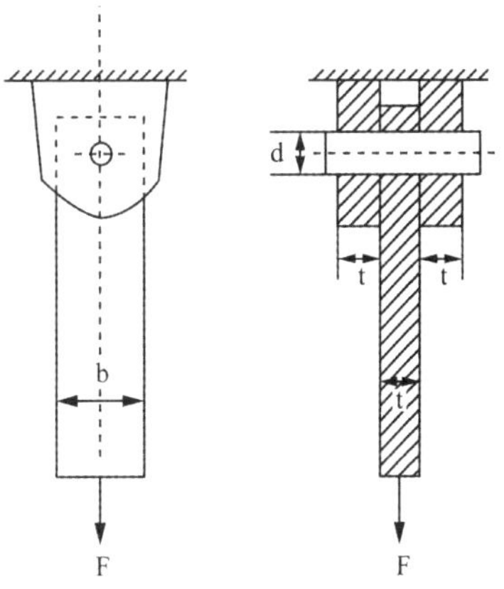

题 61 图

62. 等截面圆轴上装有 4 个皮带轮，每个轮传递力偶矩如图，为提高承载能力，方案最合理的是(　　)。

A. 1 与 3 对调

B. 2 与 3 对调

C. 2 与 4 对调

D. 3 与 4 对调

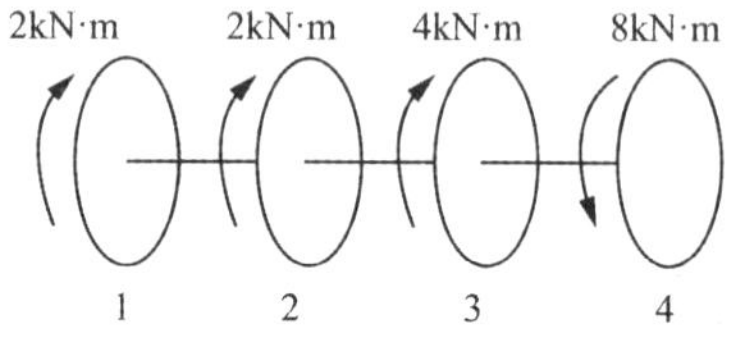

题 62 图

63. 受扭圆轴横截面上扭矩为 T，在下面圆轴横截面切应力分布中正确的是(　　)。

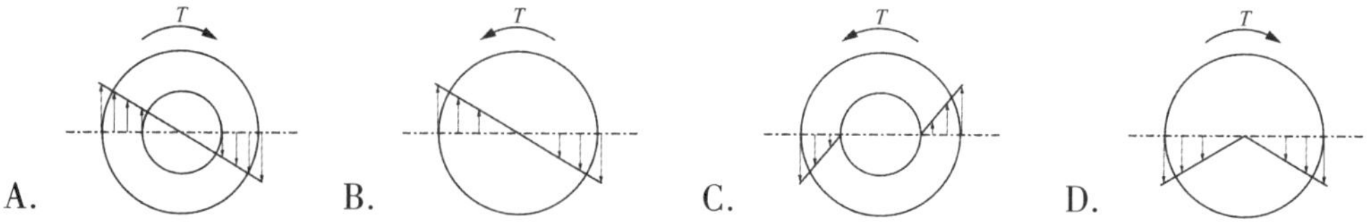

64. 槽型截面，z 轴通过截面形心 C，z 轴将截面划分为 2 部分，分别用 1 和 2 表示，静矩分别为 S_{z1} 和 S_{z2}，正确的是(　　)。

A. $S_{z1}>S_{z2}$　　B. $S_{z1}=-S_{z2}$　　C. $S_{z1}<S_{z2}$　　D. $S_{z1}=S_{z2}$

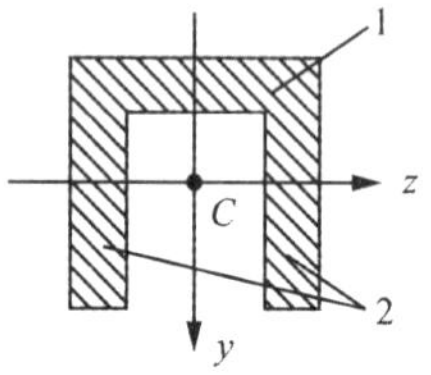

题 64 图

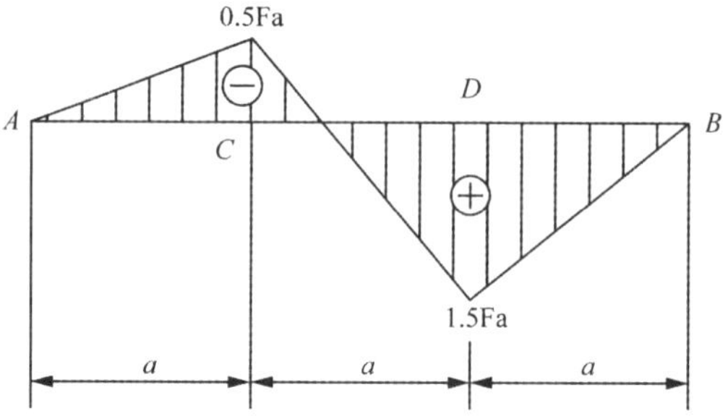

题 65 图

65. 梁的弯矩图如图所示，则梁的最大剪力是(　　)。

A. 0.5F　　B. F　　C. 1.5F　　D. 2F

66. 悬臂梁 AB 由两根相同材料和尺寸的矩形截面杆胶合而成，则胶合面的切应力为(　　)。

A. $\dfrac{F}{2ab}$　　B. $\dfrac{F}{3ab}$　　C. $\dfrac{3F}{4ab}$　　D. $\dfrac{3F}{2ab}$

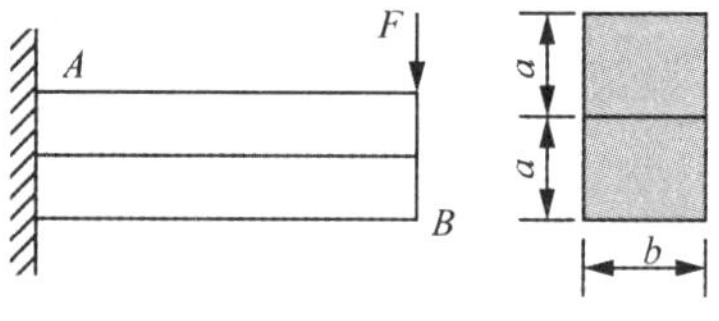

题 66 图

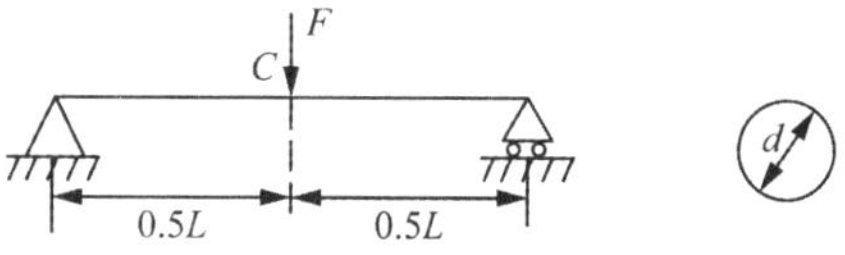

题 67 图

67. 圆截面简支梁直径为 d，梁中点承受集中力 F，则梁的最大弯曲正应力是(　　)。

A. $\sigma_{\max}=\dfrac{8FL}{\pi d^3}$　　B. $\sigma_{\max}=\dfrac{16FL}{\pi d^3}$　　C. $\sigma_{\max}=\dfrac{32FL}{\pi d^3}$　　D. $\sigma_{\max}=\dfrac{64FL}{\pi d^3}$

68. 材料相同的两矩形截面梁如图，其中(b)梁是用两根高 0.5h、宽 b 的矩形截面梁叠合而成，且叠合面间无摩擦，则结论正确的是(　　)。

A. 两梁的强度和刚度均不相同　　B. 两梁的强度和刚度均相同

C. 两梁的强度相同，刚度不同　　D. 两梁的强度不同，刚度相同

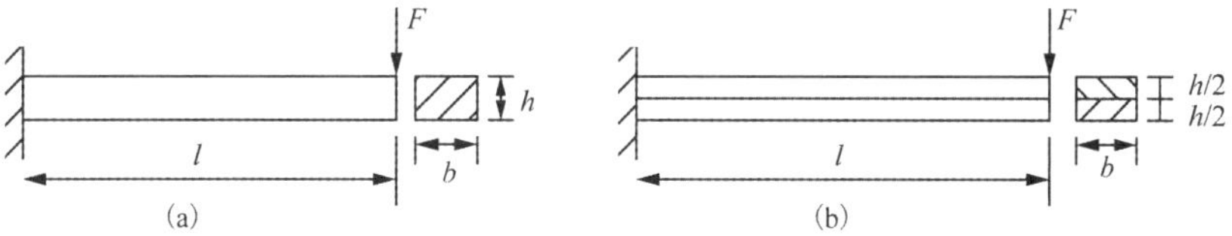

题 68 图

69. 下图单元体处于平面应力状态，则图示应力平面内应力圆半径最小的是(　　)。

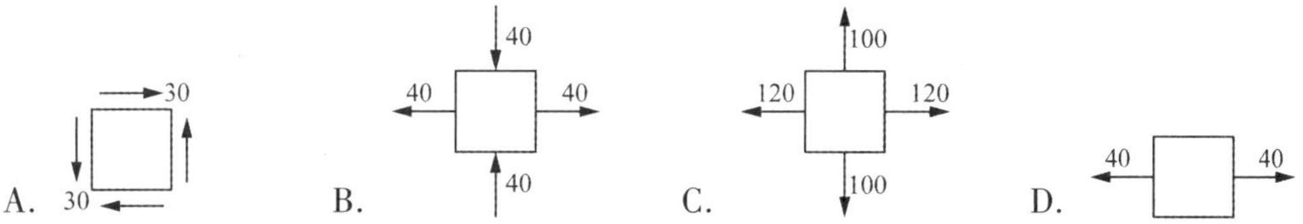

70. 一端固定一端自由的细长压杆如图(a)，为提高其稳定性在自由端增加一个活动铰链如图(b)，则图(b)压杆临界力是图(a)压杆临界力的(　　)。

A. 2 倍　　B. $\dfrac{2}{0.7}$倍　　C. $\left(\dfrac{2}{0.7}\right)^2$倍　　D. $\left(\dfrac{0.7}{2}\right)^2$倍

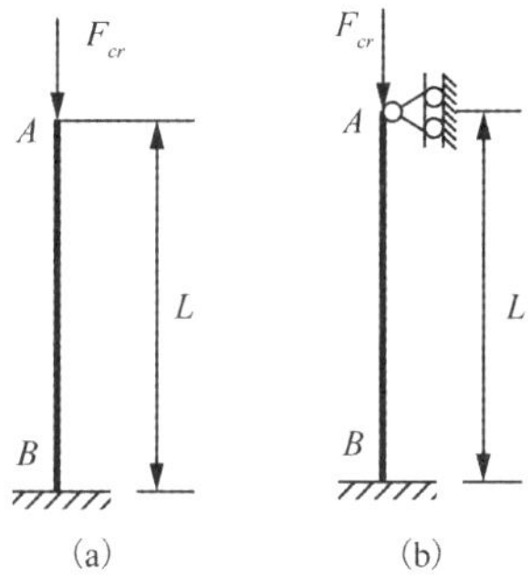

题 70 图

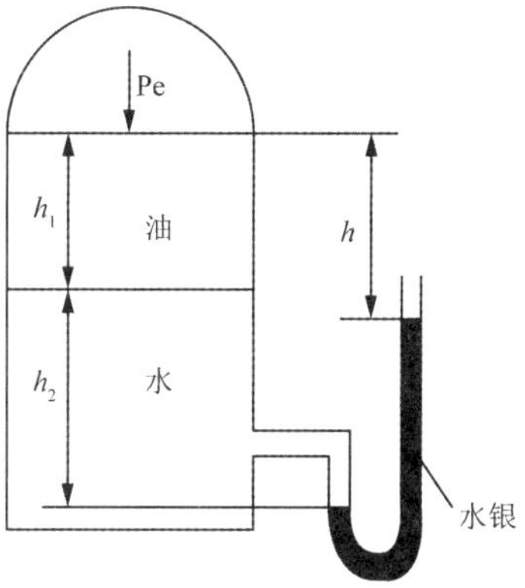

题 71 图

71. 如图所示，一封闭容器内盛有油和水，油层厚 $h_1=40$cm，油的密度 $\rho_0=850\text{kg/m}^3$，盛有水银的 U 形测压管的左侧液面距水面的深度 $h_2=60$cm，水银柱右侧高度低于油面 $h=50$cm，水银密度 $\rho_{Hg}=13600\text{kg/m}^3$，试求油面上的计示压强 P_e 为(　　)。

A. 13600Pa　　B. 63308Pa　　C. 66640Pa　　D. 57428Pa

72. 动量方程中，$\sum F$ 表示作用在控制体内流体上的力是(　　)。

A. 总质量力　　B. 总表面力　　C. 合外力　　D. 总压力

73. 在圆管中，黏性流体的流动是层流还是紊流状态，判定依据是(　　)。

A. 流体黏性大小　　B. 流速大小　　C. 流量大小　　D. 流动雷诺数的大小

74. 给水管某处的水压是 294.3kPa，从该处引出一根水平输水管，直径 $d=250$mm，当量粗糙高度 $K=0.4$mm，水的运动黏性系数为 $0.0131\text{cm}^2/\text{s}$。要保证流量为 50L/s，则输水管输水距离为(　　)。

A. 6150m　　B. 6250m　　C. 6350m　　D. 6450m

75. 如图由大体积水箱供水，且水位恒定，水箱顶部压力表读数 19600Pa，水深 $H=2$m，水平管道长 $l=50$m，直径 $d=100$mm，沿程损失系数 0.02，忽略局部损失，则管道通过流量是(　　)。

A. 83.8L/s　　B. 20.95L/s　　C. 10.48L/s　　D. 41.9L/s

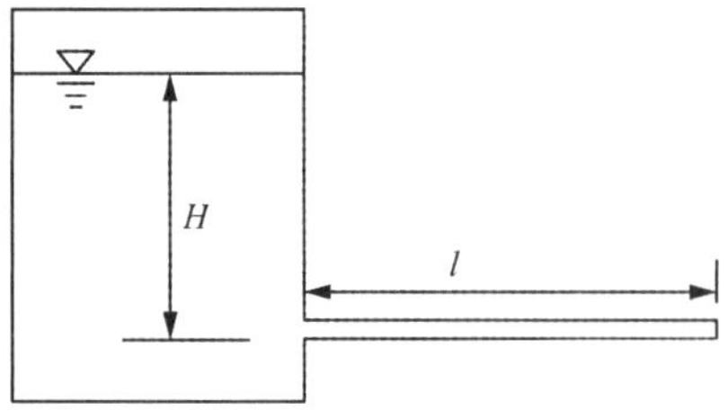

题 75 图

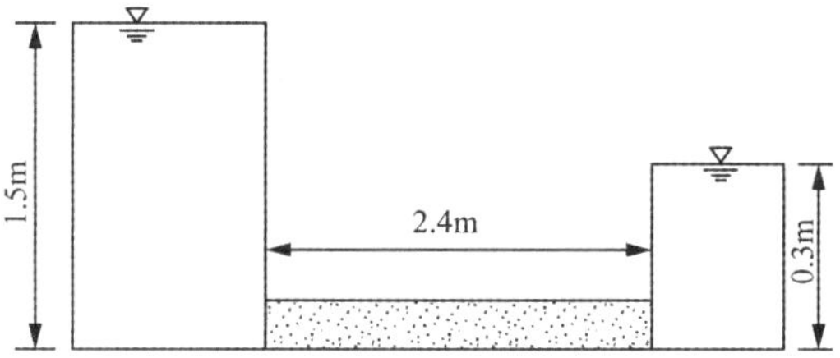

题 77 图

76. 两条明渠过水断面面积相等，断面形状分别为：(1)方形，边长为 a；(2)矩形，底边宽为 0.5a，水深为 2a。它们的底坡与粗糙系数相同，则两者的均匀流流量关系式为(　　)。

A. $Q_1 > Q_2$　　B. $Q_1 = Q_2$　　C. $Q_1 < Q_2$　　D. 不能确定

77. 均匀砂质土壤装在容器中，设渗透系数为 0.01cm/s，则渗流流速为(　　)。

A. 0.003cm/s　　B. 0.004cm/s　　C. 0.005cm/s　　D. 0.01cm/s

78. 弗劳德数的物理意义是(　　)。

A. 压力与黏性力之比　　B. 惯性力与黏性力之比

C. 惯性力与重力之比　　D. 重力与黏性力之比

79. 图示变压器，在左侧线圈中通以交流电流，并在铁芯中产生磁通 Φ，此时右侧线圈端口上的电压 u_2 为(　　)。

A. 0　　B. $N_2\frac{d\Phi}{dt}$　　C. $N_1\frac{d\Phi}{dt}$　　D. $(N_1+N_2)\frac{d\Phi}{dt}$

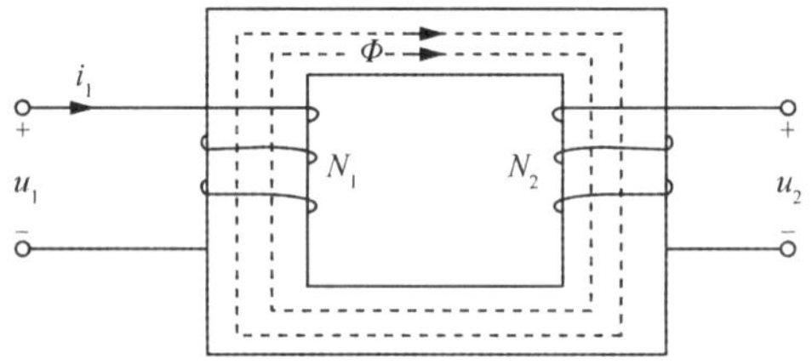

题 79 图

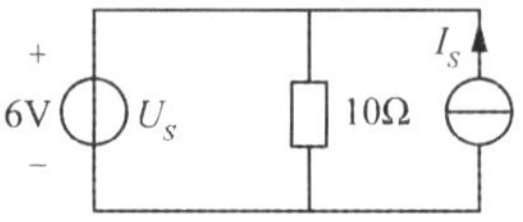

题 80 图

80. 下图电流源 $I_S=0.2A$，则电流源发出的功率为(　　)。

A. 0.4W　　B. 4W　　C. 1.2W　　D. −1.2W

81. 下图中电路的等效电路为(　　)。

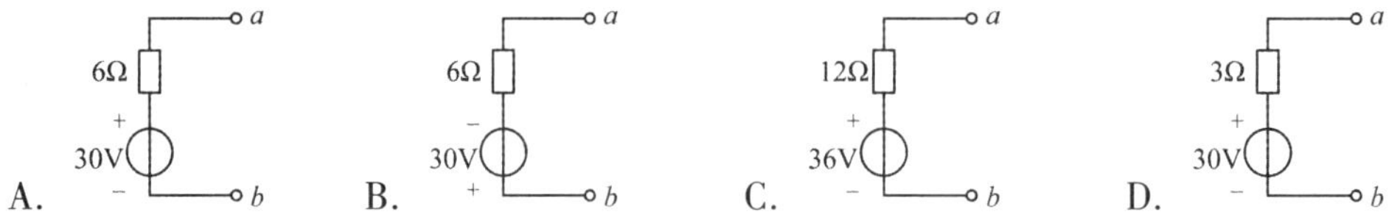

82. 在图示 RLC 串联电路中，$u=100\sin(314t+10°)V$，$R=100\Omega$，$L=1H$，$C=10\mu F$，则电路总阻抗模为(　　)。

A. 111Ω　　B. 96Ω　　C. 732Ω　　D. 100.1Ω

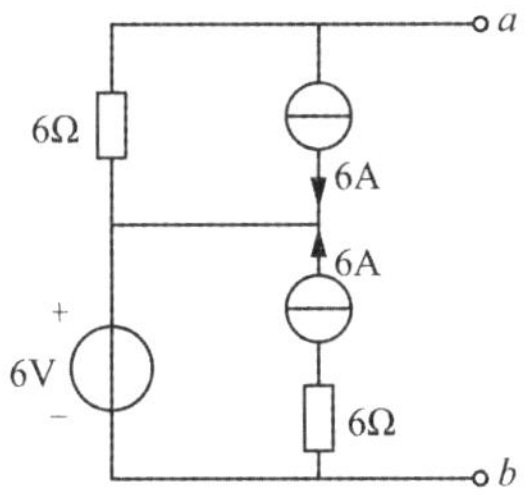

题 81 图

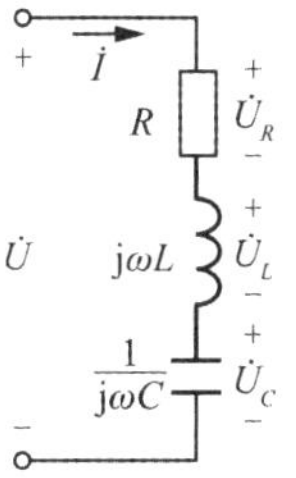

题 82 图

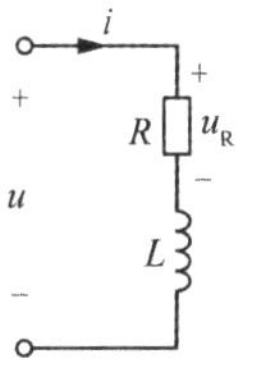

题 84 图

83. 某正弦交流电路中，三条支路的电流分别为 $\dot{I}_1 = 100\angle -30°\text{mA}$，$i_2(t) = 100\sin(\omega t - 30°)\text{mA}$，$i_3(t) = -100\sin(\omega t + 30°)\text{mA}$，则（　　）。

A. i_1与i_2完全相同

B. i_3与i_1反相

C. $\dot{I}_2 = \frac{100}{\sqrt{2}}\angle \omega t - 30°\text{mA}$，$\dot{I}_3 = 100\angle 180°\text{mA}$

D. $i_1(t) = 100\sqrt{2}\sin(\omega t - 30°)\text{mA}$，$\dot{I}_2 = \frac{100}{\sqrt{2}}\angle -30°\text{mA}$，$\dot{I}_3 = \frac{100}{\sqrt{2}}\angle -150°\text{mA}$

84. 图示电路中，$u = 220\sqrt{2}\sin(314t + 30°)\text{V}$，$u_R = 180\sqrt{2}\sin(314t - 20°)\text{V}$，则该电路的功率因数 λ 为（　　）。

A. cos10°　　B. cos30°　　C. cos50°　　D. cos(−20°)

85. 三相两极异步电机下列调速方式，哪种方式可能使转速高于额定转速？（　　）

A. 调转差率　　B. 调压调速　　C. 改变磁极对数　　D. 调频调速

86. 设计电路，要求 KM_1控制电机 1 启动，KM_2控制电机 2 启动，电机 2 必须在电机 1 启动后才能启动，且需能独立断开电机 2。下列电路图正确的是（　　）。

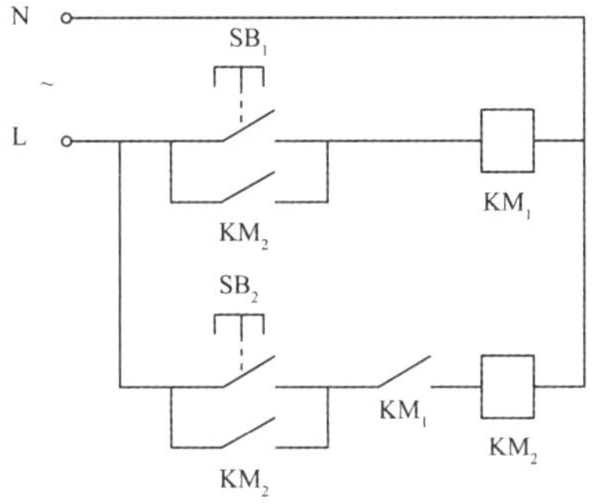

A.

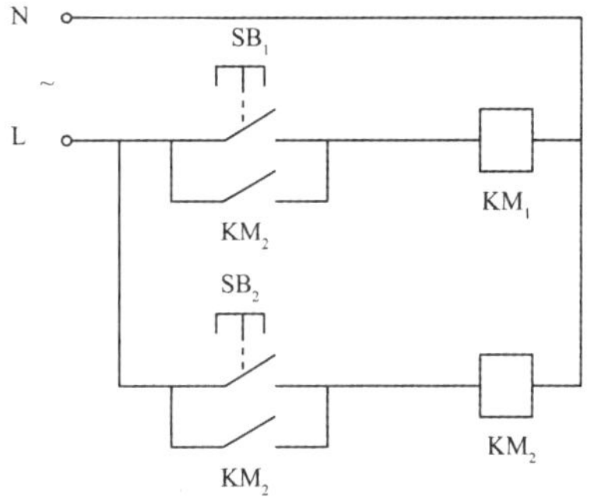

B.

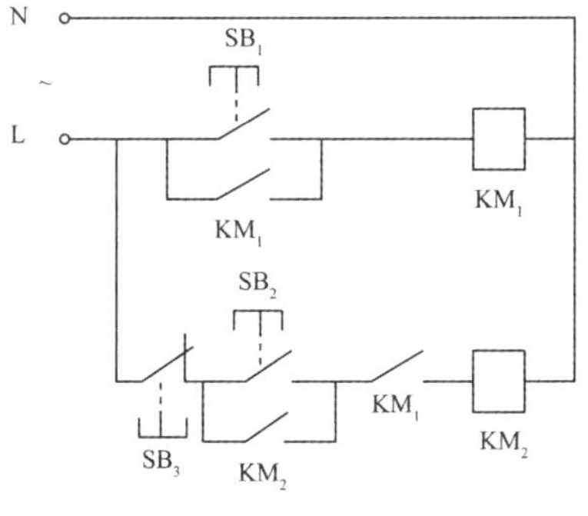

C.

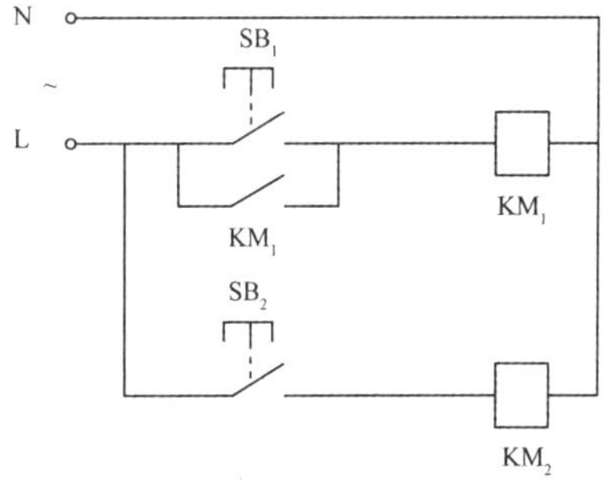

D.

87. 关于模拟信号，下列描述错误的是(　　)。

A. 模拟信号是真实信号的电信号表示　　B. 模拟信号是一种人工生成的代码信号

C. 模拟信号蕴含对象的原始信号　　D. 模拟信号通常是连续的时间信号

88. 模拟信号可用时，频域描述为(　　)。

A. 时域形式在实数域描述，频域形式在复数域描述

B. 时域形式在复数域描述，频域形式在实数域描述

C. 时域形式在实数域描述，频域形式在实数域描述

D. 时域形式在复数域描述，频域形式在复数域描述

89. 信号处理器幅频特性如图所示，其为(　　)。

A. 带通滤波器　　B. 信号放大器

C. 高通滤波器　　D. 低通滤波器

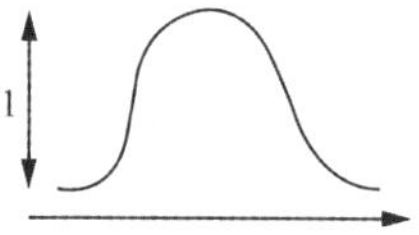

题 89 图

90. 逻辑表达式 $AB+\bar{A}C+BCDE$ 化简结果为(　　)。

A. $A+DE$　　B. $AB+BCDE$　　C. $AB+\bar{A}C+BC$　　D. $AB+\bar{A}C$

91. 已知数字信号 A 和数字信号 B 的波形如图所示，则数字信号 $F=\bar{A}B+A\bar{B}$ 的波形为(　　)。

A. 图(A)

B. 图(B)

C. 图(C)

D. 图(D)

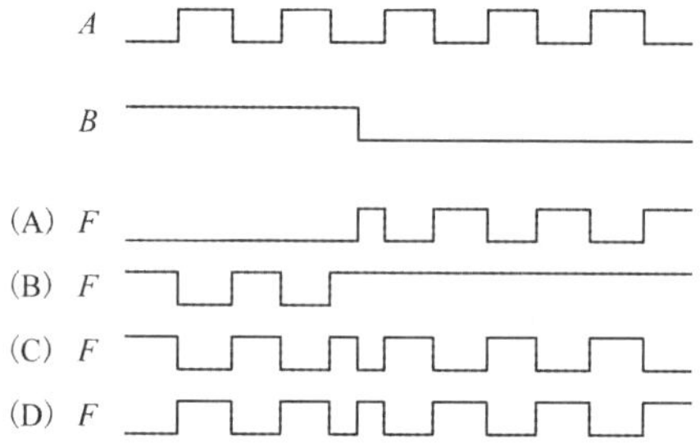

题 91 图

92. 逻辑函数 $F=f(A, B, C)$ 的真值表如下所示，由此可知(　　)。

题 92 表

A	B	C	F
0	0	0	0
0	0	1	0
0	1	0	0
0	1	1	0
1	0	0	1
1	0	1	0
1	1	0	0
1	1	1	1

A. $F=A\bar{B}C+AB\bar{C}$　　B. $F=\bar{A}\bar{B}C+\bar{A}B\bar{C}$

C. $F=\bar{A}\bar{B}\bar{C}+\bar{A}BC$　　D. $F=A\bar{B}\bar{C}+ABC$

93. 二极管应用电路如图所示，设二极管为理想器件，输出正半周时对应导通的二极管为(　　)。

A. D_1 和 D_3　　B. D_2 和 D_4

C. D_1 和 D_4　　D. D_2 和 D_3

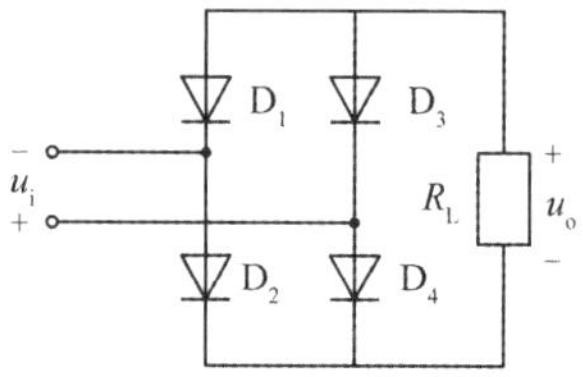

题 93 图

94. 图示电路中，运算放大器输出电压的极限值为 $\pm U_{oM}$，当输入电压 $u_{i1}=1\text{V}$，$u_{i2}=2\sin\omega t$ 时，输出电压波形为(　　)。

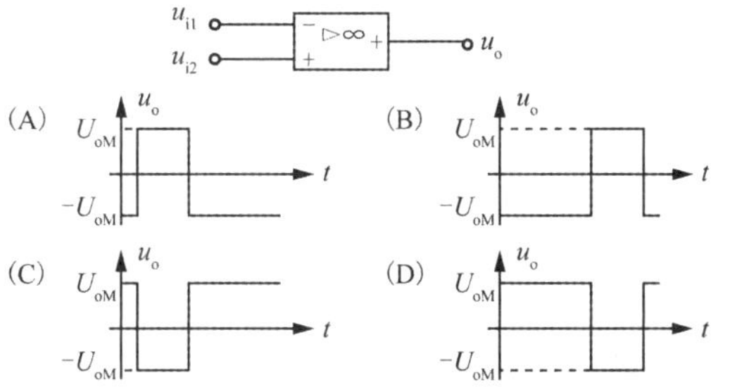

题 94 图

A. 图(A)　　B. 图(B)　　C. 图(C)　　D. 图(D)

95. 图示逻辑门，F_1、F_2的输出分别为(　　)。

A. 0　0　　B. 1　$\overline{B}$　　C. A　B　　D. 1　0

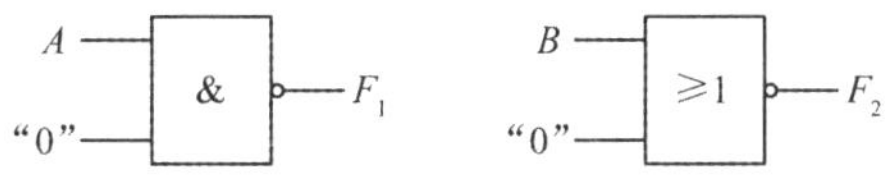

题 95 图

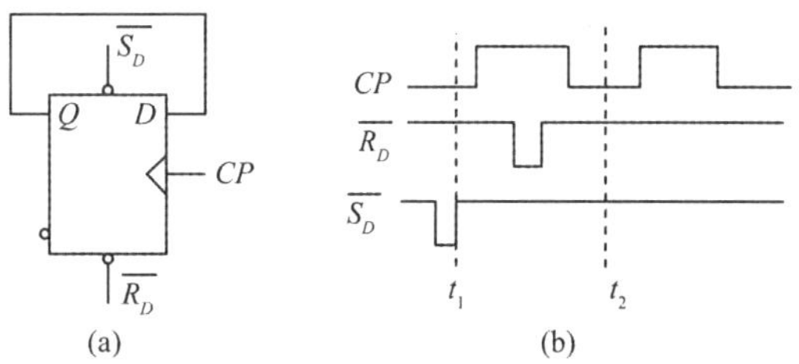

题 96 图

96. 图(a)所示，复位信号$\overline{R_D}$，置位信号$\overline{S_D}$及时钟脉冲信号 CP 如图(b)所示，经分析 t_1、t_2 时刻输出 Q 先后等于(　　)。

A. 0　0　　B. 0　1　　C. 1　0　　D. 1　1

97. 计算机的新体系结构思想，是在一个芯片上集成(　　)。

A. 多个控制器　　B. 多个微处理器

C. 高速缓冲存储器　　D. 多个存储器

98. 存储器的主要功能为(　　)。

A. 存放程序和数据　　B. 给计算机供电

C. 存放电压、电流等模拟信号　　D. 存放指令和电压

99. 计算机系统中，为人机交互提供硬件环境的是(　　)。

A. 键盘、显示屏　　B. 输入/输出系统

C. 键盘、鼠标、显示屏　　D. 微处理器

100. 下面列出有关操作系统的 4 条描述中错误的是(　　)。

A. 具有文件处理的功能　　B. 使计算机系统用起来更方便

C. 具有对计算机资源管理的功能　　D. 具有处理硬件故障的功能

101. 在计算机内，汉字也是用二进制数字编码表示，一个汉字的国标码是用(　　)。

A. 二个七位二进制数码表示的　　B. 二个八位二进制数码表示的

C. 三个八位二进制数码表示的　　D. 四个八位二进制数码表示的

102. 表示计算机信息数量比较大的单位要用 PB、EB、ZB、YB 等表示。其中，数量级最小单位是(　　)。

A. YB　　B. ZB　　C. PB　　D. EB

103. 在下面存储介质中，存放的程序不会再次感染上病毒的是(　　)。

A. 软盘中的程序　　B. 硬盘中的程序

C. U 盘中的程序　　D. 只读光盘中的程序

104. 操作系统中的文件管理，是对计算机系统中的(　　)。

A. 永久程序文件的管理　　B. 记录数据文件的管理

C. 用户临时文件的管理　　D. 系统软件资源的管理

105. 计算机网络环境下的硬件资源共享可以(　　)。

A. 使信息的传送操作更具有方向性

B. 通过网络访问公用网络软件

C. 使用户节省投资，便于集中管理和均衡负担负荷，提高资源的利用率

D. 独立地、平等地访问计算机的操作系统

106. 广域网与局域网有着完全不同的运行环境，在广域网中(　　)。

A. 由用户自己掌握所有设备和网络的宽带，可以任意使用、维护、升级

B. 跨越短距离，多个局域网和/或主机连接在一起的网络

C. 用户无法拥有广域连接所需要的技术设备和通信设施，只能由第三方提供

D. 100Mb/s 的速度是很平常的

107. 某项目的银行贷款 2000 万元，期限为 3 年，按年复利计息，到期需还本付息 2700 万元，已知 $(F/P, 9\%, 3)=1.295$，$(F/P, 10\%, 3)=1.331$，$(F/P, 11\%, 3)=1.368$，则银行贷款利率应(　　)。

A. 小于 9%　　B. 在 9% 和 10% 之间

C. 在 10% 和 11% 之间　　D. 大于 11%

108. 某建设项目的建设期为两年，第一年贷款额为 1000 万元，第二年贷款额为 2000 万元，贷款的实际利率为 4%，则建设期利息应为(　　)。

A. 100.8 万元　　B. 120 万元　　C. 161.6 万元　　D. 240 万元

109. 相对于债务融资方式，普通股融资方式的特点为(　　)。

A. 融资风险较高

B. 资金成本较低

C. 增发普通股会增加新股东，使原有股东的控制降低

D. 普通股的股息和红利有抵税的作用

110. 某建设项目各年的偿债备付率小于 1，其含义是(　　)。

A. 该项目利息备付率的保障程度高

B. 该资金来源不足以偿付到期债务，需要通过短期借款偿付已到期债务

C. 可用于还本付息的资金保障程度较高

D. 表示付息能力保障程度不足

111. 一公司年初投资 1000 万元，此后从第一年年末开始每年都有相同的收益。方案的运营期 10 年，寿命期结束时净残值为 50 万元，基准收益率为 12%，问每年的净收益至少为(　　)。[已知：$(P/A, 12\%, 10)=5.650$，$(P/F, 12\%, 10)=0.322$]

A. 168.14 万元　　B. 174.14 万元　　C. 176.99 万元　　D. 185.84 万元

112. 一外贸商品，到岸价格 100 美元，影子汇率为 6 元/美元，进口费用为 100 美元，求影

子价格为(　　)元。

A. 500　　B. 600　　C. 700　　D. 1200

113. 某企业拟对四个分工厂进行技术改造，每个分工厂都提出了三个备选的技术方案，各分厂之间是独立的，而各分厂内部的技术方案是互斥的，则该企业面临的技改方案比选类型是(　　)。

A. 互斥型　　B. 独立性　　C. 层混型　　D. 矩阵型

114. 在价值工程的一般工作程序中，创新阶段要做的工作包括(　　)。

A. 制定工作计划　B. 功能评价　　C. 功能系统分析　　D. 方案评价

115.《中华人民共和国建筑法》中，建设单位正确的做法是(　　)。

A. 将设计和施工分别外包给相应部门

B. 将桩基工程和施工工程分别外包给相应部门

C. 将建筑的基础、主体、装饰外包给相应部门

D. 将建筑除主体外的部分外包给相应部门

116. 某施工单位承接了某工程项目的施工任务，下列施工单位的现场安全管理的行为中，错误的是(　　)。

A. 向从业人员告知作业场所和工作岗位存在的危险因素、防范措施以及事故应急措施

B. 安排质量检验员兼任安全管理员

C. 安排用于配备安全防护用品、进行安全生产培训的经费

D. 依法参加工伤社会保险，为从业人员缴纳保险费

117. 某必须进行招标的建设工程项目，若招标人于2018年3月6日发售招标文件，则招标文件要求投标人提交投标文件的截止日期最早的是(　　)。

A. 3月13日　　B. 3月21日　　C. 3月26日　　D. 3月31日

118. 某供货单位要求施工单位以数据电文形式作出购买水泥的承诺，施工单位根据要求按时发出承诺后，双方当事人签订了确认书，则该合同成立的时间是(　　)。

A. 双方签订确认书的时间

B. 施工单位的承诺邮件进入供货单位系统的时间

C. 施工单位发电子邮件的时间

D. 供货单位查收电子邮件的时间

119. 根据《节约能源法》的规定，下列行为中不违反禁止性规定的是(　　)。

A. 使用国家明令淘汰的用能设备

B. 冒用能源效率标识

C. 企业制定严于国家标准的企业节能标准

D. 销售应当标注而未标注能源效率标识的产品

120. 在建设工程施工过程中，属于专业监理工程师签字的是(　　)。

A. 样板工程专项施工方案

B. 建筑材料、建筑构配件和设备进场验收

C. 拨付工程款

D. 竣工验收

答案及详解

单项选择题(共120题，每题1分，每题的备选项中只有一个最符合题意)

1. D 【考点】函数极限

【解析】A项，应为$\lim\limits_{x \to 0^+} 2^{\frac{1}{x}} = \infty$；B项，应为$\lim\limits_{x \to 0^-} 2^{\frac{1}{x}} = 0$；C项，$\lim\limits_{x \to 0} \sin \dfrac{1}{x} = [-1, 1]$，为有界变量；D项，极限$\lim\limits_{x \to \infty} \dfrac{\sin x}{x}$可化为$\lim\limits_{x \to \infty} \dfrac{1}{x} \cdot \lim\limits_{x \to \infty} \sin x$，极限$\lim\limits_{x \to \infty} \dfrac{1}{x} = 0$为无穷小量；而$|\sin x| \leqslant 1$，$\sin x$为有界函数。因为有界函数与无穷小的乘积是无穷小，所以$\lim\limits_{x \to \infty} \dfrac{\sin x}{x} = 0$。

2. D 【考点】多项式求函数极限

【解析】当$x \to \infty$时，$\lim\limits_{x \to \infty} \dfrac{x^2+1}{x+1} - ax - b = \lim\limits_{x \to \infty} \dfrac{(1-a)x^2 - (a+b)x + 1 - b}{x+1} = \infty$，说明最高次项一定在分子上，则$a \neq 1$，$b$为任意实数。

3. C 【考点】导数的几何意义

【解析】对函数$y = x^2$求导，可得$y' = 2x$，在题中点$\left(-\dfrac{1}{2}, \dfrac{1}{4}\right)$处的斜率$k = -1$，即$\tan\theta = -1$，解得$\theta = 3\pi/4$，故C项正确。

4. B 【考点】复合函数求导

【解析】$y' = \dfrac{2x}{1+x^2}$，$y'' = \left(\dfrac{2x}{1+x^2}\right)' = \dfrac{2(1+x^2) - 2x \cdot 2x}{(1+x^2)^2} = \dfrac{2(1-x^2)}{(1+x^2)^2}$。

5. A 【考点】拉格朗日定理

【解析】当$x = 1$时，$\ln 1 = 0$，可知BC两项均不连续。当$x = 2$时，可知D项不连续。故选择A项。

6. C 【考点】函数极值的计算

【解析】$f(x) = \dfrac{x^2 - 2x - 2}{x+1} = x + \dfrac{1}{x+1} - 3$，$f'(x) = 1 - \dfrac{1}{(x+1)^2}$，令$f'(x) = 0$，可得$x = 0$或$-2$。$f''(x) = \dfrac{2}{(x+1)^3}$，$f''(0) = 2 > 0$，所以$x = 0$为极小值点。因$f(0) > f(-2)$，故不是最小值点。

7. D 【考点】导数与积分

【解析】导数相等，原函数不一定相等。假设$f(x) = x^2$，$g(x) = x^2 + 1$，满足$f'(x) = g'(x)$，经过验证，D项正确。

8. B 【考点】定积分的计算

【解析】

$$\begin{aligned}\int_0^1 \frac{x^3}{\sqrt{1+x^2}} dx &= \int_0^1 x^2 d(\sqrt{1+x^2}) \\ &= x^2 \sqrt{1+x^2} \Big|_0^1 - \int_0^1 2x \sqrt{1+x^2} dx\end{aligned}$$

$$= \sqrt{2} - \frac{2}{3}(1 + x^2)^{\frac{3}{2}} \Big|_0^1$$

$$= \sqrt{2} - \frac{4\sqrt{2}}{3} + \frac{2}{3}$$

$$= \frac{1}{3}(2 - \sqrt{2})$$

9. D 【考点】向量的数量积和向量积

【解析】设两向量 $\boldsymbol{\alpha}$、$\boldsymbol{\beta}$ 的夹角为 θ，根据 $|\boldsymbol{\alpha} \times \boldsymbol{\beta}| = 2\sqrt{3}$，可得：

$$|\boldsymbol{\alpha} \times \boldsymbol{\beta}| = |\boldsymbol{\alpha}||\boldsymbol{\beta}|\sin\theta = 4\sin\theta = 2\sqrt{3}$$

解得：$\sin\theta = \frac{\sqrt{3}}{2}$，所以，$\cos\theta = \pm\frac{1}{2}$。

因此，$\boldsymbol{\alpha} \cdot \boldsymbol{\beta} = |\boldsymbol{\alpha}||\boldsymbol{\beta}|\cos\theta = 4 \times \left(\pm\frac{1}{2}\right) = \pm 2$。

10. D 【考点】平面与坐标轴的位置关系

【解析】平面方程的一般式为 $Ax + By + Cz + D = 0$，其中 $B = 0$，说明平面平行于 Oy 轴；$D \neq 0$，说明平面不过原点，也就不经过 Oy 轴。

11. D 【考点】偏导数与可导、可微之间的关系

【解析】二元函数在 (x, y) 点可微、偏导存在、连续之间的关系见题 11 解图。由图可知，对于多元函数，连续推不出可偏导，可偏导也推不出连续，故选择 D 项。

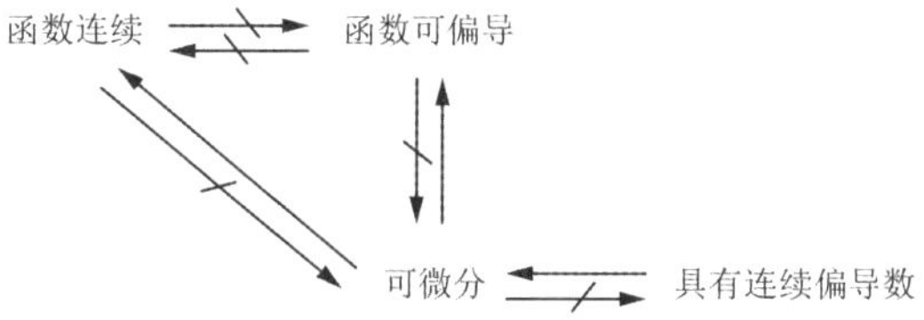

题 11 解图

12. B 【考点】极坐标计算二重积分

【解析】圆域为单位圆，在极坐标下，圆域 D 为：$0 \leqslant \theta \leqslant 2\pi$，$0 \leqslant r \leqslant 1$。变量可表示为：$x = r\cos\theta$，$y = r\sin\theta$，$\mathrm{d}x\mathrm{d}y = r\mathrm{d}r\mathrm{d}\theta$。则可得：

$$\iint\limits_D x\mathrm{d}x\mathrm{d}y = \iint\limits_D r\cos\theta r\mathrm{d}r\mathrm{d}\theta = \iint\limits_D r^2\cos\theta\mathrm{d}r\mathrm{d}\theta = \int_0^{2\pi}\mathrm{d}\theta\int_0^1 r^2\cos\theta\mathrm{d}r$$

13. C 【考点】微分方程的解

【解析】由 $y = 2x - 1$，可得 $k = 2$。根据 $y' = 2x = 2$，可得 $x = 1$，$y = 1$。

由 $y' = 2x$，可得 $y = x^2 + C$，将 $(1, 1)$ 代入可知 $C = 0$，则微分方程的解为 $y = x^2$。

14. A 【考点】级数条件收敛的判断

【解析】如果级数各项和收敛，但各项绝对值的和发散，则称该级数条件收敛。用莱布尼茨判别法可知，$\sum\limits_{n=2}^{\infty}(-1)^n\frac{1}{\ln n}$ 条件收敛。而 $\sum\limits_{n=1}^{\infty}(-1)^n\frac{1}{n^{3/2}}$ 和 $\sum\limits_{n=1}^{\infty}\frac{\sin\left(\frac{4n\pi}{3}\right)}{n^3}$ 绝对收敛，$\sum\limits_{n=1}^{\infty}(-1)^n\frac{n}{n+2}$ 不满足级数收敛的必要条件，发散。

15. C 【考点】微分方程的特解

【解析】特征方程为 $r^2-2r+2=0$，特征根为：$r_{1,2}=1\pm i$，可知 $\alpha=1$，$\beta=1$，所以方程的通解为：$y=e^x(A\cos x+B\sin x)$，当 $A=0$，$B=1$ 时，有特解 $y=e^x\sin x$。

16. C 【考点】对坐标的曲线积分计算

【解析】有向直线段 L 方程为：$y=-x+a$，x：$a\to 0$，$\mathrm{d}y=-\mathrm{d}x$，则：

$$\int_L x\mathrm{d}y=-\int_a^0 x\mathrm{d}x=-\frac{x^2}{2}\Big|_a^0=\frac{a^2}{2}$$

17. B 【考点】幂级数的收敛区间

【解析】$\lim\limits_{n\to\infty}\dfrac{a_n}{a_{n+1}}=3$，$R=\lim\limits_{n\to\infty}\dfrac{na_n}{(n+1)a_{n+1}}=3$，所以有：$|x-1|<3$，故可得：$-2<x<4$。

18. D 【考点】二阶偏导数的计算

【解析】$\dfrac{\partial z}{\partial y}=\dfrac{1}{x}f'(xy)\cdot x=f'(xy)$，$\dfrac{\partial^2 z}{\partial x\partial y}=\dfrac{\partial}{\partial x}\left(\dfrac{\partial z}{\partial y}\right)=yf''(xy)$。

19. B 【考点】逆矩阵的性质

【解析】根据逆矩阵的性质，$\boldsymbol{A}^{-1}\boldsymbol{A}=\boldsymbol{A}\boldsymbol{A}^{-1}=\boldsymbol{E}$，有 $\boldsymbol{A}^{-1}\boldsymbol{ABXCC}^{-1}=\boldsymbol{A}^{-1}\boldsymbol{DC}^{-1}$，可得$\boldsymbol{BX}=\boldsymbol{A}^{-1}\boldsymbol{DC}^{-1}$，所以 $\boldsymbol{B}^{-1}\boldsymbol{BX}=\boldsymbol{B}^{-1}\boldsymbol{A}^{-1}\boldsymbol{DC}^{-1}=\boldsymbol{X}$。

20. C 【考点】齐次线性方程组解的性质

【解析】在齐次线性方程组 $\boldsymbol{A}x=0$ 有非零解的情况下，它一定有基础解系，且基础解系所含解的个数等于 $n-r$，其中 r 为齐次线性方程组 $\boldsymbol{A}x=0$ 的系数矩阵 $\boldsymbol{A}$ 的秩。

21. A 【考点】二次型与标准型的变换

【解析】先求出矩阵 $\boldsymbol{B}$ 的特征值，由

$$|\boldsymbol{B}-\lambda\boldsymbol{E}|=\begin{vmatrix}1-\lambda & 0 & 0\\ 0 & -\lambda & 2\\ 0 & 2 & -\lambda\end{vmatrix}=(1-\lambda)(\lambda^2-4)=0$$

解得：$\lambda=1$ 或 2 或 -2。

则该二次型的标准型是 $f=y_1^2+2y_2^2-2y_3^2$。

22. B 【考点】概率的计算

【解析】因 $P(A)=\dfrac{1}{2}$，则 $P(\overline{A})=1-\dfrac{1}{2}=\dfrac{1}{2}$。

由 $P(B\mid A)=\dfrac{P(AB)}{P(A)}$，可得 $P(AB)=\dfrac{1}{2}\times\dfrac{1}{10}=\dfrac{1}{20}$。

由 $P(B\mid\overline{A})=\dfrac{P(\overline{A}B)}{P(\overline{A})}$，可得 $P(\overline{A}B)=\dfrac{1}{2}\times\dfrac{1}{20}=\dfrac{1}{40}$。

由 $P(\overline{A}B)=P(B)-P(AB)$，可得 $P(B)=\dfrac{1}{20}+\dfrac{1}{40}=\dfrac{3}{40}$。

23. C 【考点】数学期望和方差

【解析】随机变量 X 与 Y 相互独立，根据关系 $D(X)=E(X^2)-[E(X)]^2$可得：

$E(X^2)=D(X)+[E(X)]^2=1$；$E(Y^2)=D(Y)+[E(Y)]^2=1$。

则 $E((X+Y)^2)=E(X^2+2XY+Y^2)=E(X^2)+2E(X)E(Y)+E(Y^2)=1+0+1=2$。

24. A 【考点】联合密度

【解析】G 区域的面积：$A=\int_0^1 dx\int_{x^2}^{x} dy=\frac{1}{6}$，则：

$$f(x,y)=\begin{cases}\frac{1}{A},(x,y)\in G\\0,\quad 其他\end{cases}=\begin{cases}6,(x,y)\in G\\0,\quad 其他\end{cases}$$

25. C 【考点】气体状态参量

【解析】经长期研究发现，当一定量的气体处于平衡态时，用它的体积 V、压强 P、温度 T 来描述它的物理状态最好，这些描述气体状态的物理量，称为气体平衡状态参量，简称状态参量。其中，体积(V)指气体分子可到达的空间。在容器中气体的体积，也就是容器体积。体积的国际单位是立方米(m^3)。有时也用升(L)，$1L=1dm^3=10^{-3}m^3$。

26. A 【考点】分子的平均平动动能、平均动能、平均速率和内能

【解析】A 项，气体分子的平均平动动能 $\bar{\varepsilon}=\frac{3}{2}kT$，只与温度有关，与气体的种类无关。温度相等，则两种气体分子的平均平动动能相等。

B 项，分子平均动能＝平均平动动能＋平均转动动能＝$ikT/2$，其中 i 为平动和转动自由度之和。本题中，氢分子为双原子分子，$i=5$；氦分子为单原子分子，没有转动动能，$i=3$。故氢分子和氦分子的平均动能不同。

C 项，气体的平均速率计算公式为：$\bar{v}=\sqrt{\frac{8RT}{\pi M}}$，两种气体的温度相等，而摩尔质量 M 不同，故平均速率不相等。

D 项，内能计算公式为：$E=\frac{i}{2}\frac{m}{M}RT$。两种气体的温度和质量分别相等，而摩尔质量 M 不同，故内能不相等。

27. D 【考点】热力学第一定律

【解析】在等压膨胀的情况下，系统对外所做的功为：

$$W=P\Delta V=\frac{m}{M}R\Delta T$$

系统从外界吸收的热量为：

$$Q=\Delta E+W=\frac{i}{2}\frac{m}{M}R\Delta T+P\Delta V=\frac{i}{2}\frac{m}{M}R\Delta T+\frac{m}{M}R\Delta T=\left(\frac{i}{2}+1\right)\frac{m}{M}R\Delta T$$

对于双原子分子，$i=5$，所以可得：

$$\frac{W}{Q}=\frac{\frac{m}{M}R\Delta T}{\left(\frac{i}{2}+1\right)\frac{m}{M}R\Delta T}=\frac{1}{\frac{i}{2}+1}=\frac{2}{7}$$

28. C 【考点】卡诺循环

【解析】卡诺循环是在两个恒定的高温(T_1)热源和低温(T_2)热源之间工作的热机的一个特殊循环过程。卡诺循环热机效率：$\eta=1-\frac{Q_2}{Q_1}=1-\frac{T_2}{T_1}$，当 $T_1=nT_2$时，则$\frac{Q_2}{Q_1}=\frac{T_2}{nT_2}=\frac{1}{n}$，故 $Q_2=\frac{1}{n}Q_1$。

29. B 【考点】理想气体状态方程

【解析】理想气体状态方程为：$PV=\frac{m}{M}RT$。式中，R 为气体常量。则当 $V(H_2)=V(O_2)$，$T(H_2)=T(O_2)$，$m(H_2)=m(O_2)$ 时，可得：$\frac{P(H_2)}{P(O_2)}=\frac{M(O_2)}{M(H_2)}=\frac{32}{2}=\frac{16}{1}$。

30. C 【考点】平面简谐波的波动方程

【解析】波动方程的标准形式为：

$$y=A\cos\left[\omega\left(t-\frac{x}{u}\right)+\varphi_0\right]$$

根据题意，该波动方程化为标准形式为：

$$\begin{aligned} y &= -0.05\sin\pi(t-2x) \\ &= -0.05\sin(\pi t-2\pi x) \\ &= -0.05\cos(\pi t-2\pi x-\pi/2) \\ &= -0.05\cos[\pi(t-2x)-\pi/2] \end{aligned}$$

根据波动方程标准形式可知角频率 $\omega=\pi$，振幅 $A=0.05$，波速 $u=1/2$。由 $\omega=2\pi\nu=2\pi/T$，可得 $\nu=1/2$，$T=2$。注：振幅是正值，没有负值。

31. D 【考点】平面简谐波的波动性质

【解析】由波的传播方向可以判断下一时刻的波形图如题31解图中虚线所示，则可得到各点在 t 时刻的振动方向，因此可判断BC两项错误。A、D 两点均向下振动，与波的位移正方向（y 轴正向）方向相反，所以振动速度为负，故选择D项。

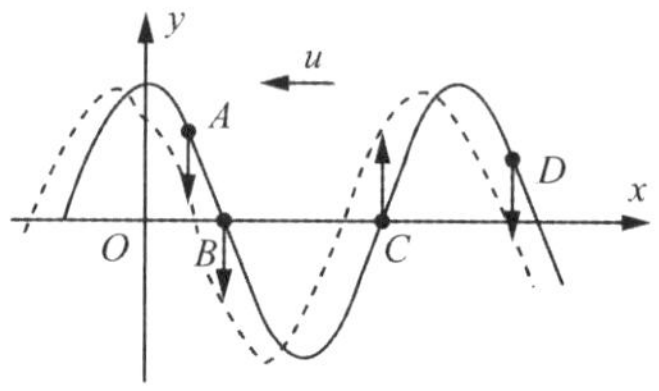

题31解图

32. A 【考点】声速

【解析】声音在不同介质中传播的速度一般不同，常温下空气中的声速约为340m/s。

33. B 【考点】波的能量

【解析】质元在机械波动中，动能和势能的变化是同相位的，它们同时达到最大值，又同时达到最小值。质元在最大位移处（波峰或波谷），速度为零，形变为零，此时质元的动能为零，势能也为零。质元在平衡位置时，速度最大，动能最大。即弹性势能 $W_P=$ 动能 W_K，因此总机械能 $W=W_K+W_P=2\Delta E_k$。

34. C 【考点】劈尖干涉

【解析】如题34解图所示，上面的平板玻璃慢慢地向上平移，各级干涉条纹向棱边方向平移。而在劈尖干涉中，相邻两明（暗）纹之间的间距公式为：$l=\lambda/(2n\sin\theta)\approx\lambda/(2n\theta)$。在上面的平板玻璃慢慢地向上平移的过程中 θ 保持不变，所以条纹间隔不变。

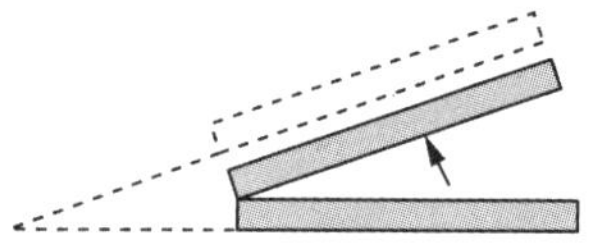
题34解图

35. A 【考点】单缝衍射

【解析】在单缝衍射中，第二级暗条纹对应4个半波带，第三级暗条纹对应6个半波带，则 $4S_2=6S_3$，可得 $S_3=4S_2/6=2S_2/3$。

36. C 【考点】光的偏振

【解析】根据马吕斯定律，透射光强为：$I=I_0\cos^2\alpha$。则通过第一个偏振片后的光强为：$I_1=I_0\cos^2\alpha$。出射光和第二个偏振片的夹角为$90°-\alpha$，因此通过第二个偏振片的光强为：$I=I_1\cos^2(90°-\alpha)=I_0\cos^2\alpha\sin^2\alpha=I_0\sin^2(2\alpha)/4$。

37. B 【考点】原子轨道能量

【解析】在多电子原子中，主量子数 n 和角量子数 l 决定轨道能量高低。

38. A 【考点】化学键

【解析】两个原子之间成键的类型可以分为离子键和共价键，离子键依靠带电引力成键，共价键是原子轨道重叠成键。

39. C 【考点】弱碱的解离平衡及同离子效应

【解析】化学平衡移动中的同离子效应，氨水在水中存在电离平衡：$NH_3 \cdot H_2O \rightleftharpoons NH_4^+ + OH^-$，加入 OH^- 和 NH_4^+ 均能使平衡向左移动，从而使氨水的解离度减小。

40. B 【考点】熵变

【解析】熵是指体系混乱度（或无序度）的量度，用 S 表示。对于同一种物质，$S_g > S_l > S_s$。反应方程式左侧有气体，右侧无气体，混乱度减小，所以反应的熵变 $\Delta_r S_m^\Theta$ 小于零。

41. C 【考点】平衡移动

【解析】反应方程式两边气体的分子数相等，改变压强不能使平衡移动。

42. B 【考点】弱电解质对电极电势的影响

【解析】能够解离产生 H^+ 的物质的解离常数越小，其相应电对的标准电极电势值越小。其中 $K_w^\Theta(H_2O)=1.0\times10^{-14}$最小，所以其电极电势最小。

43. D 【考点】氧化数

【解析】$KMnO_4$中 Mn 的氧化数是 +7 价，K 是 +1 价，O 是 −2 价。因此 Mn 的氧化数为 +7。

44. A 【考点】有机化合物的结构式

【解析】A 项，丙烷的结构简式为 $CH_3CH_2CH_3$，有 2 种氢，所以有 2 种一氯代物。B 项，异戊烷的结构简式为 $CH_3CH_2CH(CH_3)_2$，有 4 种氢，所以有 4 种一氯代物。C 项，新戊烷的结构简式为 $C(CH_3)_4$，有 1 种氢，所以有 1 种一氯代物。D 项，2，3 − 二甲基戊烷的结构简式为 $(CH_3)_2CHCH(CH_3)CH_2CH_3$，有 6 种氢，所以有 6 种一氯代物。

45. C 【考点】有机物的几种常见反应

【解析】C 项，加成反应是指不饱和键的 π 键断裂，两个一价的原子或原子团加到不饱和键的两个碳原子上的反应。能发生加成反应的有机物必须含有不饱和键，即包含双键或三键。A 项，与氧气发生反应，是氧化反应。B 项，Br 取代了苯环上的氢，是取代反应。D 项，Cl 取代了乙烷上的氢，是取代反应。

46. B 【考点】有机物的消除反应

【解析】卤代物的消去反应是消去一个卤原子和其相邻的碳原子上一个氢原子。A 项，和卤原子相邻的碳原子只有一个，所以发生消去反应只获得一种烯烃，即 $CH_3—C(CH_2CH_3)=CH_2$。B 项，发生消去反应可以获得两种烯烃，即 $CH_3—CH_2—CH_2—CH=CH_2$ 和 $CH_3—CH_2—CH=CH—CH_3$。C 项，因为卤素原子相邻的两个碳原子是对称的，发生消去反应获得的是同一种烯烃，即 $CH_3—CH=CH—CH_2—CH_3$。D 项，发生消去反应可以获得一种烯烃，即 $CH_3—CH_2—CH_2—CH=CH_2$。

47. D 【考点】静力学

【解析】因 BC 为二力杆，则 B 处约束力的作用线如题 47 解图所示。且 $AB=AC$，可知 $\angle ABC=60°$，则 B 处约束力的作用线与 x 轴正向所成的夹角为 150°。

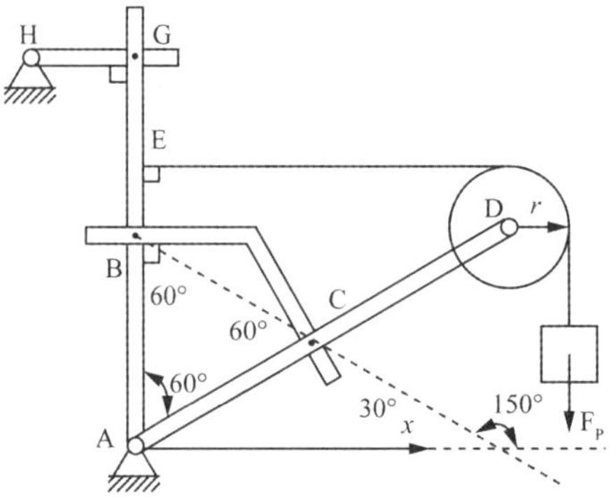

题 47 解图

48. D 【考点】平面力系

【解析】图中均布荷载合力交于 I 点，故力臂为 0。则该力系对 I 点的合力矩只有 F 产生，因此，$\sum M_I(F)=-F\cdot R=-100\times5=-500\text{N}\cdot\text{cm}$，顺时针。

49. B 【考点】平衡方程求约束力

【解析】正对称结构在正对称力作用下，只有正对称的力，而 C 点是铰接，故 C 点只有轴向力。沿 C 点竖直方向将结构截开，取左边一半分析。对 A 点进行受力分析，根据力矩平衡可得：$\sum M_C=0$，$F_{Ax}\times2a-M=0$，$F_{Ax}=M/(2a)$，竖直方向合外力为零，$F_{Ay}=0$。

50. A 【考点】摩擦力的受力分析

【解析】对物块进行受力分析，如题 50 解图所示，则 $F_N=W\cos\alpha$，$F_f=fF_N=\tan\varphi_m W\cos\alpha=60\tan\varphi_m\cos\alpha$。

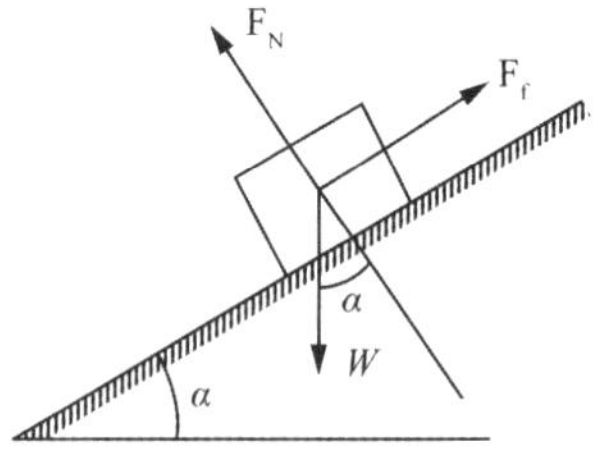

题 50 解图

51. A 【考点】点的运动方程

【解析】当 $t=2\text{s}$ 时，点的速度 $v=2^2-20=-16\text{m/s}$；速度对时间取一阶导数得加速度，解得：$a=2t$，则当 $t=2\text{s}$ 时，$a=2\times2=4\text{m/s}^2$。

52. B 【考点】圆周运动

【解析】法向加速度 $a_n=v^2/r$，则可得 $r=v^2/a_n=80^2/120=53.3\text{m}$。

53. D 【考点】刚体绕定轴转动

【解析】根据定轴转动刚体上一点加速度与转动角速度、角加速度的关系。

B 点的加速度在 x 方向的投影为：$a_B^\tau=OB\cdot\varepsilon=50\times1=50\ \text{cm/s}^2$；

B 点的加速度在 y 方向的投影为：$a_B^n=-OB\cdot\omega^2=-50\times2^2=-200\ \text{cm/s}^2$。

54. B 【考点】变加速度直线运动

【解析】在下沉过程中，物体首先做加速度逐渐减小的加速运动；当液体阻力等于重力时，加速度为零，之后开始做匀速直线运动。故液体阻力等于重力时，速度即为最大速度：$mg=\mu v$，解得：$v_{极限}=\text{mg}/\mu$。

55. C 【考点】弹簧做功

【解析】弹性力所做的功：$W=\frac{k}{2}(\delta_B^2-\delta_A^2)$，其中$\delta_A$、$\delta_B$分别为$A$、$B$位置弹簧的变形量。

$\delta_A=2R-R=R=0.1m$，$\delta_B=\sqrt{2}R-R=(0.1\sqrt{2}-0.1)m$，代入公式可得：

$$W=\frac{4900}{2}\times[(0.1\sqrt{2}-0.1)^2-0.1^2]=-20.3\text{N}\cdot\text{m}$$

56. C 【考点】动量守恒

【解析】系统初始总动量矩为$I\omega$，小球达到C点稳定后的系统总动量矩为$I\omega_C+0=I\omega_C$。根据动量矩守恒原理，有：$I\omega_C=I\omega$，解得：$\omega_C=\omega$。

57. A 【考点】达朗贝尔原理

【解析】当均质细杆运动到铅垂位置时，其质心加速度$a_n=l\omega^2/2$，则惯性力为：$F=ma_n=ml\omega^2/2=3\text{mg}/2$，方向向下。因此，轴承施加于杆$OA$的附加动反力为$3\text{mg}/2$，方向向上。

58. B 【考点】等效弹簧刚度

【解析】根据题意，未截断的弹簧相当于两个弹簧串联，设这两个弹簧的刚度分别为k_1和k_2。串联弹簧的刚度为$k=\frac{k_1k_2}{k_1+k_2}$，因截断后两段弹簧等长，可知$k_1=k_2$。因此有：$k=\frac{k_1k_2}{k_1+k_2}=\frac{k_1}{2}$，解得$k_1=2k$。

59. B 【考点】铸铁的力学性能

【解析】铸铁拉伸时没有屈服现象，变形也不明显，拉断后断口基本沿横截面，较粗糙，铸铁的拉伸都是直接以最危险的横截面齐口断开的形式出现，而无明显的屈服现象，这可看出是由最大切应力引起的。因此拉伸断口垂直于轴线。铸铁试件压缩时，与轴线大致呈45°的斜截面具有最大的切应力，故压缩断口与轴线大约成45°角。

60. C 【考点】横截面上的变形计算

【解析】根据截面法，可知AB段内各横截面均有轴力，大小为F。直杆轴端C的轴向位移为AB段的变形量。即：$\Delta l=\Delta l_{AB}=\frac{FL}{EA}$。

61. A 【考点】挤压强度条件及其应用

【解析】挤压强度条件：挤压面上的工作挤压应力不得超过材料的许用挤压应力，即

$$\sigma_{bs}=\frac{P_{bs}}{A_{bs}}\leqslant[\sigma_{bs}]$$

故有

$$\sigma_{bs}=\frac{P_{bs}}{A_{bs}}=\frac{F}{td}\leqslant[\sigma_{bs}]$$

所以可得：

$$d\geqslant\frac{F}{t[\sigma_{bs}]}$$

62. D 【考点】扭矩的计算

【解析】A项，1与3对调，计算可得轴上的最大扭矩为8kN · m。

B项，2与3对调，计算可得轴上的最大扭矩为8kN · m。

C 项，2 与 4 对调，计算可得轴上的最大扭矩为 6kN · m。

D 项，3 与 4 对调，计算可得轴上的最大扭矩为 4kN · m。

综上所述，D 项是最小的，此方案最合理。

63. A 【考点】切应力分布图的规律

【解析】圆杆受扭剪应力计算公式为：$\tau_\rho = T\rho/I_P$。式中，ρ 为横截面上任一点距圆心的距离；I_P 为极惯性矩，空心圆截面 $I_P = \pi(D^4 - d^4)/32$。因此，无论是实心圆截面还是空心圆截面，其截面切应力分布与距圆心距离成正比，且空心圆内径中无应力。

64. B 【考点】平面图形的几何性质

【解析】根据平面图形的静矩定义：$S_z = \int_A y\mathrm{d}A$，图示截面的静矩等于 z 轴以上部分和以下部分静矩之和，即 $S_z = S_{z1} + S_{z2}$。由于 z 轴是形心轴，故 $S_z = 0$，因此可得 $S_{z1} + S_{z2} = 0$，所以 $S_{z1} = -S_{z2}$。

65. D 【考点】剪力图和弯矩图的关系

【解析】根据题意，梁的弯矩图均为直线，因此梁只有集中力作用，由剪力和弯矩的关系可知，剪力为弯矩图的斜率，由图可知 CD 段斜率最大，计算可得 $F_{\max} = (0.5Fa + 1.5Fa)/a = 2F$。

66. C 【考点】弯曲切应力的计算

【解析】矩形截面梁横截面上中性轴位置的切应力为最大，此处即为该截面上的胶合面。则胶合面的切应力为：$\tau_{\max} = \frac{3}{2}\frac{Q}{A} = \frac{3}{2} \times \frac{F}{2a \times b} = \frac{3F}{4ab}$。

67. A 【考点】最大弯曲正应力的计算

【解析】对图示简支梁进行受力分析，可知梁两端的约束反力均为 $F/2$。此梁为对称结构、对称荷载，可知最大弯矩位于梁的中间截面，最大弯矩为：$M_{\max} = \frac{F}{2} \times 0.5L = \frac{FL}{4}$。

该截面上最大弯曲正应力为全梁最大正应力，圆形截面抗弯截面模量为：$W_z = \frac{\pi d^3}{32}$，则梁的最大弯曲正应力：$\sigma_{\max} = \frac{M_{\max}}{W_z} = \frac{\frac{FL}{4}}{\frac{\pi d^3}{32}} = \frac{8FL}{\pi d^3}$。

68. A 【考点】弯曲强度和刚度分析

【解析】截面梁的弯曲强度由弯曲正应力主导，其计算公式为 $\sigma_{\max} = \frac{M_{\max}}{W_z}$。

对于图(a)，$M_{\max} = FL$，$W_z = \frac{bh^2}{6}$，$\sigma_{a\max} = \frac{M_{\max}}{W_z} = \frac{6FL}{bh^2}$。

对于图(b)，每一根梁上最大弯矩为 $M_{\max} = 0.5FL$，$W_z = \frac{b\,(0.5h)^2}{6}$，$\sigma_{b\max} = \frac{M_{\max}}{W_z} = \frac{12FL}{bh^2}$。

因此，两梁的强度不相同。

截面梁的刚度由最大挠度主导，对于悬臂梁，最大挠度为 $f_{\max} = \frac{FL^3}{3EI_z}$。

对于图(a)，$I_z=\dfrac{bh^3}{12}$，$f_{\max}=\dfrac{FL^3}{3EI_z}=\dfrac{FL^3}{3E\dfrac{bh^3}{12}}=\dfrac{4FL^3}{Ebh^3}$。

对于图(b)，每一根梁有 $I_z=\dfrac{b\ (0.5h)^3}{12}=\dfrac{bh^3}{96}$，$f_{\max}=0.5\times\dfrac{FL^3}{3EI_z}=0.5\times\dfrac{FL^3}{3E\dfrac{bh^3}{96}}=\dfrac{16FL^3}{Ebh^3}$。

因此，两梁的刚度不相同。

69\. D 【考点】平面应力状态

【解析】应力平面内应力圆半径：$R=\tau_{\max}=\dfrac{\sigma_1-\sigma_3}{2}$。

A 项，$\sigma_1=30$，$\sigma_2=0$，$\sigma_3=-30$，$R=\tau_{\max}=\dfrac{30-(-30)}{2}=30$。

B 项，$\sigma_1=40$，$\sigma_2=0$，$\sigma_3=-40$，$R=\tau_{\max}=\dfrac{40-(-40)}{2}=40$。

C 项，$\sigma_x=120$，$\sigma_y=100$，根据 $\sigma_{\max、\min}=\dfrac{\sigma_x+\sigma_y}{2}\pm\sqrt{\left(\dfrac{\sigma_x-\sigma_y}{2}\right)^2+\tau_{xy}^2}$。

可得 $\sigma_1=120$，$\sigma_2=100$，$\sigma_3=0$，$R=\tau_{\max}=\dfrac{120-0}{2}=60$。

D 项，$\sigma_1=40$，$\sigma_2=40$，$\sigma_3=0$，$R=\tau_{\max}=\dfrac{40-0}{2}=20$。

70\. C 【考点】压杆的临界载荷——欧拉公式

【解析】根据欧拉公式，压杆的临界荷载：$F_{cr}=\dfrac{\pi^2EI}{(\mu l)^2}$。

图(a)是一端固定、一端自由：长度系数 $\mu=2$。

图(b)是一端固定、一端铰支：长度系数 $\mu=0.7$。

当约束变化后，只有长度系数变化，其他均不变，因此有：$\dfrac{F_{crb}}{F_{cra}}=\dfrac{(\mu_a)^2}{(\mu_b)^2}=\left(\dfrac{2}{0.7}\right)^2$。

71\. D 【考点】流体静压强的计算

【解析】计示压强为相对压强，水和水银分界处为等压面。因此可得：

$$P_e+\rho_{油}gh_1+\rho_{水}gh_2=\rho_{水银}gh'$$

代入已知数据可得：

$$P_e+850\times9.8\times0.4+1000\times9.8\times0.6=13600\times9.8\times(0.4+0.6-0.5)$$

解得 $P_e=57428\text{Pa}$。

72\. C 【考点】动量方程

【解析】动量方程的物理意义为：流体所受的所有外力 = 动量对时间的变化率。因此 $\sum F$ 表示的是流体所受的合外力。

73\. D 【考点】层流和紊流的判别标准

【解析】区分层流和紊流根据雷诺系数判断，雷诺数 $Re_k=v_kd/\upsilon$。

74\. A 【考点】长管水力计算

【解析】由 $Q=vA$，可得：$v=\dfrac{Q}{\dfrac{\pi}{4}d^2}=\dfrac{0.05}{\dfrac{\pi}{4}\times0.25^2}=1.02m/s$。

雷诺数：$Re=\frac{vd}{\upsilon}=\frac{1.02\times0.25}{0.0131\times10^{-4}}=194656$。

沿程阻力系数用经验公式计算：

$$\lambda=0.11\left(\frac{K}{d}+\frac{68}{Re}\right)^{0.25}=0.11\times\left(\frac{0.4}{250}+\frac{68}{194656}\right)^{0.25}=0.023$$

在已知水压和最远处断面列能量方程：

$$h_f=\lambda\ \frac{l}{d}\frac{v^2}{2g}=\frac{p}{\rho g}$$

代入数据得：

$$0.023\times\frac{l}{0.25}\times\frac{1.02^2}{2g}=\frac{294.3\times1000}{1000\times g}$$

解得 $l=6149.39\text{m}$。

75. B 【考点】有压管流的水力计算

【解析】选上游水箱过流断面 1—1 和管道出口过流断面 2—2，水平细管中心线平面为基准面，其能量方程为：

$$H+\frac{p}{\rho g}+0=0+0+\frac{\alpha_2v_2^2}{2g}+h_{\omega1-2}$$

其中 $h_{\omega1-2}=\sum h_f+\sum h_m=\lambda\ \frac{l}{d}\frac{v_2^2}{2g}=0.02\times\frac{50}{0.1}\times\frac{v_2^2}{2g}=\frac{10v_2^2}{2g}$。

将 $\alpha_2=1.0$ 代入上式得：$v_2=2.67\text{m/s}$。根据流量计算公式解得：

$$Q=v_2\times\frac{\pi}{4}d^2=2.67\times\frac{\pi}{4}\times0.1^2=0.02095\text{m}^3/\text{s}=20.95\text{L/s}$$

76. A 【考点】明渠均匀流基本公式

【解析】明渠均匀流的流量计算公式为：$Q=CA\sqrt{Ri}$。式中，i 为底坡系数；A 为断面面积，且 $A=bh$；C 为谢才系数，且 $C=\frac{1}{n}R^{\frac{1}{6}}$，$n$ 为粗糙系数。

计算断面面积和水力半径如下：①方形，$A=a^2$，湿周 $\chi=a+2a=3a$，水力半径 $R=A/\chi=a^2/(3a)=a/3$；②矩形，$A=a^2$，湿周 $\chi=0.5a+2a\times2=4.5a$，水力半径 $R=A/\chi=a^2/(4.5a)=a/4.5$。

所以两者 A 相同，而方形的水力半径 $R=a/3$ 大于矩形的水力半径 $R=a/4.5$，故 $Q_1>Q_2$。

77. C 【考点】达西定律

【解析】渗流基本规律——达西定律渗流流速的基本公式为：$v=Q/A=kAJ/A=kJ$。式中，k 为渗透系数；J 为水力坡度。$J=(H_1-H_2)/L=(1.5-0.3)/2.4=0.5$。代入上式，渗流流速 $v=kJ=0.01\times0.5=0.005\text{cm/s}$。

78. C 【考点】弗劳德数

【解析】弗劳德数的物理意义为惯性力与重力之比。雷诺数的物理意义为惯性力与黏性力之比。

79. B 【考点】变压器

【解析】由于变压器在左侧线圈中输入交流电流，根据电磁感应定律，在左侧线圈中产

生自感电动势 $e_1 = -N_1\dfrac{\mathrm{d}\Phi}{\mathrm{d}t}$，在右侧线圈中产生互感电动势 $e_2 = -N_2\dfrac{\mathrm{d}\Phi}{\mathrm{d}t}$，且右侧线圈输出电压 $u_2 = -e_2$，即 $u_2 = N_2\dfrac{\mathrm{d}\Phi}{\mathrm{d}t}$。

80. C 【考点】功率计算

【解析】由题图可知，电流源的电压和电流为非关联参考方向，所以其吸收的功率为：$P_{吸收} = -U_S I_S = -6\times 0.2 = -1.2\mathrm{W}$，吸收是负值，则电流源发出的功率为 1.2W。

81. B 【考点】等效电路

【解析】由戴维南定理可知，求等效电阻时，原电路中的电压源作短路处理，电流源作开路处理，则从 ab 两端看进去，等效电阻为 6Ω。如题 81 解图，对 M 点列写 KVL，因要求 ab 间开路电压，则 $I_2 = 0\mathrm{A}$，故流过 6Ω 电阻的电流 $I_1 = 6\mathrm{A}$，则 $U = 6\times 6 = 36\mathrm{V}$，方向如图所示，则开路电压 $U_{ab} = -36 + 6 = -30\mathrm{V}$。

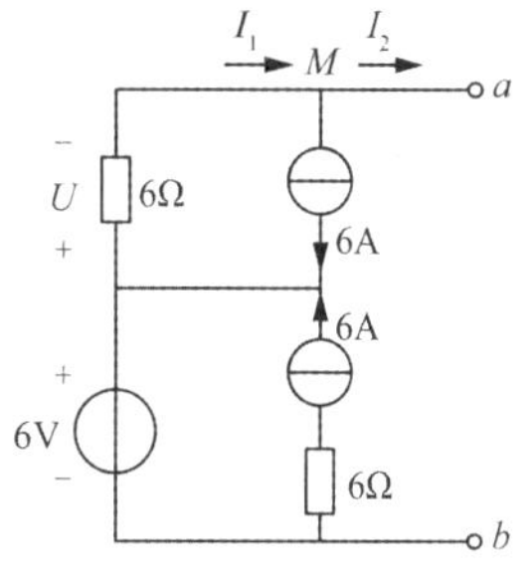

题 81 解图

82. D 【考点】串联电路阻抗模计算

【解析】由 $u = 100\sin(314t + 10°)\mathrm{V}$，可得角频率 $\omega = 314\mathrm{rad/s}$。

RLC 串联电路的阻抗为：

$$Z = R + j\left(\omega L - \frac{1}{\omega C}\right) = 100 + j\left(314\times 1 - \frac{1}{314\times 10\times 10^{-6}}\right) = (100 - \mathrm{j}4.47)\Omega$$

则电路总阻抗的模为：$|Z| = \sqrt{100^2 + (-4.47)^2} = 100.1\Omega$。

83. D 【考点】正弦交流电路的表示方法

【解析】$\dot{I}_1 = 100\angle -30°\mathrm{mA} = 100\sqrt{2}\sin(\omega t - 30°)\mathrm{mA}$

$$i_2(t) = 100\sin(\omega t - 30°)\mathrm{mA} = \frac{100}{\sqrt{2}}\angle -30°\mathrm{mA}$$

$$i_3(t) = -100\sin(\omega t + 30°)\mathrm{mA} = 100\sin(\omega t + 30° - 180°)\mathrm{mA}$$

$$= 100\sin(\omega t - 150°)\mathrm{mA} = \frac{100}{\sqrt{2}}\angle -150°\mathrm{mA}$$

因此可知 i_1 与 i_2 有效值不同，i_1 与 i_3 的相位差为 $-30° - (-150°) = 120° \neq \pm 180°$，故不是反相。

84. C 【考点】功率因数

【解析】电阻 R 的电压与电流同相位，所以电流 i 的相位为 30°，电路的功率因数角为：$\varphi_u - \varphi_i = 30° - (-20°) = 50°$，则该电路的功率因数 λ 为 cos50°。

85. D 【考点】三相异步电动机

【解析】A 项，改变转子绕组的电阻可以调整转差率，从而可以实现对电动机运行期间（转矩不变）调速的目的，但其仅适用于绕线式异步电动机，且使转速向下调整。

B 项，电动机的工作电压不允许超过额定电压，因此只能采用降低电枢供电电压调速。降低电压的人为机械特性是与固有机械特性平行且低于固有机械特性的直线，因此调压调速只在额定转速以下进行。

C 项，根据转速公式 $n = 60f(1 - s)/p$，若想提高转速，则需减少磁极对数，但题干已知为两极(1 对)电动机，磁极对数已为最小值，不可再减。

D 项，电动机供电频率的调整需要专用的变频器。变频器是一种电力电子设备，可以实现频率的连续调节，且可围绕工频上下调节，从而实现三相异步电动机转速的上下连续调节。

86. C 【考点】电路设计

【解析】A 项，不能独立切断电动机 2 的运行；B 项，无法达到启动电动机 1 后才可启动电机 2 的要求；D 项，电动机 2 无自锁环节，当按钮 SB_2 被松开后，KM_2 就会失电。

87. B 【考点】模拟信号的性质

【解析】模拟信号是幅值随时间连续变化的连续时间信号。由观测所得到的各种原始形态的时间信号(光的、热的、机械的、化学的，等等)都必须转换成电信号(电压或电流信号)之后才能加以处理。通常，由原始时间信号转换而来的电信号就称为模拟信号。数字信号是信息的物理代码，亦可称为代码信号。

88. A 【考点】模拟信号的描述形式

【解析】频域是一个复数域，而时域是实数域。在实数域中，模拟信号可描述为时间函数；在复数域中，模拟信号可描述为频率的函数。因此可以说，模拟信号既是时间的信号又是频率的信号。

89. A 【考点】信号处理器

【解析】高通滤波是高频通过，低频不通过。低通滤波是低频通过，高频不通过。带通滤波只允许某一段频率的信号通过滤波器。因此选择 A 项。

90. D 【考点】逻辑函数的简化

【解析】

$$\begin{aligned}AB+\overline{A}C+BCDE &= AB+\overline{A}C+(A+\overline{A})BCDE = AB+\overline{A}C+ABCDE+\overline{A}BCDE\\ &= AB+ABCDE+\overline{A}C+\overline{A}BCDE = AB(1+CDE)+\overline{A}C(1+BDE)\\ &= AB+\overline{A}C\end{aligned}$$

91. C 【考点】门电路的逻辑功能

【解析】$F=\overline{A}B+A\overline{B}=B\oplus A$。

该门电路为异或门，状态表见题 91 解表。

题 91 解表 状态表

A	B	Y
0	0	0
0	1	1
1	0	1
1	1	0

按照以上状态表，可画出波形如题 91 解图所示。

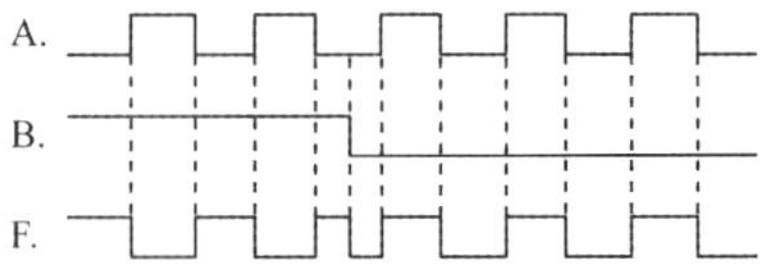

题 91 解图

92. D 【考点】逻辑函数，真值表，最小项之和

【解析】根据题干条件结合逻辑函数式的最小项之和表达式，由真值表列出逻辑变量 $F=1$ 时的 A、B、C 的全部组合，即构成最小项之和表达式，因此 $F=A\overline{B}\overline{C}+ABC$，故选择 D 项。

93. C 【考点】二极管应用电路

【解析】输入电压为正弦波形，当处于正弦波正半周时，输入电压下正上负，电流依次经过 D_4、R_L、D_1 并回到电压负极（即题 93 图中的电压上端点）；当处于正弦波负半周时，输入电压上正下负，电流依次经过 D_2、R_L、D_3 并回到电压正极（即题 93 图中的电压下端点）。故选择 C 项。

94. A 【考点】集成运算放大器的分析

【解析】输出信号 $=A(2\sin\omega t-1)$，根据两者的大小关系，可以判断出输出电压的正负号，输出为正，即为 U_{oM}，反之则为 $-U_{oM}$，故输出电压波形为图（A）。

95. B 【考点】基本门电路

【解析】第一个图为与非门电路：对于与非门来讲输出取决于另一个输入变量，$F_1=\overline{A\cdot 0}=1$。第二个图为或非门电路，$F_2=\overline{B+0}=\overline{B}$。或非门运算是指，先进行或门运算，再进行非门运算，本题中先进行或门运算输出为 B，再进行非门运算输出为 $\overline{B}$。

96. C 【考点】触发器的分析

【解析】$\overline{S_D}$ 低电平有效，当其起作用时，将触发器的输出 Q 置为 l，故 t_1 时刻 $Q=1$。$\overline{R_D}$ 低电平有效，当其起作用时，将触发器的输出 Q 置为 0，并且依据题图该触发器为上升沿有效，根据脉冲图示，在 t_2 时刻，是在 $\overline{R_D}$ 低电平起作用后，上升沿还未到来，因此 $Q=0$。

97. B 【考点】计算机新体系结构思想

【解析】计算机的新体系结构思想，是在一个芯片上集成多个微处理器。

98. A 【考点】存储器的功能

【解析】存储器是用来存放正在执行的程序和当前使用的数据的部件，它具有一定的运算能力。

99. B 【考点】计算机硬件系统

【解析】硬件环境是计算机及其外围设备组成的计算机物理系统，计算机硬件系统由控制器、运算器、存储器、输入设备和输出设备五部分组成。输入/输出设备实现了外部世界与计算机之间的信息交换，为人机交互提供了硬件环境。

100. D 【考点】计算机操作系统

【解析】操作系统管理计算机系统的全部硬件资源，包括软件资源及数据资源，控制程序运行，改善人机界面，为其他应用软件提供支持等，使计算机系统所有资源最大限度地发挥作用，为用户提供方便的、有效的、友善的服务界面。操作系统是一个庞大的管理控制程序，大致包括五个方面的管理功能：进程与处理机管理，作业管理，存储管理，设备管理，文件管理。

101. A 【考点】国标码

【解析】国际码是二字节码，用二个七位二进制数编码表示一个汉字。

102. C 【考点】计算机数量级单位

【解析】$1PB=1024TB$，$1EB=1024PB$，$1ZB=1024EB$，$1YB=1024ZB$。

103. D 【考点】计算机病毒

【解析】计算机病毒指编制者在计算机程序中插入的破坏计算机功能或者破坏数据，影响计算机正常使用并且能够自我复制的一组计算机指令或程序代码。计算机病毒具有传染性、隐蔽性、感染性、潜伏性、可激发性、表现性或破坏性。它不是独立存在的，而是隐蔽在其他可执行的程序之中。D 项，只读光盘中的程序，用户只能读取，不能被修改，即只读型光盘主要用于一次写入而无需修改的数据，不能在光盘上追加数据。

104. D 【考点】文件管理的作用

【解析】文件管理是对计算机的系统软件资源进行管理，主要任务是向计算机用户提供一种简便、统一的管理和使用文件的界面。其任务是把存储、检索、共享和保护文件的手段，提供给操作系统本身和用户，以达到方便用户和提高资源利用率的目的。

105. C 【考点】计算机网络

【解析】计算机网络环境下的硬件资源共享可以使用户节省投资，便于集中管理和均衡负担负荷，提高资源的利用率。

106. C 【考点】广域网和局域网的区别

【解析】广域网是一种可以跨越长距离，且可以将两个或多个局域网和/或主机连接在一起的网络。广域网与局域网有着完全不同的运行环境。在局域网中，所有的设备和网络的带宽都是由用户自己掌握，可以任意使用、维护和升级。但在广域网中，用户无法拥有建立广域连接所需要的所有技术设备和通信设施，只能由第三方通信服务商（电信部门）提供。在广域网中，2Mb/s 的速率（E1）就已经是相当可观的了，而这样一条 E1 线路每月可以轻易花掉用户很多钱。由于广域网中带宽的使用要花费很高的费用，所以在建设广域网时，应根据应用的具体需求和特点以及所能承担的费用来选择合适的广域网技术。

107. C 【考点】一次支付终值公式

【解析】方法一：根据 $F=P(F/P,\ i,\ n)$，可得 $(F/P,\ i,\ 3)=F/P=2700/2000=1.35$。

已知 $(F/P,\ 10\%,\ 3)=1.331$，$(F/P,\ 11\%,\ 3)=1.368$。

所以银行贷款利率 i 应在 10% 和 11% 之间。

方法二：根据 $F=P(1+i)^n$，则有 $2700=2000\times(1+i)^3$，解得 $i=10.52\%$。

108. A 【考点】建设期利息

【解析】建设期利息是指项目借款在建设期内发生并计入固定资产的利息。为了简化计算，在编制投资估算时通常假定借款均在每年的年中支用，借款第一年按半年计息，其余各年份按全年计息。计算公式为：各年应计利息 =（年初借款本息累计 + 本年借款额/2）× 年利率。本题中，第 1 年借款利息 $Q_1=(P_{1-1}+A_t/2)\times i=(1000/2)\times4\%=20$（万元）；第 2 年借款利息 $Q_2=(P_{2-1}+A_2/2)\times i=(1000+20+2000/2)\times4\%=80.8$（万元）。所以，建设期累加利息和为：$20+80.8=100.8$（万元）。

109. C 【考点】普通股融资的优缺点

【解析】普通股融资的优点有：①以普通股票筹资是一种有弹性的融资方式，股利的支付与否及支付多少，可根据公司财务情况而定。当公司经营不佳或现金短缺时，董事会有权决定不发股息和红利，因而公司的融资风险较低。②发行普通股筹措的资本无到期日，其投资属永久性质，公司不需为偿还资金而担心。③发行普通股筹措的资本是公司最基本的资金来源，它可降低公司负债比率，提高公司的财务信用，增加公司今后的融资能力。

普通股融资的缺点有：①资金成本较高。首先，从投资者角度来看，购买股票承担的风险比购买债券高，投资者只有在股票的投资报酬高于债券的利息收入时，才愿意购买；其次，对于股份有限公司而言，普通股的股息和红利需从税后利润中支付，不像债券利息那样作为费用从税前支付，因而不具有抵税的作用。此外，普通股的发行费用一般也高于其他证券。②增发普通股会增加新股东，使原有股东的控制权降低。

110. B 【考点】偿债能力分析

【解析】偿债备付率是指在借款偿还期内，用于计算还本付息的资金与应还本付息金额之比。该指标从还本付息资金来源的充裕性角度，反映偿付债务本息的保障程度和支付能力。偿债备付率应分年计算。偿债备付率越高，可用于还本付息的资金保障程度越高，偿债备付率应大于1，一般不宜低于1.3，并结合债权人的要求确定。本题中，偿债备付率小于1，表明可用于还本付息的资金保障程度低。该资金来源不足以偿付到期债务，需要通过短期借款偿付已到期债务。

111. B 【考点】净收益的计算

【解析】根据 $NPV=-1000+50(P/F,\ 12\%,\ 10)+A(P/A,\ 12\%,\ 10)=0$。

即：$-1000+50\times0.322+5.650A=0$。解得 $A=174.14$(万元)。

112. D 【考点】影子价格

【解析】对于可外贸货物影子价格的计算公式为：

出口产出的影子价格(出厂价)=离岸价(FOB)×影子汇率-出口费用；

进口投入的影子价格(到厂价)=到岸价(CIF)×影子汇率+进口费用。

故本题中，进口投入的影子价格(到厂价)=100×6+100×6=1200(元)。

113. A 【考点】方案比选的类型

【解析】互斥型是指方案具有排他性，选择了一个方案，就不能选择另外的方案。只能在不同方案中选择其一。对于同一地域土地的利用方案、厂址选择方案、建设规模方案等都是互斥方案。

114. D 【考点】价值工程的实施步骤

【解析】价值工程的实施步骤：①准备阶段，包括对象选择；组成价值工程领导小组；制订工作计划。②功能分析阶段，包括收集整理信息资料；功能系统分析；功能评价。③创新阶段，包括方案创新；方案评价；提案编写。④实施阶段，包括审批；实施与检查；成果鉴定。

115. A 【考点】建筑工程发包与承包

【解析】根据《中华人民共和国建筑法》第二十八条规定，禁止承包单位将其承包的全部建筑工程转包给他人，禁止承包单位将其承包的全部建筑工程肢解以后以分包的名义分别转包给他人。第二十九条规定，建筑工程总承包单位可以将承包工程中的部分工程发包给具有相应资质条件的分包单位；但是，除总承包合同中约定的分包外，必须经建设单位认可。施工总承包的，建筑工程主体结构的施工必须由总承包单位自行完成。本题问的是“建设单位的做法”，建设单位是甲方，可以将设计和施工分别外包给相应部门。D项的做法是施工总承包的范畴。

116. B 【考点】生产经营单位的安全生产保障

【解析】A项，根据《中华人民共和国安全生产法》第四十四条规定，生产经营单位应当教育和督促从业人员严格执行本单位的安全生产规章制度和安全操作规程；并向从业人员如实告知作业场所和工作岗位存在的危险因素、防范措施以及事故应急措施。

B项，第二十四条规定，矿山、金属冶炼、建筑施工、运输单位和危险物品的生产、经营、储存、装卸单位，应当设置安全生产管理机构或者配备专职安全生产管理人员。

C项，第四十七条规定，生产经营单位应当安排用于配备劳动防护用品、进行安全生产培训的经费。

D项，第五十一条规定，生产经营单位必须依法参加工伤保险，为从业人员缴纳保险费。

117. C 【考点】招标

【解析】根据《中华人民共和国招标投标法》第二十四条规定，招标人应当确定投标人编制投标文件所需要的合理时间；但是，依法必须进行招标的项目，自招标文件开始发出之日起至投标人提交投标文件截止之日止，最短不得少于二十日。

118. A 【考点】合同的订立

【解析】根据《中华人民共和国民法典》第四百九十一条规定，当事人采用信件、数据电文等形式订立合同要求签订确认书的，签订确认书时合同成立。

119. C 【考点】节能管理

【解析】A项，根据《中华人民共和国节约能源法》第十七条规定，禁止生产、进口、销售国家明令淘汰或者不符合强制性能源效率标准的用能产品、设备；禁止使用国家明令淘汰的用能设备、生产工艺。

BD两项，第十九条规定，生产者和进口商应当对其标注的能源效率标识及相关信息的准确性负责。禁止销售应当标注而未标注能源效率标识的产品。禁止伪造、冒用能源效率标识或者利用能源效率标识进行虚假宣传。

C项，第十三条规定，国家鼓励企业制定严于国家标准、行业标准的企业节能标准。

120. B 【考点】工程监理单位的质量责任和义务

【解析】根据《建设工程质量管理条例》第三十七条规定，工程监理单位应当选派具备相应资格的总监理工程师和监理工程师进驻施工现场。未经监理工程师签字，建筑材料、建筑构配件和设备不得在工程上使用或者安装，施工单位不得进行下一道工序的施工。未经总监理工程师签字，建设单位不拨付工程款，不进行竣工验收。

2021 年全国勘察设计注册工程师执业资格考试
《公共基础考试》真题

单项选择题（共 120 题，每题 1 分，每题的备选项中只有一个最符合题意）

1. 下列结论正确的是（　　）。

A. $\lim\limits_{x \to 0} e^{\frac{1}{x}}$存在

B. $\lim\limits_{x \to 0^-} e^{\frac{1}{x}}$存在

C. $\lim\limits_{x \to 0^+} e^{\frac{1}{x}}$存在

D. $\lim\limits_{x \to 0^+} e^{\frac{1}{x}}$存在，$\lim\limits_{x \to 0^-} e^{\frac{1}{x}}$不存在，从而$\lim\limits_{x \to 0} e^{\frac{1}{x}}$不存在

2. 当 $x \to 0$ 时，与 x^2 为同阶无穷小的是（　　）。

A. $1-\cos 2x$　　B. $x^2 \sin x$　　C. $\sqrt{1+x}-1$　　D. $1-\cos x^2$

3. 设 $f(x)$ 在 $x=0$ 的某个领域内有定义，$f(0)=0$，且 $\lim\limits_{x \to 0} \frac{f(x)}{x}=1$，则 $f(x)$ 在 $x=0$ 处（　　）。

A. 不连续　　B. 连续但不可导

C. 可导且导数为 1　　D. 可导且导数为 0

4. 若 $f\left(\frac{1}{x}\right)=\frac{x}{1+x}$，则 $f'(x)$ 等于（　　）。

A. $\frac{1}{x+1}$　　B. $-\frac{1}{x+1}$　　C. $-\frac{1}{(x+1)^2}$　　D. $\frac{1}{(x+1)^2}$

5. 方程 $x^3+x-1=0$（　　）。

A. 无实根　　B. 只有一个实根

C. 有两个实根　　D. 有三个实根

6. 若函数 $f(x)$ 在 $x=x_0$ 处取得极值，则下列结论成立的是（　　）。

A. $f'(x_0)=0$　　B. $f'(x_0)$不存在

C. $f'(x_0)=0$ 或 $f'(x_0)$不存在　　D. $f''(x_0)=0$

7. 若 $\int f(x)\mathrm{d}x=\int \mathrm{d}g(x)$，则下列各式中正确的是（　　）。

A. $f(x)=g(x)$　　B. $f(x)=g'(x)$　　C. $f'(x)=g(x)$　　D. $f'(x)=g'(x)$

8. 定积分 $\int_{-1}^{1}(x^3+|x|)e^{x^2}\mathrm{d}x$ 的值等于（　　）。

A. 0　　B. e　　C. e－1　　D. 不存在

9. 曲面 $x^2+y^2+z^2=a^2$ 与 $x^2+y^2=2az\,(a>0)$ 的交线是（　　）。

A. 双曲线　　B. 抛物线　　C. 圆　　D. 不存在

10. 设有直线 L：$\begin{cases} x+3y+2z+1=0 \\ 2x-y-10z+3=0 \end{cases}$ 及平面 π：$4x-2y+z-2=0$，则直线 L（　　）。

A. 平行于 π　　B. 垂直于 π　　C. 在 π 上　　D. 与 π 斜交

11. 已知函数 $f(x)$ 在 $(-\infty, +\infty)$ 内连续，并满足 $f(x)=\int_0^x f(t)\mathrm{d}t$，则 $f(x)$ 为(　　)。

A. e^x　　B. $-e^x$　　C. 0　　D. e^{-x}

12. 在下列函数中，为微分方程 $y''-y'-2y=6e^x$ 的特解的是(　　)。

A. $y=3e^{-x}$　　B. $y=-3e^{-x}$　　C. $y=3e^x$　　D. $y=-3e^x$

13. 设函数 $f(x,y)=\begin{cases}\frac{1}{xy}\sin(x^2y), & xy\neq 0\\ 0, & xy=0\end{cases}$，则 $f'_x(0,1)$ 等于(　　)。

A. 0　　B. 1　　C. 2　　D. -1

14. 设函数 $f(u)$ 连续，而区域 D：$x^2+y^2\leqslant 1$，且 $x>0$，则二重积分 $\iint\limits_D f(\sqrt{x^2+y^2})\mathrm{d}x\mathrm{d}y$ 等于(　　)。

A. $\pi\int_0^1 f(r)\mathrm{d}r$　　B. $\pi\int_0^1 rf(r)\mathrm{d}r$　　C. $\frac{\pi}{2}\int_0^1 f(r)\mathrm{d}r$　　D. $\frac{\pi}{2}\int_0^1 rf(r)\mathrm{d}r$

15. 设 L 是圆 $x^2+y^2=-2x$，取逆时针方向，则对坐标的曲线积分 $\int_L (x-y)\mathrm{d}x+(x+y)\mathrm{d}y$ 等于(　　)。

A. -4π　　B. -2π　　C. 0　　D. 2π

16. 设函数 $z=x^y$，则 $\frac{\partial^2 z}{\partial x\partial y}$ 等于(　　)。

A. $x^y(1+\ln x)$　　B. $x^y(1+y\ln x)$

C. $x^{y-1}(1+y\ln x)$　　D. $x^y(1-x\ln x)$

17. 下列级数中，收敛的级数是(　　)。

A. $\sum_{n=1}^{\infty}\frac{8^n}{7^n}$　　B. $\sum_{n=1}^{\infty}n\sin\frac{1}{n}$　　C. $\sum_{n=1}^{\infty}\frac{1}{\sqrt{n}}$　　D. $\sum_{n=1}^{\infty}(-1)^{n-1}\frac{1}{n}$

18. 级数 $\sum_{n=1}^{\infty}n\left(\frac{1}{2}\right)^{n-1}$ 的和是(　　)。

A. 1　　B. 2　　C. 3　　D. 4

19. 若矩阵 $\boldsymbol{A}=\begin{pmatrix}1&0&0\\0&-1&-1\\0&0&1\end{pmatrix}$，$\boldsymbol{I}=\begin{pmatrix}1&0&0\\0&1&0\\0&0&1\end{pmatrix}$，则矩阵 $(\boldsymbol{A}-2\boldsymbol{I})^{-1}(\boldsymbol{A}^2-4\boldsymbol{I})$ 为(　　)。

A. $\begin{pmatrix}3&0&0\\0&1&-1\\0&0&3\end{pmatrix}$　　B. $\begin{pmatrix}3&0&0\\0&1&0\\0&0&3\end{pmatrix}$　　C. $\begin{pmatrix}3&0&0\\0&1&1\\0&0&3\end{pmatrix}$　　D. $\begin{pmatrix}2&0&0\\0&-2&-2\\0&0&2\end{pmatrix}$

20. 已知矩阵 $\boldsymbol{A}=\begin{pmatrix}0&0&1\\x&1&y\\1&0&0\end{pmatrix}$ 有三个线性无关的特征向量，则下列关系式正确的是(　　)。

A. $x+y=0$　　B. $x+y\neq 0$　　C. $x+y=1$　　D. $x=y=1$

21. 设 n 维向量组 $\boldsymbol{\alpha}_1$，$\boldsymbol{\alpha}_2$，$\boldsymbol{\alpha}_3$ 是线性方程组 $\boldsymbol{Ax}=\boldsymbol{0}$ 的一个基础解系，则下列向量组也是

$\boldsymbol{Ax}=\mathbf{0}$ 的基础解系的是(　　)。

A. $\boldsymbol{\alpha}_1$，$\boldsymbol{\alpha}_2-\boldsymbol{\alpha}_3$　　B. $\boldsymbol{\alpha}_1+\boldsymbol{\alpha}_2$，$\boldsymbol{\alpha}_2+\boldsymbol{\alpha}_3$，$\boldsymbol{\alpha}_3+\boldsymbol{\alpha}_1$

C. $\boldsymbol{\alpha}_1+\boldsymbol{\alpha}_2$，$\boldsymbol{\alpha}_2+\boldsymbol{\alpha}_3$，$\boldsymbol{\alpha}_1-\boldsymbol{\alpha}_3$　　D. $\boldsymbol{\alpha}_1$，$\boldsymbol{\alpha}_1+\boldsymbol{\alpha}_2$，$\boldsymbol{\alpha}_2+\boldsymbol{\alpha}_3$，$\boldsymbol{\alpha}_1+\boldsymbol{\alpha}_2+\boldsymbol{\alpha}_3$

22. 袋子里有 5 个白球，3 个黄球，4 个黑球，从中随机地抽取 1 只，已知它不是黑球，则它是黄球的概率是(　　)。

A. $\frac{1}{8}$　　B. $\frac{3}{8}$　　C. $\frac{5}{8}$　　D. $\frac{7}{8}$

23. 设 X 服从泊松分布 $P(3)$，则 X 的方差与数学期望之比$\frac{D(X)}{E(X)}$等于(　　)。

A. 3　　B. $\frac{1}{3}$　　C. 1　　D. 9

24. 设 X_1，X_2，…，X_n是来自总体 $X\sim N(\mu,\ \sigma^2)$的样本，$\overline{X}$ 是 X_1，X_2，…，X_n的样本均值，则 $\sum_{i=1}^{n}\frac{(X_i-\overline{X})^2}{\sigma^2}$ 服从的分布是(　　)。

A. $F(n)$　　B. $t(n)$　　C. $\chi^2(n)$　　D. $\chi^2(n-1)$

25. 在标准状态下，即压强 $P_0=1\text{atm}$，温度 $T=273.15\text{K}$，一摩尔任何理想气体的体积均为(　　)。

A. 22.4L　　B. 2.24L　　C. 224L　　D. 0.224L

26. 理想气体经过等温膨胀过程，其平均自由程 $\overline{\lambda}$ 和平均碰撞频率 $\overline{Z}$ 的变化是(　　)。

A. $\overline{\lambda}$ 变大，$\overline{Z}$ 变大　　B. $\overline{\lambda}$ 变大，$\overline{Z}$ 变小

C. $\overline{\lambda}$ 变小，$\overline{Z}$ 变大　　D. $\overline{\lambda}$ 变小，$\overline{Z}$ 变小

27. 在一热力学过程中，系统内能的减少量全部成为传给外界的热量，此过程一定是(　　)。

A. 等体升温过程　　B. 等体降温过程

C. 等压膨胀过程　　D. 等压压缩过程

28. 理想气体卡诺循环过程的两条绝热线下的面积大小(图中阴影部分)分别为 S_1 和 S_2，则二者的大小关系是(　　)。

A. $S_1>S_2$

B. $S_1=S_2$

C. $S_1<S_2$

D. 无法确定

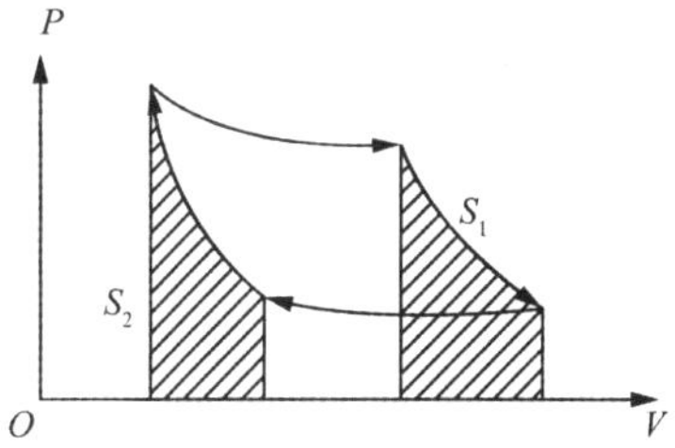

题 28 图

29. 一热机在一次循环中吸热 $1.68\times10^7\text{J}$，向冷源放热 $1.26\times10^7\text{J}$，该热机效率为(　　)。

A. 25%　　B. 40%　　C. 60%　　D. 75%

30. 若一平面简谐波的表达式为 $y=A\cos(Bt-Cx)$，式中 A、B、C 为正值常量，则(　　)。

A. 波速为 C　　B. 周期为 $1/B$

C. 波长为 $2\pi/C$　　D. 角频率为 $2\pi/B$

31. 图示为一平面简谐机械波在 t 时刻的波形曲线，若此时 A 点处媒质质元的振动动能在增大，则(　　)。

A. A 点处质元的弹性势能在减小

B. 波沿 x 轴负方向传播

C. B 点处质元的振动动能在减小

D. 各点的波的能量密度都不随时间变化

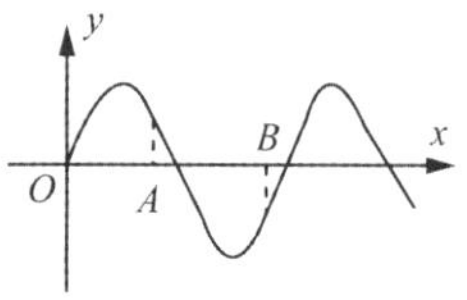

题 31 图

32. 两个相同的喇叭接在同一播音器上，它们是相干波源，二者到 P 点的距离之差为 $\lambda/2$（λ 是声波波长），则 P 点处为（　　）。

A. 波相干加强点　　B. 波相干减弱点

C. 合振幅随时间变化的点　　D. 合振幅无法确定的点

33. 一声波波源相对媒质不动，发出的声波的频率是 v_0，设一观察者的速度为波速的 1/2，当观察者远离波源运动时，他接收到的声波频率 v 为（　　）。

A. v_0　　B. $2v_0$　　C. $v_0/2$　　D. $3v_0/2$

34. 当一束单色光通过折射率不同的两种媒质时，光的（　　）。

A. 频率不变，波长不变　　B. 频率不变，波长改变

C. 频率改变，波长不变　　D. 频率改变，波长改变

35. 在单缝衍射中，若单缝处的波面恰好被分成偶数个半波带，在相邻半波带上任何两个对应点所发出的光，在暗条纹处的相位差为（　　）。

A. π　　B. 2π　　C. $\pi/2$　　D. $3\pi/2$

36. 一束平行单色光垂直入射在光栅上，当光栅常数（$a+b$）为下列哪种情况时（a 代表每条缝的宽度），$k=3$、6、9 等级次的主极大均不出现？（　　）

A. $a+b=2a$　　B. $a+b=3a$　　C. $a+b=4a$　　D. $a+b=6a$

37. 既能衡量元素金属性、又能衡量元素非金属性强弱的物理量是（　　）。

A. 电负性　　B. 电离能　　C. 电子亲合能　　D. 极化力

38. 下列各组物质中，两种分子之间存在的分子间力只含有色散力的是（　　）。

A. 氢气和氦气　　B. 二氧化碳和二氧化硫气体

C. 氢气和溴化氢气体　　D. 一氧化碳和氧气

39. 在 $BaSO_4$ 饱和溶液中，加入 Na_2SO_4，溶液中 $c(Ba^{2+})$ 的变化是（　　）。

A. 增大　　B. 减小　　C. 不变　　D. 不能确定

40. 已知 $K^{\ominus}(NH_3 \cdot H_2O)=1.8\times10^{-5}$，浓度均为 $0.1mol \cdot L^{-1}$ 的 $NH_3 \cdot H_2O$ 和 NH_4Cl 混合溶液的 pH 值为（　　）。

A. 4.74　　B. 9.26　　C. 5.74　　D. 8.26

41. 已知 HCl(g) 的 $\Delta_f H_m^{\ominus}=-92\ kJ \cdot mol^{-1}$，则反应 $H_2(g)+Cl_2(g) \rightarrow 2HCl(g)$ 的 $\Delta_r H_m^{\ominus}$ 是（　　）。

A. $92\ kJ \cdot mol^{-1}$　　B. $-92\ kJ \cdot mol^{-1}$

C. $-184\ kJ \cdot mol^{-1}$　　D. $46\ kJ \cdot mol^{-1}$

42. 反应 $A(s)+B(g) \rightleftharpoons 2C(g)$ 在体系中达到平衡，如果保持温度不变，升高体系的总压（减小体积），平衡向左移动，则 $K^{\ominus}$ 的变化是（　　）。

A. 增大　　B. 减小　　C. 不变　　D. 无法判断

43. 已知 $E^{\ominus}(Fe^{3+}/Fe^{2+})=0.771V$，$E^{\ominus}(Fe^{2+}/Fe)=-0.44\ V$，$K_{sp}^{\ominus}(Fe(OH)_3)=2.79\times10^{-39}$，$K_{sp}^{\ominus}(Fe(OH)_2)=4.87\times10^{-17}$，有如下原电池 $(-)Fe \mid Fe^{2+}(1.0mol \cdot L^{-1}) \mid$

| Fe^{3+}($1.0mol\cdot L^{-1}$)，Fe^{2+}($1.0mol\cdot L^{-1}$) | Pt(+)，如向两个半电池中均加入 NaOH，最终均使 $c(OH^-)=1.0mol\cdot L^{-1}$，则原电池电动势的变化是(　　)。

A. 变大　　B. 变小　　C. 不变　　D. 无法确定

44. 下列各组化合物中能用溴水区别的是(　　)。

A. 1－己烯和己烷　　B. 1－己烯和1－己炔

C. 2－己烯和1－己烯　　D. 己烷和苯

45. 尼泊金酯是国家允许使用的食品防腐剂，它是对羟基苯甲酸与醇形成的酯类化合物。尼泊金丁酯的结构简式为(　　)。

A. 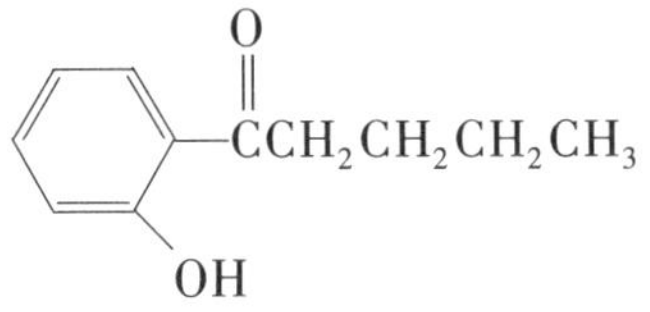

B. 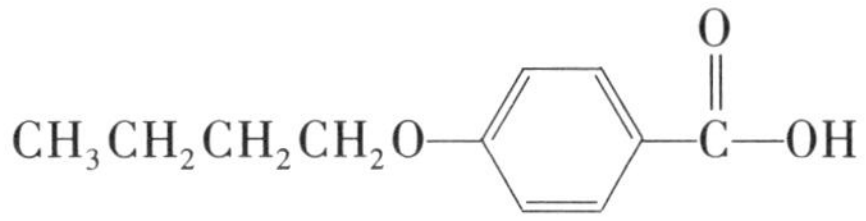

C. 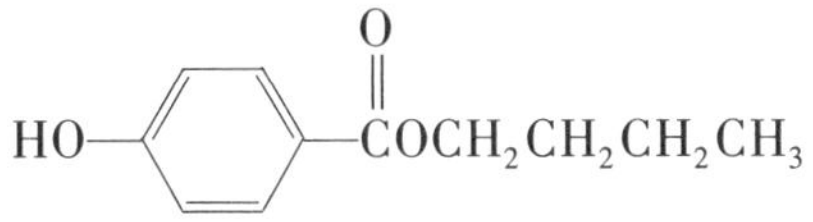

D. 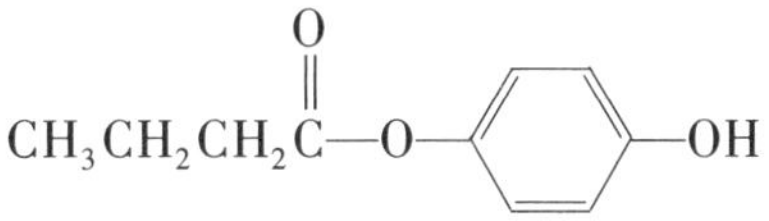

46. 某高分子化合物的结构为：

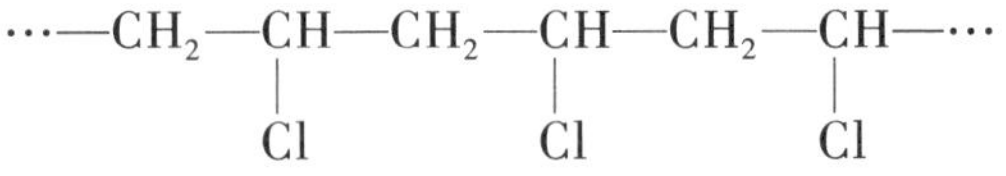

在下列叙述中，不正确的是(　　)。

A. 它为线型高分子化合物　　B. 合成该高分子化合物的反应为缩聚反应

C. 链节为 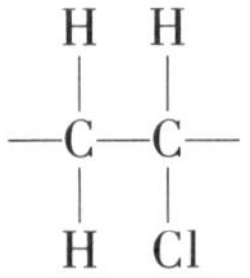　　D. 它的单体为 $CH_2=CHCl$

47. 三角形板 ABC 受平面力系作用如图示。欲求未知力 F_{NA}、F_{NB} 和 F_{NC}，独立的平衡方程组是(　　)。

A. $\sum M_C(F)=0$，$\sum M_D(F)=0$，$\sum M_B(F)=0$

B. $\sum F_y=0$，$\sum M_A(F)=0$，$\sum M_B(F)=0$

C. $\sum F_x=0$，$\sum M_A(F)=0$，$\sum M_B(F)=0$

D. $\sum F_x=0$，$\sum M_A(F)=0$，$\sum M_C(F)=0$

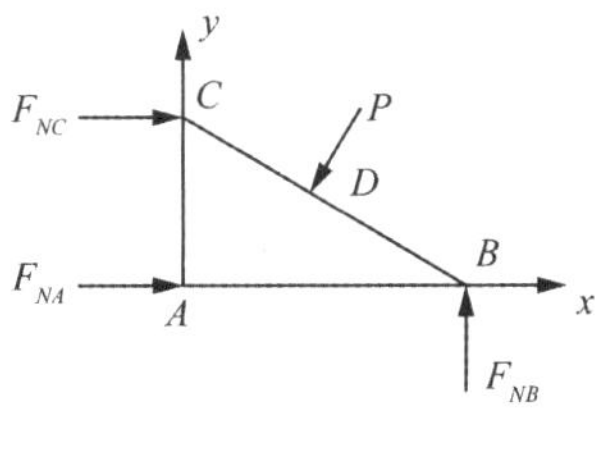

题47图

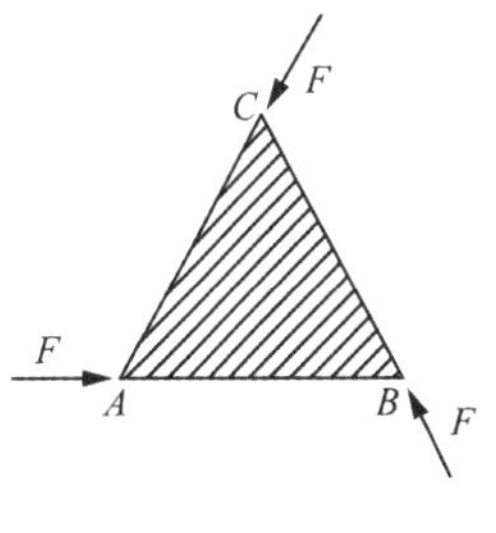

题48图

48. 图示等边三角板 ABC，边长为 a，沿其边缘作用大小均为 F 的力，方向如图所示。则此力系简化为(　　)。

A. 平衡　　B. 一力和一力偶　　C. 一合力偶　　D. 一合力

49. 三杆 AB、AC 及 DEH 用铰链连接如图。已知：$AD=BD=0.5\text{m}$，E 端受一力偶作用，其矩 $M=1\text{kN}\cdot\text{m}$。则支座 C 的约束力为(　　)。

A. $F_C=0$　　B. $F_C=2\text{kN}(\rightarrow)$　　C. $F_C=2\text{kN}(\leftarrow)$　　D. $F_C=1\text{kN}(\rightarrow)$

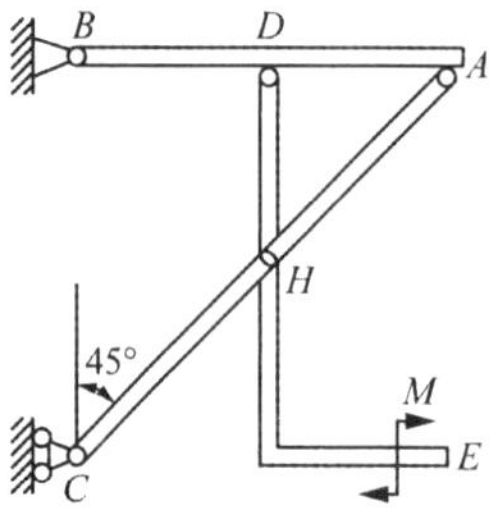

题 49 图

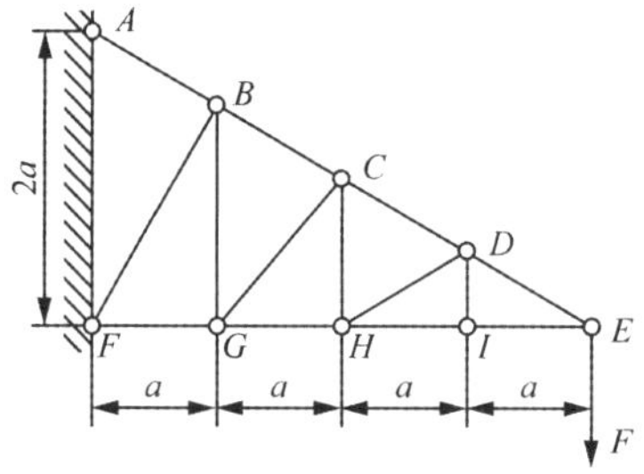

题 50 图

50. 图示桁架结构中，DH 杆的内力大小为(　　)。

A. F　　B. $-F$　　C. $0.5F$　　D. 0

51. 某点按 $x=t^3-12t+2$ 的规律沿直线轨迹运动(其中 t 以 s 计，x 以 m 计)，则 $t=3\text{s}$ 时点经过的路程为(　　)。

A. 23m　　B. 21m　　C. −7m　　D. −14m

52. 四连杆机构如图所示。已知曲柄 O_1A 长为 r，AM 长为 l，角速度为 ω、角加速度为 ε。则固连在 AB 杆上的物块 M 的速度和法加速度的大小为(　　)。

A. $v_M=l\omega$，$a_M^n=l\omega^2$　　B. $v_M=l\omega$，$a_M^n=r\omega^2$

C. $v_M=r\omega$，$a_M^n=r\omega^2$　　D. $v_M=r\omega$，$a_M^n=l\omega^2$

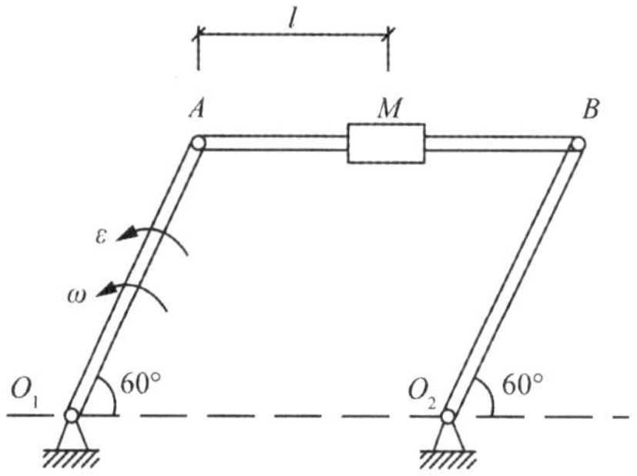

题 52 图

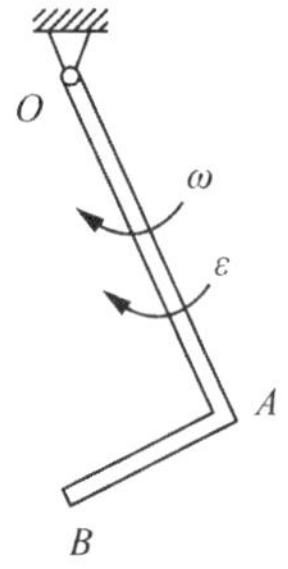

题 53 图

53. 直角刚杆 OAB 在图示瞬时有 $\omega=2\text{rad/s}$，$\varepsilon=5\text{rad/s}^2$，若 $OA=40\text{cm}$，$AB=30\text{cm}$，则 B 点的速度大小和切向加速度的大小为(　　)。

A. 100cm/s，250cm/s^2　　B. 80cm/s，200cm/s^2

C. 60cm/s，150cm/s^2　　D. 100cm/s，200cm/s^2

54. 设物块 A 为质点，其重为 10N，静止在一个可以绕 y 轴转动的平面上，如图所示。绳长 $l=2\text{m}$，取 $g=10\text{m/s}^2$。当平面与物块以常角速度 2rad/s 转动时，则绳中的张力是(　　)。

A. 10.98N　　B. 8.66N　　C. 5.00N　　D. 9.51N

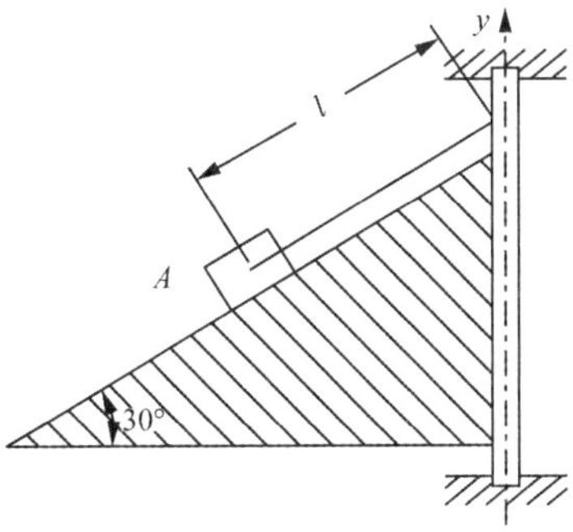

题 54 图

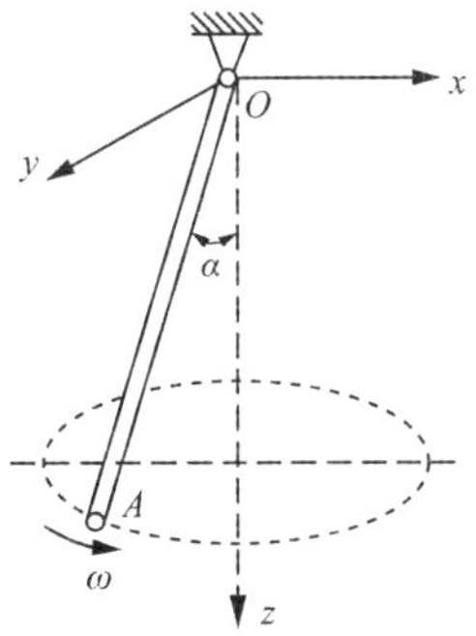

题 55 图

55. 图示均质细杆 OA 的质量为 m，长为 l，绕定轴 Oz 以匀角速转动，设杆与 Oz 轴夹角为 α，则当杆运动到 O_{yz} 平面内的瞬时，细杆 OA 的动量大小为(　　)。

A. $\frac{1}{2}ml\omega$　　B. $\frac{1}{2}ml\omega\sin\alpha$　　C. $ml\omega\sin\alpha$　　D. $\frac{1}{2}ml\omega\cos\alpha$

56. 均质细杆 OA，质量为 m、长为 l。在如图所示水平位置静止释放，当运动到铅直位置时，OA 杆的角速度的大小为(　　)。

A. 0　　B. $\sqrt{\frac{3g}{l}}$

C. $\sqrt{\frac{3g}{2l}}$　　D. $\sqrt{\frac{g}{3l}}$

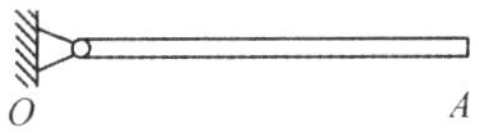

题 56 图

57. 质量为 m，半径为 R 的均质圆轮绕垂直于图面的水平轴 O 转动，在力偶 M 的作用下，其常角速度为 ω。在图示瞬时，轮心 C 在最低位置，这时轴承 O 施加于轮的附加动反力为(　　)。

A. $\frac{mR\omega}{2}$(↑)　　B. $\frac{mR\omega}{2}$(↓)　　C. $\frac{mR\omega^2}{2}$(↑)　　D. $mR\omega^2$(↓)

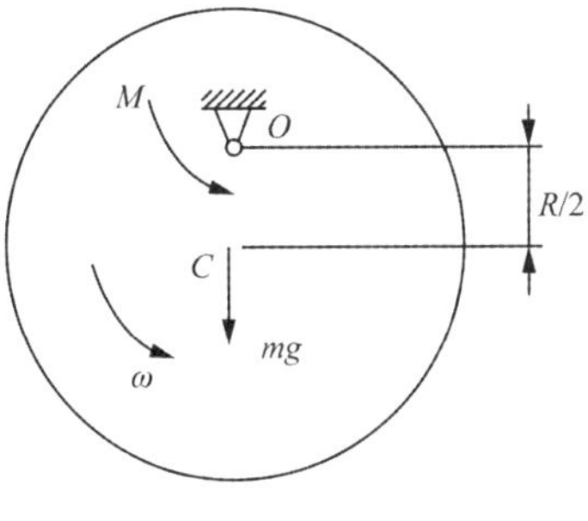

题 57 图

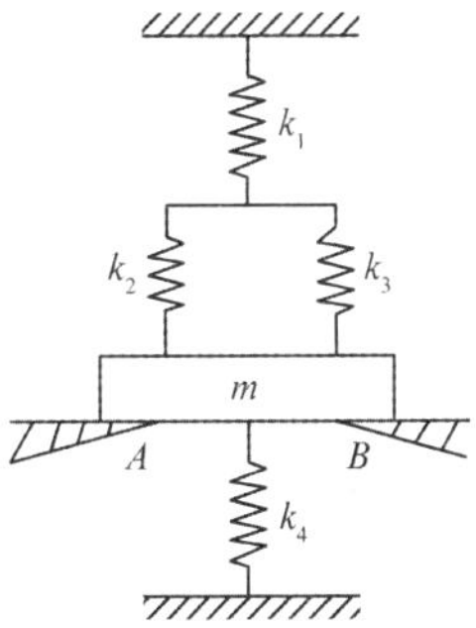

题 58 图

58. 图所示系统中，四个弹簧均未受力，已知 $m=50\text{kg}$，$k_1=9800\text{N/m}$，$k_2=k_3=4900\text{N/m}$，$k_4=19600\text{N/m}$。则此系统的固有圆频率为(　　)。

A. 19.8rad/s　　B. 22.1rad/s　　C. 14.1rad/s　　D. 9.9rad/s

59. 关于铸铁力学性能有以下两个结论：①抗剪能力比抗拉能力差；②压缩强度比拉伸强度高。关于以上结论下列说法正确的是(　　)。

A. ①正确，②不正确　　B. ②正确，①不正确

C. ①、②都正确　　　　D. ①、②都不正确

60. 等截面直杆 DCB，拉压刚度为 EA，在 B 端轴向集中力 F 作用下，杆中间的 C 截面轴向位移为(　　)。

A. $\dfrac{2Fl}{EA}$　　B. $\dfrac{Fl}{EA}$　　C. $\dfrac{Fl}{2EA}$　　D. $\dfrac{Fl}{4EA}$

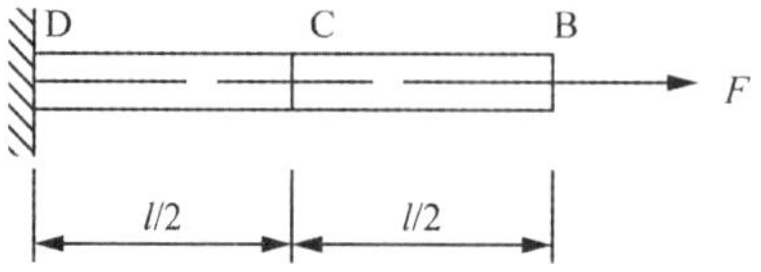

题 60 图

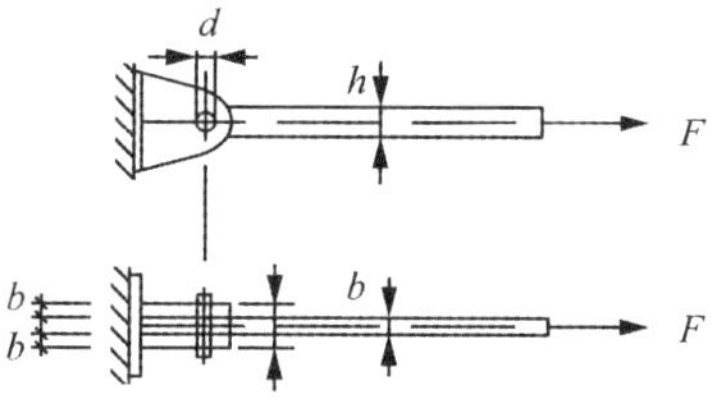

题 61 图

61. 图示矩形截面连杆，端部与基础通过铰链轴连接，连杆受拉力 F 作用，已知铰链轴的许用挤压应力为$[\sigma_{bs}]$，则轴的合理直径 d 是(　　)。

A. $d\geqslant\dfrac{F}{b[\sigma_{bs}]}$　　B. $d\geqslant\dfrac{F}{h[\sigma_{bs}]}$　　C. $d\geqslant\dfrac{F}{2b[\sigma_{bs}]}$　　D. $d\geqslant\dfrac{F}{2h[\sigma_{bs}]}$

62. 图示圆轴在扭转力矩作用下发生扭转变形，该轴 A、B、C 三个截面相对于 D 截面的扭转角间满足(　　)。

A. $\phi_{DA}=\phi_{DB}=\phi_{DC}$　　B. $\phi_{DA}=0$，$\phi_{DB}=\phi_{DC}$

C. $\phi_{DA}=\phi_{DB}=2\phi_{DC}$　　D. $\phi_{DA}=2\phi_{DC}$，$\phi_{DB}=0$

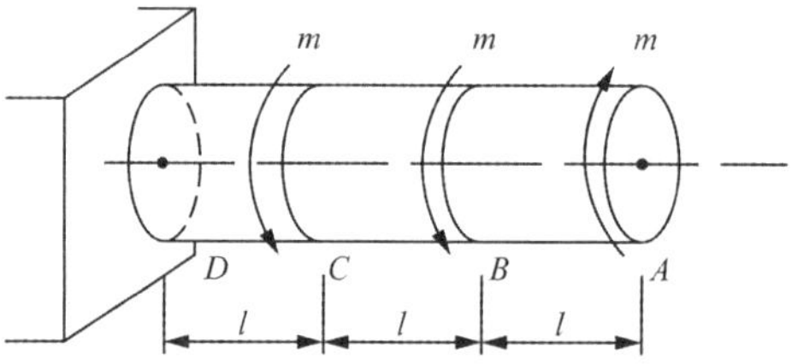

题 62 图

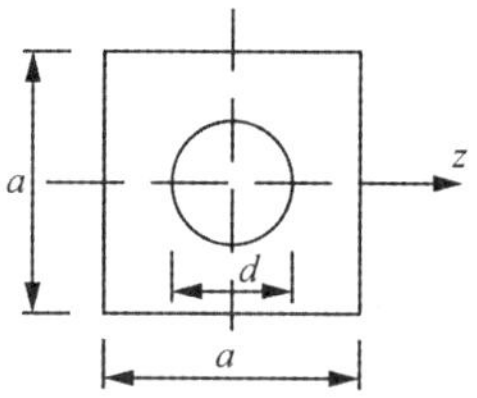

题 63 图

63. 边长为 a 的正方形，中心挖去一个直径为 d 的圆后，截面对 z 轴的抗弯截面系数是(　　)。

A. $W_z=\dfrac{a^4}{12}-\dfrac{\pi d^4}{64}$　　B. $W_z=\dfrac{a^3}{6}-\dfrac{\pi d^3}{32}$

C. $W_z=\dfrac{a^3}{6}-\dfrac{\pi d^4}{32a}$　　D. $W_z=\dfrac{a^3}{6}-\dfrac{\pi d^4}{16a}$

64. 如图所示，对称结构梁在反对称荷载作用下，梁中间 C 截面的弯曲内力是(　　)。

A. 剪力、弯矩均不为零

B. 剪力为零，弯矩不为零

C. 剪力不为零，弯矩为零

D. 剪力、弯矩均为零

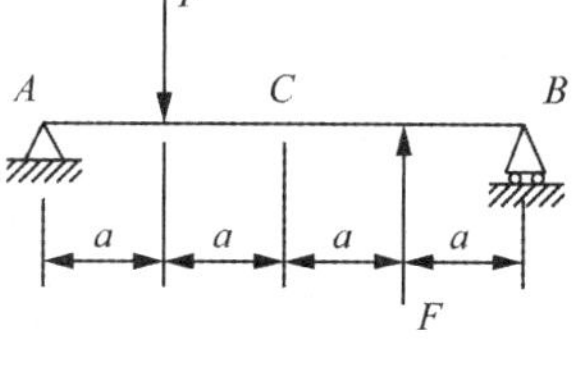

题 64 图

65. 悬臂梁 ABC 的载荷如图所示，若集中力偶 m 在梁上移动，则梁的内力变化情况是(　　)。

A. 剪力图、弯矩图均不变

B. 剪力图、弯矩图均改变

C. 剪力图不变，弯矩图改变

D. 剪力图改变，弯矩图不变

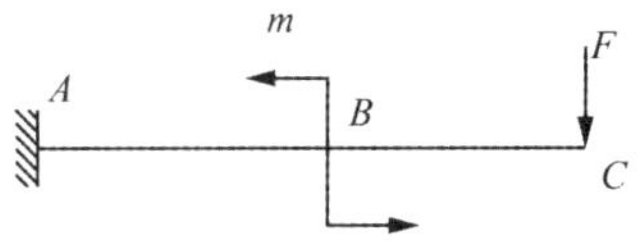

题 65 图

66. 图示梁的正确挠曲线大致形状是(　　)。

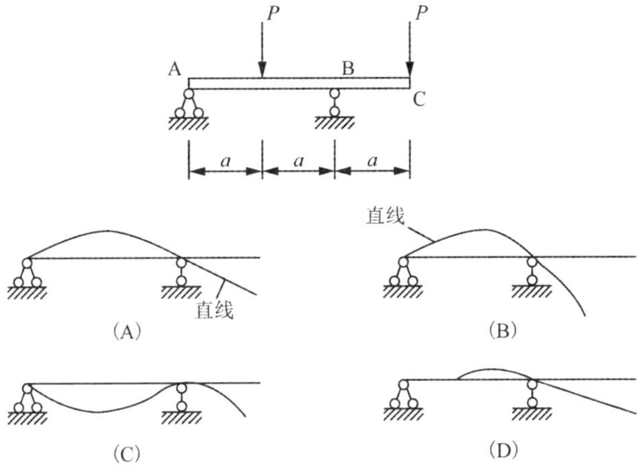

题 66 图

A. 图(A)　　B. 图(B)　　C. 图(C)　　D. 图(D)

67. 等截面轴向拉伸杆件上 1、2、3 三点的单元体如图示，以上三点应力状态的关系是(　　)。

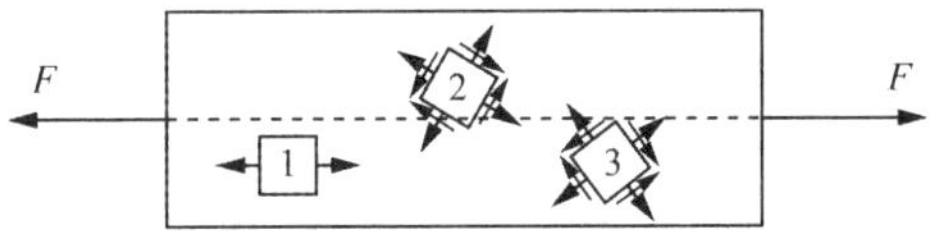

题 67 图

A. 仅 1、2 点相同　　B. 仅 2、3 点相同

C. 各点均相同　　D. 各点均不相同

68. 下面四个强度条件表达式中，对应最大拉应力强度理论的表达式是(　　)。

A. $\sigma_1 \leqslant [\sigma]$

B. $\sigma_1 - \mu(\sigma_2 + \sigma_3) \leqslant [\sigma]$

C. $\sigma_1 - \sigma_3 \leqslant [\sigma]$

D. $\sqrt{\frac{1}{2}[(\sigma_1 - \sigma_2)^2 + (\sigma_2 - \sigma_3)^2 + (\sigma_3 - \sigma_1)^2]} \leqslant [\sigma]$

69. 图示正方形截面杆，上端一个角点作用偏心轴向压力 F，该杆的最大压应力是(　　)。

A. 100MPa

B. 150MPa

C. 175MPa

D. 25MPa

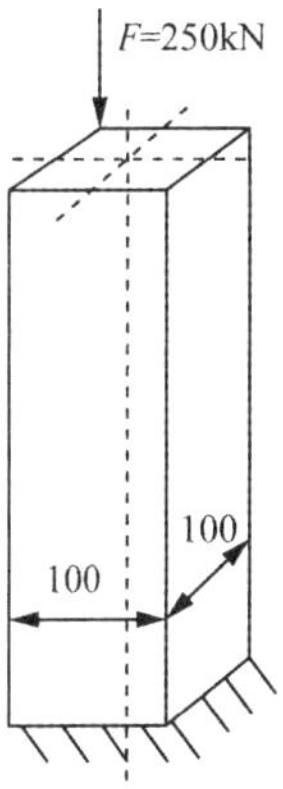

题 69 图

70. 图示四根细长压杆的抗弯刚度 EI 相同，临界载荷最大的是(　　)。

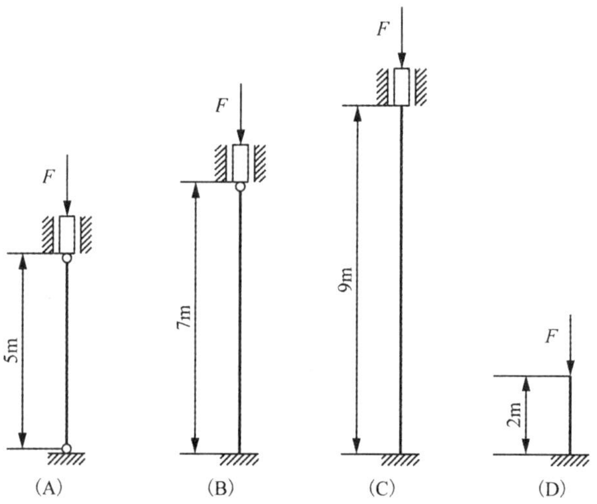

题70图

A. 图(A)　　B. 图(B)　　C. 图(C)　　D. 图(D)

71. 用一块平板挡水，其挡水面积为 A，形心淹深为 h，平板的水平倾角为 θ，该平板受到的静水压力为(　　)。

A. $\rho ghA\sin\theta$　　B. $\rho ghA\cos\theta$　　C. $\rho ghA\tan\theta$　　D. ρghA

72. 流体的粘性与下列哪个因素无关？(　　)

A. 分子的内聚力　　B. 分子的动量交换

C. 温度　　D. 速度梯度

73. 二维不可压缩流场中，$v_x=5x^3$，$v_y=-15x^2y$，试求 $x=1\text{m}$，$y=2\text{m}$ 点上的速度(　　)。

A. $v=30.41\text{m/s}$　　B. $v=25\text{m/s}$　　C. $v=-30.41\text{m/s}$　　D. $v=-25\text{m/s}$

74. 圆管流动中，判断层流与湍流状态的临界雷诺数为(　　)。

A. 2320　　B. 400　　C. 1200　　D. 50000

75. A、B 为并联管1、2、3的两连接端点，A、B 两点之间的水头损失为(　　)。

A. $h_{fab}=h_{f1}+h_{f2}+h_{f3}$　　B. $h_{fab}=h_{f1}+h_{f2}$

C. $h_{fab}=h_{f2}+h_{f3}$　　D. $h_{fab}=h_{f1}=h_{f2}=h_{f3}$

76. 可能产生明渠均匀流的渠道是(　　)。

A. 平坡棱柱形渠道　　B. 正坡棱柱形渠道

C. 正坡非棱柱形渠道　　D. 逆坡棱柱形渠道

77. 工程上常见的地下水运动属于(　　)。

A. 有压渐变渗流　　B. 无压渐变渗流

C. 有压急变渗流　　D. 无压急变渗流

78. 新设计的汽车迎风面积 1.5m^2，最大行驶速度为 108km/h，拟在风洞中进行模型试验。已知风洞试验段的最大风速为 45m/s，则模型的迎风面积为(　　)。

A. 1m^2　　B. 2.25m^2　　C. 3.6m^2　　D. 0.28m^2

79. 运动的电荷在穿越磁场时会受到力的作用，这种力称为(　　)。

A. 库仑力　　B. 洛仑兹力　　C. 电场力　　D. 安培力

80. 图示电路中，电压 U_{ab} 为(　　)。

A. 5V　　　　B. －4V　　　　C. 3V　　　　D. －3V

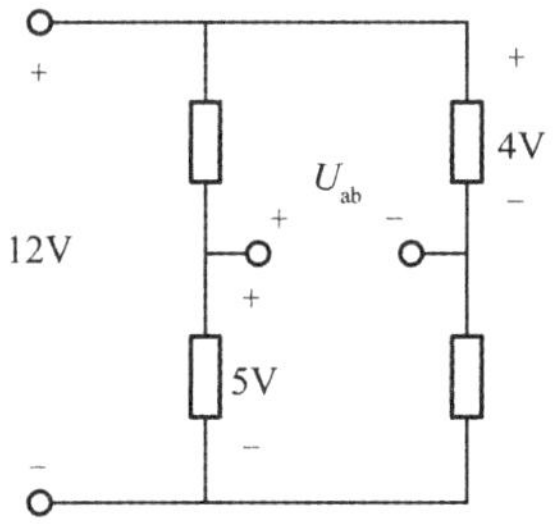

题 80 图

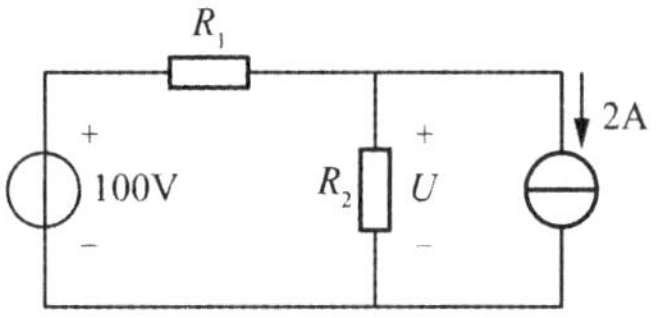

题 81 图

81. 图示电路中，电压源单独作用时，电压 $U = U' = 20\text{V}$；则电流源单独作用时，电压 $U = U''$为(　　)。

A. $2R_1$　　　　B. $-2R_1$　　　　C. $0.4R_1$　　　　D. $-0.4R_1$

82. 图示电路中，若 $\omega L = \dfrac{1}{\omega C} = R$，则(　　)。

A. $Z_1 = 3R$，$Z_2 = \dfrac{1}{3}R$

B. $Z_1 = R$，$Z_2 = 3R$

C. $Z_1 = 3R$，$Z_2 = R$

D. $Z_1 = Z_2 = R$

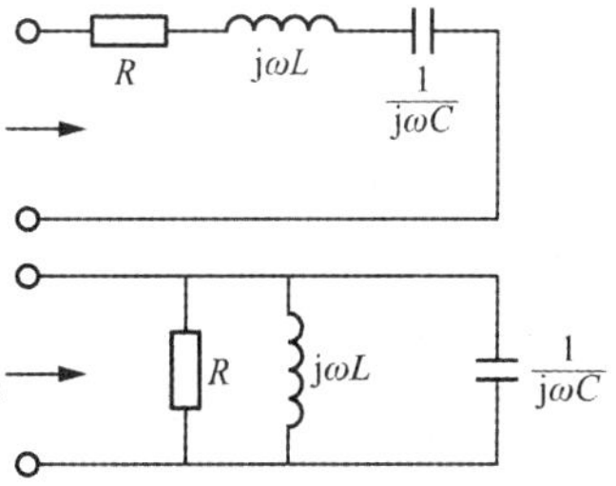

题 82 图

83. 某 RL 串联电路在 $u = U_m\sin\omega t$ 的激励下，等效复阻抗 $Z = 100 + \text{j}100\Omega$，那么，如果 $u = U_m\sin 2\omega t$，电路的功率因数 λ 为(　　)。

A. 0.707　　　　B. －0.707　　　　C. 0.894　　　　D. 0.447

84. 图示电路中，电感及电容元件上没有初始储能，开关 S 在 $t = 0$ 时刻闭合，那么，在开关闭合后瞬间，电路中的电流 i_R，i_L，i_C分别为(　　)。

A. 1A，1A，1A　　B. 0A，2A，0A　　C. 0A，0A，2A　　D. 2A，0A，0A

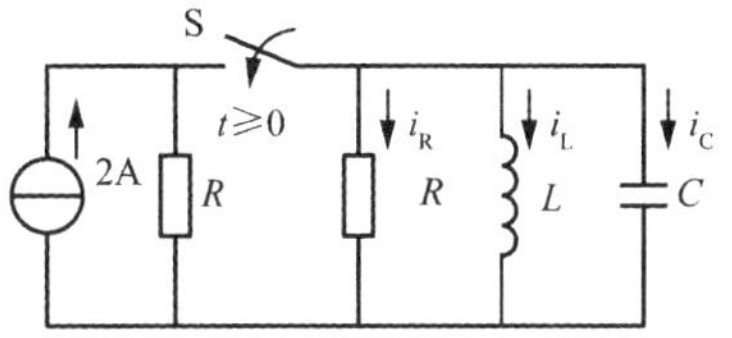

题 84 图

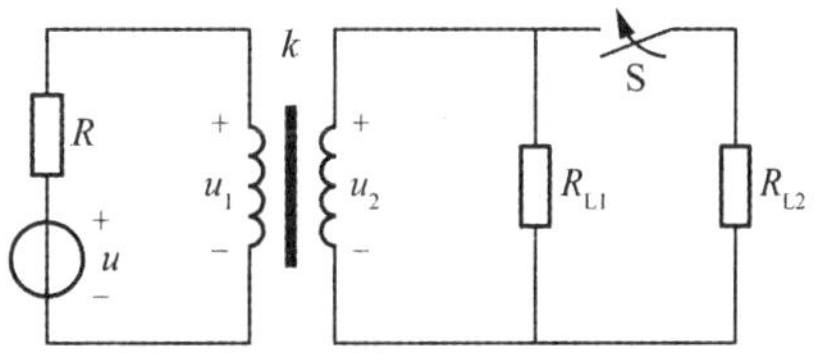

题 85 图

85. 设图示变压器为理想器件，且 u 为正弦电压，$R_{L1} = R_{L2}$，u_1和 u_2的有效值为 U_1和 U_2，开关 S 闭合后，电路中的(　　)。

A. U_1不变，U_2也不变　　　　B. U_1变小，U_2也变小

C. U_1变小，U_2不变　　　　D. U_1不变，U_2变小

86. 改变三相异步电动机旋转方向的方法是(　　)。

A. 改变三相电源的大小

B. 改变三相异步电动机定子绕组上电流的相序

C. 对三相异步电动机的定子绕组接法进行 $Y-\Delta$ 转换

D. 改变三相异步电动机转子绕组上电流的方向

87. 就数字信号而言，下述说法中正确的是(　　)。

A. 数字信号是一种离散时间信号

B. 数字信号只能用来表示数字

C. 数字信号是一种代码信号

D. 数字信号直接表示对象的原始信息

88. 模拟信号 $u_1(t)$ 和 $u_2(t)$ 的幅值频谱分别如图(a)和图(b)所示，则(　　)。

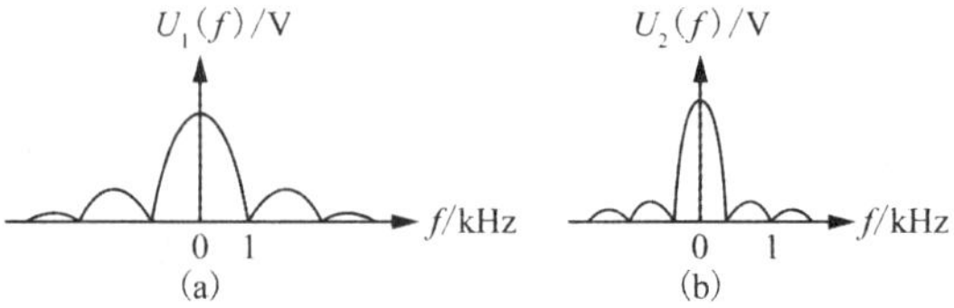

题 88 图

A. $u_1(t)$ 和 $u_2(t)$ 都是非周期性时间信号

B. $u_1(t)$ 和 $u_2(t)$ 都是周期性时间信号

C. $u_1(t)$ 是周期性时间信号，$u_2(t)$ 是非周期性时间信号

D. $u_1(t)$ 是非周期性时间信号，$u_2(t)$ 是周期性时间信号

89. 某周期信号 $u(t)$ 的幅频特性如图(a)所示，某低通滤波器的幅频特性如图(b)所示，当将信号 $u(t)$ 通过该低通滤波器处理后，则(　　)。

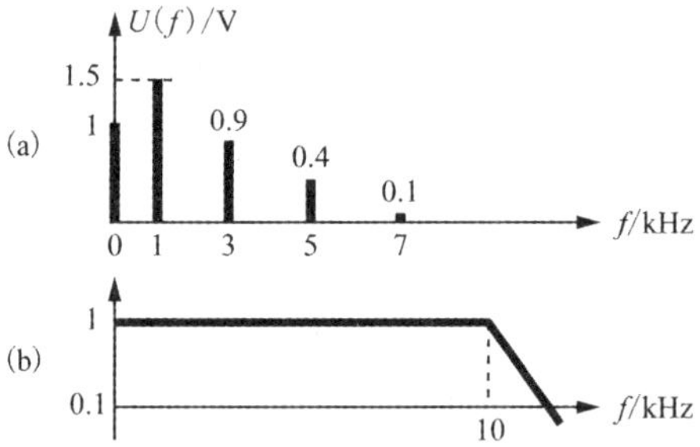

题 89 图

A. 信号的谐波结构改变，波形改变　　B. 信号的谐波结构改变，波形不变

C. 信号的谐波结构不变，波形不变　　D. 信号的谐波结构不变，波形改变

90. 对逻辑表达式 $ABC+\overline{A}D+\overline{B}D+\overline{C}D$ 的化简结果是(　　)。

A. D　　B. $\overline{D}$　　C. $ABCD$　　D. $ABC+D$

91. 已知数字信号 A 和数字信号 B 的波形如图所示，则数字信号 $F=\overline{A}B+A\overline{B}$ 的波形为(　　)。

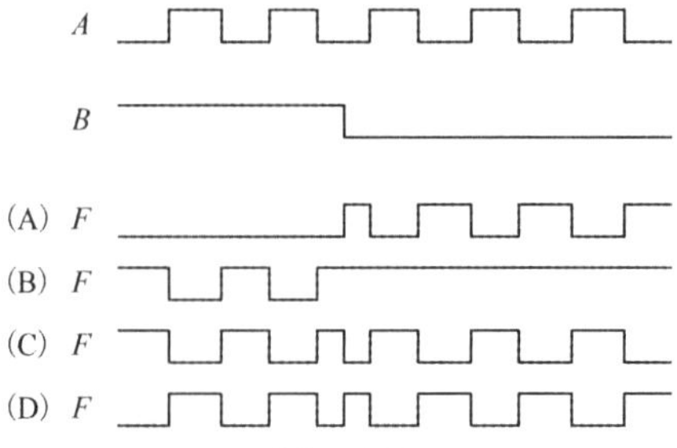

题 91 图

A. 图(A)　　B. 图(B)　　C. 图(C)　　D. 图(D)

92. 逻辑函数 $F=f(A, B, C)$的真值表如下所示，由此可知(　　)。

题 92 表

A	B	C	F
0	0	0	0
0	0	1	0
0	1	0	0
0	1	1	0
1	0	0	1
1	0	1	0
1	1	0	0
1	1	1	1

A. $F=A\overline{B}C+AB\overline{C}$　　B. $F=\overline{A}\,\overline{B}C+\overline{A}B\overline{C}$

C. $F=\overline{A}\,\overline{B}\,\overline{C}+\overline{A}BC$　　D. $F=A\overline{B}\,\overline{C}+ABC$

93. 二极管应用电路如图(a)所示，电路的激励 u_i如图(b)所示，设二极管为理想器件，则电路的输出电压 u_o的平均值 U_o为(　　)。

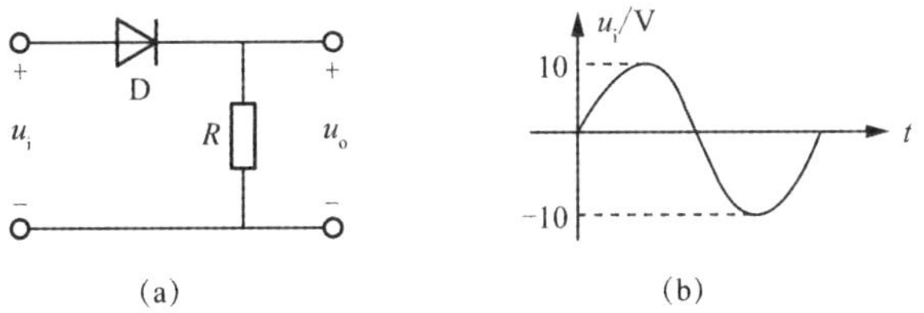

题 93 图

A. 0V　　B. 7.07 V　　C. 3.18 V　　D. 4.5 V

94. 图示电路中，运算放大器输出电压的极限值为 $\pm U_{oM}$，当输入电压 $u_{i1}=1\text{V}$，$u_{i2}=2\sin\omega t$ 时，输出电压波形为(　　)。

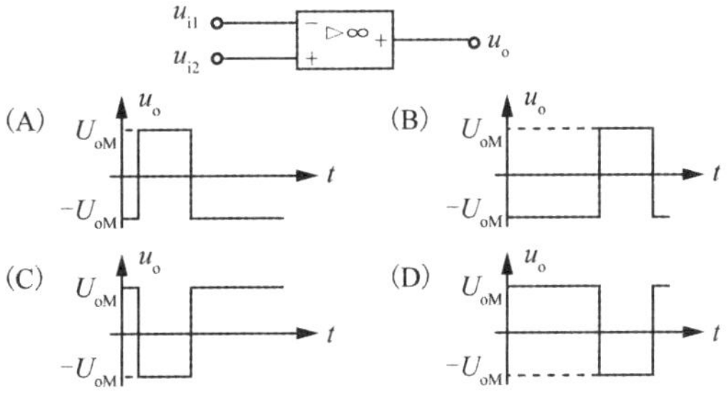

题 94 图

A. 图(A)　　B. 图(B)　　C. 图(C)　　D. 图(D)

95. 图示逻辑门的输出 F_1和 F_2分别为(　　)。

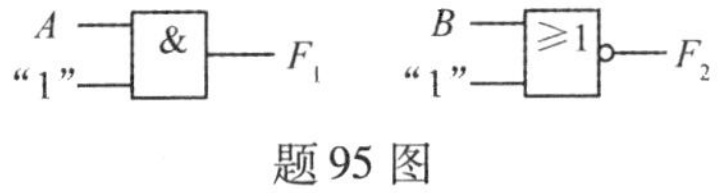

题 95 图

A. A 和 1　　B. 1 和 $\overline{B}$　　C. A 和 0　　D. 1 和 B

96. 图示时序逻辑电路是一个(　　)。

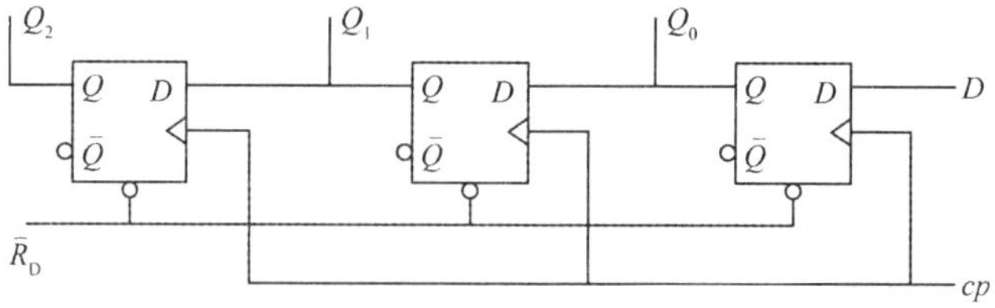

题 96 图

A. 三位二进制同步计数器　　B. 三位循环移位寄存器

C. 三位左移寄存器　　D. 三位右移寄存器

97. 按照目前的计算机的分类方法，现在使用的 PC 机是属于(　　)。

A. 专用、中小型计算机　　B. 大型计算机

C. 微型、通用计算机　　D. 单片机计算机

98. 目前，微机系统内主要的、常用的外存储器是(　　)。

A. 硬盘存储器　　B. 软盘存储器　　C. 输入用的键盘　　D. 输出用的显示器

99. 根据软件的功能和特点，计算机软件一般可分为两大类，它们应该是(　　)。

A. 系统软件和非系统软件　　B. 应用软件和非应用软件

C. 系统软件和应用软件　　D. 系统软件和管理软件

100. 支撑软件是指支援其他软件的软件，它包括(　　)。

A. 服务程序和诊断程序　　B. 接口软件、工具软件、数据库

C. 服务程序和编辑程序　　D. 诊断程序和编辑程序

101. 下面所列的四条中，不属于信息主要特征的一条是(　　)。

A. 信息的战略地位性、信息的不可表示性

B. 信息的可识别性、信息的可变性

C. 信息的可流动性、信息的可处理性

D. 信息的可再生性、信息的有效性和无效性

102. 从多媒体的用度上来看，图像分辨率(　　)。

A. 是指显示器屏幕上的最大显示区域

B. 是计算机多媒体系统的参数

C. 是指显示卡支持的最大分辨率

D. 是图像水平和垂直方向像素点的乘积

103. 以下关于计算机病毒的四条描述中，不正确的一条是(　　)。

A. 计算机病毒是人为编制的程序

B. 计算机病毒只有通过磁盘传播

C. 计算机病毒通过修改程序嵌入自身代码进行传播

D. 计算机病毒只要满足某种条件就能起破坏作用

104. 操作系统的存储管理功能不包括(　　)。

A. 分段存储管理　　B. 分页存储管理

C. 虚拟存储管理　　D. 分时存储管理

105. 网络协议主要组成的三要素是(　　)。

A. 资源共享、数据通信和增强系统处理功能

B. 硬件共享、软件共享和提高可靠性

C. 语法、语义和同步(定时)

D. 电路交换、报文交换和分组交换

106. 若按照数据交换方法的不同，可将网络分为(　　)。

A. 广播式网络、点到点式网络

B. 双绞线网、同轴电缆网、光纤网、无线网

C. 基带网和宽带网

D. 电路交换、报文交换、分组交换

107. 某企业向银行贷款 1000 万元，年复利率为 8%，期限为 5 年，每年末等额偿还贷款本金和利息。则每年应偿还(　　)。[已知(P/A，8%，5)=3.9927]

A. 220.63 万元　　B. 250.46 万元

C. 289.64 万元　　D. 296.87 万元

108. 在项目评价中，建设期利息应列入总投资，并形成(　　)。

A. 固定资产原值　　B. 流动资产

C. 无形资产　　D. 长期待摊费用

109. 作为一种融资方式，优先股具有某些优先权利，包括(　　)。

A. 先于普通股行使表决权利

B. 企业清算时，享有先于债权人的剩余财产的优先分配权

C. 享受先于债权人的分红权利

D. 先于普通股分配股利

110. 某建设项目各年的利息备付率均小于 1，其含义为(　　)。

A. 该项目利息偿付的保障程度高

B. 当年资金来源不足以偿付当期债务，需要通过短期借款偿付已到期债务

C. 可用于还本付息的资金保障程度较高

D. 表示付息能力保障程度不足

111. 某建设项目第一年年初投资 1000 万元，此后从第一年年末开始，每年年末将有 200 万元的净收益，方案的运营期为 10 年。寿命期结束时的净残值为零，基准收益率为 12%，则该项目的净年值约为(　　)。[已知(P/A，12%，10)=5.6502]

A. 12.34 万元　　B. 23.02 万元　　C. 36.04 万元　　D. 64.60 万元

112. 进行线性盈亏平衡分析有若干假设条件，其中包括(　　)。

A. 只生产单一产品

B. 单位可变成本随生产量的增加成比例降低

C. 单价随销售量的增加而成比例降低

D. 销售收入是销售量的线性函数

113. 有甲、乙两个独立的投资项目，有关数据如下表所示(项目结束时均无残值)。基准折现率为 10%。以下关于项目可行性的说法中正确的是(　　)。[已知(P/A，10%，10)=6.1446]

题 113 表

项目	投资（万元）	每年净收益(万元)	寿命期(年)
甲	300	52	10
乙	200	30	10

A. 应只选择甲项目　　B. 应只选择乙项目

C. 甲项目与乙项目均可行　　D. 甲、乙两项目均不可行

114. 在价值工程的一般工作程序中，分析阶段要做的工作包括(　　)。

A. 制定工作计划　　B. 功能评价

C. 方案创新　　D. 方案评价

115. 依据《建筑法》，依法取得相应的执业资格证书的专业技术人员，其从事建筑活动的合法范围是(　　)。

A. 执业资格证书许可的范围内　　B. 企业营业执照许可的范围内

C. 建设工程合同的范围内　　D. 企业资质证书许可的范围内

116. 根据《安全生产法》规定，下列有关重大危险源管理的说法正确的是(　　)。

A. 生产经营单位对重大危险源应当登记建档，并制定应急预案

B. 生产经营单位对重大危险源应当经常性检测、评估、处置

C. 安全生产监督管理的部门应当针对该企业的具体情况制定应急预案

D. 生产经营单位应当提醒从业人员和相关人员注意安全

117. 根据《招标投标法》规定，依法必须进行招标的项目，招标公告应当载明的事项不包括(　　)。

A. 招标人的名称和地址　　B. 招标项目的性质

C. 招标项目的实施地点和时间　　D. 投标报价要求

118. 某水泥有限责任公司向若干建筑施工单位发出要约，以 400 元/吨的价格销售水泥，一周内承诺有效。其后，收到了若干建筑施工单位的回复。下列回复中，属于承诺有效的是(　　)。

A. 甲施工单位同意 400 元/吨购买 200 吨

B. 乙施工单位回复不购买该公司的水泥

C. 丙施工单位要求按 380 元/吨购买 200 吨

D. 丁施工单位一周后同意 400 元/吨购买 100 吨

119. 根据《节约能源法》规定，节约能源所采取的措施正确的是(　　)。

A. 采取技术上可行、经济上合理以及环境和社会可以承受的措施

B. 采取技术上先进、经济上保证以及环境和安全可以承受的措施

C. 采取技术上可行、经济上合理以及人身和健康可以承受的措施

D. 采取技术上先进、经济上合理以及功能和环境可以保证的措施

120. 某工程施工单位完成了楼板钢筋绑扎工序，在浇筑混凝土前需要进行隐蔽质量验收，根据《建设工程质量管理条例》规定，施工单位在隐蔽前应当通知的单位是(　　)。

A. 建设单位和监理单位　　B. 建设单位和建设工程质量监督机构

C. 监理单位和设计单位　　D. 设计单位和建设工程质量监督机构

答案及详解

单项选择题（共120题，每题1分，每题的备选项中只有一个最符合题意）

1. B 【**考点**】左右极限

【**解析**】B项，当$x\to0^-$时，$\frac{1}{x}\to-\infty$，则$\lim\limits_{x\to0^-}e^{\frac{1}{x}}=0$，极限存在。

CD两项，当$x\to0^+$时，$\frac{1}{x}\to+\infty$，则$\lim\limits_{x\to0^+}e^{\frac{1}{x}}=\infty$，极限不存在。

A项，$\lim\limits_{x\to0^+}e^{\frac{1}{x}}\neq\lim\limits_{x\to0^-}e^{\frac{1}{x}}$，故$\lim\limits_{x\to0}e^{\frac{1}{x}}$不存在。

2. A 【**考点**】无穷小的比较

【**解析**】如果$\lim\limits_{x\to0}f(x)=0$，$\lim\limits_{x\to0}g(x)=0$且$\lim\limits_{x\to0}\frac{f(x)}{g(x)}=c\neq0$，则称$f(x)$与$g(x)$是同阶无穷小。

A项，$\lim\limits_{x\to0}\frac{1-\cos2x}{x^2}=\lim\limits_{x\to0}\frac{2x^2}{x^2}=2$；B项，$\lim\limits_{x\to0}\frac{x^2\sin x}{x^2}=0$；C项，$\lim\limits_{x\to0}\frac{\sqrt{1+x}-1}{x^2}=\infty$；D项，$\lim\limits_{x\to0}\frac{1-\cos x^2}{x^2}=0$。

3. C 【**考点**】导数的定义

【**解析**】根据导数的定义，$\lim\limits_{x\to0}\frac{f(x)}{x}=\lim\limits_{x\to0}\frac{f(x)-f(0)}{x-0}=f'(0)=1$。

4. C 【**考点**】导数计算

【**解析**】令$\frac{1}{x}=t$，则$x=1/t$，由$f\left(\frac{1}{x}\right)=\frac{x}{1+x}$得：$f(t)=\frac{\frac{1}{t}}{1+\frac{1}{t}}=\frac{1}{t+1}$。所以函数为：

$f(x)=\frac{1}{x+1}$，求导可得：$f'(x)=-\frac{1}{(x+1)^2}$。

5. B 【**考点**】罗尔中值定理、函数单调性

【**解析**】设$f(x)=x^3+x-1$，且$f(0)=-1$，$f(1)=1$，求导得：$f'(x)=3x^2+1>0$。故可知$f(x)$为单调递增函数，且只在$(0,1)$之间有一个解。

6. C 【**考点**】函数的极值点

【**解析**】极值存在的必要条件：若$f'(x_0)$存在，且x_0为$f(x)$的极值点，则$f'(x_0)=0$。但逆命题不成立，即若$f'(x_0)=0$，但x_0不一定是函数$f(x)$的极值点。导数为零的点称为函数的驻点。驻点以及连续但导数不存在的点称为函数可疑极值点。

7. B 【**考点**】不定积分的概念

【**解析**】根据不定积分的概念，由$\mathrm{d}g(x)=g'(x)\mathrm{d}x$，得$\int f(x)\mathrm{d}x=\int\mathrm{d}g(x)=\int g'(x)\mathrm{d}x$，再对两边同时求导得：$f(x)=g'(x)$。

8. C 【**考点**】定积分的计算

【解析】

$$\int_{-1}^{1}(x^3+|x|)e^{x^2}\mathrm{d}x=\int_{-1}^{1}x^3e^{x^2}\mathrm{d}x+\int_{-1}^{1}|x|e^{x^2}\mathrm{d}x$$

$$=0+2\int_{0}^{1}xe^{x^2}\mathrm{d}x$$

$$=\int_{0}^{1}e^{x^2}\mathrm{d}(x^2)$$

$$=e-1$$

9. C 【考点】两曲面的交线

【解析】曲面 $x^2+y^2+z^2=a^2$ 为圆心在原点，半径为 a 的球面。$x^2+y^2=2az(a>0)$ 可化简为 $\frac{x^2}{2a}+\frac{y^2}{2a}=z$，为通过原点的圆抛物面。球面与圆抛物面的示意图如题 9 解图所示，由图可知两曲面的交线是圆。

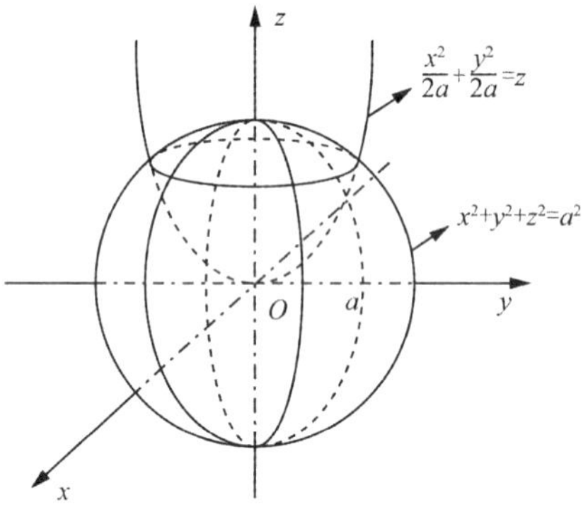

题 9 解图

10. B 【考点】直线与平面的位置关系

【解析】直线 L 的方向向量为：$\vec{s}=\vec{n_1}\times\vec{n_2}=\begin{vmatrix}\vec{i}&\vec{j}&\vec{k}\\1&3&2\\2&-1&-10\end{vmatrix}=-28\vec{i}+14\vec{j}-7\vec{k}$；平面 π 的法向量为：$\vec{n}=\{4,-2,1\}$。则有：$\frac{-28}{4}=\frac{14}{-2}=\frac{-7}{1}$，所以：$\vec{n}/\!/\vec{s}$，故可得 $L\perp\pi$。

11. C 【考点】微分方程、积分上限函数求导

【解析】对 $f(x)=\int_0^x f(t)\mathrm{d}t$ 两边求导，可得 $f'(x)=f(x)$，即得到微分方程 $y'=y=\frac{\mathrm{d}y}{\mathrm{d}x}$，解得 $y=f(x)=Ce^x$，通解代入 $f(x)=\int_0^x f(t)\mathrm{d}t$，得 $Ce^x=\int_0^x Ce^t\mathrm{d}t=Ce^t\Big|_0^x=Ce^x-C$，故 $C=0$，所以 $f(x)=0$。

12. D 【考点】微分方程的特解

【解析】本题最简便的方法是逐个选项代入微分方程直接验证。A 项，$3e^{-x}-(-3e^{-x})-2\times3e^{-x}=0\neq6e^x$；B 项，$-3e^{-x}-3e^{-x}-2\times(-3e^{-x})=0\neq6e^x$；C 项，$3e^x-3e^x-2\times3e^x=-6e^x\neq6e^x$；D 项，$-3e^x-(-3e^x)-2\times(-3e^x)=6e^x$。故选择 D 项。

13. B 【考点】偏导数的定义

【解析】根据偏导数的定义：

$$f'_x(0,1)=\lim_{\Delta x\to 0}\frac{f(0+\Delta x,1)-f(0,1)}{\Delta x}=\lim_{\Delta x\to 0}\frac{f(\Delta x,1)-0}{\Delta x}$$

$$=\lim_{\Delta x\to 0}\frac{\frac{1}{\Delta x}\sin[(\Delta x)^2]}{\Delta x}=\lim_{\Delta x\to 0}\frac{\sin[(\Delta x)^2]}{(\Delta x)^2}=1$$

14. B 【考点】极坐标计算二重积分

【解析】令 $x=r\cos\theta$，$y=r\sin\theta$，由 $x>0$，可得：$-\pi/2<\theta<\pi/2$，$0<r<1$，则有：

$$\iint_D f(\sqrt{x^2+y^2})\mathrm{d}x\mathrm{d}y=\int_{-\frac{\pi}{2}}^{\frac{\pi}{2}}\mathrm{d}\theta\int_0^1 f(r)r\mathrm{d}r=\pi\int_0^1 rf(r)\mathrm{d}r$$

15. D 【考点】对坐标的曲线积分计算

【解析】L 方程化为标准形式为：$(x+1)^2+y^2=1$。令 $x=-1+\cos\theta$，$y=\sin\theta$。根据题意，逆时针方向积分，起点 $\theta=0$，终点 $\theta=2\pi$，代入曲线积分有：

$$\int_L (x-y)\mathrm{d}x+(x+y)\mathrm{d}y$$

$$=\int_0^{2\pi}(-1+\cos\theta-\sin\theta)\mathrm{d}(-1+\cos\theta)+(-1+\cos\theta+\sin\theta)\mathrm{d}(\sin\theta)$$

$$=\int_0^{2\pi}(\sin\theta-\cos\theta\sin\theta+\sin^2\theta)\mathrm{d}\theta+(-\cos\theta+\cos^2\theta+\sin\theta\cos\theta)\mathrm{d}\theta$$

$$=\int_0^{2\pi}(\sin\theta-\cos\theta+1)\mathrm{d}\theta=-\cos\theta-\sin\theta+\theta\Big|_0^{2\pi}$$

$$=2\pi$$

16. C 【考点】二阶偏导数的计算

【解析】函数 $z=x^y$，所以$\frac{\partial z}{\partial x}=yx^{y-1}$，$\frac{\partial^2 z}{\partial x\partial y}=x^{y-1}+yx^{y-1}\ln x=x^{y-1}(1+y\ln x)$。

17. D 【考点】级数的敛散性

【解析】A 项，级数 $\sum_{n=1}^{\infty}\frac{8^n}{7^n}>\sum_{n=1}^{\infty}1^n$。因级数 $\sum_{n=1}^{\infty}1^n$ 发散，故级数 $\sum_{n=1}^{\infty}\frac{8^n}{7^n}$ 发散。

B 项，$n\to\infty$，$n\sin\frac{1}{n}=1$，$\lim_{n\to\infty}a_n=1\neq 0$，级数发散。

C 项，p 级数 $\sum_{n=1}^{\infty}\frac{1}{\sqrt{n}}$ 中 $p=\frac{1}{2}<1$，级数发散。

D 项，交错级数 $\sum_{n=1}^{\infty}(-1)^{n-1}\frac{1}{n}$，$n\to\infty$，$\lim_{n\to\infty}a_n=0$，级数收敛。

18. D 【考点】级数和

【解析】$S(x)=\sum_{n=1}^{\infty}nx^{n-1}=\sum_{n=1}^{\infty}\frac{\mathrm{d}x^n}{\mathrm{d}x}=\frac{\mathrm{d}\left(\frac{x}{1-x}\right)}{\mathrm{d}x}=\left(-1+\frac{1}{1-x}\right)'=\frac{1}{(1-x)^2}$

当 $x=\frac{1}{2}$时，$S(x)=\frac{1}{\left(1-\frac{1}{2}\right)^2}=4$。

19. A 【考点】逆矩阵与矩阵乘法

【解析】

$$(\boldsymbol{A}-2\boldsymbol{I})^{-1}(\boldsymbol{A}^2-4\boldsymbol{I})=(\boldsymbol{A}-2\boldsymbol{I})^{-1}(\boldsymbol{A}-2\boldsymbol{I})(\boldsymbol{A}+2\boldsymbol{I})=\boldsymbol{A}+2\boldsymbol{I}=\begin{pmatrix}3&0&0\\0&1&-1\\0&0&3\end{pmatrix}$$

注：

$$\begin{aligned}(\boldsymbol{A}-2\boldsymbol{I})(\boldsymbol{A}+2\boldsymbol{I})&=\boldsymbol{A}(\boldsymbol{A}+2\boldsymbol{I})-2\boldsymbol{I}(\boldsymbol{A}+2\boldsymbol{I})\\&=\boldsymbol{A}^2+2\boldsymbol{AI}-2\boldsymbol{IA}-4\boldsymbol{I}^2\\&=\boldsymbol{A}^2-4\boldsymbol{I}\end{aligned}$$

其中，$\boldsymbol{AI}=\boldsymbol{IA}$，$\boldsymbol{I}^2=\boldsymbol{I}$。

20. A 【考点】特征值与特征向量的定义与性质

【解析】先求矩阵 $\boldsymbol{A}$ 的特征值：$|\lambda\boldsymbol{E}-\boldsymbol{A}|=\begin{vmatrix}\lambda&0&-1\\-x&\lambda-1&-y\\-1&0&\lambda\end{vmatrix}=(\lambda-1)\begin{vmatrix}\lambda&-1\\-1&\lambda\end{vmatrix}=$ $(\lambda+1)(\lambda-1)^2=0$，解得 $\lambda=1$ 或 -1。$\lambda=1$ 为二重特征根，而矩阵 $\boldsymbol{A}$ 有三个无关特征向量，故特征值 $\lambda=1$ 应该对应两个无关特征向量，所以 $(\boldsymbol{E}-\boldsymbol{A})x=0$ 的基础解系应有两个解，所以 $\boldsymbol{E}-\boldsymbol{A}$ 的秩为 1，$\boldsymbol{E}-\boldsymbol{A}=\begin{pmatrix}1&0&-1\\-x&0&-y\\-1&0&1\end{pmatrix}$，所以 $\frac{-x}{1}=\frac{-y}{-1}$，即 $x+y=0$。

21. B 【考点】基础解系

【解析】因为基础解系中的解向量个数为 3 且线性无关，所以排除 A 项（个数为 2）、D 项（个数为 4），而 C 项中的三个向量满足：$\boldsymbol{\alpha}_1+\boldsymbol{\alpha}_2-(\boldsymbol{\alpha}_2+\boldsymbol{\alpha}_3)=\boldsymbol{\alpha}_1-\boldsymbol{\alpha}_3$，所以 C 项中的三个向量线性相关。故应选择 B 项。

22. B 【考点】概率的性质与计算

【解析】设 $A=\{$任取一个不是黑球$\}$，$B=\{$任取一个是黄球$\}$，则 $P(A)=8/12=2/3$，$P(B)=3/12=1/4$。又因为 $B\subset A$，则 $P(AB)=P(B)$，于是 $P(B|A)=P(AB)/P(A)=3/8$。

23. C 【考点】期望和方差的性质与计算

【解析】因为 X 服从泊松分布 $P(3)$，所以 $E(X)=D(X)=3$，故可得 $\frac{D(X)}{E(X)}=1$。

24. D 【考点】正态总体的抽样分布性质

【解析】$\sum_{i=1}^{n}\frac{(X_i-\overline{X})^2}{\sigma^2}=\frac{(n-1)S^2}{\sigma^2}\sim\chi^2(n-1)$。

25. A 【考点】理想气体状态方程

【解析】在标准状态下，$1\text{atm}=1.013\times10^5\text{Pa}=101.3\text{kPa}$，$T=273.15\text{K}$。

根据理想气体状态方程：$PV=\frac{m}{M}RT$。式中，R 是摩尔气体常量值，为 8.31J/(mol·K)。

代入数据有：$101.3\times V_0=1\times8.31\times273.15$，解得：$V_0=22.4\text{L}$。

即在标准状态下 1mol 的任何理想气体的体积为 22.4L。

【解析】在 $BaSO_4$ 饱和溶液中，存在 $BaSO_4 \rightleftharpoons Ba^{2+} + SO_4^{2-}$ 平衡，加入 Na_2SO_4，溶液中 SO_4^{2-} 增加，平衡向左移动，Ba^{2+} 浓度减小。

40. B 【考点】溶液的 pH 值计算

【解析】$K^{\ominus}(NH_3 \cdot H_2O) = c(OH^-) \cdot c(NH_4^+)/c(NH_3 \cdot H_2O) = 1.8 \times 10^{-5}$，根据题目条件：$c(NH_4^+) = 0.1mol \cdot L^{-1}$，$c(NH_3 \cdot H_2O) = 0.1mol \cdot L^{-1}$，可求得：$c(OH^-) = 1.8 \times 10^{-5} mol \cdot L^{-1}$，故 $pH = 14 - \{-lg[c(OH^-)]\} = 9.26$。

41. C 【考点】化学反应焓变

【解析】标准摩尔生成焓，符号为 $\Delta_f H_m^{\ominus}$，指在标准状态即压力为 100kPa，一定温度下时，由元素最稳定的单质生成 1mol 纯化合物时的反应焓变。且单质的标准摩尔生成焓为零，因此反应 $H_2(g) + Cl_2(g) \rightarrow 2HCl(g)$ 的化学反应焓变 $\Delta_r H_m^{\ominus} = 2\Delta_f H_m^{\ominus}(HCl, g) = -184\ kJ \cdot mol^{-1}$。

42. C 【考点】化学平衡

【解析】平衡常数 $K^{\ominus}$ 只与温度有关，与压力、浓度无关。因此保持温度不变，平衡常数 $K^{\ominus}$ 不发生改变。

43. B 【考点】原电池与电动势

【解析】电池电动势 = 正极电极电势 - 负极电极电势。该原电池总反应：$2Fe^{3+} + Fe = 3Fe^{2+}$。正极：$2Fe^{3+} + 2e^- = 2Fe^{2+}$；负极：$Fe - 2e^- = Fe^{2+}$。根据能斯特方程可知，向两个半电池中均加入 NaOH，正极 Fe^{3+} 浓度减小，正极电动电势减小，负极电极电势不变，则原电池电动势减小。

44. A 【考点】有机物的性质

【解析】含有不饱和键的有机物、含有醛基的有机物可使溴水褪色。烯烃和炔烃含有不饱和键，可以和溴水发生加成反应，使溴水褪色，烷烃和苯不能使溴水褪色。因此 A 项可以用溴水区分。

45. C 【考点】酯化反应

【解析】由题意可知，尼泊金丁酯是由对羟基苯甲酸 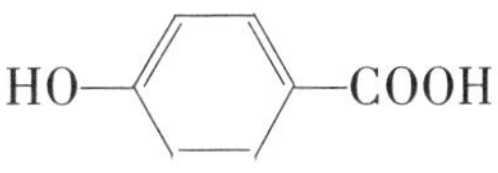 和丁醇 $CH_3CH_2CH_2CH_2OH$ 形成的酯类化合物，由酯化反应可知，选项 C 正确。

46. B 【考点】高分子聚合物

【解析】由该高分子化合物的结构可看出，该化合物的重复单元为 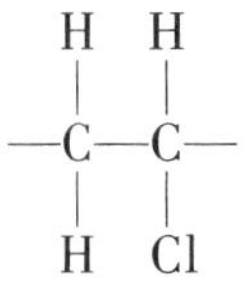，该高分子名称为聚氯乙烯，为线型高分子化合物。生成该化合物的单体是 $CH_2 = CHCl$，由该单体加聚生成，因此合成该高分子化合物的反应为加聚反应。

47. C 【考点】平面任意力系的平衡方程

【解析】A 项属于三矩式，前提条件是 B、C、D 三点不共线，但本题图中 B、C、D 三点共线，故为错误选项；B 项属于二矩式，但 y 轴与 AB 连线垂直，故为错误选项；同理，D 项属于二矩式，x 轴与 AC 连线垂直，也为错误选项；C 项，符合二矩式，x 轴与 AB 连线不垂直，为正确选项。

48. C 【考点】力系的简化

【解析】在此平面汇交力系中，各力在水平向和竖直的投影的代数和都等于0，故汇交力系平衡，$F_R=0$。因为过 A，C 点的力都经过 A 点，故只有过 B 点的力对 A 点有力矩作用，力臂为$\frac{\sqrt{3}}{2}a$，故 $M_A=\frac{\sqrt{3}}{2}Fa$。即此力系简化结果为一合力偶。

49. D 【考点】平面力系的平衡

【解析】设支座 C 的约束力为 F_C，方向水平向右，由 $\sum M_B(F)=0$，可得 $F_C\cdot L_{BC}-M=0$，即 $F_C=\frac{M}{L_{BC}}=\frac{1}{0.5+0.5}=1\text{kN}(\rightarrow)$。

50. D 【考点】平面静定桁架零杆的判断

【解析】零杆判别方法中的"T"形结点：无外力作用的连接三杆的结点，若其中两杆在一直线上，则不共线一杆必为零杆，而共线的两杆内力相等且性质相同(同为拉力或压力)。本题中，第一步，先分析节点 I，符合零杆判别的 T 形，可判断出杆件 DI 为零杆；第二步，撤去杆件 DI，分析节点 D，符合零杆判别的 T 形，可判断出杆件 DH 为零杆。故 DH 杆的内力大小为0。

51. A 【考点】点的运动

【解析】对轨迹运动方程 $x=t^3-12t+2$ 两边求导，可得速度方程为：$v=3t^2-12$。令 $v=0$，可得 $t=2s$。因此在 $1s\sim2s$ 之间，速度为负；在 $2s\sim3s$ 之间，速度为正。则 $t=3s$ 时点经过的路程为：

$$s=\int_0^3|v|\mathrm{d}t=\int_0^3|3t^2-12|\mathrm{d}t=\int_0^2(12-3t^2)\mathrm{d}t+\int_2^3(3t^2-12)\mathrm{d}t=16+7=23\ (\mathrm{m})$$

(本题需特别注意：路程与位移 x 是不同的，路程是标量，只有大小，没有方向，故可直接排除 CD 两项。)

52. C 【考点】平面运动速度与加速度

【解析】由图易知 A、B 两点的速度、加速度方向相同，大小相等，根据刚体做平行移动时的特性，可判断杆 AB 的运动形式为平行移动，因此 AB 杆上物块 M 和 A 点具有相同的速度和加速度，即 $v_M=r\omega$，$a_M^n=r\omega^2$，$a_M^t=r\varepsilon$。

53. A 【考点】刚体的平面运动

【解析】OB 的长度是 50cm，刚杆 OAB 的角速度 $\omega=2\text{rad/s}$，故 $v_B=\omega\times r=2\text{rad/s}\times50\text{cm}=100\text{cm/s}$；$B$ 点法向加速度 $a_n=v^2/r=100^2/50=200\text{cm/s}^2$；切向加速度 $a_\tau=\varepsilon\times r=5\text{rad/s}^2\times50\text{cm}=250\text{cm/s}^2$。

54. A 【考点】动静法及其应用

【解析】对物块 A 进行受力分析，物块受到重力 W、绳子张力 T 和斜面对物块的支持力 F_N。则可列平衡方程式如下：

$$\begin{cases}T\cdot\sin30^\circ+F_N\cdot\cos30^\circ=W=10\text{N}\\T\cdot\cos30^\circ-F_N\cdot\sin30^\circ=ma_n=\frac{10}{10}\times2\times\cos30^\circ\times2^2=4\sqrt{3}\text{N}\end{cases}$$

解得：$T=11\text{N}$，选项 A 最接近。

55. B 【考点】动量定理

【解析】根据动量的公式：$P = mv_c$。均质细杆 OA 质心处速度为$\frac{1}{2}l\omega\sin\alpha$，则细杆 OA 的动量大小为：$P = \frac{1}{2}ml\omega\sin\alpha$。

56. B 【考点】动能定理

【解析】重力做功转化为平面运动的动能，即 $T = \frac{1}{2}J_C\omega^2 + \frac{1}{2}mv_c^2$，则可列方程式：

$$mg \cdot \frac{l}{2} = \frac{1}{2} \cdot \frac{1}{12}ml^2 \cdot \omega^2 + \frac{1}{2} \cdot m \cdot \left(\frac{1}{2}l\omega\right)^2$$

解得：$\omega = \sqrt{\frac{3g}{l}}$。

57. C 【考点】达朗贝尔原理

【解析】附加动反力 $F_I = m\alpha_C = m\frac{R}{2}\omega^2 = \frac{mR\omega^2}{2}$，方向竖直向上。

58. B 【考点】等效弹簧刚度及固有圆频率

【解析】分析可知，图示弹簧 k_2 与 k_3 并联，再与 k_1 串联，这三个弹簧形成的整体与 k_4 并联。k_2 与 k_3 并联，可得等效弹簧刚度：$k_{23} = 9800\text{N/m}$，再与 k_1 串联，可得等效弹簧刚度：$k_{123} = 4900\text{N/m}$，最后与 k_4 并联，可得等效弹簧刚度：$k_{1234} = 4900 + 19600 = 24500\text{N/m}$。则此系统的固有圆频率为：$\omega_0 = \sqrt{\frac{k}{m}} = \sqrt{\frac{24500}{50}} = 22.1\text{rad/s}$。

59. B 【考点】铸铁的力学性能

【解析】铸铁的力学性能中抗拉能力最差，在扭转试验中沿 45°最大拉应力的截面破坏就是最好的证明；而铸铁的压缩强度比拉伸强度高得多，故②正确，①不正确。

60. C 【考点】横截面上的变形计算

【解析】分析可知，由于左端 D 固定，没有位移，故所求 C 截面的轴向位移就等于 CD 段的伸长量，即：

$$\Delta L_{CD} = \frac{F \times \frac{l}{2}}{EA} = \frac{Fl}{2EA}$$

61. A 【考点】挤压强度条件及其应用

【解析】挤压强度条件：挤压面上的工作挤压应力不得超过材料的许用挤压应力，即

$$\sigma_{bs} = \frac{P_{bs}}{A_{bs}} \leqslant [\sigma_{bs}]$$

故有

$$\sigma_{bs} = \frac{P_{bs}}{A_{bs}} = \frac{F}{db} \leqslant [\sigma_{bs}]$$

所以可得：

$$d \geqslant \frac{F}{b[\sigma_{bs}]}$$

62. B 【考点】扭转角计算

【解析】扭矩的正负号规定，以右手法则表示扭矩矢量，若矢量的指向与截面外向法线

的指向一致时扭矩为正，反之为负。利用截面法，AB 段的扭矩为 m，方向为负；BC 段的扭矩为 0；DC 段的扭矩为 m，方向为正。故 $\phi_{DA}=\phi_{DC}+\phi_{CB}+\phi_{BA}=\frac{ml}{GI_p}+0-\frac{ml}{GI_p}=0$；$\phi_{DB}=\phi_{DC}+\phi_{CB}=\phi_{DC}+0=\phi_{DC}$。

63. C 【考点】截面惯性矩的计算

【解析】截面对 z 轴的惯性矩为：

$$I_z=I_z^{方}-I_z^{圆}=\frac{a^4}{12}-\frac{\pi d^4}{64}$$

则截面对 z 轴的抗弯截面系数为：

$$W_z=\frac{I_z}{y_{\max}}=\frac{\frac{a^4}{12}-\frac{\pi d^4}{64}}{\frac{a}{2}}=\frac{a^3}{6}-\frac{\pi d^4}{32a}$$

64. C 【考点】梁横截面上的剪力与弯矩

【解析】设支座 A、B 处的支座反力分别为 F_A、F_B，方向向上。

由 $\sum M_A=0$ 可得：$F_B\times 4a+F\times 3a-F\times a=0$，解得：$F_B=-F/2$。

由 $\sum M_B=0$ 可得：$F_A\times 4a+F\times a-F\times 3a=0$，解得：$F_A=F/2$。

从 C 截面处断开，取 AC 段为研究对象，设 C 截面处的剪力为 F_C，方向向下。

列竖向的平衡方程可得：$F_C+F=F/2$，故 $F_C=-F/2$。

C 截面处的弯矩为：$M_C=\frac{F}{2}\times 2a-F\times a=0$。

65. C 【考点】剪力图与弯矩图

【解析】根据静力平衡，当集中力偶 m 在梁上移动时，对 A 点的剪力与弯矩没有影响。剪力图与梁上的集中力 F 有关，与集中力偶 m 无关，因此，悬臂梁的剪力图不变。而弯矩图与梁上的集中力偶 m 作用是相关的，所以悬臂梁的弯矩图会改变。

66. C 【考点】挠曲线

【解析】对支座 A 取矩，可得支座 B 的竖向反力为 $F_B=2P$，由竖向力平衡，可得支座 A 的竖向反力为 $F_A=0$。而梁的挠曲线形状由荷载和支座的位置来决定。由图中荷载向下的方向可以判定，只有图(C)是正确的。

67. C 【考点】应力状态分析

【解析】等截面轴向拉伸杆件中只能产生单向拉伸的应力状态，在各个方向的截面上应力可以不同，但是主应力状态都归结为单向应力状态。即截面上各点的应力状态均相同。

68. A 【考点】强度理论

【解析】最大拉应力理论(第一强度理论)的强度条件为：$\sigma_{r1}=\sigma_1\leqslant[\sigma]$。

最大伸长线应变理论(第二强度理论)的强度条件为：$\sigma_{r2}=\sigma_1-\mu(\sigma_2+\sigma_3)\leqslant[\sigma]$。

最大剪应力理论(第三强度理论)的强度条件为：$\sigma_{r3}=\sigma_1-\sigma_3\leqslant[\sigma]$。

最大形状改变比能理论(第四强度理论)的强度条件为：

$$\sigma_{r4}=\sqrt{\sigma_1^2+\sigma_2^2+\sigma_3^2-\sigma_1\sigma_2-\sigma_2\sigma_3-\sigma_3\sigma_1}\leqslant[\sigma]$$

69. C 【考点】组合变形

【解析】把作用在角点的偏心压力 F，经过两次平移，平移到杆的轴线方向，形成一轴向压缩和两个平面弯曲的组合变形，则其最大压应力为：

$$\sigma_{\max}=\frac{F}{A}+\frac{M_z}{W_z}+\frac{M_y}{W_y}=\frac{F}{a^2}+\frac{F\cdot\frac{a}{2}}{\frac{a^3}{6}}+\frac{F\cdot\frac{a}{2}}{\frac{a^3}{6}}$$

$$=\frac{250}{0.1^2}+\frac{250\times\frac{0.1}{2}}{\frac{0.1^3}{6}}+\frac{250\times\frac{0.1}{2}}{\frac{0.1^3}{6}}$$

$$=175000\text{kPa}=175\text{MPa}$$

70. D 【考点】压杆的临界载荷——欧拉公式

【解析】根据欧拉公式，压杆的临界荷载：$F_{cr}=\frac{\pi^2EI}{(\mu l)^2}$。

可知，当抗弯刚度相同时，μl 越小，临界荷载越大。

图(A)是两端铰支：$\mu l=1\times5=5$。

图(B)是一端铰支、一端固定：$\mu l=0.7\times7=4.9$。

图(C)是两端固定：$\mu l=0.5\times9=4.5$。

图(D)是一端固定、一端自由：$\mu l=2\times2=4$。

所以图(D)的 μl 最小，临界荷载最大。

71. D 【考点】静水总压力

【解析】作用于任意形状的平面上的静水总压力，其数值等于该平面形心点上的压强与其面积的乘积。故该平板受到的静水压力为：$P=\rho ghA$。

72. D 【考点】流体粘性的影响因素

【解析】粘性是流体的内摩擦特性。液体分子间距离很小，分子间的引力即内聚力，是形成粘性的主要因素；气体分子间距离很大，分子热运动引起的动量交换是形成粘性的主要因素；液体、气体的粘性均与温度有关。粘性与速度梯度无关，粘性、接触面积、速度梯度共同影响到内摩擦力的大小。

73. A 【考点】二维不可压缩流场

【解析】本题中，$x=1\text{m}$，$y=2\text{m}$ 点上的速度 $v_x=5$，$v_y=-30$，则可得速度为：

$$v=\sqrt{v_x^2+v_y^2}=\sqrt{5^2+(-30)^2}=30.41\text{m/s}$$

74. A 【考点】临界雷诺数

【解析】雷诺经大量实验研究后提出用一个无量纲数来区别流态。后人为纪念他，称之为下临界雷诺数，并以雷诺名字的头两个字母表示。圆管流动中，层流与湍流状态的临界雷诺数为 $Re_{cr}=2320$。

75. D 【考点】并联长管的流动特征

【解析】并联长管的流动特征是总流量等于各分管的流量和，且各分管水头损失相等。即 $h_{fab}=h_{f1}=h_{f2}=h_{f3}$。

76. B 【考点】明渠均匀流发生的条件

【解析】明渠均匀流发生的条件：①恒定流，流量沿程不变；②长直渠道；③顺坡渠道

（河底高程沿水流方向降低）；④底坡、断面形状、面积不变；⑤渠壁粗糙系数沿程不变；⑥没有局部损失；⑦远离渠道进出口。因此，可能产生明渠均匀流的渠道是正坡棱柱形渠道。

77. B 【考点】渗流

【解析】渗流是指流体在孔隙介质中的流动。由颗粒状或碎块材料组成，并含有许多孔隙或裂隙的物质称为孔隙介质。通常，在地表面以下的土壤或岩层中的渗流称为地下水运动，是自然界最常见的渗流现象。工程上常见的地下水运动属于无压渐变渗流。

78. A 【考点】相似原理的应用

【解析】行驶速度与迎风面积成反比。汽车最大行驶速度 108km/h = 30m/s，则模型的迎风面积 $=30\times1.5/45=1\text{m}^2$。

79. B 【考点】电、磁场受力的定义

【解析】A 项，库仑力是真空中两个带电体之间的作用力；B 项，洛仑兹力是运动电荷在磁场中以切割磁感线的方式穿越磁场时所受到的力；C 项，电场力是当电荷置于电场中所受到的作用力，或是在电场中对移动自由电荷所施加的作用力，电场力大小可以由库仑定律计算，也可以用其他公式计算；D 项，安培力是通电导线在磁场中受到的作用力。

80. D 【考点】电压降

【解析】从电源正极出发，得到 b 处电压为 $U_b=12-4=8\text{V}$，从电源负极出发，得到 a 处电压为 $U_a=0+5=5\text{V}$，则 $U_{ab}=U_a-U_b=5-8=-3\text{V}$。

81. D 【考点】戴维南定理

【解析】电压源单独作用时，将电流源断路，R_1 与 R_2 为串联电路，根据分压定律，此时 $R_2=4R_1$；电流源单独作用时，将电压源短路，R_1 与 R_2 为并联电路，根据分流定律，$I_2=4I_1$，因为此时的电流和假设电压方向为非关联，则 $U''=-0.2\times2R_1=-0.4R_1$。

82. D 【考点】RLC 的相量三角形和提高感性负载功率因素电路

【解析】RLC 串联电路：阻抗 $Z=R+X_C+X_L=R+R-R$（根据电感和电容元件的电压和电流的超前和滞后的相量关系）。提高感性负载功率因素电路：对于正弦交流电作电源的强电电路来讲，功率因素的提高是极其重要的工程问题，提高功率因素的有效办法之一就是在感性负载两端并联一个合适的电容，此时，随着电容阻抗增大，电路从感性变为容性，功率因素先增大后减小，当 $X_C=X_L$时，相量的虚部数值为 0，此时 $Z=R$。

83. D 【考点】电路的功率因数

【解析】电路的功率因数：$\lambda=\cos\left(\arctan\dfrac{2\times100}{100}\right)=0.447$。

84. C 【考点】暂态电路

【解析】由题意可知，电感及电容元件上没有初始储能，在电路换路瞬间，电感电流和电容电压不发生突变，即 $i_L=0$，$u_c=0$，而 u_c为电阻 R 两端电压，则 $i_R=0$，查看整个电路支路，两个 R 支路和一个 L 支路的瞬时电流均为 0，则电流源电流全部分配在 C 支路，即 $i_C=2\text{A}$。

85. B 【考点】理想变压器

【解析】开关 S 闭合后，右边变压后电路的干路电阻变小，换算到左边变压前的电阻变小，根据串联电路分压，U_1分到的电压变小，则 U_2也变小。

86. B 【考点】三相异步电动机的性质

【解析】通过改变三相异步电动机定子绕组上电流的相序来改变三相异步电动机旋转方向。

87. C 【考点】数字信号的功能

【解析】数字信号非时间信号，它除了可以表示数字，还可以表示事件发生与否等，是将模拟信号转换成数字信号的信息，非原始信息。

88. A 【考点】周期信号的频谱特性

【解析】周期信号的频谱是离散谱，非周期信号的频谱是连续谱。

89. C 【考点】滤波器的作用

【解析】低通滤波器会过滤掉高频率波，观察图形可知，几乎没有高频率波，则谐波的结构和波形都不变。

90. D 【考点】逻辑函数的简化

【解析】$ABC + \overline{A}D + \overline{B}D + \overline{C}D = ABC + (\overline{A} + \overline{B} + \overline{C})D = ABC + \overline{ABC}D = ABC + D$。

91. C 【考点】门电路的逻辑功能

【解析】$F = \overline{A}B + \overline{AB} = B \oplus A$。

该门电路为异或门，状态表见题 91 解表。

题 91 解表　状态表

A	B	Y
0	0	0
0	1	1
1	0	1
1	1	0

按照以上状态表，可画出波形如题 91 解图所示。

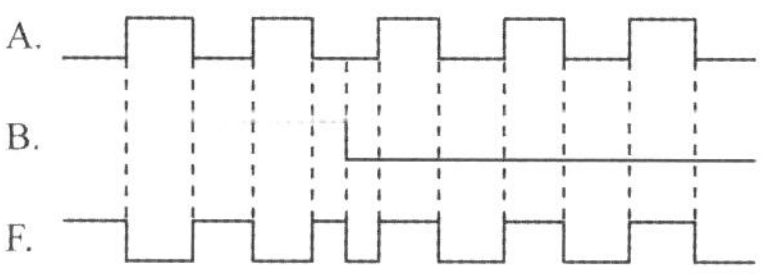

题 91 解图

92. D 【考点】逻辑函数，真值表，最小项之和

【解析】根据题干条件结合逻辑函数式的最小项之和表达式，由真值表列出逻辑变量 $F = 1$ 时的 A、B、C 的全部组合，即构成最小项之和表达式，因此 $F = \overline{ABC} + ABC$，故选择 D 项。

93. C 【考点】二极管单相整流电路

【解析】二极管具有单向导电性，由电路图可知当 u_i为正半周时，二极管正向导通，因为二极管为理想器件，此时 $u_o = u_i$；当 u_i为负半周时，二极管 D 反向截止，此时 $u_o = 0$，该电路为半波整流电路，输出电压的平均值为：

$$U_o = \frac{10}{\sqrt{2}} \times 0.45 = 3.18\text{V}$$

94. A 【考点】集成运算放大器的分析

【解析】输出信号 $= A(2\sin\omega t - 1)$，根据两者的大小关系，可以判断出输出电压的正负号，输出为正，即为 U_{oM}，反之则为 $-U_{oM}$，故输出电压波形为图(A)。

95. C 【考点】基本门电路

【解析】第一个图为与门电路，$F_1 = A \cdot 1 = A$。第二个图为或非门电路，$F_2 = \overline{B+1} = \overline{1} = 0$。

96. C 【考点】时序逻辑电路的分析

【解析】cp 触发信号同时控制三个电路，且右边的输出信号作为左边的输入信号，可判别该时序逻辑电路是一个三位左移寄存器。

97. C 【考点】计算机的分类

【解析】PC 机又称个人计算机(Personal Computer)，属于微型计算机。微型计算机的特点是体积小、灵活性大、价格便宜、使用方便。通用计算机具有一般计算机的基本标准形态，通过装配不同的应用软件，以基本雷同的面目应用在社会的各种领域，其典型产品为 PC 机。

98. A 【考点】存储器

【解析】CPU 运算所需要的程序代码和数据来自于内存，内存中的东西则来自于硬盘，硬盘相对于内存来说就是外部存储器。

99. C 【考点】计算机软件

【解析】根据软件的功能和特点，计算机软件一般可分为系统软件和应用软件。系统软件是生成、准备和执行其他软件所需要的一组程序，通常负责管理、监督和维护计算机各种软硬件资源。应用软件是用户为了解决某些特定具体问题而开发或外购的各种程序，如 Word、Excel 簿。

100. B 【考点】支撑软件

【解析】支撑软件是支持其他软件的编制和维护的软件，又称为软件开发环境，介于系统软件和应用软件之间，它主要包括环境数据库、各种接口软件和工具组。

101. A 【考点】信息的主要特征

【解析】信息的主要特征有：①信息的可变性；②信息的可识别性；③信息的可流动性；④信息的可使用性；⑤信息的可处理性；⑥信息的有效和无效性；⑦信息的可再生性；⑧信息的可存储性；⑨信息的属性。A 项，信息是可以表示的。

102. D 【考点】图像分辨率的定义

【解析】点阵中行数和列数的乘积称为图像的分辨率。

103. B 【考点】计算机病毒

【解析】计算机病毒的分类，通常分为引导区型、文件型、混合型和宏病毒等四类。文件型病毒运行在存储器里，当它们每一次被激活时，感染文件就把自身复制到其他文件中，并能在存储器里保存很长时间，直到病毒又被激活。

104. D 【考点】操作系统的存储管理功能

【解析】操作系统的存储管理功能包括分段、分页、虚拟存储管理。

105. C 【考点】网络协议主要组成的三要素

【解析】一般来说，网络协议主要由语法、语义和同步(定时)三个要素组成。

106. D 【考点】计算机网络划分

【解析】计算机网络按交换方式可分为电路交换网、报文交换网和分组交换网。按传输介质可分为有线网、光纤网和无线网。按通信方式可分为广播式传输网络和点到点式传输网络。

107. B 【考点】等额支付现值公式

【解析】等额支付现值公式为：

$$P=A\left[\frac{(1+i)^n-1}{i(1+i)^n}\right]=A(P/A,\ i,\ n)$$

式中，$\frac{(1+i)^n-1}{i(1+i)^n}$称为等额支付现值系数，记为$(P/A,\ i,\ n)$。

本题中，已知 $P=1000$ 万元；$(P/A,\ 8\%,\ 5)=3.9927$。则每年应偿还：

$$A=P/(P/A,\ 8\%,\ 5)=1000/3.9927=250.46(\text{万元})$$

108. A 【考点】建设期利息

【解析】建设期利息是指为建设项目所筹措的债务资金在建设期内发生并按规定允许在投产后计入固定资产原值的利息，即资本化利息。估算建设期利息一般按年计算。根据借款是在建设期各年年初发生还是在各年年内均衡发生，估算建设期利息应采用不同的计算公式。

109. C 【考点】优先股

【解析】优先股是一种兼有资本金和债务资金特点的融资方式，优先股股东不参与公司经营管理，对公司无控制权。发行优先股通常不需要还本，但需要支付固定股息，股息一般高于银行贷款利息。从债权人的立场看，优先股可视为资本金；从普通股股东的立场看，优先股可视为一种负债。优先股具有某些优先权利，可享受先于债权人的分红权利。

110. D 【考点】偿债能力分析

【解析】利息备付率是指在借款偿还期内的息税前利润与应付利息的比值。该指标从付息资金来源的充裕性角度，反映偿付债务利息的保障程度和支付能力。利息备付率应分年计算。利息备付率越高，利息偿付的保障程度越高，利息备付率应大于1，一般不宜低于2，并结合债权人的要求确定。本题中，某建设项目各年的利息备付率均小于1表示付息能力保障程度不足。

111. B 【考点】净年值的计算

【解析】该项目的净年值为：

$$NAV=A-NPV/(P/A,\ 12\%,\ 10)=200-1000/5.6502=23.02(\text{万元})$$

112. D 【考点】线性盈亏平衡分析的基本假定

【解析】线性盈亏平衡分析的基本假定有：①产量等于销售量；②产量变化，单位可变成本不变，从而总成本费用是产量的线性函数；③产量变化，产品售价不变，从而销售收入是产量的线性函数；④按单一产品计算，生产多种产品的应换算成单一产品，不同产品的生产负荷率变化保持一致。

113. A 【考点】方案经济比选

【解析】方案经济比选可采用效益比选法，费用比选法和最低价格法。当比较方案的寿命一致时，通过计算各方案的净现值(NPV)来比较方案的优势的方法，选择净现值最大的方案为最优方案。本题中，$NPV_{甲} = 52 \times 6.1446 - 300 = 19.52$(万元)；$NPV_{乙} = 30 \times 6.1446 - 200 = -15.66$(万元)。$NPV_{甲} > NPV_{乙}$，故应选择甲项目。

114. B 【考点】价值工程的实施步骤

【解析】价值工程活动过程一般包括准备阶段、功能分析阶段、方案创造阶段和方案实施阶段。其中，功能分析阶段包括：①收集整理信息资料；②功能系统分析；③功能评价。

115. A 【考点】建筑许可

【解析】根据《中华人民共和国建筑法》第十四条规定，从事建筑活动的专业技术人员，应当依法取得相应的执业资格证书，并在执业资格证书许可的范围内从事建筑活动。

116. A 【考点】重大危险源管理

【解析】根据《中华人民共和国安全生产法》第四十条规定，生产经营单位对重大危险源应当登记建档，进行定期检测、评估、监控，并制定应急预案，告知从业人员和相关人员在紧急情况下应当采取的应急措施。

117. D 【考点】招标公告应当载明的事项

【解析】根据《中华人民共和国招标投标法》第十六条规定，招标公告应当载明招标人的名称和地址、招标项目的性质、数量、实施地点和时间以及获取招标文件的办法等事项。

118. A 【考点】承诺

【解析】根据《中华人民共和国民法典》第四百七十九条规定，承诺是受要约人同意要约的意思表示。第四百八十八条规定，承诺的内容应当与要约的内容一致。受要约人对要约的内容作出实质性变更的，为新要约。第四百八十六条规定，受要约人超过承诺期限发出承诺，为新要约。

119. A 【考点】节约能源所采取的措施

【解析】根据《中华人民共和国节约能源法》第三条规定，本法所称节约能源(以下简称节能)，是指加强用能管理，采取技术上可行、经济上合理以及环境和社会可以承受的措施，从能源生产到消费的各个环节，降低消耗、减少损失和污染物排放、制止浪费，有效、合理地利用能源。

120. B 【考点】施工单位的质量责任和义务

【解析】根据《建设工程质量管理条例》第三十条规定，施工单位必须建立、健全施工质量的检验制度，严格工序管理，作好隐蔽工程的质量检查和记录。隐蔽工程在隐蔽前，施工单位应当通知建设单位和建设工程质量监督机构。

2020 年全国勘察设计注册工程师执业资格考试《公共基础考试》真题

单项选择题(共 120 题，每题 1 分，每题的备选项中只有一个最符合题意)

1．当 $x\to+\infty$ 时，下列函数为无穷大量的是(　　)。

A．$\dfrac{1}{2+x}$　　B．$x\cos x$　　C．$e^{3x}-1$　　D．$1-\arctan x$

2．设函数 $y=f(x)$ 满足 $\lim\limits_{x\to x_0}f'(x)=\infty$，且曲线 $y=f(x)$ 在 $x=x_0$ 处有切线，则此切线(　　)。

A．与 Ox 轴平行　　B．与 Oy 轴平行

C．与直线 $y=-x$ 平行　　D．与直线 $y=x$ 平行

3．设可微函数 $y=y(x)$ 由方程 $\sin y+e^x-xy^2=0$ 所确定，则微分 $\mathrm{d}y$ 等于(　　)。

A．$\dfrac{-y^2+e^x}{\cos y-2xy}\mathrm{d}x$　　B．$\dfrac{y^2+e^x}{\cos y-2xy}\mathrm{d}x$　　C．$\dfrac{y^2+e^x}{\cos y+2xy}\mathrm{d}x$　　D．$\dfrac{y^2-e^x}{\cos y-2xy}\mathrm{d}x$

4．设 $f(x)$ 的二阶导数存在，$y=f(e^x)$，则 $\dfrac{\mathrm{d}^2y}{\mathrm{d}x^2}$ 等于(　　)。

A．$f''(e^x)e^x$　　B．$[f''(e^x)+f'(e^x)]e^x$

C．$f''(e^x)e^{2x}+f'(e^x)e^x$　　D．$f''(e^x)e^x+f'(e^x)e^{2x}$

5．下列函数在区间 $[-1,1]$ 上满足罗尔定理条件的是(　　)。

A．$f(x)=\sqrt[3]{x^2}$　　B．$f(x)=\sin x^2$　　C．$f(x)=|x|$　　D．$f(x)=\dfrac{1}{x}$

6．曲线 $f(x)=x^4+4x^3+x+1$ 在区间 $(-\infty,+\infty)$ 上的拐点个数是(　　)。

A．0　　B．1　　C．2　　D．3

7．已知函数 $f(x)$ 的一个原函数是 $1+\sin x$，则不定积分 $\int xf'(x)\mathrm{d}x$ 等于(　　)。

A．$(1+\sin x)(x-1)+C$　　B．$x\cos x-(1+\sin x)+C$

C．$-x\cos x+(1+\sin x)+C$　　D．$1+\sin x+C$

8．由曲线 $y=x^3$，直线 $x=1$ 和 Ox 轴所围成的平面图形绕 Ox 轴旋转一周所形成的旋转体的体积是(　　)。

A．$\dfrac{\pi}{7}$　　B．7π　　C．$\dfrac{\pi}{6}$　　D．6π

9．设向量 $\boldsymbol{\alpha}=(5,1,8)$，$\boldsymbol{\beta}=(3,2,7)$，若 $\lambda\boldsymbol{\alpha}+\boldsymbol{\beta}$ 与 Oz 轴垂直，则常数 λ 等于(　　)。

A．$\dfrac{7}{8}$　　B．$-\dfrac{7}{8}$　　C．$\dfrac{8}{7}$　　D．$-\dfrac{8}{7}$

10．过点 $M_1(0,-1,2)$ 和 $M_2(1,0,1)$ 且平行于 z 轴的平面方程是(　　)。

A．$x-y=0$　　B．$\dfrac{x}{1}=\dfrac{y+1}{-1}=\dfrac{z-2}{0}$

C．$x+y-1=0$　　D．$x-y-1=0$

11．过点 $(1,2)$ 且切线斜率为 $2x$ 的曲线 $y=y(x)$ 应满足的关系式是(　　)。

A. $y'=2$　　B. $y''=2x$

C. $y'=2x$，$y(1)=2$　　D. $y''=2x$，$y(1)=2$

12. 设 D 是由直线 $y=x$ 和圆 $x^2+(y-1)^2=1$ 所围成且在直线 $y=x$ 下方的平面区域，则二重积分 $\iint_D x\mathrm{d}x\mathrm{d}y$ 等于(　　)。

A. $\int_0^{\frac{\pi}{2}}\cos\theta\mathrm{d}\theta\int_0^{2\cos\theta}\rho^2\mathrm{d}\rho$　　B. $\int_0^{\frac{\pi}{2}}\sin\theta\mathrm{d}\theta\int_0^{2\sin\theta}\rho^2\mathrm{d}\rho$

C. $\int_0^{\frac{\pi}{4}}\sin\theta\mathrm{d}\theta\int_0^{2\sin\theta}\rho^2\mathrm{d}\rho$　　D. $\int_0^{\frac{\pi}{4}}\cos\theta\mathrm{d}\theta\int_0^{2\sin\theta}\rho^2\mathrm{d}\rho$

13. 已知 y_0 是微分方程 $y''+py'+qy=0$ 的解，y_1 是微分方程 $y''+py'+qy=f(x)$ $(f(x)\neq0)$ 的解，则下列函数中是微分方程 $y''+py'+qy=f(x)$ 的解的是(　　)。

A. $y=y_0+C_1y_1$（C_1 是任意常数）　　B. $y=C_1y_1+C_2y_0$（C_1，C_2 是任意常数）

C. $y=y_0+y_1$　　D. $y=2y_1+3y_0$

14. 设 $z=\frac{1}{x}e^{xy}$，则全微分 $\mathrm{d}z|_{(1,-1)}$ 等于(　　)。

A. $e^{-1}(\mathrm{d}x+\mathrm{d}y)$　　B. $e^{-1}(-2\mathrm{d}x+\mathrm{d}y)$

C. $e^{-1}(\mathrm{d}x-\mathrm{d}y)$　　D. $e^{-1}(\mathrm{d}x+2\mathrm{d}y)$

15. 设 L 为从原点 $O(0,0)$ 到点 $A(1,2)$ 的有向直线段，则对坐标的曲线积分 $\int_L -y\mathrm{d}x+x\mathrm{d}y$ 等于(　　)。

A. 0　　B. 1　　C. 2　　D. 3

16. 下列级数发散的是(　　)。

A. $\sum_{n=1}^{\infty}\frac{n^2}{3n^4+1}$　　B. $\sum_{n=2}^{\infty}\frac{1}{\sqrt[3]{n(n-1)}}$　　C. $\sum_{n=1}^{\infty}\frac{(-1)^n}{\sqrt{n}}$　　D. $\sum_{n=1}^{\infty}\frac{5}{3^n}$

17. 设函数 $z=f^2(xy)$，其中 $f(u)$ 具有二阶导数，则 $\frac{\partial^2 z}{\partial x^2}$ 等于(　　)。

A. $2y^3f'(xy)f''(xy)$　　B. $2y^2[f'(xy)+f''(xy)]$

C. $2y\{[f'(xy)]^2+f''(xy)\}$　　D. $2y^2\{[f'(xy)]^2+f(xy)f''(xy)\}$

18. 若幂级数 $\sum_{n=1}^{\infty}a_n(x+2)^n$ 在 $x=0$ 处收敛，在 $x=-4$ 处发散，则幂级数 $\sum_{n=1}^{\infty}a_n(x-1)^n$ 的收敛域是(　　)。

A. $(-1,3)$　　B. $[-1,3)$　　C. $(-1,3]$　　D. $[-1,3]$

19. 设 $\boldsymbol{A}$ 为 n 阶方阵，$\boldsymbol{B}$ 是只对调 $\boldsymbol{A}$ 的一、二列所得的矩阵，若 $|\boldsymbol{A}|\neq|\boldsymbol{B}|$，则下面结论中一定成立的是(　　)。

A. $|\boldsymbol{A}|$ 可能为0　　B. $|\boldsymbol{A}|\neq0$

C. $|\boldsymbol{A}+\boldsymbol{B}|\neq\boldsymbol{A}$　　D. $|\boldsymbol{A}-\boldsymbol{B}|\neq\boldsymbol{A}$

20. 设 $\boldsymbol{A}=\begin{pmatrix}1&x&1\\x&1&y\\1&y&1\end{pmatrix}$，$\boldsymbol{B}=\begin{pmatrix}0&0&0\\0&1&0\\0&0&2\end{pmatrix}$，且 $\boldsymbol{A}$ 与 $\boldsymbol{B}$ 相似，则下列结论中成立的是(　　)。

A. $x=y=0$　　B. $x=0$，$y=1$　　C. $x=1$，$y=0$　　D. $x=y=1$

21. 若向量组 $\boldsymbol{\alpha}_1=(a, 1, 1)^T$，$\boldsymbol{\alpha}_2=(1, a, -1)^T$，$\boldsymbol{\alpha}_3=(1, -1, a)^T$线性相关，则 a 的取值为(　　)。

A. $a=1$ 或 $a=-2$　　B. $a=-1$ 或 $a=2$

C. $a>2$　　D. $a>-1$

22. 设 A，B 是两事件，若 $P(A)=\frac{1}{4}$，$P(B|A)=\frac{1}{3}$，$P(A|B)=\frac{1}{2}$，则 $P(A\cup B)$ 等于(　　)。

A. $\frac{3}{4}$　　B. $\frac{3}{5}$　　C. $\frac{1}{2}$　　D. $\frac{1}{3}$

23. 设随机变量 X 与 Y 相互独立，$D(X)=1$，$D(Y)=3$，方差 $D(2X-Y)$ 等于(　　)。

A. 7　　B. -1　　C. 1　　D. 4

24. 设随机变量 X 与 Y 相互独立，且 $X\sim N(\mu_1, \sigma_1^2)$，$Y\sim N(\mu_2, \sigma_2^2)$，则 $Z=X+Y$ 服从的分布是(　　)。

A. $N(\mu_1, \sigma_1^2+\sigma_2^2)$　　B. $N(\mu_1+\mu_2, \sigma_1\sigma_2)$

C. $N(\mu_1+\mu_2, \sigma_1^2\sigma_2^2)$　　D. $N(\mu_1+\mu_2, \sigma_1^2+\sigma_2^2)$

25. 某理想气体分子在温度 T_1 时的方均根速率等于温度 T_2 时的最概然速率，则该二温度 $\frac{T_2}{T_1}$ 等于(　　)。

A. $\frac{3}{2}$　　B. $\frac{2}{3}$　　C. $\sqrt{\frac{3}{2}}$　　D. $\sqrt{\frac{2}{3}}$

26. 一定量的理想气体经等压膨胀后，气体的(　　)。

A. 温度下降，做正功　　B. 温度下降，做负功

C. 温度升高，做正功　　D. 温度升高，做负功

27. 一定量的理想气体从初态经过一热力学过程到达末态，如初、末态均处于同一温度线上，此过程中的内能变化 ΔE 和气体做功 W 为(　　)。

A. $\Delta E=0$，W 可正可负　　B. $\Delta E=0$，W 一定为正

C. $\Delta E=0$，W 一定为负　　D. $\Delta E>0$，W 一定为正

28. 具有相同温度的氧气和氢气的分子平均速率之比 $\bar{v}_{O_2}/\bar{v}_{H_2}$ 为(　　)。

A. 1　　B. 1/2　　C. 1/3　　D. 1/4

29. 一卡诺热机，低温热源温度为27℃，热机效率为40%，其高温热源温度为(　　)。

A. 500K　　B. 45℃　　C. 400K　　D. 500℃

30. 一平面简谐波，波动方程为 $y=0.02\sin(\pi t+x)$(SI)，波动方程的余弦形式为(　　)。

A. $y=0.02\cos\left(\pi t+x+\frac{\pi}{2}\right)$(SI)　　B. $y=0.02\cos\left(\pi t+x-\frac{\pi}{2}\right)$(SI)

C. $y=0.02\cos(\pi t+x+\pi)$(SI)　　D. $y=0.02\cos\left(\pi t+x+\frac{\pi}{4}\right)$(SI)

31. 一简谐波的频率 $\nu=2000\text{Hz}$，波长 $\lambda=0.20\text{m}$，则该波的周期和波速为(　　)。

A. $\frac{1}{2000}\text{s}$，$400\text{m}\cdot\text{s}^{-1}$　　B. $\frac{1}{2000}\text{s}$，$40\text{m}\cdot\text{s}^{-1}$

C. 2000s，$400\text{m}\cdot\text{s}^{-1}$　　D. $\frac{1}{2000}$s，$20\text{m}\cdot\text{s}^{-1}$

32. 两列相干波，其表达式分别为 $y_1=2A\cos2\pi\left(vt-\frac{x}{2}\right)$ 和 $y_2=A\cos2\pi\left(vt+\frac{x}{2}\right)$，在叠加后形成的合成波中，波中质元的振幅范围是(　　)。

A. $A\sim0$　　B. $3A\sim0$　　C. $3A\sim-A$　　D. $3A\sim A$

33. 图示为一平面简谐机械波在 t 时刻的波形曲线。若此时 A 点处媒质质元的弹性势能在减小，则(　　)。

A. A 点处质元的振动动能在减小

B. A 点处质元的振动动能在增加

C. B 点处质元的振动动能在增加

D. B 点处质元正向平衡位置处运动

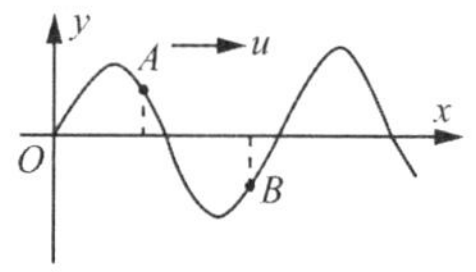

题 33 图

34. 在双缝干涉实验中，设缝是水平的，若双缝所在的平板稍微向上平移，其它条件不变，则屏上的干涉条纹(　　)。

A. 向下平移，且间距不变　　B. 向上平移，且间距不变

C. 不移动，但间距改变　　D. 向上平移，且间距改变

35. 在空气中有一肥皂膜，厚度为 $0.32\mu\text{m}$($1\mu\text{m}=10^{-6}\text{m}$)，折射率为 1.33，若用白光垂直照射，通过反射，此膜呈现的颜色大体是(　　)。

A. 紫光(430nm)　　B. 蓝光(470nm)　　C. 绿光(566nm)　　D. 红光(730nm)

36. 三个偏振片 P_1、P_2与 P_3堆叠在一起，P_1与 P_3的偏振化方向相互垂直，P_2与 P_3的偏振化方向间的夹角为 30°，强度为 I_0的自然光垂直入射于偏振片 P_1，并依次透过偏振片 P_1、P_2与 P_3，则通过三个偏振片后的光强为(　　)。

A. $I_0/4$　　B. $I_0/8$　　C. $3I_0/32$　　D. $3I_0/8$

37. 主量子数 $n=3$ 的原子轨道最多可容纳的电子总数是(　　)。

A. 10　　B. 8　　C. 18　　D. 32

38. 下列物质中，同种分子间不存在氢键的是(　　)。

A. HI　　B. HF　　C. NH_3　　D. C_2H_5OH

39. 已知铁的相对原子质量是 56，测得 100ml 某溶液中含有 112mg 铁，则溶液中铁的物质的量浓度为(　　)。

A. $2\text{mol}\cdot\text{L}^{-1}$　　B. $0.2\text{mol}\cdot\text{L}^{-1}$　　C. $0.02\text{mol}\cdot\text{L}^{-1}$　　D. $0.002\text{mol}\cdot\text{L}^{-1}$

40. 已知 $K^{\ominus}(\text{HOAc})=1.8\times10^{-5}$，$0.1\text{mol}\cdot\text{L}^{-1}$NaOAc 溶液的 pH 值为(　　)。

A. 2.87　　B. 11.13　　C. 5.13　　D. 8.88

41. 在 298K，100kPa 下，反应 $2H_2(g)+O_2(g)\longrightarrow 2H_2O(l)$ 的 $\Delta_rH_m^{\ominus}=-572\text{kJ}\cdot\text{mol}^{-1}$，则 $H_2O(l)$ 的 $\Delta_fH_m^{\ominus}$ 是(　　)。

A. $572\text{kJ}\cdot\text{mol}^{-1}$　　B. $-572\text{kJ}\cdot\text{mol}^{-1}$　　C. $286\text{kJ}\cdot\text{mol}^{-1}$　　D. $-286\text{kJ}\cdot\text{mol}^{-1}$

42. 已知 298K 时，反应 $N_2O_4(g)\rightleftharpoons 2NO_2(g)$ 的 $K^{\ominus}=0.1132$，在 298K 时，如 $p(N_2O_4)=p(NO_2)=100\text{kPa}$，则上述反应进行的方向是(　　)。

A. 反应向正向进行　　B. 反应向逆向进行

C. 反应达平衡状态　　D. 无法判断

43. 有原电池(－)Zn | $ZnSO_4(c_1)$ ‖ $CuSO_4(c_2)$ | Cu(＋)，如提高 $ZnSO_4$ 浓度 c_1 数值，则原电池电动势变化是(　　)。

A. 变大　　B. 变小　　C. 不变　　D. 无法判断

44. 结构简式为 $(CH_3)_2CHCH(CH_3)CH_2CH_3$ 的有机物的正确命名是(　　)。

A. 2-甲基-3-乙基戊烷　　B. 2,3-二甲基戊烷

C. 3,4-二甲基戊烷　　D. 1,2-二甲基戊烷

45. 化合物对羟基苯甲酸乙酯，其结构简式为

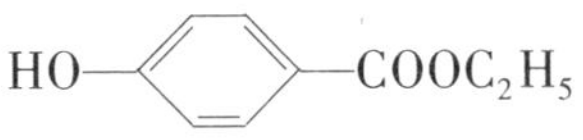

它是一种常用的化妆品防雾剂。下列叙述正确的是(　　)。

A. 它属于醇类化合物

B. 它既属于醇类化合物，又属于酯类化合物

C. 它属于醚类化合物

D. 它属于酚类化合物，同时还属于酯类化合物

46. 某高聚物分子的一部分为

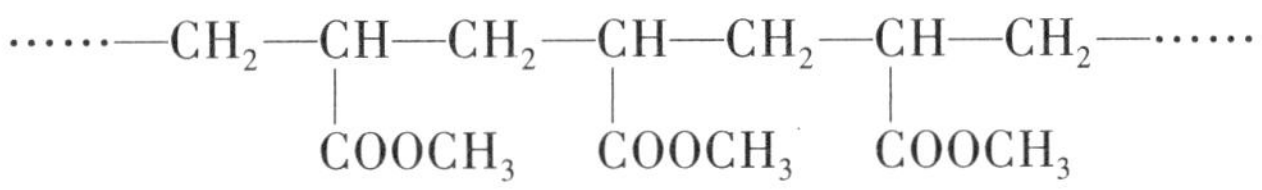

在下列叙述中，正确的是(　　)。

A. 它是缩聚反应的产物

B. 它的链节为

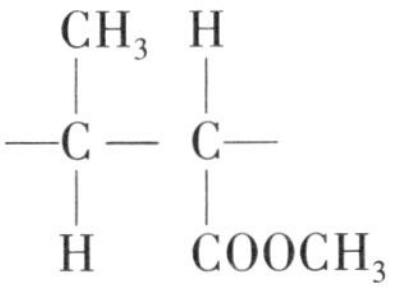

C. 它的单体为 $CH_2=CHCOOCH_3$ 和 $CH_2=CH_2$

D. 它的单体为 $CH_2=CHCOOCH_3$

47. 机构如图，杆 *ED* 上的点 *H* 水平绳拉住，其上的销钉 *C* 置于杆 *AB* 的光滑直槽中，各杆重均不计。则销钉 *C* 处约束力的作用线与 *x* 轴正向所成的夹角为(　　)。

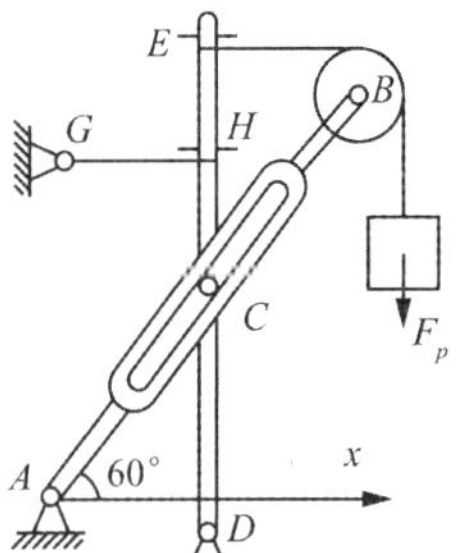

题 47 图

A. 0°

B. 90°

C. 60°

D. 150°

48. 直角构件受 $F=150\text{N}$，力偶 $M=Fa/2$ 作用，如图所示，$a=50\text{cm}$，$\theta=30°$，则该力系对 *B* 点的合力矩为(　　)。

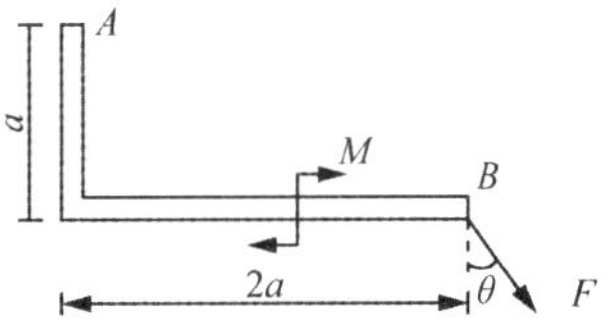

题 48 图

A. $M_B=3750\text{N}\cdot\text{cm}$(↷)

B. $M_B=3750\text{N}\cdot\text{cm}$(↶)

C. $M_B=12990\text{N}\cdot\text{cm}$(↷)

D. $M_B=12990\text{N}\cdot\text{cm}$(↶)

49. 图示多跨梁由 *AC* 和 *CB* 铰接而成，自重不计。已知：$q=10\text{kN/m}$，$M=40\text{kN/m}$。$F=$

2kN 作用在 AB 中点，且 $\theta=45°$，$L=2m$。则支座 D 的约束力为(　　)。

A. $F_D=10kN(\uparrow)$　　B. $F_D=15kN(\uparrow)$

C. $F_D=40.7kN(\uparrow)$　　D. $F_D=14.3kN(\downarrow)$

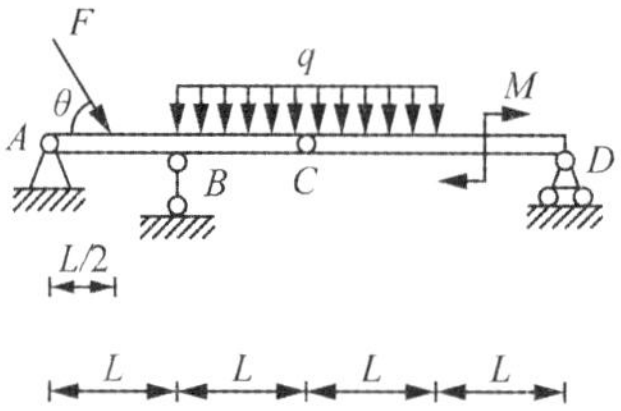

题 49 图

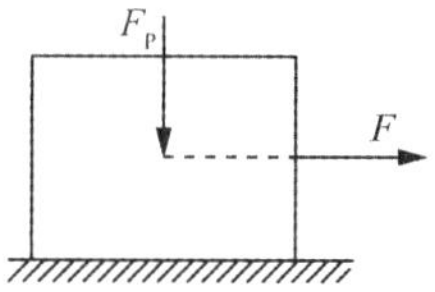

题 50 图

50. 图示物块重 $F_p=100N$ 处于静止状态，接触面处的摩擦角 $\varphi_m=45°$，在水平力 $F=100N$ 作用下，物块将(　　)。

A. 向右加速滑动　　B. 向右减速滑动

C. 向左加速滑动　　D. 处于临界平衡状态

51. 已知动点的运动方程为 $x=t^2$，$y=2t^4$，则其轨迹方程为(　　)。

A. $x=t^2-t$　　B. $y=2t$　　C. $y-2x^2=0$　　D. $y+2x^2=0$

52. 一炮弹以初速度 v_0 和仰角 α 射出。对于下图所示直角坐标的运动方程为 $x=v_0\cos\alpha t$，$y=v_0\sin\alpha t-\frac{1}{2}gt^2$，则当 $t=0$ 时，炮弹的速度的大小为(　　)。

A. $v_0\cos\alpha$　　B. $v_0\sin\alpha$　　C. v_0　　D. 0

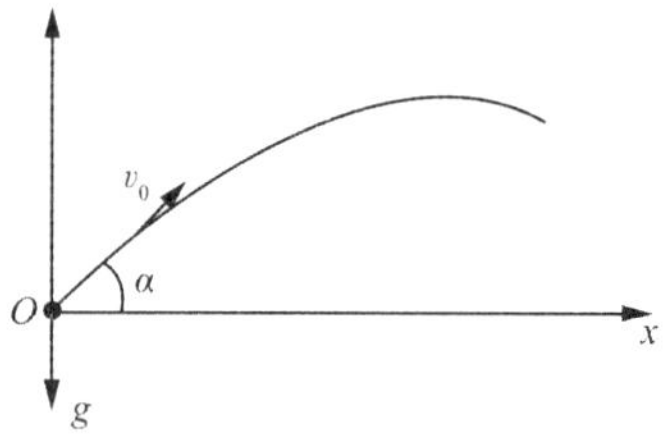

题 52 图

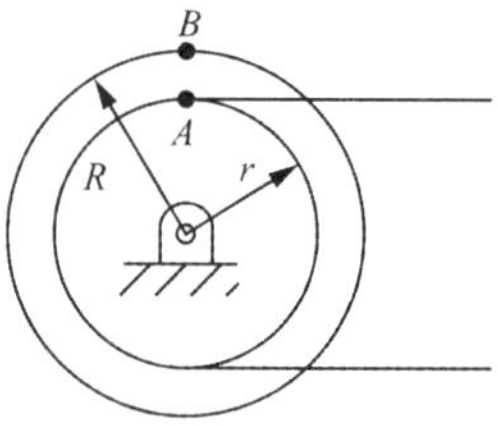

题 53 图

53. 滑轮半径 50mm，安装在发动机上旋转，其皮带运动的速度为 20m/s，切向加速度为 $6m/s^2$，扇叶半径 $R=75mm$，安装在滑轮轴上，如图所示。则扇叶 B 点的线速度和切向加速度为(　　)。

A. 30m/s，$9m/s^2$　　B. 60m/s，$9m/s^2$

C. 30m/s，$6m/s^2$　　D. 60m/s，$18m/s^2$

54. 质量为 m 的小球，放在倾角为 α 的光滑面上，并用平行于斜面的软绳将小球固定在图示位置，如斜面与小球均以 a 的加速度向左运动，则小球受到斜面的约束力 N 应为(　　)。

A. $N=mg\cos\alpha-ma\sin\alpha$

B. $N=mg\cos\alpha+ma\sin\alpha$

C. $N=mg\cos\alpha$

D. $N=ma\sin\alpha$

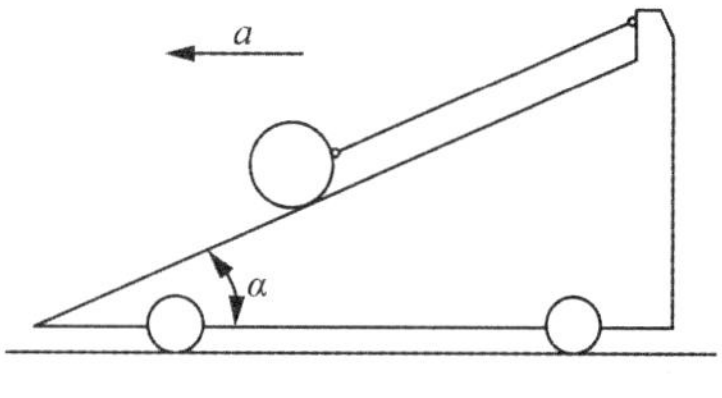

题 54 图

55. 质量为 5kg 的物体受力拉动，沿与水平面 30°夹角的光滑斜平面向上移动 6m，其拉动物体的力为70N，且与斜面平行，则所有力做功之和是(　　)。

A. 420N·m　　B. −147N·m　　C. 273N·m　　D. 567N·m

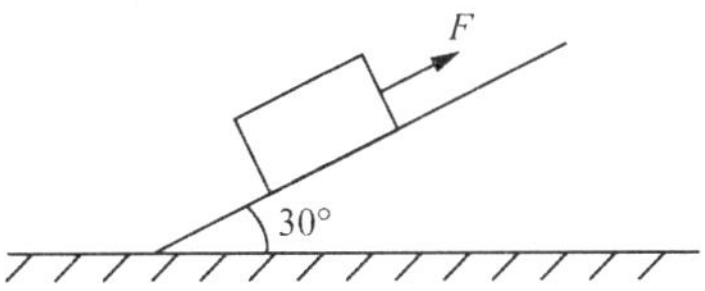

题55图

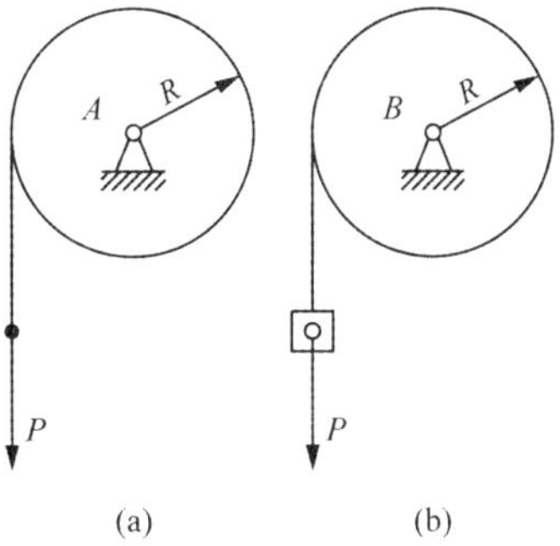

题56图

56. 在两个半径及质量均相同的均质滑轮 A 及 B 上，各绕以不计质量的绳，如图所示。轮 B 绳末端挂一重量为 P 的重物；轮 A 绳末端作用一铅垂向下的力为 P，则此两轮绕以不计质量的绳中拉力大小的关系为(　　)。

A. $F_A < F_B$　　B. $F_A > F_B$　　C. $F_A = F_B$　　D. 无法判断

57. 物块 A 质量为8kg，静止放在无摩擦的水平面上。另一质量为4kg的物块 B 被绳系住，如图所示，滑轮无摩擦。若物块 A 的加速度 $a = 3.3\text{m/s}^2$，则物块B的惯性力是(　　)。

A. 13.2N(↑)　　B. 13.2N(↓)　　C. 26.4N(↑)　　D. 26.4N(↓)

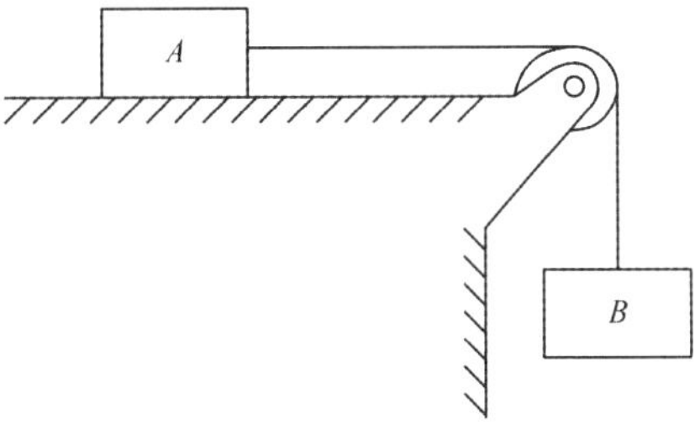

题57图

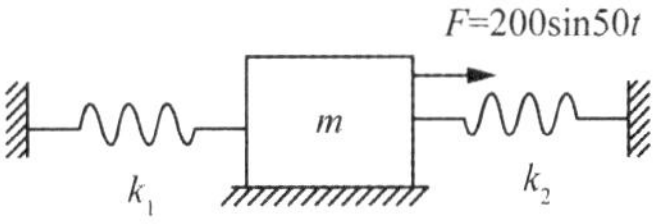

题58图

58. 如图所示系统中，$k_1 = 2\times10^5\text{N/m}$，$k_2 = 1\times10^5\text{N/m}$。激振力 $F = 200\sin 50t$，当系统发生共振时，质量 m 是(　　)。

A. 80kg　　B. 40kg　　C. 120kg　　D. 100kg

59. 在低碳钢拉伸实验中，冷作硬化现象发生在(　　)。

A. 弹性阶度　　B. 屈服阶段　　C. 强化阶段　　D. 局部变形阶段

60. 图示等截面直杆，拉压刚度为 EA，杆的总伸长为(　　)。

A. $\dfrac{2Fa}{EA}$　　B. $\dfrac{3Fa}{EA}$

C. $\dfrac{4Fa}{EA}$　　D. $\dfrac{5Fa}{EA}$

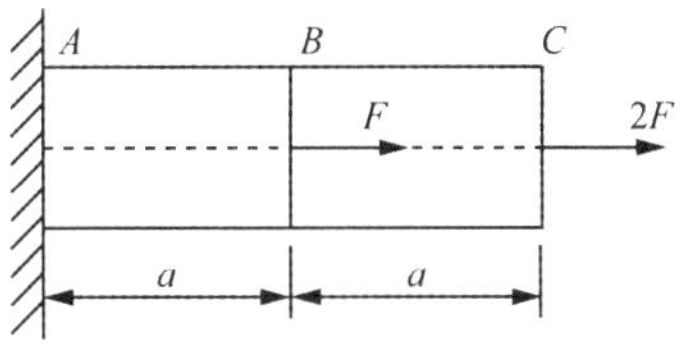

题60图

61. 如图所示，钢板用钢轴连接在铰支座上，下端受轴向拉力 F，已知钢板和钢轴的许用挤压应力均为 $[\sigma_{bs}]$，则钢轴的合理直径 d 是(　　)。

A. $d \geqslant \frac{F}{t[\sigma_{bs}]}$　　B. $d \geqslant \frac{F}{b[\sigma_{bs}]}$　　C. $d \geqslant \frac{F}{2t[\sigma_{bs}]}$　　D. $d \geqslant \frac{F}{2b[\sigma_{bs}]}$

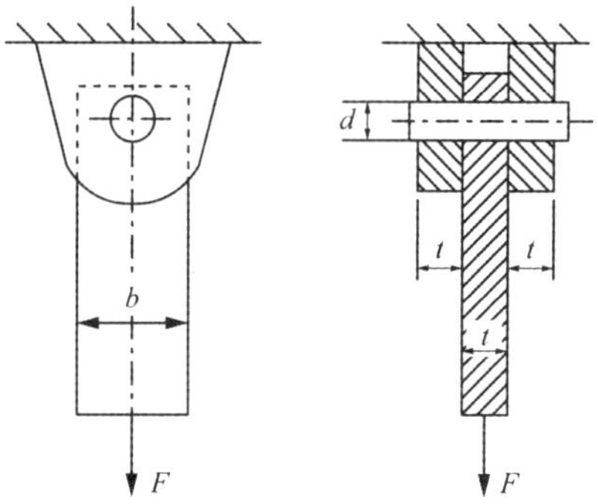

题 61 图

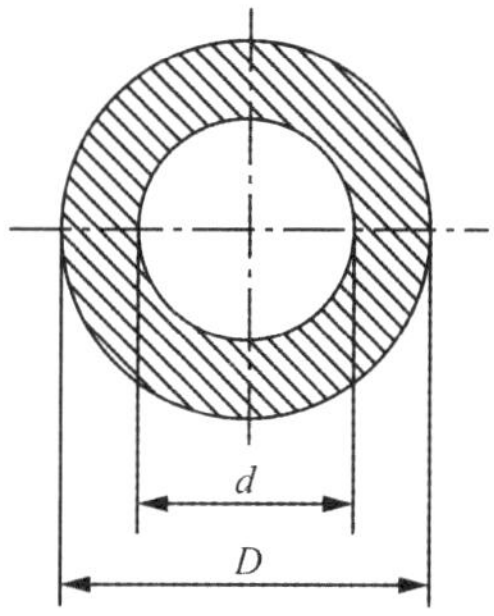

题 62 图

62. 如图所示，空心圆轴的外径为 D，内径为 d，其极惯性矩 I_P是(　　)。

A. $I_P=\frac{\pi}{16}(D^3-d^3)$　　B. $I_P=\frac{\pi}{32}(D^3-d^3)$

C. $I_P=\frac{\pi}{16}(D^4-d^4)$　　D. $I_P=\frac{\pi}{32}(D^4-d^4)$

63. 在平面图形的几何性质中，数值可正、可负、也可为零的是(　　)。

A. 静矩和惯性矩　　B. 静矩和惯性积

C. 极惯性矩和惯性矩　　D. 惯性矩和惯性积

64. 若梁 ABC 的弯矩图如图所示，则该梁上的载荷为(　　)。

A. AB 段有分布载荷，B 截面无集中力偶

B. AB 段有分布载荷，B 截面有集中力偶

C. AB 段无分布载荷，B 截面无集中力偶

D. AB 段无分布载荷，B 截面有集中力偶

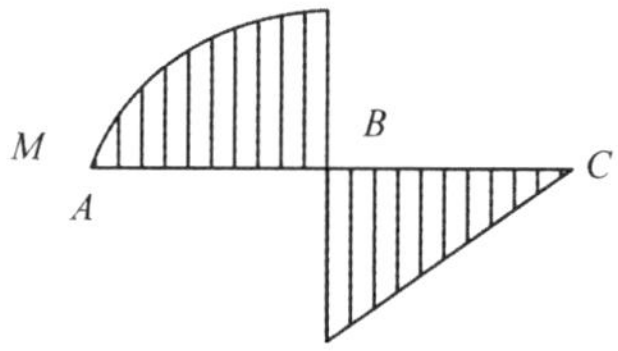

题 64 图

65. 承受竖直向下载荷的等截面悬臂梁，结构外分别采用整块材料、两块材料并列、三块材料并列和两块材料叠合(未粘接)四种方案，对应横截面如图所示。在这四种横截面中，发生最大弯曲正应力的截面是(　　)。

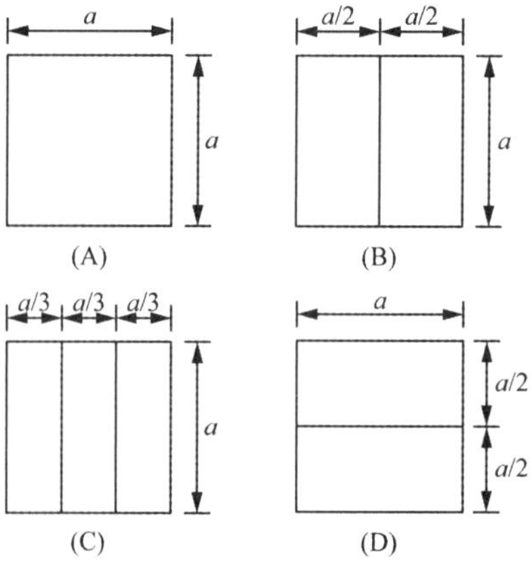

题 65 图

A. 图(A)　　B. 图(B)　　C. 图(C)　　D. 图(D)

66. 图示梁 ACB 用积分法求变形时，确定积分常数的条件是(式中 V 为梁的挠度，θ 为梁横截面的转角，ΔL 为杆 DB 的伸长变形)(　　)。

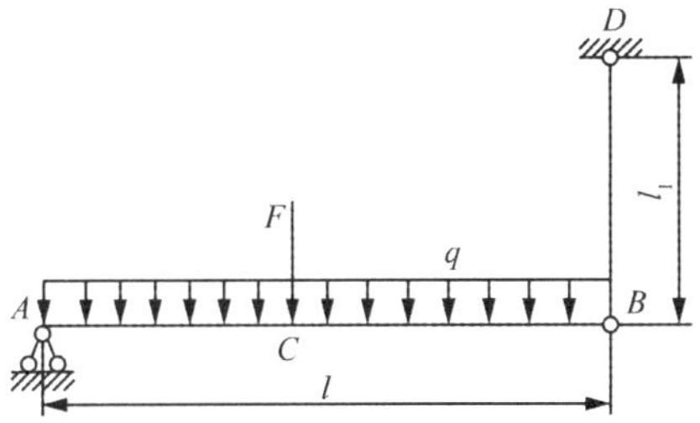

题 66 图

A. $V_A=0$，$V_B=0$，$V_{C左}=V_{C右}$，$\theta_C=0$

B. $V_A=0$，$V_B=\Delta L$，$V_{C左}=V_{C右}$，$\theta_C=0$

C. $V_A=0$，$V_B=\Delta L$，$V_{C左}=V_{C右}$，$\theta_{C左}=\theta_{C右}$

D. $\theta_A=0$，$V_B=\Delta L$，$V_C=0$，$\theta_{C左}=\theta_{C右}$

67. 分析受力物体内一点处的应力状态，如可以找到一个平面，在该平面上有最大切应力，则该平面上的正应力(　　)。

A. 是主应力　　B. 一定为零　　C. 一定不为零　　D. 不属于前三种情况

68. 在下面四个表达式中，第一强度理论的强度表达式是(　　)。

A. $\sigma_1 \leqslant [\sigma]$

B. $\sigma_1-\mu(\sigma_2+\sigma_3)\leqslant[\sigma]$

C. $\sigma_1-\sigma_3\leqslant[\sigma]$

D. $\sqrt{\frac{1}{2}[(\sigma_1+\sigma_2)^2+(\sigma_2-\sigma_3)^2+(\sigma_3-\sigma_1)^2]}\leqslant[\sigma]$

69. 如图所示，正方形截面悬臂梁 AB，在自由端 B 截面形心作用有轴向力 F，若将轴向力 F 平移到 B 截面下缘中点，则梁的最大正应力是原来的(　　)。

A. 1 倍　　B. 2 倍　　C. 3 倍　　D. 4 倍

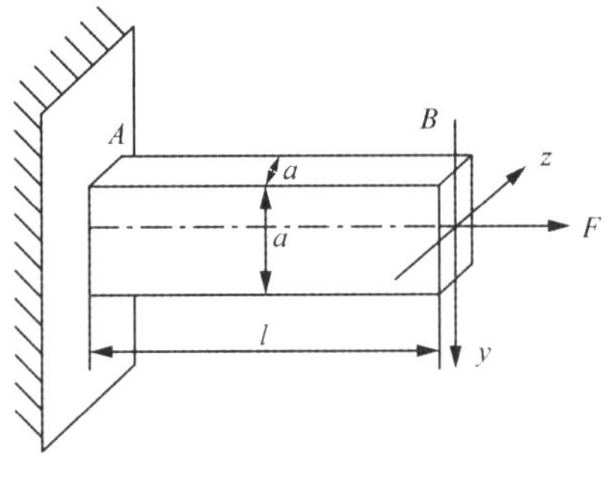

题 69 图

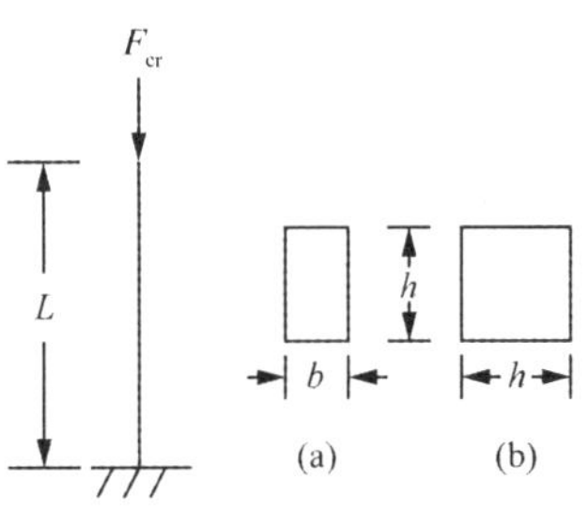

题 70 图

70. 图示矩形截面细长压杆，$h=2b$(图 a)，如果将宽度 b 改为 h 后(图 b，仍为细长压杆)，临界力 F_{cr}是原来的(　　)。

A. 16 倍　　B. 8 倍　　C. 4 倍　　D. 2 倍

71. 静止流体能否承受剪切应力？(　　)

A. 不能承受　　　B. 可以承受　　　C. 能承受很小的　　　D. 具有粘性可以承受

72. 水从铅直圆管向下流出，如图所示，已知 $d_1=10\text{cm}$，管口处的水流速度 $v_1=1.8\text{m/s}$，试求管口下方 $h=2\text{m}$ 处的水流速度 v_2 和直径 d_2(　　)。

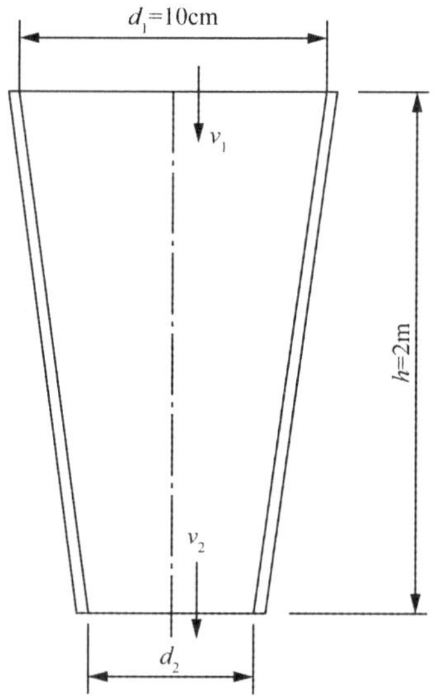

题 72 图

A. $v_2=6.5\text{m/s}$，$d_2=5.2\text{cm}$　　　B. $v_2=3.25\text{m/s}$，$d_2=5.2\text{cm}$

C. $v_2=6.5\text{m/s}$，$d_2=2.6\text{cm}$　　　D. $v_2=3.25\text{m/s}$，$d_2=2.6\text{cm}$

73. 应用动量定理计算流体对固体壁面的作用力时，进、出口截面上的压强应为(　　)。

A. 绝对压强　　　B. 相对压强　　　C. 大气压　　　D. 真空度

74. 一直径为 50mm 的圆管，运动黏性系数 $\nu=0.18\text{cm}^2/\text{s}$、密度 $\rho=0.85\text{g/cm}^3$ 的油在管内以 $u=5\text{cm/s}$ 的速度做层流运动，则沿程损失系数是(　　)。

A. 0.09　　　B. 0.461　　　C. 0.1　　　D. 0.13

75. 并联长管 1、2 两管的直径相同，沿程阻力系数相同，长度 $L_2=3L_1$，通过的流量为(　　)。

A. $Q_1=Q_2$　　　B. $Q_1=1.5Q_2$　　　C. $Q_1=1.73Q_2$　　　D. $Q_1=3Q_2$

76. 明渠均匀流只能发生在(　　)。

A. 平坡棱柱形渠道　　　B. 顺坡棱柱形渠道

C. 逆坡棱柱形渠道　　　D. 不能确定

77. 均匀砂质土填装在容器中，已知水力坡度 $J=0.5$，渗透系数为 0.005cm/s，则渗流流速为(　　)。

A. 0.0025cm/s　　　B. 0.0001cm/s　　　C. 0.001cm/s　　　D. 0.015cm/s

78. 进行水力模型实验，要实现有压管流的动力相似，应选用的准则是(　　)。

A. 雷诺准则　　　B. 弗劳德准则　　　C. 欧拉准则　　　D. 马赫数

79. 在图示变压器，左侧线圈中通以直流电流，并在铁芯中产生磁通 ϕ，此时，右侧线圈端口上的电压确定 u_2 为(　　)。

A. 0　　　B. $\frac{N_2}{N_1}\frac{\mathrm{d}\phi}{\mathrm{d}t}$　　　C. $N_1\frac{\mathrm{d}\phi}{\mathrm{d}t}$　　　D. $\frac{N_1}{N_2}\frac{\mathrm{d}\phi}{\mathrm{d}t}$

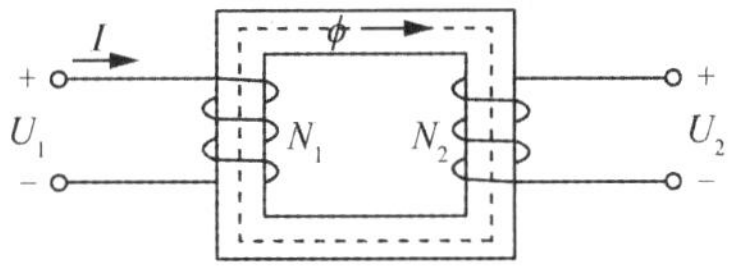

题 79 图

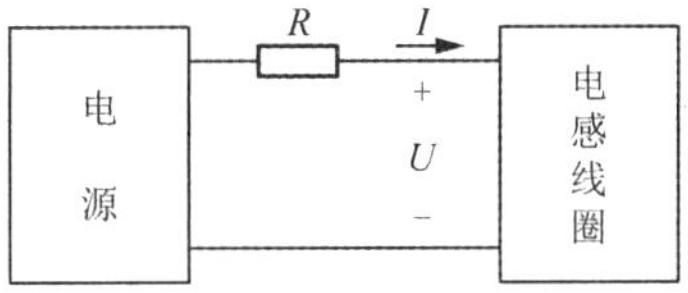

题 80 图

80. 将一个直电流源通过一个电阻 R 接在电感线图两侧，如图所示。如果 $U=10\mathrm{V}$ 时，$I=1\mathrm{A}$，那么，将直流电源设备换成交流电源设备后，则该电路等效的模型为(　　)。

A. 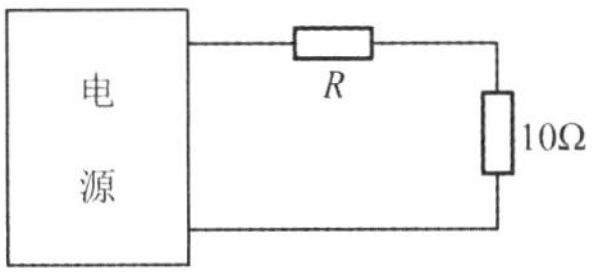

B. 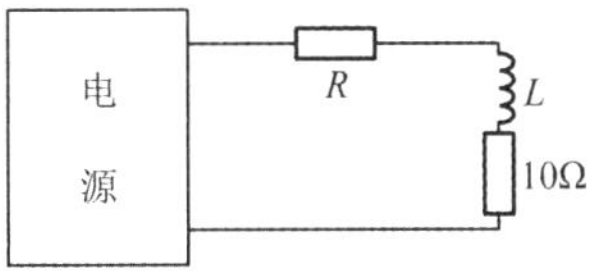

C. 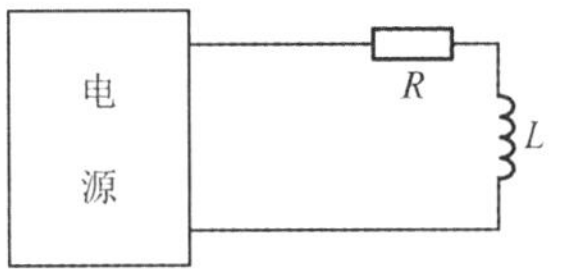

D. 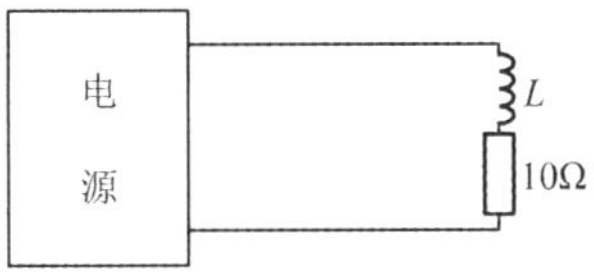

81. 图示电路中，a-b 端左侧网络的等效电阻为(　　)。

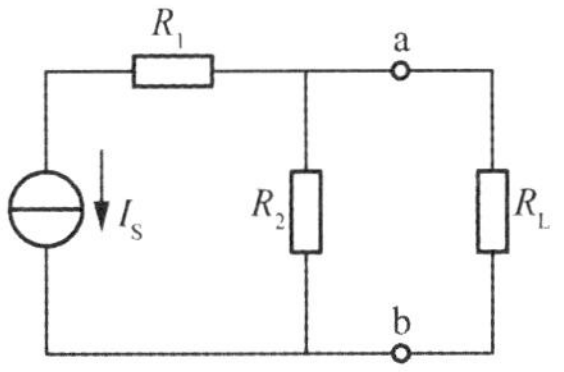

题 81 图

A. R_1+R_2　　B. $R_1 \parallel R_2$　　C. $R_1+R_2 \parallel R_L$　　D. R_2

82. 在三相交流电路中，电流和电压近似反相，且电流周期是电压周期的 2 倍，电压为 $v(t)=220\sqrt{2}\sin(314t+30°)\mathrm{V}$，则电流 I 为(　　)。

A. $I_m\sin(628t+30°)$　　B. $I_m\sin(157t+165°)$

C. $-I_m\sin(628t+15°)$　　D. $I_m\sin(157t-165°)$

83. 图示电路中，$z_1=6+\mathrm{j}8\Omega$，$z_2=-\mathrm{j}x_c$，$\dot{u}=15\angle 0°\mathrm{V}$，为使 I 取得最大值，则 $x_c=$(　　)。

A. 6Ω　　B. 8Ω　　C. -8Ω　　D. 0Ω

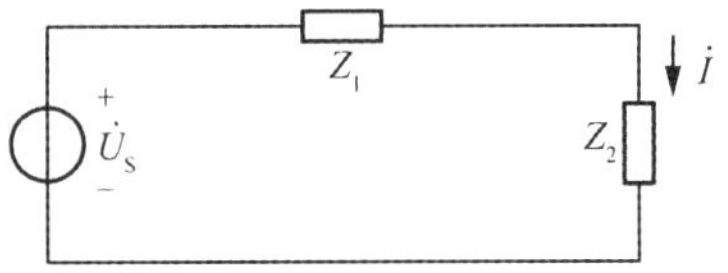

题 83 图

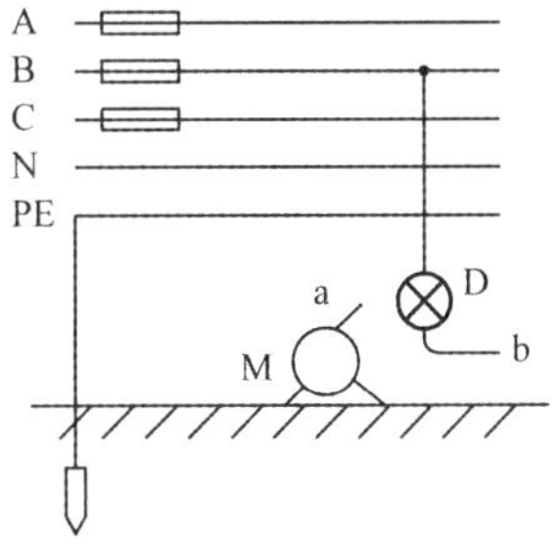

题 84 图

84. 三相供电线路如图所示，设电灯 D 的额定电压为三相电源的相电压，与用电设备 M 的外壳连线 a 及电灯 D 的接线端 b 应分别接到(　　)。

A. PE 线和 PE 线上　　B. N 线和 N 线上

C. PE 线和 N 线上　　　　　　　　D. N 线和 PE 线上

85. 设三相异步电动机的空载功率因数为 λ_1，20% 额定负载时功率因数为 λ_2，满载时功率因数为 λ_3，那么，如下关系式成立的是(　　)。

A. $\lambda_1 > \lambda_2 > \lambda_3$　　B. $\lambda_1 < \lambda_2 < \lambda_3$　　C. $\lambda_1 < \lambda_3 < \lambda_2$　　D. $\lambda_1 > \lambda_3 > \lambda_2$

86. 能够实现用电设备连续工作的控制电路是(　　)。

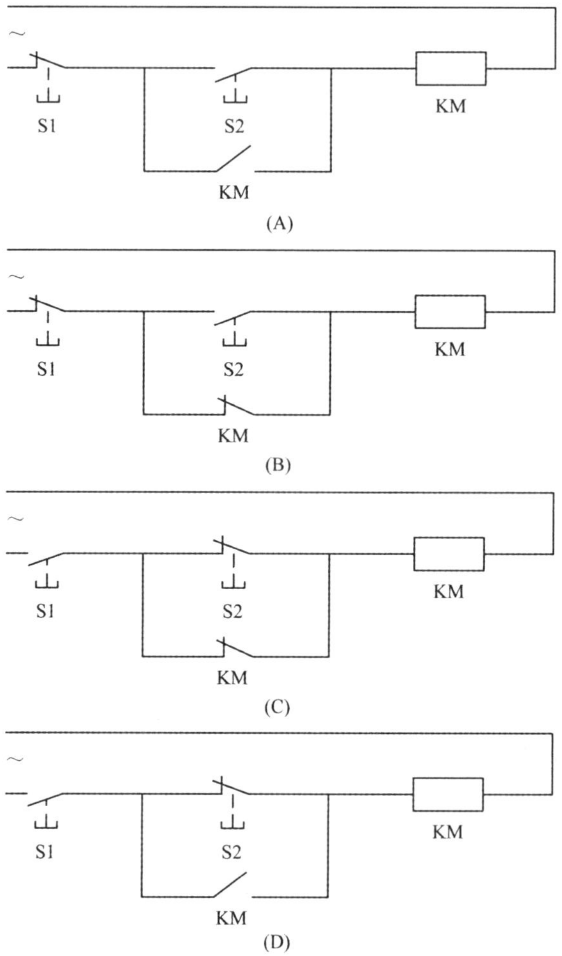

题 86 图

A. 图(A)　　B. 图(B)　　C. 图(C)　　D. 图(D)

87. 下述四个信号中，不能用来表示信息代码“10101”的是(　　)。

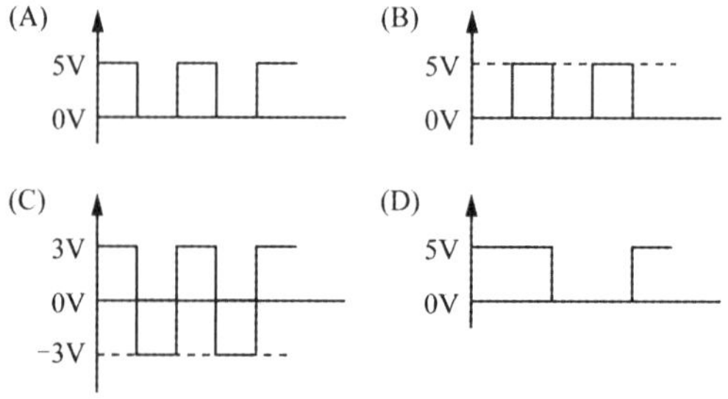

题 87 图

A. 图(A)　　　　B. 图(B)　　　　C. 图(C)　　　　D. 图(D)

88. 模拟信号 $u_1(t)$ 和 $u_2(t)$ 的幅值频谱分别如图(a)和图(b)所示，则(　　)。

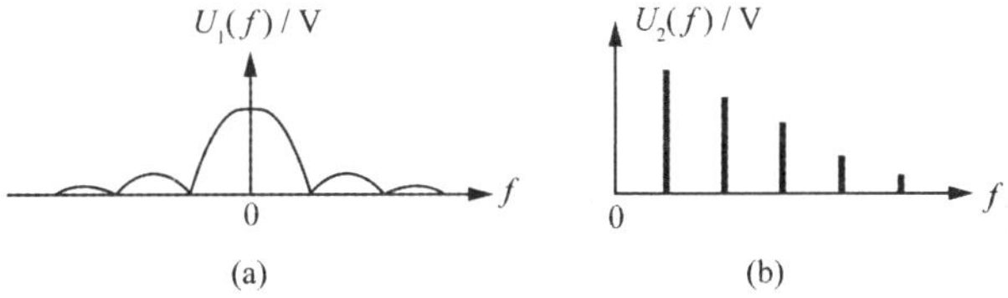

题 88 图

A. $u_1(t)$ 是连续时间信号，$u_2(t)$ 是离散时间信号

B. $u_1(t)$ 是非周期性时间信号，$u_2(t)$ 周期性时间信号

C. $u_1(t)$ 和 $u_2(t)$ 都是非周期性时间信号

D. $u_1(t)$ 和 $u_2(t)$ 都是周期性时间信号

89. 如下几种说法中正确的是(　　)。

A. 滤波器会改变正弦波信号的频率

B. 滤波器会改变正弦波信号的波形形状

C. 滤波器会改变非正弦周期信号的频率

D. 滤波器会改变非正弦周期信号的波形形状

90. 对逻辑表达式 $ABCD+\overline{A}+\overline{B}+\overline{C}+\overline{D}$ 的化简结果是(　　)。

A. 0　　　　B. 1　　　　C. $ABCD$　　　　D. $\overline{A}+\overline{B}+\overline{C}+\overline{D}$

91. 已知数字信号 A 和数字信号 B 的波形如图所示，则数字信号 $F=\overline{AB}$ 的波形为(　　)。

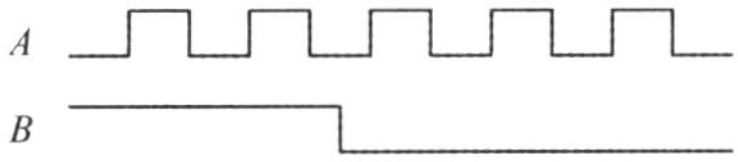

题 91 图

A. 

B. 

C. 

D. 

92. 逻辑函数 $F=f(A, B, C)$ 的真值表如下所示，由此可知(　　)。

题 92 表

A	B	C	F
0	0	0	0
0	0	1	0
0	1	0	0
0	1	1	1
1	0	0	0
1	0	1	0
1	1	0	1
1	1	1	1

A. $F = BC + AB + \bar{A}\bar{B}C + B\bar{C}$　　B. $F = \overline{ABC} + ABC + AC + ABC$

C. $F = AB + BC + AC$　　D. $F = \bar{A}BC + AB\bar{C} + ABC$

93. 晶体三极管放大电路如图所示，在并入电容 C_E 前后，不变的量是(　　)。

A. 输入电阻和输出电阻

B. 静态工作点和电压放大倍数

C. 静态工作点和输出电阻

D. 输入电阻和电压放大倍数

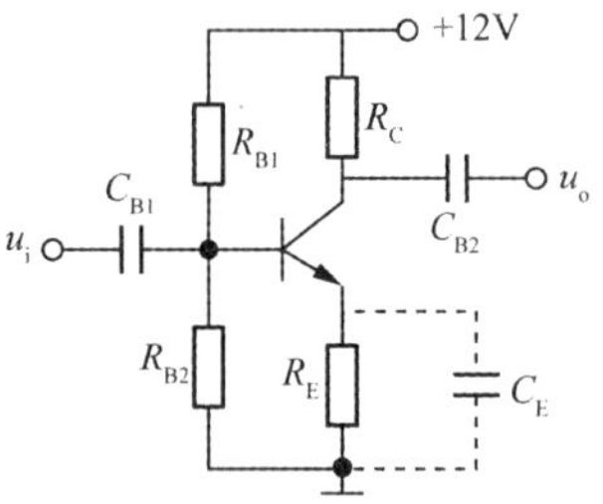

题 93 图

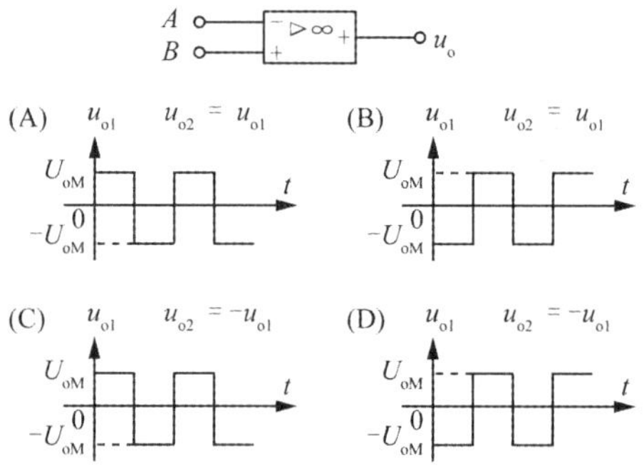

题 94 图

94. 图示电路中，运算放大器输出电压的极限值为 ± U，设输入电压 $u_1 = \sin\omega t$，如果将 u_1 的“A”端输入，电路的“B”端接地，得到输出电压 u_{01}，而将 u_1 从电路的“B”输入，电路的“A”端接地，得到输出电压 u_{02}，那么，如下正确的是(　　)。

A. 图(A)　　B. 图(B)　　C. 图(C)　　D. 图(D)

95. 图示逻辑门的输出 F_1 和 F_2 分别为(　　)。

题 95 图

A. A 和 1　　B. 0 和 B　　C. A 和 B　　D. $\bar{A}$ 和 1

96. 图(a)所示电路中，复位信号及时钟脉冲信号如图(b)所示，给分析可知，在 t_1 时刻，输出 Q_{JK} 和 Q_D 分别等于(　　)。

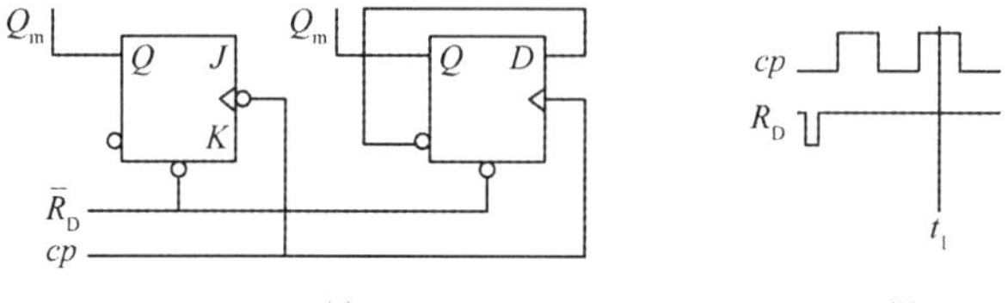

(a)　　(b)

题 96 图

附：D 触发器的逻辑状态表为：

D	Q_{n+1}
0	0
1	1

JK 触发器的逻辑状态表为：

J	K	Q_{n+1}
0	0	Q_n
0	1	0
1	0	1
1	1	$\overline{Q_n}$

A. 0、0　　B. 0、1　　C. 1、0　　D. 1、1

97. 下面四条有关数字计算机处理信息的描述中，其中不正确的一条是(　　)。

A. 计算机处理的是数字信息

B. 计算机处理的是模拟信息

C. 计算机处理的是不连续的离散(0 或 1)信息

D. 计算机处理的是断续的数字信息

98. 程序计数器(PC)的功能是(　　)。

A. 对指令进行译码　　B. 统计每秒钟执行指令的数目

C. 存放下一条指令的地址　　D. 存放正在执行的指令地址

99. 计算机的软件系统是由(　　)。

A. 高级语言程序、低级语言程序构成　　B. 系统软件、支撑软件、应用软件构成

C. 操作系统、专用软件构成　　D. 应用软件和数据库管理系统构成

100. 允许多个用户以交互方式使用计算机的操作系统是(　　)。

A. 批处理单道系统　　B. 分时操作系统

C. 实时操作系统　　D. 批处理多道系统

101. 在计算机内，ASCII 码是为(　　)。

A. 数字而设置的一种编码方案　　B. 汉字而设置的一种编码方案

C. 英文字母而设置的一种编码方案　　D. 常用字符而设置的一种编码方案

102. 在微机系统内，为存储器中的每一个(　　)。

A. 字节分配一个地址　　B. 字分配一个地址

C. 双字分配一个地址　　D. 四字分配一个地址

103. 保护信息机密性的手段有两种，一是信息隐藏，二是数据加密。下面四条表述中，有错误的一条是(　　)。

A. 数据加密的基本方法是编码，通过编码将明文变换为密文

B. 信息隐藏是使非法者难以找到秘密信息、而采用“隐藏”的手段

C. 信息隐藏与数据加密所采用的技术手段不同

D. 信息隐藏与数据加密所采用的技术手段是一样的

104. 下面四条有关线程的表述中，其中错误的一条是(　　)。

A. 线程有时也叫做轻量级的进程

B. 有些进程只包含一个线程

C. 线程是所有操作系统分配 CPU 时间的基本单位

D. 把进程再细分成线程的目的是为更好地实现并发处理和共享资源

105. 计算机与信息化社会的关系是(　　)。

A. 没有信息化社会就不会有计算机

B. 没有计算机在数值上的快速计算，就没有信息化社会

C. 没有计算机及其与通信、网络等的综合利用，就没有信息化社会

D. 没有网络电话就没有信息化社会

106. 域名服务器的作用是(　　)。

A. 为连入 Internet 网的主机分配域名

B. 为连入 Internet 网的主机分配 IP 地址

C. 为连入 Internet 网的一个主机域名寻找所对应的 IP 地址

D. 将主机的 IP 地址转换为域名

107. 某人预计 5 年后需要一笔 50 万元的资金，现市场上正发售期限为 5 年的电力债券，年利率为 5.06%，按年复利计息，5 年末一次还本付息，若想 5 年后拿到 50 万元的本利和，他现在应该购买电力债券(　　)。

A. 30.52 万元　　B. 38.18 万元　　C. 39.06 万元　　D. 44.19 万元

108. 以下关于项目总投资中的流动资金的说法中正确的是(　　)。

A. 是指工程建设其他费用和预备费之和

B. 是指投产后形成流动资产和流动负债之和

C. 是指投产后形成的流动资产和流动负债的差额

D. 是指投产后形成的流动资产占用的资金

109. 下列筹资方式中，属于项目债务资金的筹集方式的是(　　)。

A. 优先股　　B. 政府投资　　C. 融资租赁　　D. 可转换债券

110. 某建设项目预计生产期第三年息税前利润为 200 万元，折旧与摊销为 50 万元，所得税为 25 万元，计入总成本费用的应付利息为 100 万元。则该年的利息备付率为(　　)。

A. 1.25　　B. 2　　C. 2.25　　D. 2.5

111. 某项目方案各年的净现金流量如下表所示(单位：万元)，其静态投资回收期为(　　)。

题 111 表

年份	0	1	2	3	4	5
净现金流量	-100	-50	40	60	60	60

A. 2.17 年　　B. 3.17 年　　C. 3.83 年　　D. 4 年

112. 某项目的产出物为可外贸货物，其离岸价格为 100 美元，影子汇率为 6 元人民币/美元，出口费用为每件 100 元人民币，则该货物的影子价格为(　　)。

A. 500 元人民币　　B. 600 元人民币

C. 700 元人民币　　D. 1200 元人民币

113. 某项目有甲、乙两个建设方案，投资分别为 500 万元和 1000 万元，项目期均为 10 年，甲项目年收益为 140 万元，乙项目年收益为 250 万元。假设基准收益率为 8%，已知 $(P/A, 8\%, 10)=6.7101$，则下列关于该项目方案选择的说法正确的是(　　)。

A. 甲方案的净现值大于乙方案，故应选择甲方案

B. 乙方案的净现值大于甲方案，故应选择乙方案

C. 甲方案的内部收益率大于乙方案，故应选择甲方案

D. 乙方案的内部收益率大于甲方案，故应选择乙方案

114. 用强制确定法(FD法)选择价值工程的对象时，得出某部件的价值系数为1.02，下列说法正确的是(　　)。

A. 该部件的功能重要性与成本比重相当，因此应将该部件作为价值工程对象

B. 该部件的功能重要性与成本比重相当，因此不应将该部件作为价值工程对象

C. 该部件功能重要性较小，而所占成本较高，因此应将该部件作为价值工程对象

D. 该部件功能过高或成本过低，因此应将该部件作为价值工程对象

115. 某在建的建筑工程因故中止施工，建设单位的下列做法，符合《建筑法》的是(　　)。

A. 自中止施工之日起一个月内，向发证机关报告

B. 自中止施工之日起半年内，报发证机关核验施工许可证

C. 自中止施工之日起三个月内，向发证机关申请延长施工许可证的有效期

D. 自中止施工之日起满一年，向发证机关重新申请施工许可证

116. 依据《安全生产法》，企业应当对职工进行安全生产教育和培训。某施工总承包单位对职工进行安全生产培训，其培训的内容不包括(　　)。

A. 安全生产知识　　B. 安全生产规章制度

C. 安全生产管理能力　　D. 本岗位安全操作技能

117. 下列说法符合《招标投标法》规定的是(　　)。

A. 招标人自行招标，应当具有编制招标文件和组织评标能力

B. 招标人必须自行办理招标事宜

C. 招标人委托招标代理机构办理招标事宜应当向有关行政监督部门备案

D. 有关行政监督部门有权强制招标人委托代理机构办理招标事宜

118. 甲乙双方于4月1日约定采用数据电文的方式订立合同，但双方没有指定特定系统，乙方于4月8日下午收到甲方以电子邮件方式发出的要约，于4月9日上午又收到了甲方发出的同样内容的传真，甲方于4月9日下午给乙方打电话通知对方要约已经发出，请对方尽快作出承诺，则该要约生效的时间是(　　)。

A. 4月8日下午　B. 4月9日上午　C. 4月9日下午　D. 4月1日

119. 根据《行政许可法》规定，行政许可采取统一办理或者联合办理的，办理的时间不得超过(　　)。

A. 10日　B. 15日　C. 30日　D. 45日

120. 依据《建设工程质量管理条例》，建设单位收到施工单位提交的建设工程竣工验收报告申请后，应当组织有关单位进行竣工验收，参加验收的单位可以不包括(　　)。

A. 施工单位　B. 监理单位　C. 材料供应单位　D. 设计单位

答案及详解

单项选择题(共120题，每题1分，每题的备选项中只有一个最符合题意)

1. C 【**考点**】无穷大量的概念

【**解析**】若$\lim\limits_{x\to+\infty}f(x)=\pm\infty$，则称$f(x)$为无穷大量。A项，$\lim\limits_{x\to+\infty}\frac{1}{2+x}=0$；B项，由于随着$x$增大，$y=\cos x$为振荡图像，因此$x\cos x$的值在$-\infty$与$+\infty$间振荡；C项，$\lim\limits_{x\to+\infty}e^{3x}-1=+\infty$；D项，$\lim\limits_{x\to+\infty}1-\arctan x=1-\frac{\pi}{2}$。

2. B 【**考点**】导数的几何意义

【**解析**】由导数的定义，$f(x)$在x_0处的导数值等于在x_0处切线的斜率。由于$\lim\limits_{x\to x_0}f'(x)=\infty$，即$f'(x)$在$x_0$处的极限不存在，可得$f(x)$在$x_0$处的切线斜率不存在，因此与$Oy$轴平行。

3. D 【**考点**】隐函数求导

【**解析**】方程两边分别对x求导

$$\cos y\frac{\mathrm{d}y}{\mathrm{d}x}+e^x-\left(y^2+2xy\frac{\mathrm{d}y}{\mathrm{d}x}\right)=0$$

$$\Rightarrow(\cos y-2xy)\frac{\mathrm{d}y}{\mathrm{d}x}=y^2-e^x$$

$$\Rightarrow\mathrm{d}y=\frac{y^2-e^x}{\cos y-2xy}\mathrm{d}x$$

4. C 【**考点**】抽象复合求二阶导

【**解析**】

$$\frac{\mathrm{d}y}{\mathrm{d}x}=f'(e^x)e^x$$

$$\frac{\mathrm{d}^2y}{\mathrm{d}x^2}=f''(e^x)e^x\cdot e^x+f'(e^x)e^x$$

$$=f''(e^x)e^{2x}+f'(e^x)e^x$$

5. B 【**考点**】罗尔中值定理条件验证

【**解析**】如果函数$f(x)$满足以下条件：①在闭区间$[a,b]$上连续，②在(a,b)内可导，③$f(a)=f(b)$，则至少存在一个$\xi\in(a,b)$，使得$f'(\xi)=0$，这个定理叫做罗尔定理。A项，$f(x)=\sqrt[3]{x^2}=x^{\frac{2}{3}}$，$f'(x)=\frac{2}{3}x^{-\frac{1}{3}}$，则在$x=0$处，函数斜率不存在，不满足条件②，排除。C项，$f(x)=|x|$在$x=0$处不可导，排除。D项，$f(x)=\frac{1}{x}$在$x=0$处不连续，故正确答案为B。

6. C 【**考点**】拐点的计算

【**解析**】$f'(x)=4x^3+12x^2+1$；$f''(x)=12x^2+24x=12x(x+2)$；令$f''(x)=0$，可得$x=0$或$-2$。故拐点个数为2。

7. B 【考点】原函数与不定积分的概念与计算

【解析】首先$f(x)=(1+\sin x)'=\cos x$，再利用分部积分法

$$\int xf'(x)\mathrm{d}x = xf(x)-\int f(x)\mathrm{d}x = x\cos x-(1+\sin x)+C$$

8. A 【考点】旋转体体积计算

【解析】x轴上取一个微段$\mathrm{d}x$，则可将旋转体切割为有限个圆盘，圆盘厚度为$\mathrm{d}x$，半径为x^3，则每个圆盘的体积为$V_0=\pi(x^3)^2\mathrm{d}x$，对$[0,1]$范围内的圆盘体积积分，就可得旋转体的体积

$$V=\pi\int_0^1(x^3)^2\mathrm{d}x=\frac{\pi}{7}$$

9. B 【考点】数量积的性质

【解析】$\lambda\boldsymbol{\alpha}+\boldsymbol{\beta}=\lambda(5,1,8)+(3,2,7)=(5\lambda+3,\lambda+2,8\lambda+7)$，由于$\lambda\boldsymbol{\alpha}+\boldsymbol{\beta}$与$Oz$轴垂直，则向量在$z$轴向的分量为零，即$8\lambda+7=0$，解得$\lambda=-7/8$。

10. D 【考点】点法式平面方程的计算

【解析】由于平面平行于z轴，则平面法向量的z向分量为零。设平面法向量为$(A,B,0)$，则过点M_1的平面点法式方程为$Ax+B(y+1)+0(z-2)=0$，又平面过点M_2，即$A\cdot 1+B(0+1)=0$，解得$A=-B$，因此平面方程为$x-y-1=0$。

11. C 【考点】直线斜率的概念

【解析】由过点$(1,2)$，可得$y(1)=2$；由切线斜率为$2x$，可得$y'=2x$。故选择C项。

12. D 【考点】极坐标下计算二重积分

【解析】令$\begin{cases}x=\rho\cos\theta\\y=\rho\sin\theta\end{cases}$，且$0\leqslant\theta\leqslant\pi/4$，$0\leqslant\rho\leqslant 2\sin\theta$，则

$$\iint_D x\mathrm{d}x\mathrm{d}y=\int_0^{\frac{\pi}{4}}\int_0^{2\sin\theta}\rho^2\cos\theta\mathrm{d}\theta\mathrm{d}\rho$$

$$=\int_0^{\frac{\pi}{4}}\cos\theta\mathrm{d}\theta\int_0^{2\sin\theta}\rho^2\mathrm{d}\rho$$

13. C 【考点】非齐次微分方程的解

【解析】非齐次微分方程的解=齐次微分方程的通解Cy_0（C为任意常数）+非齐次微分方程的特解y_1，所以只有C项符合。

14. B 【考点】全微分的计算

【解析】要求全微分，先求偏导数

$$z_x=-\frac{1}{x^2}e^{xy}+\frac{y}{x}e^{xy}\Rightarrow z_x(1,-1)=-2e^{-1}$$

$$z_y=e^{xy}\Rightarrow z_y(1,-1)=e^{-1}$$

则

$$\mathrm{d}z|_{(1,-1)}=z_x(1,-1)\mathrm{d}x+z_y(1,-1)\mathrm{d}y=e^{-1}(-2\mathrm{d}x+\mathrm{d}y)$$

15. A 【考点】对坐标的曲线积分计算

【解析】有向线段L：$y=2x$（x由0到1），则

$$\int_L -y\mathrm{d}x+x\mathrm{d}y=\int_0^1 -2x\mathrm{d}x+2x\mathrm{d}x=\int_0^1 0\mathrm{d}x=0$$

16. B 【考点】级数的敛散性

【解析】p 级数 $\sum_{n=1}^{\infty}\frac{1}{n^p}$，只有 $p>1$ 时才收敛。

A 项，$\sum_{n=1}^{\infty}\frac{n^2}{3n^4+1}$ 与 $\sum_{n=1}^{\infty}\frac{n^2}{3n^4}=\sum_{n=1}^{\infty}\frac{1}{3n^2}$ 敛散性相同，后者为 p 级数，且 $p=2>1$，所以级数收敛。

B 项，$\sum_{n=2}^{\infty}\frac{1}{\sqrt[3]{n(n-1)}}$ 与 $\sum_{n=1}^{\infty}\frac{1}{\sqrt[3]{n^2}}=\sum_{n=1}^{\infty}\frac{1}{\mathrm{n}^{2/3}}$ 敛散性相同，后者为 p 级数，且 $p=\frac{2}{3}<1$，所以级数发散。

C 项，$\sum_{n=1}^{\infty}\frac{(-1)^n}{\sqrt{n}}=\sum_{n=1}^{\infty}(-1)^n\frac{1}{\sqrt{n}}$ 为交错级数，且满足莱布尼茨条件：$\frac{1}{\sqrt{n}}$ 单调递减趋于零，则级数收敛。

D 项，$\sum_{n=1}^{\infty}\frac{5}{3^n}$ 为等比级数，且公比 $q=\frac{1}{3}<1$，则级数收敛。

17. D 【考点】二阶偏导数的计算

【解析】一阶偏导数

$$\frac{\partial z}{\partial x}=2f(xy)\cdot f'(xy)\cdot y=2yf(xy)f'(xy)$$

二阶偏导数

$$\frac{\partial^2 z}{\partial x^2}=2y\{y[f'(xy)]^2+yf(xy)f''(xy)\}=2y^2\{[f'(xy)]^2+f(xy)f''(xy)\}$$

18. C 【考点】函数项级数收敛域

【解析】由题意 $\sum_{n=1}^{\infty}a_n(x+2)^n$ 的收敛域为 $(-4,0]$；故 $\sum_{n=1}^{\infty}a_nx^n$ 的收敛域为 $(-2,2]$；由 $-2<x-1\leqslant 2$ 可得 $-1<x\leqslant 3$，故 $\sum_{n=1}^{\infty}a_n(x-1)^n$ 的收敛域是 $(-1,3]$。

19. B 【考点】方阵行列式的性质

【解析】由于 $\boldsymbol{A}$ 为 n 阶方阵，$\boldsymbol{B}$ 是只对调 $\boldsymbol{A}$ 的一、二列所得的矩阵，即 $\boldsymbol{B}$ 是 $\boldsymbol{A}$ 经过一次初等变换得到的矩阵，故 $r(\boldsymbol{A})=r(\boldsymbol{B})$，其行列式的关系为 $|\boldsymbol{A}|=-|\boldsymbol{B}|$。由题知，$|\boldsymbol{A}|\neq|\boldsymbol{B}|$，则 $|\boldsymbol{A}|\neq-|\boldsymbol{A}|$，解得 $|\boldsymbol{A}|\neq 0$。

20. A 【考点】矩阵的相似性

【解析】由于 $\boldsymbol{A}$ 与 $\boldsymbol{B}$ 相似，故 $\boldsymbol{A}$ 与 $\boldsymbol{B}$ 的特征值相等。$\boldsymbol{B}$ 的特征值为 0，1，2。

当 $x=y=0$ 时

$$|\lambda\boldsymbol{E}-\boldsymbol{A}|=\begin{vmatrix}\lambda-1 & 0 & -1\\ 0 & \lambda-1 & 0\\ -1 & 0 & \lambda-1\end{vmatrix}=\lambda(\lambda-1)(\lambda-2)=0$$

解得 $\lambda=0$，1，2。$\boldsymbol{A}$ 的特征值与 $\boldsymbol{B}$ 的特征值相等。选项 A 正确。

21. B 【考点】向量组的线性相关性

【解析】

$$\begin{pmatrix} a & 1 & 1 \\ 1 & a & -1 \\ 1 & -1 & a \end{pmatrix} \to \begin{pmatrix} 0 & 1-a^2 & 1+a \\ 1 & a & -1 \\ 0 & -1-a & a+1 \end{pmatrix} \to \begin{pmatrix} 0 & -a^2+a+2 & 0 \\ 1 & a & -1 \\ 0 & -1-a & a+1 \end{pmatrix}$$

由于 $\boldsymbol{\alpha}_1$，$\boldsymbol{\alpha}_2$，$\boldsymbol{\alpha}_3$ 线性相关，则上式行列式为零，即 $-a^2+a+2=0$，解得 $a=-1$ 或 $a=2$。

22. D 【考点】概率的性质与计算

【解析】由于

$$P(AB)=P(A)P(B\mid A)=\frac{1}{4}\times\frac{1}{3}=\frac{1}{12}$$

则

$$P(B)=\frac{P(AB)}{P(A\mid B)}=\frac{1/12}{1/2}=\frac{1}{6}$$

因此

$$\begin{aligned} P(A\cup B)&=P(A)+P(B)-P(AB) \\ &=\frac{1}{4}+\frac{1}{6}-\frac{1}{12}=\frac{1}{3} \end{aligned}$$

23. A 【考点】方差的性质与计算

【解析】因为变量 X 和 Y 相互独立，则 $D(2X-Y)=D(2X)+D(Y)=4D(X)+D(Y)=4+3=7$。

24. D 【考点】正态分布性质

【解析】由于变量 X 和 Y 相互独立，则

$$E(Z)=E(X+Y)=E(X)+E(Y)=\mu_1+\mu_2$$
$$D(Z)=D(X+Y)=D(X)+D(Y)=\sigma_1^2+\sigma_2^2$$

故 $Z\sim N(\mu_1+\mu_2,\ \sigma_1^2+\sigma_2^2)$。

25. A 【考点】理想气体分子的方均根速率和最概然速率

【解析】根据麦克斯韦速率分布函数，理想气体分子有三种速率：①最概然速率 $v_p=\sqrt{\frac{2kT}{m'}}=\sqrt{\frac{2RT}{M}}$；②平均速率 $\bar{v}=\sqrt{\frac{8kT}{\pi m'}}=\sqrt{\frac{8RT}{\pi M}}$；③方均根速率 $\sqrt{\overline{v^2}}=\sqrt{\frac{3kT}{m'}}=\sqrt{\frac{3RT}{M}}$。

因此，在温度 T_1 时的方根均速率为：

$$\sqrt{\overline{v^2}}=\sqrt{\frac{3RT_2}{M}}$$

理想气体在温度 T_2 时的最概然速率为：

$$v_p=\sqrt{\frac{2RT_2}{M}}$$

二者相等，解得

$$\frac{T_2}{T_1}=\frac{3}{2}$$

26. C 【考点】理想气体状态方程

【解析】理想气体状态方程为：$pV=nRT$，理想气体等压膨胀，即 p 不变、V 变大，则气

体温度 T 升高，且向外界做正功。

27. A 【考点】状态函数和过程函数

【解析】内能 E 为状态函数，是关于温度 T 的单值函数，当温度不变时过程中的内能变化 $\Delta E=0$；气体做功 W 为过程函数与过程有关，可正可负。

28. D 【考点】气体温度是气体分子的平均动能的标志

【解析】根据麦克斯韦速率分布函数，气体分子平均速率 $\bar{v}=\sqrt{\dfrac{8kT}{\pi m'}}=\sqrt{\dfrac{8RT}{\pi M}}$。根据题干，$T(O_2)=32$，$T(H_2)$；$M(O_2)=32$，$M(H_2)=2$，因此$\dfrac{\bar{v}_{O_2}}{\bar{v}_{H_2}}=\sqrt{\dfrac{M(H_2)}{M(O_2)}}=\sqrt{\dfrac{2}{32}}=\dfrac{1}{4}$。

29. A 【考点】卡诺循环效率

【解析】卡诺循环效率为 $\eta=(Q_1-Q_2)/Q_1=(T_1-T_2)/T_1=1-T_2/T_1$，其中 T 为卡尔文温度。代入得 $1-300/T_1=40\%$，解得 $T_1=500K$。

30. B 【考点】波动方程

【解析】由于 $\sin\alpha=\cos(\alpha-\pi/2)=-\cos(\alpha-\pi/2+\pi)=-\cos(\alpha+\pi/2)$，则

$$y=0.02\sin(\pi t+x)=0.02\cos\left(\pi t+x-\frac{\pi}{2}\right)=-0.02\cos\left(\pi t+x+\frac{\pi}{2}\right)$$

选择 B 项。

31. A 【考点】波的周期和波速的公式

【解析】周期 $T=1/\nu=1/(2000\text{Hz})=1/2000\text{s}$，则波速 $v=\lambda/T=0.20\text{m}/(1/2000\text{s})=400\text{m}\cdot\text{s}^{-1}$。

32. D 【考点】波的叠加

【解析】两列干涉波在 P 点叠加时的振幅为

$$A=\sqrt{A_1^2+A_2^2+2A_1A_2\cos\left[\Phi_2-\Phi_1-\frac{2\pi(r_2-r_1)}{\lambda}\right]}$$

可以看出，当两分振动在 P 点的相位差 $\Delta\Phi=\Phi_2-\Phi_1-\dfrac{2\pi(r_2-r_1)}{\lambda}$为 2π 的整数倍时，合振幅最大，$A=A_1+A_2=2A+A=3A$；$\Delta\Phi$ 为 π 的奇数倍时，合振幅最小，$A=|A_1-A_2|=2A-A=A$。

因此，叠加后形成的合成波中，波中质元的振幅范围是 $3A\sim A$。

33. A 【考点】平面简谐波的动能和势能的变化

【解析】在平面简谐波中，质元的弹性形变势能 W_p 等于动能 W_k，且动能和势能同时达到最大值(当质元处在平衡位置 $y=0$ 时)及最小值(当质元处在最大位移 $y=A$ 时)。因此，本题中 A 点处质元的弹性势能在减小时，振动动能也在减小，且正在远离平衡位置。B 点处质元与 A 点相位差为 π，则该处质元也正在远离平衡位置，振动动能在减小。

34. B 【考点】双缝干涉相邻明纹间距

【解析】双缝干涉明、暗条纹位置为 $x_{明}=\pm kD\lambda/(nd)$，$x_{暗}=\pm(2k+1)D\lambda/(2nd)$，$k=0, 1, 2, \cdots$，因此相邻明(或暗)纹的间距为 $\Delta x=D\lambda/(nd)$，即条纹间距只与双缝间的距离 d、屏到双缝的距离 D，以及光的波长 λ 决定。当双缝向上移动时，这三个量都不变，所以屏上的干涉条纹的间距不变，而中央亮纹是与双缝中线同高的，由此可知双缝

上移时，中央亮纹也会上移，而条纹间距不变。

35. C 【考点】薄膜干涉

【解析】薄膜干涉中反射光加强为：$2n_2e+\frac{\lambda}{2}=k\lambda$，$k=1$，2，...，则 $\lambda=\frac{2n_2e}{k-1/2}$。因此，当 $k=1$ 时，$\lambda_1=4n_2e=1.7024\mu m\approx1702nm$；当 $k=2$ 时，$\lambda_1=4n_2e/3=0.567\mu m=567nm$（绿色）。

36. C 【考点】光的偏振

【解析】根据马吕斯定律，透射光强 $I=I_0\cos^2\alpha$。由于自然光通过偏振片后，光强减半，则通过偏振片 P_1 后光强 $I=I_0/2$。由题干得 P_1 与 P_2 的偏振化方向间的夹角为60°，因此再依次透过偏振片 P_2 与 P_3 后的光强为 $I_0/2\cdot\cos^2 60°\cos^2 30°=3I_0/32$。

37. C 【考点】量子数的取值

【解析】主量子数 $n=3$，角量子数 L 可以取值 0，1，2。当 $L=0$ 时，是 S 轨道，S 轨道空间取向为 1；当 $L=1$ 时，是 P 轨道，P 轨道空间取向为 3；当 $L=2$ 时，是 d 轨道，d 轨道空间取向为 5，则共有 9 个原子轨道，每个轨道可容纳正反两个电子，即最多可容纳 18 个电子。

38. A 【考点】氢键形成条件

【解析】氢键的形成条件有：①电负性很大的原子形成强极性键的氢原子；②较小半径、较大电负性、含孤对电子、带有部分负电荷的原子，如 F、O、N。HI 中不存在氢键。

39. C 【考点】物质的量浓度相关计算

【解析】物质的量浓度 $c=n/V$，其单位为 mol/L。式中，n 为物质的量，单位 mol；V 为体积，单位 L。则铁的物质的量浓度

$$c=\frac{\frac{112mg\times10^{-3}}{56}}{\frac{100mL}{1000}}=0.02mol\cdot L^{-1}$$

40. D 【考点】弱电解质溶液 pH 的计算

【解析】NaOAc 溶液中氢氧根的浓度

$$c_{OH^-}=\sqrt{K^{\ominus}_{OH^-}\times c}$$

则

$$\begin{aligned}pOH&=-\lg c_{OH^-}=-0.5\lg(K^{\ominus}_{OH^-}\times c)=-0.5\lg\left(\frac{K^{\ominus}_w}{K^{\ominus}_{HOAc}}\times c_{NaOAc}\right)\\&=-0.5\lg\left(\frac{1.0\times10^{-14}}{1.8\times10^{-5}}\times c_{NaOAc}\right)\\&=5.12\end{aligned}$$

则 $pH=14-pOH=8.88$。

41. D 【考点】标准摩尔生成焓

【解析】$\Delta_f H^{\ominus}_m(H_2O)$ 对应的化学反应式为：

$$H_2(g)+\frac{1}{2}O_2(g)=H_2O(l)$$

与题设中给出的反应呈 0.5 倍关系，因此

$$\Delta_f H_m^{\ominus}(H_2O,\ l)=0.5\Delta_r H_m^{\ominus}=0.5\times(-572kJ\cdot mol^{-1})=-286kJ\cdot mol^{-1}$$

42. B 【考点】反应商判据

【解析】对于此反应在给定条件下的反应商(J)的表达式为

$$J=\frac{\left(\frac{p_{NO_2}}{p^0}\right)^2}{\frac{p_{N_2O_4}}{p^0}}=\frac{\left(\frac{100kPa}{100kPa}\right)^2}{\left(\frac{100kPa}{100kPa}\right)}=1>K^{\ominus}=0.1132$$

由反应商判据可知，在此条件下，反应自发逆向进行，故选择 B 项。

43. B 【考点】能斯特方程的应用

【解析】电池反应方程式为：

$$Zn+Cu^{2+}\longrightarrow Zn^{2+}+Cu$$

$$E=\varphi_{Cu^{2+}/Cu}-\varphi_{Zn^{2+}/Zn}+\frac{0.059}{2}\lg\frac{c_{Cu^{2+}}}{c_{Zn^{2+}}}$$

根据上式可知，当提高 $ZnSO_4$ 浓度 c_1 数值，则原电池电动势变小。

44. B 【考点】有机化合物的命名

【解析】该化合物的结构式为

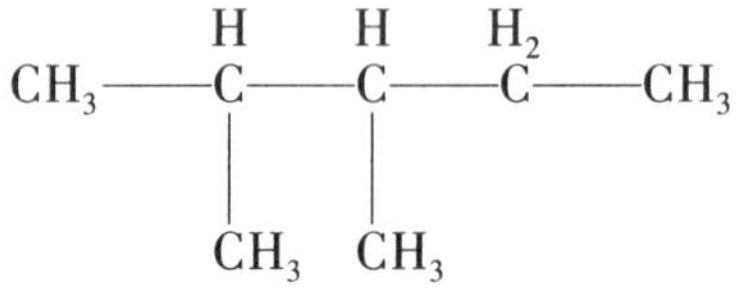

根据有机化合物的命名规则，可知该化合物的名称为 2,3-二甲基戊烷，故选择 B 项。

45. D 【考点】有机化合物分类及所含的特征官能团

【解析】醇类化合物需含有 R—C—OH 基团，酚类化合物指含有芳香烃中苯环上的氢原子被羟基所取代的基团，醚类化合物含有 R—C—O—C—R′基团。

46. D 【考点】高分子化合物的聚合反应类型

【解析】由该高分子化合物的结构可以看出，该化合物的重复单元是

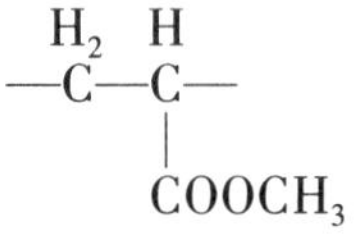

则生成该化合物的单体是 $CH_2{=}\underset{H}{C}{-}COOCH_3$，是由该单体通过加成聚合获得。

47. D 【考点】光滑面约束及其特点

【解析】分析 AB 杆，由于销钉 C 置于杆 AB 的光滑直槽中，所以 C 处作用力垂直于直槽，易得 AB 杆受力如题 47 解图。销钉受到的约束力与杆 AB 受到销钉作用力的方向相反，故 ED 杆中销钉 C 处约束力作用线与 x 轴正向所成夹角 $\theta=90°+60°=150°$。

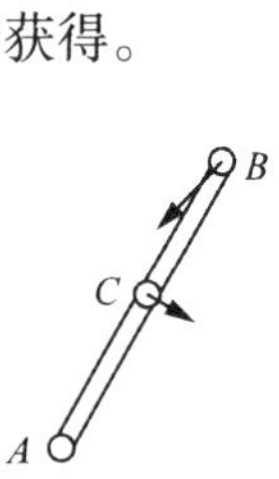

题 47 解图

48. A 【考点】平面力系的简化

【解析】任意力系中所有各力的矢量和 $\boldsymbol{F}_R$，称为该力系的主矢；而诸力对于任选简化中

心 O 之矩的矢量和 $\boldsymbol{M}_O$，称为该力系对简化中心的主矩。

所以该力系对 B 点的合力矩为：$M_B = M = \frac{1}{2}Fa = \frac{1}{2} \times 150 \times 50 = 3750\text{N} \cdot \text{cm}$，方向为顺时针(↷)。

49. B 【考点】平衡方程求约束力

【解析】以 CD 作为研究对象，其受力图如题 49 解图所示。

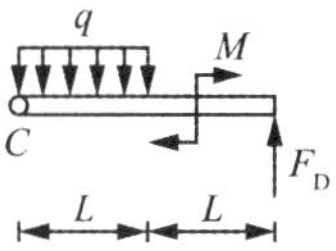

题 49 解图

对 C 点取矩，$\sum M_C = F_D \times 2L - M - q \times L \times \frac{L}{2} = 0$，即 $F_D \times 2 \times 2 - 40 - 10 \times 2 \times \frac{2}{2} = 0$，解得：$F_D = 15\text{kN}(\uparrow)$。

50. D 【考点】临界平衡状态的判断

【解析】最大摩擦力为：$F_{\max} = f_s F_p = \tan\varphi_m \times F_p = \tan 45° \times 100 = 100\text{N}$，水平拉力 $F = F_{\max} = 100\text{N}$。故物块将处于临界平衡状态。

51. C 【考点】运动轨迹方程的求解

【解析】轨迹方程和运动方程相互对应，将 $x = t^2$ 代入 $y = 2t^4$，可得：$y = 2(t^2)^2 = 2x^2$。所以轨迹方程为：$y - 2x^2 = 0$。

52. C 【考点】点的速度和加速度

【解析】$t = 0$ 为斜抛运动的初始时刻，此时炮弹的速度为初速度 v_0，加速度大小为 g，方向向下。

53. A 【考点】刚体绕定轴转动

【解析】根据题意，转动角速度为：$\omega = \frac{v}{r} = \frac{20}{0.05} = 400\text{rad/s}$。

角加速度为：$\varepsilon = \frac{a_\tau}{r} = \frac{6}{0.05} = 120\ \text{rad/s}^2$。

则可得 B 点线速度为：$v = R\omega = 0.075 \times 400 = 30\text{m/s}$。

切向加速度为：$a_\tau = R\varepsilon = 0.075 \times 120 = 9\ \text{m/s}^2$。

54. B 【考点】动静法及其应用

【解析】根据动静法，对小球进行受力分析：

$$\begin{cases} F_N\cos\alpha + F_T\sin\alpha = mg \\ F_N\sin\alpha = ma + F_T\cos\alpha \end{cases}$$

解得：

$$F_T = \frac{F_N\sin\alpha - ma}{\cos\alpha}$$

代入 $F_N\cos\alpha + F_T\sin\alpha = mg$，可得：$F_N = mg\cos\alpha + ma\sin\alpha$。

55. C 【考点】力及其做功

【解析】拉力 F 做功为：$W_1 = 6 \times 70 = 420\text{N} \cdot \text{m}$，重力 mg 在斜面方向的分力为 $mg\sin 30°$，所做功为：$W_2 = -6 \times 5 \times 9.8 \times 0.5 = -147\text{N} \cdot \text{m}$。故总功为：$W = W_1 + W_2 = 420 - 147 = 273\text{N} \cdot \text{m}$。

56. B 【考点】动量矩定理及其应用

【解析】设转动的角速度为 ω，对于图(a)，根据动量定理：$\frac{d(J\omega_1)}{dt}=PR$，即 $J\varepsilon_1=PR$。

可得角加速度为：$\varepsilon_1=\frac{PR}{J}$。

对于图(b)，根据动量定理：$\frac{d\left(J\omega_2+\frac{P}{g}\omega_2R^2\right)}{dt}=PR$，即 $J\varepsilon_2+\frac{P}{g}\varepsilon_2R^2=PR$。

可得角加速度为：$\varepsilon_2=\frac{PR}{J+\frac{P}{g}R^2}$。

所以有：$\varepsilon_1>\varepsilon_2$，故 $F_A>F_B$。

57. A 【考点】惯性力的求法

【解析】质点惯性力的大小等于质点的质量与加速度的乘积，方向与质点加速度方向相反。则物块 B 的惯性力为：$F_B=-ma=-4\times3.3=13.2\text{N}(\uparrow)$。

58. C 【考点】共振的条件及其应用

【解析】受迫振动的振幅达到极大值的现象称为共振。振幅、相位差的取值与激振力的频率、系统的自由振动固有频率和阻尼有关。当受迫振动频率与自由振动固有频率相等时，系统发生共振。图中 k_1 和 k_2 为并联弹簧，则有：$k=k_1+k_2=3\times10^5\text{N/m}$。由 $\lambda=\frac{\omega}{\omega_0}$ $=\frac{50}{\sqrt{\frac{k}{m}}}=\frac{50}{\sqrt{\frac{3\times10^5}{m}}}=1$，解得 $m=120\text{kg}$。

59. C 【考点】材料拉伸、压缩时的力学性能

【解析】金属材料在常温或再结晶温度以下的加工产生强烈的塑性变形，使晶格扭曲、畸变，晶粒产生剪切、滑移，晶粒被拉长，这些都会使表面层金属的硬度增加，减少表面层金属变形的塑性，称为冷作硬化。冷作硬化发生在强化阶段。

60. D 【考点】材料拉伸的变形计算

【解析】分别求解 AB、BC 两段的伸长量，通过叠加两杆伸长量得到杆的总伸长量 ΔL。根据静力平衡条件，AB 段所受轴力为 $3F$，BC 段所受轴力为 $2F$，根据变形公式：$\Delta L=NL/EA$，则总伸长量为：

$$\Delta L=\Delta L_{AB}+\Delta L_{BC}=\frac{3Fa}{AE}+\frac{2Fa}{AE}=\frac{5Fa}{AE}$$

61. A 【考点】挤压强度条件及其应用

【解析】挤压强度条件：挤压面上的工作挤压应力不得超过材料的许用挤压应力，即 $\sigma_{bs}=\frac{P_{bs}}{A_{bs}}\leqslant[\sigma_{bs}]$。故有 $\sigma_{bs}=\frac{P_{bs}}{A_{bs}}=\frac{F}{td}\leqslant[\sigma_{bs}]$，所以可得：$d\geqslant\frac{F}{t[\sigma_{bs}]}$。

62. D 【考点】极惯性矩公式及其应用

【解析】根据题意，空心圆轴的外径为 D，内径为 d。则大圆的极惯性矩为：$I_{p大圆}=\frac{\pi D^4}{32}$；小圆的极惯性矩为：$I_{p小圆}=\frac{\pi d^4}{32}$。根据负面积法，可得：$I_p=I_{p大圆}-I_{p小圆}=\frac{\pi D^4}{32}-\frac{\pi d^4}{32}=$

$\frac{\pi}{32}(D^4-d^4)$。

63. B 【考点】截面的几何性质

【解析】以题 63 解图中 z 轴为例。平面图形对于 z 轴的静矩为：$S_z=\int_A y\mathrm{d}A$。

平面图形对于坐标轴(y, z)的惯性积为：$I_{yz}=\int_A yz\mathrm{d}A$。

平面图形对于 z 轴的惯性矩为：$I_z=\int_A y^2\mathrm{d}A$。

平面图形对坐标原点 O 点的极惯性矩为：$I_p=\int_A \rho^2\mathrm{d}A$。

式中，ρ 为该微元 dA 到原点的距离，由图可知：$y^2+z^2=\rho^2$，则 $I_p=I_y+I_z$。

根据积分的性质可知静矩和惯性积可正、可负、也可以为 0。

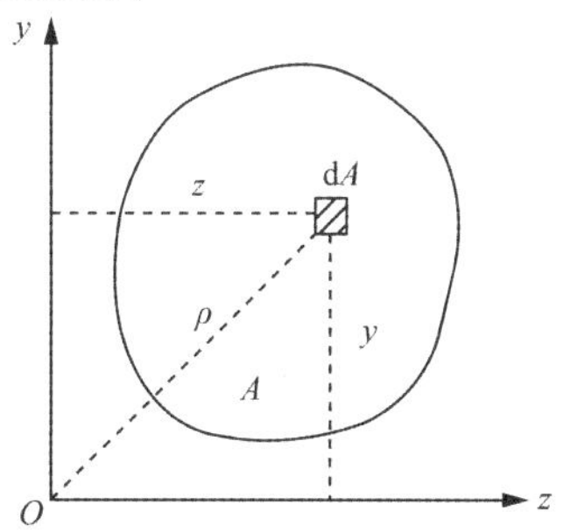

题 63 解图

64. B 【考点】弯矩图及其性质

【解析】弯矩图是指沿杆轴各横截面上弯矩随截面位置变化的图线。根据弯矩图的性质，图中 AB 段为抛物线，故可知 AB 段有均布载荷。图中 B 处为跳跃间断点，故可知 B 处作用有集中力偶。

65. D 【考点】弯曲正应力的计算

【解析】分别计算四个图的弯曲正应力。

对于图(A)：$\sigma_{\max}=\dfrac{M}{W_z}=\dfrac{M}{\dfrac{a^3}{6}}$。

对于图(B)：$\sigma_{\max}=\dfrac{M}{W_z}=\dfrac{0.5M}{\dfrac{0.5a^3}{6}}=\dfrac{M}{\dfrac{a^3}{6}}$。

对于图(C)：$\sigma_{\max}=\dfrac{M}{W_z}=\dfrac{\dfrac{1}{3}M}{\dfrac{\dfrac{1}{3}a^3}{6}}=\dfrac{M}{\dfrac{a^3}{6}}$。

对于图(D)：$\sigma_{\max}=\dfrac{M}{W_z}=\dfrac{0.5M}{\dfrac{a\times(0.5a)^2}{6}}=\dfrac{2M}{\dfrac{a^3}{6}}$。

故图(D)的弯曲正应力最大。

66. C 【考点】小挠度微分方程的约束条件和连续条件

【解析】图中，A 处为固定铰链支座，挠度总是等于0，即 $V_A=0$。B 处挠度等于 BD 杆的变形量，即 $V_B=\Delta L$。C 处有集中力 F 作用，其挠度方程和转角方程将发生转折，但是满足连续光滑的要求，即 $V_{C左}=V_{C右}$，$\theta_{C左}=\theta_{C右}$。

67. D 【考点】应力圆

【解析】如题67解图所示，根据应力圆可知，最大切应力处正应力可为0，也可以不为0，但绝对不是最大正应力。

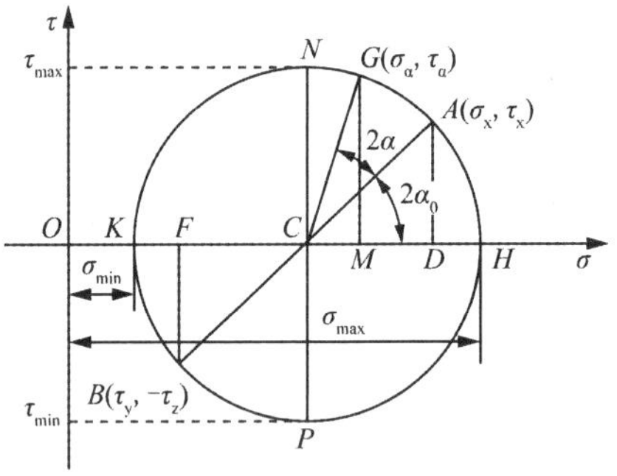

题67解图

68. A 【考点】强度理论

【解析】最大拉应力理论(第一强度理论)的强度条件为：

$$\sigma_{r1}=\sigma_1\leqslant[\sigma]$$

最大伸长线应变理论(第二强度理论)的强度条件为：

$$\sigma_{r2}=\sigma_1-\mu(\sigma_2+\sigma_3)\leqslant[\sigma]$$

最大剪应力理论(第三强度理论)的强度条件为：

$$\sigma_{r3}=\sigma_1-\sigma_3\leqslant[\sigma]$$

最大形状改变比能理论(第四强度理论)的强度条件为：

$$\sigma_{r4}=\sqrt{\sigma_1^2+\sigma_2^2+\sigma_3^2-\sigma_1\sigma_2-\sigma_2\sigma_3-\sigma_3\sigma_1}\leqslant[\sigma]$$

69. D 【考点】拉伸与弯曲的组合受力与变形

【解析】轴向力 F 移动前，梁的最大正应力为：$\sigma_{max}=\dfrac{F}{A}=\dfrac{F}{a^2}$。

轴向力 F 移动后，梁的最大正应力为：$\sigma_{max}=\dfrac{F}{A}+\dfrac{0.5aF}{\dfrac{a^3}{6}}=\dfrac{F}{a^2}+\dfrac{3F}{a^2}=\dfrac{4F}{a^2}$。

故轴向力 F 移动后，梁的最大正应力是原来的4倍。

70. B 【考点】临界载荷的计算

【解析】已知 $h=2b$，对于图(a)，临界载荷为：

$$F_{cr}=\frac{EI}{(\mu L)^2}=\frac{E\dfrac{hb^3}{12}}{(2L)^2}=\frac{E\dfrac{2b\times b^3}{12}}{(2L)^2}$$

将宽度 b 改为 h 后，对于图(b)，临界载荷为：

$$F_{cr}=\frac{EI}{(\mu L)^2}=\frac{E\frac{2b\times(2b)^3}{12}}{(2L)^2}$$

故可得临界力是原来的 8 倍。

71. A 【考点】流体的易流动性

【解析】固体在静止时，可以承受切应力，流体在静止时不能承受切应力，只要在微小切应力作用下，就发生流动而变形。流体在静止时不能承受切应力、抵抗剪切变形的性质称为易流动性。这是因为流体分子之间距离远大于固体，流体也被认为不能承受拉力，而只能承受压力。

72. A 【考点】伯努力方程和连续性方程的应用

【解析】根据伯努力方程（水头损失忽略不计）：$\frac{v_1^2}{2g}+2=\frac{v_2^2}{2g}$，即：$\frac{1.8^2}{2g}+2=\frac{v_2^2}{2g}$。解得：$v_2=6.5\mathrm{m/s}$。

根据连续性方程：$A_1\times v_1=A_2\times v_2$，即：$\frac{\pi\times10^2}{4}\times1.8=\frac{\pi\times d_2^2}{4}\times6.5$。解得：$d_2=5.2\mathrm{cm}$。

73. B 【考点】动量方程的应用条件

【解析】应用动量定理计算流体对固体壁面的作用力时，进、出口截面上的压强应为相对压强。相对压强可正可负，当相对压强小于当地大气压时则出现负压，此时称为出现部分真空现象。真空值用 P_v 表示，真空值所对应的液柱高度为 h_v，称真空度。

74. B 【考点】沿程损失系数的计算

【解析】雷诺数 $Re=du/\nu=(5\times5)/0.18=138.89$，沿程损失系数 $\lambda=64/Re=64/138.89=0.461$。需要注意的是，运动黏性系数已经考虑了液体密度，因此不再代入密度计算。

75. C 【考点】并联管路及其特征

【解析】对于并联管路，沿程水头损失相等，即 $h_f=S_1L_1Q_1^2=S_2L_2Q_2^2$，$S=\frac{8\lambda}{d^5\pi^2g}$，可得：

$$\begin{aligned}\frac{Q_1}{Q_2}&=\sqrt{\left(\frac{d_1}{d_2}\right)^5\cdot\frac{L_2}{L_1}}\\&=\sqrt{1^5\times\frac{3L_1}{L_1}}\\&=1.732\end{aligned}$$

76. B 【考点】明渠均匀流的形成条件

【解析】明渠均匀流的形成条件包括：①水流必须是恒定流动，若为非恒定流，水面波动，流线不可能为平行直线，必然形成非均匀流。②流量保持不变，沿程没有水流分出或汇入。③渠道必须是长而直的顺坡棱柱形渠道，即底坡 i 沿程不变，否则，水体的重力沿水流方向的分力不等于摩擦力。④渠道表面粗糙情况沿程不变，而且没有闸、坝、桥、涵等水工建筑物的局部干扰。

77. A 【考点】渗流速度的计算

【解析】对于均质土壤试样，其中产生的是均匀渗流，可认为各点的流动状态相同，点

流速 u 与断面平均流速 v 相同，所以达西定律也可写为 $u=kJ$。故可得：$u=kJ=0.005\times0.5=0.0025\text{cm/s}$。

78. A 【考点】雷诺准则及其应用

【解析】从理论上讲，流动相似应要求所有作用力都相似，一般情况下同时满足两个或两个以上作用力相似是很难实现的。实际应用中，通常只保证主要作用力相似，对于有压管流、潜体绕流等，一般为粘性力起主要作用，相似条件依赖于雷诺准则，对于明渠水流、绕桥墩的水流、自由式孔口出流等，主要是受重力影响，相似条件依赖于弗劳德准则。

79. A 【考点】法拉第电磁感应定律，变压器

【解析】根据法拉第电磁感应定律，穿过闭合导体回路的磁通发生变化时，在导体回路中会产生感应电势。根据题干条件，线圈中通直流电，磁通恒定，在铁芯二次侧不会感应出电势，因此电压为0，故选A项。

80. B 【考点】电感的欧姆定律

【解析】施加直流电源激励时，电感线圈两端的端电压 $U=10\text{V}$，回路电流 $\text{I}=1\text{A}$，所以电感线圈的等效电阻阻值 $R=U/I=10/1=10\Omega$，此时电感线圈的电路模型为电阻 R；当施加交流电源激励时，电感线圈的电路模型为电阻和电感的串联，故选B项。

81. D 【考点】等效电阻

【解析】为求等效电阻，应将端口内部的电源置零，具体处理方法为电压源短路，电流源开路，因此从a-b端看进去，等效电阻就是 R_2，故选D项。

82. D 【考点】正弦量表达式的物理意义

【解析】电流和电压近似反相，且电流周期是电压周期的2倍，根据 $T=2\pi/\omega$，可知电流信号的 $\omega=157\text{rad/s}$，相位则相差近似180°，故选D项。

83. B 【考点】RLC串联电路的谐振

【解析】根据RLC串联电路的谐振条件和特点可知，当阻抗的虚部为0时，电路会发生谐振，电流取得最大值，因此 $x_c=8\Omega$。

84. C 【考点】供配电三相五线制

【解析】根据题干条件，电灯工作额定电压为相电压，用电设备外壳应该保护接地，结合三相五线制工作原理可知，此时应将电灯接在某一相的相线(A、B、C)和零线(N)之间，而设备外壳应该接保护线(PE)，故选C项。

85. B 【考点】异步电动机功率因数和负载关系

【解析】异步电动机工作时，功率因数和所带负载有关，空载时，功率因数最小，满载时，功率因数最大，故选B项。

86. A 【考点】电气控制，继电器

【解析】要使用自锁电路才可使得电路连续工作。对选项中的电路图进行分析，当按下启动开关后，继电器线圈通电，继电器常开触点闭合，此时即使松开启动开关，电路依然可以工作，故选A项。

87. D 【考点】数字信号，逻辑电平

【解析】信息代码10101，只表征两个状态，并且要表征5次，故利用模拟电压信号去表征数字信号的状态时，应该形成对应关系，选项中只有D项无法对应10101，故选D。

88. B 【考点】信号的时域和频域对应关系

【解析】$u_1(t)$的频域信号是连续非周期信号，$u_2(t)$的频域信号是离散非周期信号，根据连续对应非周期的对应规则，可知 $u_1(t)$是非周期连续信号，$u_2(t)$是周期连续信号，故选 B 项。

89. D 【考点】滤波器的作用

【解析】AB 两项，滤波器是指可以滤除一定频率波段的电路，对于正弦波信号而言，其频率是单一的，故通过滤波器后不会改变信号的频率和波形形状（正弦波信号频率在滤波器的通带内）。CD 两项，非正弦周期信号根据傅里叶定律可以分解成一系列频率的波形，因此通过滤波器后，会将通带外的频率信号衰减掉，所以波形形状会发生改变，故选 D 项。

90. B 【考点】逻辑函数式的化简

【解析】根据逻辑代数的摩根定理 $\overline{A}+\overline{B}+\overline{C}+\overline{D}=\overline{A\cdot B}+\overline{C\cdot D}=\overline{ABCD}$，根据还原律 $ABCD=\overline{\overline{ABCD}}$，则

$$ABCD+\overline{A}+\overline{B}+\overline{C}+\overline{D}=\overline{\overline{ABCD}}+\overline{ABCD}$$
$$=\overline{\overline{ABCD}\cdot ABCD}=\overline{0}=1$$

91. B 【考点】逻辑函数式的计算

【解析】根据数字信号 A 和 B 的波形图，当 AB 都为 1 的时候，$F=0$，而其他情况下 F 为 1，故选 B 项。

92. D 【考点】逻辑函数，真值表，最小项之和

【解析】根据题干条件结合逻辑函数式的最小项之和表达式，由真值表列出逻辑变量 $F=1$ 时的 A、B、C 的全部组合，即构成最小项之和表达式，因此 $F=\overline{A}BC+AB\overline{C}+ABC$，故选 D。

93. C 【考点】放大电路分析

【解析】电容具有隔直通交的作用，并入电容后，当直流通路时，三极管射极电阻 R_E接地，输入电阻：$r_i=R_{B1}//R_{B2}//r_{be}$，电压放大倍数 $A_u=-\beta\dfrac{R'_L}{r_{be}}$，其中 $R'_L=R_C//R_L$，电容未并入之前，输入电阻 $r_i=R_{B1}//R_{B1}//(r_{be}+(1+\beta)R_E)$，电压放大倍数 $A_u=-\beta\dfrac{\dot{R}_L}{(1+\beta)R_E}$，因此，并入电容后，输入电阻变小，放大倍数变小，故选 C 项。

94. D 【考点】集成运算放大器的分析

【解析】输入电压信号 $\sin\omega t$，第一次输出的时候，是接在反相输入端，所以 u_{01}的输出应该首先出现负的波形，后第二次接入是同相端，所以应该 $u_{02}=-u_{01}$。

95. D 【考点】门电路的分析

【解析】根据题干条件，图中分别为与非门、或门，并且门电路的输入端有一个高电平 1，因此对于与非门来讲输出取决于另一个输入变量，对于或门，输出直接为 1，即 $F_1=\overline{A\cdot 1}=\overline{A}$，$F_2=B+1=1$，故选 D 项。

96. C 【考点】触发器的分析

【解析】根据题干条件，从图（a）看，JK 触发器是时钟脉冲的下降沿触发，而 D 触发器

是 CP 的上升沿触发，同时都接了复位信号$\overline{R_D}$信号。再看图(b)，在 CP 的第一个上升沿到来之前，$\overline{R_D}$信号有效，所以所有触发器 Q 端输出的初始状态为0。对于 JK 触发器，$J=K=1$，所以 JK 是计数状态，所以 $Q_{JK}^{n+1}=\overline{Q_{JK}^{n}}$，而 t_1之前，有 1 个 CP 的下降沿，所以 JK 的输出变换 1 次，最初状态为0，所以变换 1 次后是 1。对于 D 触发器，其特征方程为 $Q_D^{n+1}=D$，且根据图(a) $Q_D^{n+1}=D=\overline{Q_D^{n}}$，而 t_1之前，有 2 个 CP 的上升沿，于是 D 触发器有效工作两次，于是最后状态为 0，则选 C 项。

97. B 【考点】计算机信号的处理

【解析】计算机处理的信号是数字信号，数字信号只有0(低电平)和1(高电平)，是一系列高(电源电压的幅度)和低(0V)的方波序列，幅度是不变的，时间(周期)是可变的，数字信号是离散信号。

98. C 【考点】程序计数器的作用

【解析】程序计数器是用于存放下一条指令所在单元的地址的地方。当执行一条指令时，首先需要根据 PC 中存放的指令地址，将指令由内存取到指令寄存器中，此过程称为“取指令”。与此同时，PC 中的地址或自动加 1 或由转移指针给出下一条指令的地址。此后经过分析指令，执行指令。完成第一条指令的执行，而后根据 PC 取出第二条指令的地址，如此循环，执行每一条指令。

99. B 【考点】计算机软件系统的组成

【解析】计算机软件由系统软件、支撑软件和应用软件(用户软件)组成。系统软件主要指控制和协调计算机及外部设备工作的软件。通常指操作系统，如：Windows、Linux、DOS、Unix 等。支撑软件是支援其他软件编写制作和维护的软件，如数据库、汇编语言汇编器、语言编译、连接器等，微软公司的 Visual Studio. NET 是目前微机普遍应用的支撑软件。应用软件使用各种程序设计语言编制的应用程序，分为通用应用软件和专用应用软件。

100. B 【考点】操作系统分类

【解析】分时操作系统(time-sharing system)，“分时”的含义：分时是指多个用户分享使用同一台计算机。多个程序分时共享硬件和软件资源。分时操作系统是一个多用户交互式操作系统。允许多个用户以交互式使用计算机操作系统。

101. D 【考点】ASCII 码

【解析】字符主要是指数字、字母、通用符号等，在计算机内它们都被转化成计算机能够识别的二进制编码形式。这些字符编码方式有很多种，国际上广泛采用的是美国国家信息交换标准代码(American Standard Code for Information Inter change)，简称 ASCII 码。ASCII 码是基于阿拉字母的一套电脑编码系统，主要用于显示现代英语和其他西欧语言。它是最通用的信息交换标准，并等同于国际标准 ISO/IEC 646。ASCII 第一次以规范标准的类型发表是在 1967 年，最后一次更新则是在 1986 年，到目前为止，共定义了 128 个字符，是为常用字符设置的编码。

102. A 【考点】计算机存储

【解析】计算机的存储系统是以字节为单位存储数据，一个字节对应一个基本单元，对应一个地址。在计算机数据存储中，存储数据的基本单位是字节(Byte)，最小单位是位(bit)。8 个 bit 组成一个 Byte(字节)，能够容纳一个英文字符，不过一个汉字需要两个字节的存储空间。

103. D 【考点】计算机网络与信息安全

【解析】信息隐藏和数据加密的主要区别包括：①目标不同。加密仅仅隐藏了信息的内容；信息隐藏既隐藏了信息内容，还掩盖了信息的存在。②实现方式不同。加密依靠数学运算；而信息隐藏充分运用载体的冗余空间。③应用场合不同。加密只关注加密内容的安全，而信息隐藏还关注载体与隐藏信息的关系。主要联系：①理论上相互借用，应用上互补；②信息先加密，再隐藏。

104. C 【考点】进程与线程

【解析】进程是具有一定独立功能的程序关于某个数据集合上的一次运行活动，进程是系统进行资源分配和调度的一个独立单位。线程是进程的一个实体，是CPU调度和分派的基本单位，它是比进程更小的能独立运行的基本单位。线程自己基本上不拥有系统资源，只拥有一点在运行中必不可少的资源(如程序计数器，一组寄存器和栈)，单是它可与同属一个进程的其他的线程共享进程所拥有的全部资源。C项，不是时间，是CPU调度和分派。

105. C 【考点】信息化、通信技术及计算机技术

【解析】信息社会也称信息化社会，是脱离工业化社会以后，信息将起主要作用的社会。所谓信息社会，是以电子信息技术为基础，以信息资源为基本发展资源，以信息服务性产业为基本社会产业，以数字化和网络化为基本社会交往方式的新型社会。信息化社会必须具备计算机、通信技术和网络技术等，综合利用促进其发展的。

106. C 【考点】IP地址与域名

【解析】域名服务器是进行域名和与之相对应的IP地址转换的服务器。域名服务器的作用是将域名翻译成IP地址，域名服务器发生故障的时候可以用IP地址访问Internet。

107. C 【考点】复利计息的计算

【解析】复利计息是指在计算利息时，将上一计息期产生的利息，累加到本金中去，以本利和的总额进行计息。即不仅本金要计算利息，而且上一期利息在下一计息期中仍然要计算利息。复利计息公式为 $F=P(1+i)^n$。式中，i 为利率；P 为本金；n 为计息周期；F 为本金与利息之和，简称本利和。故可得购买电力债券 $P=F\div(1+i)^n=50\div(1+5.06\%)^5\approx39.06$(万元)。

108. C 【考点】流动资金

【解析】流动资金是指运营期内长期占用并周转使用的营运资金，不包括运营中需要的临时性营运资金。分项详细估算法是利用流动资产与流动负债估算项目占用的流动资金。流动资产的构成要素一般包括存货、库存现金、应收账款和预付账款。流动负债的构成要素一般只考虑应付账款和预收账款。计算公式如下：流动资金=流动资产-流动负债；流动资产=存货+现金+应收账款+预付账款；流动负债=应付账款+预收账款；流动资金本年增加额=本年流动资金-上年流动资金。

109. C 【考点】债务资金筹措

【解析】债务资金是项目投资中以负债方式从金融机构、证券市场等资本市场取得的资金。我国项目债务资金的来源和筹措方式有：①商业银行贷款；②政策性银行贷款；③外国政府贷款；④国际金融组织贷款；⑤出口信贷；⑥银团贷款；⑦企业债券；

⑧国际债券；⑨融资租赁。

110. B 【考点】利息备付率的计算

【解析】利息备付率是指在借款偿还期内的息税前利润与应付利息的比值。该指标从付息资金来源的充裕性角度，反映偿付债务利息的保障程度和支付能力。其计算公式为：利息备付率＝息税前利润/应付利息。利息备付率应分年计算。利息备付率越高，利息偿付的保障程度越高，利息备付率应大于1，一般不宜低于2，并结合债权人的要求确定。故可得本题的利息备付率＝200/100＝2。

111. C 【考点】静态投资回收期的计算

【解析】静态投资回收期指在不考虑资金时间价值的条件下，以项目的净收益（包括利润和折旧）回收全部投资所需要的时间。根据题意，列表（见题111解表）计算如下：

题111解表

年份	0	1	2	3	4	5
净现金流量	−100	−50	40	60	60	60
累计净现金流量	−100	−150	−110	−50	10	70

$$\text{静态投资回收期 } P_t=\frac{\text{累计净现金流量开始}}{\text{出现正值的年份数}}-1+\frac{\text{上年累计净现金流量的绝对值}}{\text{当年净现金流量}}$$

$$=4-1+\frac{|-50|}{60}$$

$$\approx 3.83(\text{年})$$

112. A 【考点】影子价格的计算

【解析】影子价格是社会处于某种最优状态下，能够反映社会劳动消耗、资源稀缺程度和最终产品需求状况的一种计算价格。影子价格应能够反映项目投入物和产出物的真实经济价值。直接出口产出物的影子价格（出厂价）＝离岸价（FOB）×影子汇率－出口费用＝100×6－100＝500（元）。

113. B 【考点】净现值

【解析】甲方案的净现值＝140×（P/A，8%，10）－500＝439.414（万元）；乙方案的净现值＝250×（P/A，8%，10）－1000＝677.525（万元）。因乙方案的净现值＞甲方案的净现值，所以选择乙方案。

114. B 【考点】强制确定法

【解析】强制确定法（FD法）兼顾功能与成本，具体做法是先求出分析对象的功能系数、成本系数，再求出价值系数（＝功能系数/成本系数），然后揭示分析对象的功能与花费的成本是否相符。价值系数计算结果存在三种情况：①价值系数小于1，表明该零件相对不重要且费用偏高，应作为价值分析的对象。②价值系数大于1，表明该零件较重要而成本偏低，是否需要提高费用视具体情况而定。③价值系数接近或等于1，表明该零件重要性与成本适应，较为合理，不是价值分析的对象。

115. A 【考点】建筑许可

【解析】根据《中华人民共和国建筑法》第十条规定，在建的建筑工程因故中止施工的，建设单位应当自中止施工之日起一个月内，向发证机关报告，并按照规定做好建筑工程的维护管理工作。建筑工程恢复施工时，应当向发证机关报告；中止施工满一年的工程恢复施工前，建设单位应当报发证机关核验施工许可证。

116. C 【考点】生产经营单位的安全生产保障

【解析】根据《中华人民共和国安全生产法》第二十八条规定，生产经营单位应当对从业人员进行安全生产教育和培训，保证从业人员具备必要的安全生产知识，熟悉有关的安全生产规章制度和安全操作规程，掌握本岗位的安全操作技能，了解事故应急处理措施，知悉自身在安全生产方面的权利和义务。未经安全生产教育和培训合格的从业人员，不得上岗作业。生产经营单位使用被派遣劳动者的，应当将被派遣劳动者纳入本单位从业人员统一管理，对被派遣劳动者进行岗位安全操作规程和安全操作技能的教育和培训。劳务派遣单位应当对被派遣劳动者进行必要的安全生产教育和培训。生产经营单位接收中等职业学校、高等学校学生实习的，应当对实习学生进行相应的安全生产教育和培训，提供必要的劳动防护用品。学校应当协助生产经营单位对实习学生进行安全生产教育和培训。生产经营单位应当建立安全生产教育和培训档案，如实记录安全生产教育和培训的时间、内容、参加人员以及考核结果等情况。

117. A 【考点】招标事宜

【解析】根据《中华人民共和国招标投标法》第十二条规定，招标人有权自行选择招标代理机构，委托其办理招标事宜。任何单位和个人不得以任何方式为招标人指定招标代理机构。招标人具有编制招标文件和组织评标能力的，可以自行办理招标事宜。任何单位和个人不得强制其委托招标代理机构办理招标事宜。依法必须进行招标的项目，招标人自行办理招标事宜的，应当向有关行政监督部门备案。

118. A 【考点】要约的生效

【解析】根据《中华人民共和国合同法》第十六条规定，要约到达受要约人时生效。采用数据电文形式订立合同，收件人指定特定系统接收数据电文的，该数据电文进入该特定系统的时间，视为到达时间；未指定特定系统的，该数据电文进入收件人的任何系统的首次时间，视为到达时间。本题中，乙方于 4 月 8 日下午收到甲方以电子邮件方式发出的要约。故该要约生效的时间是 4 月 8 日下午。（《合同法》自 2021 年 1 月 1 日起已废止，此条文已合并到《民法典》第四百九十二条，且已修改）

119. D 【考点】行政许可办理时间

【解析】根据《中华人民共和国行政许可法》第四十二条规定，除可以当场作出行政许可决定的外，行政机关应当自受理行政许可申请之日起二十日内作出行政许可决定。二十日内不能作出决定的，经本行政机关负责人批准，可以延长十日，并应当将延长期限的理由告知申请人。但是，法律、法规另有规定的，依照其规定。依照本法第二十六条的规定，行政许可采取统一办理或者联合办理、集中办理的，办理的时间不得超过四十五日；四十五日内不能办结的，经本级人民政府负责人批准，可以延长十五日，并应当将延长期限的理由告知申请人。

120. C 【考点】建设工程竣工验收的单位

【解析】根据《建设工程质量管理条例》第十六条规定，建设单位收到建设工程竣工报告后，应当组织设计、施工、工程监理等有关单位进行竣工验收。

2019年全国勘察设计注册工程师执业资格考试《公共基础考试》真题

单项选择题(共120题，每题1分，每题的备选项中只有一个最符合题意)

1. 极限$\lim\limits_{x\to 0}\dfrac{3+e^{\frac{1}{x}}}{1-e^{\frac{2}{x}}}$(　　)。

A. 值为3　　B. 值为-1　　C. 值为0　　D. 不存在

2. 函数$f(x)$在点$x=x_0$处连续是$f(x)$在点$x=x_0$处可微的(　　)。

A. 充分条件　　B. 充要条件　　C. 必要条件　　D. 无关条件

3. 当$x\to 0$时，$\sqrt{1-x^2}-\sqrt{1+x^2}$是$x^k$的同阶无穷小，则常数$k$等于(　　)。

A. 3　　B. 2　　C. 1　　D. 1/2

4. 设$y=\ln(\sin x)$，则二阶导数y''等于(　　)。

A. $\dfrac{\cos x}{\sin^2 x}$　　B. $\dfrac{1}{\cos^2 x}$　　C. $\dfrac{1}{\sin^2 x}$　　D. $-\dfrac{1}{\sin^2 x}$

5. 若函数$f(x)$在$[a,\ b]$上连续，在$(a,\ b)$内可导，且$f(a)=f(b)$，则在$(a,\ b)$内满足$f'(x_0)=0$的点x_0(　　)。

A. 必存在且只有一个　　B. 至少存在一个

C. 不一定存在　　D. 不存在

6. $f(x)$在$(-\infty,\ +\infty)$内连续，其导数函数$f'(x)$图形如图所示，则$f(x)$有(　　)。

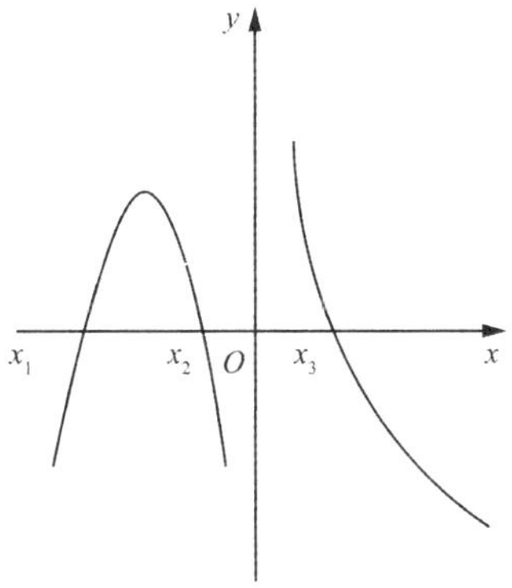

题6图

A. 一个极小值点和两个极大值点　　B. 两个极小值点和两个极大值点

C. 两个极小值点和一个极大值点　　D. 一个极小值点和三个极大值点

7. 不定积分$\int\dfrac{x}{\sin^2(x^2+1)}\mathrm{d}x$等于(　　)。

A. $-\dfrac{1}{2}\cot(x^2+1)+C$　　B. $-\dfrac{1}{\sin(x^2+1)}+C$

C. $-\dfrac{1}{2}\tan(x^2+1)+C$　　D. $-\dfrac{1}{2}\cot x+C$

8. 广义积分 $\int_{-2}^{2} \frac{1}{(1+x)^2} dx$（　　）。

A. 值为4/3　　B. 值为 −4/3　　C. 值为2/3　　D. 发散

9. 向量 $\boldsymbol{\alpha}=(2, 1, -1)$，若向量 $\boldsymbol{\beta}$ 与 $\boldsymbol{\alpha}$ 平行，且 $\boldsymbol{\alpha} \cdot \boldsymbol{\beta}=3$，则 $\boldsymbol{\beta}$ 为（　　）。

A. (2, 1, −1)　　B. (3/2, 3/4, −3/4)

C. (1, 1/2, −1/2)　　D. (1, −1, 1/2)

10. 过点(2, 0, −1)且垂直于 xOy 坐标面的直线方程是（　　）。

A. $\frac{x-2}{1}=\frac{y}{0}=\frac{z+1}{0}$　　B. $\frac{x-2}{0}=\frac{y}{1}=\frac{z+1}{0}$

C. $\frac{x-2}{0}=\frac{y}{0}=\frac{z+1}{1}$　　D. $\begin{cases} x=2 \\ z=-1 \end{cases}$

11. 微分方程 $y\ln x dx - x\ln y dy = 0$ 满足条件 $y(1)=1$ 的特解是（　　）。

A. $\ln^2 x + \ln^2 y = 1$　　B. $\ln^2 x - \ln^2 y = 1$

C. $\ln^2 x + \ln^2 y = 0$　　D. $\ln^2 x - \ln^2 y = 0$

12. 若 D 是由 x 轴、y 轴及直线 $2x+y-2=0$ 所围成的闭区域，则二重积分 $\iint_D dxdy$ 的值等于（　　）。

A. 1　　B. 2　　C. 1/2　　D. −1

13. 函数 $y=C_1C_2e^{-x}$（C_1、C_2是任意常数）是微分方程 $y''-2y'-3y=0$ 的（　　）。

A. 通解　　B. 特解

C. 不是解　　D. 既不是通解又不是特解，而是解

14. 设圆周曲线 L：$x^2+y^2=1$ 取逆时针方向，则对坐标的曲线积分 $\int_L \frac{ydx - xdy}{x^2+y^2}$ 值等于（　　）。

A. 2π　　B. -2π　　C. π　　D. 0

15. 对于函数 $f(x, y)=xy$，原点(0, 0)（　　）。

A. 不是驻点　　B. 是驻点但非极值点

C. 是驻点且为极小值点　　D. 是驻点且为极大值点

16. 关于级数 $\sum_{n=1}^{\infty} (-1)^{n-1} \frac{1}{n^p}$ 收敛性的正确结论是（　　）。

A. $0<p\leqslant 1$ 时发散　　B. $p>1$ 时条件收敛

C. $0<p\leqslant 1$ 时绝对收敛　　D. $0<p\leqslant 1$ 时条件收敛

17. 设函数 $z=\left(\frac{y}{x}\right)^x$，则全微分 $dz|_{\substack{x=1 \\ y=2}}$ 等于（　　）。

A. $\ln 2dx + \frac{1}{2}dy$　　B. $(\ln 2+1)dx + \frac{1}{2}dy$

C. $2\left[(\ln 2-1)dx + \frac{1}{2}dy\right]$　　D. $\frac{1}{2}\ln 2dx + 2dy$

18. 幂级数 $\sum_{n=1}^{\infty} (-1)^{n-1} \frac{x^{2n-1}}{2n-1}$ 的收敛域是（　　）。

A. $[-1, 1]$　　B. $(-1, 1]$　　C. $[-1, 1)$　　D. $(-1, 1)$

19. 若 n 阶方阵 $\boldsymbol{A}$ 满足 $|\boldsymbol{A}| = b(b\neq 0, n\geq 2)$，而 $\boldsymbol{A}^*$ 是 $\boldsymbol{A}$ 的伴随矩阵，则行列式 $|\boldsymbol{A}^*|$ 等于（　　）。

A. b^n　　B. b^{n-1}　　C. b^{n-2}　　D. b^{n-3}

20. 已知二阶实对称矩阵 $\boldsymbol{A}$ 的特征值是 1，$\boldsymbol{A}$ 的对应于特征值 1 的特征向量为 $(1, -1)^T$，若 $|\boldsymbol{A}| = -1$，则 $\boldsymbol{A}$ 的另一个特征值及其对应的特征向量是（　　）。

A. $\begin{cases}\lambda = 1\\ x = (1, 1)^T\end{cases}$　　B. $\begin{cases}\lambda = -1\\ x = (1, 1)^T\end{cases}$　　C. $\begin{cases}\lambda = -1\\ x = (-1, 1)^T\end{cases}$　　D. $\begin{cases}\lambda = 1\\ x = (1, -1)^T\end{cases}$

21. 设二次型 $f(x_1, x_2, x_3) = x_1^2 + tx_2^2 + 3x_3^2 + 2x_1x_2$，要使 f 的秩为 2，则参数 t 的值等于（　　）。

A. 3　　B. 2　　C. 1　　D. 0

22. 设 A、B 为两个事件，且 $P(A) = \frac{1}{3}$，$P(B) = \frac{1}{4}$，$P(B|A) = \frac{1}{6}$，则 $P(A|B)$ 等于（　　）。

A. 1/9　　B. 2/9　　C. 1/3　　D. 4/9

23. 设随机向量 (X, Y) 的联合分布律为

X \ Y	-1	0
1	1/4	1/4
2	1/6	a

则 a 的值等于（　　）。

A. 1/3　　B. 2/3　　C. 1/4　　D. 3/4

24. 设总体 X 服从均匀分布 $U(1, \theta)$，$\overline{X} = \frac{1}{n}\sum_{i=1}^{n} x_i$，则 θ 的矩估计为（　　）。

A. $\overline{X}$　　B. $2\overline{X}$　　C. $2\overline{X}-1$　　D. $2\overline{X}+1$

25. 关于温度的意义，有下列几种说法：

①气体的温度是分子平均平动动能的量度；

②气体的温度是大量气体分子热运动的集体表现，具有统计意义；

③温度的高低反映物质内部分子运动剧烈程度的不同；

④从微观上看，气体的温度表示每个气体分子的冷热程度。

这些说法中正确的是（　　）。

A. ①②④　　B. ①②③　　C. ②③④　　D. ①③④

26. 设 $\bar{v}$ 代表气体分子运动的平均速率，v_p 代表气体分子运动的最概然速率，$(\overline{v^2})^{1/2}$ 代表气体分子运动的方均根速率，处于平衡状态下理想气体，三种速率关系为（　　）。

A. $(\overline{v^2})^{1/2} = \bar{v} = v_p$　　B. $\bar{v} = v_p < (\overline{v^2})^{1/2}$

C. $v_p < \bar{v} < (\overline{v^2})^{1/2}$　　D. $v_p > \bar{v} > (\overline{v^2})^{1/2}$

27. 理想气体向真空做绝热膨胀（　　）。

A. 膨胀后，温度不变，压强减小　　B. 膨胀后，温度降低，压强减小

C. 膨胀后，温度升高，压强减小　　D. 膨胀后，温度不变，压强不变

28. 两个卡诺热机的循环曲线如图所示，一个工作在温度为 T_1 与 T_3 的两个热源之间，另一个工作在温度为 T_2 和 T_3 的两个热源之间，已知两个循环曲线所围成的面积相等，由此可知(　　)。

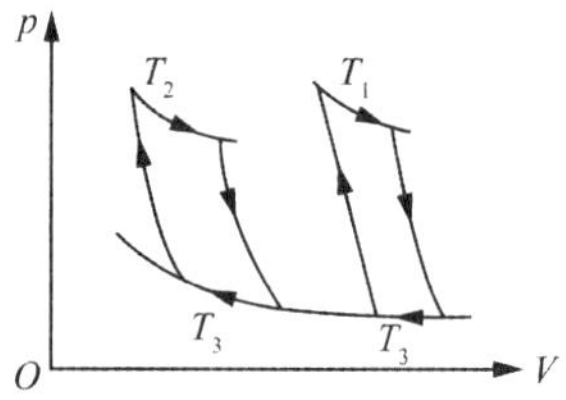

题28图

A. 两个热机的效率一定相等

B. 两个热机从高温热源所吸收的热量一定相等

C. 两个热机向低温热源所放出的热量一定相等

D. 两个热机吸收的热量与放出的热量(绝对值)的差值一定相等

29. 刚性双原子分子理想气体的定压摩尔热容量 C_p，与其定容摩尔热容量 C_V 之比，C_p/C_V =(　　)。

A. 5:3　　B. 3:5　　C. 7:5　　D. 5:7

30. 一横波沿绳子传播时，波的表达式为 $y=0.05\cos(4\pi x-10\pi t)$(SI)，则(　　)。

A. 其波长为0.5m　　B. 波速为 $5\text{m}\cdot\text{s}^{-1}$

C. 波速为 $25\text{m}\cdot\text{s}^{-1}$　　D. 频率为2Hz

31. 火车疾驰而来到火车远离而去时，人们听到的汽笛音调(　　)。

A. 由高变低　　B. 由低变高

C. 不变　　D. 变高，还是变低不能确定

32. 在波的传播过程中，若保持其他条件不变，仅使振幅增加一倍，则波的强度增加到(　　)。

A. 1倍　　B. 2倍　　C. 3倍　　D. 4倍

33. 两列相干波，其表达式为 $y_1=A\cos2\pi\left(vt-\dfrac{x}{\lambda}\right)$ 和 $y_2=A\cos2\pi\left(vt+\dfrac{x}{\lambda}\right)$，在叠加后形成的驻波中，波腹处质元振幅为(　　)。

A. A　　B. $-A$　　C. $2A$　　D. $-2A$

34. 在玻璃(折射率 $n_3=1.60$)表面镀一层 MgF_2(折射率 $n_2=1.38$)薄膜作为增透膜，为了使波长为500nm($1\text{nm}=10^{-9}\text{m}$)的光从空气($n_1=1.00$)正入射时尽可能少反射，$MgF_2$ 薄膜的最少厚度应是(　　)。

A. 78.1nm　　B. 90.6nm　　C. 125nm　　D. 181nm

35. 在单缝衍射实验中，若单缝处波面恰好被分成奇数个半波带，在相邻半波带上，任何两个对应点所发出的光在明条纹处的光程差为(　　)。

A. λ　　B. 2λ　　C. $\lambda/2$　　D. $\lambda/4$

36. 在双缝干涉实验中，用单色自然光，在屏上形成干涉条纹。若在两缝后放一个偏振片，则(　　)。

A. 干涉条纹的间距不变，但明纹的亮度加强

B. 干涉条纹的间距不变，但明纹的亮度减弱

C. 干涉条纹的间距变窄，且明纹的亮度减弱

D. 无干涉条纹

37. 下列元素中第一电离能最小的是(　　)。

A. H　　B. Li　　C. Na　　D. K

38. 在 $H_2C{=}HC-CH{=}CH_2$ 分子中所含化学键共有(　　)。

A. 4 个 σ 键，2 个 π 键　　B. 9 个 σ 键，2 个 π 键

C. 7 个 σ 键，4 个 π 键　　D. 5 个 σ 键，4 个 π 键

39. 在 NaCl、$MgCl_2$、$AlCl_3$、$SiCl_4$ 四种物质的晶体中，离子极化作用最强的是(　　)。

A. NaCl　　B. $MgCl_2$　　C. $AlCl_3$　　D. $SiCl_4$

40. pH = 2 的溶液中的 $c(OH^-)$ 与 pH = 4 的溶液中 $c(OH^-)$ 的比值是(　　)。

A. 2　　B. 0.5　　C. 0.01　　D. 100

41. 某反应在 298K 及标准状态下不能自发进行，当温度升高到一定值时，反应能自发进行，符合此条件的是(　　)。

A. $\Delta_r H_m^\ominus > 0$，$\Delta_r S_m^\ominus > 0$　　B. $\Delta_r H_m^\ominus < 0$，$\Delta_r S_m^\ominus < 0$

C. $\Delta_r H_m^\ominus < 0$，$\Delta_r S_m^\ominus > 0$　　D. $\Delta_r H_m^\ominus > 0$，$\Delta_r S_m^\ominus < 0$

42. 下列物质水溶液的 pH > 7 的是(　　)。

A. NaCl　　B. Na_2CO_3　　C. $Al_2(SO_4)_3$　　D. $(NH_4)_2SO_4$

43. 已知 $E^\ominus(Fe^{3+}/Fe^{2+}) = 0.77V$，$E^\ominus(MnO_4^-/Mn^{2+}) = 1.51V$，当同时提高两电对电极的酸度时，两电对电极电势数值的变化是(　　)。

A. $E^\ominus(Fe^{3+}/Fe^{2+})$ 变小，$E^\ominus(MnO_4^-/Mn^{2+})$ 变大

B. $E^\ominus(Fe^{3+}/Fe^{2+})$ 变大，$E^\ominus(MnO_4^-/Mn^{2+})$ 变大

C. $E^\ominus(Fe^{3+}/Fe^{2+})$ 不变，$E^\ominus(MnO_4^-/Mn^{2+})$ 变大

D. $E^\ominus(Fe^{3+}/Fe^{2+})$ 不变，$E^\ominus(MnO_4^-/Mn^{2+})$ 不变

44. 分子式为 C_5H_{12} 的各种异构体中，所含甲基数和它的一氯代物的数目与下列情况相符的是(　　)。

A. 2 个甲基，能生成 4 种一氯代物　　B. 3 个甲基，能生成 5 种一氯代物

C. 3 个甲基，能生成 4 种一氯代物　　D. 4 个甲基，能生成 4 种一氯代物

45. 在下列有机物中，经催化加氢反应后不能生成 2－甲基戊烷的是(　　)。

A. $CH_2{=}CCH_2CH_2CH_3$
　　|
　CH_3

B. $(CH_3)_2CHCH_2CH{=}CH_2$

C. $CH_3C{=}CHCH_2CH_3$
　　|
　CH_3

D. $CH_3CH_2CHCH{=}CH_2$
　　　　|
　　　CH_3

46. 以下是分子式为 $C_5H_{12}O$ 的有机物，其中能被氧化为含相同碳原子数的醛的化合物是(　　)。

① $CH_2CH_2CH_2CH_2CH_3$
　|
　OH

② $CH_3CHCH_2CH_2CH_3$
　　　|
　　　OH

③$CH_3CH_2CHCH_2CH_3$（CH 上连 OH）

④$CH_3CHCH_2CH_3$（CH 上连 CH_2OH）

A. ①②　　B. ③④　　C. ①④　　D. 只有①

47. 图示三铰刚架中，若将作用于构件 BC 上的力 F 沿其作用线移至构件 AC 上，则 A、B、C 处约束力的大小(　　)。

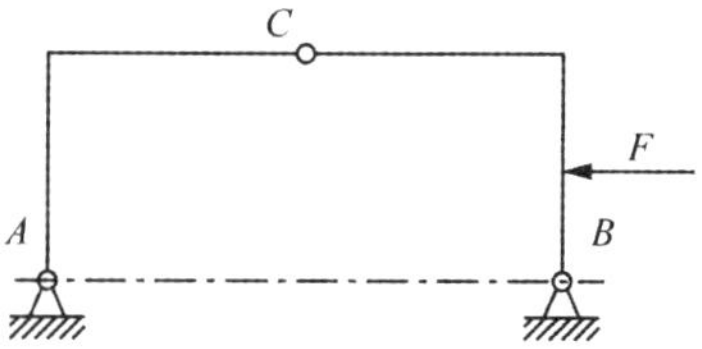

题 47 图

A. 都不变　　B. 都改变　　C. 只有 C 处改变　　D. 只有 C 处不改变

48. 平面力系如图所示，已知：$F_1=160\text{N}$，$M=4\text{N}\cdot\text{m}$，该力系向 A 点简化后的主矩大小应为(　　)。

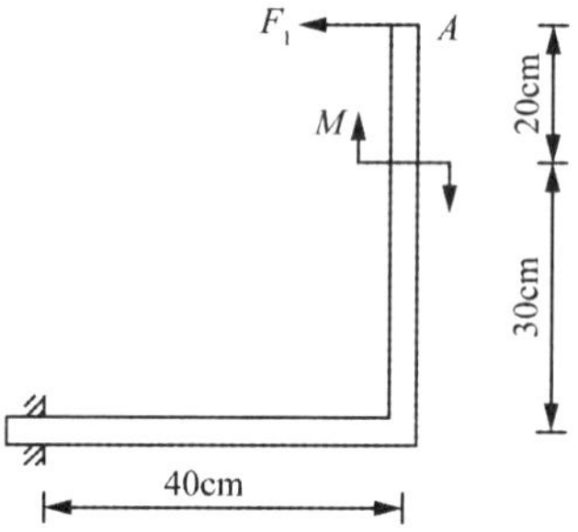

题 48 图

A. $4\text{N}\cdot\text{m}$　　B. $1.2\text{N}\cdot\text{m}$　　C. $1.6\text{N}\cdot\text{m}$　　D. $0.8\text{N}\cdot\text{m}$

49. B、C、D、E 处均为光滑铰链连接，各杆和滑轮的重量略去不计。已知 a、r 及 F_p，则固定端 A 的约束力矩为(　　)。

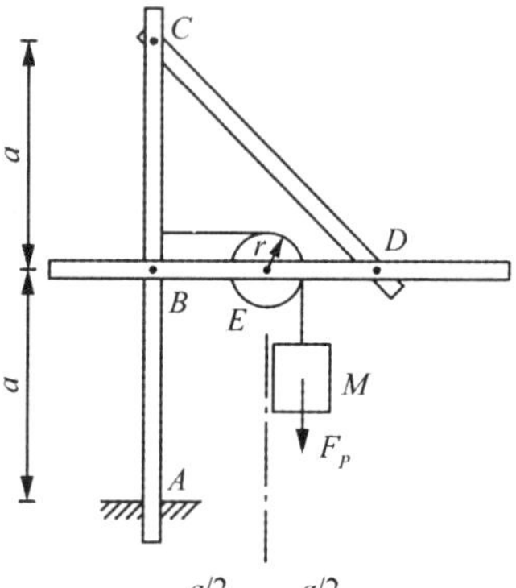

题 49 图

A. $M_A=F_p\times\left(\dfrac{a}{2}+r\right)$(顺时针)　　B. $M_A=F_p\times\left(\dfrac{a}{2}+r\right)$(逆时针)

C. $M_A=F_pr$(逆时针)　　D. $M_A=\dfrac{a}{2}F_p$(顺时针)

50. 判断图示桁架结构中，内力为零的杆数是(　　)。

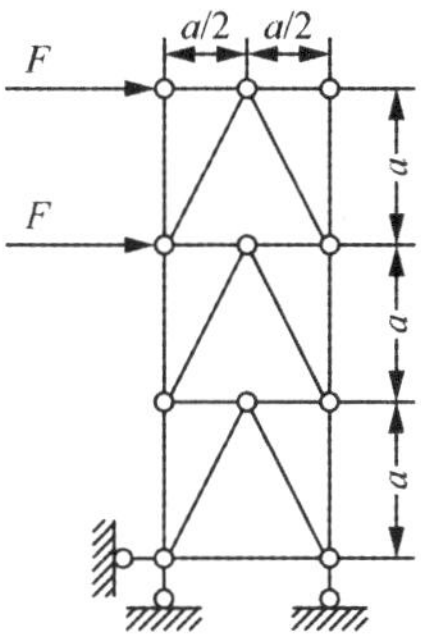

题 50 图

A. 3　　B. 4　　C. 5　　D. 6

51. 汽车均匀加速运动，在 10s 内，速度由 0 增加到 5m/s，则汽车在此时间内行驶距离为(　　)。

A. 25m　　B. 50m　　C. 75m　　D. 100m

52. 物体做定轴转动的运动方程为 $\varphi = 4t - 3t^2$（φ 以 rad 计，t 以 s 计），则此物体转动半径 $r = 0.5\text{m}$ 的一点，在 $t = 1\text{s}$ 的速度和切向加速度为(　　)。

A. 2m/s，20m/s^2　　B. −1m/s，−3m/s^2

C. 2m/s，8.54m/s^2　　D. 0m/s，20.2m/s^2

53. 图示机构中，曲柄 $OA = r$，以常角速度 ω 转动，则滑动机构 BC 的速度、加速度的表达式为(　　)。

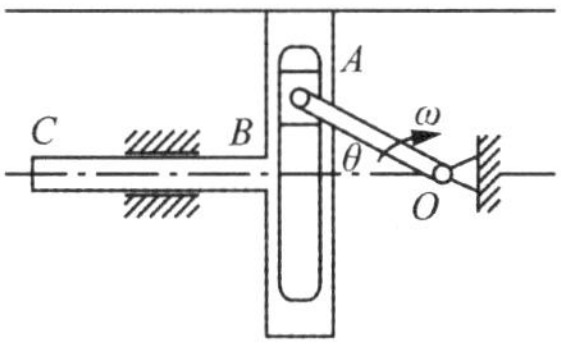

题 53 图

A. $r\omega\sin\omega t$，$r\omega\cos\omega t$　　B. $r\omega\cos\omega t$，$r\omega^2\sin\omega t$

C. $r\sin\omega t$，$r\omega\cos\omega t$　　D. $r\omega\sin\omega t$，$r\omega^2\cos\omega t$

54. 重为 W 的货物由电梯载运下降，当电梯加速下降、匀速下降及减速下降时，货物对地板的压力分别为 F_1、F_2、F_3，他们之间的关系为(　　)。

A. $F_1 = F_2 = F_3$　　B. $F_1 > F_2 > F_3$　　C. $F_1 < F_2 < F_3$　　D. $F_1 < F_3 > F_2$

55. 均质圆盘质量为 m，半径为 R，在铅垂面绕内 O 轴转动，图示瞬间角速度为 ω，则其对 O 轴的动量矩大小为(　　)。

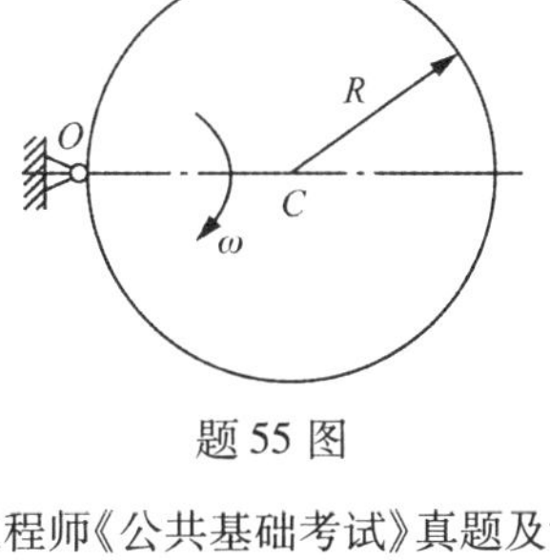

题 55 图

A. $mR\omega$　　B. $mR\omega/2$　　C. $mR^2\omega/2$　　D. $3mR^2\omega/2$

56. 均质圆柱体半径为 R，质量为 m，绕与纸面垂直的固定水平轴自由转动，初瞬时静止（$\theta=0°$），如图所示，则圆柱体在任意位置 θ 时的角速度是（　　）。

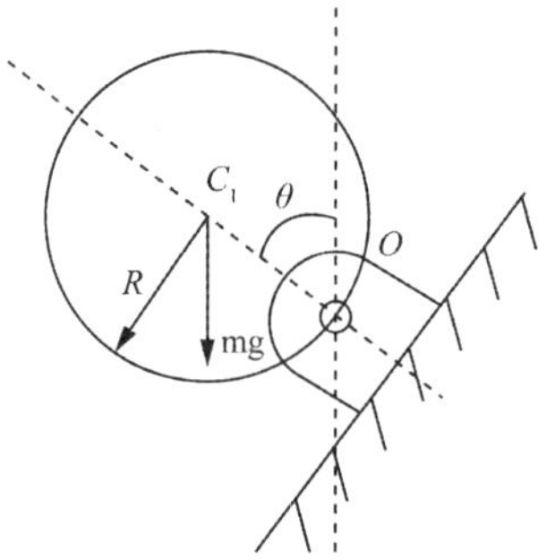

题 56 图

A. $\sqrt{\frac{4g(1-\sin\theta)}{3R}}$　　B. $\sqrt{\frac{4g(1-\cos\theta)}{3R}}$　　C. $\sqrt{\frac{2g(1-\cos\theta)}{3R}}$　　D. $\sqrt{\frac{g(1-\cos\theta)}{2R}}$

57. 质量为 m 的物块 A，置于与水平面成角 θ 的倾斜面 B 上，如图所示。AB 之间的摩擦系数为 f，当保持 A 与 B 一起以加速度 a 水平向右运动时，物块 A 的惯性力是（　　）。

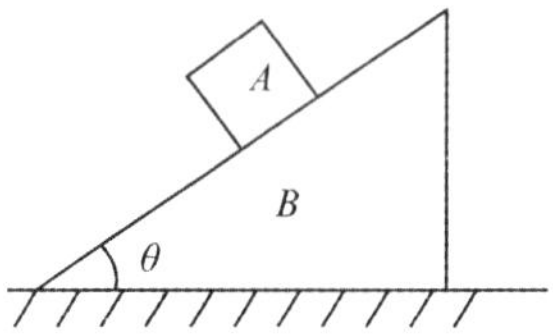

题 57 图

A. $ma(\leftarrow)$　　B. $ma(\rightarrow)$　　C. $ma(\nearrow)$　　D. $ma(\swarrow)$

58. 一无阻尼弹簧－质量系统受简谐激振力作用，当激振频率为 $\omega_1=6\text{rad/s}$ 时，系统发生共振。给质量块增加 1kg 的质量后重新试验，测得共振频率 $\omega_2=5.86\text{rad/s}$。则原系统的质量及弹簧刚度系数是（　　）。

A. 19.69kg，623.55N/m　　B. 20.69kg，623.55N/m

C. 21.69kg，744.84N/m　　D. 20.69kg，744.84N/m

59. 图示四种材料的应力－应变曲线中，强度最大的材料是（　　）。

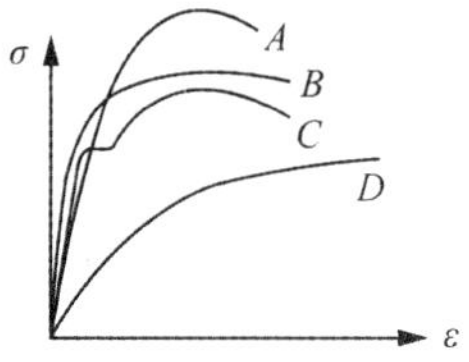

题 59 图

A. A　　B. B　　C. C　　D. D

60. 图示等截面直杆，杆的横截面面积为 A，材料的弹性模量为 E，在图示轴向载荷作用下杆的总伸长量为（　　）。

A. $\Delta L=0$　　B. $\Delta L=\frac{FL}{4EA}$　　C. $\Delta L=\frac{FL}{2EA}$　　D. $\Delta L=\frac{FL}{EA}$

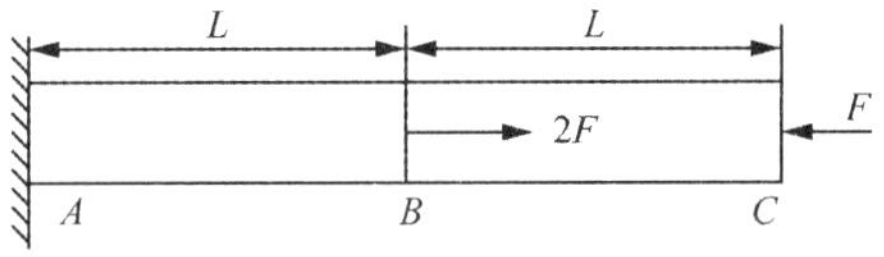

题 60 图

61. 两根木杆用图示结构连接，尺寸如图所示，在轴向外力 F 作用下，可能引起连接结构发生剪切破坏的名义切应力是(　　)。

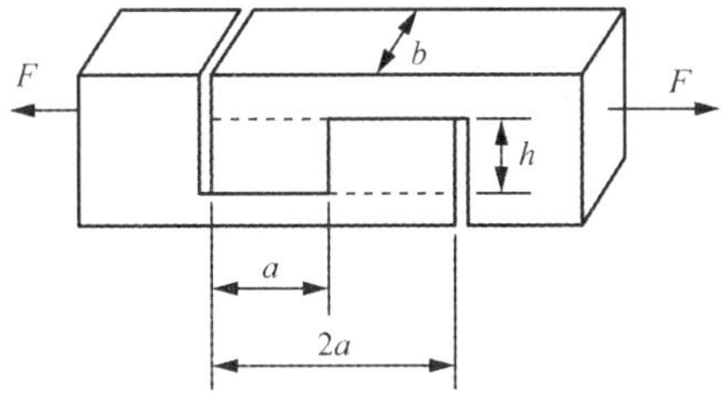

题 61 图

A. $\tau=\dfrac{F}{ab}$　　B. $\tau=\dfrac{F}{ah}$　　C. $\tau=\dfrac{F}{bh}$　　D. $\tau=\dfrac{F}{2ab}$

62. 扭转切应力公式 $\tau_\rho=\dfrac{T}{I_p}\rho$ 适用的杆件是(　　)。

A. 矩形截面杆　　B. 任意实心截面杆

C. 弹塑性变形的圆截面杆　　D. 线弹性变形的圆截面杆

63. 已知实心圆轴按强度条件可承担的最大扭矩为 T，若改变该轴的直径，使其横截面积增加 1 倍。则可承担的最大扭矩为(　　)。

A. $\sqrt{2}T$　　B. $2T$　　C. $2\sqrt{2}T$　　D. $4T$

64. 下列关于平面图形几何性质的说法中，错误的是(　　)。

A. 对称轴必定通过图形形心　　B. 两个对称轴的交点必为图形形心

C. 图形关于对称轴的静矩为零　　D. 使静矩为零的轴必为对称轴

65. 悬臂梁的载荷如图，若集中力偶 m 在梁上移动，梁的内力变化情况是(　　)。

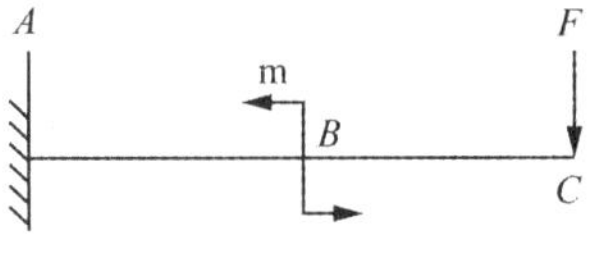

题 65 图

A. 剪力图、弯矩图均不变　　B. 剪力图、弯矩图均改变

C. 剪力图不变，弯矩图改变　　D. 剪力图改变，弯矩图不变

66. 图示悬臂梁，若梁的长度增加一倍，则梁的最大正应力和最大切应力与原来相比(　　)。

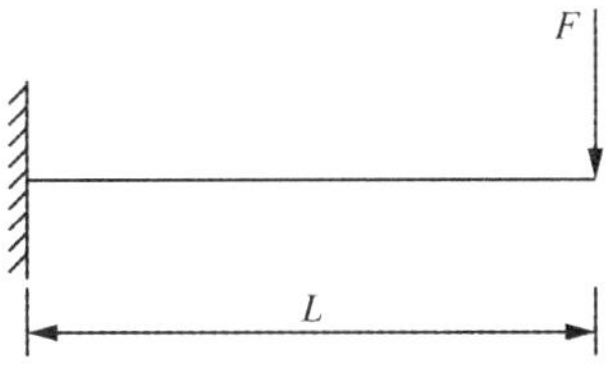

题 66 图

A. 均不变

B. 均是原来的 2 倍

C. 正应力是原来的 2 倍，切应力不变

D. 正应力不变，切应力是原来的 2 倍

67. 简支梁受力如图所示，梁的正确挠曲线是图示四条曲线中的(　　)

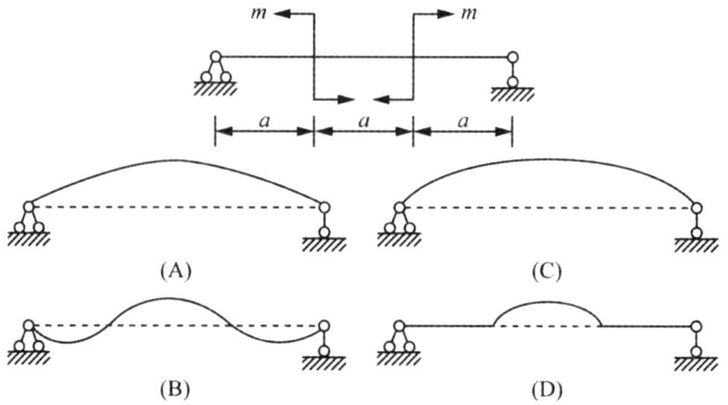

题 67 图

A. 图(A)　　B. 图(B)　　C. 图(C)　　D. 图(D)

68. 两单元体分别如图 a、b 所示，关于其主应力和主方向，下面论述正确的是(　　)。

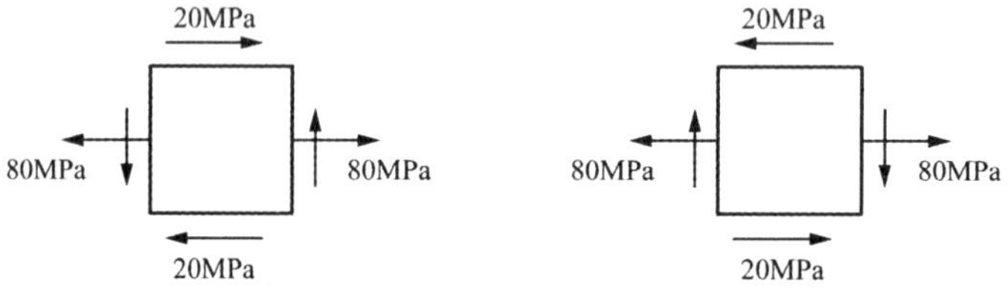

题 68 图

A. 主应力大小和方向均相同　　B. 主应力大小相同，但方向不同

C. 主应力大小和方向均不同　　D. 主应力大小不同，但方向相同

69. 图示圆轴截面积为 A，抗弯截面系数为 W，若同时受到扭矩 T、弯矩 M 和轴向力 F_N 的作用，按第三强度理论，下面的强度条件表达式中正确的是(　　)。

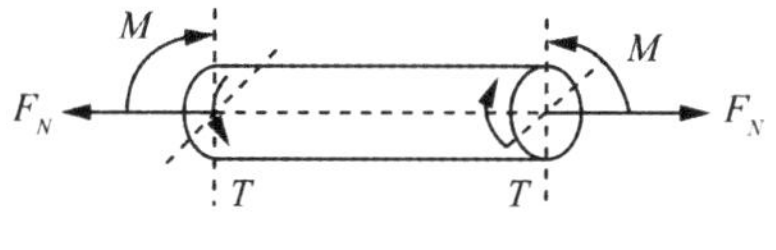

题 69 图

A. $\dfrac{F_N}{A}+\dfrac{1}{W}\sqrt{M^2+T^2}\leqslant[\sigma]$　　B. $\sqrt{\left(\dfrac{F_N}{A}\right)^2+\left(\dfrac{M}{W}\right)^2+\left(\dfrac{T}{2W}\right)^2}\leqslant[\sigma]$

C. $\sqrt{\left(\dfrac{F_N}{A}+\dfrac{M}{W}\right)^2+\left(\dfrac{T}{W}\right)^2}\leqslant[\sigma]$　　D. $\sqrt{\left(\dfrac{F_N}{A}+\dfrac{M}{W}\right)^2+4\left(\dfrac{T}{W}\right)^2}\leqslant[\sigma]$

70. 图示四根细长(大柔度)压杆，弯曲刚度均为 EI。其中具有最大临界荷载 F_{cr} 的压杆是(　　)。

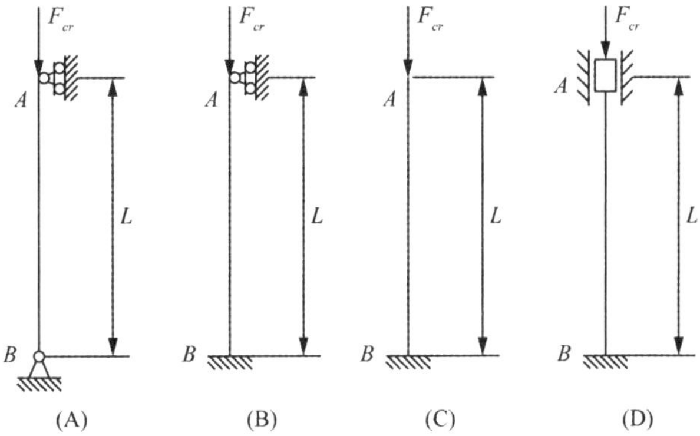

题 70 图

A. 图(A)　　B. 图(B)　　C. 图(C)　　D. 图(D)

71. 连续介质假设意味着是(　　)。

A. 流体分子相互紧连　　B. 流体的物理量是连续函数

C. 流体分子间有间隙　　D. 流体不可压缩

72. 盛水容器形状如图所示，已知 $h_1=0.9\text{m}$，$h_2=0.4\text{m}$，$h_3=1.1\text{m}$，$h_4=0.75\text{m}$，$h_5=1.33\text{m}$，求各点的表压强(　　)。

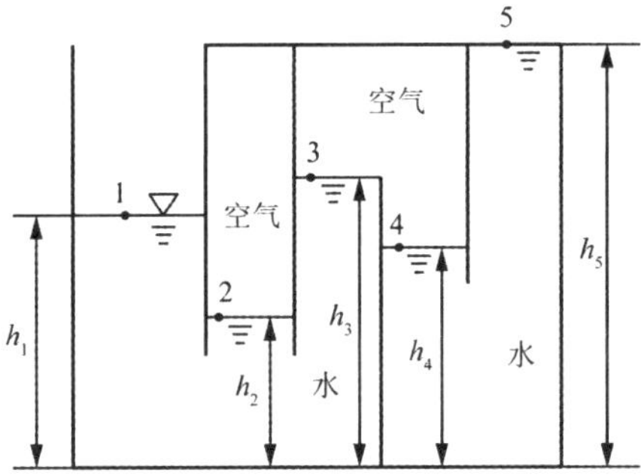

题 72 图

A. $P_1=0$，$P_2=4.90\text{kPa}$，$P_3=-1.96\text{kPa}$，$P_4=-1.96\text{kPa}$，$P_5=-7.64\text{kPa}$

B. $P_1=-4.90\text{kPa}$，$P_2=0$，$P_3=-6.86\text{kPa}$，$P_4=-6.86\text{kPa}$，$P_5=-19.4\text{kPa}$

C. $P_1=1.96\text{kPa}$，$P_2=6.86\text{kPa}$，$P_3=0$，$P_4=0$，$P_5=-5.68\text{kPa}$

D. $P_1=7.64\text{kPa}$，$P_2=12.54\text{kPa}$，$P_3=5.68\text{kPa}$，$P_4=5.68\text{kPa}$，$P_5=0$

73. 流体的连续性方程 $v_1A_1=v_2A_2$ 适用于(　　)。

A. 可压缩流体　　B. 不可压缩流体　　C. 理想流体　　D. 任何流体

74. 尼古拉斯实验曲线中，当某管路流动在紊流光滑区内时，随着雷诺数 Re 的增大，其沿程阻力系数 λ 将(　　)。

A. 增大　　B. 减小　　C. 不变　　D. 增大或减小

75. 正常工作条件下的薄壁小孔口 d_1 与圆柱形外管嘴 d_2 相等，作用水头 H 相等，则孔口与管嘴的流量的关系是(　　)。

A. $Q_1>Q_2$　　B. $Q_1<Q_2$　　C. $Q_1=Q_2$　　D. 条件不足无法确定

76. 半圆形明渠，半径 $r_0=4\text{m}$，水力半径为(　　)。

A. 4m　　B. 3m　　C. 2m　　D. 1m

77. 有一完全井，半径 $r_0=0.3\text{m}$，含水层厚度 $H=15\text{m}$，抽水稳定后，井水深 $h=10\text{m}$，影响半径 $R_0=375\text{m}$，已知井的抽水量是 $0.0276\text{m}^3/\text{s}$，求土壤的渗水系数 k 为(　　)。

A. 0.0005m/s　　B. 0.0015m/s　　C. 0.0010m/s　　D. 0.00025m/s

78. L 为长度量纲，T 为时间量纲，则沿程损失系数 λ 的量纲为(　　)。

A. L　　B. L/T　　C. L^2/T　　D. 无量纲

79. 图示铁芯线圈通以直流电流 I，并在铁芯中产生磁通 Φ，线圈的电阻为 R，那么线圈两端的电压为(　　)。

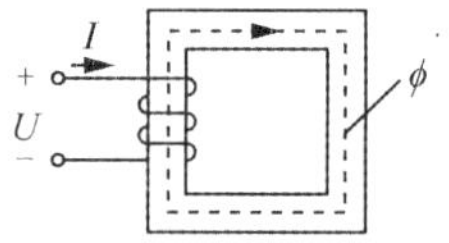

题 79 图

A. $U=IR$　　B. $U=N\dfrac{\mathrm{d}\Phi}{\mathrm{d}t}$　　C. $U=-N\dfrac{\mathrm{d}\Phi}{\mathrm{d}t}$　　D. $U=0$

80. 如右图所示电路，如下关系成立的是(　　)。

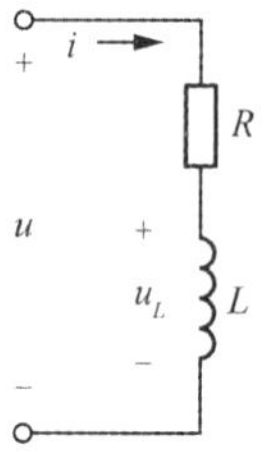

题 80 图

A. $R=u/i$　　B. $u=i(R+L)$　　C. $i=L\dfrac{\mathrm{d}u}{\mathrm{d}t}$　　D. $u_L=L\dfrac{\mathrm{d}i}{\mathrm{d}t}$

81. 图示电路中，电流 I_S 为(　　)。

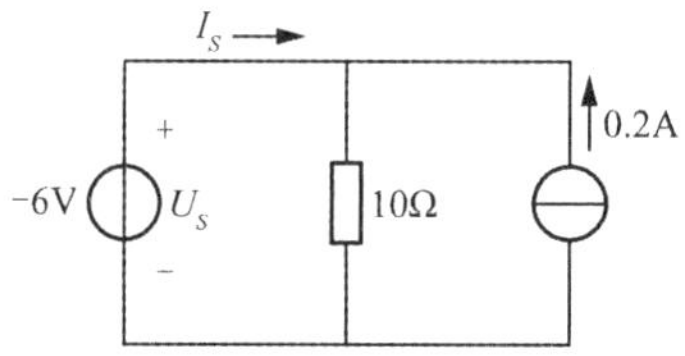

题 81 图

A. −0.8A　　B. 0.8A　　C. 0.6A　　D. −0.6A

82. 图示电流 $i(t)$ 和电压 $u(t)$ 的相量分别为(　　)。

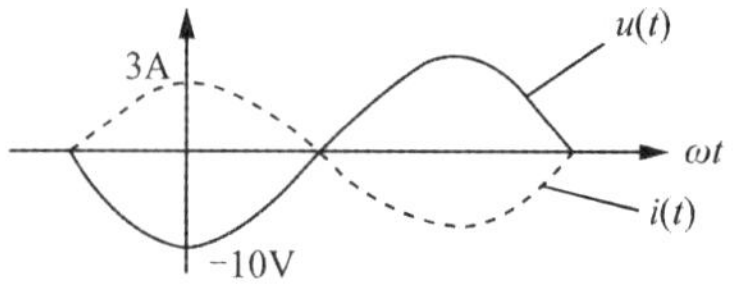

题 82 图

A. $\dot{I}=\text{j}2.12\text{A}$，$\dot{U}=-\text{j}7.07\text{V}$　　B. $\dot{I}=2.12\angle 90°\text{A}$，$\dot{U}=-7.07\angle -90°\text{V}$

C. $\dot{I}=\text{j}3\text{A}$，$\dot{U}=-\text{j}10\text{V}$　　D. $\dot{I}_m=3\text{A}$，$\dot{U}_m=-10\text{V}$

83. 额定容量为20kVA、额定电压为220V的某交流电源，功率为8kW、功率因数为0.6的感性负载供电后，负载电流的有效值为(　　)。

A. $\frac{20\times10^3}{220}=90.9\text{A}$　　B. $\frac{8\times10^3}{0.6\times220}=60.6\text{A}$

C. $\frac{8\times10^3}{220}=36.36\text{A}$　　D. $\frac{20\times10^3}{0.6\times220}=151.5\text{A}$

84. 图示电路中，电感及电容元件上没有初始储能，开关S在 $t=0$ 闭合，那么，在开关闭合瞬间($t=0_+$)，电路中取值为10V的电压是(　　)。

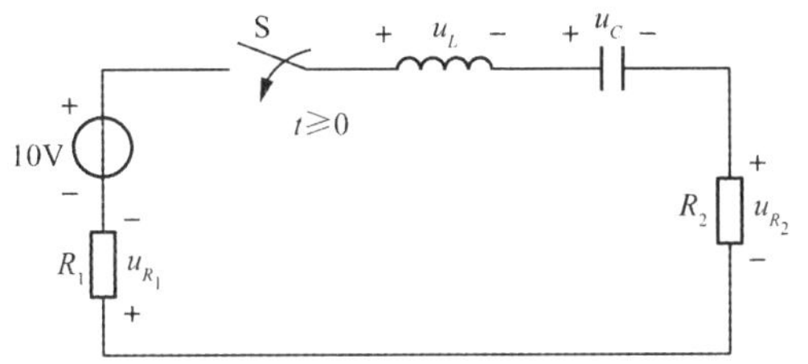

题84图

A. u_L　　B. u_C　　C. $u_{R1}+u_{R2}$　　D. u_{R2}

85. 设图示变压器为理想器件，且 $u_S=90\sqrt{2}\sin\omega t\text{V}$，开关S闭合时，信号源的内阻 R_1 与信号源右侧电路的等效电阻相等，那么，开关S断开后，电压 u_1 (　　)。

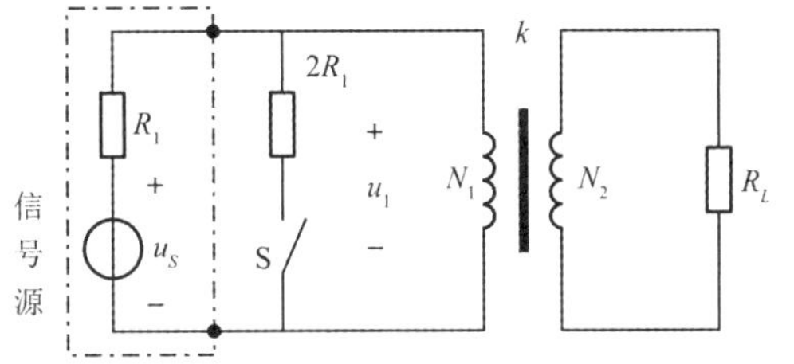

题85图

A. u_1因变压器的匝数比 k、电阻 R_L、R_1未知而无法确定

B. $u_1=45\sqrt{2}\sin\omega t\text{V}$

C. $u_1=60\sqrt{2}\sin\omega t\text{V}$

D. $u_1=30\sqrt{2}\sin\omega t\text{V}$

86. 三相异步电动机在满载起动时，为了不引起电网电压的过大波动，应该采用的异步电动机类型和起动方案是(　　)。

A. 鼠笼式电动机和Y－△降压起动

B. 鼠笼式电动机和自耦调压器降压起动

C. 绕线式电动机和转子绕组串电阻起动

D. 绕线式电动机和Y－△降压起动

87. 在模拟信号、采样信号和采样保持信号几种信号中，属于连续时间信号的是(　　)。

A. 模拟信号与采样保持信号　　B. 模拟信号和采样信号

C. 采样信号与采样保持信号　　D. 采样信号

88. 模拟信号 $u_1(t)$ 和 $u_2(t)$ 的幅值频谱分别如图(a)和图(b)所示，则(　　)。

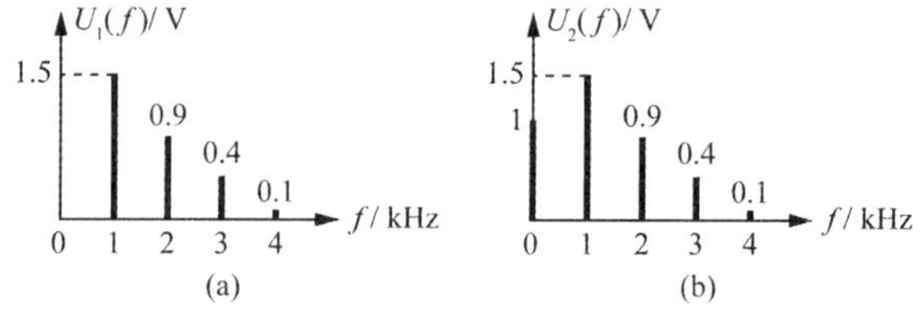

题 88 图

A. $u_1(t)$和$u_2(t)$是同一个函数

B. $u_1(t)$和$u_2(t)$都是离散时间函数

C. $u_1(t)$和$u_2(t)$都是周期性连续时间函数

D. $u_1(t)$是非周期性时间函数，$u_2(t)$是周期性时间函数

89. 放大器在信号处理系统中的作用是(　　)。

A. 从信号中提取有用信息　　B. 消除信号中的干扰信号

C. 分解信号中的谐波成分　　D. 增强信号的幅值以便于后续处理

90. 对逻辑表达式$ABC+A\overline{B}+AB\overline{C}$的化简结果是(　　)。

A. A　　B. $A\overline{B}$　　C. AB　　D. $AB\overline{C}$

91. 已知数字信号A和数字信号B的波形如图所示，则数字信号$F=\overline{A+B}$的波形为(　　)。

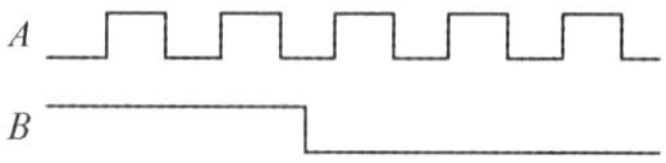

题 91 图

A. 

B. 

C. 

D. 

92. 逻辑函数$F=(A, B, C)$的真值表如下所示，由此可知(　　)。

题 92 表

A	B	C	F
0	0	0	0
0	0	1	1
0	1	0	1
0	1	1	0
1	0	0	0
1	0	1	0
1	1	0	0
1	1	1	0

A. $F=\overline{A}\,\overline{B}C+B\overline{C}$　　B. $F=\overline{A}\,\overline{B}C+\overline{A}B\overline{C}$

C. $F=\overline{A}\,\overline{B}\,\overline{C}+ABC$　　D. $F=A\overline{B}\,\overline{C}+ABC$

93. 二极管应用电路如图所示，图中，$u_A=1\text{V}$，$u_B=5\text{V}$，$R=1\text{k}\Omega$，设二极管均为理想器件，则电流$i_R=$(　　)。

A. 5mA　　B. 1mA

C. 6mA　　D. 0mA

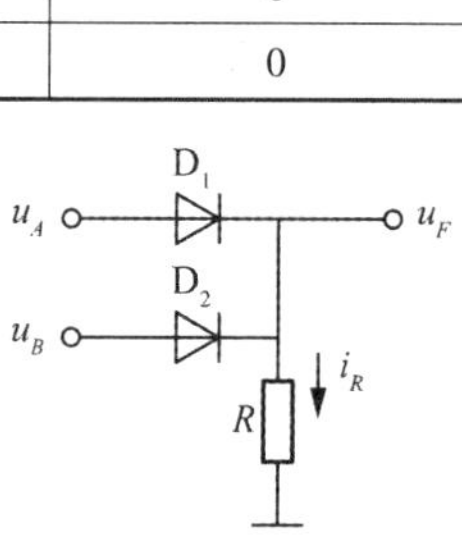

题 93 图

94. 图示电路中，能够完成加法运算的电路(　　)。

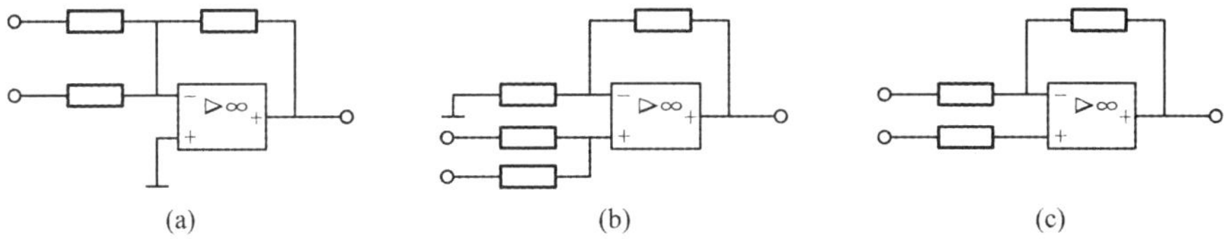

题 94 图

A. 是图(a)和图(b)　　B. 仅是图(a)

C. 仅是图(b)　　D. 仅是图(c)

95. 图(a)所示电路中，复位信号及时钟脉冲信号如图(b)所示，经分析可知，在 t_1 时刻，输出 Q_{JK} 和 Q_D 分别等于(　　)。

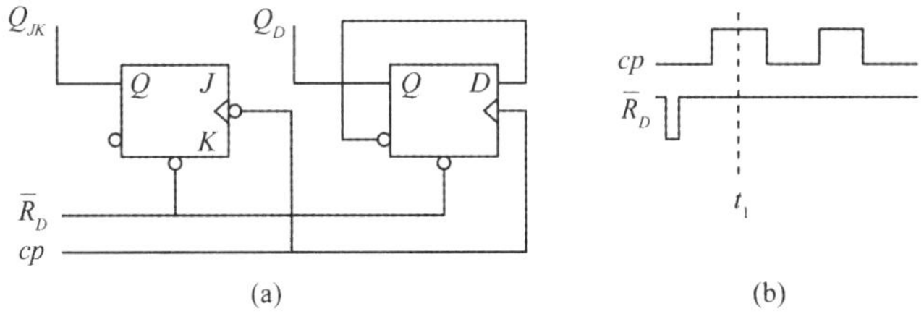

题 95 图

附：*D* 触发器的逻辑状态表为：

D	Q_{n+1}
0	0
1	1

JK 触发器的逻辑状态表为：

J	*K*	Q_{n+1}
0	0	Q_n
0	1	0
1	0	1
1	1	$\overline{Q_n}$

A. 0　0　　B. 0　1　　C. 1　0　　D. 1　1

96. 图(a)所示时序逻辑电路的工作波形如图(b)所示，由此可知，图(a)电路是一个(　　)。

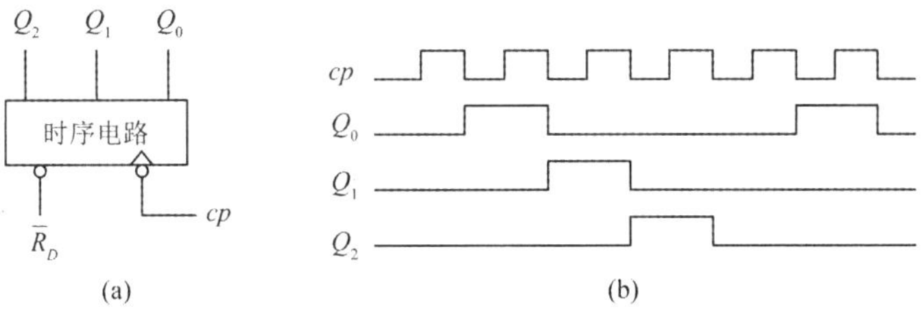

题 96 图

A. 右移寄存器　　B. 三进制计数器
C. 四进制计数器　　D. 五进制计数器

97. 根据冯·诺依曼结构原理，计算机的 CPU 是由(　　)。
A. 运算器、控制器组成　　B. 运算器、寄存器组成
C. 控制器、寄存器组成　　D. 运算器、存储器组成

98. 在计算机内，为有条不紊地进行信息传输操作，要用总线将硬件系统中的各个部件(　　)。
A. 连接起来　　B. 串联起来　　C. 集合起来　　D. 耦合起来

99. 若干台计算机相互协作完成同一任务的操作系统属于(　　)。
A. 分时操作系统　　B. 嵌入式操作系统
C. 分布式操作系统　　D. 批处理操作系统

100. 计算机可以直接执行的程序是用(　　)。
A. 自然语言编制的程序　　B. 汇编语言编制的程序
C. 机器语言编制的程序　　D. 高级语言编制的程序

101. 汉字的国标码是用两个字节码表示，为与 ASCII 码区别，是将两个字节的最高位(　　)。
A. 都置成 0　　B. 都置成 1
C. 分别置成 1 和 0　　D. 分别置成 0 和 1

102. 下面所列的四条存储容量单位之间换算表达式中，其中正确的一条是(　　)。
A. 1GB = 1024B　　B. 1GB = 1024KB　　C. 1GB = 1024MB　　D. 1GB = 1024TB

103. 下列四条关于防范计算机病毒的方法中，并非有效的一条是(　　)。
A. 不使用来历不明的软件　　B. 安装防病毒软件
C. 定期对系统进行病毒检测　　D. 计算机使用完后锁起来

104. 下面四条描述操作系统与其他软件明显不同的特征中，正确的是(　　)。
A. 并发性，共享性，随机性　　B. 共享性，随机性，动态性
C. 静态性，共享性，同步性　　D. 动态性，并发性，异步性

105. 构成信息化社会的主要技术支柱有三个，它们是(　　)。
A. 计算机技术、通信技术和网络技术
B. 数据库、计算机技术和数字技术
C. 可视技术、大规模集成技术和网络技术
D. 动画技术、网络技术和通信技术

106. 为有效地防范网络中的冒充、非法访问等威胁，应采用的网络安全技术是(　　)。
A. 数据加密技术　　B. 防火墙技术
C. 身份验证与鉴别技术　　D. 访问控制与目录管理技术

107. 某项目向银行借款，按半年复利计息，年实际利率为 8.6%，则年名义利率为(　　)。
A. 8%　　B. 8.16%　　C. 8.24%　　D. 8.42%

108. 对于国家鼓励发展的缴纳增值税的经营性项目，可以获得增值税的优惠，在财务评价中，先征后返的增值税应记作项目的(　　)。
A. 补贴收入　　B. 营业收入　　C. 经营成本　　D. 营业外收入

109. 下列筹资方式中，属于项目资本金的筹集方式的是(　　)。

A. 银行贷款　　B. 政府投资　　C. 融资租赁　　D. 发行债券

110. 某建设项目预计第三年息税前利润为200万元，折旧与摊销为30万元，所得税为20万元。项目生产期第三年应还本付息金额为100万元。则该年的偿债备付率为(　　)。

A. 1.5　　B. 1.9　　C. 2.1　　D. 2.5

111. 在进行融资前项目投资现金流量分析时，现金流量应包括(　　)。

A. 资产处置收益分配　　B. 流动资金

C. 借款本金偿还　　D. 借款利息偿还

112. 某拟建生产企业设计年产6万吨化工原料，年固定成本为1000万元，单位可变成本、销售税金和单位产品增值税之和为800元/吨，单位产品销售为1000元/吨。销售收入和成本费用均采用含税价格表示。以生产能力利用率表示的盈亏平衡点为(　　)。

A. 9.25%　　B. 21%　　C. 66.7%　　D. 83.3%

113. 某项目有甲、乙两个建设方案，投资分别为500万元和1000万元。项目期均为10年，甲项目年收益为140万元，乙项目年收益为250万元。假设基准收益率为10%，则两项目的差额净现值为(　　)。

[已知：$(P/A, 10\%, 10)=6.1446$]

A. 175.9万元　　B. 360.24万元　　C. 536.14万元　　D. 896.38万元

114. 某项目打算采用甲工艺进行施工，但经广泛的市场调研和技术论证后，决定用乙工艺代替甲工艺，并达到了同样的施工质量，且成本下降15%。根据价值工程原理，该项目提高价值的途径是(　　)。

A. 功能不变，成本降低

B. 功能提高，成本降低

C. 功能和成本均下降，但成本降低幅度更大

D. 功能提高，成本不变

115. 某投资亿元的建设工程，建设工期3年，建设单位申请领取施工许可证，经审查该申请不符合法定条件的是(　　)。

A. 已经取得该建设工程规划许可证

B. 已依法确定施工单位

C. 到位资金达到投资额的30%

D. 该建设工程设计已经发包由某设计单位完成

116. 根据《安全生产法》规定，组织制定并实施本单位生产安全事故应急救援预案的责任人是(　　)。

A. 项目负责人　　B. 安全生产管理人员

C. 单位主要负责人　　D. 主管安全的负责人

117. 根据《招标投标法》规定，下列工程建设项目，项目的勘探、设计、施工、监理以及与工程建设有关的重要设备、材料等的采购，按照国家有关规定可以不进行招标的是(　　)。

A. 大型基础设施、公用事业等关系社会公共利益、公众安全的项目

B. 全部或者部分使用国有资金投资或者国家融资的项目

C. 使用国际组织或者外国政府贷款、援助资金的项目

D. 利用扶贫资金实行以工代赈、需要使用农民工的项目

118. 订立合同需要经过要约和承诺两个阶段，下列关于要约的说法，错误的是(　　)。

A. 要约是希望和他人订立合同的意思表示

B. 要约内容应当具体明确

C. 要约是吸引他人向自己提出订立合同的意思表示

D. 经受要约人承诺，要约人即受该意思表示约束

119. 根据《行政许可法》的规定，行政机关对申请人提出的行政许可申请，应当根据不同情况分别作出处理，下列行政机关的处理，符合规定的是(　　)。

A. 申请事项依法不需要取得行政许可的，应当即时告知申请人向有关行政机关申请

B. 申请事项依法不属于本行政机关职权范围的，应当即时告知申请人不需要申请

C. 申请材料存在可以当场更正的错误的，应当告知申请人在 3 日内补正

D. 申请材料不齐全，应当当场或者在 5 日内一次告知申请人需要补正的全部内容

120. 依据《建设工程质量管理条例》，下列有关建设单位的质量责任和义务的说法，正确的是(　　)。

A. 建设工程发包单位不得暗示承包方以低价竞标

B. 建设单位在办理工程质量监督手续前，应当领取施工许可证

C. 建设单位可以明示或者暗示设计单位违反工程建设强制性标准

D. 建设单位提供的与建设工程有关的原始资料必须真实、准确、齐全

答案及详解

单项选择题(共 120 题，每题 1 分，每题的备选项中只有一个最符合题意)

1. D **【考点】**函数极限的性质

【解析】根据函数极限的性质，函数在一点的极限与其左右极限相等。当 $x \to 0^-$ 时，$1/x \to -\infty$，$e^{1/x} \to 0$，则 $f(0^-)=\lim_{x\to 0^-}\frac{3+e^{\frac{1}{x}}}{1-e^{\frac{2}{x}}}=3$；而 $x\to 0^+$ 时，$1/x\to +\infty$，$e^{1/x}\to +\infty$，则 $f(0^+)=\lim_{x\to 0^+}\frac{3+e^{\frac{1}{x}}}{1-e^{\frac{2}{x}}}=\lim_{x\to 0^+}-\frac{e^{\frac{1}{x}}}{e^{\frac{2}{x}}}=\lim_{x\to 0^+}-e^{-\frac{1}{x}}=0$。左极限不等于右极限，所以极限不存在。

2. C **【考点】**函数连续与可微的关系

【解析】可导等价于可微，可导必连续，而连续未必可导，如函数 $y=|x|$ 在 $x=0$ 处函数连续但不可导。因此可微是连续的充分条件，连续是可微的必要条件。

3. B **【考点】**同阶无穷小的判定方法

【解析】如果 $\lim \frac{\beta}{\alpha}=C\neq 0$，那么称 β 与 α 是同阶无穷小。考虑到：

$$\lim_{x\to 0}\frac{\sqrt{1-x^2}-\sqrt{1+x^2}}{x^k}=\lim_{x\to 0}\frac{-2x^2}{x^k(\sqrt{1-x^2}+\sqrt{1+x^2})}=\lim_{x\to 0}\frac{-x^2}{x^k}$$

因此，当且仅当 $k=2$ 时，C 为不为零的常数，满足同阶无穷小的条件。

4. D **【考点】**复合函数求导

【解析】函数 $y=\ln x$，则 $y'=1/x$。因此，$y=\ln(\sin x)$ 时，根据复合函数求导的链式法则可得：$y'=\frac{1}{\sin x}\cdot(\sin x)'=\frac{\cos x}{\sin x}$，则 $y''=\frac{(\cos x)'\cdot\sin x-\cos x\cdot(\sin x)'}{\sin^2 x}=-\frac{1}{\sin^2 x}$。

5. B **【考点】**罗尔中值定理

【解析】由罗尔中值定理可知：函数满足闭区间连续，开区间可导，端点函数值相等，则开区间内至少存在一个驻点 ξ 使得 $f'(\xi)=0$。

6. B **【考点】**函数的极值

【解析】由导函数 $f'(x)$ 图像可知，函数 $f(x)$ 有三个驻点 x_1、x_2、x_3 和一个导数不存在的点 0。根据题 6 解表，原函数 $f(x)$ 在 x_1 和 0 处取得极小值，在 x_2 和 x_3 处取得极大值。因此，$f(x)$ 有两个极小值点和两个极大值点。

题 6 解表　函数单调区间表

区间	$(-\infty, x_1)$	(x_1, x_2)	$(x_2, 0)$	$(0, x_3)$	$(x_3, +\infty)$
导函数正负号	−	+	−	+	−
函数单调性	调递减	单调递增	单调递减	单调递增	单调递减

7. A **【考点】**不定积分的计算

【解析】$\int\frac{x}{\sin^2(x^2+1)}dx=\int\frac{1}{2\sin^2(x^2+1)}d(x^2+1)=\int\frac{1}{2}\csc^2(x^2+1)d(x^2+1)=$

$-\dfrac{1}{2}\cot(x^2+1)+C$

8. D 【考点】广义积分的计算

【解析】注意到函数在 $x=-1$ 处不连续，则有：

$$\int_{-2}^{2}\frac{1}{(1+x)^2}dx=\lim_{a\to-1}\int_{-2}^{a}\frac{1}{(1+x)^2}dx+\lim_{a\to-1}\int_{a}^{2}\frac{1}{(1+x)^2}dx$$
$$=\lim_{a\to-1}\left(-\frac{1}{1+x}\Bigg|_{-2}^{a}\right)+\lim_{a\to-1}\left(-\frac{1}{1+x}\Bigg|_{a}^{2}\right)$$

极限在 $a=-1$ 处不存在，所以结果发散。

9. C 【考点】向量的运算

【解析】由 $\boldsymbol{\alpha}/\!/\boldsymbol{\beta}$，令 $\boldsymbol{\beta}=(2t,\ t,\ -t)$，则 $\boldsymbol{\alpha}\cdot\boldsymbol{\beta}=2t\times2+t\times1+t=3$，解得：$t=1/2$。

10. C 【考点】空间直线的求解

【解析】垂直于 xOy 面的直线的方向向量为(0，0，1)，由于过点(2，0，−1)，则直线的点向式方程为：$(x-2)/0=y/0=(z+1)/1$。

11. D 【考点】可分离变量微分方程的解

【解析】根据分离变量法，微分方程 $y\ln x\mathrm{d}x-x\ln y\mathrm{d}y=0$ 可化为 $\dfrac{\ln x}{x}\mathrm{d}x=\dfrac{\ln y}{y}\mathrm{d}y$，再采用凑积分法得：$\ln x\mathrm{d}(\ln x)=\ln y\mathrm{d}(\ln y)$，则 $\dfrac{1}{2}\ln^2x=\dfrac{1}{2}\ln^2y+C$。由于 $y(1)=1$，则 $C=0$，因此该微分方程特解为：$\ln^2x-\ln^2y=0$。

12. A 【考点】二重积分的物理意义

【解析】原积分表示 x 轴、y 轴及直线 $2x+y-2=0$ 所围成的闭区域的面积，因此 $\iint\limits_D\mathrm{d}x\mathrm{d}y=\dfrac{1}{2}\times1\times2=1$。

13. D 【考点】微分方程的解

【解析】微分方程的特征方程为：$r^2-2r-3=0$。解得：$r_1=-1$，$r_2=3$。因此，该微分方程通解为：$y=C_1e^{-x}+C_2e^{3x}$，所以 $y=C_1C_2e^{-x}$ 不是方程的通解。又由于 C_1、C_2 是任意常数，所以 $y=C_1C_2e^{-x}$ 是该方程的一组解，而不是特解。因此，$y=C_1C_2e^{-x}$（C_1、C_2 是任意常数）既不是通解又不是特解，而是解。

14. B 【考点】对坐标的曲线积分

【解析】采用三角函数代换法，令 $x=\cos t$，$y=\sin t$。则：

$$\int_L\frac{y\mathrm{d}x-x\mathrm{d}y}{x^2+y^2}=\int_0^{2\pi}\sin t\mathrm{d}\cos t-\cos t\mathrm{d}\sin t=\int_0^{2\pi}-\sin^2t\mathrm{d}t-\cos^2t\mathrm{d}t=\int_0^{2\pi}-1\mathrm{d}t=-2\pi$$

15. B 【考点】多元函数的极值

【解析】驻点是指函数 $f(x,\ y)$ 一阶偏导数均等于零的点。对于函数 $f(x,\ y)=xy$，$f_x=y$，$f_y=x$，则 $f_x(0,\ 0)=f_y(0,\ 0)=0$。因此，原点(0，0)是函数的驻点。

设函数 $f(x,\ y)$ 在点 $P_0(x_0,\ y_0)$ 的某个邻域内具有二阶连续偏导数，且 $P_0(x_0,\ y_0)$ 是驻点。设 $A=f_{xx}(x_0,\ y_0)$，$B=f_{xy}(x_0,\ y_0)$，$C=f_{yy}(x_0,\ y_0)$，则：

①当 $B^2-AC<0$ 时，点 $P_0(x_0,\ y_0)$ 是极值点，且当 $A<0$ 时，点 $P_0(x_0,\ y_0)$ 是极大值；

当 $A>0$ 时，点 $P_0(x_0, y_0)$ 是极小值点；

②当 $B^2-AC>0$ 时，点 $P_0(x_0, y_0)$ 不是极值点；

③当 $B^2-AC=0$ 时，点 $P_0(x_0, y_0)$ 有可能是极值点也有可能不是极值点。

对于函数 $f(x, y)=xy$，$A=f_{xx}(x_0, y_0)=0$，$B=f_{xy}(x_0, y_0)=1$，$C=f_{yy}(x_0, y_0)=0$，则 $B^2-AC=1>0$。因此，原点(0，0)不是极值点。

综上，原点(0，0)是驻点但非极值点。

16. D 【考点】级数的收敛

【解析】设 $\sum_{n=1}^{\infty} a_n$，其中项 $a_n(n=1, 2, \cdots)$ 为任意实数，若 $\sum_{n=1}^{\infty}|a_n|$ 收敛，则称 $\sum_{n=1}^{\infty} a_n$ 绝对收敛；若 $\sum_{n=1}^{\infty}|a_n|$ 发散，但 $\sum_{n=1}^{\infty} a_n$ 收敛，则称 $\sum_{n=1}^{\infty} a_n$ 条件收敛。将级数 $\sum_{n=1}^{\infty}(-1)^{n-1}\frac{1}{n^p}$ 各项取绝对值，得 p 级数 $\sum_{n=1}^{\infty}\frac{1}{n^p}$。当 $p>1$ 时，原级数 $\sum_{n=1}^{\infty}(-1)^{n-1}\frac{1}{n^p}$ 绝对收敛；当 $0<p\leqslant 1$ 时，级数 $\sum_{n=1}^{\infty}\frac{1}{n^p}$ 发散，因此，BC 两项错误。接下来判断原级数的敛散性。原级数为交错级数，且 $a_n=1/n^p$，当 $p>0$ 时，$n^p<(n+1)^p$，则 $1/n^p>1/(n+1)^p$，即 $a_n>a_{n+1}$，又 $\lim_{n\to\infty} a_n=0$，则原级数在 $0<p\leqslant 1$ 时条件收敛。

17. C 【考点】全微分的计算

【解析】$z=\left(\frac{y}{x}\right)^x$，$\ln z=x\ln\frac{y}{x}$。首先对 x 求偏导，得 $\frac{1}{z}z_x=x'\cdot\ln\frac{y}{x}+x\cdot\frac{x}{y}\cdot\left(-\frac{y}{x^2}\right)=\ln\frac{y}{x}-1$，则 $z_x=z\left(\ln\frac{y}{x}-1\right)=\left(\frac{y}{x}\right)^x\left(\ln\frac{y}{x}-1\right)$。再对 y 求偏导，得 $\frac{1}{z}z_y=x\cdot\frac{x}{y}\cdot\frac{1}{x}=\frac{x}{y}$，则 $z_y=z\cdot\frac{x}{y}=\left(\frac{y}{x}\right)^{x-1}$。因此，全微分 $\mathrm{d}z=z_x\mathrm{d}x+z_y\mathrm{d}y=\left(\frac{y}{x}\right)^x\left(\ln\frac{y}{x}-1\right)\mathrm{d}x+\left(\frac{y}{x}\right)^{x-1}\mathrm{d}y$，将 $x=1$，$y=2$ 代入 z_x 和 z_y 公式，得到 $z_x=2(\ln 2-1)$，$z_y=1$。因此，全微分 $\mathrm{d}z=z_x\mathrm{d}x+z_y\mathrm{d}y=2(\ln 2-1)\mathrm{d}x+\mathrm{d}y=2[(\ln 2-1)\mathrm{d}x+\mathrm{d}y/2]$。

18. A 【考点】级数收敛域

【解析】$|x|<1$ 时，$\rho=\lim_{n\to\infty}\left|\frac{a_{n+1}}{a_n}\right|=\frac{2n-1}{2n+1}=1$，因此收敛半径为 1。当 $x=1$ 时代入级数得，$1-\frac{1}{3}+\frac{1}{5}-\frac{1}{7}\cdots+(-1)^{n-1}\frac{1}{2n-1}\cdots$ 为交错级数，满足莱布尼茨条件，收敛；当 $x=-1$ 时代入级数得，$-1+\frac{1}{3}-\frac{1}{5}+\frac{1}{7}\cdots+(-1)^{3n-2}\frac{1}{2n-1}\cdots$ 为交错级数，满足莱布尼茨条件，收敛；因此该级数的收敛域为 $[-1, 1]$。

19. B 【考点】伴随矩阵的性质

【解析】伴随矩阵 $\boldsymbol{A}^*=|\boldsymbol{A}|\boldsymbol{A}^{-1}$，则 $|\boldsymbol{A}^*|=|\boldsymbol{A}|^n\cdot|\boldsymbol{A}^{-1}|=|\boldsymbol{A}|^n\cdot|\boldsymbol{A}|^{-1}=|\boldsymbol{A}|^{n-1}$。又 $|\boldsymbol{A}|=b$，则 $|\boldsymbol{A}^*|=|\boldsymbol{A}|^{n-1}=b^{n-1}$。

20. B 【考点】矩阵的特征值与特征向量

【解析】根据矩阵行列式与特征值的关系：$|\boldsymbol{A}|=\lambda_1\lambda_2$，故另一个特征值为 -1，其对

应的特征向量应与已知特征向量正交，即两向量点乘等于零，因此$(1,\ 1)^T$满足要求。

21. C 【考点】矩阵的二次型

【解析】二次型对应的矩阵为$\begin{pmatrix}1 & 1 & 0\\ 1 & t & 0\\ 0 & 0 & 3\end{pmatrix}$，对该矩阵实行初等变换得$\begin{pmatrix}1 & 1 & 0\\ 0 & t-1 & 0\\ 0 & 0 & 3\end{pmatrix}$，矩阵的秩为2，那么$t=1$。

22. B 【考点】条件概率

【解析】设A、B为两个事件，$P(A)>0$，则称$P(B\mid A)=P(AB)/P(A)$为事件A发生的条件下，事件B发生的概率。因此，$P(AB)=P(A)P(B\mid A)=P(B)P(A\mid B)$，$P(A\mid B)=P(A)P(B\mid A)/P(B)=(1/3)\times(1/6)/(1/4)=2/9$。

23. A 【考点】联合分布律的性质

【解析】由联合分布律的性质$\sum\limits_i\sum\limits_j p_{ij}=1$，得$\frac{1}{4}+\frac{1}{6}+\frac{1}{4}+a=1$，解得：$a=\frac{1}{3}$。

24. C 【考点】矩估计的计算

【解析】均匀分布$U(a,\ b)$的概率密度为：

$$f(x)=\begin{cases}\dfrac{1}{b-a} & a\leqslant x\leqslant b\\ 0 & 其他\end{cases}$$

则当$1\leqslant x\leqslant\theta$时，期望$E(X)=\int_1^{\theta}\frac{1}{\theta-1}x\mathrm{d}x=\frac{1+\theta}{2}$，用$\overline{X}$替换$E(X)$，解得：$\hat{\theta}=2\overline{X}-1$。

25. B 【考点】气体温度的意义

【解析】气体分子的平均平动动能$\bar{\varepsilon}=\frac{3}{2}kT$，只与温度有关，温度越高，气体分子的平均平动动能越大。温度的高低反映了系统内部分子无规则热运动的剧烈程度，这是温度的微观本质，因此说法①正确。温度和压强一样，也是大量分子热运动的集体表现，也具有统计意义，因此说法②正确。对个别分子或少量分子而言，评论它们的温度是没有意义的，因此说法③正确。宏观上，气体的温度表示气体分子的平均冷热程度，微观上，气体的温度表示气体分子的运动速度，因此说法④错误。

26. C 【考点】气体三种速率间的关系

【解析】$\nu_p=\sqrt{\frac{2RT}{M}}$，$\bar{v}=\sqrt{\frac{8RT}{\pi M}}$，$(\overline{v^2})^{1/2}=\sqrt{\frac{3RT}{M}}$，因此$v_p<\bar{v}<(\overline{v^2})^{1/2}$。

27. A 【考点】热力学第一定律的运用

【解析】向真空做绝热膨胀，$Q=0$，$\Delta E=0$，$A=0$，由热力学第一定律$Q=\Delta E+A$，系统内能增量为零，温度不变；由理想气体状态方程$PV=NRT$，温度不变，膨胀使得体积增加，压强减少。

28. D 【考点】卡诺循环的原理

【解析】整个循环过程系统对外做的净功为循环过程曲线所包围的面积。题中，所围成的面积相等，因此两个热机吸收的热量与放出的热量(绝对值)的差值一定相等。

29. C 【考点】定容摩尔热容量与定压摩尔热容量

【解析】热容比$\gamma=C_{\mathrm{p}}/C_{\mathrm{V}}=(i+2)/i$，对单原子分子，自由度$i=3$，$\gamma=5/3$；对刚性双

原子分子，$i=5$，故 $\gamma=7/5$。

30. A 【考点】波动方程的标准式

【解析】波动方程标准式：$y=A\cos\left[\omega\left(t-\frac{x-x_0}{u}\right)+\varphi_0\right]$，则有：

$$y=0.05\cos(4\pi x-10\pi t)=0.05\cos\left[10\pi\left(t-\frac{x}{2.5}\right)\right]$$

故圆频率 $\omega=10\pi=2\pi\nu$，则频率 $\nu=5\text{Hz}$。根据变形后公式，波速 $u=2.5\text{m/s}$，则波长 $\lambda=u/\nu=0.5\text{m}$。

31. A 【考点】多普勒效应

【解析】根据多普勒效应得知，当物体振动频率不变时，距离声源越远，声音的音调越低，距离声源越近，声音的音调越高。当有人站在火车轨道旁，正在鸣笛的火车向着我们急驶而来时，距离越来越近，频率越来越大，人感知的音调逐渐变高；而当正在鸣笛的高速火车离他而去，距离越来越远，频率越来越小，人感知的音调逐渐变低。

32. D 【考点】能流密度的定义

【解析】波强又称为能流密度，表示公式为：$I=\frac{1}{2}\rho A^2\omega^2 u$，则波强与振幅的平方成正比，振幅为原来的二倍，波强变为原来的四倍。

33. C 【考点】驻波的方程

【解析】合成波的波动方程为：$y=y_1+y_2=A\cos2\pi\left(\nu t-\frac{x}{\lambda}\right)+A\cos2\pi\left(\nu t+\frac{x}{\lambda}\right)$。利用三角公式：$\cos\alpha+\cos\beta=2\cos\frac{\alpha+\beta}{2}\cos\frac{\alpha-\beta}{2}$。可得：$y=2A\cos\frac{2\pi x}{\lambda}\cos2\pi\nu t$，即为驻波方程。

34. B 【考点】干涉相消的条件

【解析】要求正入射时尽可能减少反射即为反射时干涉相消，$2n_2e=(2k+1)\lambda/2$，求薄膜的最小厚度：令 $k=0$，则有，$2\times1.38\times e=\frac{500}{2}$，$e=90.6\text{nm}$。

35. C 【考点】单缝衍射实验

【解析】单缝处波面半波带的数目 N 为 $N=2a\sin\varphi/\lambda$。无论半波带数 N 为奇数还是偶数，相邻任何两个对应点所发出的光的光程差均为 $\lambda/2$。当 N 恰好为偶数时，两相邻半波带的光线在同一点处都干涉相消，该点的光强为零，是暗条纹；当 N 为奇数时，因相邻半波带发出的光两两干涉相消后，剩下一个半波带发出的光未被抵消，故为明条纹。

36. B 【考点】光经过偏振片后的性质

【解析】干涉条纹的间距 $\Delta x=D\lambda/(nd)$，偏振器不改变光的波长，双缝的距离没有改变。因此，干涉条纹的间距没有改变，自然光经过偏振器后，透光强度变为入射光强的一半，所以明纹的亮度减弱。

37. D 【考点】第一电离能的变化规律

【解析】基态的气态原子失去一个电子形成 +1 价气态离子所需要的最低能量为该原子的第一电离能。同一周期从左到右，主族元素的有效核电荷数依次增加，原子半径依次减小，电离能依次增大；同一主族元素从上到下原子半径依次增大，核对外层电子的引力减弱，电离能依次减小，副族元素的变化不如主族元素那样有规律。

38. B 【考点】化学键类型的判断

【解析】共价单键一般为 σ 键，双键中含有一个 σ 键，一个 π 键，叁键中有一个 σ 键，两个 π 键。因此，题中分子有 9 个 σ 键，2 个 π 键。

39. D 【考点】离子极化作用的影响因素

【解析】离子晶体中的正负离子由于自身电场的作用而引起周围相反离子的变形，即离子极化作用。离子极化作用的强弱取决于：①离子的电荷数，电荷数越多，极化能力越强；②离子的半径，半径越小，极化能力越强；③离子的电子构型，当电荷数相等，半径相近时，极化能力的大小顺序为：18 或 18 +2 电子构型的离子 >9 ~17 电子构型的离子 >8 电子构型的离子。四种物质的阴离子均为 Cl^-，阳离子为同周期元素，离子半径逐渐减少，离子电荷数逐渐增大，所以极化作用逐渐增大。

40. C 【考点】电解质溶液 PH 值的计算方法

【解析】根据 $-\lg c_{H^+} = pH$，$c_{H^+} \cdot c_{OH^-} = K_w = 10^{-14}$，得 pH = 2 的溶液中 $c(H^+) = 10^{-2}$ mol/L，$c(OH^-) = 10^{-12}$ mol/L；pH = 4 的溶液中 $c(H^+) = 10^{-4}$ mol/L，$c(OH^-) = 10^{-10}$ mol/L。因此 pH = 2 的溶液中的 $c(OH^-)$ 是 pH = 4 的溶液中 $c(OH^-)$ 的 0.01 倍。

41. A 【考点】反应自发性的判据

【解析】根据热力学推导得出，对于恒温恒压不做非体积功的一般反应，其自发性的判断标准为：$\Delta G = \Delta H - T\Delta S$。当 $\Delta G < 0$ 时，反应为自发过程，能向正方向进行；当 $\Delta G = 0$ 时，反应为平衡状态；当 $\Delta G > 0$ 时，反应为非自发过程，能向逆方向进行。

42. B 【考点】盐类的水解

【解析】NaCl 溶液呈中性；Na_2CO_3 溶液中 CO_3^{2-} 水解，$CO_3^{2-} + H_2O \rightleftharpoons HCO_3^- + OH^-$，溶液呈碱性，pH >7；$Al_2(SO_4)_3$ 溶液中 Al^{3+} 水解，$Al^{3+} + 3H_2O \rightleftharpoons Al(OH)_3 + 3H^+$，溶液显酸性；$(NH_4)_2SO_4$ 溶液中 NH_4^+ 水解，$NH_4^+ + H_2O \rightleftharpoons NH_3 \cdot H_2O + H^+$，溶液显酸性。

43. C 【考点】影响电极电势大小的因素

【解析】电极电势与物质的本性、物质的浓度、温度有关，一般温度的影响较小。$Fe^{3+} + e^- = Fe^{2+}$，与 H^+ 浓度无关；$MnO_4^- + 8H^+ + 5e^- = Mn^{2+} + 4H_2O$，$H^+$ 参与了该反应。因此，$E^{\ominus}(Fe^{3+}/Fe^{2+})$ 不变，$E^{\ominus}(MnO_4^-/Mn^{2+})$ 变大。

44. C 【考点】取代反应

【解析】根据取代反应有：A 项，若有 2 个甲基， 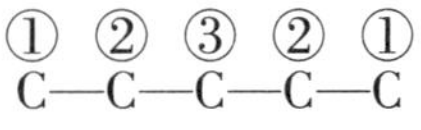 ，则能生成 3 种一氯代物；BC 两项，若有 3 个甲基， 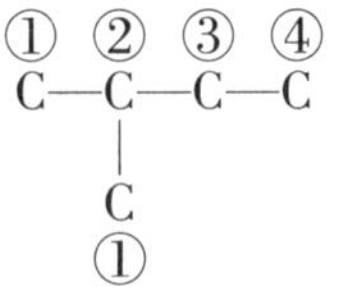 ，能生成 4 种一氯代物；D 项，若有 4 个甲基， 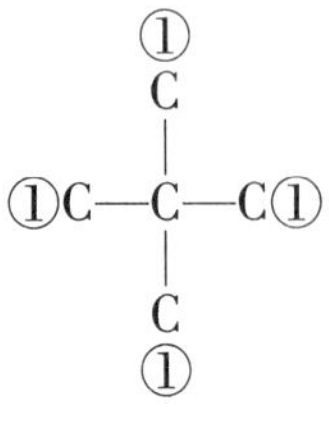 ，则能生成 1 种一氯代物。

45. D 【考点】加成反应

【解析】当发生催化加氢反应后，碳原子的双键被打开。D 项中的甲基位于主链中的第三个位置，加氢后，其命名应为 3 - 甲基戊烷。

46. C 【考点】醇氧化为醛的条件

【解析】醇的氧化随分子中—OH 的位置不同而难易程度不同：伯醇氧化最初得到醛，继续氧化可以得到羧酸，仲醇氧化得到酮，一般不再被氧化。

47. D 【考点】静定结构力的求解

【解析】当力 F 作用于构件 BC 时，设 AB 的水平距离为 l，BC 的垂直距离为 $l/2$，取整体为研究对象对 B 点取矩，建立力矩平衡方程，由 $\sum M_B=0$，$-F_{Ay}\times l+F\times l/4=0$，解得：$F_{Ay}=F/4(\uparrow)$。以 AC 为研究对象对 C 点取矩，建立力矩平衡方程，$\sum M_C=0$，$-F_{Ay}\times l/2+F_{Ax}\times l/2=0$，得：$F_{Ax}=F/4(\rightarrow)$。因此，$A$ 点约束力大小为$\frac{\sqrt{2}}{4}F$，方向为右偏上 45°。由于 AC 可等效为二力杆，则 C 点约束力大小为$\frac{\sqrt{2}}{4}F$，方向为左偏下 45°。根据体系竖直方向和水平方向受力平衡，得：$F_{By}=F/4(\downarrow)$，$F_{Bx}=3F/4(\rightarrow)$。则 B 点约束力大小为$\frac{\sqrt{10}}{4}F$，方向为右偏下靠近 x 轴。

当力 F 作用于构件 AC 时，取整体为研究对象对 A 点取矩，由 $\sum M_A=0$，$-F_{By}\times l+F\times l/4=0$，解得：$F_{By}=F/4(\downarrow)$。取 BC 为研究对象，由 $\sum M_C=0$，$-F_{By}\times l/2+F_{Bx}\times l/2=0$，得：$F_{Bx}=F/4(\rightarrow)$。因此，$B$ 点约束力大小为$\frac{\sqrt{2}}{4}F$，方向为右偏下 45°。由于 BC 可等效为二力杆，则 C 点约束力大小为$\frac{\sqrt{2}}{4}F$，方向为左偏上 45°。根据体系竖直方向和水平方向受力平衡，得：$F_{Ay}=F/4(\uparrow)$，$F_{Ax}=3F/4(\rightarrow)$。则 A 点约束力大小为$\frac{\sqrt{10}}{4}F$，方向为右偏上靠近 x 轴。

因此，A、B 两点约束力大小和方向都改变，只有 C 点虽然方向变化，但大小未改变。

48. A 【考点】平面力系简化

【解析】由于力 F_1 过 A 点，因此该力向 A 点简化后力偶为零。力矩 M 向 A 点简化后力偶为 4N · m，故力系向 A 点简化后的主矩大小为 4N · m。

49. B 【考点】平面力矩

【解析】设固定端 A 的约束力矩为 M_A（逆时针为正），对整体进行受力分析，对 A 点取矩，由 $\sum M=0$，$M_A-F_p(a/2+r)=0$，解得：$M_A=F_p(a/2+r)$（逆时针）。

50. A 【考点】零杆的判断

【解析】零杆的判别如下：①不在同一条直线上的两杆结点上若没有荷载作用，两杆均为零杆；②不共线的两杆结点，若荷载沿一杆作用，则另一杆为零杆；③无荷载的三杆结点，若两杆在一直线上，则第三杆为零杆；④对称桁架在对称荷载作用下，对称轴上的 K 形结点若无荷载，则该结点上的两根斜杆为零杆；⑤对称桁架在反对称荷载作用下，与对称轴重合或者垂直相交的杆件为零杆。

根据判别法①，右上角两根杆为零杆；根据判别法②，左上侧铰所连接的竖杆为零杆，其他杆件都有内力，因此，本桁架一共有3个零杆。

51. A 【考点】点的运动轨迹

【解析】汽车加速度 $a=(v-v_0)/t=(5-0)/10=0.5\text{m/s}^2$，根据速度距离公式求得：$s=v_0t+at^2/2=0+0.5\times10^2/2=25\text{m}$。

52. B 【考点】刚体绕定轴转动

【解析】某点的速度与角速度关系为：$v=\omega r$。其中，角速度 $\omega=\mathrm{d}\varphi/\mathrm{d}t=4-6t$。因此，在 $t=1\text{s}$ 时，$\omega=-2\text{rad/s}$，则 $v=-2\times0.5=-1\text{m/s}$。某点切向加速度与角加速度关系为：$a_\tau=\alpha r$。其中，角加速度 $\alpha=\mathrm{d}\omega/\mathrm{d}t=-6\text{rad/s}^2$。因此，在 $t=1\text{s}$ 时，切向加速度 $a_\tau=-6\times0.5=-3\text{m/s}^2$。

53. D 【考点】刚体绕定轴转动

【解析】由图可知滑动机构 BC 的速度、加速度与点 A 的水平分量相同。根据速度与角速度公式：$v_A=r\omega$，方向与曲柄 OA 垂直。由于曲柄 OA 以常角速度 ω 转动，因此角加速度为零，而法向加速度 $a_{An}=r\omega^2$，方向指向 O 点。因此，滑动机构 BC 的速度 $v_{BC}=v_A\sin\theta=r\omega\sin\omega t$，加速度 $a_{BC}=a_{An}\cos\theta=r\omega^2\cos\omega t$。

54. C 【考点】牛顿第二定律

【解析】由牛顿第二定律有，$G-F_N=ma$。式中，F_N 为货物对地板的压力。当电梯加速下降时，加速度 $a>0$，则压力 $F_1<G$；当电梯匀速下降时，加速度 $a=0$，即 $F_2=G$；当电梯减速下降时，加速度 $a<0$，则 $F_3>G$。因此，$F_1<F_2<F_3$。

55. D 【考点】动量矩

【解析】根据质点的动量矩公式，体系对 O 点的动量矩为：$M_O=R\times mv+\dfrac{1}{2}R\times mv=\dfrac{3}{2}Rmv=\dfrac{3}{2}mR^2\omega$。

56. B 【考点】刚体的动能公式

【解析】根据转动惯量的平行移轴公式，体系对 O 点的转动惯量为：$J_O=\dfrac{1}{2}mR^2+mR^2=\dfrac{3}{2}mR^2$。根据机械能守恒：$mg(R-R\cos\theta)=\dfrac{1}{2}\times\dfrac{3mR^2}{2}\omega^2$，解得圆柱体在任意 θ 时的角速度为 $\sqrt{\dfrac{4g(1-\cos\theta)}{3R}}$。

57. A 【考点】惯性力的概念

【解析】质点惯性力的大小等于质点的质量与加速度的乘积，方向与质点加速度方向相反，即：$F_1=-ma$。

A 受到沿斜面向上的静摩擦力以提供水平向右的加速度，根据达朗贝尔原理，给 A 施加向左的惯性力（与运动方向相反），即：$F_{1A}=ma(\leftarrow)$。

58. D 【考点】受迫振动

【解析】固有圆频率公式为：$\omega=\sqrt{\dfrac{k}{m}}$，$m$ 表示系统的质量，k 为等效刚度系数，表示系统的弹性。第一次共振时，$\omega_1=\sqrt{\frac{k}{m}}$，得 $6=\sqrt{\frac{k}{m}}$；第二次共振时，$\omega_2=\sqrt{\frac{k}{m+1}}=5.86$。联立两次共振公式解得：$m=20.69\text{kg}$，$k=744.84\text{N/m}$。

59. A 【考点】应力-应变曲线

【解析】对于无流幅的塑性材料，工程上将产生0.2%塑性应变时所对应的应力作为名义屈服极限。对于塑性材料制成的杆，通常取屈服极限 σ_s（或名义屈服极限 $\sigma_{0.2}$）作为极限应力 σ_u 的值；而对脆性材料制成的杆，应该取强度极限 σ_b 作为极限应力 σ_u 的值。四种材料中，AB 为无流幅的塑性材料，C 为有流幅的塑性材料，D 为脆性材料。材料 A 产生0.2%的塑性应变出现在比例极限之后，从图中可以看出材料 A 的强度最大。

60. A 【考点】材料拉伸的变形计算

【解析】分别求解 AB、BC 两段的伸长量，通过叠加两杆伸长量得到杆的总伸长量 ΔL。根据静力平衡条件，AB 段所受轴力为 F，BC 段所受轴力为 $-F$，根据变形公式：$\Delta L=Nl/EA$，则总伸长量为：$\Delta L=\frac{FL}{AE}+\frac{-FL}{AE}=0$。

61. A 【考点】剪切面的判断及切应力的计算

【解析】由题干中的受力图可知，ab 平面为计算剪切面，hb 平面为计算挤压面，剪切面 ab 受到剪力大小为 F，根据名义切应力公式：$\tau=F_s/A$，则结构发生剪切破坏的名义切应力 $\tau=\frac{F}{ab}$。

62. D 【考点】扭转切应力公式的适用条件

【解析】横截面上距圆心为 ρ 的任一点的切应力 τ 计算公式为：$\tau=T\rho/I_P$。式中，I_P 为横截面的极惯性矩，T 为扭矩。其公式适用于线弹性范围（$\tau_{\max}\leqslant\tau_\rho$），小变形条件下的等截面实心或空心圆直杆。

63. C 【考点】剪应力公式的运用

【解析】扭转剪应力公式为：$\tau_{\max}=\frac{T_{\max}}{W_p}$。式中，$W_p$ 为抗扭截面系数，且 $W_p=\frac{\pi d^3}{16}$。当横截面面积增加一倍时，直径变为原来的 $\sqrt{2}$ 倍。根据扭转剪应力公式，当最大剪应力不变时，直径变为原来的 $\sqrt{2}$ 倍时，可承受的最大扭矩为 $2\sqrt{2}T$。

64. D 【考点】平面图形的几何性质

【解析】平面图形的静矩公式为：$S_z=\int_A y\mathrm{d}A$，$S_y=\int_A z\mathrm{d}A$。因此，图形关于对称轴的静矩必为零，但非对称图形关于某个轴的静矩也可能为零，因此静矩为零的轴不一定为对称轴。

65. C 【考点】剪力图与弯矩图

【解析】根据静力平衡，当集中力偶 m 在梁上移动时，对 A 点的剪力与弯矩没有影响。剪力图与梁上的集中力有关，与弯矩无关，因此，悬臂梁的剪力图不变。而弯矩图与梁上的弯矩作用相关的，所以悬臂梁的弯矩图会改变。

66. C 【考点】梁正应力与切应力的运用

【解析】梁截面上的最大正应力为：$\sigma_{\max}=My_{\max}/I_z=M/W_z$。其中，$M$ 为截面上的弯矩；

I_z为截面对其中性轴的惯性矩；W_z为抗弯截面系数。梁长变为原来的二倍，抗弯截面系数 W_z不变，弯矩 M 变为原来的两倍，因此，最大正应力变为原来的 2 倍。由于梁长度改变，荷载未变，截面上的剪力 F 未变，因此 F 产生的最大剪力 τ_{max}未发生变化。

67. D 【考点】挠曲线

【解析】对任意支座取矩可得，支座竖向反力为零，则从支座到力偶作用点的杆段上的弯矩为零，即挠度为零，而左右两力偶作用点中间部分由于受到弯矩 M 作用而产生向上突起的变形。

68. B 【考点】平面主应力

【解析】平面应力状态的主应力计算公式为：$\begin{matrix}\sigma_{max}\\\sigma_{min}\end{matrix}=\dfrac{\sigma_x+\sigma_y}{2}\pm\sqrt{\left(\dfrac{\sigma_x-\sigma_y}{2}\right)^2+\tau_x^2}$。主平面所在截面的方位 α_0，可由下式确定：$\tan2\alpha_0=\dfrac{-2\tau_x}{\sigma_x-\sigma_y}$。由图可知，两单元体 σ_x大小方向相同，$\sigma_y=0$；τ 大小相同，方向不同。因此，由第一个公式可得，主应力大小相同；由第二个公式可得，主应力的方向相反。

69. C 【考点】第三强度理论

【解析】在平面应力状态下，第三强度理论可简化为：$\sigma_{r3}=\sqrt{\sigma^2+4\tau^2}\leqslant[\sigma]$。其中，最大正应力 $\sigma=\dfrac{F_N}{A}+\dfrac{M}{W}$，最大切应力 $\tau=\dfrac{T}{W_p}$，且 $W_p=2W$。因此，第三强度条件表达式为：$\sqrt{\left(\dfrac{F_N}{A}+\dfrac{M}{W}\right)^2+\left(\dfrac{T}{W}\right)^2}\leqslant[\sigma]$。

70. D 【考点】压杆的临界载荷——欧拉公式

【解析】方法一：根据欧拉公式，压杆的临界荷载 $F_{cr}=\pi^2EI/(\mu l)^2$。式中，F_{cr}为临界载荷；E 为压杆材料的弹性模量；I 为截面的主惯性矩；l 为压杆长度；μ 为长度系数，与杆两端的约束条件有关。由题干可知，最大临界荷载 F_{cr}只与长度系数 μ 有关，且成反比。A、B、C、D 项的长度系数 μ 分别为 1、0.7、2、0.5。因此，压杆的最大临界荷载 F_{cr}由大到小为：图(D) > 图(B) > 图(A) > 图(C)。

方法二：最大临界荷载与压杆长细比 λ 有关，当压杆几何尺寸相同时，长细比 λ 与压杆两端约束有关。图示中，图(A)有一个多余约束，图(B)有两个多余约束，图(C)没有多余约束，图(D)有三个多余约束。因此，杆件的稳定性：图(D) > 图(B) > 图(A) > 图(C)，即压杆的最大临界荷载 F_{cr}由大到小为：图(D) > 图(B) > 图(A) > 图(C)。

71. B 【考点】流体力学的连续介质假设

【解析】假设流体是连续介质，即认为流体是由微观上充分大而宏观上充分小的质点组成，质点之间没有空隙，连续地充满流体所占有的空间，将流体运动作为由无数个流体质点所组成的连续介质的运动，它们的物理量在空间上和时间上都是连续的。

72. A 【考点】流体压强的计算

【解析】水的压强公式为：$P=\rho gh$，式中，P 为水的压强；ρ 为水的密度，取 $1g/cm^3$；g 为重力加速度，取 $9.8m/s^2$；h 为液体距表面深度。

由题 72 图可知，点 1 所在水面与大气相连，因此该水面表压强为 0。再根据压强公式，

$P_2 = P_1 + \rho g(h_1 - h_2) = 0 + 1 \times 9.8 \times (0.9 - 0.4) = 4.90\text{kPa}$，$P_3 = P_1 + \rho g(h_1 - h_3) = 1 \times 9.8 \times (0.9 - 1.1) = -1.96\text{kPa}$。点 3 所在水面和点 4 所在水面处于同一个空间内，因此受到相等的气压，即 $P_4 = P_3 = -1.96\text{kPa}$。$P_5 = P_4 + \rho g(h_4 - h_5) = -1.96 + 1 \times 9.8 \times (0.75 - 1.33) = -7.64\text{kPa}$。

73. B 【考点】流体连续性方程的适用范围

【解析】连续性方程是根据质量守恒定理与连续介质假设推导而得，适用于不可压缩流体。而 C 项，理想流体是指不可压缩、粘度为 0 的流体，连续性方程对粘度没有要求。

74. B 【考点】紊流的沿程阻力系数

【解析】紊流与层流一样，计算沿程损失的公式仍可用达西公式，但沿程阻力系数随流态的不同及所在流区的不同需要用不同公式计算。对层流区，沿程阻力系数 $\lambda = \frac{64}{Re}$；对紊流光滑区，$\lambda = \frac{0.3164}{Re^{0.25}}$。因此，随着 Re 的增大，沿程阻力系数 λ 将减小。

75. B 【考点】小孔口出流与管嘴出流

【解析】管嘴出流很多地方与孔口出流相似，故管嘴流量公式与孔口相同，即 $Q = \mu A\sqrt{2gH_0}$，但管嘴流量系数 μ 与孔口不同。圆柱形管嘴进口处先收缩，形成一收缩横断面，收缩断面后，流线扩张至出口处充满断面，无收缩，流量系数为 0.82，大于小孔口的流量系数 0.62。因此孔口出流的流量小于管嘴出流的流量。

76. C 【考点】水力半径的求法

【解析】水力半径公式为：$R = \frac{A}{\chi}$。式中，A 表示水流断面面积，χ 表示湿周。对于半圆形明渠，断面面积 $A = \pi r^2/2$，湿周 $\chi = \pi r$，则水力半径 $R = r/2 = 2\text{m}$。

77. A 【考点】潜水井的产水量计算

【解析】潜水完全井产水量公式为：

$$Q = \pi k \frac{H^2 - h^2}{\ln \frac{R}{r_0}} = 1.366 \frac{k(H^2 - h^2)}{\lg \frac{R}{r_0}}$$

式中，R 为井的影响半径；r_0 为井的半径；H 为完全井的含水层厚度；h 为井水深；k 为渗流系数。

将题干中的数据代入，$0.0276 = 1.366 \frac{k(15^2 - 10^2)}{\lg \frac{375}{0.3}}$，解得：$k = 0.0005\text{m/s}$。

78. D 【考点】沿程阻力系数

【解析】沿程阻力系数 $\lambda = 64/Re$，Re 为雷诺数。雷诺数 $Re = vd/\upsilon$，式中 v、d、υ 分别为流体的流速、管径与流体的运动黏性系数。v 单位为 m/s，量纲为 L/T；管径 d 单位为 m，量纲为 L，运动粘滞系数 υ 单位为 m^2/s，量纲为 L^2/T。因此，Re 量纲为：$(L/T \cdot L)/(L^2/T) = 1$，即为无量纲，则沿程阻力系数 λ 也为一个无量纲的量。

79. A 【考点】电磁感应定律

【解析】根据题干可知，将线圈等效为一个理想电阻 R 与一个理想电感 L 的串联，电感两端产生的感生电动势为 $U_L = -N\text{d}\Phi/\text{d}t$，故线圈两端电压 $U = U_R + U_L = IR - N\text{d}\Phi/\text{d}t$。

由于直流电流 I 保持恒定不变，则 $\mathrm{d}\Phi/\mathrm{d}t=0$。因此，电压 $U=IR$。

80\. D 【**考点**】电压电流关系

【**解析**】设电阻两端电压为 u_R，则根据题 80 图可以列出，$u_R=iR$，$u_L=L\mathrm{d}i/\mathrm{d}t$，$u=u_R+u_L=iR+L\mathrm{d}i/\mathrm{d}t$。

81\. A 【**考点**】基尔霍夫电流定律

【**解析**】如题 81 解图所示，设电阻 R 上的电流为 I_R，根据图示的正方向。则 $I_R=U_S/R=-6/10=-0.6\text{A}$。又根据基尔霍夫电流定律可知，$I_S+0.2\text{A}=I_R$，即：$I_S=-0.6-0.2=-0.8\text{A}$。

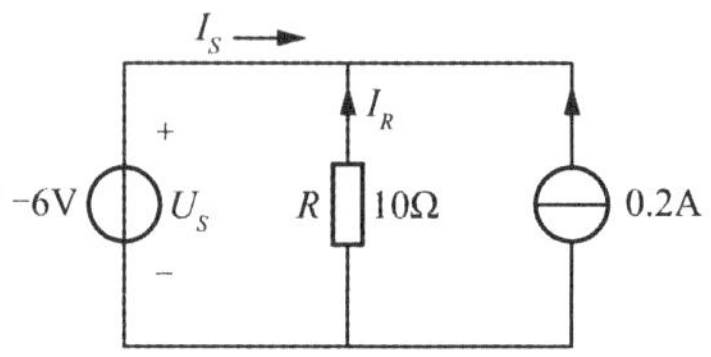

题 81 解图

82\. A 【**考点**】电压与电流的相量形式

【**解析**】采用将正弦表达式化为相量的方法。根据题 82 图可知，电流的初相角为 90°，且电流的最大值为 3A，则电流的有效值为：$\frac{3}{\sqrt{2}}=2.12\text{A}$。因此，电流的相量形式为：$\dot{I}=2.12\angle 90°\text{A}=\mathrm{j}2.12\text{A}$。电压的初相角为 −90°，且电压的峰值为 10V，则电压的有效值为：$\frac{10}{\sqrt{2}}=7.07\text{V}$。因此，电压的相量形式为：$\dot{U}=7.07\angle -90°\text{V}=-\mathrm{j}7.07\text{V}$。

83\. B 【**考点**】有功功率

【**解析**】有功功率的计算公式为：$P=UI\cos\varphi$。式中，U 为电压有效值；I 为电流有效值；$\cos\varphi$ 为功率因数。代入数据，$8\times10^3\text{W}=220\times I\times0.6$，则 $I=\frac{8\times10^3}{220\times0.6}=60.6\text{A}$。

84\. A 【**考点**】换路定理

【**解析**】由题干可知，电感及电容元件上没有初始储能，则 $i_L(0_-)=0$，$u_C(0_-)=0$。根据换路前后，电感中的电流和电容上的电压都应保持原值而不能突变，即 $i_L(0_-)=i_L(0_+)=0$，$u_C(0_-)=u_C(0_+)=0$。则在换路瞬间，电感相当于开路，电容相当于短路。因此，在开关闭合瞬间，电感上的电压 $u_L=10\text{V}$。

85\. C 【**考点**】理想变压器

【**解析**】根据题干可知，信号源的内阻为 R_1，若信号源的内阻 R_1 与信号源右侧电路的等效电阻相等，即副边等效电路的等效电阻与 $2R_1$ 并联后的阻值等于 R_1，因此副边等效电路的阻值为 $2R_1$。当开关 S 断开时，相当于 R_1 与 $2R_1$ 串联，等效电路如题 85 解图所示。此时右侧电压有效值 $U_1=90\times2/3=60\text{V}$。则 $u_1=60\sqrt{2}\sin\omega tV$。

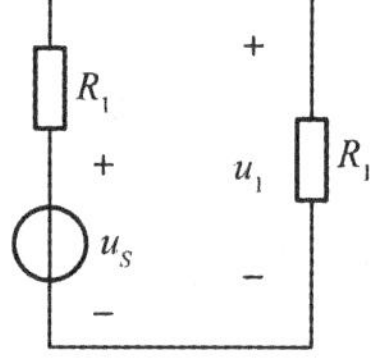

题 85 解图

86\. C 【**考点**】三相异步电动机的启动

【**解析**】降压起动，当负载阻抗一定时，负载电流有效值与外加电压有效值成正比，因此降压启动是降低起动电流的有效方案，具体分为：①Y－△降压起动，三相异步电动机正常运行时采用三角形连接方式，三个定子绕组在起动时改为星接方式连接。Y－△降压起动方法广泛应用于额定状态下定子绕组为△接法的鼠笼式异步电动机的起动，不适合于额定电压下定子绕组以星形连接的电动机。②自耦降压起动，是借助专用的变压器——自耦调压器实现对电动机的降压起动。由于三相异步电动机的电磁转矩 T 与电源线电压 U_1^2 成正比，所以三相异步电动机的起动转矩会随着起动电压的减小而降低，因此，降压起动只适合用于轻载甚至空载起动的场合。③转子绕组串电阻起动，这种起动方式是绕线式三相异步电动机的起动方式。绕线式异步电动机应用于重载起动场合，通过采用增加转子绕组电阻以增大电动机的起动转矩。

87. A 【考点】信号分类

【解析】时间和数值都连续取值的信号称为连续信号。连续信号可以用连续的时间函数曲线描述。连续信号与通常所说的模拟信号不完全相同，连续信号的时间一定是连续的，但是幅值不一定是连续的(存在有限个间断点)。

模拟信号是幅值随时间连续变化的连续时间信号。

按等时间间隔读取连续信号某一时刻的数值叫做采样(或抽样)，采样所得到的信号称为采样(抽样)信号。显然，采样信号是一种离散信号，它是连续信号的离散化形式。或者说，通过采样，连续信号被转换为离散信号。

在实际应用中，往往将采样得到的每一个瞬间信号在其采样周期内予以保持，生成所谓的采样保持信号。采样保持信号是将离散的采样信号通过采样保持转换成连续信号。因此，答案选择 A 项。

88. C 【考点】模拟信号

【解析】根据信号的幅值频谱图还原 u_1 和 u_2。$u_1=1.5\cos(\omega t)+0.9\cos(2\omega t)+0.4\cos(3\omega t)+0.1\cos(4\omega t)$，$u_2=1+1.5\cos(\omega t)+0.9\cos(2\omega t)+0.4\cos(3\omega t)+0.1\cos(4\omega t)$。即，$u_1(t)$ 和 $u_2(t)$ 都是周期性时间函数。

89. D 【考点】放大器的作用

【解析】放大器是能把输入信号的电压或功率放大的装置，由电子管或晶体管组成，用在通信、广播、雷达、自动控制等各种装置中。在信号处理系统中，放大器的作用是放大信号的幅值以便于后续处理。

90. A 【考点】逻辑代数的化简

【解析】$ABC+A\overline{B}+AB\overline{C}=AB(C+\overline{C})+A\overline{B}=AB+A\overline{B}=A(B+\overline{B})=A$。

91. A 【考点】逻辑表达式和时序图的关系

【解析】由于数字信号 $F=\overline{A+B}$，则当 A、B 全为 0 时，F 为 1；当 A 或 B 为 1 时，F 为 0。因此，选择答案 A 项。

92. B 【考点】逻辑变量与逻辑函数

【解析】根据题 92 表可知，当 A 为 0 时，仅考虑 B、C 时，当 B、C 中有且只有一个为 1 时表达式的值为 1。即：$Y=\overline{B}C+B\overline{C}$。由于当 A 为 1 时，F 恒为 0。即：$F=\overline{A}Y=\overline{A}(\overline{B}C+B\overline{C})=\overline{A}\,\overline{B}C+\overline{A}B\overline{C}$。

93. A 【考点】二极管应用电路

【解析】对于此类二极管导通状态的判断，可以采用假设法。若 D_1 导通，则 $u_A=u_F=1V$，此时 $u_B>u_F$，D_2 也导通，使 $u_F=u_B=5V$。此时 $u_A<u_F$，使 D_1 反向截止。故题 93

图中，D_1处于反偏状态，D_2处于导通状态。此时 $u_B = u_F = 5V$。计算通过电阻 R 两端电流：$i_R = \frac{u_F}{R} = \frac{5V}{1k\Omega} = 5mA$。

94. A 【考点】运算放大器

【解析】题 94 图(a)中，设输入信号的电压分别是 U_1和 U_2，其对应的电阻分别为 R_1和 R_2，连接输出信号的电阻为 R_3，则此时运算放大电路的表达式为：$\frac{U_1}{R_1} + \frac{U_2}{R_2} = -\frac{U_o}{R_3}$。图(b)中，设在运算放大器的正极性端的电压为 U_x，则有$\frac{U_1 - U_x}{R_1} = \frac{U_x - U_2}{R_2}$，整理可得：$\frac{U_1}{R_1} + \frac{U_2}{R_2} = \frac{U_x}{R_1} + \frac{U_x}{R_2}$。图(c)中，根据运算放大器的"虚短"、"虚断"可知：$\frac{U_O - U_2}{R_3} = \frac{U_2 - U_1}{R_1}$，整理可得：$\frac{U_2}{R_1} + \frac{U_2}{R_3} - \frac{U_1}{R_1} = \frac{U_O}{R_3}$。由此可知，图(a)、(b)都是加法运算放大电路，图(c)为减法运算放大电路。

95. B 【考点】触发器

【解析】电路开始工作，复位信号$\overline{RD}$进行了复位，则 D 触发器和 JK 触发器的初始输出都为零，即 $Q = 0$，$\overline{Q} = 1$。根据图可知，D 触发器是上升沿触发，JK 触发器是下降沿触发。因此，第一个上升沿时只有 D 触发器被触发，则 D 触发器的输出 Q_D变为 1，而 JK 触发器的输出 Q_{JK}保持不变还是 0。因此，t_1时刻，$Q_{JK} = 0$，$Q_D = 1$。

96. C 【考点】时序逻辑电路波形分析

【解析】根据题 96 图(b)可知，时序电路的输出状态为：000—001—010—100—000—100……。因此，时序电路为四进制计数器。

97. A 【考点】计算机系统的组成

【解析】CPU，又称为中央处理器，主要由运算器、控制器组成。运算器按控制器发出的命令来完成各种操作。控制器规定计算机执行指令的顺序，并根据指令的信息控制计算机各部分协同工作。

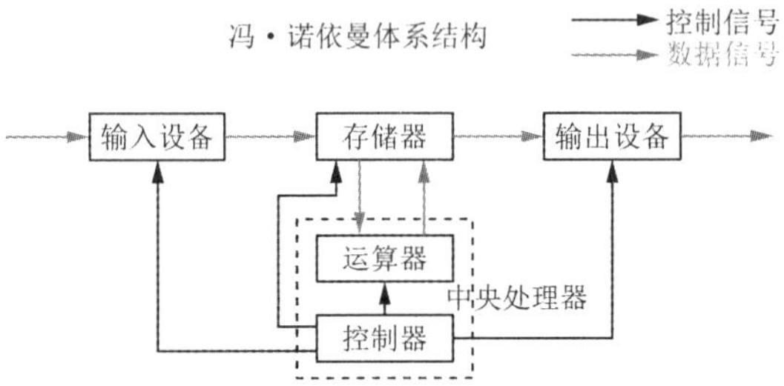

题 97 解图

98. A 【考点】计算机总线

【解析】总线是一种内部结构，它是 CPU、内存、输入、输出设备传递信息的公用通道，主机的各个部件通过总线连接，外部设备通过相应的接口电路与总线连接，从而形成计算机硬件系统。

99. C 【考点】计算机的操作系统

【解析】按照操作系统提供的服务，大致可以把操作系统分为以下几类：简单操作系统、分时操作系统、实时操作系统、网络操作系统、分布式操作系统和智能操作系统。简单操作系统主要功能是操作命令的执行，文件服务，支持高级程序设计语言编译程序和控制外部设备等。分时系统支持位于不同终端的多个用户同时使用一台计算机，彼此独立互不干扰，用户感到好像一台计算机为他所用。实时操作系统主要特点是资源的分配和调度，首先要考虑实时性，然后才是效率，此外，还应有较强的容错能力。网络操作系统是与网络的硬件相结合来完成网络的通信任务。分布操作系统能使系统中若干计算机相互协作完成一个共同的任务，这使得各台计算机组成一个完整的，功能强大的计算机系统。智能操作系统大多数应用在手机上。

100. C 【考点】计算机语言

【解析】C 项，机器语言是用二进制代码表示的能直接识别和执行的一种机器指令的集合。A 项，自然语言通常是指一种自然地随文化演化的语言。例如，英语、汉语、日语等。B 项，汇编语言是用一些简洁的英文字母、符号串来替代一个特定指令的二进制串，比如，用“ADD”代表加法，“MOV”代表数据传递等等。D 项，高级语言是面向用户的语言。无论何种机型的计算机，只要配备上相应的高级语言的编译或解释程序，则用该高级语言编写的程序就可以使用。

101. B 【考点】汉字编码

【解析】为了避免 ASCII 码和国标码同时使用时产生二义性问题，大部分汉字系统都采用将国标码每个字节最高位加 1 作为汉字机内码。这样既解决了汉字机内码与西文机内码之间的二义性，又使汉字机内码与国标码具有极简单的对应关系。

102. C 【考点】数据的存储单位

【解析】1TB = 1024GB，1GB = 1024MB，1MB = 1024KB，1KB = 1024B。

103. D 【考点】防范病毒的方法

【解析】锁住计算机无法使计算机与网络病毒隔离，无法起到有效的作用。

104. A 【考点】操作系统

【解析】操作系统的特征包括：①并发性，指很多个程序或者作业在同一时间段内运行，宏观上看程序或者作业在同一操作系统的控制下并行向前推进；②共享性，在操作系统的控制下，操作系统和多个运行的用户程序一起共享计算机的资源；③随机性，指操作系统控制下的多道作业执行顺序和每个作业的执行时间是不确定性的。

105. A 【考点】信息化社会的要素

【解析】计算机技术、通信技术和网络技术是构成信息化社会的主要技术支柱。

106. C 【考点】网络安全

【解析】C 项，身份认证与鉴别是指证实客户的真实身份与其所声称的身份是否相符的过程，它是网络安全的核心，其目的是防止未授权用户访问网络资源。A 项，数据加密技术是网络中最基本的安全技术，主要是通过对网络中传输的信息进行数据加密起来保障其安全性，这是一种主动安全防御策略。B 项，防火墙技术是设置在被保护网络和外部网络之间的一道屏障，实现网络的安全保护，以防止发生不可预测的、潜在破坏性的侵入。D 项，访问控制与目录管理技术是按用户身份及其所归属的某项定义组来限制用户对某些信息项的访问，或限制对某些控制功能的使用的一种技术。

107. D 【考点】实际利率与名义利率

【解析】实际利率是利息额与本金之比，名义利率是周期利率与每年计息周期数的乘积。设名义利率为 r，一年中的计息周期数为 m，则一个计息周期的利率为 r/m，根据复利计息公式，由名义利率求年实际利率的公式为：$i=(1+r/m)^m-1$。代入数据得，$i=(1+r/2)^2-1=8.6\%$，解得：$r=8.42\%$。

108. A 【考点】财务效益与费用

【解析】市场运作的经营性项目，其财务效益主要是指所获取的营业收入。对于国家鼓励的经营性项目可以得到增值税的优惠。按照会计及税收制度，先征后返的增值税应记作补贴收入，作为财务效益进行核算。

109. B 【考点】权益资金和债务资金的筹措

【解析】项目资本金(即项目权益资金)的来源和筹措方式根据融资主体的特点有不同筹措方式：①既有法人融资项目新增资本金，可通过原有股东增资扩股、吸收新股东投资、发行股票、政府投资等方式筹措；②新设法人融资项目的资本金，可通过股东直接投资、发行股票、政府投资方式筹措。

110. C 【考点】偿债能力分析

【解析】偿债备付率是指在借款偿还期内，用于计算还本付息的资金与应还本付息金额之比。其计算公式为：

$$偿债备付率=用于计算还本付息的资金/应还本付息金额$$

用于计算还本付息的资金=息税前利润+折旧和摊销-所得税，将题干数据代后得：偿债备付率=$(200+30-20)/100=2.1$。

111. A 【考点】现金流量

【解析】现金流入和现金流出统称为现金流量。一般把股利分配、资产处置收益分配、租赁费收入、技术转让收入等作为现金流入，将股权投资、租赁资产支出等作为现金流出。

112. D 【考点】盈亏平衡分析

【解析】通过分析产品产量、成本和盈利之间的关系，找出项目方案在产量、单价、成本等方面的临界点，进而判断不确定性因素对方案经济效果的影响程度，这个临界点称为盈亏平衡点(BEP)。其采用以下计算公式：

$BEP_{生产能力利用率}=年固定总成本/(年营业收入-年可变成本-年营业税金及附加)\times100\%$

将题干中的数据代入后得：$BEP_{生产能力利用率}=1000/(6\times1000-6\times800)\times100\%=83.3\%$。盈亏平衡点越低，项目盈利可能性越大，抗风险能力越强。

113. A 【考点】净现值

【解析】净现值(NPV)是指按行业的基准收益率或设定的折现率，将项目计算期内各年的净现金流量折现到建设期初的现值之和。

净现值的计算公式为：$NPV=\sum_{t=0}^{n}(CI-CO)_t(1+i_c)^{-t}$。式中，NPV 为净现值；$CI$ 为现金流入量；CO 为现金流出量；$(CI-CO)_t$为第 t 年的净现金流量；n 为项目计算期；i_c为基准收益率(折现率)。

计算差额净现值时，先计算甲、乙两项目第 t 年的投资差额和收益差额，再用基准收益率 i_c换算到基准年，即：差额 NPV=$(250-140)(P/A,10\%,10)+[-1000-(-$

500)] = 175.906(万元)。

114. A 【考点】提高价值的途径

【解析】提高价值的途径有5种主要途径：①成本不变，提高功能；②功能不变，降低成本；③成本略有增加，功能较大幅度提高；④功能略有下降，成本大幅度降低；⑤成本降低，功能提高，则价值更高。甲工艺与乙工艺达到同样的施工质量，但成本降低，因此该项目提高价值的途径是功能不变、成本降低。

115. D 【考点】建筑工程施工许可

【解析】《中华人民共和国建筑法》第八条规定，申请领取施工许可证，应当具备下列条件：①已经办理该建筑工程用地批准手续；②在城市规划区的建筑工程，已经取得规划许可证；③需要拆迁的，其拆迁进度符合施工要求；④已经确定建筑施工企业；⑤有满足施工需要的施工图纸及技术资料；⑥有保证工程质量和安全的具体措施。根据法规第②④项，AB两项均符合法定条件。

《建设工程施工许可管理办法》第八条规定，建设资金已经落实。建设工期不足一年的，到位资金原则上不得少于工程合同价的50%，建设工期超过一年的，到位资金原则上不得少于工程合同价的30%。因此，C项符合条件。综上，只有D项不符合条件。

116. C 【考点】生产经营单位的安全生产保障

【解析】根据《中华人民共和国安全生产法》第二十一条规定，生产经营单位的主要负责人对本单位安全生产工作负有下列职责：

①建立健全并落实本单位全员安全生产责任制，加强安全生产标准化建设；

②组织制定并实施本单位安全生产规章制度和操作规程；

③组织制定并实施本单位安全生产教育和培训计划；

④保证本单位安全生产投入的有效实施；

⑤组织建立并落实安全风险分级管控和隐患排查治理双重预防工作机制，督促、检查本单位的安全生产工作，及时消除生产安全事故隐患；

⑥组织制定并实施本单位的生产安全事故应急救援预案；

⑦及时、如实报告生产安全事故。

117. D 【考点】投标法总则

【解析】《中华人民共和国招标投标法》第三条规定，在中华人民共和国境内进行下列工程建设项目包括项目的勘察、设计、施工、监理以及与工程建设有关的重要设备、材料等的采购，必须进行招标：

①大型基础设施、公用事业等关系社会公共利益、公众安全的项目；

②全部或者部分使用国有资金投资或者国家融资的项目；

③使用国际组织或者外国政府贷款、援助资金的项目。

前款所列项目的具体范围和规模标准，由国务院发展计划部门会同国务院有关部门制订，报国务院批准。法律或者国务院对必须进行招标的其他项目的范围有规定的，依照其规定。

118. C 【考点】合同的签立

【解析】《中华人民共和国合同法》第十四条规定，要约是希望和他人订立合同的意思表示，该意思表示应当符合下列规定：①内容具体确定；②表明经受要约人承诺，要约人即受该意思表示约束。(《合同法》自2021年1月1日起已废止，此条文已合并到《民法典》第四百七十二条)

119. D 【考点】行政许可的实施程序

【解析】《中华人民共和国行政许可法》第三十二条规定，行政机关对申请人提出的行政许可申请，应当根据下列情况分别作出处理：

①申请事项依法不需要取得行政许可的，应当即时告知申请人不受理；

②申请事项依法不属于本行政机关职权范围的，应当即时作出不予受理的决定，并告知申请人向有关行政机关申请；

③申请材料存在可以当场更正的错误的，应当允许申请人当场更正；

④申请材料不齐全或者不符合法定形式的，应当当场或者在五日内一次告知申请人需要补正的全部内容，逾期不告知的，自收到申请材料之日起即为受理；

⑤申请事项属于本行政机关职权范围，申请材料齐全、符合法定形式，或者申请人按照本行政机关的要求提交全部补正申请材料的，应当受理行政许可申请。

120. D 【考点】建设单位的质量责任和义务

【解析】D项，《建设工程质量管理条例》第九条规定，建设单位必须向有关的勘察、设计、施工、工程监理等单位提供与建设工程有关的原始资料。原始资料必须真实、准确、齐全。AC两项，第十条规定，建设工程发包单位，不得迫使承包方以低于成本的价格竞标，不得任意压缩合理工期。建设单位不得明示或者暗示设计单位或者施工单位违反工程建设强制性标准，降低建设工程质量。B项，第十三条规定，建设单位在开工前，应当按照国家有关规定办理工程质量监督手续，工程质量监督手续可以与施工许可证或者开工报告合并办理。

2018 年全国勘察设计注册工程师执业资格考试
《公共基础考试》真题

单项选择题（共 120 题，每题 1 分。每题的备选项中只有一个最符合题意）

1. 下列等式中不成立的是（　　）。

A. $\lim\limits_{x\to 0}\dfrac{\sin x^2}{x^2}=1$　　B. $\lim\limits_{x\to\infty}\dfrac{\sin x}{x}=1$　　C. $\lim\limits_{x\to 0}\dfrac{\sin x}{x}=1$　　D. $\lim\limits_{x\to\infty}x\sin\dfrac{1}{x}=1$

2. 设 $f(x)$ 为偶函数，$g(x)$ 为奇函数，则下列函数中为奇函数的是（　　）。

A. $f[g(x)]$　　B. $f[f(x)]$　　C. $g[f(x)]$　　D. $g[g(x)]$

3. 若 $f'(x_0)$ 存在，则 $\lim\limits_{x\to x_0}\dfrac{xf(x_0)-x_0f(x)}{x-x_0}=$（　　）。

A. $f'(x_0)$　　B. $-x_0f'(x_0)$

C. $f(x_0)-x_0f'(x_0)$　　D. $x_0f'(x_0)$

4. 已知 $\varphi(x)$ 可导，则 $\dfrac{\mathrm{d}}{\mathrm{d}x}\displaystyle\int_{\varphi(x^2)}^{\varphi(x)}e^{t^2}\mathrm{d}t$ 等于（　　）。

A. $\varphi'(x)e^{[\varphi(x)]^2}-2x\varphi'(x^2)e^{[\varphi(x^2)]^2}$　　B. $e^{[\varphi(x)]^2}-e^{[\varphi(x^2)]^2}$

C. $\varphi'(x)e^{[\varphi(x)]^2}-\varphi'(x^2)e^{[\varphi(x^2)]^2}$　　D. $\varphi'(x)e^{\varphi(x)}-2x\varphi'(x^2)e^{\varphi(x^2)}$

5. 若 $\int f(x)\mathrm{d}x=F(x)+C$，则 $\int xf(1-x^2)\mathrm{d}x=$（　　）。

A. $F(1-x^2)+C$　　B. $-\dfrac{1}{2}F(1-x^2)+C$

C. $\dfrac{1}{2}F(1-x^2)+C$　　D. $-\dfrac{1}{2}F(x)+C$

6. 若 $x=1$ 是函数 $y=2x^2+ax+1$ 的驻点，则常数 a 等于（　　）。

A. 2　　B. -2　　C. 4　　D. -4

7. 设向量 α 与向量 β 的夹角 $\theta=\dfrac{\pi}{3}$，模 $|\alpha|=1$，$|\beta|=2$，则模 $|\alpha+\beta|$ 等于（　　）。

A. $\sqrt{8}$　　B. $\sqrt{7}$　　C. $\sqrt{6}$　　D. $\sqrt{5}$

8. 微分方程 $y''=\sin x$ 的通解 y 等于（　　）。

A. $-\sin x+C_1+C_2$　　B. $-\sin x+C_1x+C_2$

C. $-\cos x+C_1x+C_2$　　D. $\sin x+C_1x+C_2$

9. 设函数 $f(x)$，$g(x)$ 在 $[a,b]$ 上均可导（$a<b$），且恒正，若 $f'(x)g(x)+f(x)g'(x)>0$，则当 $x\in(a,b)$ 时，下列不等式中成立的是（　　）。

A. $\dfrac{f(x)}{g(x)}>\dfrac{f(a)}{g(b)}$　　B. $\dfrac{f(x)}{g(x)}>\dfrac{f(b)}{g(b)}$

C. $f(x)g(x)>f(a)g(a)$　　D. $f(x)g(x)>f(b)g(b)$

10. 由曲线 $y=\ln x$，y 轴与直线 $y=\ln a$，$y=\ln b$（$b>a>0$）所围成的平面图形的面积等于（　　）。

A. $\ln b-\ln a$　　B. $b-a$　　C. e^b-e^a　　D. e^b+e^a

11. 下列平面中，平行于且与 yOz 坐标面非重合的平面方程是(　　)。

A. $y+z+1=0$　　B. $z+1=0$　　C. $y+1=0$　　D. $x+1=0$

12. 函数 $f(x, y)$ 在点 $P_0(x_0, y_0)$ 处的一阶偏导数存在是该函数在此点可微分的(　　)。

A. 必要条件　　B. 充分条件

C. 充分必要条件　　D. 既非充分条件也非必要条件

13. 下列级数中，发散的是(　　)。

A. $\sum_{n=1}^{\infty}\frac{1}{n(n+1)}$　　B. $\sum_{n=1}^{\infty}\frac{1}{n^{3/2}}$

C. $\sum_{n=1}^{\infty}\left(\frac{n}{2n+1}\right)^2$　　D. $\sum_{n=1}^{\infty}(-1)^n\frac{1}{\sqrt{n}}$

14. 在下列微分方程中，以函数 $y=C_1e^{-x}+C_2e^{4x}$ (C_1，C_2 为任意常数)为通解的微分方程是(　　)。

A. $y''+3y'-4y=0$　　B. $y''-3y'-4y=0$

C. $y''+3y'+4y=0$　　D. $y''+y'-4y=0$

15. 设 L 是从点 $A(0, 1)$ 到点 $B(1, 0)$ 的直线段，则对弧长的曲线积分 $\int_L\cos(x+y)\mathrm{d}s$ 等于(　　)。

A. $\cos 1$　　B. $2\cos 1$　　C. $\sqrt{2}\cos 1$　　D. $\sqrt{2}\sin 1$

16. 若正方形区域 D：$|x|\leqslant 1$，$|y|\leqslant 1$，则二重积分 $\iint_D(x^2+y^2)\mathrm{d}x\mathrm{d}y$ 等于(　　)。

A. 4　　B. $\frac{8}{3}$　　C. 2　　D. $\frac{2}{3}$

17. 函数 $f(x)=a^x$ ($a>0$，$a\neq 1$)的麦克劳林展开式中的前三项是(　　)。

A. $1+x\ln a+\frac{x^2}{2}$　　B. $1+x\ln a+\frac{\ln a}{2}x^2$

C. $1+x\ln a+\frac{(\ln a)^2}{2}x^2$　　D. $1+\frac{x}{\ln a}+\frac{x^2}{2\ln a}$

18. 设函数 $z=f(x^2y)$，其中 $f(u)$ 具有二阶导数，则 $\frac{\partial^2 z}{\partial x\partial y}$ 等于(　　)。

A. $f''(x^2y)$　　B. $f'(x^2y)+x^2f''(x^2y)$

C. $2x[f'(x^2y)+yf''(x^2y)]$　　D. $2x[f'(x^2y)+x^2yf''(x^2y)]$

19. 设 A、B 均为三阶方阵，且行列式 $|A|=1$，$|B|=-2$，A^T 为 A 的转置矩阵，则行列式 $|-2A^TB^{-1}|=$(　　)。

A. -1　　B. 1　　C. -4　　D. 4

20. 要使齐次线性方程组 $\begin{cases}ax_1+x_2+x_3=0\\x_1+ax_2+x_3=0\\x_1+x_2+ax_3=0\end{cases}$ 有非零解，则 a 应满足(　　)。

A. $-2<a<1$　　B. $a=1$ 或 $a=-2$

C. $a\neq -1$ 且 $a\neq -2$　　D. $a>1$

21. 矩阵 $A=\begin{pmatrix}1 & -1 & 0\\ -1 & 3 & 0\\ 0 & 0 & 0\end{pmatrix}$ 所对应的二次型的标准形是(　　)。

A. $f=y_1^2-3y_2^2$　　B. $f=y_1^2-2y_2^2$　　C. $f=y_1^2+2y_2^2$　　D. $f=y_1^2-y_2^2$

22. 已知事件 A 与 B 相互独立，$P(\overline{A})=0.4$，$P(\overline{B})=0.5$，则 $P(A\cup B)$ 等于(　　)。

A. 0.6　　B. 0.7　　C. 0.8　　D. 0.9

23. 设随机变量 X 的分布函数为 $F(x)=\begin{cases}0, & x\leqslant 0\\ x^3, & 0<x\leqslant 1\\ 1, & x>1\end{cases}$，则数学期望 $E(X)$ 等于(　　)。

A. $\int_0^1 3x^2\,dx$　　B. $\int_0^1 3x^3\,dx$

C. $\int_0^1 \frac{x^4}{4}\,dx+\int_1^{+\infty} x\,dx$　　D. $\int_0^{+\infty} 3x^3\,dx$

24. 若二维随机变量(X, Y)的分布规律为：

Y \ X	1	2	3
1	$\frac{1}{6}$	$\frac{1}{9}$	$\frac{1}{18}$
2	$\frac{1}{3}$	α	β

且 X 与 Y 相互独立，则 α、β 取值为(　　)。

A. $\alpha=1/6$，$\beta=1/6$　　B. $\alpha=0$，$\beta=1/3$

C. $\alpha=2/9$，$\beta=1/9$　　D. $\alpha=1/9$，$\beta=2/9$

25. 1mol 理想气体(刚性双原子分子)，当温度为 T 时，每个分子的平均平动动能为(　　)。

A. $\frac{3}{2}RT$　　B. $\frac{5}{2}RT$　　C. $\frac{3}{2}kT$　　D. $\frac{5}{2}kT$

26. 一密闭容器中盛有 1mol 氦气(视为理想气体)，容器中分子无规则运动的平均自由程仅决定于(　　)。

A. 压强 P　　B. 体积 V　　C. 温度 T　　D. 平均碰撞频率 $\overline{Z}$

27. “理想气体和单一恒温热源接触做等温膨胀时，吸收的热量全部用来对外界做功。”对此说法，有以下几种讨论，其中正确的是(　　)。

A. 不违反热力学第一定律，但违反热力学第二定律

B. 不违反热力学第二定律，但违反热力学第一定律

C. 不违反热力学第一定律，也不违反热力学第二定律

D. 违反热力学第一定律，也违反热力学第二定律

28. 一定量的理想气体，由一平衡态(p_1, V_1, T_1)变化到另一平衡态(p_2, V_2, T_2)，若 $V_2>V_1$，但 $T_2=T_1$，无论气体经历怎样的过程(　　)。

A. 气体对外做的功一定为正值　　B. 气体对外做的功一定为负值

C. 气体的内能一定增加　　D. 气体的内能保持不变

29. 一平面简谐波的波动方程为 $y=0.01\cos 10\pi(25t-x)$（SI），则在 $t=0.1\text{s}$ 时刻，$x=2\text{m}$ 处质元的振动位移是（　　）。

A. 0.01cm　　B. 0.01m　　C. −0.01m　　D. 0.01mm

30. 一平面简谐波的波动方程为 $y=0.02\cos\pi(50t+4x)$（SI），此波的振幅和周期分别为（　　）。

A. 0.02cm，0.04s　　B. 0.02m，0.02s

C. −0.02m，0.02s　　D. 0.02m，25s

31. 当机械波在媒质中传播，一媒质质元的最大形变量发生在（　　）。

A. 媒质质元离开其平衡位置的最大位移处

B. 媒质质元离开其平衡位置的$\frac{\sqrt{2}}{2}A$处（A 为振幅）

C. 媒质质元离开其平衡位置的$\frac{A}{2}$处

D. 媒质质元在其平衡位置处

32. 双缝干涉实验中，若在两缝后（靠近屏一侧）各覆盖一块厚度均为 d，但折射率分别为 n_1 和 $n_2(n_2>n_1)$ 的透明薄片，则从两缝发出的光在原来中央明纹处相遇时，光程差为（　　）。

A. $d(n_2-n_1)$　　B. $2d(n_2-n_1)$　　C. $d(n_2-1)$　　D. $d(n_1-1)$

33. 在空气中做牛顿环实验，当平凸透镜垂直向上缓慢平移而远离平面镜时，可以观察到这些环状干涉条纹（　　）。

A. 向右平移　　B. 静止不动　　C. 向外扩张　　D. 向中心收缩

34. 真空中波长为 λ 的单色光，在折射率为 n 的均匀透明媒质中，从 A 点沿某一路径传播到 B 点，路径的长度为 l，A、B 两点光振动的相位差为 $\Delta\varphi$，则（　　）。

A. $l=\frac{3\lambda}{2}$，$\Delta\varphi=3\pi$　　B. $l=\frac{3\lambda}{2n}$，$\Delta\varphi=3n\pi$

C. $l=\frac{3\lambda}{2n}$，$\Delta\varphi=3\pi$　　D. $l=\frac{3n\lambda}{2}$，$\Delta\varphi=3n\pi$

35. 空气中用白光垂直照射一块折射率为1.50、厚度为 $0.4\times10^{-6}\text{m}$ 的薄玻璃片，在可见光范围内，光在反射中被加强的光波波长是（$1\text{nm}=1\times10^{-9}\text{m}$）（　　）。

A. 480nm　　B. 600nm　　C. 2400nm　　D. 800nm

36. 有一玻璃劈尖，置于空气中，劈尖角 $\theta=8\times10^{-5}\text{rad}$（弧度），用波长 $\lambda=589\text{nm}$ 的单色光垂直照射此劈尖，测得相邻干涉条纹间距 $l=2.4\text{mm}$，此玻璃的折射率为（　　）。

A. 2.86　　B. 1.53　　C. 15.3　　D. 28.6

37. 某元素正二价离子（M^{2+}）的外层电子构型是 $3s^23p^6$，该元素在元素周期表中的位置是（　　）。

A. 第三周期，第Ⅷ族　　B. 第三周期，第ⅥA 族

C. 第四周期，第ⅡA 族　　D. 第四周期，第Ⅷ族

38. 在 Li^+、Na^+、K^+、Rb^+ 中，极化力最大的是（　　）。

A. Li^+　　B. Na^+　　C. K^+　　D. Rb^+

39. 浓度均为 $0.1mol \cdot L^{-1}$ 的 NH_4Cl、$NaCl$、$NaOAc$、Na_3PO_4 溶液中，其 pH 值由小到大顺序正确的是(　　)。

A. NH_4Cl、$NaCl$、$NaOAc$、Na_3PO_4　　B. Na_3PO_4、$NaOAc$、$NaCl$、NH_4Cl

C. NH_4Cl、$NaCl$、Na_3PO_4、$NaOAc$　　D. $NaOAc$、Na_3PO_4、$NaCl$、NH_4Cl

40. 某温度下，在密闭容器中进行如下反应 $2A(g)+B(g) \rightleftharpoons 2C(g)$，开始时，$p(A)=p(B)=300kPa$，$p(C)=0kPa$，平衡时，$p(C)=100kPa$，在此温度反应下的标准平衡常数 $K^{\ominus}$ 是(　　)。

A. 0.1　　B. 0.4　　C. 0.001　　D. 0.002

41. 在酸性介质中，反应 $MnO_4^- + SO_3^{2-} + H^+ \longrightarrow Mn^{2+} + SO_4^{2-} + H_2O$，配平后，$H^+$ 离子前的系数为(　　)。

A. 8　　B. 6　　C. 0　　D. 5

42. 已知：酸性介质中，$E^{\ominus}(ClO_4^-/Cl^-)=1.39V$，$E^{\ominus}(ClO_3^-/Cl^-)=1.45V$，$E^{\ominus}(HClO/Cl^-)=1.49V$，$E^{\ominus}(Cl_2/Cl^-)=1.36V$，以上各电对中氧化型物质氧化能力最强的是(　　)。

A. ClO_4^-　　B. ClO_3^-　　C. HClO　　D. Cl_2

43. 下列各反应的热效应等于 $CO_2(g)$ 的 $\Delta_f H_m^{\ominus}$ 的是(　　)。

A. $C(金刚石)+O_2(g) \longrightarrow CO_2(g)$　　B. $CO(g)+\frac{1}{2}O_2(g) \longrightarrow CO_2(g)$

C. $C(石墨)+O_2(g) \longrightarrow CO_2(g)$　　D. $2C(石墨)+2O_2(g) \longrightarrow 2CO_2(g)$

44. 下列物质在一定条件下不能发生银镜反应的是(　　)。

A. 甲醛　　B. 丁醛　　C. 甲酸甲酯　　D. 乙酸乙酯

45. 下列物质一定不是天然高分子的是(　　)。

A. 蔗糖　　B. 淀粉　　C. 橡胶　　D. 纤维素

46. 某不饱和烃催化加氢反应后，得到 $(CH_3)_2CHCH_2CH_3$，该不饱和烃是(　　)。

A. 1-戊炔　　B. 3-甲基-1-丁炔

C. 2-戊炔　　D. 1,2-戊二烯

47. 设力 F 在 x 轴上的投影为 F，则该力在与 x 轴共面的任一轴上的投影(　　)。

A. 一定不等于零　　B. 不一定不等于零

C. 一定等于零　　D. 等于 F

48. 在图示边长为 a 的正方形物块 OABC 上作用一平面力系中，已知：力 $F_1=F_2=F_3=10N$，$a=1m$，力偶的转向如图所示，力偶矩的大小为 $M_1=M_2=10N \cdot m$。则力系向 O 点简化的主矢、主矩为(　　)。

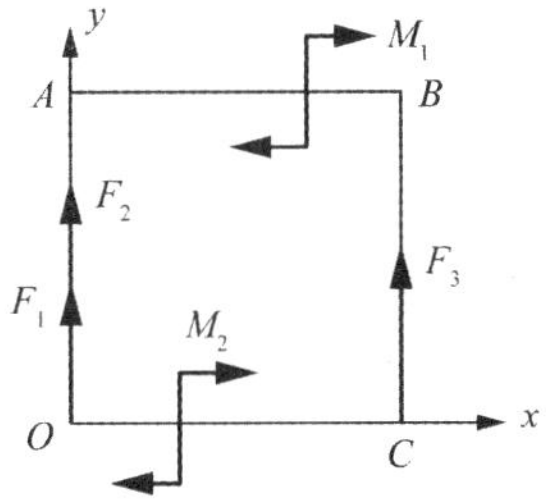

题 48 图

A. $F_R=30\text{N}$(方向铅垂向上)，$M_O=10\text{N}\cdot\text{m}$(↷)
B. $F_R=30\text{N}$(方向铅垂向上)，$M_O=10\text{N}\cdot\text{m}$(↶)
C. $F_R=50\text{N}$(方向铅垂向上)，$M_O=30\text{N}\cdot\text{m}$(↷)
D. $F_R=10\text{N}$(方向铅垂向上)，$M_O=10\text{N}\cdot\text{m}$(↶)

49. 在图示结构中，已知 $AB=AC=2r$，物重 F_p，其余质量不计，则支座 A 的约束力为(　　)。

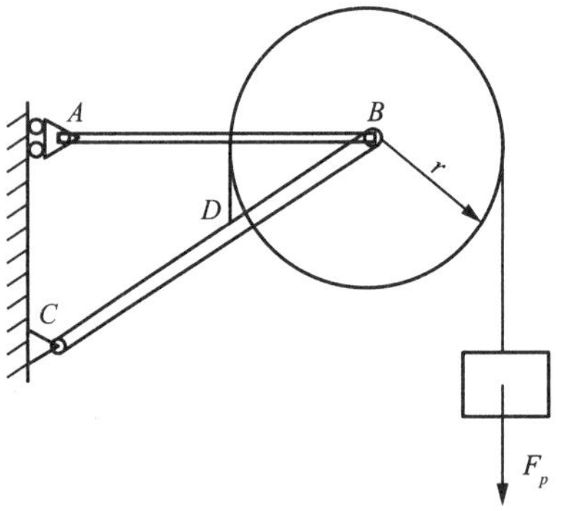

题49图

A. $F_A=0$　　B. $F_A=\frac{1}{2}F_p(\leftarrow)$　　C. $F_A=\frac{3}{2}F_p(\rightarrow)$　　D. $F_A=\frac{3}{2}F_p(\leftarrow)$

50. 图示平面结构，各杆自重不计，已知 $q=10\text{kN/m}$，$F_p=20\text{kN}$，$F=30\text{kN}$，$L_1=2\text{m}$，$L_2=5\text{m}$，B、C 处为铰链联结，则 BC 杆的内力为(　　)。

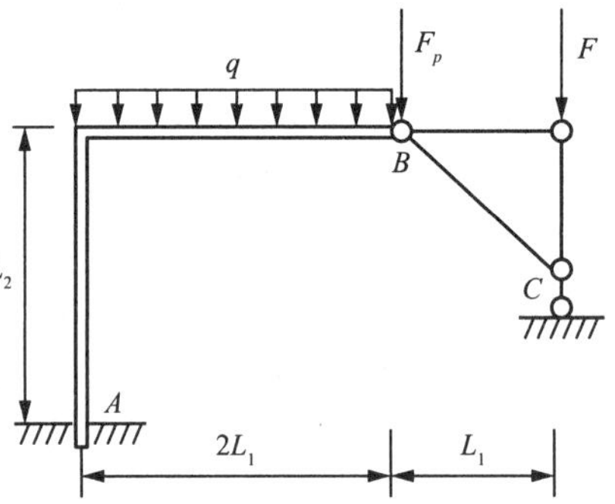

题50图

A. $F_{BC}=-30\text{kN}$　　B. $F_{BC}=30\text{kN}$　　C. $F_{BC}=10\text{kN}$　　D. $F_{BC}=0$

51. 点的运动由关系式 $S=t^4-3t^3+2t^2-8$ 决定(S 以 m 计，t 以 s 计)，则 $t=2\text{s}$ 时的速度和加速度为(　　)。

A. -4m/s，16m/s^2　　B. 4m/s，12m/s^2
C. 4m/s，16m/s^2　　D. 4m/s，-16m/s^2

52. 质点以匀速度 15m/s 绕直径为 10m 的圆周运动，则其法向加速度为(　　)。

A. 22.5m/s^2　　B. 45m/s^2　　C. 0　　D. 75m/s^2

53. 四连杆机构如图所示，已知曲柄 O_1A 长为 r，且 $O_1A=O_2B$，$O_1O_2=AB=2b$，角速度为 ω、角加速度为 α，则杆 AB 的中点 M 的速度、法向和切向加速度的大小分别为(　　)。

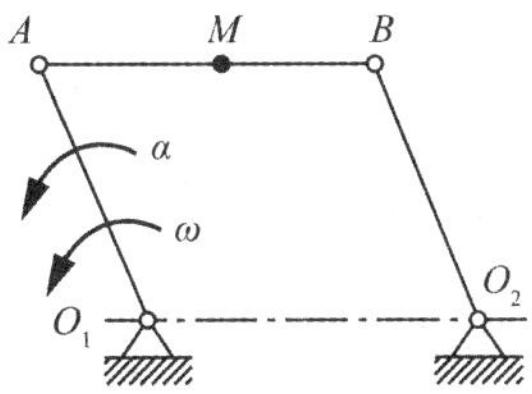

题 53 图

A. $v_M = b\omega$；$a_M^n = b\omega^2$；$a_M^t = b\alpha$　　B. $v_M = b\omega$；$a_M^n = r\omega^2$；$a_M^t = r\alpha$

C. $v_M = r\omega$；$a_M^n = r\omega^2$；$a_M^t = r\alpha$　　D. $v_M = r\omega$；$a_M^n = b\omega^2$；$a_M^t = b\alpha$

54. 质量为 m 的小物块在匀速转动的圆桌上，与转轴的距离为 r，如图所示。设物块与圆桌之间的摩擦系数为 μ，为使物块与桌面之间不产生相对滑动，则物块的最大速度为(　　)。

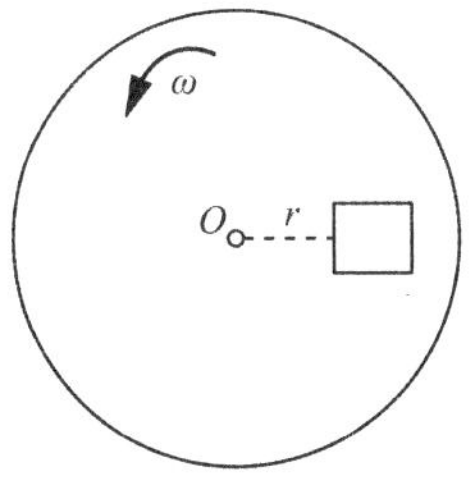

题 54 图

A. $\sqrt{\mu g}$　　B. $2\sqrt{\mu gr}$　　C. $\sqrt{\mu gr}$　　D. $\sqrt{\mu r}$

55. 重 10N 的物块沿水平面滑行 4m，如果摩擦系数是 0.3，则重力及摩擦力各做的功是(　　)。

A. 40N · m，40N · m　　B. 0，40N · m

C. 0，12N · m　　D. 40N · m，12N · m

56. 质量 m_1 与半径 r 均相同的三个均质滑轮，在绳端作用有力或挂有重物，如图所示。已知均质滑轮的质量为 $m_1 = 2\text{kN} \cdot \text{s}^2/\text{m}$，重物的质量分别为 $m_2 = 0.2\text{kN} \cdot \text{s}^2/\text{m}$，$m_3 = 0.1\text{kN} \cdot \text{s}^2/\text{m}$，重力加速度按 $g = 10\text{m/s}^2$ 计算，则各轮转动的角加速度 α 间的关系是(　　)。

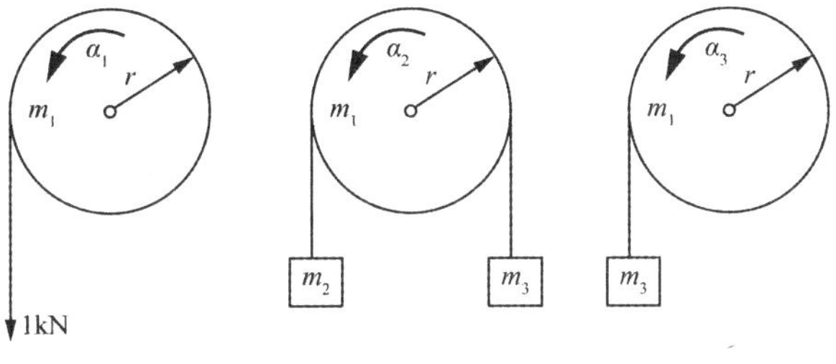

题 56 图

A. $\alpha_1 = \alpha_3 > \alpha_2$　　B. $\alpha_1 < \alpha_2 < \alpha_3$　　C. $\alpha_1 > \alpha_3 > \alpha_2$　　D. $\alpha_1 \neq \alpha_2 = \alpha_3$

57. 均质细杆 OA，质量为 m，长 l。在如图示水平位置静止释放，释放瞬时轴承 O 施加于杆 OA 的附加动反力为(　　)。

题 57 图

A. $3mg(\uparrow)$　　B. $3mg(\downarrow)$　　C. $\frac{3}{4}mg(\uparrow)$　　D. $\frac{3}{4}mg(\downarrow)$

58. 图示两系统均做自由振动，其固有圆频率分别为(　　)。

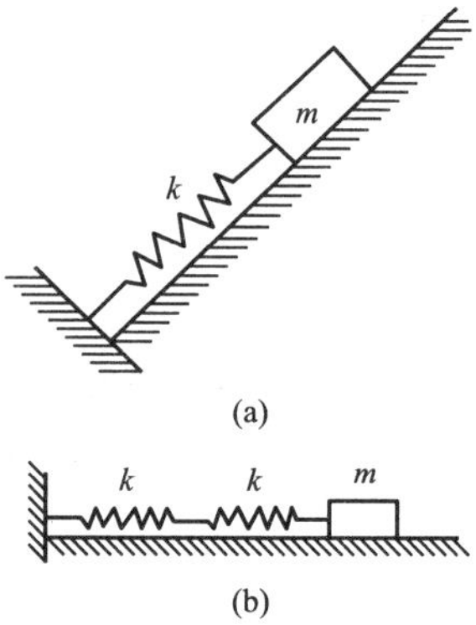

题 58 图

A. $\sqrt{\frac{2k}{m}}$，$\sqrt{\frac{k}{2m}}$　　B. $\sqrt{\frac{k}{m}}$，$\sqrt{\frac{m}{2k}}$　　C. $\sqrt{\frac{k}{2m}}$，$\sqrt{\frac{k}{m}}$　　D. $\sqrt{\frac{k}{m}}$，$\sqrt{\frac{k}{2m}}$

59. 等截面杆，轴向受力如图所示，则杆的最大轴力是(　　)。

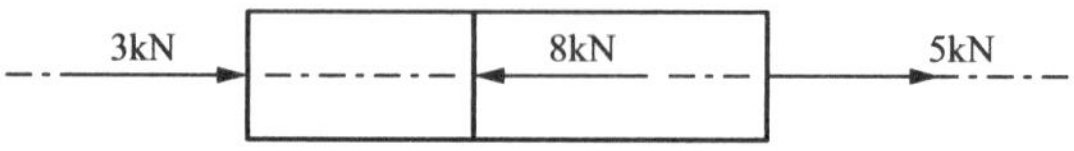

题 59 图

A. 8kN　　B. 5kN　　C. 3kN　　D. 13kN

60. 变截面杆 AC 受力如图所示。已知材料弹性模量为 E，杆 BC 段的截面积为 A，杆 AB 段的截面积为 $2A$，则杆 C 截面的轴向位移是(　　)。

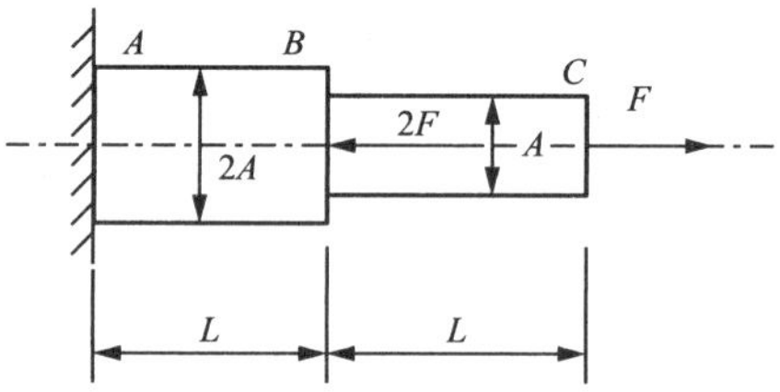

题 60 图

A. $\frac{FL}{2EA}$　　B. $\frac{FL}{EA}$

C. $\frac{2FL}{EA}$　　D. $\frac{3FL}{EA}$

61. 直径 $d=0.5$m 的圆截面立柱，固定在直径 $D=1$m 的圆形混凝土基座上，圆柱的轴向压力 $F=1000$kN，混凝土的许用应力$[\tau]=1.5$MPa。假设地基对混凝土板的支反力均匀分布，为使混凝土基座不被立柱压穿，混凝土基座所需的最小厚度 t 应是(　　)。

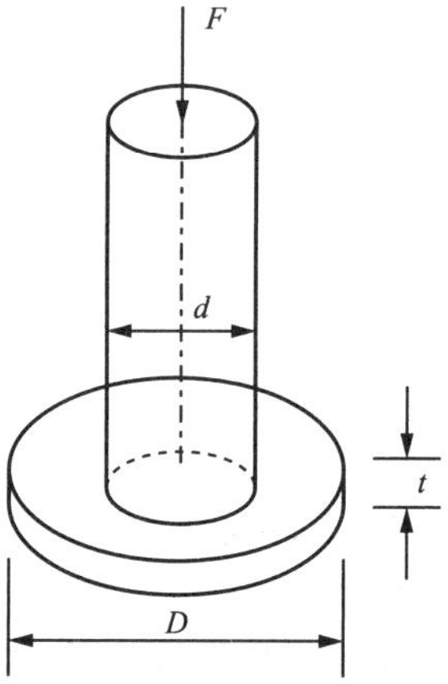

题 61 图

A. 159mm　　B. 212mm

C. 318mm　　D. 424mm

62. 实心圆轴受扭，若将轴的直径减小一半，则扭转角是原来的(　　)。

A. 2倍　　B. 4倍　　C. 8倍　　D. 16倍

63. 图示截面对 z 轴的惯性矩 I_z 为(　　)。

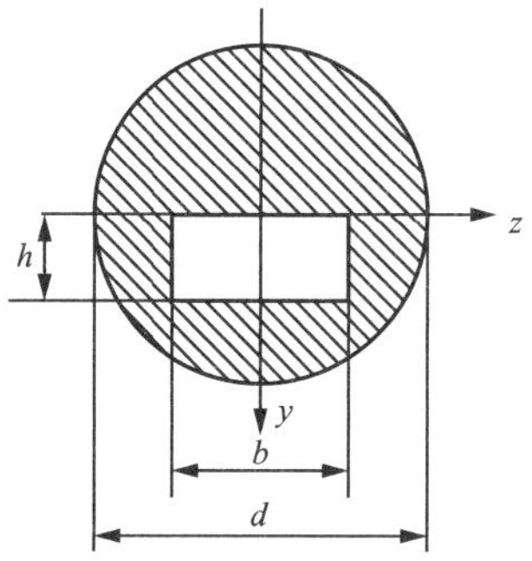

题63图

A. $I_z=\frac{\pi d^4}{64}-\frac{bh^3}{3}$　　B. $I_z=\frac{\pi d^4}{64}-\frac{bh^3}{12}$　　C. $I_z=\frac{\pi d^4}{32}-\frac{bh^3}{6}$　　D. $I_z=\frac{\pi d^4}{64}-\frac{13bh^3}{12}$

64. 图(a)所示圆轴的抗扭截面系数为 W_T，切变模量为 G。扭转变形后，圆轴表面 A 点处截取的单元体互相垂直的相邻边线改变了 γ 角，如图(b)所示。圆轴承受的扭矩 T 是(　　)。

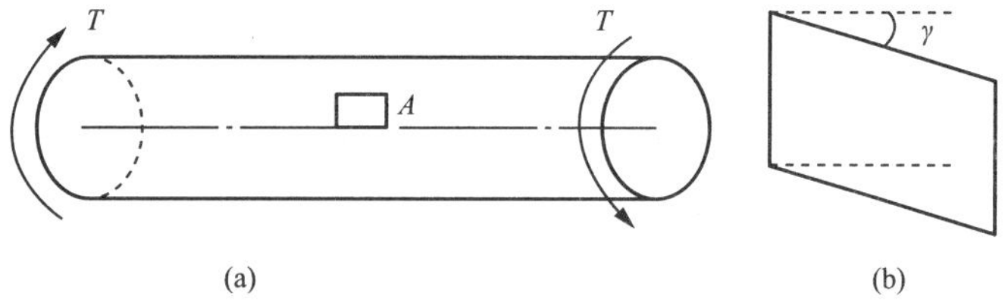

题64图

A. $T=G\gamma W_T$　　B. $T=\frac{G\gamma}{W_T}$　　C. $T=\frac{\gamma}{G}W_T$　　D. $T=\frac{W_T}{G\gamma}$

65. 材料相同的两根矩形截面梁叠合在一起，接触面之间可以相对滑动且无摩擦力。设两根梁的自由端共同承担集中力偶 m，弯曲后两根梁的挠曲线相同，则上面梁承担的力偶矩是(　　)。

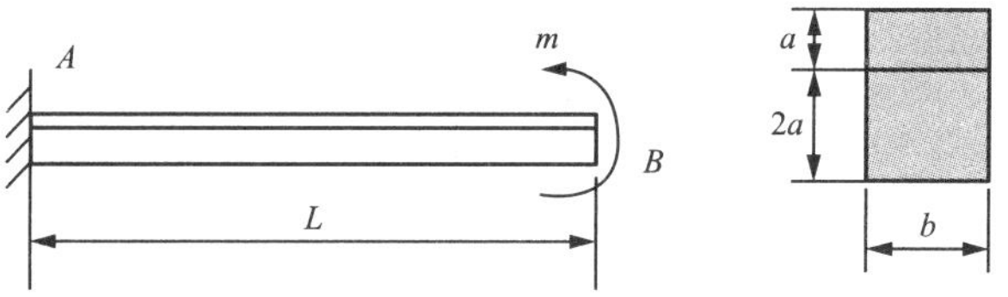

题65图

A. $\frac{m}{9}$　　B. $\frac{m}{5}$　　C. $\frac{m}{3}$　　D. $\frac{m}{2}$

66. 图示等边角钢制成的悬臂梁 AB，C 点为截面形心，x 为该梁轴线，y'、z' 为形心主轴。集中力 F 竖直向下，作用线过形心，则梁将发生以下哪种变化？(　　)

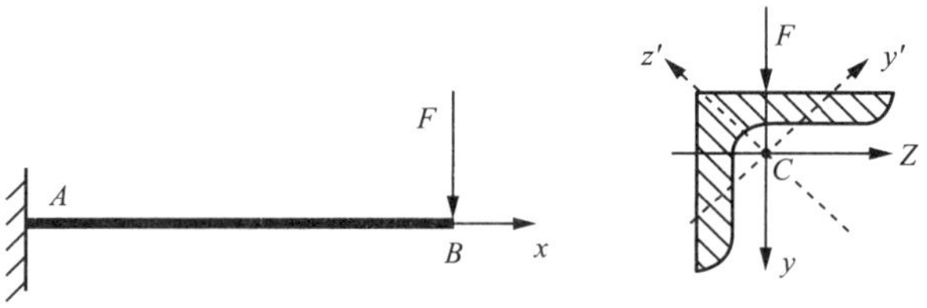

题 66 图

A. xy 平面内的平面弯曲　　　　B. 扭转和 xy 平面内的平面弯曲

C. xy' 和 xz' 平面内的双向弯曲　　　　D. 扭转及 xy' 和 xz' 平面内的双向弯曲

67. 图示直径为 d 的圆轴，承受轴向拉力 F 和扭矩 T。按第三强度理论，截面危险的相当应力 σ_{eq3} 为(　　)。

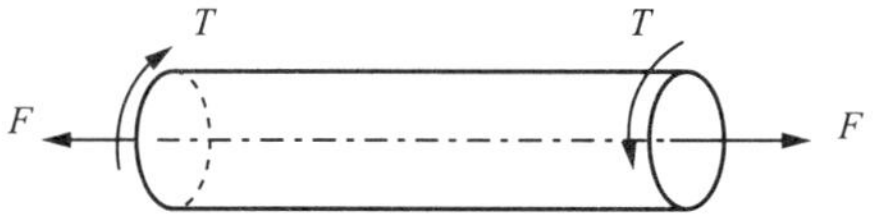

题 67 图

A. $\sigma_{eq3}=\dfrac{32}{\pi d^3}\sqrt{F^2+T^2}$　　　　B. $\sigma_{eq3}=\dfrac{16}{\pi d^3}\sqrt{F^2+T^2}$

C. $\sigma_{eq3}=\sqrt{\left(\dfrac{4F}{\pi d^2}\right)^2+4\left(\dfrac{16T}{\pi d^3}\right)^2}$　　　　D. $\sigma_{eq3}=\sqrt{\left(\dfrac{4F}{\pi d^2}\right)^2+4\left(\dfrac{32T}{\pi d^3}\right)^2}$

68. 在图示 4 种应力状态中，最大切应力 $\tau_{\max}$ 数值最大的应力状态是(　　)。

A. 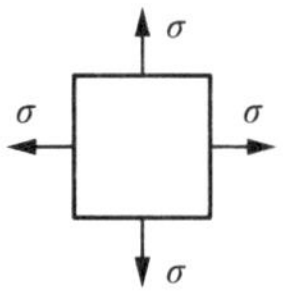

B. 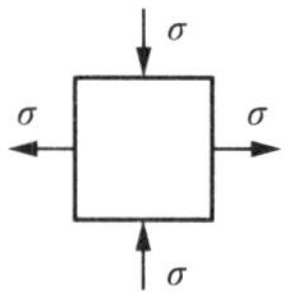

C. 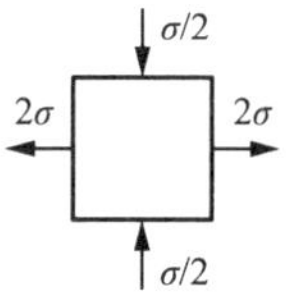

D. 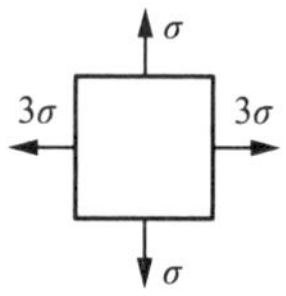

69. 图示圆轴固定端最上缘 A 点单元体的应力状态是(　　)。

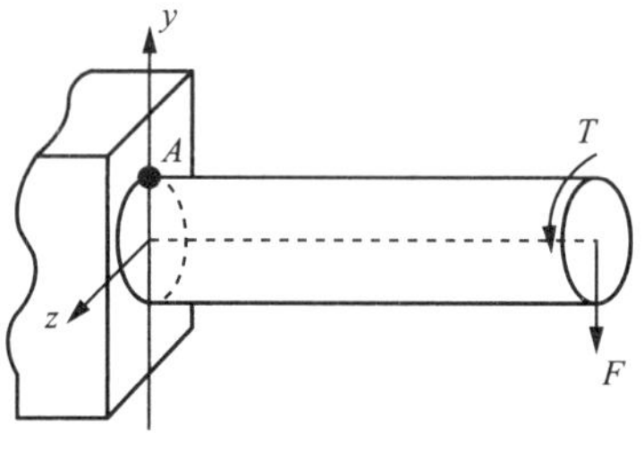

题 69 图

A. 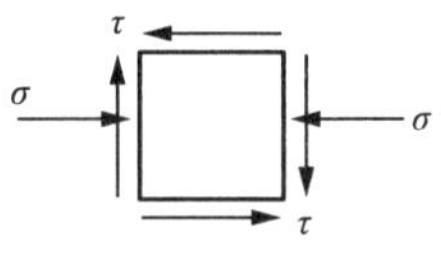

B. 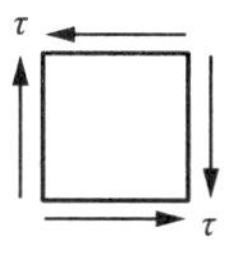

C. 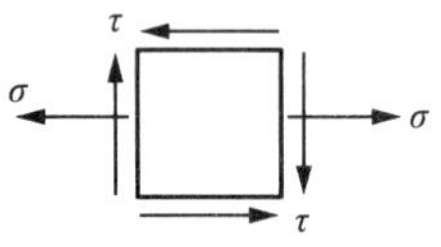

D. 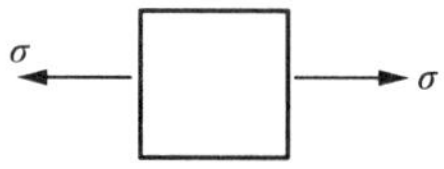

70. 图示三根压杆均为细长(大柔度)压杆，且弯曲刚度均为 EI。三根压杆的临界荷载 F_{cr} 的关系为(　　)。

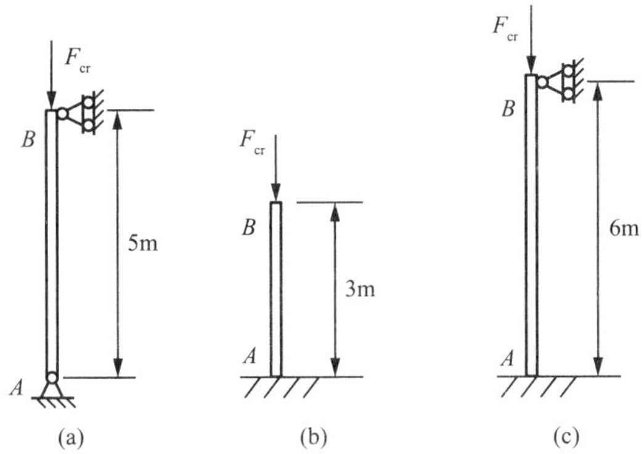

题 70 图

A. $F_{cra} > F_{crb} > F_{crc}$　　B. $F_{crb} > F_{cra} > F_{crc}$

C. $F_{crc} > F_{cra} > F_{crb}$　　D. $F_{crb} > F_{crc} > F_{cra}$

71. 压力表测出的压强是(　　)。

A. 绝对压强　B. 真空压强　C. 相对压强　D. 实际压强

72. 有一变截面压力管道，测得流量为15L/s，其中一截面的直径为100mm，另一截面处的流速为20m/s，则此截面的直径为(　　)。

A. 29mm　B. 31mm　C. 35mm　D. 26mm

73. 一直径为50mm的圆管，运动粘滞系数 $\nu = 0.18\text{cm}^2/\text{s}$、密度 $\rho = 0.85\text{g/cm}^3$ 的油在管内以 $v = 10\text{cm/s}$ 的速度做层流运动，则沿程损失系数是(　　)。

A. 0.18　B. 0.23　C. 0.20　D. 0.27

74. 圆柱形管嘴，直径为0.04m，作用水头为7.5m，则出水流量为(　　)。

A. $0.008\text{m}^3/\text{s}$　B. $0.023\text{m}^3/\text{s}$　C. $0.020\text{m}^3/\text{s}$　D. $0.013\text{m}^3/\text{s}$

75. 同一系统的孔口出流，有效作用水头 H 相同，则自由出流与淹没出流关系为(　　)。

A. 流量系数不等，流量不等　　B. 流量系数不等，流量相等

C. 流量系数相等，流量不等　　D. 流量系数相等，流量相等

76. 一梯形断面明渠，水力半径 $R = 1\text{m}$，底坡 $i = 0.0008$，粗糙系数 $n = 0.02$，则输水流速度为(　　)。

A. 1m/s　B. 1.4m/s　C. 2.2m/s　D. 0.84m/s

77. 渗流达西定律适用于(　　)。

A. 地下水渗流　　B. 砂质土壤渗流

C. 均匀土壤层流渗流　　D. 地下水层流渗流

78. 几何相似、运动相似和动力相似的关系是(　　)。

A. 运动相似和动力相似是几何相似的前提

B. 运动相似是几何相似和动力相似的表象

C. 只有运动相似，才能几何相似

D. 只有动力相似，才能几何相似

79. 图示为环线半径为 r 的铁芯环路，绕有匝数为 N 的线圈，线圈中通有直流电流 I，磁环路上的磁场强度 H 处处均匀，则 H 值为(　　)。

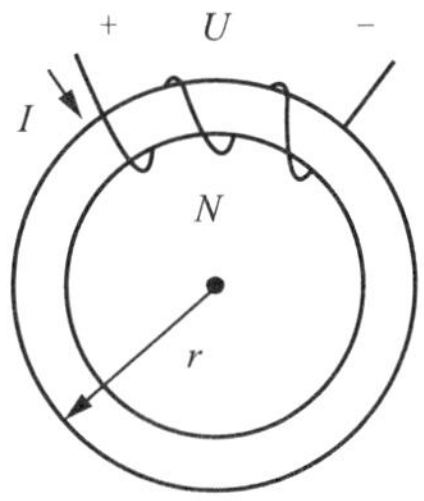

题 79 图

A. $\frac{NI}{r}$(顺时针方向)　　B. $\frac{NI}{2\pi r}$(顺时针方向)

C. $\frac{NI}{r}$(逆时针方向)　　D. $\frac{NI}{2\pi r}$(逆时针方向)

80. 在图示电路中，电压 U = (　　)。

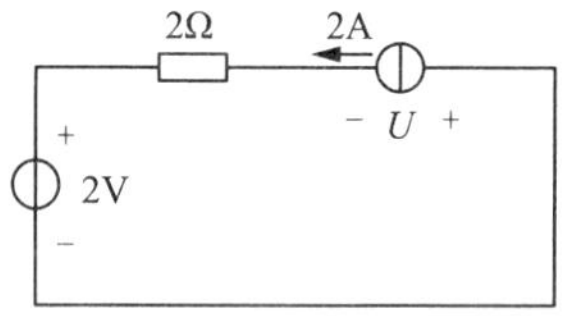

题 80 图

A. 0V　　B. 4V　　C. 6V　　D. −6V

81. 对于图示电路，可以列写 a、b、c、d 4 个结点的 KCL 方程和①、②、③、④、⑤5 个回路的 KVL 方程，为求出其中 6 个未知电流 I_1-I_6，正确的求解模型应该是(　　)。

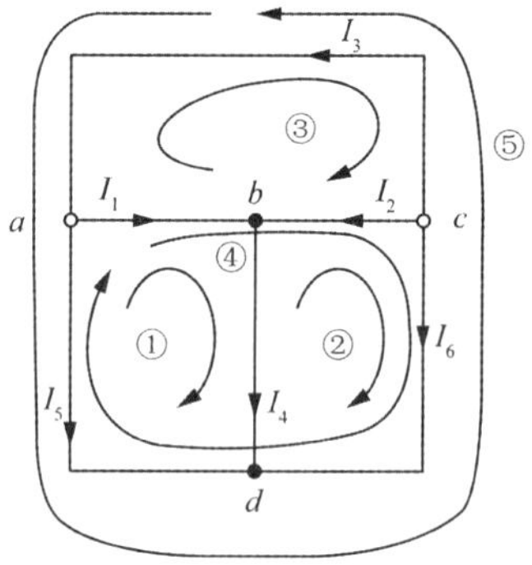

题 81 图

A. 任选 3 个 KCL 方程和 2 个 KVL 方程

B. 任选 3 个 KCL 方程和①、②、③ 3 个回路的 KVL 方程

C. 任选 3 个 KCL 方程和①、②、④ 3 个回路的 KVL 方程

D. 写出 4 个 KCL 方程和任意 2 个 KVL 方程

82. 已知交流电流 $i(t)$ 的周期 $T=1\text{ms}$，有效值 $I=0.5\text{A}$，当 $t=0$ 时，$i=0.5\sqrt{2}\text{A}$，则它的时间函数描述形式是(　　)。

A. $i(t)=0.5\sqrt{2}\sin 1000t\text{A}$　　B. $i(t)=0.5\sin 2000\pi t\text{A}$

C. $i(t)=0.5\sqrt{2}\sin(2000\pi t+90°)\text{A}$　　D. $i(t)=0.5\sqrt{2}\sin(1000\pi t+90°)\text{A}$

83. 图(a)滤波器的幅频特性如图(b)所示，当 $u_i=u_{i1}=10\sqrt{2}\sin 100t\text{V}$ 时，输出 $u_o=u_{o1}$，当

$u_i = u_{i2} = 10\sqrt{2}\sin 10^4 t\text{V}$ 时，输出 $u_o = u_{o2}$，那么，可以算出（　　）。

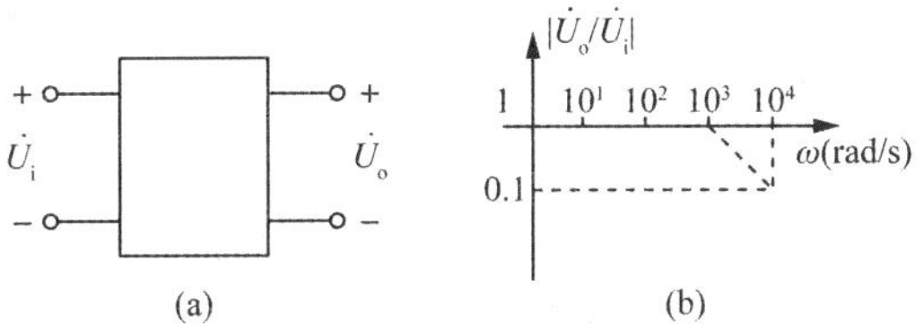

题 83 图

A. $U_{o1} = U_{o2} = 10\text{V}$　　　　B. $U_{o1} = 10\text{V}$，U_{o2}不能确定，但小于 10V

C. $U_{o1} < 10\text{V}$，$U_{o2} = 0$　　　　D. $U_{o1} = 10\text{V}$，$U_{o2} = 1\text{V}$

84. 图（a）所示功率因数补偿电路中，$C = C_1$ 时得到相量图如图（b）所示，$C = C_2$ 时得到相量图如图（c）所示，那么（　　）。

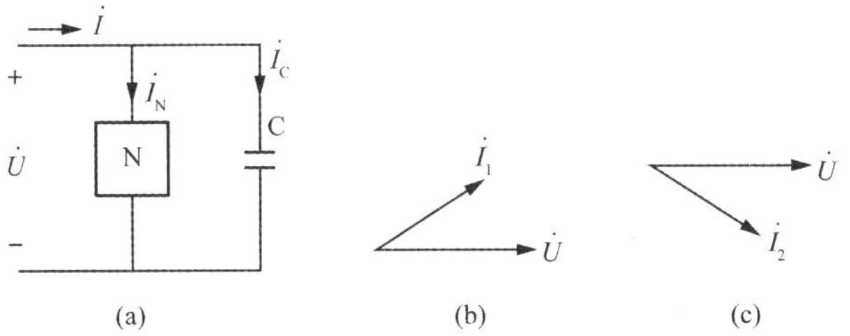

题 84 图

A. C_1 一定大于 C_2

B. 当 $C = C_1$ 时，功率因数 $\lambda|_{C_1} > 0$，$C = C_2$ 时，功率因数 $\lambda|_{C_2} < 0$

C. 因为功率因数 $\lambda|_{C_1} = \lambda|_{C_2}$，所以采用两种方案均可

D. $C = C_2$ 时，电路出现过补偿，不可取

85. 某单相理想变压器其一次线圈为 550 匝，有两个二次线圈，若希望一次电压为 100V 时，获得的二次电压分别为 10V 和 20V，则 $N_2|_{10\text{V}}$ 和 $N_2|_{20\text{V}}$ 应分别为（　　）。

A. 50 匝和 100 匝　　　　B. 100 匝和 50 匝

C. 55 匝和 110 匝　　　　D. 110 匝和 55 匝

86. 为实现对电动机的过载保护，除了将热继电器的常闭触点串接在电动机的控制电路中外，还应将其热元件（　　）。

A. 也串接在控制电路中　　　　B. 再并接在控制电路中

C. 串接在主电路中　　　　D. 并接在主电路中

87. 某温度信号如图（a）所示，经温度传感器测量后得到图（b）波形，经采样后得到图（c）波形，再经保持器得到图（d）波形，那么（　　）。

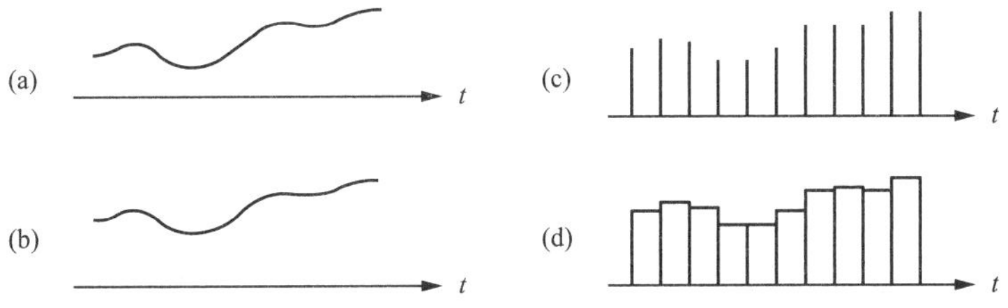

题 87 图

A. 图(b)是图(a)的模拟信号　　　　B. 图(a)是图(b)的模拟信号

C. 图(c)是图(b)的数字信号　　　　D. 图(d)是图(a)的模拟信号

88. 若某周期信号的一次谐波分量为 $5\sin 10^3 t$V，则它的三次谐波分量可表示为(　　)。

A. $U\sin 3\times 10^3 t$，$U>5$V　　　　B. $U\sin 3\times 10^3 t$，$U<5$V

C. $U\sin 10^6 t$，$U>5$V　　　　D. $U\sin 10^6 t$，$U<5$V

89. 设放大器的输入信号为 $u_1(t)$，输出信号为 $u_2(t)$，放大器的幅频特性如图所示，设 $u_1(t)=\sqrt{2}U_{11}\sin 2\pi ft+\cdots\cdots+\sqrt{2}U_{1n}\sin 2n\pi ft$，若希望 $u_2(t)$不出现频率失真，则应使放大器的(　　)。

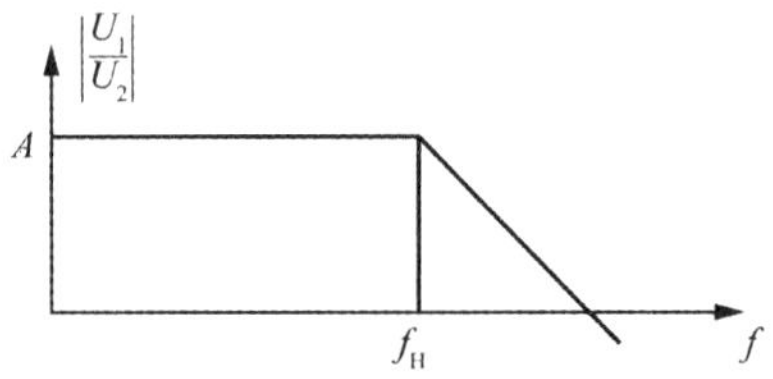

题 89 图

A. $f_H>f$　　B. $f_H>nf$　　C. $f_H<f$　　D. $f_H<nf$

90. 对逻辑表达式 $\overline{AD+\bar{A}\bar{D}}$ 的化简结果是(　　)。

A. 0　　B. 1　　C. $\bar{A}D+A\bar{D}$　　D. $\overline{AD}+AD$

91. 已知数字信号 A 和数字信号 B 的波形如图所示，则数字信号 $F=\overline{A+B}$ 的波形图为(　　)。

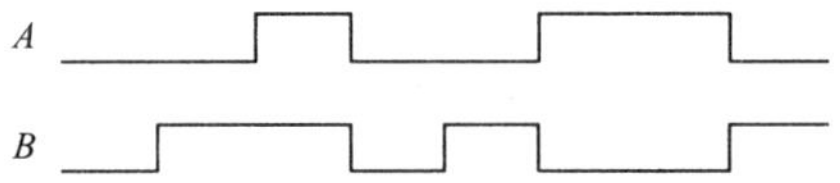

题 91 图

A. 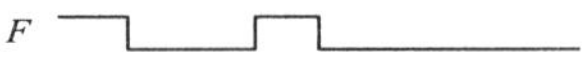

B. 

C. 

D. 

92. 十进制数字 16 的 BCD 码为(　　)。

A. 00010000　　B. 00010110　　C. 00010100　　D. 00011110

93. 二极管应用电路如图所示，图中，$u_A=1$V，$u_B=5$V，设二极管均为理想器件，则输出电压 u_F (　　)。

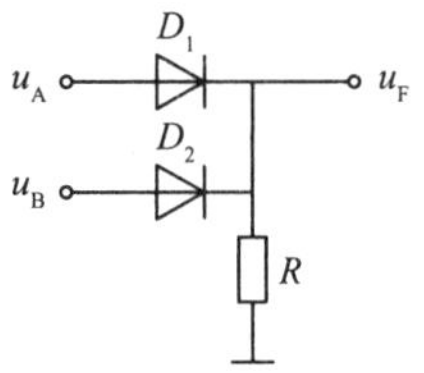

题 93 图

A. 等于 1V　　　　B. 等于 5V

C. 等于 0V　　　　D. 因 R 未知，无法确定

94. 运算放大器应用电路如图所示，$C=1\mu$F，$R=1$MΩ，$u_{oM}=\pm 10$V，若 $u_i=1$V，则 u_o (　　)。

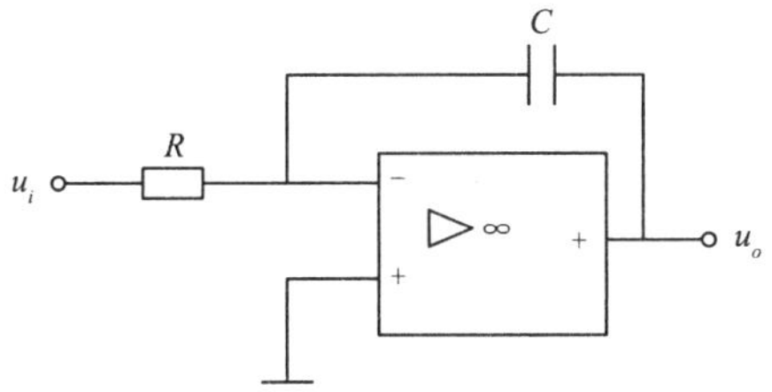

题 94 图

A. 等于 0V

B. 等于 1V

C. 等于 10V

D. 在 $t<10$s 时，为 $-t$，在 $t>10$s 后，为 -10V

95. 图(a)所示电路中，复位信号 $\bar{R}_D$、信号 A 及时钟脉冲信号 cp 如图(b)所示，经分析可知，在第一个和第二个时钟脉冲的下降沿时刻，输出 Q 先后等于(　　)。

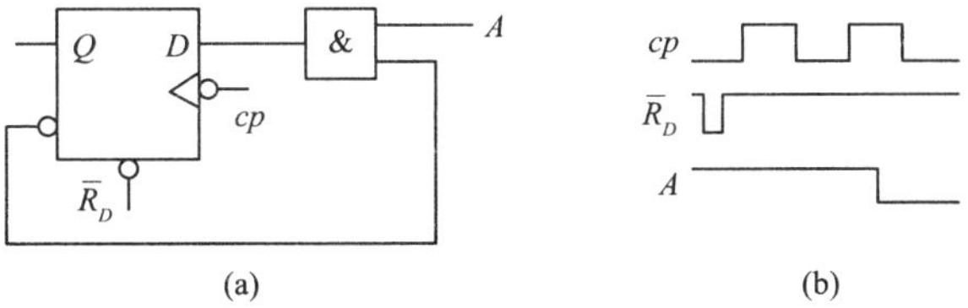

附：触发器的逻辑状态表为：

D	Q_{n+1}
0	0
1	1

A. 0　0　　B. 0　1　　C. 1　0　　D. 1　1

96. 图示时序逻辑电路为(　　)。

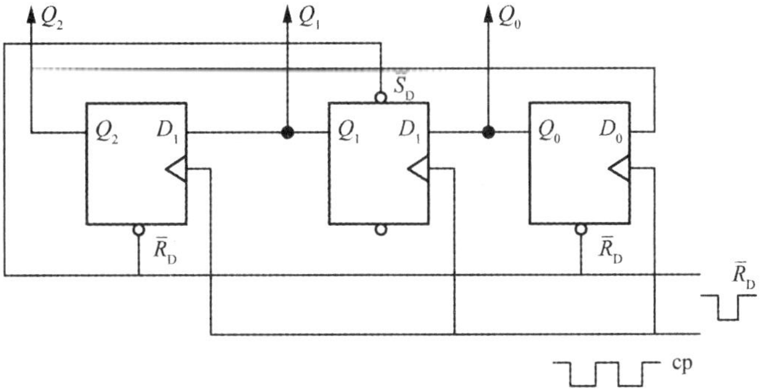

题 96 图

附：触发器的逻辑状态表为：

D	Q_{n+1}
0	0
1	1

A. 左移的三位移位寄存器，寄存数据是 010

B. 右移的三位移位寄存器，寄存数据是 010

C. 左移的三位移位寄存器，寄存数据是 000

D. 右移的三位移位寄存器，寄存数据是 000

97. 计算机按用途可分为(　　)。

A. 专业计算机和通用计算机　　B. 专业计算机和数字计算机

C. 通用计算机和模拟计算机　　D. 数字计算机和现代计算机

98. 当前，微机所配备的内存储器大多是(　　)。

A. 半导体存储器　　B. 磁介质存储器

C. 光纤存储器　　D. 光电子存储器

99. 批处理操作系统的功能是将用户的一批作业有序地排列起来(　　)。

A. 在用户指令的指挥下、顺序地执行作业流

B. 计算机系统会自动地、顺序地执行作业流

C. 由专门的计算机程序员控制作业流的执行

D. 由微软提供的应用软件来控制作业流的执行

100. 杀毒软件应具有的功能是(　　)。

A. 消除病毒　　B. 预防病毒　　C. 检查病毒　　D. 检查并消除病毒

101. 目前，微机系统中普遍使用的字符信息编码是(　　)。

A. BCD 编码　　B. ASCII 编码　　C. EBCDIC 编码　　D. 汉字字型编码

102. 在下列选项中，不属于 Windows 特点的是(　　)。

A. 友好的图形用户界面　　B. 使用方便

C. 多用户单任务　　D. 系统稳定可靠

103. 操作系统中采用虚拟存储技术，是为对(　　)。

A. 外存储空间的分配　　B. 外存储器进行变换

C. 内存储器的保护　　D. 内存储器容量的扩充

104. 通过网络传送邮件、发布新闻消息和进行数据交换是计算机网络的(　　)。

A. 共享软件资源功能　　B. 共享硬件资源功能

C. 增强系统处理功能　　D. 数据通信功能

105. 下列有关因特网提供服务的叙述中，有错误的一条是(　　)。

A. 文件传输服务、远程登录服务　　B. 信息搜索服务、WWW 服务

C. 信息搜索服务、电子邮件服务　　D. 网络自动连接、网络自动管理

106. 若按网络传输技术的不同，可将网络分为(　　)。

A. 广播式网络、点对点式网络

B. 双绞线网、同轴电缆网、光纤网、无线网

C. 基带网和宽带网

D. 电路交换类、报文交换类、分组交换类

107. 某企业准备 5 年后进行设备更新，到时所需资金估计为 600 万元，若存款利率为 5%，从现在开始每年年末均等额存款，则每年应存款(　　)。[已知：$(A/F, 5\%, 5) = 0.18097$]

A. 78.65 万元　　B. 108.58 万元　　C. 120 万元　　D. 165.77 万元

108. 某项目投资于邮电通信业，运营后的营业收入全部来源于对客户提供的电信服务，则在估计该项目现金流时不包括(　　)。

A. 企业所得税　　B. 增值税

C. 城市维护建设税　　D. 教育税附加

109. 某项目向银行借款 150 万元，期限为 5 年，年利率为 8%，每年年末等额还本付息一次(即等额本息法)，到第 5 年末还完本息。则该公司第 2 年年末偿还的利息为(　　)。[已知：$(A/P, 8\%, 5)=0.2505$]

A. 9.954 万元　　B. 12 万元　　C. 25.575 万元　　D. 37.575 万元

110. 以下关于项目内部收益率指标的说法正确的是(　　)。

A. 内部收益率属于静态评价指标

B. 项目内部收益率就是项目的基准收益率

C. 常规项目可能存在多个内部收益率

D. 计算内部收益率不必事先知道准确的基准收益率 i_c

111. 影子价格是商品或生产要素的任何边际变化对国家的基本社会经济目标所做贡献的价值，因而影子价格是(　　)。

A. 目标价格

B. 反映市场供求状况和资源稀缺程度的价格

C. 计划价格

D. 理论价格

112. 在对项目进行盈亏平衡分析时，各方案的盈亏平衡点生产能力利用率有如下四种数据，则抗风险能力较强的是(　　)。

A. 30%　　B. 60%　　C. 80%　　D. 90%

113. 甲、乙为两个互斥的投资方案。甲方案现时点的投资为 25 万元，此后从第一年年末开始，年运行成本为 4 万元，寿命期为 20 年，净残值为 8 万元；乙方案现时点的投资额为 12 万元，此后从第一年年末开始，年运行成本为 6 万元，寿命期也为 20 年，净残值为 6 万元。若基准收益率为 20%，则甲、乙方案费用现值分别为(　　)。[已知：$(P/A, 20\%, 20)=4.8696$，$(P/F, 20\%, 20)=0.02608$]

A. 50.80 万元，41.06 万元　　B. 54.32 万元，41.06 万元

C. 44.27 万元，41.06 万元　　D. 50.80 万元，44.27 万元

114. 某产品的实际成本为 10000 元，它由多个零部件组成，其中一个零部件的实际成本为 880 元，功能评价系数为 0.140，则该零部件的价值指数为(　　)。

A. 0.628　　B. 0.880　　C. 1.400　　D. 1.591

115. 某工程项目甲建设单位委托乙监理单位对丙施工总承包单位进行监理，有关监理单位的行为符合规定的是(　　)。

A. 在监理合同规定的范围内承揽监理业务

B. 按建设单位委托，客观公正地执行监理任务

C. 与施工单位建立隶属关系或者其他利害关系

D. 将工程监理业务转让给具有相应资质的其他监理单位

116. 某施工企业取得了安全生产许可证后，在从事建筑施工活动中，被发现已经不具备安全生产条件，则正确的处理方法是(　　)。

A. 由颁发安全生产许可证的机关暂扣或吊销安全生产许可证

B. 由国务院建设行政主管部门责令整改

C. 由国务院安全管理部门责令停业整顿

D. 吊销安全生产许可证，5 年内不得从事施工活动

117. 某工程项目进行公开招标，甲乙两个施工单位组成联合体投标该项目，下列做法中，不合法的是(　　)。

A. 双方商定以一个投标人的身份共同投标

B. 要求双方至少一方应当具备承担招标项目的相应能力

C. 按照资质等级较低的单位确定资质等级

D. 联合体各方协商签订共同投标协议

118. 某建设工程总承包合同约定，材料价格按照市场价履约，但具体价款没有明确约定，结算时应当依据的价格是(　　)。

A. 订立合同时履行地的市场价格　　B. 结算时买方所在地的市场价格

C. 订立合同时签约地的市场价格　　D. 结算工程所在地的市场价格

119. 某城市计划对本地城市建设进行全面规划，根据《中华人民共和国环境保护法》的规定，下列城乡建设行为不符合《环境保护法》规定的是(　　)。

A. 加强在自然景观中修建人文景观　　B. 有效保护植被、水域

C. 加强城市园林、绿地园林　　D. 加强风景名胜区的建设

120. 根据《建设工程安全生产管理条例》规定，施工单位主要负责人应当承担的责任是(　　)。

A. 落实安全生产责任制度、安全生产规章制度和操作规程

B. 保证本单位安全生产条件所需资金的投入

C. 确保安全生产费用的有效使用

D. 根据工程的特点组织特定安全施工措施

答案及详解

单项选择题(共 120 题，每题 1 分，每题的备选项中只有一个最符合题意)

1. B 【考点】利用重要极限求极限

【解析】$\lim\limits_{x\to 0}\frac{\sin x}{x}=1$(重要极限)

A 项，因为 $x\to 0$，所以 $x^2\to 0$，所以利用上面重要极限的结论知 $\lim\limits_{x\to 0}\frac{\sin x^2}{x^2}=\lim\limits_{x^2\to 0}\frac{\sin x^2}{x^2}=1$。

B 项，极限 $\lim\limits_{x\to\infty}\frac{\sin x}{x}$可化为 $\lim\limits_{x\to\infty}\frac{1}{x}\cdot\lim\limits_{x\to\infty}\sin x$，极限 $\lim\limits_{x\to\infty}\frac{1}{x}=0$，为无穷小量；而 $|\sin x|\leqslant 1$，$\sin x$ 为有界函数。因为有界函数与无穷小的乘积是无穷小，所以 $\lim\limits_{x\to\infty}\frac{\sin x}{x}=0$。

C 项，即为上面重要极限结论。

D 项，因为 $x\to\infty$，得$\frac{1}{x}\to 0$，令 $t=\frac{1}{x}$，则 $t\to 0$，$x=\frac{1}{t}$，所以利用重要极限知 $\lim\limits_{x\to\infty}x\sin\frac{1}{x}=\lim\limits_{x\to 0}\frac{1}{t}\sin t=\lim\limits_{t\to 0}\frac{\sin t}{t}=1$。

2. D 【考点】函数的奇偶性

【解析】A 项，令 $T(x)=f[g(x)]$。因为 $T(-x)=f[g(-x)]=f[-g(x)]=f[g(x)]$，所以 $T(-x)=T(x)$，所以$f[g(x)]$为偶函数。

B 项，令 $T(x)=f[f(x)]$。因为 $T(-x)=f[f(-x)]=f[f(x)]$，所以 $T(-x)=T(x)$，所以$f[f(x)]$为偶函数。

C 项，令 $T(x)=g[f(x)]$。因为 $T(-x)=g[f(-x)]=g[f(x)]$，所以 $T(-x)=T(x)$，所以 $g[f(x)]$为偶函数。

D 项，令 $T(x)=g[g(x)]$。因为 $T(-x)=g[g(-x)]=g[-g(x)]=-g[g(x)]$，所以 $T(-x)=-T(x)$，所以 $g[g(x)]$为奇函数。

3. C 【考点】导数

【解析】原式化简得

$$\begin{aligned}
&\lim_{x\to x_0}\frac{xf(x_0)-x_0f(x)}{x-x_0}\\
&=\lim_{x\to x_0}\frac{xf(x_0)-x_0f(x_0)+x_0f(x_0)-x_0f(x)}{x-x_0}\\
&=\lim_{x\to x_0}\frac{f(x_0)(x-x_0)-x_0[f(x)-f(x_0)]}{x-x_0}\\
&=\lim_{x\to x_0}\frac{f(x_0)(x-x_0)}{x-x_0}-\lim_{x\to x_0}\frac{x_0[f(x)-f(x_0)]}{x-x_0}\\
&=f(x_0)-x_0\lim_{x\to x_0}\frac{[f(x)-f(x_0)]}{x-x_0}\\
&=f(x_0)-x_0f'(x_0)
\end{aligned}$$

4. A 【考点】含参变量积分的求导

【解析】由题意，计算得

$$\begin{aligned}&\frac{\mathrm{d}}{\mathrm{d}x}\int_{\varphi(x^2)}^{\varphi(x)} e^{t^2}\mathrm{d}t\\&= e^{[\varphi(x)]^2}\varphi'(x) - e^{[\varphi(x^2)]^2}\frac{\mathrm{d}[\varphi(x^2)]}{\mathrm{d}x}\\&= \varphi'(x)e^{[\varphi(x)]^2} - 2x\varphi'(x^2)e^{[\varphi(x^2)]^2}\end{aligned}$$

【说明】如果 $\varphi(x)$、$\psi(x)$ 可导，则：

① $\frac{\mathrm{d}}{\mathrm{d}x}\int_a^{\varphi(x)} f(t)\mathrm{d}t = f[\varphi(x)]\varphi'(x)$；

② $\frac{\mathrm{d}}{\mathrm{d}x}\int_{\psi(x)}^{\varphi(x)} f(t)\mathrm{d}t = f[\varphi(x)]\varphi'(x) - f[\psi(x)]\psi'(x)$

5. B 【考点】不定积分

【解析】计算得

$$\int xf(1-x^2)\mathrm{d}x = -\frac{1}{2}\int f(1-x^2)\mathrm{d}(1-x^2) = -\frac{1}{2}F(1-x^2)+C$$

这里 C 均表示常数。

6. D 【考点】驻点

【解析】函数 y 关于 x 求导，得 $y'=4x+a$。因为 $x=1$ 是函数 $y=2x^2+ax+1$ 的驻点，所以 $4\times1+a=0$，计算得 $a=-4$。

7. B 【考点】向量的模

【解析】计算得

$$\begin{aligned}|\alpha+\beta| &= \sqrt{(\alpha+\beta)^2}\\&= \sqrt{\alpha^2+2\alpha\beta+\beta^2}\\&= \sqrt{\alpha^2+2|\alpha||\beta|\cos\theta+\beta^2}\\&= \sqrt{1^2+2\times1\times2\times\cos\frac{\pi}{3}+2^2}\\&= \sqrt{7}\end{aligned}$$

8. B 【考点】微分方程的通解

【解析】方法一：直接利用代入法。B 项，当 $y=-\sin x+C_1x+C_2$ 时，$y'=-\cos x+C_1$，继续求导得，$y''=\sin x$，符合题意。n 阶微分方程通解中应含有 n 个任意常数。A 项通解中实质上只有一个任意常数，而 CD 两项均不满足微分方程 $y''=\sin x$，则均不符合。

方法二：由 $(\sin x)'=\cos x$，$(\cos x)'=-\sin x$，则通过求原函数不定积分得 $y'=-\cos x+C_1$，再求一次不定积分得 $y=-\sin x+C_1x+C_2$，B 项符合题意。

9. C 【考点】函数单调性

【解析】因为 $[f(x)g(x)]'=f'(x)g(x)+f(x)g'(x)>0$，所以函数 $f(x)g(x)$ 在 $[a,b]$ 上单调递增。所以，当 $x\in(a,b)$ 时，$f(a)g(a)<f(x)g(x)<f(b)g(b)$。

10. B 【考点】曲线所围成的平面图形的面积

【解析】由 $y=\ln x$ 得，$x=e^y$。由题意，得围成的平面图形的面积

$$S=\int_{\ln a}^{\ln b}e^y\mathrm{d}y=e^y\big|_{\ln a}^{\ln b}=e^{\ln b}-e^{\ln a}=b-a$$

11. D 【考点】坐标平面方程

【解析】D 项，平面方程 $x+1=0$ 化简为 $x=-1$，显然平行 yOz 坐标面，且不重合。ABC 三项，均不平行于 yOz 坐标面。

12. A 【考点】偏导数与可导、可微之间的关系

【解析】函数 $f(x, y)$ 在 $P_0(x_0, y_0)$ 可微，则 $f(x, y)$ 在 $P_0(x_0, y_0)$ 的偏导数一定存在。反之，偏导数存在不一定能推出函数在该点可微。举例如下：

函数 $f(x, y)=\begin{cases}\dfrac{xy}{\sqrt{x^2+y^2}}, & x^2+y^2\neq0\\ 0, & x^2+y^2=0\end{cases}$ 在点 $(0, 0)$ 处有 $f_x(0, 0)=0$，$f_y(0, 0)=0$，但函数 $f(x, y)$ 在 $(0, 0)$ 处不可微。因此，函数 $f(x, y)$ 在点 $P_0(x_0, y_0)$ 处的一阶偏导数存在是该函数在此点可微分的必要条件。

13. C 【考点】级数收敛发散的判别

【解析】A 项，因为级数的前 n 项和为

$$\begin{aligned}S_n&=\frac{1}{1\times2}+\frac{1}{2\times3}+\cdots+\frac{1}{(n-1)n}+\frac{1}{n(n+1)}\\&=1-\frac{1}{2}+\frac{1}{2}-\frac{1}{3}+\cdots+\frac{1}{n-1}-\frac{1}{n}+\frac{1}{n}-\frac{1}{n+1}\\&=1-\frac{1}{n+1}\end{aligned}$$

求极限得 $\lim\limits_{n\to\infty}S_n=\lim\limits_{n\to\infty}\left(1-\dfrac{1}{n+1}\right)=1$，所以级数 $\sum\limits_{n=1}^{\infty}\dfrac{1}{n(n+1)}$ 收敛。

B 项，p 级数 $\sum\limits_{n=1}^{\infty}\dfrac{1}{n^p}$，当 $p>1$ 时收敛，当 $p\leqslant1$ 时发散。因为 B 项中 $p=3/2>1$，所以级数 $\sum\limits_{n=1}^{\infty}\dfrac{1}{n^{3/2}}$ 收敛。

C 项，级数的一般项如果不趋于零，则该级数必定发散。计算得

$$\lim_{n\to\infty}\left(\frac{n}{2n+1}\right)^2=\left(\frac{1}{2}\right)^2=\frac{1}{4}\neq0$$

因此 C 项对应的级数发散。

D 项，$\sum\limits_{n=1}^{\infty}(-1)^n\dfrac{1}{\sqrt{n}}$ 为一个交错级数，又 $\dfrac{1}{\sqrt{n}}$ 随着 n 的增大，其值越来越小，且 $\lim\limits_{n\to\infty}\dfrac{1}{\sqrt{n}}=0$，利用莱布尼兹定理知级数 $\sum\limits_{n=1}^{\infty}(-1)^n\dfrac{1}{\sqrt{n}}$ 收敛。

14. B 【考点】微分方程的通解

【解析】由题意知，二阶常系数齐次线性微分方程的特征方程的两个根为 -1 和 4，代入特征方程 $r^2+pr+q=0$，求得 $p=-3$，$q=-4$，只有 B 项满足。

15. C 【考点】对弧长的曲线积分

【解析】L 是连接 AB 两点的直线，则直线的方程为：$y=1-x(0\leqslant x\leqslant1)$，则

$$\int_L \cos(x+y)\,ds = \int_0^1 \cos[x+(1-x)]\sqrt{1+(-1)^2}\,dx$$

$$= \int_0^1 \sqrt{2}\cos 1\,dx = \sqrt{2}\cos 1$$

16. B 【考点】二重积分

【解析】根据积分区域及被积函数 x^2+y^2，利用积分对称性，得

$$\iint_D (x^2+y^2)\,dxdy = 4\int_0^1 dx\int_0^1 (x^2+y^2)\,dy = 4\int_0^1\left(x^2+\frac{1}{3}\right)dx$$

$$= 4\left(\frac{1}{3}x^3+\frac{1}{3}x\right)\Big|_0^1 = \frac{8}{3}$$

17. C 【考点】麦克劳林展开式

【解析】麦克劳林公式是泰勒公式（在 $x_0=0$ 下）的一种特殊形式。函数 $f(x)$ 麦克劳林展开式为

$$f(x) = \sum_{n=0}^{\infty}\frac{(\ln a)^n}{n!}x^n = 1+x\ln a+\frac{(\ln a)^2}{2}x^2+\frac{(\ln a)^3}{6}x^3+\cdots$$

因此前三项是 $1+x\ln a+\frac{(\ln a)^2}{2}x^2$。

18. D 【考点】偏导数计算

【解析】$\frac{\partial^2 z}{\partial x\partial y}$是先关于 x 求导，再关于 y 求导，计算得

$$\begin{aligned}\frac{\partial^2 z}{\partial x\partial y} &= \frac{\partial}{\partial y}\left(\frac{\partial z}{\partial x}\right)\\ &= \frac{\partial}{\partial y}[f'(x^2y)\cdot 2xy]\\ &= f''(x^2y)\cdot x^2\cdot 2xy+f'(x^2y)\cdot 2x\\ &= 2x[x^2yf''(x^2y)+f'(x^2y)]\\ &= 2x[f'(x^2y)+x^2yf''(x^2y)]\end{aligned}$$

19. D 【考点】行列式计算

【解析】因为 A、B 均为三阶方阵，计算得

$$|-2A^{\mathrm{T}}B^{-1}| = (-2)^3\times|A^{\mathrm{T}}|\times|B^{-1}| = (-2)^3\times 1\times\frac{1}{-2} = 4$$

20. B 【考点】齐次线性方程组的非零解

【解析】齐次线性方程组的系数矩阵作初等变换如下

$$\begin{pmatrix} a & 1 & 1\\ 1 & a & 1\\ 1 & 1 & a\end{pmatrix}\rightarrow\begin{pmatrix} 1 & 1 & a\\ 1 & a & 1\\ a & 1 & 1\end{pmatrix}\rightarrow\begin{pmatrix} 1 & 1 & a\\ 0 & a-1 & 1-a\\ 0 & 1-a & 1-a^2\end{pmatrix}$$

$$\rightarrow\begin{pmatrix} 1 & 1 & a\\ 0 & a-1 & 1-a\\ 0 & 0 & 2-a-a^2\end{pmatrix}\rightarrow\begin{pmatrix} 1 & 1 & a\\ 0 & a-1 & 1-a\\ 0 & 0 & -(a+2)(a-1)\end{pmatrix}$$

要使齐次线性方程组有非零解，则矩阵的秩 $r<3$，因此得：$a-1=0$ 或 $-(a+2)(a-$

I）=0，计算得：$a=1$ 或 $a=-2$。

【说明】n 元齐次线性方程组 $Ax=0$ 有非零解的充要条件是 $r(A)<n$。

21. C 【考点】二次型的标准形

【解析】二次型的矩阵 $A=\begin{pmatrix}1 & -1 & 0\\ -1 & 3 & 0\\ 0 & 0 & 0\end{pmatrix}$，则对应的二次型展开式为

$$f(x_1, x_2, x_3)=x_1^2+3x_2^2-2x_1x_2=(x_1-x_2)^2+2x_2^2$$

令 $\begin{cases}y_1=x_1-x_2\\ y_2=x_2\end{cases}$，则上式化简得 $f=y_1^2+2y_2^2$。

22. C 【考点】随机事件的概率计算

【解析】因为 A、B 相互独立，得 $P(AB)=P(A)P(B)$，所以 $P(A\cup B)=P(A)+P(B)-P(AB)=P(A)+P(B)-P(A)P(B)=(1-0.4)+(1-0.5)-(1-0.4)\times(1-0.5)=0.8$。

23. B 【考点】数学期望

【解析】由分布函数 $F(x)=\begin{cases}0, & x\leqslant 0\\ x^3, & 0<x\leqslant 1\\ 1, & x>1\end{cases}$，计算得概率密度

$$f(x)=\begin{cases}3x^2, & 0<x\leqslant 1\\ 0, & 其他\end{cases}$$

因此得，数学期望

$$E(x)=\int_{-\infty}^{\infty}xf(x)\mathrm{d}x=\int_0^1 3x^3\mathrm{d}x$$

【说明】设连续型随机变量 X 的概率密度为 $f(x)$，若积分 $\int_{-\infty}^{\infty}xf(x)\mathrm{d}x$，绝对收敛，则称积分 $\int_{-\infty}^{\infty}xf(x)\mathrm{d}x$ 的值为随机变量 X 的数学期望，记为 $E(x)=\int_{-\infty}^{\infty}xf(x)\mathrm{d}x$。

24. C 【考点】二维随机变量的分布

【解析】由已知表得，边缘分布率为

X	1	2	3
P	$\frac{1}{2}=\frac{1}{6}+\frac{1}{3}$	$\frac{1}{9}+\alpha$	$\frac{1}{18}+\beta$

Y	1	2
P	$\frac{1}{3}=\frac{1}{6}+\frac{1}{9}+\frac{1}{18}$	$\frac{1}{3}+\alpha+\beta$

因为 X 与 Y 相互独立，所以 $P\{X=2, Y=1\}=P\{X=2\}P\{Y=1\}$，得

$$\frac{1}{9}=\left(\frac{1}{9}+\alpha\right)\times\frac{1}{3}$$

计算得 $\alpha=2/9$。同理，$P\{X=3, Y=1\}=P\{X=3\}P\{Y=1\}$，得

$$\frac{1}{18}=\left(\frac{1}{18}+\beta\right)\times\frac{1}{3}$$

计算得 $\beta=1/9$。

25. C 【考点】能量按自由度均分原理

【解析】能量按自由度均分原理的内容是：在温度为 T 的平衡态下，每个分子的每个自由度都具有相同的平均能量，其值为 $\frac{1}{2}kT$。刚性双原子分子具有三个平动自由度，对应平均平动动能为 $\frac{3}{2}kT$。

26. B 【考点】气体分子平均自由程

【解析】分子平均自由程 $\overline{\lambda}=\frac{1}{\sqrt{2}\pi d^2 n}$，其中 d 是分子有效直径，n 为分子数密度。因为气体为氦气，即有效直径一定，则分子平均自由程仅取决于分子数密度。由于氦气总量 1mol，在气体总量一定的情况下，分子数密度取决于气体体积 V。

27. C 【考点】热力学第一、第二定律

【解析】热力学第一定律：$Q=\Delta E+A$。其中，Q 是过程中系统从外界吸收的热量；A 是系统对外界做的功；ΔE 是系统内能增量。等温膨胀时理想气体内能不变，吸收的热量可全部用来做功，不违反热力学第一定律。

热力学第二定律的开尔文表述为：不可能制造出一种循环工作的热机，它只从单一热源吸热使之完全转变为功而不使外界发生任何变化。等温膨胀时，吸收的热量全部用来做功，但是气体体积增大，所以不违反热力学第二定律。

28. D 【考点】理想气体内能

【解析】CD 两项，理想气体内能仅取决于温度，故温度不变，内能不变。AB 两项，体积膨胀时，气体对外界不一定做功。当该气体直接与外界有力的作用时，那么该气体体积变大时就一定对外界做功。而当该气体与外界没有力的作用时，那么气体体积增大时对外界不做功。（如一个气缸中间有一隔板，气缸一边有气体，另一边真空。当抽去隔板时（不漏气），气体是自由膨胀的，不会对外界做功）

29. C 【考点】平面简谐波的波动方程

【解析】波动方程的意义有：①当 x 一定时，波动方程表示坐标为 x 的质点振动方程；②当 t 一定时，波动方程表示 t 时刻各质点的位移。故在 $t=0.1\text{s}$ 时刻，$x=2\text{m}$ 处质元的振动位移是：$y=0.01\cos10\pi(25t-x)=0.01\cos10\pi(25\times0.1-2)=-0.01\text{m}$。

30. A 【考点】平面简谐波的波动方程

【解析】平面简谐波的波动方程为：$y=A\cos\left[\omega\left(t-\frac{x}{u}\right)+\varphi_0\right]$，对比可知，振幅 $A=0.02\text{m}$，$\omega=50\pi$。由 $T=\frac{2\pi}{\omega}$ 可得，$T=0.04\text{s}$。

31. D 【考点】波的能量

【解析】如果每个质点偏离自身平衡位移都一样，那介质就没有任何形变，每个质点偏离自身平衡位移不同，才会造成形变。所以质元越靠近平衡位置时，附近质点偏离自身平衡位置的位移就越大，造成波形图斜率越大，当质元处在平衡位置时，其动能和势能

同时达到最大值，使形变量达到最大。

32. A 【考点】光程差的概念

【解析】在均匀介质中，光程可认为是在相等时间内光在真空中的路程：光程差是指光线在通过不同介质后，两段光程之间的差值。光程等于 nx，x 为光在介质中所经历的几何路程，故两光线的光程差 $\delta = n_2x_2 - n_1x_1 = d(n_2 - n_1)$。

33. D 【考点】牛顿环的环状干涉条纹分布

【解析】牛顿环的明环和暗环半径分别为：$r_{明} = \sqrt{\frac{(2k-1)R\lambda}{2}}$，$k=1$，2，3，……；$r_{暗} = \sqrt{kR\lambda}$，$k=0$，1，2，……。随着平凸透镜垂直向上缓慢平移而远离平面玻璃时，R 逐渐减小，故明环和暗环的半径逐渐减小，可以观察到这些环状干涉条纹逐渐向中心收缩。

34. C 【考点】光程与相位差

【解析】同一频率的光在折射率为 n 的介质中通过 l 的距离时引起的相位差为 $\Delta\varphi = \frac{2\pi}{\lambda}\mathrm{nl}$，其中 λ 为该光在真空中的波长。将四个选项中 A、B 两点路径的长度代入可得 C 项正确。

35. A 【考点】等倾干涉

【解析】等倾干涉中，明纹条件为：$\delta = 2nd\cos\theta + \frac{\lambda}{2} = k\lambda$，$k=1$，2……。垂直入射时，$\theta = 0°$。可见光波长范围是 400 ~ 760nm，只有 $k=3$ 时波长满足可见光范围要求，由 $2nd\cos\theta + \frac{\lambda}{2} = 3\lambda$，可得被加强的光波波长为 480nm。

36. B 【考点】等厚干涉

【解析】玻璃劈尖相邻明暗条纹间距公式为：$l = \frac{\lambda}{2n\theta}$，将 $\lambda = 589\mathrm{nm}$，$\theta = 8\times10^{-5}\mathrm{rad}$，$l = 2.4\mathrm{mm}$ 代入可得 $n = 1.53$。

37. C 【考点】核外电子排布与元素周期表的关系

【解析】该元素完整的核外电子排布为 $1s^22s^22p^63s^23p^64s^2$，周期数为最高主量子数，族序数为价电子数。由此可知，$n=4$，即为第四周期；价电子为 2，即为第ⅡA 族。

38. A 【考点】离子的极化力

【解析】因为离子的半径越小，电荷越多，极化力越强。而 Li^+、Na^+、K^+、Rb^+ 属于同一主族元素，电荷数相同，在同一主族元素中，半径从上到下依次增大，所以 Li^+ 的半径最小，因而其极化力最大。

39. A 【考点】溶液的酸碱性

【解析】NH_4Cl 显酸性，NaCl 显中性，NaOAc 为强碱弱酸盐，醋酸 pKa = 4.75，Na_3PO_4 水溶液显碱性，磷酸 $pKa_3 = 12.67$。由此可知其 pH 由小到大顺序为 NH_4Cl、NaCl、NaOAc、Na_3PO_4。

40. A 【考点】平衡常数的计算

【解析】由题意可知

$$2A(g)+B(g)\rightleftharpoons 2C(g)$$

初始	300	300	0
转化	a	b	100
平衡	$300-a$	$300-b$	100

列出等量关系式，$2b=100$，$a=100$，解得 $b=50$，得到

$$2A(g)+B(g)\rightleftharpoons 2C(g)$$

初始	300	300	0
转化	100	50	100
平衡	200	250	100

因此

$$K^{\ominus}=\frac{\left(\frac{p_c}{p^{\ominus}}\right)^2}{\left(\frac{p_A}{p^{\ominus}}\right)^2\left(\frac{p_B}{p^{\ominus}}\right)}=\frac{\left(\frac{100\text{kPa}}{100\text{kPa}}\right)^2}{\left(\frac{200\text{kPa}}{100\text{kPa}}\right)^2\left(\frac{250\text{kPa}}{100\text{kPa}}\right)}=0.1$$

41. B 【考点】方程的配平

【解析】方程配平后为

$$2MnO_4^-+5SO_3^{2-}+6H^+\longrightarrow 2Mn^{2+}+5SO_4^{2-}+3H_2O$$

42. C 【考点】氧化能力大小的判断

【解析】$E^{\ominus}$值越大，表示电对中氧化态的氧化能力越强，因此氧化能力 $HClO>ClO_3^->ClO_4^->Cl_2$。

43. C 【考点】反应热的定义

【解析】标准 1mol C(石墨)完全燃烧生成 $CO_2(g)$ 的热效应等于 $CO_2(g)$ 的标准摩尔生成焓。

44. D 【考点】银镜反应的条件

【解析】ABC 三项，都有醛基结构，而 D 项没有，所以不能发生银镜反应。

45. A 【考点】天然高分子

【解析】天然高分子是指以由重复单元连接成的线型长链为基本结构的高分子量化合物，是存在于动物、植物及生物体内的高分子物质。天然高分子化合物可以分为：多肽、蛋白质、酶等；多聚磷酸酯、核糖核酸、脱氧核糖核酸等；多糖如淀粉、肝糖、菊粉、纤维素、甲壳素等；橡胶类如巴西橡胶、杜仲胶等；树脂类如阿拉伯树脂、琼脂、褐藻胶等。A 项，高分子化合物的相对分子质量一般是几万以上，而蔗糖的相对分子质量是 342，因此蔗糖不属于天然高分子。

46. B 【考点】不饱和烃的加氢反应

【解析】3-甲基-1-丁炔结构式为 $CH\equiv CCH(CH_3)_2$，其特点是在 3 位上有一个甲基 CH_3，因此催化加氢后可得 $(CH_3)_2CHCH_2CH_3$。

47. B 【考点】平面力系投影定理

【解析】F 在 x 轴上的投影为 F，则 F 平行于 x 轴，该力在与 x 轴共面的任一轴上的投影为 $F\cos\theta$，θ 为此轴与 x 轴夹角。

48. A 【考点】平面力系的简化

【解析】根据平面力系简化规则，主矢 $F_R = F_1 + F_2 + F_3 = 10 + 10 + 10 = 30\text{N}$，方向铅直向上，设力矩顺时针方向为正，则主矩 $M_O = M_1 + M_2 - F_1 \times 0 - F_2 \times 0 - F_3 \times 1 = 10\text{N} \cdot \text{m}$，方向为顺时针(⌒➘)。

49. D 【考点】平面静力学

【解析】设 F_A 水平向左，对 C 点取矩，由 $\sum M_C = 0$，$F_A \cdot 2r - F_p \cdot 3r = 0$，解得：$F_A = 3F_p/2(\leftarrow)$。

50. D 【考点】平面静力学

【解析】结点 C 连接三根链杆，其中两根链杆共线，当结点处没有外力作用时，由水平方向受力平衡可知，斜杆 BC 内力为零。

51. C 【考点】平面运动方程求速度与加速度

【解析】速度 $v = S' = 4t^3 - 9t^2 + 4t$，当 $t = 2\text{s}$ 时 $v = 4\text{m/s}$。加速度 $a = v' = 12t^2 - 18t + 4$，当 $t = 2\text{s}$ 时 $a = 16\text{m/s}^2$。

52. B 【考点】圆周运动

【解析】法向加速度 $a = \dfrac{v^2}{r} = \dfrac{2v^2}{d} = \dfrac{2 \times 15^2}{10}\text{m/s}^2 = 45\text{m/s}^2$。

53. C 【考点】平面运动速度与加速度

【解析】由图易知 A、B 运动状态完全相同，且 $O_1O_2 = AB$，因此 AB 杆内每一点的运动状态与 A、B 相同，M 可看成是绕 O_1O_2 中点的圆周运动，故 $v_M = r\omega$；$a_M^n = r\omega^2$；$a_M^t = r\alpha$。

54. C 【考点】圆周运动

【解析】由摩擦力提供向心力，为使物块与桌面之间不产生相对滑动，需满足条件：

$$\mu mg \geqslant m\frac{v^2}{r} \Rightarrow v \leqslant \sqrt{g\mu r}$$

55. C 【考点】力的做功

【解析】重力方向没有位移，所以重力做功为零；摩擦力做功为

$$W = f \cdot s = \mu mg \cdot s = 0.3 \times 10 \times 4 = 12\text{N} \cdot \text{m}$$

56. C 【考点】动量矩定理

【解析】根据动量矩定理，列出每个图对滑轮中心的动量矩方程

$$\frac{\mathrm{d}}{\mathrm{d}t}(J\omega_1) = 1 \times r$$

$$\frac{\mathrm{d}}{\mathrm{d}t}[J\omega_2 + (m_2 + m_3)v_2 r] = (m_2 - m_3)gr$$

$$\frac{\mathrm{d}}{\mathrm{d}t}(J\omega_3 + m_3 v_3 r) = m_3 gr$$

式中，$J = \dfrac{1}{2}m_1 r^2$，$v_i = \omega_i r$，$\dfrac{\mathrm{d}\omega_i}{\mathrm{d}t} = \alpha_i$，$i = 1, 2, 3$。

解得：$\alpha_1 = \dfrac{r}{J}$，$\alpha_2 = \dfrac{r}{J + (m_2 + m_3)r^2}$，$\alpha_3 = \dfrac{r}{J + m_3 r^2}$

故 $\alpha_2 < \alpha_3 < \alpha_1$。

57. D 【考点】达朗贝尔原理

【解析】设该瞬时杆质心的加速度为 a，方向向下。则该均质细杆惯性力 $F_{IO} = ma$，方向

向上，杆 OA 的附加动反力即 F_{IO}，方向向上。向 O 点简化，则 O 点虚加向上的惯性力 $F_{IO}=ma$，虚加逆时针惯性力偶 $M_{IO}=J_O\alpha=(ml^2/3)\cdot[a/(l/2)]=2mla/3$。根据动静法对 O 点取矩，由 $\sum M_O(F)=0$，$mgl/2-M_{IO}=0$，解得 $a=3g/4$。因此，该均质细杆惯性力 $F_{IO}=3mg/4(\uparrow)$，即轴承 O 加于杆 OA 的附加动反力为 $3mg/4(\downarrow)$。

58. D 【考点】振动

【解析】设图(a)斜面倾角为 α，平衡状态下弹簧变形为 δ_{st}，由 $k\delta_{st}=mg\sin\alpha$，解得 $\delta_{st}=mg\sin\alpha/k$。设物块沿斜面从平衡点向下运动 x，此时加速度沿斜面向上，则惯性力 $F=-m\mathrm{d}^2x/\mathrm{d}t^2$ 沿斜面向下，列出物块沿截面的运动微分方程为：$-m\ \mathrm{d}^2x/\mathrm{d}t^2+mg\sin\alpha=k(\delta+x)$，化简得 $m\mathrm{d}^2x/\mathrm{d}t^2+kx=0$，即物块运动微分方程与倾角 α 无关，故图(a)固有圆频率：$\omega=\sqrt{\dfrac{k}{m}}$；对于图(b)，两弹簧串联的等效刚度为：$\dfrac{1}{1/k+1/k}=\dfrac{k}{2}$；其固有圆频率：$\omega=\sqrt{\dfrac{k}{2m}}$。

59. B 【考点】轴向拉压

【解析】画出杆件轴力图如图所示，故杆件最大轴力为5kN。

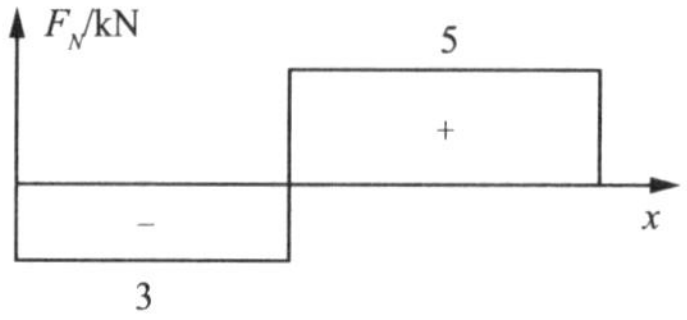

题59解图

60. A 【考点】轴向拉压

【解析】设 C 截面的位移向右为正，则：$\Delta_C=\dfrac{FL}{EA}-\dfrac{FL}{2EA}=\dfrac{FL}{2EA}$。

61. D 【考点】剪切

【解析】剪切面积为 πdt，剪切应力为：$\tau=F/(\pi dt)\leqslant[\tau]$。因此，$t\geqslant F/(\pi d[\tau])=10^6/(\pi\times0.5\times1.5\times10^6)=0.424\text{m}$。

62. D 【考点】扭转

【解析】圆杆扭转角计算公式为：$\varphi=TL/GI_P$。式中，圆截面极惯性矩 $I_P=\pi d^4/32$。当 $d_1=d/2$ 时，$I_{P1}=[\pi(d/2)^4]/32=I_P/16$，则 $\varphi_1=16\varphi$。

63. A 【考点】惯性矩计算和平移轴定理

【解析】整个完整的圆截面对 z 轴的惯性矩为 $I_{z1}=\dfrac{\pi d^4}{64}$，空白矩形对 z 轴的惯性矩为 $I_{z2}=\dfrac{bh^3}{12}+bh\times\left(\dfrac{h}{2}\right)^2=\dfrac{bh^3}{3}$，则 $I_z=\dfrac{\pi d^4}{64}-\dfrac{bh^3}{3}$。

64. A 【考点】扭转

【解析】根据题意，圆轴表面剪应变为 γ，则根据剪切胡克定律，求得圆轴表面最大剪应力 $\tau_{\max}=G\gamma$。再根据扭转剪应力计算公式 $\tau_{max}=T/W_T$，代入 $\tau_{\max}=G\gamma$ 可解得：$T=G\gamma W_T$。

65. A 【考点】弯曲变形

【解析】依题，列出方程：$\begin{cases} m = m_{上} + m_{下} \\ \dfrac{m_{上} L^2}{2EI_{上}} = \dfrac{m_{下} L^2}{2EI_{下}} \end{cases}$，式中，$I = \dfrac{bh^3}{12}$。可得：$I_{下} = 8I_{上}$，$m_{上} = \dfrac{m}{9}$。

66. D 【考点】组合变形

【解析】当集中力作用线经过形心时，形心主轴是 y' 和 z'，有沿两个形心主轴 y'、z' 方向的双向弯曲，因等边角钢截面的弯曲中心在两个狭长矩形边中线的交点上，与形心不重合，集中力 F 作用线不通过弯曲中心，故还会产生扭转。

67. C 【考点】组合变形

【解析】由第三强度理论得：$\sigma_{eq3} = \sqrt{\sigma^2 + 4\tau^2}$。式中，$\sigma = \dfrac{F}{A} = \dfrac{F}{\pi d^2/4} = \dfrac{4F}{\pi d^2}$；$\tau = \dfrac{T}{W_t} = \dfrac{16T}{\pi d^3}$。代入各参数得：$\sigma_{eq3} = \sqrt{\left(\dfrac{4F}{\pi d^2}\right)^2 + 4\left(\dfrac{16T}{\pi d^3}\right)^2}$。

68. D 【考点】应力状态强度理论

【解析】A 项，$\sigma_1 = \sigma$，$\sigma_2 = \sigma$，$\sigma_3 = 0$，则 $\tau_{max} = (\sigma - 0)/2 = \sigma/2$。B 项，$\sigma_1 = \sigma$，$\sigma_2 = 0$，$\sigma_3 = -\sigma$，则 $\tau_{max} = (\sigma - (-\sigma))/2 = \sigma$。C 项，$\sigma_1 = 2\sigma$，$\sigma_2 = 0$，$\sigma_3 = -\sigma/2$，则 $\tau_{max} = (2\sigma - (-\sigma/2))/2 = 5\sigma/4$。D 项，$\sigma_1 = 3\sigma$，$\sigma_2 = \sigma$，$\sigma_3 = 0$，则 $\tau_{max} = (3\sigma - 0)/2 = 3\sigma/2$，故选 D 项。

69. C 【考点】应力状态分析

【解析】根据右手定则扭矩 T 为正，故 A 点受正切应力；由 F 引起的弯矩在 A 处受拉，故 A 受拉应力。

70. C 【考点】压杆稳定

【解析】由临界荷载 $F_{cr} = \dfrac{\pi^2 EI}{(\mu l)^2}$，$\mu l$ 为压杆的计算长度。图 a 中 $\mu l = 1 \times 5 = 5\text{m}$；图 b 中 $\mu l = 2 \times 3 = 6\text{m}$；图 c 中 $\mu l = 0.7 \times 6 = 4.2\text{m}$，经比较可知 $F_{crc} > F_{cra} > F_{crb}$。

71. C 【考点】流体的主要物性

【解析】压力表通过表内的敏感元件(波登管、膜盒、波纹管)的弹性形变，再由表内机芯的转换机构将压力形变传导至指针，引起指针转动来显示压力。由于压力表在无压力时(处于大气压强下)读数为 0，故其测得的读数均为相对压强。

72. B 【考点】恒定流

【解析】设此截面的面积为 A，根据流量公式 $Q = \dfrac{A \cdot v \cdot t}{t} = Av$ 得：$A = \dfrac{Q}{v} = \dfrac{15 \times 10^{-3}}{20}\text{m}^2 = 0.75 \times 10^{-3}\text{m}^2$，又因为 $A = \dfrac{\pi d^2}{4}$，得：$d = \sqrt{\dfrac{4A}{\pi}} = \sqrt{\dfrac{4 \times 0.75 \times 10^{-3}}{\pi}}\text{m} = 30.9\text{mm} \approx 31\text{mm}$。

73. B 【考点】流体阻力与能量损失

【解析】雷诺数 $Re = vd/\nu$，式中 ν 为运动粘滞系数，单位为 m^2/s。因此，本题雷诺数 $Re = (10 \times 5)/0.18 = 277.8$，沿程损失系数 $\lambda = 64/Re = 64/277.8 = 0.23$。本题题干所给的是运动粘滞系数，需要区别于动力粘滞系数 μ，单位为 $\text{kg}/(\text{m} \cdot \text{s})$，二者关系为：$\nu = \mu/\rho$。因此，若题干提供的是动力粘滞系数，则使用公式 $Re = v\rho d/\mu$ 求雷诺数。

74. D 【考点】管嘴恒定流

【解析】首先求出水流速 v，根据能量守恒定理 $m_{水}gH_0=\frac{1}{2}m_{水}v^2$，解得：$v=\sqrt{2gH_0}$。

则出口流量为：

$$Q=\varphi_n Av=0.82\times\frac{\pi d^2}{4}\times\sqrt{2\times9.8\times7.5}=0.013\text{m}^3/\text{s}$$

75. D 【考点】孔口恒定流

【解析】孔口自由出流和淹没出流的流量公式均为：$Q=\mu A\sqrt{2gH_0}$。两者各项系数值相同，不同的是自由出流的 H_0 是水面至孔口形心的高度，淹没出流的 H_0 是上下游水面高差，但均为有效作用水头。因此两者流量系数相等，流量相等。

76. B 【考点】明渠恒定流

【解析】明渠均匀流 $J=i$，根据谢才公式 $v=C\sqrt{RJ}$和曼宁公式 $C=\frac{R^{1/6}}{n}$，推导得：$v=\frac{1}{n}R^{2/3}\sqrt{i}=\frac{1}{0.02}\times1\times\sqrt{0.0008}=1.4\text{m/s}$。

77. C 【考点】渗流

【解析】达西定律是指描述饱和土中水的渗流速度与水力坡降呈线性关系，即 $v=kJ$。适用条件为均质土壤（k 为定值），层流（水头损失与流速的一次方成正比）。

78. B 【考点】相似原理

【解析】几何相似是指模型流动与原型流动中的固体边界形状相似，对应的线性尺度比例相同；运动相似是指模型流动与原型流动在所有对应点上、对应时刻的速度场相似，也就是同名速度方向一致，大小成同一比例；动力相似是指模型流动与原型流动在对应时刻的所有对应点处，作用在流体微团上的各种同名力方向一致，大小成一定比例。几何相似是流体动力相似的前提，动力相似是决定运动相似的主导因素，而运动相似则是几何相似和动力相似的表象。

79. B 【考点】电磁学概念及右手螺旋定则

【解析】在磁路中，磁场强度的计算公式为 $H=NI/L$，其中 L 为有效磁路长度。本题中铁芯环路的长度为 $L=2\pi r$，根据右手螺旋定则，磁场方向为顺时针，磁场强度方向与磁场方向相同，故磁场强度的方向为顺时针。

80. D 【考点】基尔霍夫定律

【解析】通常在列写基尔霍夫电压方程时，若沿回路方向遇到电压降，则该电压前面取“+”，反之取“-”。在该电路中，有电压源、电流源和电阻三个电路元件，按逆时针绕行方向，所遇到的都是电压降，则可列出该电路的 KVL 方程：$U+2I+2=0$，其中 $I=2\text{A}$，解得：$U=-2\times2-2=-6\text{V}$。

81. B 【考点】支路电流法

【解析】在图示电路中，共有 a、b、c、d 4 个结点，6 条支路，所以 KCL 的独立方程数为 $4-1=3$ 个，KVL 的独立方程数为 $6-(4-1)=3$ 个，因此 AD 项排除。选支路时，必须包含新的支路，否则列出的 KVL 回路方程不独立。B 项，回路①、②、③相互独立，符合要求。C 项，回路①、②、④不相互独立，由任意两个回路的 KVL 方程能够得到第三个回路的 KVL 方程。

82. C 【考点】电流信号的基本表达形式

【解析】电流信号可以用三角函数描述，即 $i(t)=A\sin(\omega t+\varphi)$，A 为电流信号的幅值，$\omega$ 为角频率，$\omega=\dfrac{2\pi}{T}$，φ 为初相位，题中有效值 $I=0.5\text{A}$，$T=1\text{ms}$，$t=0$ 时，$i=0.5\sqrt{2}$ A，所以幅值 $A=0.5\sqrt{2}\text{A}$，$\omega=\dfrac{2\pi}{T}=\dfrac{2\pi}{0.001}=2000\pi$，$t=0$ 时，$\sin\varphi=1$，$\varphi=90°$，所以该电流信号的时间函数描述为 $i(t)=0.5\sqrt{2}\sin(2000\pi t+90°)\text{A}$。

83. D 【考点】电路的频率响应

【解析】由波特图可知，$\omega=100\text{rad/s}$ 时，输出不发生衰减，$\omega=10^4\text{rad/s}$，输出衰减为输入的 0.1 倍，所以 $U_{o1}/U_{o2}=10$，故 $U_{o1}=10\text{V}$，$U_{o2}=1\text{V}$。

84. A 【考点】功率因数的提高

【解析】画相量图分析，如解图所示。

由于 $\dot{I}_2=\dot{I}_N+\dot{I}_{C2}$，$\dot{I}_1=\dot{I}_N+\dot{I}_{C1}$，$|\dot{I}_{C1}|>|\dot{I}_{C2}|$，$I_C=U/X_C=U/(1/\omega C)=U\omega C\propto C$。

有 $I_{C1}>I_{C2}$，所以 $C_1>C_2$。功率因数在 $\lambda<0$ 时电路出现过补偿，呈容性性质，一般不采用。

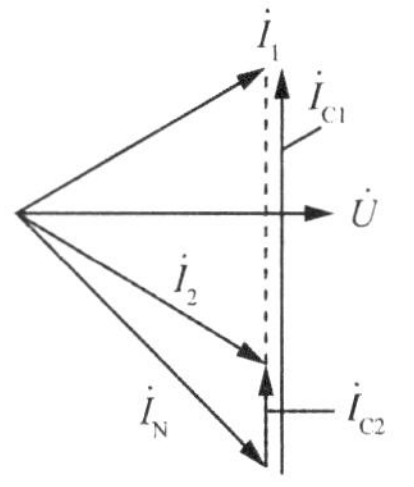

题 84 解图

85. C 【考点】理想变压器

【解析】变压器初级线圈与次级线圈的电压比为匝数比，即$\dfrac{U_1}{U_2}=\dfrac{N_1}{N_2}$。已知 $N_1=550$ 匝，$U_1=100\text{V}$ 时。当 $U_2=10\text{V}$ 时，$U_1/U_2=N_1/N_2=10$，则 $N_2|_{10\text{V}}=55$ 匝。当 $U_2=20\text{V}$ 时，$U_1/U_2=N_1/N_2=5$，则 $N_2|_{20\text{V}}=110$ 匝。

86. C 【考点】【考点】电动机的过载保护

【解析】三相异步电动机的过载保护通常借助热继电器 FR 来完成。它的主要电器部分是过载检测元件(又称热元件)和过载动作触点。热继电器常闭触点串接在控制电路的干路上，它的热元件则串接在电动机的主电路中。当电机过载时，过载电流通过热元件后，使热元件的双金属片加热弯曲去推动执行机构来带动其常闭触点动作，从而将电动机控制电路断开，实现电动机断电停车，起到过载保护的作用。由于双金属片受热弯曲过程中，热量的传递需要较长的时间，因此热继电器不能用作短路保护，而只能用作过载保护。

87. A 【考点】模拟信号和数字信号的概念

【解析】由观测所得到的各种原始形态时间信号(如图(a))必须转化为电信号(如图(b))才能加以处理，通常，由原始时间信号转换而来的电信号就称为模拟信号。图(c)只有采样，未经过量化和编码，所以不能称为是图(b)的数字信号。

88. B 【考点】周期信号的傅里叶级数展开

【解析】根据周期信号的傅里叶级数的收敛性，各次谐波的幅值是不相等的，谐波频率越高其幅值越小。本题中一次谐波分量为 $5\sin10^3\text{t}\text{V}$，即幅值 $U_1=5\text{V}$，角频率为 $\omega_1=10^3$。故三次谐波幅值 $U_3<5\text{V}$，其频率为一次谐波分量频率的 3 倍，即 $3\omega_1=3\times10^3$。所以正确选项为 B。

89. B 【考点】放大器的幅频特性

【解析】$u_1(t)=\sqrt{2}U_{11}\sin 2\pi ft+\cdots\cdots+\sqrt{2}U_{1n}\sin 2n\pi ft$，$u_1(t)$的最高频率为 nf。使输出信号 $u_2(t)$不出现频率失真，那么 f_H 应大于 $u_1(t)$的最高频率。即 $f_H>nf$。

频率失真：在放大电路的输入信号是多频信号时，如果放大电路对信号的不同频率分量具有不同的增益幅值（电压放大倍数），就会导致输出波形发生失真，称为幅度失真；如果相对相移发生变化，称为相位失真，这两者统称为频率失真。

90. C 【考点】逻辑代数的运算法则

【解析】利用反演律：$\overline{A+B}=\overline{A}\,\overline{B}$，$\overline{AB}=\overline{A}+\overline{B}$，再经过计算可得：

$$\begin{aligned}\overline{AD+\overline{A}\,\overline{D}}&=\overline{AD}\cdot\overline{\overline{A}\,\overline{D}}\\&=(\overline{A}+\overline{D})(A+D)\\&=A\overline{A}+A\overline{D}+\overline{A}D+D\overline{D}\\&=\overline{A}D+A\overline{D}\end{aligned}$$

91. A 【考点】逻辑运算

【解析】$A=00100110$，$B=01101001$，$A+B=01101111$，取反得 10010000，故选 A。或者直接判断 $F=\overline{A+B}$为或非门，画出波形。

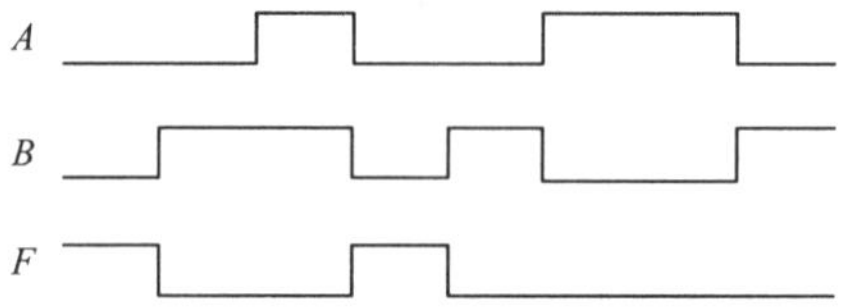

题 91 解图

92. B 【考点】数制转换

【解析】BCD 码又称二 - 十进制代码（8421 码），用 4 位二进制数来表示 1 位十进制数中的 0 ~ 9 这 10 个数码。是一种二进制的数字编码形式，用二进制编码的十进制代码。BCD 码这种编码形式利用了四位二进制数来储存一位十进制的数码，使二进制和十进制之间的转换得以快捷的进行。1→0001，6→0110，因此 16 的 BCD 码为 00010110。十进制与 BCD 码的转换关系（见题 92 解表）：

题 92 解表

0	0000	5	0101
1	0001	6	0110
2	0010	7	0111
3	0011	8	1000
4	0100	9	1001

93. B 【考点】二极管单向导电性

【解析】因为 $u_A=1\text{V}$，$u_B=5\text{V}$，则 $u_B>u_A$，且两个二极管阴极连在一起，所以 D_2 优先导通。又因二极管为理想器件，其正向压降为 0V，则 $u_B=u_F=5\text{V}$。当 D_2 导通后，D_1 因反偏而截止。在这里，D_2 起到钳位作用，将输出端电位钳制在 +5V。

94. D 【考点】运算放大器在信号运算方面的应用

【解析】由图可知，此运算放大器电路为反向积分电路。

$$u_o = -\frac{1}{RC}\int u_i \mathrm{d}t = -\int 1\mathrm{d}t = -t$$

由于 $u_{oM} = \pm 10\text{V}$，在 $0 \leqslant t < 10\text{s}$ 时，为 $-t$；在 $t \geqslant 10\text{s}$ 后，电容充电结束，输出电压 u_o 保持在 -10V。

95. C 【考点】D 触发器

【解析】图(a)的触发器为下降沿触发的 D 触发器，它的输出在 cp 下降沿到来的时刻跟随输入的变化，即 $Q_{n+1} = D$。在 cp 第一个下降沿到来之前复位信号 $\overline{R}_D$ 清零，此时 $Q=0$，$\overline{Q}=1$。在第一个下降沿到来前，$A=1$，$\overline{Q}=1$，$D=A\overline{Q}=1$，则 $Q_{n+1}=D=1$；第二个下降沿到来前，$A=0$，$\overline{Q}=0$，$D=A\overline{Q}=0$，则有 $Q_{n+1}=D=0$。由于该触发器只在下降沿触发，在上升沿触发器状态不变，故在第一、二个下降沿时输出 Q 先后等于1、0。

96. A 【考点】时序逻辑电路的分析

【解析】由逻辑图可知，三个触发器均为下降沿触发的 D 触发器。工作之初由复位信号 $\overline{R}_D$、$\overline{S}_D$ 设置触发器的初始状态。$\overline{S}_D=0$ 触发器初态为 1，$\overline{R}_D=0$ 触发器初态为 0。$F_2F_1F_0$ 三个触发器初始信号 $Q_2Q_1Q_0$ 为 101，输入信号 $D_2=Q_1=0$，$D_1=Q_0=1$，$D_0=Q_2=1$。由输入信号 D 的状态及其逻辑状态表可得第一个时钟脉冲的下降沿到来时 $Q_2Q_1Q_0$ 为 011，按照此规律，接下来的时钟脉冲下降沿时刻到来时 $Q_2Q_1Q_0$ 依次被置为 110、101、011、110、…，可见这是一个循环左移寄存器。

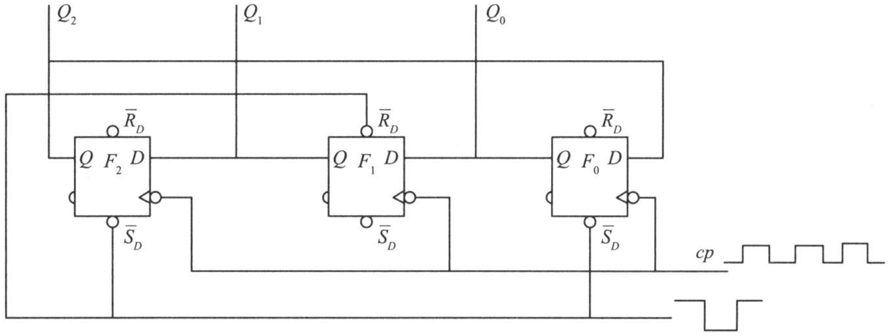

题96解图

97. A 【考点】计算机系统

【解析】计算机是现代人发明的可以进行数字运算的电子机器。按用途可以分为专业计算机和通用计算机。

98. A 【考点】计算机系统

【解析】内存储器又称为内存，通常也泛称为主存储器，是计算机中的主要部件，它是相对于外存而言的。一般常用的微型计算机的存储器有磁芯存储器和半导体存储器，微型机的内存都采用半导体存储器。

99. B 【考点】常用操作系统

【解析】批处理操作系统是指将用户的一批作业有序地排列在一起，形成一个庞大的作业流。计算机指令系统会自动地顺序执行作业流，以节省人工操作时间和提高计算机的使用效率。

100. D 【考点】计算机系统

【解析】杀毒软件，又称反病毒软件或防毒软件，是用于消除电脑病毒、特洛伊木马和恶意软件等计算机威胁的一类软件。杀毒软件通常集成监控识别、病毒扫描和清除和自动升级等功能，有的杀毒软件还带有数据恢复等功能，是计算机防御系统的重要组成部分。

101. B 【考点】ASCII 编码

【解析】字符主要是指数字、字母、通用符号等，在计算机内它们都被转化成计算机能够识别的二进制编码形式。这些字符编码方式有很多种，国际上广泛采用的是美国国家信息交换标准代码，简称 ASCII 码。

102. C 【考点】常用操作系统

【解析】Windows 操作系统由微软公司开发，大多数用于我们平时的台式电脑和笔记本电脑。Windows 操作系统有着良好的用户界面和简单的操作。Windows 之所以取得成功，主要在于它具有以下优点：直观、高效的面向对象的图形用户界面，易学易用。Windows 是一个多任务的操作环境，它允许用户同时运行多个应用程序，或在一个程序中同时做几件事情。虽然同一时刻计算机可以运行多个应用程序，但仅有一个是处于活动状态的，其标题栏呈现高亮颜色。一个活动的程序是指当前能够接收用户键盘输入的程序。

103. D 【考点】常用操作系统

【解析】虚拟存储，就是把内存与外存有机地结合起来使用，从而得到一个容量很大的"内存"，这就称之为虚拟存储。

104. D 【考点】计算机网络

【解析】计算机网络为分布在各地的用户提供了强有力的通信手段。用户可以通过计算机网络传送电子邮件，发布新闻消息和进行电子商务活动。

105. D 【考点】计算机网络

【解析】作为世界上最大的信息资源数据库和最廉价的通讯方式，Internet 为用户获取相关信息提供了许多服务，其中最常见的有：电子邮件（E-mail）、远程登录（Telnet）、文件传输（FTP）、网络新闻（News）、信息检索等。

106. A 【考点】计算机网络

【解析】按照网络覆盖的地理范围大小，可以将网络分为局域网、城域网和广域网。根据所使用的传输技术，可以将网络分为广播式网络和点对点网络。

107. B 【考点】等额支付偿债基金公式

【解析】等额支付偿债基金是指为了未来偿还一笔债务 F，每期期末预先准备的年金。等额支付偿债基金公式：$A=F(A/F,\ i,\ n)=F(A/F,\ i,\ n)=600\times(A/F,\ 5\%,\ 5)=108.58$（万元）。

108. B 【考点】投资项目现金流量分析不考虑的税种

【解析】从企业的角度进行投资项目现金流量分析时，可不考虑增值税，因为增值税是价外税，不进入企业成本也不进入销售收入。

【说明】执行新的《中华人民共和国增值税暂行条例》以后，为了体现固定资产进项税抵扣导致企业应纳增值税的降低进而致使净现金流量增加的作用，应在现金流入中增加销项税额，同时在现金流出中增加进项税额以及应纳增值税。

109. A 【考点】等额支付资金回收公式

【解析】借款为 150 万元，年利率 8%，期限为 5 年，年还款额：$A=P\times(A/P, 8\%, 5)=150\times(A/P, 8\%, 5)=37.575$(万元)。第一年还款利息为：$150\times8\%=12$(万元)；偿还本金为：$37.575-12=25.575$(万元)。第二年利息为：$(150-25.575)\times8\%=9.954$(万元)。

110. D 【考点】内部收益率

【解析】A 项，内部收益率是使项目净现值为零时的折现率，也是考查项目在计算期内盈利能力的主要动态评价指标。B 项，采用内部收益率指标评价项目方案时，其判定准则为：设基准收益率为 i_c。若 $IRR\geqslant i_c$，则方案在经济效果上可以接受；反之，则不能接受。CD 两项，图中净现值曲线与横坐标的交点所对应的利率就是内部收益率 IRR。介绍净现值指标时，需要事先给出基准收益率或者设定一个折现率 i，对于一个具体的项目，采用不同的折现率 i 计算净现值 NPV，可以得出不同的 NPV 值。NPV 与 i 之间的函数关系称为净现值函数。如图所示，图中净现值曲线与横坐标的交点所对应的利率就是内部收益率 IRR。

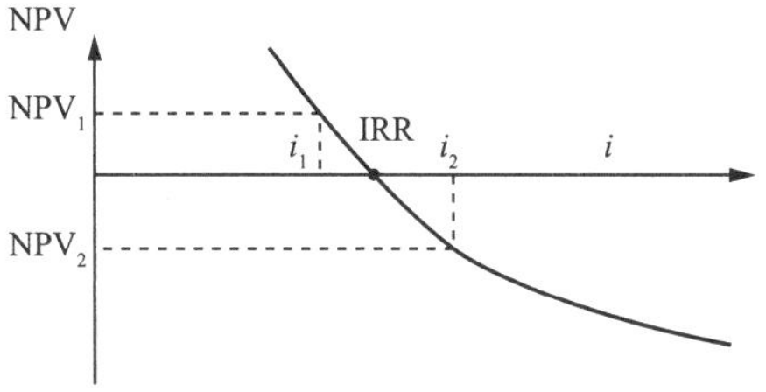

题 110 解图

111. B 【考点】影子价格

【解析】影子价格是计算经济费用效益分析中投入物或产出物所使用的计算价格，是社会处于某种最优状态下，能够反映社会劳动消耗、资源稀缺程度和最终产品需求状况的一种计算价格。影子价格应能够反映项目投入物和产出物的真实经济价值。

112. A 【考点】盈亏平衡分析

【解析】盈亏平衡分析就是通过计算项目达产年的盈亏平衡点，分析项目收入与成本费用的平衡关系，判断项目对产品数量变化的适应能力和抗风险能力。盈亏平衡点是项目方案在产量、单价、成本等方面的临界点，盈亏平衡点是企业盈利与亏损的转折点，在该点上销售收入(扣除销售税金及附加)正好等于总成本费用。盈亏平衡点越低，项目盈利可能性越大，抗风险能力越强。

113. C 【考点】费用现值

【解析】费用现值是指采用基准收益率计算费用的净现值。本题中，现时点投资和每年运行成本均为现金流出，而净残值为现金流入。甲、乙方案费用现值计算分别如下：$PC_{甲}=25+4\times(P/A, 20\%, 20)-8\times(P/F, 20\%, 20)=44.27$(万元)；$PC_{乙}=12+6\times(P/A, 20\%, 20)-6\times(P/F, 20\%, 20)=41.06$(万元)。

114. D 【考点】价值系数法

【解析】价值系数法中，价值系数 = 功能系数/成本系数。其中，成本系数 = 零部件成本/各零部件成本总和。本题中，成本系数 = 880/10000 = 0.088，则价值系数 = 功能系数/成本系数 = 0.140/0.088 = 1.591。

115. B 【考点】中华人民共和国建筑法

【解析】根据《中华人民共和国建筑法》规定，A 项，工程监理单位应当在其资质等级许可的监理范围内，承担工程监理业务。工程监理单位应当根据建设单位的委托，客观、公正地执行监理任务。C 项，工程监理单位与被监理工程的承包单位以及建筑材料、建筑构配件和设备供应单位不得有隶属关系或者其他利害关系。D 项，工程监理单位不得转让工程监理业务。

116. A 【考点】中华人民共和国安全生产法

【解析】《中华人民共和国安全生产法》第六十三条规定，负有安全生产监督管理职责的部门依照有关法律、法规的规定，对涉及安全生产的事项需要审查批准(包括批准、核准、许可、注册、认证、颁发证照等，下同)或者验收的，必须严格依照有关法律、法规和国家标准或者行业标准规定的安全生产条件和程序进行审查；不符合有关法律、法规和国家标准或者行业标准规定的安全生产条件的，不得批准或者验收通过。对未依法取得批准或者验收合格的单位擅自从事有关活动的，负责行政审批的部门发现或者接到举报后应当立即予以取缔，并依法予以处理。对已经依法取得批准的单位，负责行政审批的部门发现其不再具备安全生产条件的，应当撤销原批准。

117. B 【考点】中华人民共和国招标投标法

【解析】《中华人民共和国招标投标法》第三十一条规定，两个以上法人或者其他组织可以组成一个联合体，以一个投标人的身份共同投标。联合体各方均应当具备承担招标项目的相应能力；国家有关规定或者招标文件对投标人资格条件有规定的，联合体各方均应当具备规定的相应资格条件。由同一专业的单位组成的联合体，按照资质等级较低的单位确定资质等级。

118. A 【考点】中华人民共和国合同法

【解析】《中华人民共和国合同法》第六十二条第二款规定，价款或者报酬不明确的，按照订立合同时履行地的市场价格履行；依法应当执行政府定价或者政府指导价的，按照规定履行。(《合同法》自 2021 年 1 月 1 日起已废止，此条文已合并到《民法典》第五百一十一条第二款)

119. A 【考点】中华人民共和国环境保护法

【解析】《环境保护法》第三十五条规定，城乡建设应当结合当地自然环境的特点，保护植被、水域和自然景观，加强城市园林、绿地和风景名胜区的建设与管理。

120. B 【考点】建设工程安全生产管理条例

【解析】《建设工程安全生产管理条例》第二十一条规定，施工单位主要负责人依法对本单位的安全生产工作全面负责。施工单位应当建立健全安全生产责任制度和安全生产教育培训制度，制定安全生产规章制度和操作规程，保证本单位安全生产条件所需资金的投入，对所承担的建设工程进行定期和专项安全检查，并做好安全检查记录。

ACD 三项为施工单位项目负责人应当承担的责任；而 B 项才是施工单位主要负责人应当承担的责任。在实际工作中，施工单位项目负责人指项目经理，明确是建造师；主要负责人一般是法人代表或者总经理。

2017年全国勘察设计注册工程师执业资格考试《公共基础考试》真题

单项选择题(共120题，每题1分。每题的备选项中只有一个最符合题意)

1. 要使得函数$f(x)=\begin{cases}\dfrac{x\ln x}{1-x} & x>0 \text{ 且 } x\neq 1\\ a & x=1\end{cases}$在$(0,\ +\infty)$上连续，则常数$a$等于(　　)。

A. 0　　B. 1　　C. -1　　D. 2

2. 函数$y=\sin\dfrac{1}{x}$是定义域内的(　　)。

A. 有界函数　　B. 无界函数　　C. 单调函数　　D. 周期函数

3. 设α、β均为非零向量，则下面结论正确的是(　　)。

A. $\alpha\times\beta=0$是α与β垂直的充要条件

B. $\alpha\cdot\beta=0$是α与β平行的充要条件

C. $\alpha\times\beta=0$是α与β平行的充要条件

D. 若$\alpha=\lambda\beta$(λ是常数)，则$\alpha\cdot\beta=0$

4. 微分方程$y'-y=0$满足$y(0)=2$的特解是(　　)。

A. $y=2e^{-x}$　　B. $y=2e^{x}$　　C. $y=e^{x}+1$　　D. $y=e^{-x}+1$

5. 设函数$f(x)=\int_{x}^{2}\sqrt{5+t^2}\,dt$，则$f'(1)$等于(　　)。

A. $2-\sqrt{6}$　　B. $2+\sqrt{6}$　　C. $\sqrt{6}$　　D. $-\sqrt{6}$

6. 若$y=y(x)$由方程$e^y+xy=e$确定，则$y'(0)$等于(　　)。

A. $-\dfrac{y}{e^y}$　　B. $\dfrac{-y}{x+e^y}$　　C. 0　　D. $-\dfrac{1}{e}$

7. $\int f(x)\,dx=\ln x+C$，则$\int\cos x f(\cos x)\,dx$等于(　　)。

A. $\cos x+C$　　B. $x+C$　　C. $\sin x+C$　　D. $\ln(\cos x)+C$

8. 函数$f(x,\ y)$在点$P_0(x_0,\ y_0)$处有一阶偏导数是函数在该点连续的(　　)。

A. 必要条件　　B. 充分条件

C. 充分必要条件　　D. 既非充分又非必要条件

9. 过点$(1,\ -2,\ 3)$且平行于z轴的直线的对称式方程是(　　)。

A. $\begin{cases}x=1\\ y=-2\\ z=3+t\end{cases}$　　B. $\dfrac{x-1}{0}=\dfrac{y+2}{0}=\dfrac{z-3}{1}$

C. $z=3$　　D. $\dfrac{x+1}{0}=\dfrac{y-2}{0}=\dfrac{z+3}{1}$

10. 定积分$\int_{\frac{1}{\pi}}^{\frac{2}{\pi}}\dfrac{\sin\frac{1}{x}}{x^2}\,dx$等于(　　)。

A. 0　　B. -1　　C. 1　　D. 2

11. 函数$f(x)=\sin\left(x+\frac{\pi}{2}+\pi\right)$在区间$[-\pi,\pi]$上的最小值点$x_0$等于(　　)。

A. $-\pi$　　B. 0　　C. $\frac{\pi}{2}$　　D. π

12. 设L是椭圆周$\begin{cases}x=a\cos\theta\\y=b\sin\theta\end{cases}$($a>0$，$b>0$)的上半椭圆周，取顺时针方向，则曲线积分$\int_L y^2\mathrm{d}x$等于(　　)。

A. $\frac{5}{3}ab^2$　　B. $\frac{4}{3}ab^2$　　C. $\frac{2}{3}ab^2$　　D. $\frac{1}{3}ab^2$

13. 级数$\sum_{n=1}^{\infty}\frac{(-1)^n}{a_n}$($a_n>0$)满足下列什么条件时收敛？(　　)

A. $\lim_{n\to\infty}a_n=\infty$

B. $\lim_{n\to\infty}\frac{1}{a_n}=0$

C. $\sum_{n=1}^{\infty}a_n$发散

D. a_n单调增且$\lim_{n\to\infty}a_n=+\infty$

14. 曲线$f(x)=x\mathrm{e}^{-x}$的拐点是(　　)。

A. $(2,2\mathrm{e}^{-2})$　　B. $(-2,-2\mathrm{e}^2)$　　C. $(-1,-\mathrm{e})$　　D. $(1,\mathrm{e}^{-1})$

15. 微分方程$y''+y'+y=\mathrm{e}^x$的一个特解是(　　)。

A. $y=\mathrm{e}^x$　　B. $y=\frac{1}{2}\mathrm{e}^x$　　C. $y=\frac{1}{3}\mathrm{e}^x$　　D. $y=\frac{1}{4}\mathrm{e}^x$

16. 若圆域D：$x^2+y^2\leqslant1$，则二重积分$\iint_D\frac{\mathrm{d}x\mathrm{d}y}{1+x^2+y^2}$等于(　　)。

A. $\frac{\pi}{2}$　　B. π　　C. $2\pi\ln2$　　D. $\pi\ln2$

17. 幂级数$\sum_{n=1}^{\infty}\frac{x^n}{n!}$的和函数$S(x)$等于(　　)。

A. e^x　　B. e^x+1　　C. e^x-1　　D. $\cos x$

18. 设$z=y\varphi\left(\frac{x}{y}\right)$，其中$\varphi(u)$具有二阶连续导数，则$\frac{\partial^2z}{\partial x\partial y}$等于(　　)。

A. $\frac{1}{y}\varphi''\left(\frac{x}{y}\right)$　　B. $-\frac{x}{y^2}\varphi''\left(\frac{x}{y}\right)$　　C. 1　　D. $\varphi'\left(\frac{x}{y}\right)-\frac{x}{y}\varphi''\left(\frac{x}{y}\right)$

19. 矩阵$A=\begin{pmatrix}0&0&-2\\0&3&0\\1&0&0\end{pmatrix}$的逆矩阵$A^{-1}$是(　　)。

A. $\begin{pmatrix}-\frac{1}{2}&0&0\\0&\frac{1}{3}&0\\0&0&1\end{pmatrix}$

B. $\begin{pmatrix}0&0&-\frac{1}{2}\\0&\frac{1}{3}&0\\1&0&0\end{pmatrix}$

C. $\begin{pmatrix} 0 & 0 & 1 \\ 0 & \frac{1}{3} & 0 \\ -\frac{1}{2} & 0 & 0 \end{pmatrix}$　　D. $\begin{pmatrix} 0 & 0 & 6 \\ 0 & 2 & 0 \\ 3 & 0 & 0 \end{pmatrix}$

20. 设 A 为 $m \times n$ 矩阵，则齐次线性方程组 $Ax=0$ 有非零解的充分必要条件是(　　)。

A. 矩阵 A 的任意两个列向量线性相关

B. 矩阵 A 的任意两个列向量线性无关

C. 矩阵 A 的任一列向量是其余列向量的线性组合

D. 矩阵 A 必有一个列向量是其余列向量的线性组合

21. 设 $\lambda_1=6$，$\lambda_2=\lambda_3=3$ 为三阶实对称矩阵 A 的特征值，属于 $\lambda_2=\lambda_3=3$ 的特征向量为 $\xi_2=(-1,\ 0,\ 1)^T$，$\xi_3=(1,\ 2,\ 1)^T$，则属于 $\lambda_1=6$ 的特征向量是(　　)。

A. $(1,\ -1,\ 1)^T$　B. $(1,\ 1,\ 1)^T$　C. $(0,\ 2,\ 2)^T$　D. $(2,\ 2,\ 0)^T$

22. 设 A、B、C 是三个事件，与事件 A 互斥的事件是(　　)。

A. $\overline{B \cup C}$　B. $\overline{A \cup B \cup C}$　C. $\overline{A}B+A\overline{C}$　D. $A(B+C)$

23. 设二维随机变量 $(X,\ Y)$ 的概率密度为 $f(x,\ y)=\begin{cases} e^{-2ax+by}, & x>0,\ y>0 \\ 0, & 其他 \end{cases}$，则常数 a、b 应满足的条件是(　　)。

A. $ab=-\frac{1}{2}$，且 $a>0$，$b<0$　B. $ab=\frac{1}{2}$，且 $a>0$，$b>0$

C. $ab=-\frac{1}{2}$，且 $a<0$，$b>0$　D. $ab=\frac{1}{2}$，且 $a<0$，$b<0$

24. 设 $\hat{\theta}$ 是参数 θ 的一个无偏估计量，又方差 $D(\hat{\theta})>0$，则下列结论中正确的是(　　)。

A. $(\hat{\theta})^2$ 是 θ^2 的无偏估计量

B. $(\hat{\theta})^2$ 不是 θ^2 的无偏估计量

C. 不能确定 $(\hat{\theta})^2$ 是还是不是 θ^2 的无偏估计量

D. $(\hat{\theta})^2$ 不是 θ^2 的估计量

25. 有两种理想气体，第一种的压强为 P_1，体积为 V_1，温度为 T_1，总质量为 M_1，摩尔质量为 μ_1；第二种的压强为 P_2，体积为 V_2，温度为 T_2，总质量为 M_2，摩尔质量为 μ_2，当 $V_1=V_2$，$T_1=T_2$，$M_1=M_2$ 时，则 $\frac{\mu_1}{\mu_2}$ 为(　　)。

A. $\frac{\mu_1}{\mu_2}=\sqrt{\frac{P_1}{P_2}}$　B. $\frac{\mu_1}{\mu_2}=\frac{P_1}{P_2}$　C. $\frac{\mu_1}{\mu_2}=\sqrt{\frac{P_2}{P_1}}$　D. $\frac{\mu_1}{\mu_2}=\frac{P_2}{P_1}$

26. 在恒定不变的压强下，气体分子的平均碰撞频率 $\overline{Z}$ 与温度 T 的关系为(　　)。

A. $\overline{Z}$ 与 T 无关　B. $\overline{Z}$ 与 $\sqrt{T}$ 成正比　C. $\overline{Z}$ 与 $\sqrt{T}$ 成反比　D. $\overline{Z}$ 与 T 成正比

27. 一定量的理想气体对外做了500J的功，如果过程是绝热的，气体内能的增量为(　　)。

A. 0　B. 500J　C. －500J　D. 250J

28. 热力学第二定律的开尔文表述和克劳修斯表述中(　　)。

A. 开尔文表述指出了功热转换的过程是不可逆的

B. 开尔文表述指出了热量由高温物体传向低温物体的过程是不可逆的

C. 克劳修斯表述指出通过摩擦而使功变成热的过程是不可逆的

D. 克劳修斯表述指出气体的自由膨胀过程是不可逆的

29. 已知平面简谐波的方程为 $y=A\cos(Bt-Cx)$，式中 A、B、C 为正常数，此波的波长和波速分别为(　　)。

A. $\frac{B}{C}$，$\frac{2\pi}{C}$　　B. $\frac{2\pi}{C}$，$\frac{B}{C}$　　C. $\frac{\pi}{C}$，$\frac{2B}{C}$　　D. $\frac{2\pi}{C}$，$\frac{C}{B}$

30. 对平面简谐波而言，波长 λ 反映(　　)。

A. 波在时间上的周期性　　B. 波在空间上的周期性

C. 波中质元振动位移的周期性　　D. 波中质元振动速度的周期性

31. 在波的传播方向上，有相距 3m 的两质元，两者的相位差为$\frac{\pi}{6}$，若波的周期为 4s，则此波的波长和波速分别为(　　)。

A. 36m 和 6m/s　　B. 36m 和 9m/s　　C. 12m 和 6m/s　　D. 12m 和 9m/s

32. 双缝干涉实验中，入射光的波长为 λ，用透明玻璃纸遮住双缝中的一条缝(靠近屏一侧)，若玻璃纸中光程比相同厚度的空气的光程大 2.5λ，则屏上原来的明纹处(　　)。

A. 仍为明条纹　　B. 变为暗条纹

C. 既非明条纹也非暗条纹　　D. 无法确定是明纹还是暗纹

33. 一束自然光垂直通过两块叠放在一起的偏振片，若两偏振片的偏振化方向间夹角由 α_1 转到 α_2，则转动前后透射光强度之比为(　　)。

A. $\frac{\cos^2\alpha_2}{\cos^2\alpha_1}$　　B. $\frac{\cos\alpha_2}{\cos\alpha_1}$　　C. $\frac{\cos^2\alpha_1}{\cos^2\alpha_2}$　　D. $\frac{\cos\alpha_1}{\cos\alpha_2}$

34. 若用衍射光栅准确测定一单色可见光的波长，在下列各种光栅常数中，最好选用(　　)。

A. 1.0×10^{-1}mm　　B. 5.0×10^{-1}mm　　C. 1.0×10^{-2}mm　　D. 1.0×10^{-3}mm

35. 在双缝干涉实验中，光的波长 600nm，双缝间距 2mm，双缝与屏的间距为 300cm，则屏上形成的干涉图样的相邻明条纹间距为(　　)。

A. 0.45mm　　B. 0.9mm　　C. 9mm　　D. 4.5mm

36. 一束自然光从空气投射到玻璃表面上，当折射角为 30°时，反射光为完全偏振光，则此玻璃板的折射率为(　　)。

A. 2　　B. 3　　C. $\sqrt{2}$　　D. $\sqrt{3}$

37. 某原子序数为 15 的元素，其基态原子的核外电子分布中，未成对电子数是(　　)。

A. 0　　B. 1　　C. 2　　D. 3

38. 下列晶体中熔点最高的是(　　)。

A. NaCl　　B. 冰　　C. SiC　　D. Cu

39. 将 $0.1\text{mol}\cdot\text{L}^{-1}$的 HOAc 溶液冲稀一倍，下列叙述正确的是(　　)。

A. HOAc 的解离度增大　　B. 溶液中有关离子浓度增大

C. HOAc 的解离常数增大　　D. 溶液的 pH 值降低

40. 已知 $K_b^{\ominus}(NH_3\cdot H_2O)=1.8\times10^{-5}$，将 $0.2\text{mol}\cdot\text{L}^{-1}$的$NH_3\cdot H_2O$ 溶液和 $0.2\text{mol}\cdot\text{L}^{-1}$的

HCl 溶液等体积混合，其溶液的 pH 为(　　)。

A. 5.12　　B. 8.87　　C. 1.63　　D. 9.73

41. 反应 A(s)+B(g)$\rightleftharpoons$C(g)的 $\Delta H<0$，欲增大其平衡常数，可采取的措施是(　　)。

A. 增大 B 的分压　　B. 降低反应温度

C. 使用催化剂　　D. 减小 C 的分压

42. 两个电极组成原电池，下列叙述正确的是(　　)。

A. 作正极的电极的 $E_{(+)}$值必须大于零

B. 作负极的电极的 $E_{(-)}$值必须小于零

C. 必须是 $E^{\ominus}_{(+)}>E^{\ominus}_{(-)}$

D. 电极电势 E 值大的是正极，E 值小的是负极

43. 金属钠在氯气中燃烧生成氯化钠晶体，其反应的熵变是(　　)。

A. 增大　　B. 减小　　C. 不变　　D. 无法判断

44. 某液态烃与溴水发生加成反应生成 2,3-二溴-2-甲基丁烷，该液态烃是(　　)。

A. 2-丁烯　　B. 2-甲基-1-丁烯

C. 3-甲基-1-丁烯　　D. 2-甲基-2-丁烯

45. 下列物质中与乙醇互为同系物的是(　　)。

A. $CH_2=CHCH_2OH$　　B. 甘油

C. —CH_2OH　　D. $CH_3CH_2CH_2CH_2OH$

46. 下列有机物不属于烃的衍生物的是(　　)。

A. $CH_2=CHCl$　　B. $CH_2=CH_2$　　C. $CH_3CH_2NO_2$　　D. CCl_4

47. 机构如图，杆 ED 的点 H 由水平绳拉住，其上的销钉 C 置于杆 AB 的光滑直槽中，各杆重均不计。已知 $F_P=10\text{kN}$。销钉 C 处约束力的作用线与 x 轴正向所成的夹角为(　　)。

A. 0　　B. 90°

C. 60°　　D. 150°

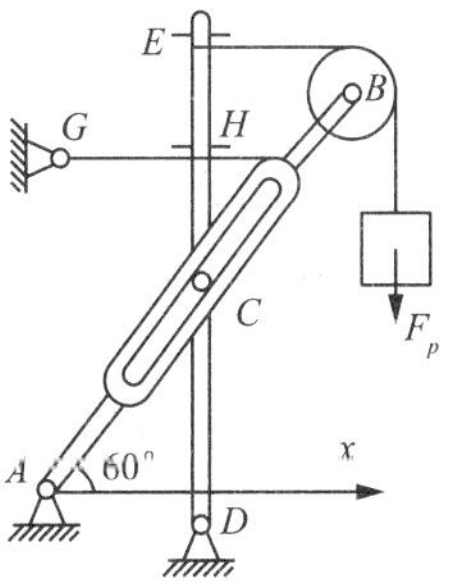

题 47 图

48. 力 F_1、F_2、F_3、F_4 分别作用在刚体上同一平面内的 A、B、C、D 四点，各力矢首尾相连形成一矩形如图示，该力系的简化结果为(　　)。

A. 平衡　　B. 一合力

C. 一合力偶　　D. 一力和一力偶

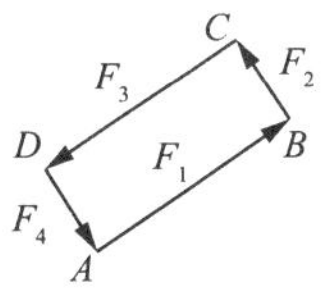

题 48 图

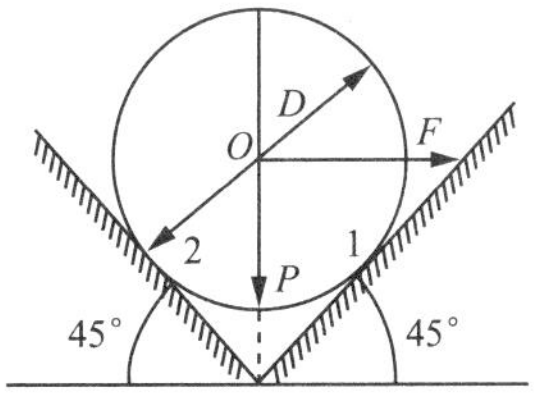

题 49 图

49. 均质圆柱体重 P，直径为 D，置于两光滑的斜面上。设有图示方向力 F 作用，当圆柱不移动时，接触面 2 处的约束力大小为(　　)。

A. $N_2 = \frac{\sqrt{2}}{2}(P - F)$　　B. $N_2 = \frac{\sqrt{2}}{2}F$

C. $N_2 = \frac{\sqrt{2}}{2}P$　　D. $N_2 = \frac{\sqrt{2}}{2}(P + F)$

50. 杆 AB 的 A 端置于光滑水平面上，AB 与水平面夹角为 30°，杆重为 P，如图所示，B 处有摩擦，则杆 AB 平衡时，B 处的摩擦力与 x 方向的夹角为(　　)。

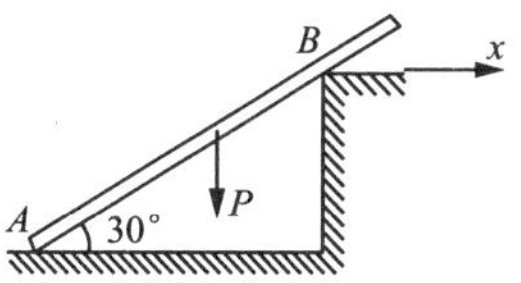

题 50 图

A. 90°　　B. 30°

C. 60°　　D. 45°

51. 点沿直线运动，其速度 $v = 20t + 5$。已知：当 $t = 0$ 时，$x = 5\text{m}$。则点的运动方程为(　　)。

A. $x = 10t^2 + 5t + 5$　　B. $x = 20t + 5$

C. $x = 10t^2 + 5t$　　D. $x = 20t^2 + 5t + 5$

52. 杆 OA 绕固定轴 O 转动，长为 l，某瞬时杆端 A 点的加速度 a 如题 52 图所示。则该瞬时 OA 的角速度及角加速度为(　　)。

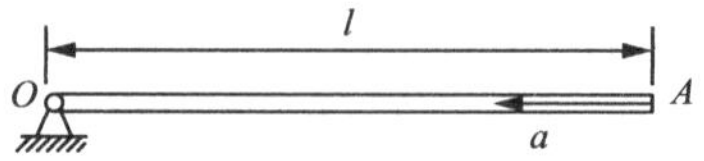

题 52 图

A. 0，$\frac{a}{l}$　　B. $\sqrt{\frac{a\cos\alpha}{l}}$，$\frac{a\sin\alpha}{l}$

C. $\sqrt{\frac{a}{l}}$，0　　D. 0，$\sqrt{\frac{a}{l}}$

53. 一绳缠绕在半径为 r 的鼓轮上，绳端系一重物 M，重物 M 以速度 v 和加速度 a 向下运动(如图)。则绳上两点 A、D 和轮缘上两点 B、C 的加速度是(　　)。

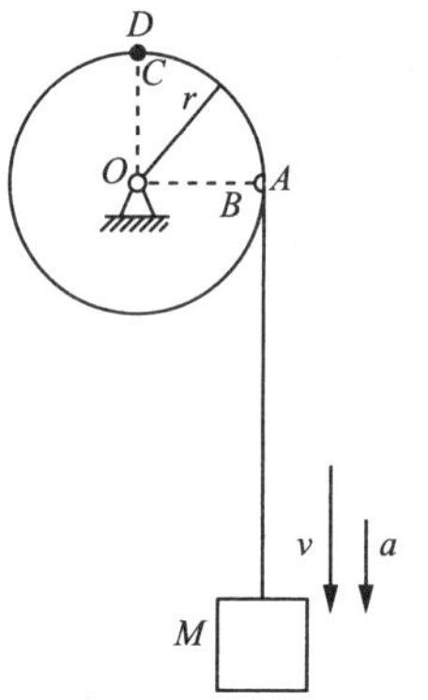

题 53 图

A. A、B 两点的加速度相同，C、D 两点的加速度相同

B. A、B 两点的加速度不相同，C、D 两点的加速度不相同

C. A、B 两点的加速度相同，C、D 两点的加速度不相同

D. A、B 两点的加速度不相同，C、D 两点的加速度相同

54. 汽车重 2800N，并以匀速 10m/s 的行驶速度，撞入刚性洼地，此路的曲率半径是 5m，取 $g = 10\text{m/s}^2$。则在此处地面给汽车的约束力大小为(　　)。

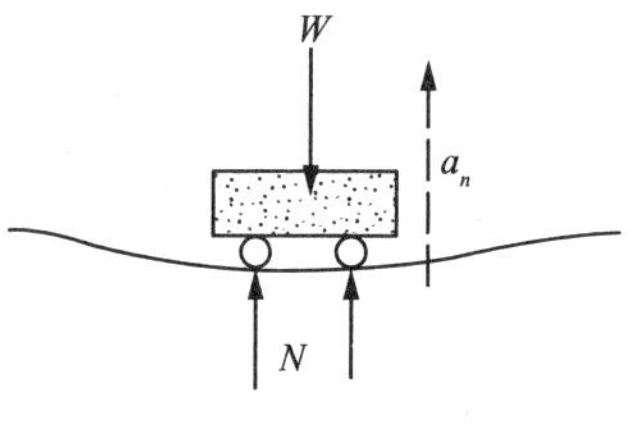

题 54 图

A. 5600N　　B. 2800N　　C. 3360N　　D. 8400N

55. 图示均质圆轮，质量 m，半径 R，由挂在绳上的重为 W 的物块使其绕质心轴 O 转动。设重物的速度为 v，不计绳重，则系统动量、动能的大小是(　　)。

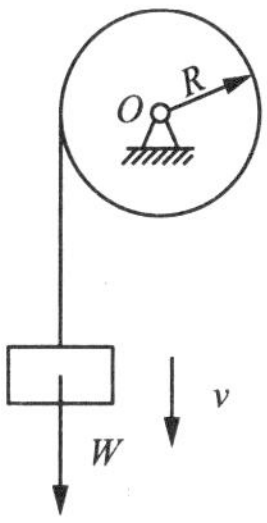

题 55 图

A. $\frac{W}{g}v$；$\frac{1}{2}\frac{R^2\omega^2}{g}\left(\frac{1}{2}mg+W\right)$　　B. mv；$\frac{1}{2}\frac{R^2\omega^2}{g}(mg+W)$

C. $\frac{W}{g}v+mv$；$\frac{1}{2}\frac{R^2\omega^2}{g}\left(\frac{1}{2}mg-W\right)$　　D. $\frac{W}{g}v-mv$；$\frac{1}{2}\frac{R^2\omega^2}{g}(mg-W)$

56. 在两个半径及质量均相同的均质滑轮 A 及 B 上，各绕以不计质量的绳如图示。轮 B 绳末端挂一重量为 P 的重物；轮 A 绳末端作用一铅垂向下的力 P。则此两轮的支座约束力大小的关系为(　　)。

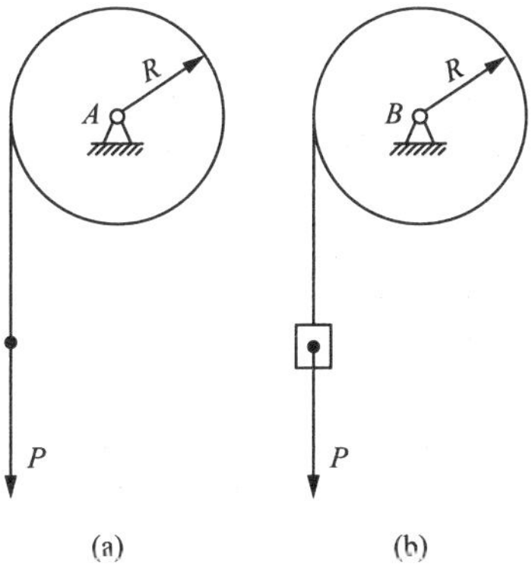

题 56 图

A. $F_A=F_B$　　B. $F_A>F_B$　　C. $F_A<F_B$　　D. 无法判断

57. 均质细直杆 OA 的质量为 m，长为 l，以匀角速度 ω 绕 O 轴转动如图所示，此时将 OA 杆的惯性力系向 O 点简化。其惯性力主矢和惯性力主矩的数值分别为(　　)。

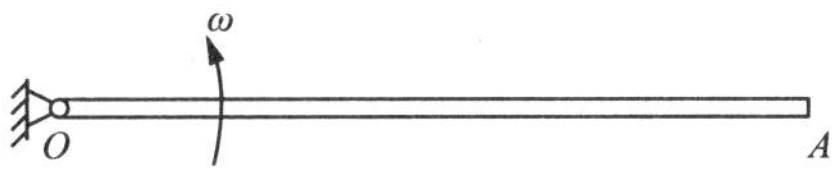

题 57 图

A. 0，0　　B. $\frac{1}{2}ml\omega^2$，$\frac{1}{3}ml^2\omega^2$

C. $ml\omega^2$，$\frac{1}{2}ml^2\omega^2$　　D. $\frac{1}{2}ml\omega^2$，0

58. 重为 W 的质点，由长为 l 的绳子连接，如图所示，则单摆运动的固有圆频率为(　　)。

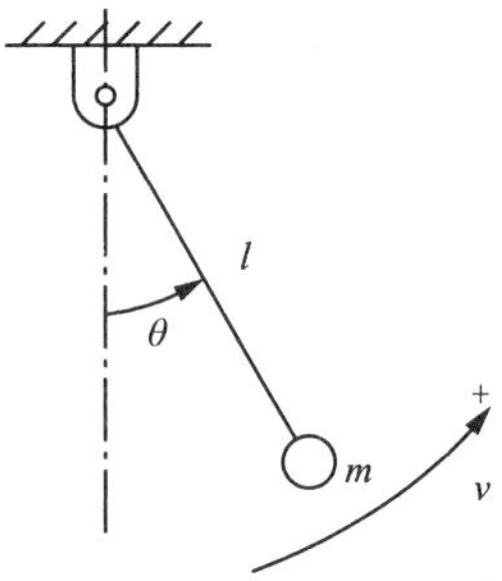

题 58 图

A. $\sqrt{\frac{g}{2l}}$　　B. $\sqrt{\frac{W}{l}}$　　C. $\sqrt{\frac{g}{l}}$　　D. $\sqrt{\frac{2g}{l}}$

59. 已知拉杆横截面积 $A=100\text{mm}^2$，弹性模量 $E=200\text{GPa}$，横向变形系数 $\mu=0.3$，轴向拉力 $F=20\text{kN}$，拉杆的横向应变 ε'是(　　)。

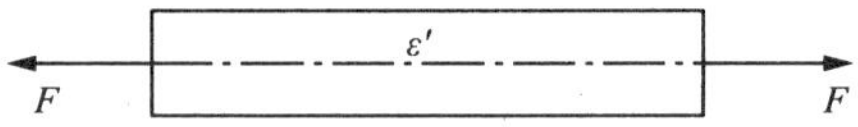

题 59 图

A. $\varepsilon'=0.3\times10^{-3}$　　B. $\varepsilon'=-0.3\times10^{-3}$

C. $\varepsilon'=10^{-3}$　　D. $\varepsilon'=-10^{-3}$

60. 两根相同的脆性材料等截面直杆，其中一根有沿横截面的微小裂纹(如图示)。承受图示拉伸载荷时，有微小裂纹的杆件比没有裂纹杆件承载能力明显降低。其主要原因是(　　)。

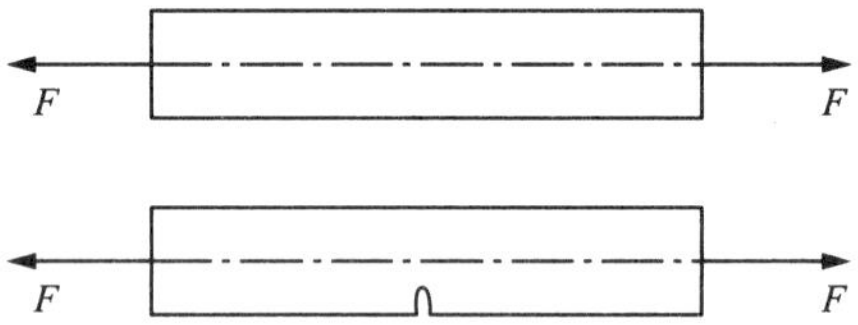

题 60 图

A. 横截面积小　　B. 偏心拉伸　　C. 应力集中　　D. 稳定性差

61. 冲床使用冲头在钢板上冲直径为 d 的圆孔，钢板的厚度 $t=10\text{mm}$，钢板剪切强度极限为 τ_b，冲头的挤压许可应力 $[\sigma_m]=2\tau_b$，钢板可冲圆孔的最小直径 d 是(　　)。

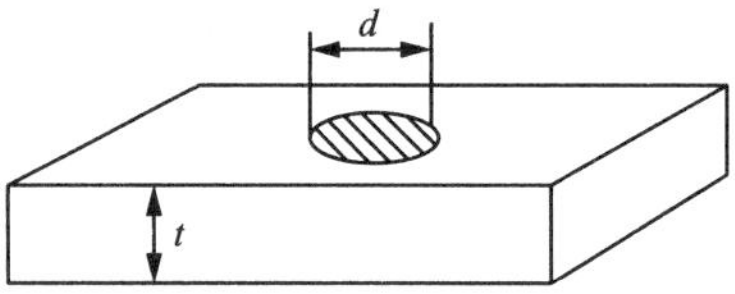

题 61 图

A. $d=80\text{mm}$　　B. $d=40\text{mm}$　　C. $d=20\text{mm}$　　D. $d=5\text{mm}$

62. 图示圆轴，B、C 截面处作用有集中转矩，CD 段作用有均匀分布的转矩 T/a，下面四个扭矩图中正确的是(　　)。

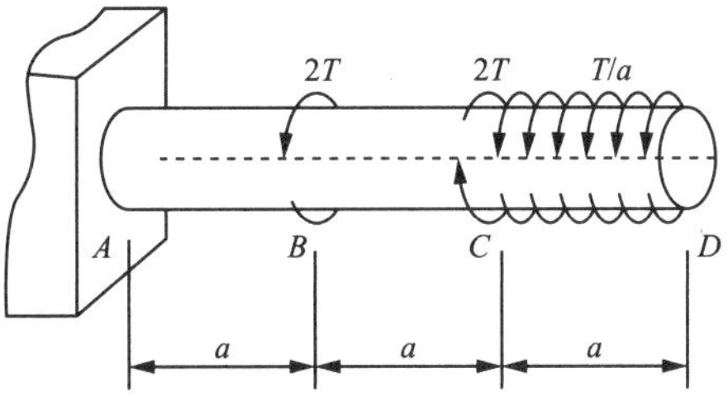

题 62 图

A. 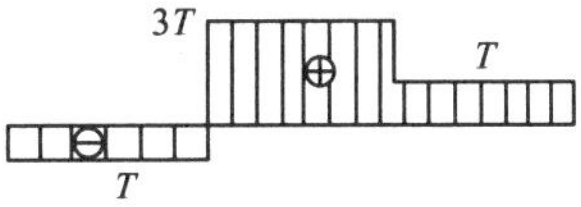

B. 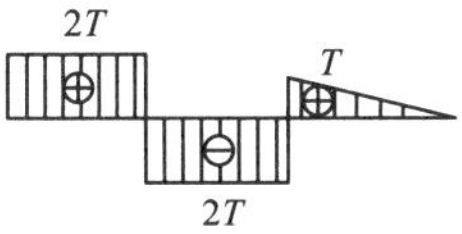

C. 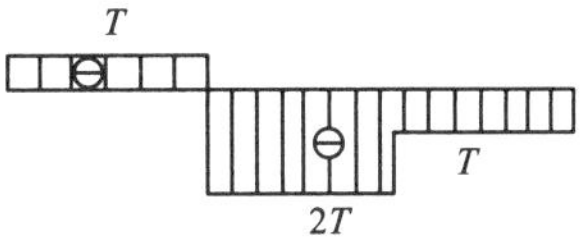

D. 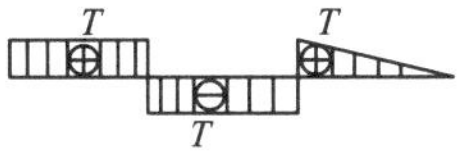

63. 外伸梁 AB 的弯矩图如右下图所示，梁上载荷（右上图）F、m 的值为（　　）。

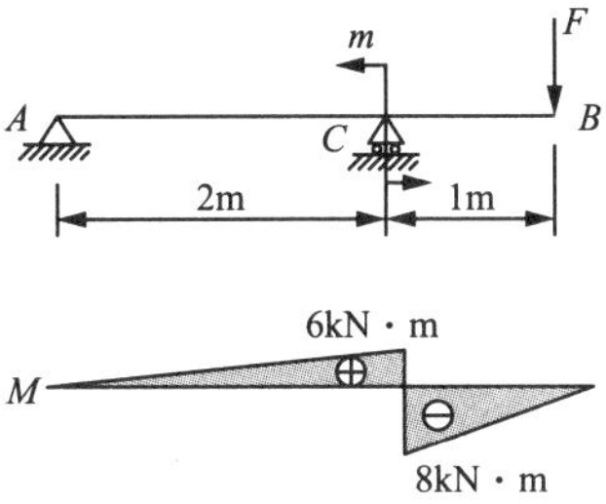

题 63 图

A. $F=8\text{kN}$，$m=14\text{kN}\cdot\text{m}$　　B. $F=8\text{kN}$，$m=6\text{kN}\cdot\text{m}$

C. $F=6\text{kN}$，$m=8\text{kN}\cdot\text{m}$　　D. $F=6\text{kN}$，$m=14\text{kN}\cdot\text{m}$

64. 悬臂梁 AB 由三根相同的矩形截面直杆胶合而成，材料的许可应力为$[\sigma]$。承载时若胶合面完全开裂，接触面之间无摩擦力，假设开裂后三根杆的挠曲线相同，则开裂后的梁强度条件的承载能力是原来的（　　）。

A. 1/9　　B. 1/3　　C. 两者相同　　D. 3 倍

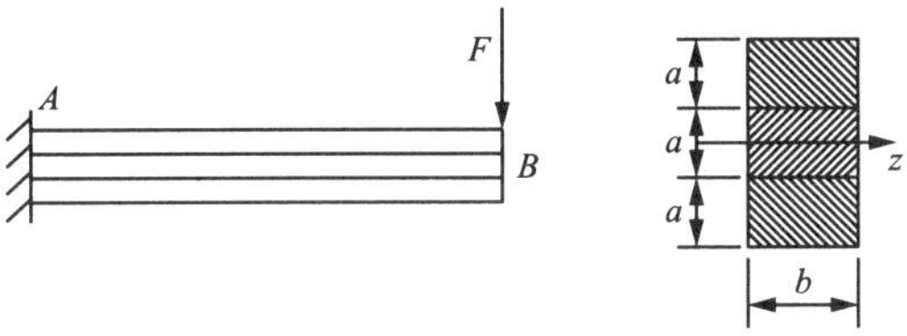

题 64 图

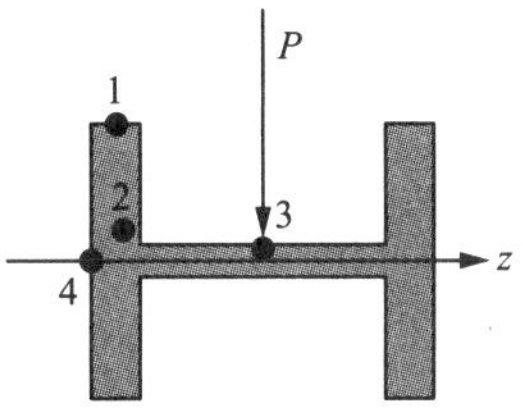

题 65 图

65. 梁的横截面为图示薄壁工字型，z 轴为截面中性轴。设截面上的剪力竖直向下，该截面上的最大弯曲切应力在（　　）。

A. 翼缘的中性轴处 4 点　　B. 腹板上缘延长线与翼缘相交处的 2 点

C. 左侧翼缘的上端 1 点　　D. 腹板上边缘的 3 点

66. 图示悬臂梁自由端承受集中力偶 M_e。若梁的长度减少一半，梁的最大挠度是原来的（　　）。

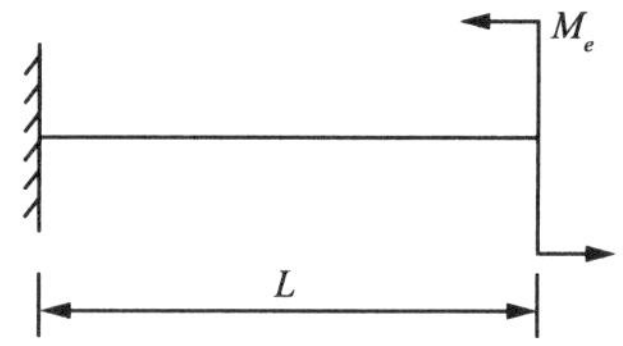

题 66 图

A. 1/2　　B. 1/4　　C. 1/8　　D. 1/16

67. 矩形截面简支梁，梁中点承受集中力 F。若 $h=2b$。分别采用图（a）、图（b）两种方式放置，图（a）梁的最大挠度是图（b）梁的（　　）。

A. 0.5 倍　　B. 2 倍　　C. 4 倍　　D. 8 倍

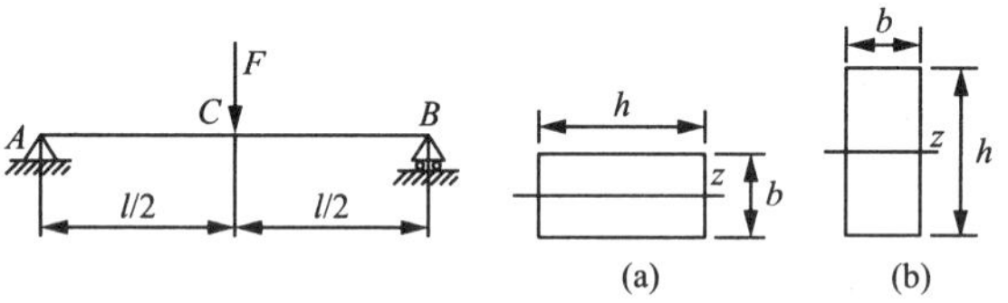

题 67 图

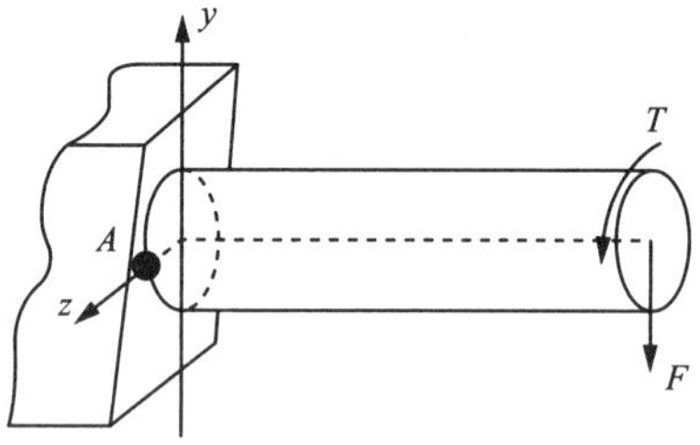

题 68 图

68. 图示圆轴，固定端外圆上 $y=0$ 点（图中 A 点）的单元体是（　　）。

A. 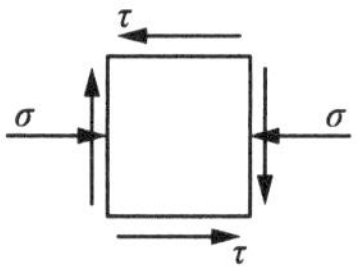

B. 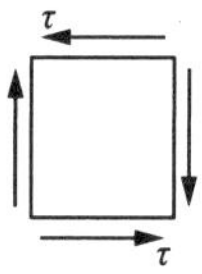

C. 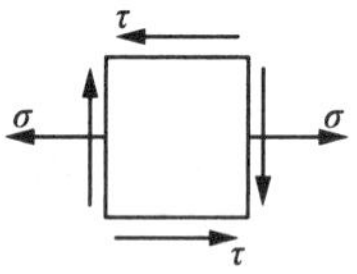

D. 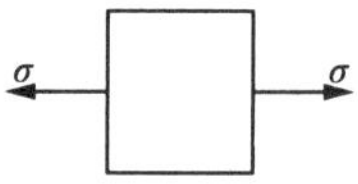

69. 图示 T 形截面杆，一端固定另一端自由，作用在自由端下缘的外力 F 与杆轴线平行，该杆将发生的变形是（　　）。

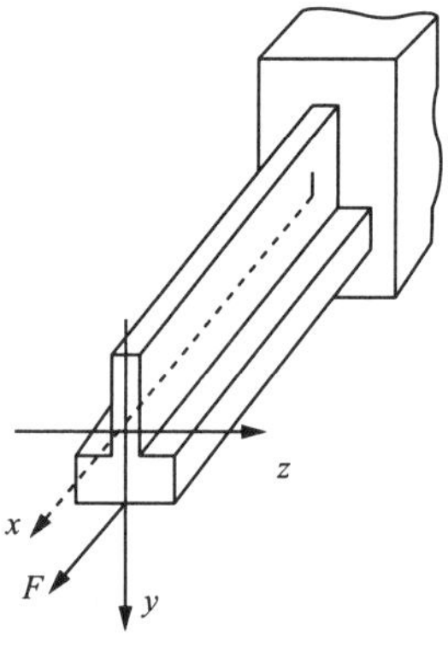

题 69 图

A. xy 平面和 xz 平面内的双向弯曲　　B. 轴向拉伸和 xz 平面内的平面弯曲

C. 轴向拉伸和 xy 平面内的平面弯曲　　D. 轴向拉伸

70. 一端固定另端自由的细长(大柔度)压杆，长为 L(图 a)，当杆的长度减小一半时(图 b)，其临界载荷 F_{cr} 是原来的(　　)。

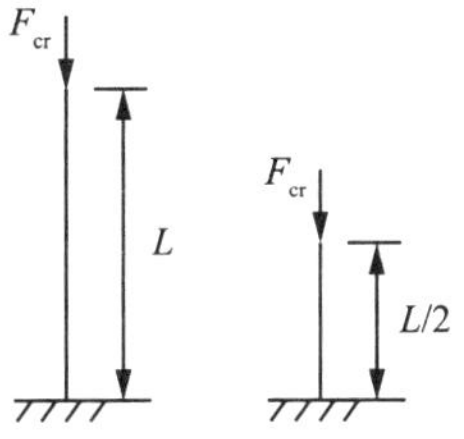

题 70 图

A. 4 倍　　B. 3 倍　　C. 2 倍　　D. 1 倍

71. 水的运动黏性系数随温度的升高而(　　)。

A. 增大　　B. 减小　　C. 不变　　D. 先减小然后增大

72. 密闭水箱如图所示，已知水深 $h=1\text{m}$，自由面上的压强 $p_0=90\text{kN/m}^2$，当地大气压强为 $p_a=101\text{kN/m}^2$，则水箱底部 A 点的真空度为(　　)。

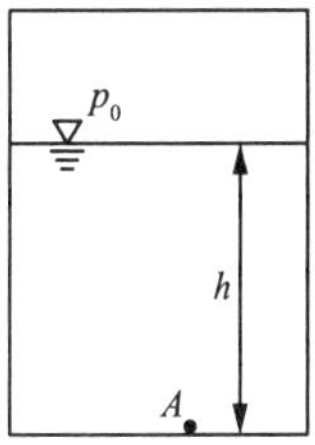

题 72 图

A. -1.2kN/m^2

B. 9.8kN/m^2

C. 1.2kN/m^2

D. -9.8kN/m^2

73. 关于流线，错误的说法是(　　)。

A. 流线不能相交

B. 流线可以是一条直线，也可以是光滑的曲线，但不可能是折线

C. 在恒定流中，流线与迹线重合

D. 流线表示不同时刻的流动趋势

74. 两个水箱用两段不同直径的管道连接，如图所示，1－3 管段长 $l_1=10\text{m}$，直径 $d_1=200\text{mm}$，$\lambda_1=0.019$；3－6 管段长 $l_2=10\text{m}$，$d_2=100\text{mm}$，$\lambda_2=0.018$。管路中的局部管件：1 为入口($\xi_1=0.5$)；2 和 5 为 90°弯头($\xi_2=\xi_5=0.5$)；3 为渐缩管($\xi_3=0.024$)；4 为闸阀($\xi_4=0.5$)；6 为管道出口($\xi_6=1$)。若输送流量为 40L/s，则两水箱水面高度差为(　　)。

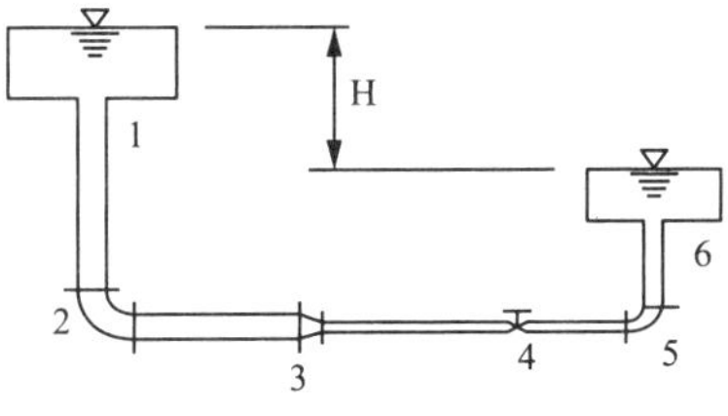

题 74 图

A. 3.501m　　B. 4.312m　　C. 5.204m　　D. 6.123m

75. 在长管水力计算中，(　　)。

A. 只有速度水头可忽略不计

B. 只有局部水头损失可忽略不计

C. 速度水头和局部水头损失均可忽略不计

D. 两断面的测压管水头差并不等于两断面间的沿程水头损失

76. 矩形排水沟，底宽 5m，水深 3m，水力半径为(　　)。

A. 5m　　B. 3m　　C. 1.36m　　D. 0.94m

77. 潜水完全井抽水量大小与相关物理量的关系是(　　)。

A. 与井半径成正比　　B. 与井的影响半径成正比

C. 与含水层厚度成正比　　D. 与土体渗透系数成正比

78. 合力 F、密度 ρ、长度 l、流速 v 组合的无量纲数是(　　)。

A. $\frac{F}{\rho v l}$　　B. $\frac{F}{\rho v^2 l}$　　C. $\frac{F}{\rho v^2 l^2}$　　D. $\frac{F}{\rho v l^2}$

79. 由图示长直导线上的电流产生的磁场(　　)。

A. 方向与电流流向相同

B. 方向与电流流向相反

C. 顺时针方向环绕长直导线(自上向下俯视)

D. 逆时针方向环绕长直导线(自上向下俯视)

题 79 图

80. 已知电路如图所示，其中，电流 I 等于(　　)。

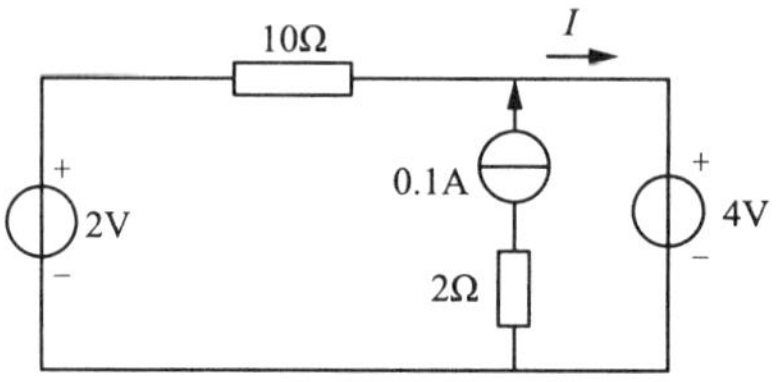

题 80 图

A. 0.1A　　B. 0.2A　　C. −0.1A　　D. −0.2A

81. 已知电路如图所示，其中，响应电流 I 在电流源单独作用时的分量为(　　)。

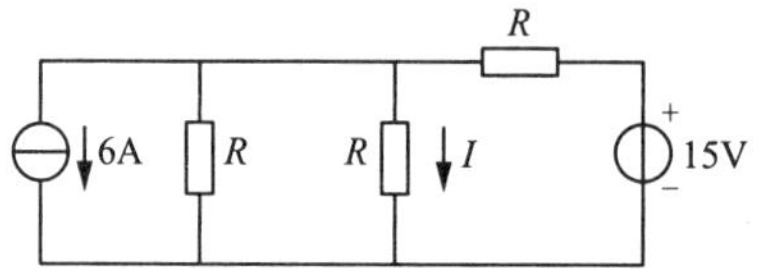

题 81 图

A. 因电阻 R 未知，而无法求出　　B. 3A

C. 2A　　D. −2A

82. 用电压表测量图示电路 $u(t)$ 和 $i(t)$ 的结果是 10V 和 0.2A，设电流 $i(t)$ 的初相位为 10°，电流与电压呈反相关系，则如下关系成立的是(　　)。

A. $\dot{U}=10\angle-10°$V

B. $\dot{U}=-10\angle-10°$V

C. $\dot{U}=10\sqrt{2}\angle-170°$V

D. $\dot{U}=10\angle-170°$V

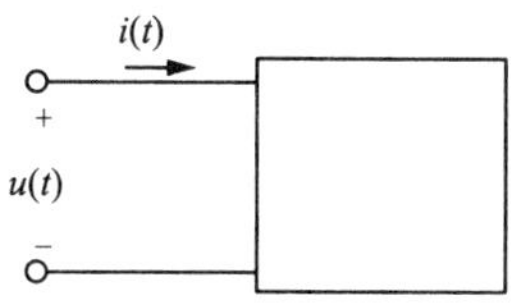

题 82 图

83. 测得某交流电路的端电压 u 及电流 i 分别为110V，1A，两者的相位差为30°，则该电路的有功功率、无功功率和视在功率分别为(　　)。

A. 95.3W，55Var，110VA

B. 55W，95.3Var，110VA

C. 110W，110Var，110VA

D. 95.3W，55Var，150.3VA

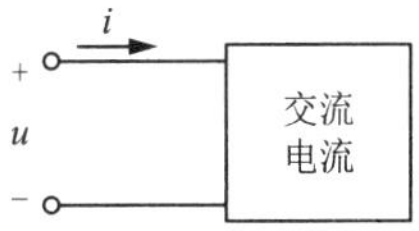

题 83 图

84. 已知电路如图所示，设开关在 $t=0$ 时刻断开，那么(　　)。

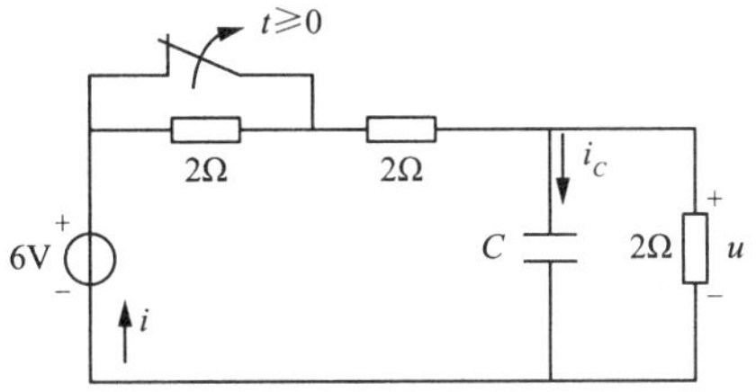

题 84 图

A. 电流 i_C 从0逐渐增长，再逐渐衰减到0

B. 电容电压从3V逐渐衰减到2V

C. 电容电压从2V逐渐增长到3V

D. 时间常数 $\tau=4C$

85. 图示变压器为理想变压器，且 $N_1=100$ 匝，若希望 $I_1=1A$ 时，$P_{R_2}=40W$，则 N_2 应为(　　)。

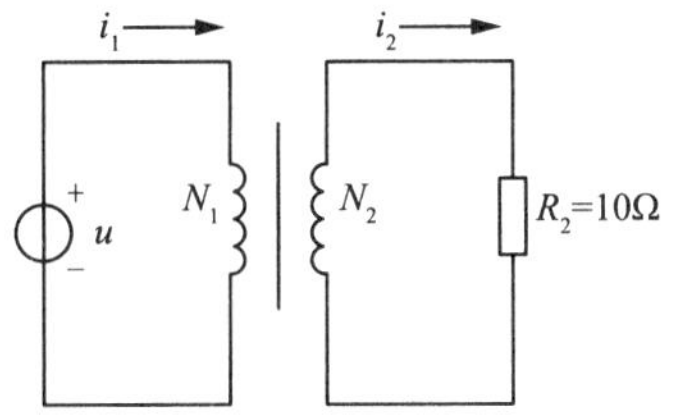

题 85 图

A. 50匝　　B. 200匝　　C. 25匝　　D. 400匝

86. 为实现对电动机的过载保护，除了将热继电器的热元件串接在电动机的供电电路中外，还应将其(　　)。

A. 常开触点串接在控制电路中　　B. 常闭触点串接在控制电路中

C. 常开触点串接在主电路中　　D. 常闭触点串接在主电路中

87. 通过两种测量手段测得某管道中液体的压力和流量信号如图中的曲线1和曲线2所示，由此可以说明(　　)。

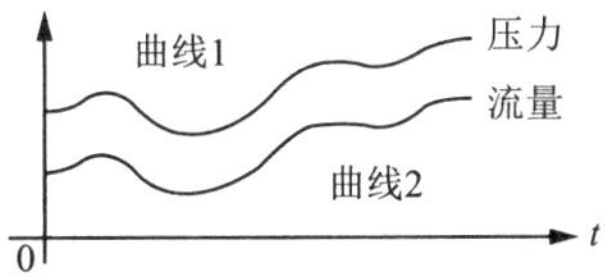

题 87 图

A. 曲线1是压力的模拟信号　　B. 曲线2是流量的模拟信号

C. 曲线1和曲线2互为模拟信号　　D. 曲线1和曲线2都是连续信号

88. 设周期信号 $u(t)$ 的幅值频谱如图所示，则该信号(　　)。

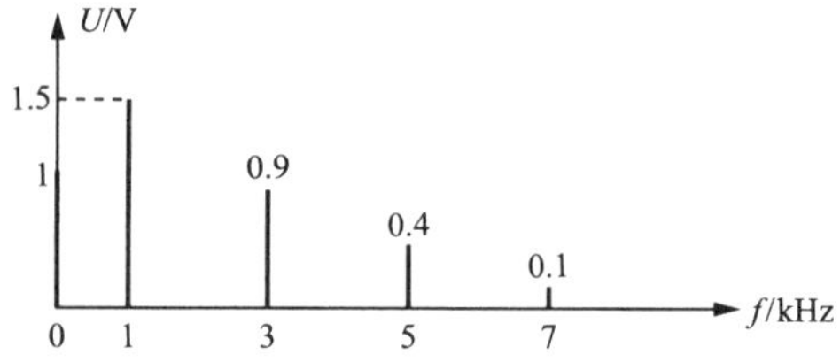

题 88 图

A. 是一个离散时间信号　　B. 是一个连续时间信号

C. 在任意瞬间均取正值　　D. 最大瞬时值为 1.5V

89. 设放大器的输入信号为 $u_1(t)$，输出信号为 $u_2(t)$，放大器的幅频特性如图所示。令 $u_1(t)=\sqrt{2}U_1\sin 2\pi ft$，且 $f>f_H$，则(　　)。

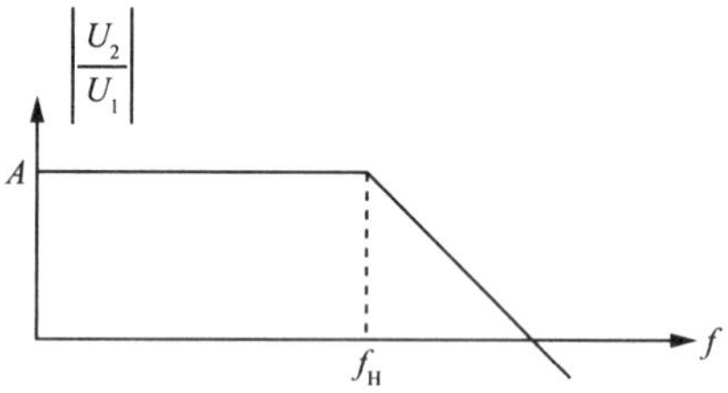

题 89 图

A. $u_2(t)$ 出现频率失真　　B. $u_2(t)$ 的有效值 $U_2=AU_1$

C. $u_2(t)$ 的有效值 $U_2<AU_1$　　D. $u_2(t)$ 的有效值 $U_2>AU_1$

90. 对逻辑表达式 $AC+DC+\overline{A}\,\overline{D}C$ 的化简结果是(　　)。

A. C　　B. $A+D+C$　　C. $AC+DC$　　D. $\overline{A}+\overline{C}$

91. 已知数字信号 A 和数字信号 B 的波形如图所示，则数字信号 $F=\overline{A+B}$ 的波形为(　　)。

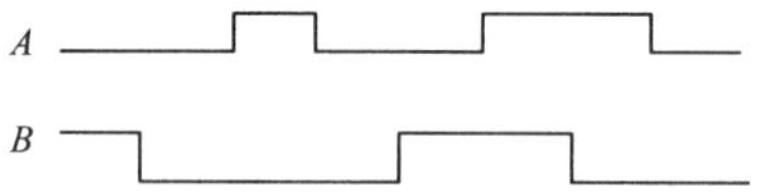

题 91 图

A. 　　B. 

C. 　　D. 

92. 十进制数字 88 的 BCD 码为(　　)。

A. 00010001　　B. 10001000　　C. 01100110　　D. 01000100

93. 二极管应用电路如图(a)所示，电路的激励 u_i 如图(b)所示，设二极管为理想器件，则电路输出电压 u_o 的波形为(　　)。

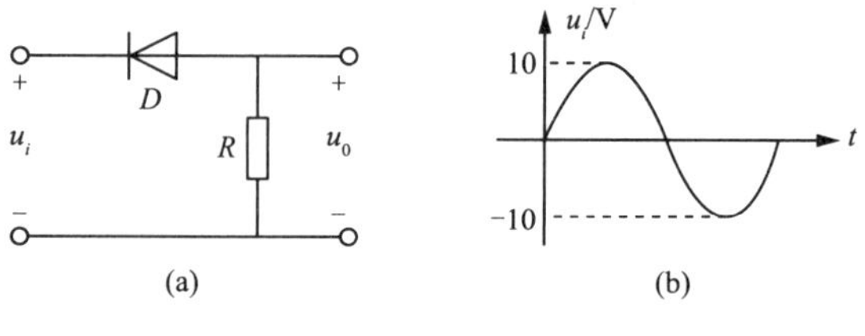

题 93 图

A. 

B. 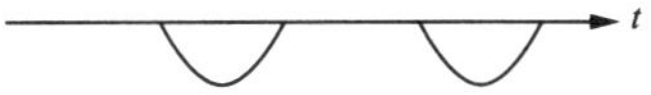

C. 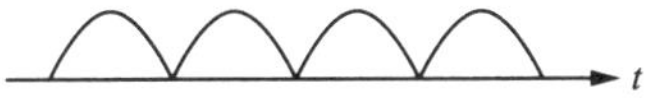

D. 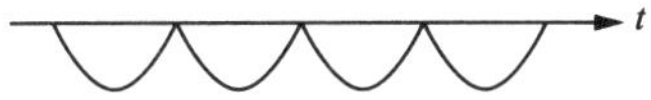

94. 图(a)所示电路中，运算放大器输出电压的极限值 $\pm U_{OM}$。当输入电压 $u_{i1}=1V$，$u_{i2}=2\sin\omega t$ V 时，输出电压波形如图(b)所示，那么，如果将 u_{i1} 从 1V 调至 1.5V，将会使输出电压的(　　)。

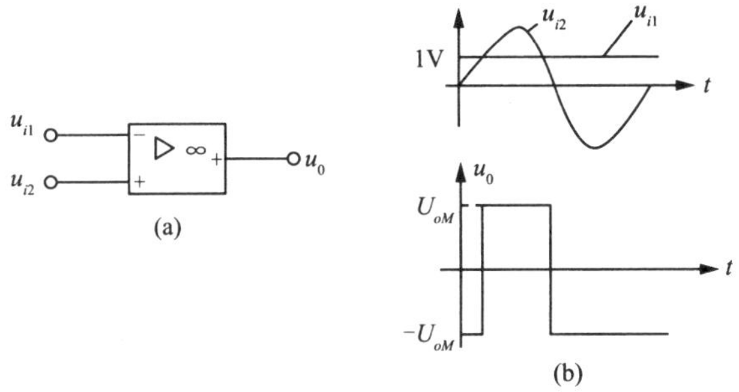

题 94 图

A. 频率发生改变　　B. 幅度发生改变

C. 平均值升高　　D. 平均值降低

95. 图(a)所示电路中，复位信号 $\overline{R}_D$、信号 A 及时钟脉冲信号 cp 如图(b)所示，经分析可知，在第一个和第二个时钟脉冲的下降沿时刻，输出 Q 先后等于(　　)。

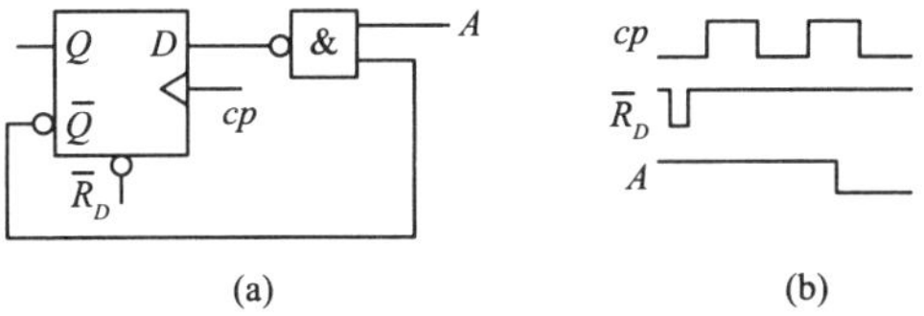

题 95 图

A. 0　0　　B. 0　1　　C. 1　0　　D. 1　1

附：触发器的逻辑状态表为：

D	Q_{n+1}
0	0
1	1

96. 图示时序逻辑电路是一个(　　)。

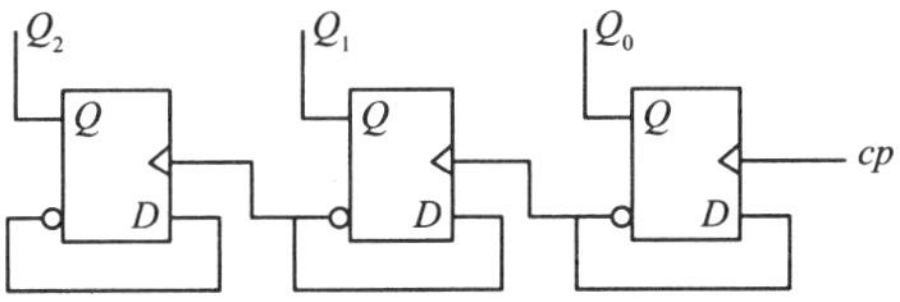

题 96 图

A. 左移寄存器　　B. 右移寄存器

C. 异步三位二进制加法计数器　　D. 同步六进制计数器

附：触发器的逻辑状态表为：

D	Q_{n+1}
0	0
1	1

97. 计算机系统的内存储器是(　　)。

A. 计算机软件系统的一个组成部分　　B. 计算机硬件系统的一个组成部分

C. 隶属于外围设备的一个组成部分　　D. 隶属于控制部件的一个组成部分

98. 根据冯·诺依曼结构原理，计算机的硬件由(　　)。

A. 运算器、寄存器、打印机组成

B. 寄存器、存储器、硬盘存储器组成

C. 运算器、控制器、存储器、I/O 设备组成

D. CPU、显示器、键盘组成

99. 微处理器与存储器以及外围设备之间的数据传送操作通过(　　)。

A. 显示器和键盘进行　　B. 总线进行

C. 输入/输出设备进行　　D. 控制命令进行

100. 操作系统的随机性指的是(　　)。

A. 操作系统的运行操作是多层次的

B. 操作系统与单个用户程序共用系统资源

C. 操作系统的运行是在一个随机的环境中进行的

D. 在计算机系统中同时存在多个操作系统，且同时进行操作

101. Windows2000 以及以后更新的操作系统版本是(　　)。

A. 一种单用户单任务的操作系统

B. 一种多任务的操作系统

C. 一种不支持虚拟存储器管理的操作系统

D. 一种不适用于商业用户的操作系统

102. 十进制的数 256.625，用八进制表示则是(　　)。

A. 412.5　　B. 326.5　　C. 418.8　　D. 400.5

103. 计算机的信息数量的单位常用 KB、MB、GB、TB 表示，它们中表示信息数量最大的一个是(　　)。

A. KB　　B. MB　　C. GB　　D. TB

104. 下列选项中，不是计算机病毒特点的是(　　)。

A. 非授权执行性、复制传播性　　B. 感染性、寄生性

C. 潜伏性、破坏性、依附性　　D. 人机共患性、细菌传播性

105. 按计算机网络作用范围的大小，可以将网络划分为(　　)。

A. X.25 网、ATM 网　　B. 广域网、有线网、无线网

C. 局域网、城域网、广域网　　D. 环型网、星型网、树型网、混合网

106. 下列选项中，不属于局域网拓扑结构的是(　　)。

A. 星型　　B. 互联型　　C. 环型　　D. 总线型

107. 某项目借款 2000 万元，借款期限 3 年，年利率为 6%。若每半年计复利一次，则实际

年利率会高出名义利率(　　)。

A. 0.16%　　B. 0.25%　　C. 0.09%　　D. 0.06%

108. 某建设项目的建设期为2年，第一年贷款额为400万元，第二年贷款额800万元，贷款在年内均衡发生，贷款年利率为6%，建设期内不支付利息。计算建设期贷款利息为(　　)。

A. 12万元　　B. 48.72万元　　C. 60万元　　D. 60.72万元

109. 某公司发行普通股筹资8000万元，筹资费率为3%，第一年股利率为10%，以后每年增长5%，所得税率为25%。则普通股资金成本为(　　)。

A. 7.73%　　B. 10.31%　　C. 11.48%　　D. 15.31%

110. 某投资项目原始投资额为200万元，使用寿命为10年，预计净残值为零。已知该项目第10年的经营净现金流量为25万元，回收营运资金20万元，则该项目第10年的净现金流量为(　　)。

A. 20万元　　B. 25万元　　C. 45万元　　D. 65万元

111. 以下关于社会折现率的说法中不正确的是(　　)。

A. 社会折现率可用作经济内部收益率的判别基准

B. 社会折现率可用以衡量资金时间经济价值

C. 社会折现率可用作不同年份之间资金价值转换的折现率

D. 社会折现率不能反映资金占用的机会成本

112. 某项目在进行敏感性分析时，得到以下结论：产品价格下降10%，可使NPV=0；经营成本上升15%，可使NPV=0；寿命缩短20%，可使NPV=0；投资增加25%，可使NPV=0。则下列元素中，最敏感的是(　　)。

A. 产品价格　　B. 经营成本　　C. 寿命期　　D. 投资

113. 现有两个寿命期相同的互斥投资方案A和B，B方案的投资额和净现值都大于A方案，A方案的内部收益率为14%，B方案的内部收益率为15%，差额的内部收益率为13%，则使A、B两方案优劣相等时的基准收益率应为(　　)。

A. 13%　　B. 14%　　C. 15%　　D. 13%至15%之间

114. 某产品共有五项功能F_1、F_2、F_3、F_4、F_5，用强制确定法确定零件功能评价系数时，其功能得分分别为3、5、4、1、2，则F_3的功能评价系数为(　　)。

A. 0.20　　B. 0.13　　C. 0.27　　D. 0.33

115. 根据《建筑法》规定，施工企业可以将部分工程分包给其他具有相应资质的分包单位施工，下列情形中不违反有关承包的禁止性规定的是(　　)。

A. 建筑施工企业超越本企业资质等级许可的业务范围或者以任何形式用其他建筑施工企业的名义承揽工程

B. 承包单位将其承包的全部建筑工程转包给他人

C. 承包单位将其承包的全部建筑工程肢解以后以分包的名义分别转包给他人

D. 两个不同资质等级的承包单位联合共同承包

116. 根据《安全生产法》规定，从业人员享有权利并承担义务，下列情形中属于从业人员履行义务的是(　　)。

A. 张某发现直接危及人身安全的紧急情况时停止作业撤离现场

B. 李某发现事故隐患或者其他不安全因素，立即向现场安全生产管理人员或者单位负责人报告

C. 王某对本单位安全生产工作中存在的问题提出批评、检举、控告

D. 赵某对本单位安全生产工作提出建议

117. 某工程实行公开招标，招标文件规定，投标人提交投标文件截止时间为 3 月 22 日下午 5 点整。投标人 D 由于交通拥堵于 3 月 22 日下午 5 点 10 分送达投标文件，其后果是(　　)。

A. 投标保证金被没收　　B. 招标人拒收该投标文件

C. 投标人提交的投标文件有效　　D. 由评标委员会确定为废标

118. 在订立合同时显失公平的合同，当事人可以请求人民法院撤销该合同，其行使撤销权的有效期限是(　　)。

A. 自知道或者应当知道撤销事由之日起五年内

B. 自撤销事由发生之日起一年内

C. 自知道或者应当知道撤销事由之日起一年内

D. 自撤销事由发生之日起五年内

119. 根据《建设工程质量管理条例》规定，下列有关建设工程质量保修的说法中，正确的是(　　)。

A. 建设工程的保修期，自工程移交之日起计算

B. 供冷系统在正常使用条件下，最低保修期限为 2 年

C. 供热系统在正常使用条件下，最低保修期限为 2 个采暖期

D. 建设工程承包单位向建设单位提交竣工结算资料时，应当出具质量保修书

120. 根据《建设工程安全生产管理条例》规定，建设单位确定建设工程安全作业环境及安全施工措施所需费用的时间是(　　)。

A. 编制工程概算时　　B. 编制设计预算时

C. 编制施工预算时　　D. 编制投资估算时

答案及详解

单项选择题(共120题，每题1分，每题的备选项中只有一个最符合题意)

1. C 【考点】函数连续的概念

【解析】函数在$(0, +\infty)$上连续，因此在$x=1$处，有$\lim\limits_{x\to 1}f(x)=f(1)=a$，即由洛必达法则，得$\lim\limits_{x\to 1}\dfrac{x\ln x}{1-x}=\lim\limits_{x\to 1}\dfrac{\ln x+1}{-1}=-1=a$，即$a=-1$。

2. A 【考点】函数的有界性

【解析】因为$-1\leqslant \sin\dfrac{1}{x}\leqslant 1$，即函数$y=\sin\dfrac{1}{x}$是定义域内的有界函数。

3. C 【考点】两向量垂直、平行的条件

【解析】AC两项，$\alpha\times\beta=0$是α与β平行的充要条件。B项，$\alpha\cdot\beta=0$是α与β垂直的充要条件。D项，若$\alpha=\lambda\beta$(λ是常数)，则α与β相互平行，则有$\alpha\times\beta=0$。

4. B 【考点】可分离变量方程

【解析】$y'-y=0$，即$\mathrm{d}y/\mathrm{d}x=y$，则$(1/y)\mathrm{d}y=\mathrm{d}x$。对等式两边积分，$\int(1/y)\mathrm{d}y=\int 1\mathrm{d}x$，得到$\ln y=x+c_1$，解得：$y=\mathrm{e}^{x+c_1}$，即$y=c\mathrm{e}^x$。又$y(0)=2$，解得：$c=2$，即$y=2\mathrm{e}^x$。

5. D 【考点】牛顿莱布尼茨公式

【解析】由$f(x)=\int_x^2\sqrt{5+t^2}\mathrm{d}t$，可得：

$$f'(x)=2'\times\sqrt{5+2^2}-x'\times\sqrt{5+x^2}=0-\sqrt{5+x^2}=-\sqrt{5+x^2}$$

即有$f'(1)=-\sqrt{6}$。

6. D 【考点】隐函数的求导

【解析】由方程$\mathrm{e}^y+xy=\mathrm{e}$可得，当$x=0$时，$y=1$。方程两边对$x$求导得$\mathrm{e}^y y'+y+xy'=0$，即$y'=-\dfrac{y}{x+\mathrm{e}^y}$，将$x=0$，$y=1$代入，则可得$y'(0)=\dfrac{1}{\mathrm{e}}$。

7. B 【考点】不定积分的求解

【解析】由$\int f(x)\mathrm{d}x=\ln x+C$，可得$f(x)=\dfrac{1}{x}$，则

$$\int\cos x f(\cos x)\mathrm{d}x=\int\cos x\frac{1}{\cos x}\mathrm{d}x=x+C$$

8. D 【考点】一阶偏导数与连续的关系

【解析】偏导数存在，并不一定保证函数在该点连续，如：

$$f(x, y)=\begin{cases}\dfrac{xy}{x^2+y^2} & (x, y)\neq 0\\ 0 & (x, y)=0\end{cases}$$

由定义可以求出$f'_x(0, 0)=f'_y(0, 0)=0$，但$\lim\limits_{\substack{x\to 0\\ y\to 0}}f(x, y)$不存在，因而也就不连续。

函数在该点连续，也并不能保证偏导数存在，如：

$$f(x,\ y)=\begin{cases}(x^2+y)\sin\left(\dfrac{1}{x^2+y^2}\right) & (x,\ y)\neq 0\\ 0 & (x,\ y)=0\end{cases}$$

由无穷小量×有界量=无穷小量，所以函数在(0，0)处连续，而

$$f'_y(0,\ 0)=\lim_{y\to 0}\frac{f(0,\ y)-f(0,\ 0)}{y}=\lim_{y\to 0}\sin\frac{1}{y^2}\text{（不存在）}$$

因而函数$f(x,\ y)$在点$P_0(x_0,\ y_0)$外有一阶偏导数是函数在该点连续的既非充分又非必要条件。

9. B 【考点】直线的点向式方程

【解析】由题意可得此直线的方向向量为(0，0，1)，又过点(1，-2，3)，所以该直线的方程为：$\dfrac{x-1}{0}=\dfrac{y+2}{0}=\dfrac{z-3}{1}$。

10. C 【考点】换元法

【解析】换元法，令$t=\dfrac{1}{x}$得$\int\dfrac{\sin t}{\dfrac{1}{t^2}}\mathrm{d}\left(\dfrac{1}{t}\right)=-\int\sin t\mathrm{d}t=\cos t+C=\cos\dfrac{1}{x}+C$（$C$为常数），

代入已知定积分得，原式$=\left[\cos\dfrac{1}{x}+C\right]\Bigg|_{\frac{1}{\pi}}^{\frac{2}{\pi}}=\cos\dfrac{\pi}{2}-\cos\pi=1$。

11. B 【考点】函数的性质

【解析】对函数求导得$f'(x)=\cos\left(x+\dfrac{\pi}{2}+\pi\right)$，令$f'(x)=\cos\left(x+\dfrac{\pi}{2}+\pi\right)=0$，计算得$x+\dfrac{\pi}{2}+\pi=\dfrac{\pi}{2}\pm k\pi$，$k=0$，1，2…，得$x=\pm k\pi-\pi$，根据区间$[-\pi,\ \pi]$知：①当$k=0$时，$x=-\pi$，函数有最大值1；②当$k=1$时，$x$只能取0，函数有最小值-1；③当$k=2$时，$x$只能取$\pi$，函数有最大值1。综上，知最小值点$x_0$等于0。

12. B 【考点】曲线积分

【解析】由题意可得：$\dfrac{x^2}{a^2}+\dfrac{y^2}{b^2}=1$，即$y^2=b^2-\dfrac{b^2}{a^2}x^2$，则有：

$$\int_L y^2\mathrm{d}x=\int_{-a}^{a}\left(b^2-\frac{b^2}{a^2}x^2\right)\mathrm{d}x=\left[b^2x-\frac{b^2}{3a^2}x^3\right]\Big|_{-a}^{a}=\frac{4}{3}ab^2$$

13. D 【考点】交错级数敛散性的判定

【解析】级数$\sum\limits_{n=1}^{\infty}(-1)^n\dfrac{1}{a_n}$收敛的条件为$\dfrac{1}{a_n}$单调递减且$\lim\limits_{n\to\infty}\dfrac{1}{a_n}=0$，即$a_n$单调递增且$\lim\limits_{n\to\infty}a_n=+\infty$。

14. A 【考点】导数的应用

【解析】$f(x)=xe^{-x}$，有$f'(x)=(1-x)e^{-x}$，有$f''(x)=(x-2)e^{-x}$，令$f''(x)=0$，计算得$x=2$，通过计算知，$f''(x)$在2的左、右两侧邻域内异号，又$f(2)=2e^{-2}$，所以点$(2,\ 2e^{-2})$为曲线的拐点。

15. C 【考点】二阶线性非齐次方程求解

【解析】求解特征方程，可得1不是特征方程的根，根据已知微分方程的表达式，可设

特解为 $y=Ae^x$，代入原方程解得 $A=\frac{1}{3}$，所以该微分方程的特解为 $y=\frac{1}{3}e^x$。

16. D 【考点】利用极坐标计算二重积分

【解析】将此二重积分在极坐标下进行积分可得

$$\iint_D \frac{dxdy}{1+x^2+y^2}=\int_0^{2\pi}d\theta\int_0^1\frac{1}{1+r^2}rdr=2\pi\times\left[\frac{1}{2}\ln(1+r^2)\right]\Big|_0^1=\pi\ln 2$$

17. C 【考点】求幂级数的和函数

【解析】考虑到 $\sum_{n=0}^{\infty}\frac{x^n}{n!}$ 为 e^x 的展开式，$S(x)=\sum_{n=1}^{\infty}\frac{x^n}{n!}=\sum_{n=0}^{\infty}\frac{x^n}{n!}-1=e^x-1$。

18. B 【考点】隐函数求二阶偏导数

【解析】计算得，$\frac{\partial z}{\partial x}=y\cdot\varphi'\left(\frac{x}{y}\right)\cdot\frac{1}{y}=\varphi'\left(\frac{x}{y}\right)$，$\frac{\partial^2 z}{\partial x\partial y}=-\frac{x}{y^2}\varphi''\left(\frac{x}{y}\right)$。

19. C 【考点】逆矩阵求法

【解析】用矩阵的初等变换求矩阵的逆矩阵，

$$\begin{pmatrix}0&0&-2&1&0&0\\0&3&0&0&1&0\\1&0&0&0&0&1\end{pmatrix}\rightarrow\begin{pmatrix}1&0&0&0&0&1\\0&1&0&0&\frac{1}{3}&0\\0&0&1&-\frac{1}{2}&0&0\end{pmatrix}$$

则有矩阵 A 的逆矩阵为 $\begin{pmatrix}0&0&1\\0&\frac{1}{3}&0\\-\frac{1}{2}&0&0\end{pmatrix}$。

20. D 【考点】齐次线性方程组有非零解的判定

【解析】线性方程组 $Ax=0$ 有非零解 $\Leftrightarrow|A|=0\Leftrightarrow r(A)<n$，矩阵 A 的列向量线性相关，所以矩阵 A 必有一个列向量是其余列向量的线性组合。

21. A 【考点】矩阵的特征值与特征向量的性质

【解析】矩阵 A 为实对称矩阵，由实对称矩阵的性质：不同特征值对应的特征向量相互正交，设属于 $\lambda_1=6$ 的特征向量为 $(x_1, x_2, x_3)^T$，$(-1, 0, 1)\cdot(x_1, x_2, x_3)=0$，$(1, 2, 1)\cdot(x_1, x_2, x_3)=0$，解得 $\begin{cases}x_2=-x_3\\x_1=x_3\end{cases}$，令 $x_3=1$，解得 $(x_1, x_2, x_3)^T=(1, -1, 1)^T$。

22. B 【考点】事件的关系与运算

【解析】若事件 A 与 B 不能同时发生，则称事件 A 与 B 互不相容或互斥，记作 $AB=\varnothing$。A 项，由题 22 解图(1)维恩图可知，$\overline{B\cup C}$(阴影部分)与 A 相交为 A。B 项，由题 22 解图(2)维恩图可知，$\overline{A\cup B\cup C}$(阴影部分)与 A 相交为 $\varnothing$，与事件 A 互斥。C 项，由题 22 解图(3)维恩图可知，(阴影部分)与 A 相交为 A。D 项，$A(B+C)$ 与 A 相交为 $A(B+C)$。

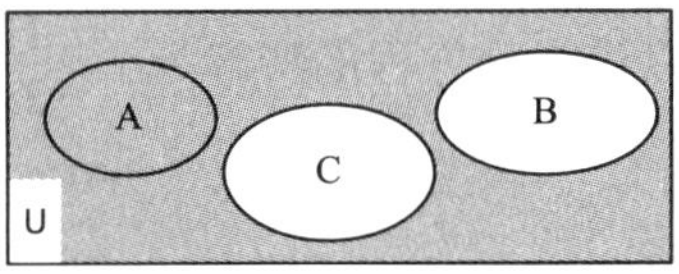

题 22 解图(1)

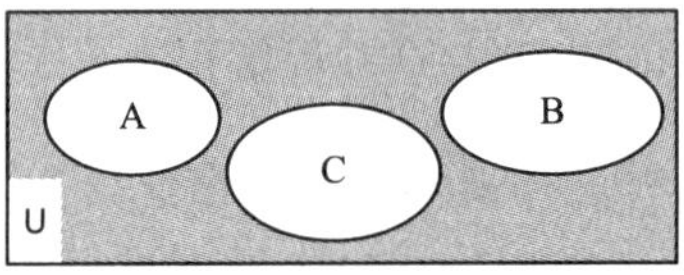

题 22 解图(2)

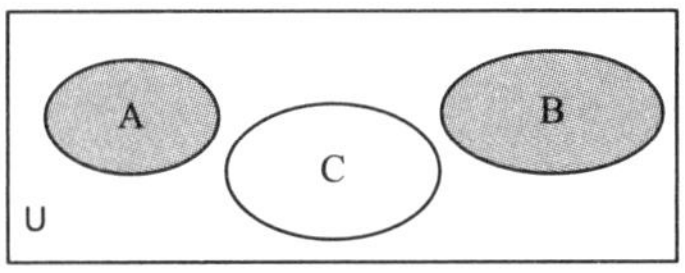

题 22 解图(3)

23. A 【考点】概率密度的性质

【解析】由题意可得 $\int_{-\infty}^{+\infty}\int_{-\infty}^{+\infty}f(x,\ y)\mathrm{d}x\mathrm{d}y=1$，$\int_{0}^{+\infty}\mathrm{e}^{-2ax}\mathrm{d}x\cdot\int_{0}^{+\infty}\mathrm{e}^{by}\mathrm{d}y=-\frac{1}{2a}\mathrm{e}^{-2ax}\Big|_{0}^{+\infty}\cdot\frac{1}{b}\mathrm{e}^{by}\Big|_{0}^{+\infty}=1$，分析知只有当 $a>0$，$b<0$ 时，该积分可解，则有 $\left(0+\frac{1}{2a}\right)\cdot\left(0-\frac{1}{b}\right)=-\frac{1}{2ab}=1\Rightarrow ab=-\frac{1}{2}$。

24. B 【考点】无偏估计

【解析】若 $E(\hat{\theta})=\theta$ 则称 $\hat{\theta}$ 是 θ 的无偏估计量。由 $D(\hat{\theta})>0$ 可得 $D(\hat{\theta})=E(\hat{\theta}^2)-E^2(\hat{\theta})>0$，即 $E(\hat{\theta}^2)>E^2(\hat{\theta})=\theta^2$，所以 $(\hat{\theta})^2$ 不是 θ^2 的无偏估计量。

25. D 【考点】理想气体状态方程

【解析】根据理想气体状态方程：$pV=\frac{M}{\mu}RT$，R 为气体常量，当 $V_1=V_2$，$T_1=T_2$，$M_1=M_2$ 时，$P_1\mu_1=P_2\mu_2$，即 $\frac{\mu_1}{\mu_2}=\frac{P_2}{P_1}$。

26. C 【考点】平均碰撞频率

【解析】由压强 $p=nkT$，得 $n=p/(kT)$。分子平均碰撞频率为：$\overline{Z}=\sqrt{2}\pi d^2 n\bar{v}$。

其中，$\bar{v}=1.60\sqrt{\frac{RT}{M}}$。

将相关参数代入上式得到：

$$\overline{Z}=\sqrt{2}\pi d^2\frac{p}{kT}1.60\sqrt{\frac{RT}{M}}=\sqrt{2}\pi d^2\frac{p}{k}1.60\sqrt{\frac{R}{MT}}\propto\frac{1}{\sqrt{T}}$$

其中压强 p 恒定，其余都是常数，故 $\overline{Z}$ 与 $\sqrt{T}$ 成反比。

27. C 【考点】热力学第一定律

【解析】根据热力学第一定律：$Q=\Delta U+W$，又因为是绝热过程，系统热量不变，即 $Q=0$，所以 $\Delta U=-500\mathrm{J}$。

28. A 【考点】热力学第二定律

【解析】热力学第二定律表达的是能量传递的单向性。①开尔文的表述是：不可能制成一种循环工作的热机，只从一个热源吸取热量，使之完全变为有用功，而其他物体不发生任何变化；②克劳修斯的表述是：热量不能自动地从低温物体传向高温物体。开尔文表述的是功热转换过程中的不可逆性，克劳修斯表述则指出热传导过程中的不可逆性。

29. B 【考点】一维简谐波表达式

【解析】将方程 $y=A\cos(Bt-Cx)$ 与平面简谐波的标准方程 $y=A\cos\omega\left(t-\dfrac{x}{u}\right)$ 对比得：波速 $u=\dfrac{B}{C}$，$\omega=B$。又由于 $\omega=\dfrac{2\pi}{T}$，$u=\dfrac{\lambda}{T}$，得波长：$\lambda=\dfrac{2\pi}{C}$。

30. B 【考点】波的特征量

【解析】波动传播时，同一波线上的两个相邻质点（相位之差为 2π）之间的距离称为波长 λ。波长反映了波在空间上的周期性。

31. B 【考点】波的特征量

【解析】由相位差 $\Delta\Phi=\dfrac{2\pi(\Delta x)}{\lambda}$，得到：$\dfrac{\pi}{6}=\dfrac{2\pi\times 3}{\lambda}$，波长 $\lambda=36\mathrm{m}$，波速 $u=\lambda v=\dfrac{\lambda}{T}=9\mathrm{m/s}$。

32. B 【考点】双缝干涉

【解析】双缝干涉，当单色光从光源发出的光波波阵面到达离光源等距的双缝时，双缝为同一波阵面上的两点，可视为两相干波源，从双缝发出的两列波传到屏上 P 点，产生干涉条纹的明暗条件由光程差 δ 决定。

两束相干光在干涉场中任一点 P 的光程差为：$\delta=n(r_2-r_1)$，当

$$\delta=\begin{cases}\pm k\lambda & \text{出现明条纹}\\ \pm(2k+1)\dfrac{\lambda}{2} & \text{出现暗条纹}\end{cases}\quad (k=0,\ 1,\ 2\cdots)$$

本题中，原来的明条纹处满足光程差 $\delta_1=k_1\lambda$，插入玻璃纸后该处光程差改变，改变量大小为 $\delta=2.5\lambda=(2k+1)\dfrac{\lambda}{2}$，$k=2$，所以出现暗条纹。

33. C 【考点】马吕斯定律

【解析】根据马吕斯定律：$I=I_0\cos^2\alpha$，式中，I_0 为入射光强，α 为偏振化方向夹角。所以转动前后透射光强度之比：$\dfrac{I_1}{I_2}=\dfrac{I_0\cos^2\alpha_1}{I_0\cos^2\alpha_2}=\dfrac{\cos^2\alpha_1}{\cos^2\alpha_2}$。

34. D 【考点】衍射光栅

【解析】由大量等宽、等间距的平行狭缝所组成的光学元件称为衍射光栅。一束平行单色光垂直照射在光栅上，光线经过透镜 L 后将在屏幕 E 上呈现各级衍射条纹。由光栅的衍射方程 $d\sin\theta=m\lambda$，要达到精确测量，必须使衍射角尽量便于观察，可见光波长范围约在 0.38～0.76μm 之间，1μm＝0.001mm，故应选用 $1.0\times10^{-3}\mathrm{mm}$。

35. B 【考点】双缝干涉

【解析】相邻明（或暗）纹的间距为：$\Delta x=\dfrac{D}{d}\lambda$，式中，$D$ 为双缝与屏的间距；d 为双缝间距；λ 为波长。代入数据得：$\Delta x=\dfrac{D}{d}\lambda=\dfrac{3000}{2}\times600\times10^{-6}\mathrm{mm}=0.9\mathrm{mm}$。

36. D 【考点】布儒斯特定律

【解析】由布儒斯特定律得：$\tan i_0 = \frac{n_2}{n_1} = n_{21}$，又入射角 i_0 与折射角 γ 的关系：$i_0 + \gamma = 90°$，所以折射率为：$n_{21} = \tan i_0 = \tan 60° = \sqrt{3}$。

37. D 【考点】原子的核外电子排布

【解析】正确书写核外电子排布式，可先根据三个分布规则和近似能级顺序将电子依次填入相应轨道，再按电子层顺序整理一下分布式，按 n 由小到大自左向右排列各原子轨道，相同电子层的轨道排在一起。原子序数为 15 的元素基态原子的核外电子排布为：$1s^2 2s^2 2p^6 3s^2 3p^3$，未成对电子数是 3。

38. C 【考点】晶体的物理性质

【解析】一般，晶体熔点由高到低分别为：原子晶体、金属晶体、离子晶体、分子晶体，即 SiC > Cu > NaCl > 冰。

39. A 【考点】弱电解质溶液的解离平衡

【解析】HOAc 即乙酸。A 项，解离度是指电解质达到解离平衡时，已解离的分子数和原有分子数之比，习惯上用百分率来表示。溶液稀释，解离度增大。B 项，解离度虽然增大，但溶液体积增大，有关离子浓度减小。C 项，解离常数与物质性质、温度有关，与浓度无关，故解离常数不变。D 项，溶液稀释一倍，酸性溶液的 pH 值增大。

40. A 【考点】溶液的 pH 值计算

【解析】溶液混合后，生成 NH_4Cl 其浓度为：$C_{NH_4^+} = \frac{1 \times 0.2}{2} = 0.1\text{mol/L}$。

$$c_{H^+} = \sqrt{K_a^{\ominus} c_{NH_4^+}} = \sqrt{\frac{K_w}{K_b^{\ominus}} \cdot c_{NH_4^+}} = \sqrt{\frac{10^{-14}}{1.8 \times 10^{-5}} \times 0.1} = 7.5 \times 10^{-6}$$

则：$pH = -\lg(7.5 \times 10^{-6}) = 5.12$。

41. B 【考点】化学反应速率及化学平衡

【解析】平衡常数只是温度的函数。B 项，反应为放热反应，温度降低，平衡常数增大。AD 两项，改变压强可能会改变反应平衡，但不改变平衡常数。C 项，催化剂只影响反应速率。

42. D 【考点】判断原电池的正负极

【解析】原电池中两极有电势差就会有电流，电流从电势高的地方流向电势低的地方，则电子从电势低的地方流向电势高的地方，而正电极就是流入电子的一极。因此，原电池中电极电势 E 值大的是正电极，E 值小的是负电极。此外，标准电极电势 $E^{\ominus}$ 高的不一定作为正电极，如铝的标准电极电势为 −1.662V，镁的标准电极电势为 −2.372，但在镁、铝、氢氧化钠构成的原电池中，镁和氢氧化钠不发生反应，作为正极，铝作为负极。

43. B 【考点】化学反应速率及化学平衡

【解析】熵是指体系混乱度（或无序度）的量度，用 S 表示。对于同一种物质，$S_g > S_l > S_s$；同一物质在相同的聚集状态时，其熵值随温度的升高而增大，$S_{高温} > S_{低温}$。对于不同种物质，$S_{复杂分子} > S_{简单分子}$。对于混合物和纯净物，$S_{混合物} > S_{纯物质}$。燃烧过程中存在气体向固体转变，因此该反应的熵变是减小的。

44. D 【考点】不饱和烃的加成反应

【解析】加成反应方程式：

$$CH_3-\underset{\underset{CH_3}{|}}{C}=CH-CH_3+Br_2 \rightarrow CH_3-\underset{\underset{CH_3}{|}}{C}Br-CHBr-CH_3$$

所以，该液态烃为2-甲基-2-丁烯。

45. D 【考点】基本有机物的结构

【解析】同系物是指结构相似、分子组成相差若干个“CH_2”原子团的有机化合物。CH_3CH_2OH 与 $CH_3CH_2CH_2CH_2OH$ 互为同系物。

46. B 【考点】有机物的命名

【解析】由碳和氢两种元素构成的一类有机化合物称为烃，又称“碳氢化合物”。烃的衍生物：是指烃分子中的氢原子被其他原子或者原子团所取代而生成的一系列化合物。ACD 三项属于烃的衍生物，B 项为乙烯。

47. D 【考点】静力学

【解析】分析 AB 杆，由于销钉 C 置于杆 AB 的光滑直槽中，所以 C 处作用力垂直于直槽，易得 AB 杆受力如题 47 解图。销钉受到的约束力与杆 AB 受到销钉作用力的方向相反，故 ED 杆中 C 处约束力作用线与 x 轴正向所成夹角 $\theta=90°+60°=150°$。

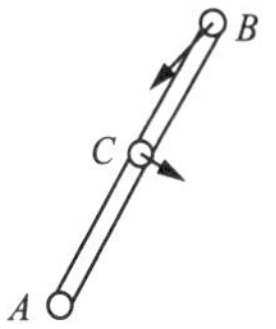

题 47 解图

48. C 【考点】力偶理论

【解析】力偶是指由等量、反向、不共线的两平行力组成的力系称(F, F')。力偶没有合力，即不能用一个力代替，也不能与一个力平衡。力偶对物体只有转动效应，没有移动效应。力偶在任一轴上的投影为零。力偶只能与另一力偶等效或相平衡。将 F_1、F_2、F_3、F_4 均向 A 点简化，可得合力大小为零，剩下 F_2，F_3 在 A 点处的合力偶，即该力系可简化为一合力偶。

49. A 【考点】力的分解与投影

【解析】对圆柱体进行受力分析，如题 49 解图所示，将力在 N_2 方向上分解，列平衡方程有：$N_2+\frac{\sqrt{2}}{2}F=\frac{\sqrt{2}}{2}P$，解得：$N_2=\frac{\sqrt{2}}{2}(P-F)$。

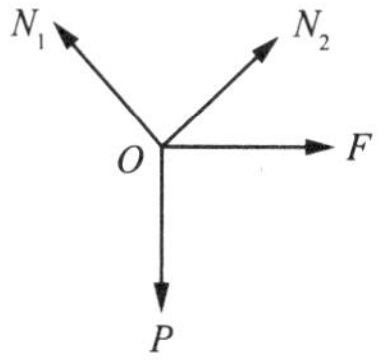

题 49 解图

50. B 【考点】受力图

【解析】分析 AB 杆受力，易得 AB 杆受力如题 50 解图所示。由于杆 AB 在水平方向上不受外力，且 A 处摩擦力为零，则 B 点合力方向竖直向上。由于其支撑分力与杆垂直，则摩擦力沿杆轴方向，即 B 处的摩擦力与 x 方向的夹角 30°。

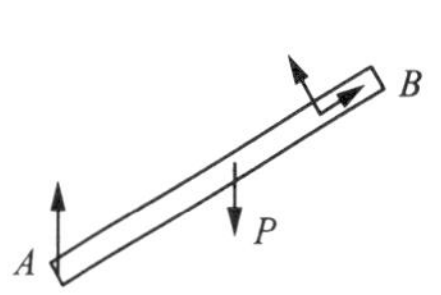

题 50 解图

51. A 【考点】点的运动

【解析】将 $v=20t+5$ 两边对 t 进行积分，得：$x=10t^2+5t+C$。代入初始条件，当 $t=0$ 时，$x=5\text{m}$，求得 $C=5$。则点的运动方程为：$x=10t^2+5t+5$。

52. C 【考点】刚体的定轴转动

【解析】由题 52 图可知：A 点的法向加速度为：$a_n=\omega^2 r$。其中 r 为定轴转动的半径，ω 为角速度。本题中，$a_n=a\cdot\cos 90°=a$，$r=l$，故角速度为：$\omega=\sqrt{\frac{a}{l}}$。$A$ 点的切向加速

度为：$a_\tau = \mathrm{d}v/\mathrm{d}t = \mathrm{d}(r\omega)/\mathrm{d}t = r\alpha$。式中，$r$ 为定轴转动的半径；α 为角加速度。本题中，$a_\tau = a \cdot \sin 90° = 0$，$r = l$，故角加速度：$\alpha = 0$。

53. D 【考点】刚体的定轴转动

【解析】A 点竖直向下运动，没有角速度，其加速度为：$a_A = a$。BCD 三点绕点 O 作向心加速度运动，法向加速度 $\alpha_n = \omega^2 r = v^2/r$，切向加速度 $a_\tau = a$，则加速度为：

$$a_{B、C、D} = \sqrt{\frac{v^4}{r^2} + a^2}$$

因此，A、B 两点的加速度不相同，C、D 两点的加速度相同。

54. D 【考点】动力学

【解析】地面给汽车的约束力为重力与离心力反力之和。其中，离心力 $F_N = ma_n$，$a_n = v^2/r$。因此 $F = G + mv^2/r = G + (G/g)(v^2/r) = 2800 + (2800/10) \times (10^2/5) = 8400\mathrm{N}$。

55. A 【考点】动力学中各物理量的概念及定义

【解析】动量是指：物体的质量与其速度的乘积，即 mv，是物体机械运动强弱的一种度量。故系统的动量为：$\frac{W}{g} \cdot v$。动能是指：由于物体运动而具有的能量。对于平移刚体动能为：$T = \frac{1}{2}mv^2$；对于转动刚体动能为：$T = \frac{1}{2}J_O \cdot \omega^2$。故系统的动能为：$T = \frac{1}{2}J_O \cdot \omega^2 + \frac{1}{2}\frac{W}{g}v^2$，整理得：$T = \frac{1}{2}\frac{R^2\omega^2}{g}\left(\frac{1}{2}mg + W\right)$。其中，薄圆盘绕圆心的转动惯量为：$J_O = \frac{1}{2}mR^2$。

56. B 【考点】牛顿第二定律

【解析】假设滑轮的质量为 m，则对于(a)，绳中的力为 P，支座的约束力为 $P + mg$，对(b)进行受力分析，如题 56 解图所示，设绳的拉力为 T，则物体以加速度 a 下落，由牛顿第二定律，$P - T = a \times P/g > 0$，则 $T < P$，支座 b 的约束力为 $T + mg < P + mg$。

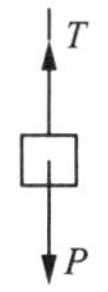

题 56 解图

57. D 【考点】刚体惯性力系的简化

【解析】力系向 O 点简化时，惯性主矢 $F = -ma = -\frac{1}{2}ml\omega^2$。注意取质心到定点的距离。惯性力主矩 $M_O = -J_O\alpha = -\frac{1}{3}ml^2\alpha$，以匀速度转动，$\alpha = 0$，所以 $M_O = 0$。

58. C 【考点】自由振动

【解析】固有圆频率是指 2π 秒内的振动次数。周期是指：振动一次所需要的时间。单摆周期 $T = 2\pi\sqrt{\frac{l}{g}}$，式中，$l$ 指摆长；g 为当地重力加速度。故单摆运动的固有圆频率为：$\omega = \frac{2\pi}{T} = \sqrt{\frac{g}{l}}$。

59. B 【考点】胡克定律

【解析】胡克定律是指：当应力不超过材料比例极限时，应力与应变成正比，即 $\sigma = E\varepsilon$，其中，E 为材料的弹性模量。

横向线应变 ε' 与纵向线应变 ε 之比的绝对值为一常数 μ，且纵向线应变与横向线应变的正负号恒相反，此题中纵向线应变 ε 为拉应变（正号）。由胡克定律得：

$$\varepsilon' = -\mu\frac{\sigma}{E} = -\mu\frac{F}{EA}$$

$$= -0.3\times\frac{20\times10^3}{200\times10^9\times100\times10^{-6}}$$

$$= -0.3\times10^{-3}$$

60. C 【考点】杆件横截面上的应力

【解析】应力集中是指物体中应力局部增大的现象，一般出现在物体形状急剧变化的地方，如缺口、孔洞、沟槽以及有刚性约束处。应力集中能使物体产生疲劳裂纹，也能使脆性材料制成的零件发生静载断裂。本题中，有微小裂纹的杆件在裂纹处出现应力集中，使得杆件承载能力明显降低。

61. C 【考点】剪切和挤压

【解析】冲头挤压应力 $\sigma = 4F/(\pi d^2)\leqslant[\sigma_m]$，其中，$[\sigma_m]=2\tau_b$，则 $F\leqslant\pi d^2\tau_b/2$；钢板剪切应力 $\tau = F/(\pi dt)\leqslant\tau_b$，则 $F\leqslant\tau_b\pi dt$。联立以上二式，$\pi d^2\tau_b/2=\tau_b\pi dt$，解得 $d=2t=20\text{mm}$。

62. D 【考点】扭转

【解析】扭矩 T 的正负号规定，以右手法则表示扭矩矢量，若矢量的指向与截面外向法线的指向一致时扭矩为正，反之为负。利用截面法，从 D 到 C，分布均匀的转矩 T/a 在 C 处达到最大值 T，正方向；在 C 截面处，受到反向转矩 $2T$，大小变为 T，方向变为负；在 B 截面处，受到正向转矩 $2T$，大小变为 T，方向变正。

63. A 【考点】梁的内力方程

【解析】设 m 处为截面 C，则对 C 截面进行受力分析，由 $\sum M_C=0$，$-F\times1=-8\text{kN}\cdot\text{m}$，解得：$F=8\text{kN}$；对 A 截面进行受力分析，由 $\sum M_A=0$，解得：$m=6-(-8)=14\text{kN}\cdot\text{m}$。

64. B 【考点】弯曲正应力和正应力强度条件

【解析】最大应力公式为：$\sigma=\frac{M}{W_z}=\frac{M}{I_z}y_{\max}$，式中，$M$ 为所求截面的弯矩；I_z 为截面对中性轴的惯性矩，W_z 为抗弯截面系数。开裂前 $\sigma=\frac{M}{I}y_{\max}$，其中 $y_{\max}=\frac{3}{2}a=3y_{\max1}$，$I=\frac{b(3a)^3}{12}=27\frac{ba^3}{12}=27I_1$，开裂后，每根梁承担总弯矩的三分之一，即 $M_1=\frac{M}{3}$，$\sigma_1=\frac{M_1}{I_1}y_{\max1}=\frac{3M}{I}y_{\max}=3\sigma$。故开裂后的承载能力为原来的$\frac{1}{3}$。

65. B 【考点】弯曲剪应力

【解析】中性轴的定义为：在平面弯曲和斜弯曲情形下，横截面与应力平面的交线上各点的正应力值均为零，这条交线称为中性轴。变形时，横截面将绕中性轴转动。当题中所示的截面上的剪应力竖直向下时。工字型截面的弯曲切应力公式为：$\tau=\frac{QS_z^*}{I_zd}$。式中，Q 为横截面上的剪力；d 为等效腹板厚度；S_z^* 为横截面上距中性轴为 y 的横线以外部分的面积对中性轴的静矩；I_z 整个截面对中性轴的惯性矩。由公式可知，左侧翼缘的上端1点处的静矩为0，弯曲切应力为零；其余2、3、4点的静矩关系为：$S_{z4}^{*}>S_{z2}^{*}>S_{z3}^{*}$，等效腹板厚度关系为：$d_3=d_4\gg d_2$，因此腹板上缘延长线与翼缘相交处的2点处的弯曲切应力最大。

66. B 【考点】梁的挠度计算

【解析】原来挠度：$f=\dfrac{ML^2}{2EI}$，梁长减半后，挠度变为：$f_1=\dfrac{M\left(\dfrac{L}{2}\right)^2}{2EI}=\dfrac{1}{4}f$。

67. C 【考点】形心主轴及形心主惯性矩概念

【解析】简支梁梁中点承受集中力 F 时，最大挠度出现在 $x=\dfrac{1}{2}l$ 处，$f_c=\dfrac{Fl^3}{48EI}$，式中，E 为压杆材料的弹性模量；I 为截面的主惯性矩。

a 梁的主惯性矩：$I_a=\dfrac{1}{12}hb^3=\dfrac{2}{12}b^4$

b 梁的主惯性矩：$I_b=\dfrac{1}{12}bh^3=\dfrac{8}{12}b^4$

故 $I_b=4I_a$，$f_{ca}=4f_{cb}$。

68. B 【考点】组合变形

【解析】图示圆轴是弯扭组合变形，在固定端处既有弯曲正应力，又有扭转切应力。但是图中 A 点位于中性轴上，故没有弯曲正应力，只有切应力，属于纯剪切应力状态。

69. C 【考点】组合变形

【解析】偏心拉伸，而且对 y、x 轴都有偏心。把 F 力平移到截面形心 O 点，要附加一个绕 z 轴的力偶矩，该杆要发生轴向拉伸和 xy 平面内的平面双向弯曲。

70. A 【考点】欧拉公式的应用

【解析】欧拉公式为：$F_{cr}=\dfrac{\pi^2EI}{(\mu l)^2}$。式中，$E$ 为压杆材料的弹性模量；I 为截面的主惯性矩；μ 为长度系数。由上式可得：当杆的长度减小到一半时，其临界载荷 F_{cr} 是原来的4倍。

71. B 【考点】流体的黏性与牛顿内摩擦定律

【解析】水的运动黏性系数可用下列经验公式求得：

$$v=\frac{0.01775}{1+0.0337t+0.000221t^2}$$

式中，t 为水温，以℃计。

由上式可知水的运动黏度随温度升高而减少。

72. C 【考点】重力作用下静水压强的分布规律

【解析】水箱底部 A 点的绝对压力为：

$$p'=p_0+\rho gh=90+1\times9.8\times1=99.8\text{kN/m}^2$$

真空度为：$p_v=p_a-p'=101-99.8=1.2\text{kN/m}^2$。

73. D 【考点】以流场为对象描述流动的概念

【解析】ABC三项，流线基本性质有：①流线表示某时刻流动方向的曲线；②过空间某点在同一时刻只能作一根流线；③流线只能是光滑的连续曲线，不能转折；④对流速不随时间变化的恒定流动，流线形状不随时间改变，与迹线重合，对非恒定流流线形状随时间而改变；⑤流线密处流速快，流线疏处流速慢。D 项，迹线是一个流体质点在一段连续时间内在空间运动的轨迹线，表示不同时刻的流动趋势。而流线是同一时刻不同流体质点所组成的曲线，它给出该时刻不同流体质点的速度方向。

74. C 【考点】沿程阻力损失和局部阻力损失

【解析】对两水箱水面写能量方程可得：$H=h_w=h_{w1}+h_{w2}$

1－3 管段中的流速

$$v_1=\frac{Q}{\frac{\pi}{4}d_1^2}=\frac{0.04}{\frac{\pi}{4}\times 0.2^2}=1.27\mathrm{m/s}$$

$$h_{w1}=\left(\lambda_1\frac{l_1}{d_1}+\sum\xi_1\right)\frac{v_1^2}{2g}=\left(0.019\times\frac{10}{0.2}+0.5+0.5+0.024\right)\times\frac{1.27^2}{2\times 9.8}=0.162\mathrm{m}$$

4－6 管段中的流速

$$v_2=\frac{Q}{\frac{\pi}{4}d_2^2}=\frac{0.04}{\frac{\pi}{4}\times 0.1^2}=5.1\mathrm{m/s}$$

$$h_{w2}=\left(\lambda_2\frac{l_2}{d_2}+\sum\xi_2\right)\frac{v_2^2}{2g}=\left(0.018\times\frac{10}{0.1}+0.5+0.05+1\right)\times\frac{5.1^2}{2\times 9.8}=5.042\mathrm{m}$$

$$H=h_{w1}+h_{w2}=0.162+5.042=5.204\mathrm{m}$$

75. C 【考点】有压管流

【解析】按水头损失所占比例不同可将有压管分为长管和短管。长管是指该管流中的能量损失以沿程损失为主，局部损失和流速水头所占比重很小，可以忽略不计的管道；短管是指局部损失和流速水头所占比重较大，计算时不能忽略的管道。

76. C 【考点】明渠均匀水流特性

【解析】矩形断面水力半径：

$$R=\frac{A}{x}=\frac{bh}{b+2h}=\frac{5\times 3}{5+2\times 3}=1.36\mathrm{m}$$

77. D 【考点】井和集水廊道

【解析】潜水完全井抽水量公式为：

$$Q=1.366\frac{k(H^2-h^2)}{\lg\frac{R}{r_0}}$$

式中，h 为井中水深；r_0为井的半径；R 为影响半径；k 为渗透系数，H 为含水层厚度。分析公式中各参数可知，抽水量大小仅与土体渗透系数成正比。

78. C 【考点】量纲分析法

【解析】合力 F 的单位为 $N=\mathrm{kg}\cdot\mathrm{m/s^2}$；密度 ρ 的单位为 $\mathrm{kg/m^3}$；长度 l 的单位为 m；流速 v 的单位为 m/s；组合的无量纲数是$\frac{F}{\rho v^2 l^2}$。

79. D 【考点】安培定律

【解析】根据右手螺旋定则可知，大拇指指向电流方向，四指环绕方向即为磁场方向，自上向下俯视为逆时针方向。

80. C 【考点】基尔霍夫定律

【解析】对节点①列 KCL 方程，$I=0.1+I_1$；对整个回路列 KVL 方程，$10I_1+4=2$；联立两个方程，解得 $I=-0.1A$。

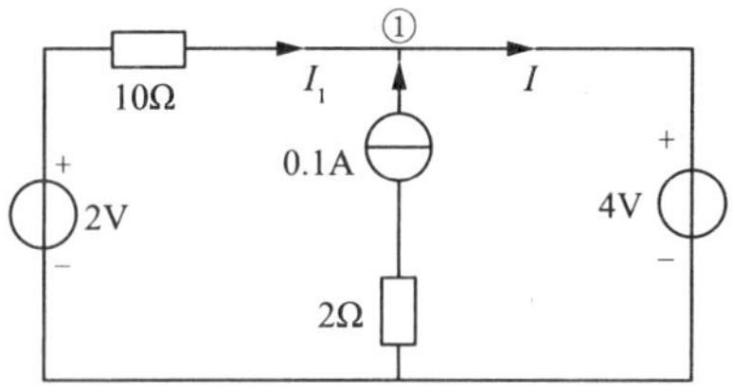

题 80 解图

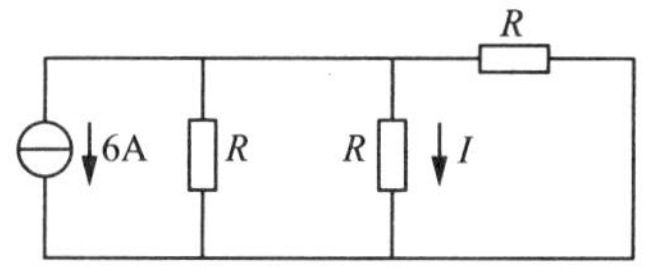

题 81 解图

81. D 【考点】叠加原理

【解析】用叠加原理，当电流源单独作用时电压源短接，等效电路如题 81 解图。此时三个等值电阻 R 并联，$I=(1/3)\times(-6)=-2A$。

82. D 【考点】正弦交流电的相量表示

【解析】题目中电压表与电流表所测得为有效值，U 表示电压有效值。$\dot{U}$ 表示相量，即有效值和初相位。所以表达式中电压幅值为 10V。角度与电流初始相位相反，故为 $-170°$。即：

$$\dot{I}=0.2\angle 10°A$$

$$\dot{U}=10\angle -180°+10°=10\angle -170°V$$

83. A 【考点】交流电路功率及功率因数

【解析】由视在功率、有功功率、无功功率公式可得：

$$S=UI=110\times 1=110VA$$

$$P=UI\cos\varphi=110\times 1\times\cos 30°=110\times\frac{\sqrt{3}}{2}=95.3W$$

$$Q=UI\sin\varphi=110\times 1\times\sin 30°=110\times\frac{1}{2}=55Var$$

注：公式中的电压电流均为有效值。

84. B 【考点】电路的暂态分析

【解析】当 $t<0$ 时，$u_c(0_-)=\frac{2}{2+2}\times 6=3V$。根据换路定律，$u_c(0_-)=u_c(0_+)$，$u_c(0_+)=u(0_+)=3V$

$$i_c(0_+)=i(0_+)-i_R(0_+)=\frac{6-u_c(0_+)}{2+2}-\frac{u_c(0_+)}{2}=\frac{3}{4}-\frac{3}{2}=-0.75A$$

$$u(\infty)=\frac{2}{2+2+2}\times 6V=2V$$

$i_c(\infty)=0$，$\tau=RC=[(2+2)/\!/2]C=1.33C$。

85. A 【考点】理想变压器

【解析】因为 $P_{R_2}=I_2^2R_2$，$P_{R_2}=40\text{W}$，所以 $I_2=\sqrt{\dfrac{P_{R_2}}{R_2}}=\sqrt{4}=2\text{A}$，又 $\dfrac{I_1}{I_2}=\dfrac{1}{K}=\dfrac{1}{2}$，$\dfrac{N_2}{N_1}=\dfrac{1}{K}=\dfrac{1}{2}$，所以 $N_2=\dfrac{1}{2}N_1=50$ 匝。

86. B 【考点】简单继电—接触控制电路

【解析】三相异步电动机的过载保护通常借助热继电器 FR 来完成。它的主要电器部分是过载检测元件（又称热元件）和过载动作触点。热继电器的热元件串接在电动机的主电路中，常闭触点则串接在控制电路的干路上。

87. D 【考点】信号的分类

【解析】时间连续取值的信号称为连续信号。连续信号可以用连续的时间函数曲线描述。连续信号与通常所说的模拟信号不完全相同，连续信号的时间一定是连续的，但是幅值不一定是连续的（存在有限个间断点）。模拟信号是幅值随时间连续变化的连续时间信号。

88. B 【考点】模拟信号的频域描述与频谱

【解析】周期信号的幅值频谱是离散且收敛的。这个周期信号一定是时间上的连续信号。

89. C 【考点】放大器的频率响应

【解析】放大器的输入为正弦交流信号。但 $u_1(t)$ 的频率过高，超出了上限频率 f_H，放大倍数小于 A，因此输出信号 u_2 的有效值 $U_2<AU_1$。

90. A 【考点】逻辑函数式化简

【解析】根据逻辑代数（或称布尔代数）分配律，提取 C：

$$AC+DC+\overline{A}\,\overline{D}C=C(A+\overline{A}\,\overline{D}+D)$$

根据吸收律和互补律：

$$C(A+\overline{A}\,\overline{D}+D)=C(A+\overline{D}+D)=C(A+1)=C\cdot 1=C$$

91. B 【考点】数字信号的逻辑运算

【解析】由图可分别写出 A 与 B 的表达式，$A=00100110$，$B=10001100$，二者相或并取非后可得 $F=\overline{A+B}=01010001$，B 项正确。

92. B 【考点】二—十进制编码（BCD 码）

【解析】BCD 码就是用 4 位二进制编码来表示十进制编码中的 0－9 十个数码，将十进制数中的每一位分别用四位二进制数表示，其中个位 $8=1\times2^3+0\times2^2+0\times2^1+0\times2^0$，即将其写成二进制为 1000，同理十位的 8 也为 1000，将个位十位组合可知十进制 88 的 BCD 码为 10001000。

BCD 码：

0	0000	5	0101
1	0001	6	0110
2	0010	7	0111
3	0011	8	1000
4	0100	9	1001

93. B 【考点】二极管单向导电性

【解析】二极管具有单向导电性，由电路图可知：当 u_i 为正半周时，二极管 D 反向截止，此时 $u_o=0$；当 u_i 为负半周时，二极管正向导通，因为二极管为理想器件，此时 $u_o=u_i$，所以 B 项正确。

94. D 【考点】运算放大电路的非线性应用—电压比较器

【解析】由题可知构成比较器，当 $u_{i2}<u_{i1}$ 时，输出负值，当 $u_{i2}>u_{i1}$ 时，输出正值；将 u_{i1} 从 1V 升高至 1.5V 时，$u_{i2}>u_{i1}$ 的范围变小，即所围成的正面积减小，负面积增大，则其平均值降低。

95. A 【考点】D 触发器

【解析】图(a)的触发器为上升沿触发的 D 触发器，它的输出在 cp 上升沿到来的时刻跟随输入的变化，即 $Q_{n+1}=D$。在 cp 第一个上升沿到来之前复位信号 $\overline{R}_D$ 清零，此时 $Q=0$，$\overline{Q}=1$。在第一个上升沿到来时，$D=\overline{A\cdot\overline{Q}}=\overline{1\cdot1}=0$，则 $Q_{n+1}=D=0$；第二个上升沿到来时，$A=1$，$\overline{Q}=1$，则仍然有 $Q_{n+1}=D=0$。由于 D 触发器只在上升沿触发，在下降沿 D 触发器状态不变，故在第一、二个下降沿时 Q 均为 0。

96. C 【考点】异步计数器

【解析】由图可知，三个触发器触发脉冲来自不同信号，且为上升沿触发，应为上升沿触发的异步计数器。

97. B 【考点】存储器

【解析】计算机硬件系统由主机和外设组成，主机包括系统总线、内存储器和微处理器，外设包括输入输出设备，通信设备和外存储器。

98. C 【考点】计算机硬件系统组成

【解析】计算机硬件系统由运算器、存储器、控制器、输入设备、输出设备五大部件组成，并规定了它们的基本功能。

99. B 【考点】输入/输出设备及控制系统

【解析】当要对存储器中的内容进行读写操作时，来自地址总线的存储器地址经地址译码器译码之后，选中指定的存储单元，而读写控制电路根据读写命令实施对存储器的存取操作，数据总线则用来传送写入内存储器或从内存储器读出的信息。

100. C 【考点】操作系统特征

【解析】现代的操作系统具有 3 个基本特征：①并发性，是指很多个程序或者作业在同一段时间内运行，宏观上看程序或者作业在同一操作系统的控制下并行向前推进。②共享性，是指在操作系统的控制下，操作系统和多个运行的用户程序一起共享计算机的资源。③随机性，是指操作系统的运行是在一个随机的环境中进行的，操作系统控制下的多道作业执行顺序和每个作业的执行时间是不确定的。

101. B 【考点】操作系统分类

【解析】操作系统种类很多，也具有不同的特征，对操作系统的分类，可以基于不同的观点。①根据所支持的用户数目，可分为单用户（MSDOS、OS/2、Windows 2000/XP）、多用户（UNIX、Xenix）。②根据同时执行任务数目，可分为单任务（早期的 MSDOS）、多任务（UNIX、Windows XP）。③根据硬件结构和配置，可分为多机配置和单机配置的操作系统，多机配置的有：网络操作系统（Netware、Windows NT、OS/2warp）、分布式系统（Amoeba）。单机配置的有：多媒体系统（Amiga）、大型机操作系统、小型机操作系统和微型机操作系统。④根据操作系统的功能、使用环境和作业处理方式，可分为批处理系统（MVX）、分时系统（Linux、UNIX、XENIX）、实时系统（iEMX、VRTX）。

102. D 【考点】二进制编码

【解析】首先将其化为二进制表达形式，

$$256=1\times2^8+0\times2^7+0\times2^6+0\times2^5+0\times2^4+0\times2^3+0\times2^2+0\times2^1+0\times2^0$$

则 $256=100000000_{(2)}$，同理，$0.625=1\times2^{-1}+0\times2^{-2}+1\times2^{-3}$，即 $256.625=100000000.101_{(2)}$，将其每三位划分为八进制的 1 位，即 $100\quad000\quad000.101_{(2)}=400.5$，则其八进制表达式为 400.5。

103. D 【考点】计算机内数值数据的表示

【解析】1B = 1 字节（Byte）= 8 个二进制位（bit）；上述信息数量单位的转换关系如下：1KB = 1024B；1MB = 1024KB；1GB = 1024MB；1TB = 1024GB。

104. D 【考点】网络安全

【解析】计算机病毒都有如下共同的特点：

①非授权执行性：它隐藏在合法的程序和数据中，伺机取得系统的控制权，非授权执行。

②传染性：计算机病毒的自我复制，被人们形象称之为“传染”。传染性是计算机病毒的一个重要标识，也是确定一个程序是否为计算机病毒的首要条件。

③寄生性：病毒程序一般不独立以文件形式存在，而是寄生在磁盘系统区或文件中（依附）。

④潜伏性：侵入计算机的病毒程序可以潜伏在合法文件中，在条件不具备时，它在系统中没有明显特征。

⑤破坏性：不同类型的计算机病毒，它的破坏性也各不相同，有的计算机病毒仅干扰软件的运行；有的无限制地侵占系统资源：有的可以毁掉部分数据或程序甚至使整个系统瘫痪。

⑥可触发性：潜伏下来的计算机病毒，一旦满足一定的触发条件便表现出破坏作用。

105. C 【考点】网络分类

【解析】按作用范围可将计算机网络分为局域网、城域网、广域网。

106. B 【考点】局域网

【解析】局域网拓扑结构可以分为四类：星形、总线、环形、混合型。

107. C 【考点】名义利率

【解析】名义利率 r 是指计息周期利率 i 乘以一年内的计息周期数 m 所得的年利率，即 $r=i\times m$。通常所说的年利率都是名义利率。年有效利率是指资金在计息中所发生的年实际利率，其计算公式为：实际年利率 $i=[1+(r/m)]^m-1$。本题中，名义利率 $r=6\%$，实际年利率 $i=\left(1+\frac{6\%}{2}\right)^2-1=6.09\%$，实际年利率高出名义利率 $i-r=0.09\%$。

108. D 【考点】建设期利息

【解析】建设期利息是指项目借款在建设期内发生并计入固定资产的利息。为了简化计算，在编制投资估算时通常假定借款均在每年的年中支用，借款第一年按半年计息，其余各年份按全年计息。计算公式为：各年应计利息 =（年初借款本息累计 + 本年借款额/2）×年利率。本题中，第 1 年借款利息 $Q_1=(P_{1-1}+A_t/2)\times i=200\times6\%=12$（万元）；第 2 年借款利息 $Q_2=(P_{2-1}+A_2/2)\times i=(412+800/2)\times6\%=48.72$（万元）。所以，建设期累加利息和为：$12+48.72=60.72$（万元）。

109. D 【考点】普通股资金成本计算

【解析】根据固定股利增长模型法计算，该公司普通股的资金成本为：

$$K_s=\frac{D_c}{P_c(1-f)}+g=\frac{i_c}{1-f}+g=\frac{10\%}{1-3\%}+5\%=15.31\%$$

式中，K_s 为普通股成本率；P_c 为普通股票面值；D_c 为普通股预计年股利额；i_c 为普通股预计年股利率；g 为普通股利年增长率；f 为筹资费费率（即筹资费占筹集资金总额的比率）。

110. C 【考点】净现金流量

【解析】在考察技术方案整个期间各时点 t 上实际发生的资金流出或资金流入称为现金流量，其中流出系统的资金称为现金流出，流入系统的资金称为现金流入，现金流入与现金流出之差称为净现金流量。该项目第 10 年的净现金流量为：$25+20=45$（万元）。

111. D 【考点】社会折现率

【解析】社会折现率是指社会对资金时间价值的估量，是从整个国民经济角度所要求的资金投资收益率标准。社会折现率代表社会投资所应获得的最低收益率水平，在建设项目国民经济评价中是衡量经济内部收益率的基准值，也是计算项目经济净现值的折现率。目前我国推荐的社会折现率为 8%。

D 项，机会成本是指将有限资源投入到某种经济活动时所放弃的投入到其他经济活动所能带来的最高收益。若某笔社会投资（资金）被占用，则意味着放弃了该笔投资由社会折现率计算得来的时间经济价值，该时间经济价值反映了资金占用的机会成本。

112. A 【考点】敏感性分析

【解析】敏感度系数表示技术方案经济效果评价指标对不确定因素的敏感程度。计算公式为：$S_{AF}=\dfrac{\Delta A/A}{\Delta F/F}$，式中，$S_{AF}$ 为敏感度系数；$\Delta F/F$ 为不确定性因素 F 的变化率（%）；$\Delta A/A$ 为不确定性因素 F 发生 ΔF 变化时，评价指标 A 的相应变化率（%）。

$|S_{AF}|$ 越大，表明评价指标 A 对于不确定因素 F 越敏感；反之，则不敏感。据此可以找出哪些因素是最关键的因素。此题中，分子相同，则分母越小，即影响因素下降或上升因素的量越小，则最敏感。所以，产品价格是最敏感因素。

113. A 【考点】差额内部收益率

【解析】差额内部收益率是指两个方案各年净现金流量差额的现值之和等于零时的折现率。或者说，两方案净现值（或净年值）相等时的折现率。对于若干个互斥方案，可两两比较，分别计算两个方案的差额内部收益率 ΔIRR_{A-B}。

114. C 【考点】01 评分法（强制确定法）

【解析】用 01 评分法（强制确定法）计算功能系数。即将零件排列起来，进行重要性对比，重要的得 1 分，不重要的得 0 分，求出各零件得分累计分数，其功能系数按下式计算：

$$\text{功能系数}(f_i)=\frac{\text{零件得分累计}}{\text{总分}}=\frac{4}{15}=0.27$$

115. D 【考点】工程分包

【解析】A 项，根据《建筑法》第二十六条，承包建筑工程的单位应当持有依法取得的资质证书，并在其资质等级许可的业务范围内承揽工程。禁止建筑施工企业超越本企业资质等级许可的业务范围或者以任何形式用其他建筑施工企业的名义承揽工程。

BC 两项，根据第二十八条禁止承包单位将其承包的全部建筑工程转包给他人，禁止承包单位将其承包的全部建筑工程肢解以后以分包的名义分别转包给他人。

D 项，根据《建筑法》第二十七条，大型建筑工程或者结构复杂的建筑工程，可以由两个以上的承包单位联合共同承包。共同承包的各方对承包合同的履行承担连带责任。两个以上不同资质等级的单位实行联合共同承包的，应当按照资质等级低的单位的业务许可范围承揽工程。

116. B 【考点】从业人员的权利和义务

【解析】B 项，《安全生产法》第五十九条规定，从业人员发现事故隐患或者其他不安全因素，应当立即向现场安全生产管理人员或者本单位负责人报告；接到报告的人员应当及时予以处理。A 项，根据《安全生产法》第五十五条规定，从业人员发现直接危及人身安全的紧急情况时，有权停止作业或者在采取可能的应急措施后撤离作业场所。C 项，根据《安全生产法》第五十四条规定，从业人员有权对本单位安全生产工作中存在的问题提出批评、检举、控告；有权拒绝违章指挥和强令冒险作业。D 项，根据《安全生产法》第五十三条规定，生产经营单位的从业人员有权了解其作业场所和工作岗位存在的危险因素、防范措施及事故应急措施，有权对本单位的安全生产工作提出建议。ACD 三项是权利不是义务。

117. B 【考点】无效投标

【解析】根据《中华人民共和国招标投标法》第二十八条，投标人应当在招标文件要求提交投标文件的截止时间前，将投标文件送达投标地点。招标人收到投标文件后，应当签收保存，不得开启。投标人少于三个的，招标人应当依照本法重新招标。在招标文件要求提交投标文件的截止时间后送达的投标文件，招标人应当拒收。

118. C 【考点】合同撤销

【解析】根据《中华人民共和国合同法》第七十五条，撤销权自债权人知道或者应当知道撤销事由之日起一年内行使。自债务人的行为发生之日起五年内没有行使撤销权的，该撤销权消灭。(《合同法》自 2021 年 1 月 1 日起已废止，此条文已合并到《民法典》第五百四十一条)

119. C 【考点】建设工程质量保修

【解析】A 项，根据《建设工程质量管理条例》第四十条规定，建设工程的保修期，自竣工验收合格之日起计算；BC 两项，根据《建设工程质量管理条例》第四十条第三项规定，在正常使用条件下，建设工程的最低保修期限为：供热与供冷系统，为 2 个采暖期、供冷期；D 项，根据《建设工程质量管理条例》第三十九条规定，建设工程承包单位在向建设单位提交工程竣工验收报告时，应当向建设单位出具质量保修书。

120. A 【考点】安全作业环境及安全施工措施费用

【解析】根据《建设工程安全生产管理条例》第八条规定，建设单位在编制工程概算时，应当确定建设工程安全作业环境及安全施工措施所需费用。

2016年全国勘察设计注册工程师执业资格考试《公共基础考试》真题

单项选择题（共120题，每题1分。每题的备选项中只有一个最符合题意）

1. 下列极限式中，能够使用洛必达法则求极限的是（　　）。

A. $\lim\limits_{x\to 0}\dfrac{1+\cos x}{e^x-1}$　B. $\lim\limits_{x\to 0}\dfrac{x-\sin x}{\sin x}$　C. $\lim\limits_{x\to 0}\dfrac{x^2\sin\dfrac{1}{x}}{\sin x}$　D. $\lim\limits_{x\to\infty}\dfrac{x+\sin x}{x-\sin x}$

2. 设$\begin{cases}x=t-\arctan t\\ y=\ln(1+t^2)\end{cases}$，则$\left.\dfrac{dy}{dx}\right|_{t=1}$等于（　　）。

A. 1　B. -1　C. 2　D. $\dfrac{1}{2}$

3. 微分方程$\dfrac{dy}{dx}=\dfrac{1}{xy+y^3}$是（　　）。

A. 齐次微分方程　B. 可分离变量的微分方程
C. 一阶线性微分方程　D. 二阶微分方程

4. 若向量$\boldsymbol{\alpha}$，$\boldsymbol{\beta}$满足$|\boldsymbol{\alpha}|=2$，$|\boldsymbol{\beta}|=\sqrt{2}$，且$\boldsymbol{\alpha}\cdot\boldsymbol{\beta}=2$，则$|\boldsymbol{\alpha}\times\boldsymbol{\beta}|$等于（　　）。

A. 2　B. $2\sqrt{2}$　C. $2+\sqrt{2}$　D. 不能确定

5. $f(x)$在点x_0处的左、右极限存在且相等是$f(x)$在点x_0处连续的（　　）。

A. 必要非充分的条件　B. 充分非必要的条件
C. 充分且必要的条件　D. 既非充分又非必要的条件

6. 设$\int_0^x f(t)\,dt=\dfrac{\cos x}{x}$，则$f\left(\dfrac{\pi}{2}\right)$等于（　　）。

A. $\dfrac{\pi}{2}$　B. $-\dfrac{2}{\pi}$　C. $\dfrac{2}{\pi}$　D. 0

7. 若$\sec^2 x$是$f(x)$的一个原函数，则$\int xf(x)\,dx$等于（　　）。

A. $\tan x+C$　B. $x\tan x-\ln|\cos x|+C$
C. $x\sec^2 x+\tan x+C$　D. $x\sec^2 x-\tan x+C$

8. yOz坐标面上的曲线$\begin{cases}y^2+z=1\\ x=0\end{cases}$绕$Oz$轴旋转一周所生成的旋转曲面方程是（　　）。

A. $x^2+y^2+z=1$　B. $x^2+y^2+z^2=1$
C. $y^2+\sqrt{x^2+z^2}=1$　D. $y^2-\sqrt{x^2+z^2}=1$

9. 若函数$z=f(x,y)$在点$P_0(x_0,y_0)$处可微，则下面结论中错误的是（　　）。

A. $z=f(x,y)$在P_0处连续　B. $\lim\limits_{\substack{x\to x_0\\ y\to y_0}}f(x,y)$存在
C. $f_x'(x_0,y_0)$，$f_y'(x_0,y_0)$均存在　D. $f_x'(x,y)$，$f_y'(x,y)$在P_0处连续

10. 若$\int_{-\infty}^{+\infty}\frac{A}{1+x^2}dx=1$，则常数$A$等于(　　)。

A. $\frac{1}{\pi}$　　B. $\frac{2}{\pi}$　　C. $\frac{\pi}{2}$　　D. π

11. 设$f(x)=x(x-1)(x-2)$，则方程$f'(x)=0$的实根个数是(　　)。

A. 3　　B. 2　　C. 1　　D. 0

12. 微分方程$y''-2y'+y=0$的两个线性无关的特解是(　　)。

A. $y_1=x$，$y_2=e^x$　　B. $y_1=e^{-x}$，$y_2=e^x$

C. $y_1=e^{-x}$，$y_2=xe^{-x}$　　D. $y_1=e^x$，$y_2=xe^x$

13. 设函数$f(x)$在(a, b)内可微，且$f'(x)\neq 0$，则$f(x)$在(a, b)内(　　)。

A. 必有极大值　　B. 必有极小值

C. 必无极值　　D. 不能确定有还是没有极值

14. 下列级数中，绝对收敛的级数是(　　)。

A. $\sum_{n=1}^{\infty}(-1)^{n-1}\frac{1}{n}$　　B. $\sum_{n=1}^{\infty}(-1)^{n-1}\frac{1}{\sqrt{n}}$

C. $\sum_{n=1}^{\infty}\frac{n^2}{1+n^2}$　　D. $\sum_{n=1}^{\infty}\frac{\sin\frac{3}{2}n}{n^2}$

15. 若D是由$x=0$，$y=0$，$x^2+y^2=1$所围成在第一象限的区域，则二重积分$\iint_D x^2y\,dxdy$等于(　　)。

A. $-\frac{1}{15}$　　B. $\frac{1}{15}$　　C. $-\frac{1}{12}$　　D. $\frac{1}{12}$

16. 设L是抛物线$y=x^2$上从点$A(1, 1)$到点$O(0, 0)$的有向弧线，则对坐标的曲线积分$\int_L x\,dx+y\,dy$等于(　　)。

A. 0　　B. 1　　C. -1　　D. 2

17. 幂级数$\sum_{n=0}^{\infty}\frac{(-1)^n}{2^n}x^n$在$|x|<2$的和函数是(　　)。

A. $\frac{2}{2+x}$　　B. $\frac{2}{2-x}$　　C. $\frac{1}{1-2x}$　　D. $\frac{1}{1+2x}$

18. 设$z=\frac{3^{xy}}{x}+xF(u)$，其中$F(u)$可微，且$u=\frac{y}{x}$，则$\frac{\partial z}{\partial y}$等于(　　)。

A. $3^{xy}-\frac{y}{x}F'(u)$　　B. $\frac{1}{x}3^{xy}\ln 3+F'(u)$

C. $3^{xy}+F'(u)$　　D. $3^{xy}\ln 3+F'(u)$

19. 若使向量组$\boldsymbol{\alpha}_1=(6, t, 7)^T$，$\boldsymbol{\alpha}_2=(4, 2, 2)^T$，$\boldsymbol{\alpha}_3=(4, 1, 0)^T$线性相关，则$t$等于(　　)。

A. -5　　B. 5　　C. -2　　D. 2

20. 下列结论中正确的是(　　)。

A. 矩阵$\boldsymbol{A}$的行秩与列秩可以不等

B. 秩为 r 的矩阵中，所有 r 阶子式均不为零

C. 若 n 阶方阵 $\boldsymbol{A}$ 的秩小于 n，则该矩阵 $\boldsymbol{A}$ 的行列式必等于零

D. 秩为 r 的矩阵中，不存在等于零的 $r-1$ 阶子式

21. 已知矩阵 $\boldsymbol{A}=\begin{pmatrix}5 & -3 & 2\\ 6 & -4 & 4\\ 4 & -4 & a\end{pmatrix}$的两个特征值为 $\lambda_1=1$，$\lambda_2=3$，则常数 a 和另一特征值 λ_3 为(　　)。

A. $a=1$，$\lambda_3=-2$　　B. $a=5$，$\lambda_3=2$

C. $a=-1$，$\lambda_3=0$　　D. $a=-5$，$\lambda_3=-8$

22. 设有事件 A 和 B，已知 $P(A)=0.8$，$P(B)=0.7$，且 $P(A|B)=0.8$，则下列结论中正确的是(　　)。

A. A 与 B 独立　　B. A 与 B 互斥

C. $B\supset A$　　D. $P(A\cup B)=P(A)+P(B)$

23. 某店有 7 台电视机，其中 2 台次品。现从中随机地取 3 台，设 X 为其中的次品数，则数学期望 $E(X)$ 等于(　　)。

A. $\frac{3}{7}$　　B. $\frac{4}{7}$　　C. $\frac{5}{7}$　　D. $\frac{6}{7}$

24. 设总体 $X\sim N(0,\sigma^2)$，X_1，X_2，…，X_n 是来自总体的样本，$\hat{\sigma}^2=\frac{1}{n}\sum\limits_{i=1}^{n}X_i^2$，则下面结论中正确的是(　　)。

A. $\hat{\sigma}^2$ 不是 σ^2 的无偏估计量　　B. $\hat{\sigma}^2$ 是 σ^2 的无偏估计量

C. $\hat{\sigma}^2$ 不一定是 σ^2 的无偏估计量　　D. $\hat{\sigma}^2$ 不是 σ^2 的估计量

25. 假定氧气的热力学温度提高一倍，氧分子全部离解为氧原子，则氧原子的平均速率是氧分子平均速率的(　　)。

A. 4 倍　　B. 2 倍　　C. $\sqrt{2}$倍　　D. $\frac{1}{\sqrt{2}}$倍

26. 容积恒定的容器内盛有一定量的某种理想气体，分子的平均自由程为 $\overline{\lambda}_0$，平均碰撞频率为 $\overline{Z}_0$，若气体的温度降低为原来的$\frac{1}{4}$倍时，此时分子的平均自由程 $\overline{\lambda}$ 和平均碰撞频率 $\overline{Z}$ 为(　　)。

A. $\overline{\lambda}=\overline{\lambda}_0$，$\overline{Z}=\overline{Z}_0$　　B. $\overline{\lambda}=\overline{\lambda}_0$，$\overline{Z}=\frac{1}{2}\overline{Z}_0$

C. $\overline{\lambda}=2\overline{\lambda}_0$，$\overline{Z}=2\overline{Z}_0$　　D. $\overline{\lambda}=\sqrt{2}\overline{\lambda}_0$，$\overline{Z}=4\overline{Z}_0$

27. 一定量的某种理想气体由初态经等温膨胀变化到末态时，压强为 P_1；若由相同的初态经绝热膨胀变到另一末态时，压强为 P_2。若二过程末态体积相同，则(　　)。

A. $P_1=P_2$　　B. $P_1>P_2$　　C. $P_1<P_2$　　D. $P_1=2P_2$

28. 在卡诺循环过程中，理想气体在一个绝热过程中所做的功为 W_1，内能变化为 ΔE_1，而在另一绝热过程中气体做功 W_2，内能变化 ΔE_2，则 W_1、W_2 及 ΔE_1、ΔE_2 间关系为(　　)。

A. $W_1 = W_2$，$\Delta E_2 = \Delta E_1$　　B. $W_2 = -W_1$，$\Delta E_2 = \Delta E_1$

C. $W_2 = -W_1$，$\Delta E_2 = -\Delta E_1$　　D. $W_2 = W_1$，$\Delta E_2 = -\Delta E_1$

29. 波的能量密度的单位是(　　)。

A. $J \cdot m^{-1}$　　B. $J \cdot m^{-2}$　　C. $J \cdot m^{-3}$　　D. J

30. 两相干波源，频率为100Hz，相位差为π，两者相距20m，若两波源发出的简谐波的振幅均为A，则在两波源连线的中垂线上各点合振动的振幅为(　　)。

A. $-A$　　B. 0　　C. A　　D. $2A$

31. 一平面简谐波的波动方程为$y = 2 \times 10^{-2}\cos 2\pi\left(10t - \frac{x}{5}\right)$(SI)，对$x = -2.5$m处的质元，在$t = 0.25$s时，它的(　　)。

A. 动能最大，势能最大　　B. 动能最大，势能最小

C. 动能最小，势能最大　　D. 动能最小，势能最小

32. 一束自然光自空气射向一块平板玻璃，设入射角等于布儒斯特角i_0，则光的折射角为(　　)。

A. $\pi + i_0$　　B. $\pi - i_0$　　C. $\frac{\pi}{2} + i_0$　　D. $\frac{\pi}{2} - i_0$

33. 两块偏振片平行放置，光强为I_0的自然光垂直入射在第一块偏振片上，若两偏振片的偏振化方向夹角为45°，则从第二块偏振片透出的光强为(　　)。

A. $\frac{I_0}{2}$　　B. $\frac{I_0}{4}$　　C. $\frac{I_0}{8}$　　D. $\frac{\sqrt{2}}{4}I_0$

34. 在单缝夫琅禾费衍射实验中，单缝宽度为a，所用单色光波长为λ，透镜焦距为f，则中央明条纹的半宽度为(　　)。

A. $\frac{f\lambda}{a}$　　B. $\frac{2f\lambda}{a}$　　C. $\frac{a}{f\lambda}$　　D. $\frac{2a}{f\lambda}$

35. 通常亮度下，人眼睛瞳孔的直径约为3mm，视觉感受到最灵敏的光波波长为550nm$(1\text{nm} = 1 \times 10^{-9}\text{m})$，则人眼睛的最小分辨角约为(　　)。

A. 2.24×10^{-3}rad　　B. 1.12×10^{-4}rad

C. 2.24×10^{-4}rad　　D. 1.12×10^{-3}rad

36. 在光栅光谱中，假如所有偶数级次的主极大都恰好在每透光缝衍射的暗纹方向上，因而实际上不出现，那么此光栅每个透光缝宽度a和相邻两缝间不透光部分宽度b的关系为(　　)。

A. $a = 2b$　　B. $b = 3a$　　C. $a = b$　　D. $b = 2a$

37. 多电子原子中同一电子层原子轨道能级(量)最高的亚层是(　　)。

A. s亚层　　B. p亚层　　C. d亚层　　D. f亚层

38. 在CO和N_2分子之间存在的分子间力有(　　)。

A. 取向力、诱导力、色散力　　B. 氢键

C. 色散力　　D. 色散力、诱导力

39. 已知$K_b^{\ominus}(NH_3 \cdot H_2O) = 1.8 \times 10^{-5}$，0.1mol·$L^{-1}$的$NH_3 \cdot H_2O$溶液的pH为(　　)。

A. 2.87　　B. 11.13　　C. 2.37　　D. 11.63

40. 通常情况下，$K_a^{\ominus}$、$K_b^{\ominus}$、$K^{\ominus}$、$K_{sp}^{\ominus}$，它们的共同特性是(　　)。

A. 与有关气体分压有关　　　　B. 与温度有关

C. 与催化剂的种类有关　　　　D. 与反应物浓度有关

41. 下列各电对的电极电势与 H^+ 浓度有关的是(　　)。

A. Zn^{2+}/Zn　　B. Br_2/Br^-　　C. AgI/Ag　　D. MnO_4^-/Mn^{2+}

42. 电解 Na_2SO_4 水溶液时，阳极上放电的离子是(　　)。

A. H^+　　B. OH^-　　C. Na^+　　D. SO_4^{2-}

43. 某化学反应在任何温度下都可以自发进行，此反应需满足的条件是(　　)。

A. $\Delta_r H_m < 0$，$\Delta_r S_m > 0$　　　　B. $\Delta_r H_m > 0$，$\Delta_r S_m < 0$

C. $\Delta_r H_m < 0$，$\Delta_r S_m < 0$　　　　D. $\Delta_r H_m > 0$，$\Delta_r S_m > 0$

44. 按系统命名法，下列有机化合物命名正确的是(　　)。

A. 3-甲基丁烷　　　　B. 2-乙基丁烷

C. 2,2-二甲基戊烷　　　　D. 1,1,3-三甲基戊烷

45. 苯甲酸和山梨酸($CH_3CH=CHCH=CHCOOH$)都是常见的食品防腐剂。下列物质中只能与其中一种酸发生反应的是(　　)。

A. 甲醇　　B. 溴水　　C. 氢氧化钠　　D. 金属钾

46. 受热到一定程度就能软化的高聚物是(　　)。

A. 分子结构复杂的高聚物　　　　B. 相对摩尔质量较大的高聚物

C. 线型结构的高聚物　　　　D. 体型结构的高聚物

47. 结构由直杆 AC，DE 和直角弯杆 BCD 所组成，自重不计，受载荷 F 与 $M = F \cdot a$ 作用。则 A 处约束力的作用线与 x 轴正向所成的夹角为(　　)。

A. 135°　　B. 90°　　C. 0°　　D. 45°

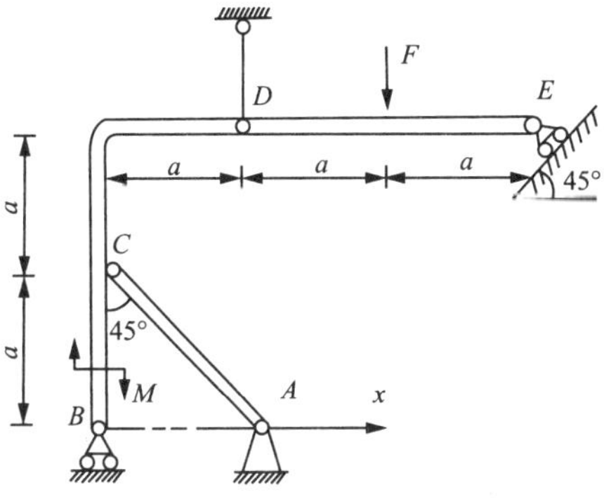

题 47 图

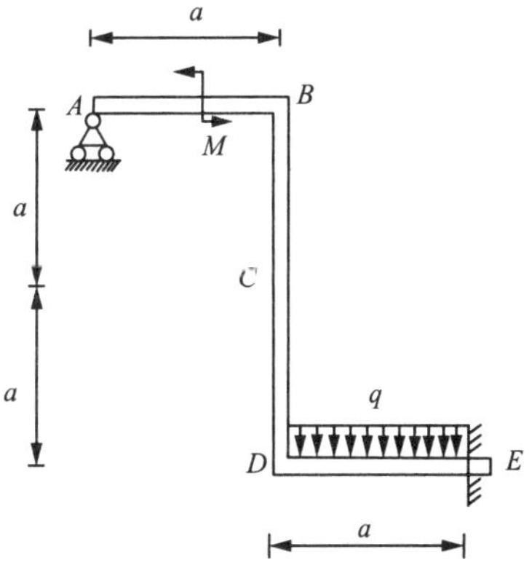

题 48 图

48. 图示平面力系中，已知 $q = 10kN/m$，$M = 20kN \cdot m$，$a = 2m$，则该主动力系对 B 点的合力矩为(　　)。

A. $M_O = 0$　　　　B. $M_O = 20kN \cdot m$(↶)

C. $M_O = 40kN \cdot m$(↶)　　　　D. $M_O = 40kN \cdot m$(↷)

49. 简支梁受分布荷载如图示，支座 A、B 的约束力为(　　)。

A. $F_A = 0$，$F_B = 0$　　　　B. $F_A = \frac{1}{2}qa(\uparrow)$，$F_B = \frac{1}{2}qa(\uparrow)$

C. $F_A=\frac{1}{2}qa(\uparrow)$，$F_B=\frac{1}{2}qa(\downarrow)$　　D. $F_A=\frac{1}{2}qa(\downarrow)$，$F_B=\frac{1}{2}qa(\uparrow)$

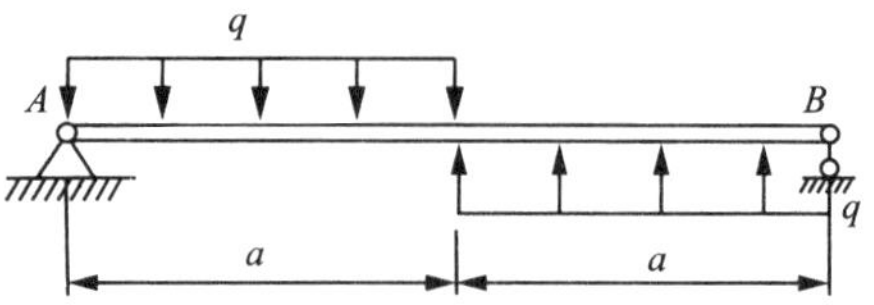

题 49 图

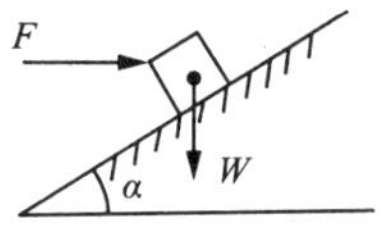

题 50 图

50. 重 W 的物块自由地放在倾角为 α 的斜面上如图示，且 $\sin\alpha=\frac{3}{5}$，$\cos\alpha=\frac{4}{5}$。物块上作用一水平力 F，且 $F=W$。若物块与斜面间的静摩擦系数为 $\mu=0.2$，则该物块的状态为(　　)。

A. 静止状态　　B. 临界平衡状态

C. 滑动状态　　D. 条件不足，不能确定

51. 一车沿直线轨道按照 $x=3t^3+t+2$ 的规律运动(x 以 m 计，t 以 s 计)。则当 $t=4$s 时，点的位移、速度和加速度分别为(　　)。

A. $x=54$m，$v=145$m/s，$a=18$m/s^2　　B. $x=198$m，$v=145$m/s，$a=72$m/s^2

C. $x=198$m，$v=49$m/s，$a=72$m/s^2　　D. $x=192$m，$v=145$m/s，$a=12$m/s^2

52. 点在具有直径为 6m 的轨道上运动，走过的距离是 $s=3t^2$，则点在 2s 末的切向加速度为(　　)。

A. 48m/s^2　　B. 4m/s^2　　C. 96m/s^2　　D. 6m/s^2

53. 杆 OA 绕固定轴 O 转动，长为 l。某瞬时杆端 A 点的加速度 $\boldsymbol{a}$ 如图所示，则该瞬时 OA 的角速度及角加速度为(　　)。

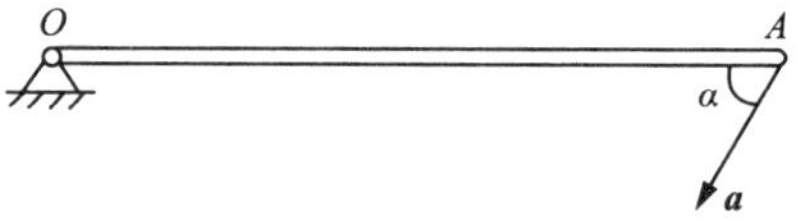

题 53 图

A. 0，$\frac{a}{l}$　　B. $\sqrt{\frac{a\cos\alpha}{l}}$，$\frac{a\sin\alpha}{l}$

C. $\sqrt{\frac{a}{l}}$，0　　D. 0，$\sqrt{\frac{a}{l}}$

54. 质量为 m 的物体 M 在地面附近自由降落，它所受的空气阻力的大小为 $F_R=Kv^2$，其中 K 为阻力系数，v 为物体速度，该物体所能达到的最大速度为(　　)。

A. $v=\sqrt{\frac{mg}{K}}$　　B. $v=\sqrt{mgK}$　　C. $v=\sqrt{\frac{g}{K}}$　　D. $v=\sqrt{gK}$

55. 质点受弹簧力作用而运动，l_0 为弹簧自然长度，k 为弹簧刚度系数，质点由位置 1 到位置 2 和由位置 3 到位置 2 弹簧力所做的功为(　　)。

A. $W_{12}=-1.96$J，$W_{32}=1.176$J

B. $W_{12}=1.96$J，$W_{32}=1.176$J

C. $W_{12}=1.96$J，$W_{32}=-1.176$J

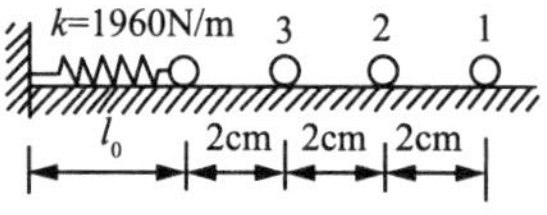

题 55 图

D. $W_{12}=-1.96\text{J}$，$W_{32}=-1.176\text{J}$

56. 如图所示圆环以角速度 ω 绕铅直轴 AC 自由转动，圆环的半径为 R，对转轴的转动惯量为 I；在圆环中的 A 点放一质量为 m 的小球，设由于微小的干扰，小球离开 A 点。忽略一切摩擦，则当小球达到 B 点时，圆环的角速度是(　　)。

A. $\dfrac{mR^2\omega}{I+mR^2}$　　B. $\dfrac{I\omega}{I+mR^2}$　　C. ω　　D. $\dfrac{2I\omega}{I+mR^2}$

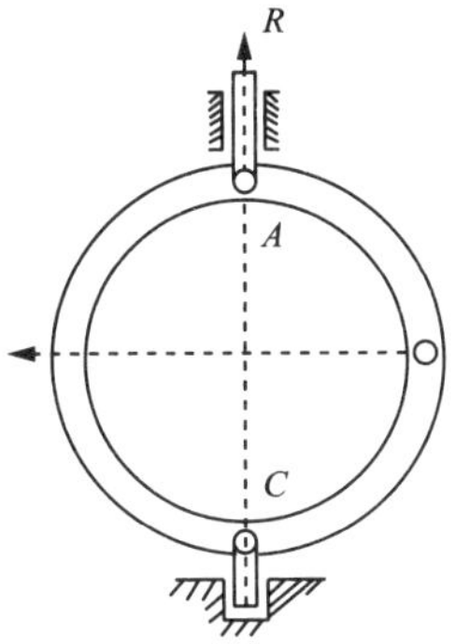

题 56 图

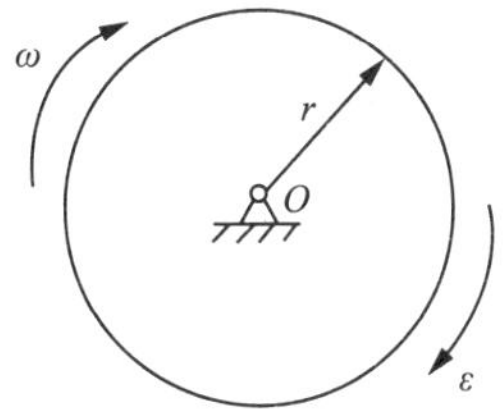

题 57 图

57. 图示均质圆轮，质量为 m，半径为 r，在铅垂图面内绕通过圆盘中心 O 的水平轴转动，角速度为 ω，角加速度为 ε，此时将圆轮的惯性力系向 O 点简化，其惯性力主矢和惯性力主矩的大小分别为(　　)。

A. 0，0　　B. $mr\varepsilon$，$\dfrac{1}{2}mr^2\varepsilon$　　C. 0，$\dfrac{1}{2}mr^2\varepsilon$　　D. 0，$\dfrac{1}{4}mr^2\omega^2$

58. 5kg 质量块振动，其自由振动规律是 $x=X\sin\omega_n t$。如果振动的圆频率为 30rad/s，则此系统的刚度系数为(　　)。

A. 2500N/m　　B. 4500N/m　　C. 180N/m　　D. 150N/m

59. 等截面直杆，轴向受力如图，杆的最大拉伸轴力是(　　)。

A. 10kN　　B. 25kN　　C. 35kN　　D. 20kN

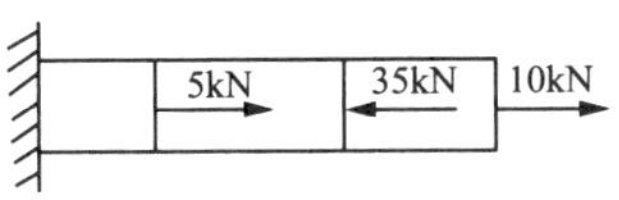

题 59 图

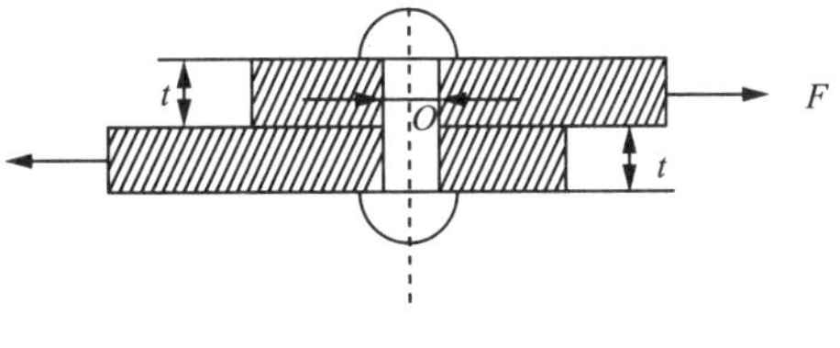

题 60 图

60. 已知铆钉的许用切应力为$[\tau]$，许用挤压应力为$[\sigma_{bs}]$，钢板的厚度为 t，则图示铆钉直径 d 与钢板厚度 t 的合理关系是(　　)。

A. $d=\dfrac{8t[\sigma_{bs}]}{\pi[\tau]}$　　B. $d=\dfrac{4t[\sigma_{bs}]}{\pi[\tau]}$　　C. $d=\dfrac{\pi[\tau]}{8t[\sigma_{bs}]}$　　D. $d=\dfrac{\pi[\tau]}{4t[\sigma_{bs}]}$

61. 直径为 d 的实心圆轴受扭，在扭矩不变的情况下，为使扭转最大切应力减小一半，圆轴的直径应改为(　　)。

A. $2d$　　B. $0.5d$　　C. $\sqrt{2}d$　　D. $\sqrt[3]{2}d$

62. 在一套传动系统中，假设所有圆轴传递的功率相同，转速不同。该系统的圆轴转速与其扭矩的关系是(　　)。

A. 转速快的轴扭矩大　　　　B. 转速慢的轴扭矩大

C. 全部轴的扭矩相同　　　　D. 无法确定

63. 面积相同的三个图形如图示，对各自水平形心轴 z 的惯性矩之间的关系为(　　)。

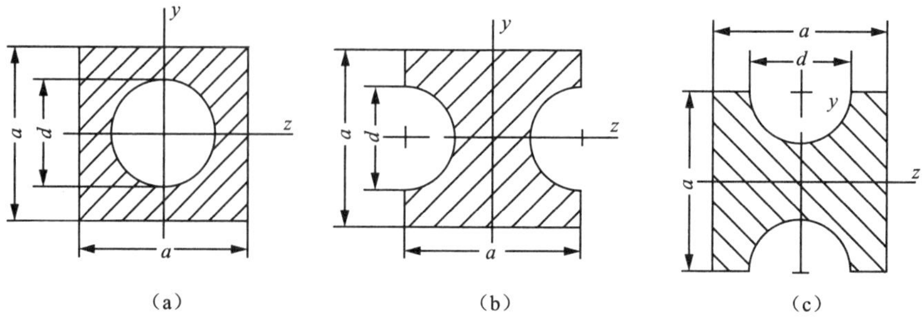

题 63 图

A. $I_{za} > I_{zb} > I_{zc}$　　　　B. $I_{za} < I_{zb} < I_{zc}$

C. $I_{za} < I_{zb} > I_{zc}$　　　　D. $I_{za} = I_{zb} > I_{zc}$

64. 悬臂梁的弯矩如图示，根据弯矩图推得梁上的载荷应为(　　)。

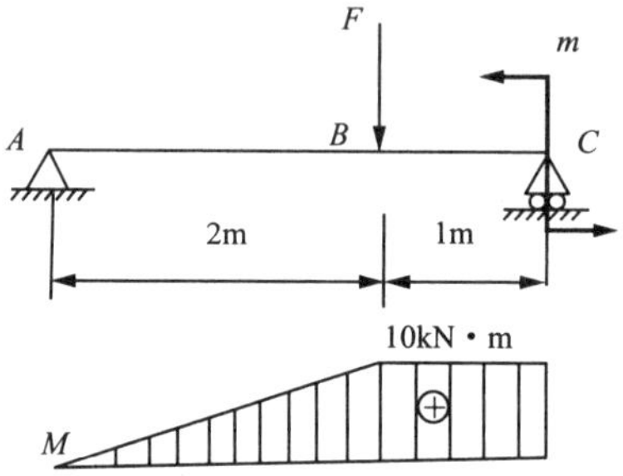

题 64 图

A. $F = 10\text{kN}$，$m = 10\text{kN}\cdot\text{m}$　　　　B. $F = 5\text{kN}$，$m = 10\text{kN}\cdot\text{m}$

C. $F = 10\text{kN}$，$m = 5\text{kN}\cdot\text{m}$　　　　D. $F = 5\text{kN}$，$m = 5\text{kN}\cdot\text{m}$

65. 在图示 xy 坐标系下，单元体的最大主应力 σ_1 大致指向(　　)。

A. 第一象限，靠近 x 轴　　　　B. 第一象限，靠近 y 轴

C. 第二象限，靠近 x 轴　　　　D. 第二象限，靠近 y 轴

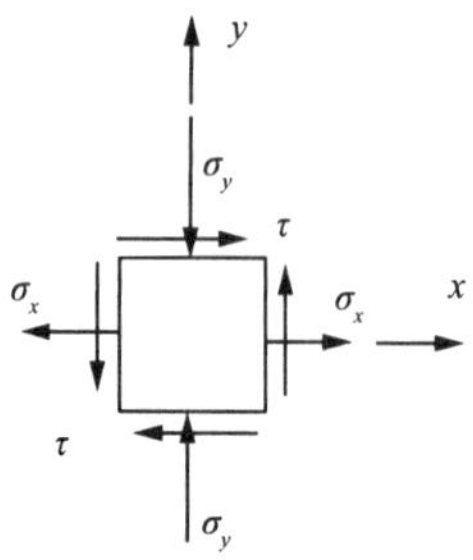

题 65 图

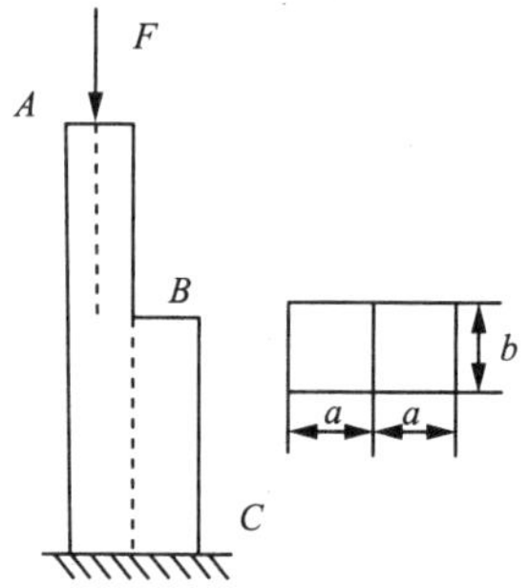

题 66 图

66. 图示变截面短杆，AB 段压应力 σ_{AB} 与 BC 段压应为 σ_{BC} 的关系是(　　)。

A. $\sigma_{AB}=1.25\sigma_{BC}$　B. $\sigma_{AB}=0.8\sigma_{BC}$　C. $\sigma_{AB}=2\sigma_{BC}$　D. $\sigma_{AB}=0.5\sigma_{BC}$

67. 简支梁 AB 的剪力图和弯矩图如图示，该梁正确的受力图是(　　)。

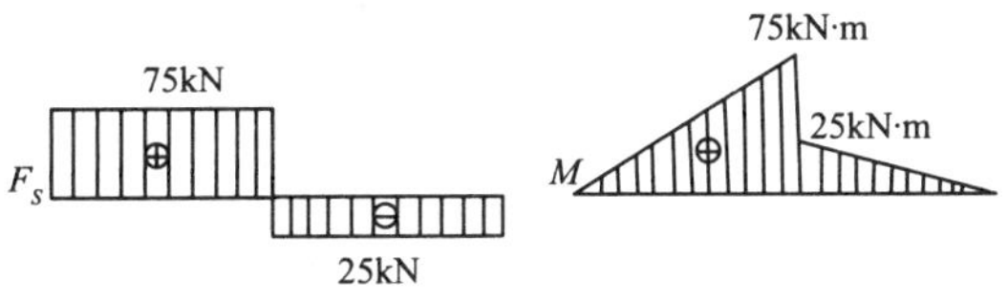

题 67 图

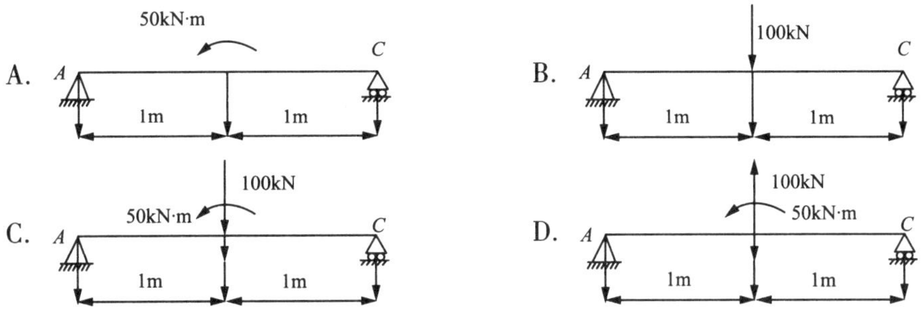

68. 矩形截面简支梁中点承受集中力 $F=100\text{kN}$。若 $h=200\text{mm}$，$b=100\text{mm}$，梁的最大弯曲正应力是(　　)。

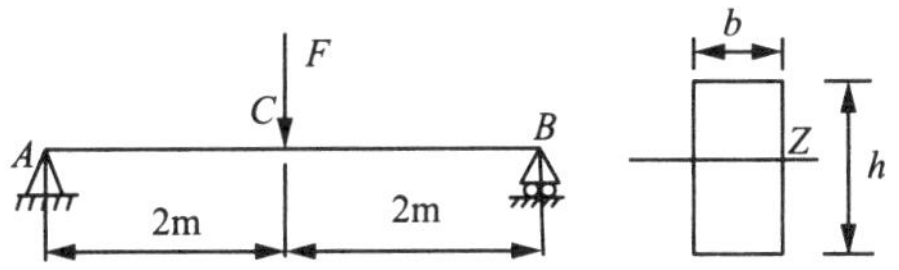

题 68 图

A. 75MPa　B. 150MPa　C. 300MPa　D. 50MPa

69. 图示槽形截面杆，一端固定，另端自由。作用在自由端角点的外力 F 与杆轴线平行。该杆将发生的变形是(　　)。

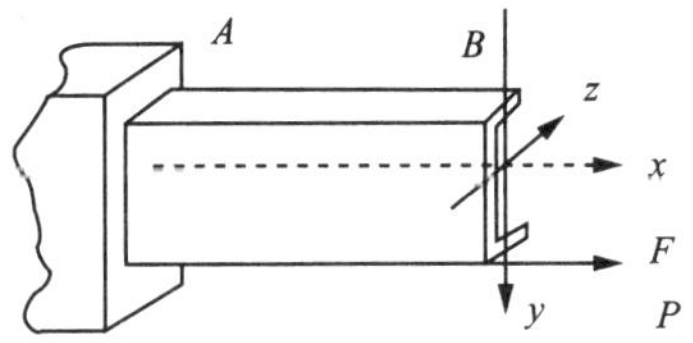

题 69 图

A. xy 平面和 xz 平面内的双向弯曲

B. 轴向拉伸及 xy 平面和 xz 平面内的双向弯曲

C. 轴向拉伸和 xy 平面内的平面弯曲

D. 轴向拉伸和 xz 平面内的平面弯曲

70. 两端铰支细长(大柔度)压杆，在下端铰链处增加一个扭簧弹性约束，如图示。该压杆的长度系数 μ 的取值范围是(　　)。

A. $0.7<\mu<1$

B. $2>\mu>1$

C. $0.5<\mu<0.7$

D. $\mu<0.5$

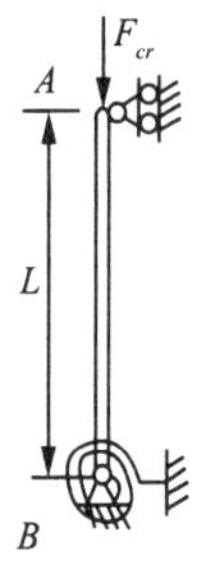

题 70 图

71. 标准大气压时的自由液面下 1m 处的绝对压强为(　　)。

A. 0.11MPa　　B. 0.12MPa　　C. 0.15MPa　　D. 2.0 MPa

72. 一直径 $d_1=0.2\text{m}$ 的圆管，突然扩大到直径为 $d_2=0.3\text{m}$，若 $v_1=9.55\text{m/s}$，则 v_2 与 Q 分别为(　　)。

A. 4.24m/s，0.3m³/s　　B. 2.39m/s，0.3m³/s

C. 4.24m/s，0.5m³/s　　D. 2.39m/s，0.5m³/s

73. 直径为 20mm 的管流，平均流速为 9m/s。已知水的运动黏性系数 $\nu=0.0114\text{cm}^2/\text{s}$，则管中水流的流态和水流流态转变的临界流速分别是(　　)。

A. 层流，19cm/s　　B. 层流，13cm/s

C. 紊流，19cm/s　　D. 紊流，13cm/s

74. 边界层分离现象的后果是(　　)。

A. 减小了液流与边壁的摩擦力　　B. 增大了液流与边壁的摩擦力

C. 增加了潜体运动的压差阻力　　D. 减小了潜体运动的压差阻力

75. 如图由大体积水箱供水，且水位恒定，水箱顶部压力表读数 19600Pa，水深 $H=2\text{m}$，水平管道长 $l=100\text{m}$，直径 $d=200\text{mm}$，沿程损失系数 0.02，忽略局部损失，则管道通过流量是(　　)。

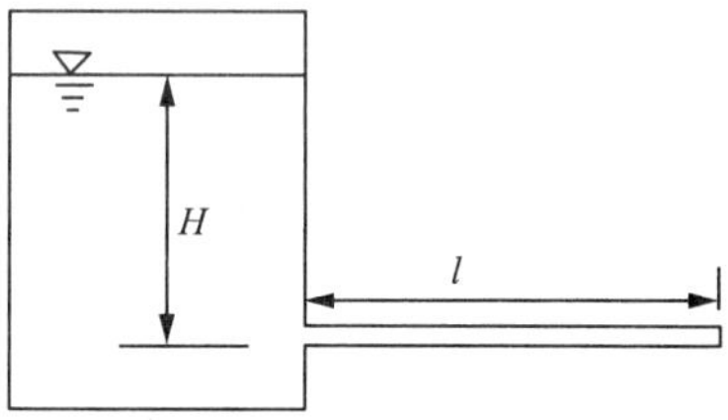

题 75 图

A. 83.8L/s　　B. 196.5L/s　　C. 59.3L/s　　D. 47.4L/s

76. 两条明渠过水断面面积相等，断面形状分别为：(1)方形，边长为 a；(2)矩形，底边宽为 $2a$，水深为 $0.5a$。它们的底坡与粗糙系数相同，则两者的均匀流流量关系式为(　　)。

A. $Q_1>Q_2$　　B. $Q_1=Q_2$　　C. $Q_1<Q_2$　　D. 不能确定

77. 如图，均匀砂质土壤装在容器中，设渗透系数为 0.012cm/s，渗流流量为 $0.3\text{m}^2/\text{s}$，则渗流流速为(　　)。

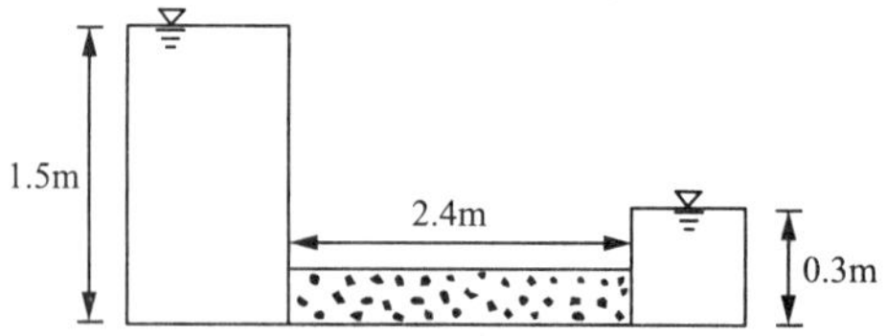

题 77 图

A. 0.003cm/s　　B. 0.006cm/s　　C. 0.009cm/s　　D. 0.012cm/s

78. 雷诺数的物理意义是(　　)。

A. 压力与黏性力之比　　B. 惯性力与黏性力之比

C. 重力与惯性力之比　　D. 重力与黏性力之比

79. 真空中，点电荷 q_1 和 q_2 的空间位置如图所示。若 q_1 为正电荷，且 $q_2=-q_1$，则 A 点的电场强度的方向是(　　)。

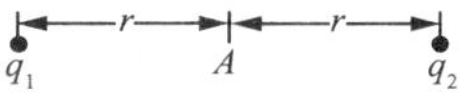

题 79 图

A. 从 A 点指向 q_1　　B. 从 A 点指向 q_2

C. 垂直于 q_1q_2 连线，方向向上　　D. 垂直于 q_1q_2 连线，方向向下

80. 设电阻元件 R、电感元件 L、电容元件 C 上的电压电流取关联方向，则如下关系成立的是(　　)。

A. $i_R=R\cdot u_R$　　B. $u_C=C\dfrac{di_C}{dt}$　　C. $i_C=C\dfrac{du_C}{dt}$　　D. $u_L=\dfrac{1}{L}\int i_C dt$

81. 用于求解图示电路的 4 个方程中，有一个错误方程，这个错误方程是(　　)。

A. $I_1R_1+I_3R_3-U_{S1}=0$　　B. $I_2R_2+I_3R_3=0$

C. $I_1+I_2-I_3=0$　　D. $I_2=-I_{S2}$

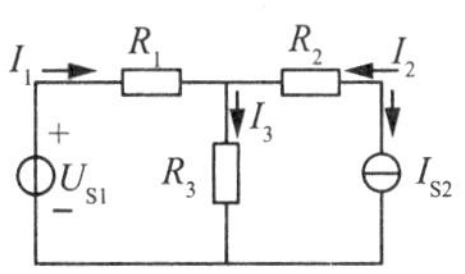

题 81 图

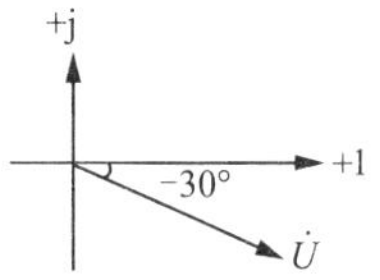

题 82 图

82. 已知有效值为 10V 的正弦交流电压的相量图如图所示，则它的时间函数形式是(　　)。

A. $u(t)=10\sqrt{2}\sin(\omega t-30°)$V　　B. $u(t)=10\sin(\omega t-30°)$V

C. $u(t)=10\sqrt{2}\sin(-30°)$V　　D. $u(t)=10\cos(-30°)+j\sin(-30°)$V

83. 图示电路中，当端电压 $\dot{U}=100\angle 0°$V 时，$\dot{I}$ 等于(　　)。

A. $3.5\angle -45°$A　　B. $3.5\angle 45°$A　　C. $4.5\angle 26.6°$A　　D. $4.5\angle -26.6°$A

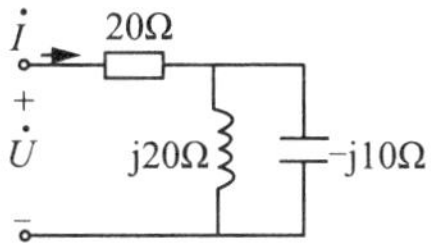

题 83 图

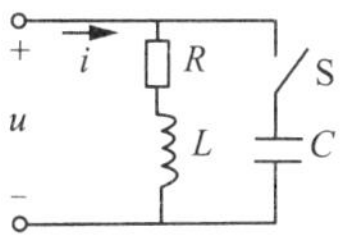

题 84 图

84. 图示电路中，开关 S 闭合后(　　)。

A. 电路的功率因数一定变大

B. 总电流减小时，电路的功率因数变大

C. 总电流减小时，感性负载的功率因数变大

D. 总电流减小时，一定出现过补偿现象

85. 图示变压器空载运行电路中，设变压器为理想器件。若 $u=\sqrt{2}U\sin\omega x$，则此时(　　)。

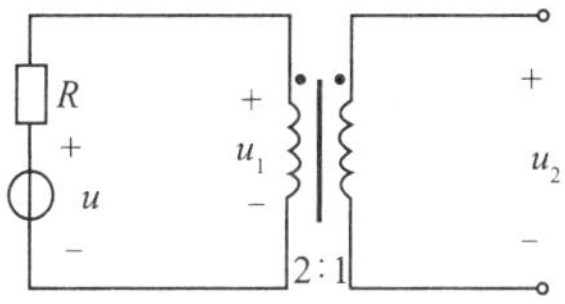

题 85 图

A. $\dfrac{U_2}{U_1}=2$　　B. $\dfrac{U}{U_2}=2$

C. $u_2=0$，$u_1=0$　　D. $\dfrac{U}{U_1}=2$

86. 设某△接三相异步电动机的全压起动转矩为 66N · m，当对其使用 Y - △降压起动方案时，当分别带 10N · m、20N · m、30N · m、40N · m 的负载起动时(　　)。

A. 均能正常起动

B. 均无法正常起动

C. 前两者能正常起动，后两者无法正常起动

D. 前三者能正常起动，后者无法正常起动

87. 图示电压信号 u_o 是(　　)。

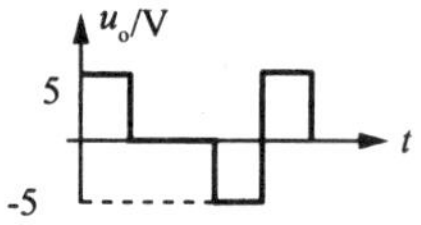

题 87 图

A. 二进制代码信号　　B. 二值逻辑信号

C. 离散时间信号　　D. 连续时间信号

88. 信号 $u(t)=10\cdot 1(t)-10\cdot 1(t-1)$ V。其中，$1(t)$ 表示单位阶跃函数，则 $u(t)$ 应为(　　)。

A.

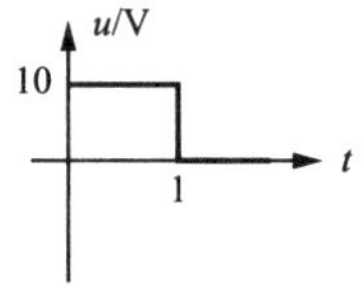

B.

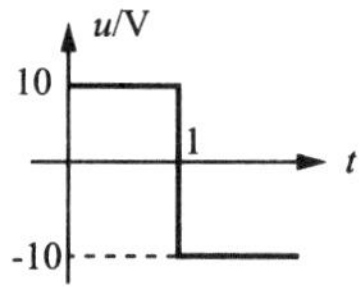

C.

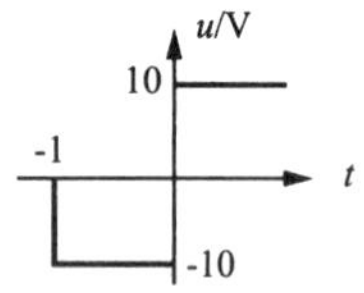

D.

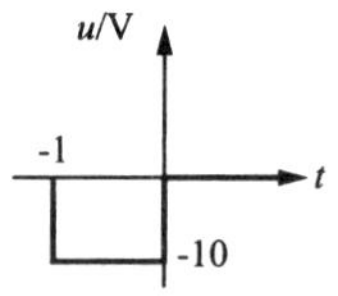

89. 一个低频模拟信号 $u_1(t)$ 被一个高频的噪声信号污染后，能将这个噪声滤除的装置是(　　)。

A. 高通滤波器　　B. 低通滤波器　　C. 带通滤波器　　D. 带阻滤波器

90. 对逻辑表达式 $\overline{AB}+\overline{BC}$ 的化简结果是(　　)。

A. $\overline{A}+\overline{B}+\overline{C}$　　B. $\overline{A}+2\overline{B}+\overline{C}$

C. $\overline{A+C}+B$　　D. $\overline{A}+\overline{C}$

91. 已知数字信号 A 和数字信号 B 的波形如图所示，则数字信号 $F=A\overline{B}+\overline{A}B$ 的波形为(　　)。

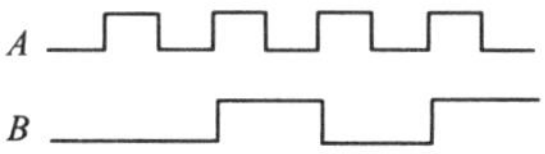

A. 

B. 

C. 

D. 

92. 十进制数字 10 的 BCD 码为(　　)。

A. 00010000　　B. 00001010　　C. 1010　　D. 0010

93. 二极管应用电路如图所示，设二极管为理想器件，当 $u_1=10\sin\omega t$ V 时，输出电压 u_0 的平均值 U_0 等于(　　)。

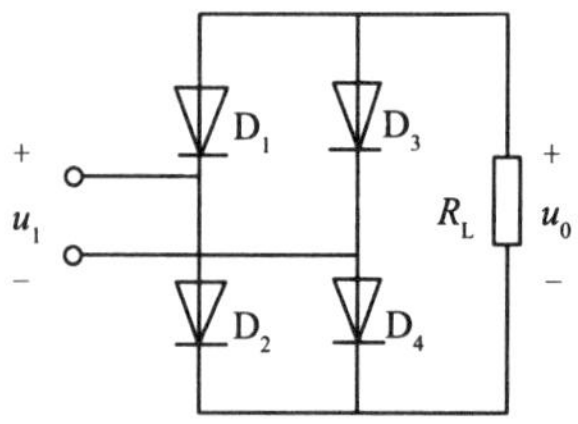

题 93 图

A. 10V　　B. $0.9\times10=9\text{V}$

C. $0.9\times\frac{10}{\sqrt{2}}=6.36\text{V}$　　D. $-0.9\times\frac{10}{\sqrt{2}}=-6.36\text{V}$

94. 运算放大器应用电路如图所示，设运算放大器输出电压的极限值为 ±11V，如果将 −2.5V电压接入“A”端，而“B”端接地后，测得输出电压为 10V；如果将 −2.5V 电压接入“B”端，而“A”端接地，则该电路的输出电压 u_0 等于(　　)。

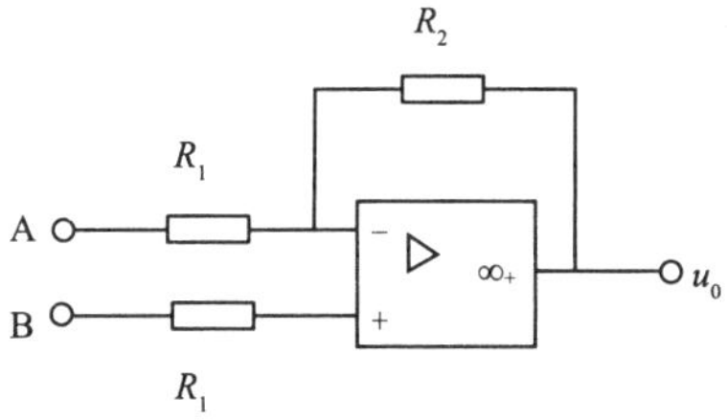

题 94 图

A. 10V　　B. −10V　　C. −11V　　D. −12.5V

95. 图示逻辑门的输出 F_1 和 F_2 分别为(　　)。

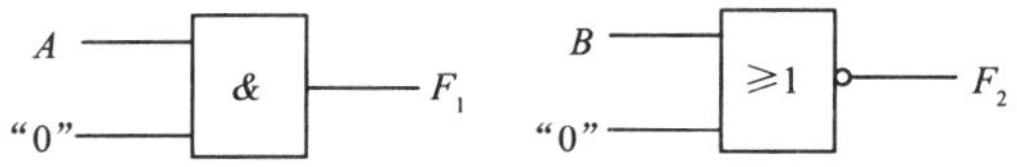

题 95 图

A. 0 和 $\overline{B}$　　B. 0 和 1　　C. A 和 $\overline{B}$　　D. A 和 1

96. 图(a)所示电路中，时钟脉冲、复位信号及数模输入信号如图(b)所示，经分析可知，在第一个和第二个时钟脉冲的下降沿过后，输出 Q 先后等于(　　)。

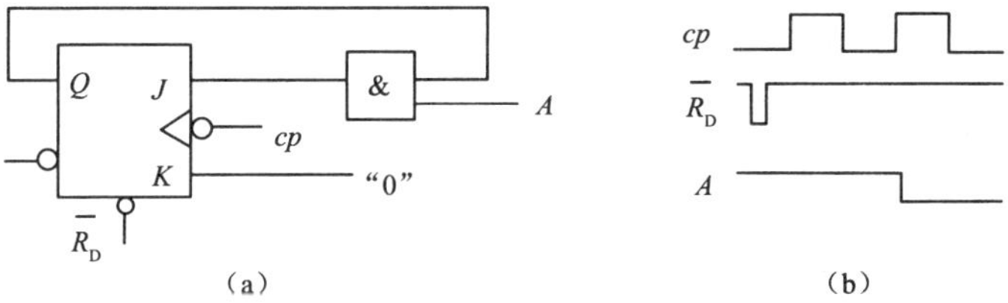

题 96 图

附：触发器的逻辑状态表为：

J	K	Q_{n+1}
0	0	Q_n
0	1	0
1	0	1
1	1	$\overline{Q_n}$

A. 0 0　　B. 0 1　　C. 1 0　　D. 1 1

97. 计算机发展的人性化的一个重要方面是(　　)。

A. 计算机的价格要便宜　　B. 计算机使用上的“傻瓜化”

C. 计算机使用不需要电能　　D. 计算机不需要软件和硬件，自己会思维

98. 计算机存储器是按字节进行编址的，一个存储单元是(　　)。

A. 8 个字节　　　　　　　　　　B. 1 个字节

C. 16 个二进制数位　　　　　　　D. 32 个二进制数位

99. 下面有关操作系统的描述中，其中错误的是(　　)。

A. 操作系统就是充当软、硬件资源的管理者和仲裁者的角色

B. 操作系统具体负责在各个程序之间，进行调度和实施对资源的分配

C. 操作系统保证系统中的各种软、硬件资源得以有效地、充分地利用

D. 操作系统仅能实现管理和使用好各种软件资源

100. 计算机的支撑软件是(　　)。

A. 计算机软件系统内的一个组成部分

B. 计算机硬件系统内的一个组成部分

C. 计算机应用软件内的一个组成部分

D. 计算机专用软件内的一个组成部分

101. 操作系统中的进程与处理器管理的主要功能是(　　)。

A. 实现程序的安装、卸载

B. 提高主存储器的利用率

C. 使计算机系统中的软/硬件资源得以充分利用

D. 优化外部设备的运行环境

102. 影响计算机图像质量的主要参数有(　　)。

A. 存储器的容量、图像文件的尺寸、文件保存格式

B. 处理器的速度、图像文件的尺寸、文件保存格式

C. 显卡的品质、图像文件的尺寸、文件保存格式

D. 分辨率、颜色深度、图像文件的尺寸、文件保存格式

103. 计算机操作系统中的设备管理主要是(　　)。

A. 微处理器 CPU 的管理

B. 内存储器的管理

C. 计算机系统中的所有外部设备的管理

D. 计算机系统中的所有硬件设备的管理

104. 下面四个选项中，不属于数字签名技术的是(　　)。

A. 权限管理

B. 接收者能够核实发送者对报文的签名

C. 发送者事后不能对报文的签名进行抵赖

D. 接收者不能伪造对报文的签名

105. 实现计算机网络化后的最大好处是(　　)。

A. 存储容量被增大　　　　　　　B. 计算机运行速度加快

C. 节省大量人力资源　　　　　　D. 实现了资源共享

106. 校园网是提高学校教学、科研水平不可缺少的设施，它是属于(　　)。

A. 局域网　　　B. 城域网　　　C. 广域网　　　D. 网际网

107. 某企业拟购买 3 年期一次到期债券，打算三年后到期本利和为 300 万元，按季复利计息，年名义利率为 8%，则现在应购买债券(　　)。

A. 119.13 万元　B. 236.55 万元　C. 238.15 万元　D. 282.70 万元

108. 在下列费用中，应列入项目建设投资的是(　　)。

A. 项目经营成本　B. 流动资金

C. 预备费　D. 建设期利息

109. 某公司向银行借款 2400 万元，期限为 6 年，年利率为 8%，每年年末付息一次，每年等额还本，到第 6 年末还完本息。请问该公司第 4 年年末应还的本息和是(　　)。

A. 432 万元　B. 464 万元　C. 496 万元　D. 592 万元

110. 某项目动态投资回收期刚好等于项目计算期，则以下说法中正确的是(　　)。

A. 该项目动态投资回收期小于基准回收期

B. 该项目净现值大于零

C. 该项目净现值小于零

D. 该项目内部收益率等于基准收益率

111. 某项目要从国外进口一种原材料，原材料的 CIF(到岸价格)为 150 美元/吨，美元的影子汇率为 6.5，进口费用为 240 元/吨，请问这种原材料的影子价格是(　　)。

A. 735 元人民币　B. 975 元人民币

C. 1215 元人民币　D. 1710 元人民币

112. 已知甲、乙为两个寿命期相同的互斥项目，其中乙项目投资大于甲项目。通过测算得出甲、乙两项目的内部收益率分别为 18% 和 14%，增量内部收益率 ΔIRR(乙 - 甲) = 13%，基准收益率为 11%，以下说法中正确的是(　　)。

A. 应选择甲项目　B. 应选择乙项目

C. 应同时选择甲、乙两个项目　D. 甲、乙两项目均不应选择

113. 以下关于改扩建项目财务分析的说法中正确的是(　　)。

A. 应以财务生存能力分析为主　B. 应以项目清偿能力分析为主

C. 应以企业层次为主进行财务分析　D. 应遵循“有无对比”原则

114. 某工程设计有四个方案，在进行方案选择时计算得出：甲方案功能评价系数 0.85，成本系数 0.92；乙方案功能评价系数 0.6，成本系数 0.7；丙方案功能评价系数为 0.94，成本系数为 0.88；丁方案功能评价系数为 0.67，成本系数为 0.82。则最优方案的价值系数为(　　)。

A. 0.924　B. 0.857　C. 1.068　D. 0.817

115. 根据《建筑法》规定，有关工程承发包的规定，下列理解错误的是(　　)。

A. 关于对建筑工程进行肢解发包的规定，属于禁止性规定

B. 可以将建筑工程的勘察、设计、施工、设备采购一并发包给一个工程总承包单位

C. 建筑工程实行直接发包的，发包单位可以将建筑工程发包给具有资质证书的承包单位

D. 提倡对建筑工程实行总承包

116. 根据《建设工程安全生产管理条例》的规定，施工单位实施爆破、起重吊装等工程时，应当安排现场的监督人员是(　　)。

A. 项目管理技术人员　B. 应急救援人员

C. 专职安全生产管理人员　D. 专职质量管理人员

117. 某工程项目实行公开招标，招标人根据招标项目的特点和需要编制招标文件，其招标文件的内容不包括(　　)。

A. 招标项目的技术要求　　B. 对投标人资格审查的标准

C. 拟签订合同的时间　　D. 投标报价要求和评标标准

118. 某水泥厂以电子邮件的方式于 2008 年 3 月 5 日发出销售水泥的要约，要求 2008 年 3 月 6 日 18:00 前回复承诺。甲施工单位于 2008 年 3 月 6 日 16:00 对该要约发出承诺，由于网络原因，导致该电子邮件于 2008 年 3 月 6 日 20:00 到达水泥厂，此时水泥厂的水泥已经售完。下列关于对该承诺如何处理的说法，正确的是(　　)。

A. 张厂长说邮件未能按时到达，可以不予理会

B. 李厂长说邮件是在期限内发出的，应该作为有效承诺，我们必须想办法给对方供应水泥

C. 王厂长说虽然邮件是在期限内发出的，但是到达晚了，可以认为是无效承诺

D. 赵厂长说我们及时通知对方，因该承诺到达已晚，不接受就是了

119. 根据《环境保护法》规定，下列关于建设项目中防治污染的设施的说法中，不正确的是(　　)。

A. 防治污染的设施，应当与主体工程同时设计、同时施工、同时投入使用

B. 防治污染的设施不得擅自拆除

C. 防治污染的设施不得擅自闲置

D. 防治污染的设施经建设行政主管部门验收合格后方可投入生产或者使用

120. 根据《建设工程质量管理条例》规定，监理单位代表建设单位对施工质量实施监理，并对施工质量承担监理责任，其监理的依据不包括(　　)。

A. 有关技术标准　　B. 设计文件

C. 工程承包合同　　D. 建设单位指令

答案及详解

单项选择题(共120题，每题1分。每题的备选项中只有一个最符合题意)

1. B 【考点】洛必达法则

【解析】求极限时，洛必达法则的使用条件有：①属于0/0型或者无穷/无穷型的未定式；②变量所趋向的值的去心邻域内，分子和分母均可导；③分子分母求导后的商的极限存在或趋向于无穷大。A项不属于0/0型，不符合条件；C项，分子在 $x=0$ 处的去心邻域处不可导，不符合条件；D项不符合条件③；则只有B项正确。

2. C 【考点】参数方程求导

【解析】根据参数方程分别求 x、y 对 t 的导数：$\frac{dx}{dt}=\frac{t^2}{1+t^2}$，$\frac{dy}{dt}=\frac{2t}{1+t^2}$，故$\frac{dy}{dx}=\frac{dy/dt}{dx/dt}=\frac{2}{t}$。当 $t=1$ 时，$\frac{dy}{dx}=2$。

3. C 【考点】一阶线性微分方程

【解析】一阶线性微分方程一般有两种形式：$\frac{dy}{dx}+P(x)y=Q(x)$，或$\frac{dx}{dy}+P(y)x=Q(y)$。对题中方程两边分别取倒数，整理得：$\frac{dx}{dy}-yx=y^3$，显然属于第二种类型的一阶线性微分方程。

4. A 【考点】向量的数量积和向量积

【解析】设两向量 $\boldsymbol{\alpha}$、$\boldsymbol{\beta}$ 的夹角为 θ，根据 $\boldsymbol{\alpha}\cdot\boldsymbol{\beta}=2$，解得：$\cos\theta=\frac{\boldsymbol{\alpha}\cdot\boldsymbol{\beta}}{|\boldsymbol{\alpha}||\boldsymbol{\beta}|}=\frac{\sqrt{2}}{2}$。故 $\sin\theta=\frac{\sqrt{2}}{2}$，$|\boldsymbol{\alpha}\times\boldsymbol{\beta}|=|\boldsymbol{\alpha}||\boldsymbol{\beta}|\sin\theta=2$。

5. A 【考点】函数的连续性

【解析】函数 $f(x)$ 在点 x_0 处连续的充要条件为：在该点处的左右极限存在且相等，并等于函数在该点处的函数值，即：$\lim\limits_{x\to x_0^+}f(x)=\lim\limits_{x\to x_0^-}f(x)=f(x_0)$。故 $f(x)$ 在点 x_0 处的左、右极限存在且相等，并不能得出 $f(x)$ 在点 x_0 处连续，也可能是可去间断点，为必要非充分条件。

6. B 【考点】积分的求导

【解析】将方程两边分别对 x 取一阶导数得：$f(x)=\frac{-x\sin x-\cos x}{x^2}$，故：

$$f\left(\frac{\pi}{2}\right)=\frac{-\frac{\pi}{2}\sin\frac{\pi}{2}-\cos\frac{\pi}{2}}{\frac{\pi^2}{2^2}}=-\frac{2}{\pi}$$

7. D 【考点】不定积分的求解

【解析】由于 $\sec^2x$ 是 $f(x)$ 的一个原函数，令 $F(x)=\sec^2x+C$，则：

$$\int xf(x)\mathrm{d}x = \int x\mathrm{d}[F(x)] = xF(x) - \int F(x)\mathrm{d}x = x\sec^2 x - \tan x + C$$

8. A 【考点】旋转曲面方程

【解析】一条平面曲线绕其平面上的一条直线旋转一周所形成的曲面为旋转曲面。若 yOz 平面上的曲线方程为 $f(y, z)=0$，将此曲线绕 Oz 轴旋转一周得到的旋转曲面方程为：$f(\pm\sqrt{x^2+y^2}, z)=0$，又 $\begin{cases} y^2+z=1 \\ x=0 \end{cases}$，故 $x^2+y^2+z=1$。

9. D 【考点】二元函数微分

【解析】二元函数 $z=f(x, y)$ 在点 $P_0(x_0, y_0)$ 处可微，可得到如下结论：①函数在点 $P_0(x_0, y_0)$ 处的偏导数一定存在，C 项正确；②函数在点 $P_0(x_0, y_0)$ 处一定连续，AB 两项正确；可微，可推出一阶偏导存在，但一阶偏导存在不一定一阶偏导在 P_0 点连续，也有可能是可去或跳跃间断点，故 D 项错误。

10. A 【考点】反常积分的求解

【解析】反常积分上下限均为无穷，在 0 处分开求，即：

$$\int_{-\infty}^{+\infty}\frac{A}{1+x^2}\mathrm{d}x = \int_{-\infty}^{0}\frac{A}{1+x^2}\mathrm{d}x + \int_{0}^{+\infty}\frac{A}{1+x^2}\mathrm{d}x = A\arctan x\Big|_{-\infty}^{0} + A\arctan x\Big|_{0}^{+\infty} = \pi A。$$

解得：$A=\dfrac{1}{\pi}$。

11. B 【考点】零点定理

【解析】先对方程求导，得：$f'(x)=3x^2-6x+2$，再根据二元函数的判别式 $\Delta=b^2-4ac=12>0$，判断可知方程有两个实根。

12. D 【考点】二阶常系数线性微分方程

【解析】本题中，二阶常系数线性微分方程的特征方程为：$r^2-2r+1=0$，解得：$r_1=r_2=1$，故方程的通解为：$y=\mathrm{e}^x(c_1+c_2x)$，则两个线性无关解为 $c_1\mathrm{e}^x$、$c_2x\mathrm{e}^x$（c_1、c_2 为常数）。

13. C 【考点】开区间上极值和最值的判断

【解析】可导函数极值判断：若函数 $f(x)$ 在 (a, c) 上的导数大于零，在 (c, b) 上的导数小于零，则 $f(x)$ 在 c 点处取得极大值；若函数 $f(x)$ 在 (a, c) 上的导数小于零，在 (c, b) 上的导数大于零，则 $f(x)$ 在 c 点处取得极小值。即可导函数极值点处，$f'(x)=0$。函数 $f(x)$ 在 (a, b) 内可微，则函数在 (a, b) 内可导且连续；又 $f'(x)\neq 0$，则在 (a, b) 内必有 $f'(x)>0$ 或 $f'(x)<0$，即函数 $f(x)$ 在 (a, b) 内单调递增或单调递减，必无极值。

14. D 【考点】级数的敛散性判断

【解析】可将各项分别取绝对值后判别敛散性。A 项，取绝对值后为调和级数，发散；B 项，取绝对值后为 p 级数，且 $p=1/2<1$，发散；C 项，由 $\lim a_n\neq 0$ 可得，级数发散；D 项，

$\left|\dfrac{\sin\frac{3}{2}n}{n^2}\right|<\dfrac{1}{n^2}$，因为 $\sum\limits_{n=1}^{\infty}\dfrac{1}{n^2}$ 收敛，由比较法知 $\sum\limits_{n=1}^{\infty}\left|\dfrac{\sin\frac{3}{2}n}{n^2}\right|$ 收敛，故 $\sum\limits_{n=1}^{\infty}\dfrac{\sin\frac{3}{2}n}{n^2}$ 绝对收敛。

15. B 【考点】二重积分的计算

【解析】采用极坐标法求二重积分，具体计算如下：

$$\iint_D x^2y\mathrm{d}x\mathrm{d}y = \int_0^{\frac{\pi}{2}}\mathrm{d}\theta\int_0^1\rho^2\cos^2\theta\rho\sin\theta\rho\mathrm{d}\rho = \frac{1}{5}\int_0^{\frac{\pi}{2}}\cos^2\theta\sin\theta\mathrm{d}\theta = \frac{1}{15}$$

16. C 【考点】对坐标的曲线积分的计算

【解析】选择 x 的积分路线，有：

$$\int_L x\mathrm{d}x + y\mathrm{d}y = \int_1^0(x+2x^3)\mathrm{d}x = \left(\frac{1}{2}x^2+\frac{1}{2}x^4\right)\Big|_1^0 = -1$$

17. A 【考点】幂级数的和函数

【解析】因为 $|x|<2$，所以 $\left|\frac{x}{2}\right|<1$，$q=-\frac{x}{2}$，$|q|=\left|\frac{x}{2}\right|<1$，故和函数

$$\sum_{n=0}^{\infty}\frac{(-1)^n}{2^n}x^n = \sum_{n=0}^{\infty}\left(-\frac{1}{2}x\right)^n = \frac{1}{1-\left(-\frac{1}{2}x\right)} = \frac{2}{2+x}$$

18. D 【考点】二元函数求偏导

【解析】多元函数求偏导要遵循“明确求导路径，一求求到底”的原则。本题中，求解如下：$\frac{\partial z}{\partial y}=\frac{1}{x}\times x3^{xy}\ln 3+xF'(u)\times\frac{1}{x}=3^{xy}\ln 3+F'(u)$。

19. B 【考点】向量的线性相关性

【解析】$\boldsymbol{\alpha}_1$、$\boldsymbol{\alpha}_2$、$\boldsymbol{\alpha}_3$ 三个列向量线性相关，则由三个向量组成的行列式对应的值为零，即 $\begin{vmatrix}6&4&4\\t&2&1\\7&2&0\end{vmatrix}=8t-40=0$，解得：$t=5$。

20. C 【考点】矩阵的秩

【解析】A 项，矩阵 $\boldsymbol{A}$ 的行秩与列秩一定相等。B 项，由矩阵秩的定义可知，若矩阵 $\boldsymbol{A}(m\times n)$ 中至少有一个 r 阶子式不等于零，且 $r<\min(m, n)$ 时，矩阵 $\boldsymbol{A}$ 中所有的 $r+1$ 阶子式全为零，则矩阵 $\boldsymbol{A}$ 的秩为 r。即秩为 r 的矩阵中，至少有一个 r 阶子式不等于零，不必满足所有 r 阶子式均不为零。C 项，矩阵 $\boldsymbol{A}$ 的行列式不等于零，意味着矩阵 $\boldsymbol{A}$ 不满秩；当 n 阶矩阵的秩 $<n$ 时，所对应的行列式的值等于零。D 项，秩为 r 的矩阵中，有可能存在等于零的 $r-1$ 阶子式，如秩为 2 的矩阵 $\begin{vmatrix}0&1&0\\0&0&1\\0&0&0\end{vmatrix}$ 中存在等于 0 的 1 阶子式。

21. B 【考点】矩阵的特征值

【解析】矩阵 $\boldsymbol{A}$ 的特征行列式和特征方程具体计算如下：

$$\begin{vmatrix}5-\lambda&-3&2\\6&-4-\lambda&4\\4&-4&a-\lambda\end{vmatrix}=(5-\lambda)(4+\lambda)(\lambda-a)-96+8(4+\lambda)+18(a-\lambda)+16(5-\lambda)=0$$

将 $\lambda_1=1$ 代入特征方程，解得：$a=5$。根据特征值性质：$\lambda_1+\lambda_2+\lambda_3=5-4+a$，解得：$\lambda_3=2$。

22. A 【考点】随机事件的关系

【解析】条件概率的计算公式为：$P(A|B)=\frac{P(AB)}{P(B)}$。代入数据，解得：$P(AB)=0.56=$

$P(A)P(B)$，所以事件 A 和 B 相互独立。

23. D 【考点】离散型随机变量的数学期望

【解析】随机变量 X 的取值为 0、1、2，则相应的概率分别为：$P(X=0)=\frac{C_2^0C_5^3}{C_7^3}=\frac{2}{7}$，$P(X=1)=\frac{C_2^1C_5^2}{C_7^3}=\frac{4}{7}$，$P(X=2)=\frac{C_2^2C_5^1}{C_7^3}=\frac{1}{7}$，故 $E(X)=0\times\frac{2}{7}+1\times\frac{4}{7}+2\times\frac{1}{7}=\frac{6}{7}$。

24. B 【考点】参数估计

【解析】若 $E(\hat{\theta})=\theta$，则称 $\hat{\theta}$ 是 θ 的无偏估计量。样本 X_1，X_2，$\cdots X_n$ 与总体 X 同分布，$X_i\sim N(0,\ \sigma^2)$，$E(\hat{\sigma}^2)=E\left(\frac{1}{n}\sum_{i=1}^{n}X_i^2\right)=E(X_i^2)=D(X_i)+[E(X_i)]^2=\sigma^2+0^2=\sigma^2$，故 $\hat{\sigma}^2$ 是 σ^2 的无偏估计量。

25. B 【考点】理想气体的平均速率

【解析】气体的平均速率计算公式为：$\bar{v}=\sqrt{\frac{8RT}{\pi M}}$。若热力学温度提高一倍即 T 提高一倍，且氧分子全部离解为氧原子，则氧原子的摩尔质量 M 为氧分子摩尔质量的一半。根据公式推算可知，氧原子的平均速率是氧分子平均速率的 2 倍。

26. B 【考点】平均碰撞频率和平均自由程

【解析】气体的平均速率 $\bar{v}=\sqrt{\frac{8RT}{\pi M}}=\bar{\lambda}_0\cdot\bar{Z}$，温度降为原来 $\frac{1}{4}$ 倍，则平均速率为原来的 $\frac{1}{2}$ 倍。又平均碰撞频率的计算公式为：$\bar{Z}=\sqrt{2}\pi d^2n\bar{v}$，容积恒定，则分子数密度 n 不变，故平均碰撞频率 $\bar{Z}$ 为原来的 $\frac{1}{2}$ 倍，$\bar{Z}=\frac{1}{2}\bar{Z}_0$。根据 $\bar{v}=\bar{\lambda}_0\cdot\bar{Z}$，$\bar{v}$、$\bar{Z}$ 均变为原来的 $\frac{1}{2}$，可知平均自由程为 $\bar{\lambda}_0$ 不变。

27. B 【考点】理想气体的等温过程和绝热过程

【解析】绝热过程中，气体体积膨胀，对外界做功为正值，故最终温度降低。由理想气体状态方程 $PV=nRT$ 可知，末态经过等温、绝热过程体积相同，且两过程中分子总数并未发生变化，则绝热过程温度降低，压强减小，$P_1>P_2$。

28. C 【考点】卡诺循环

【解析】卡诺循环分为两个等温过程和两个绝热过程。由热力学第一定律：$Q=\Delta E+W$，绝热过程 $Q=0$。第一个绝热过程，温度降低，系统做正功，$W_1>0$；内能降低，$\Delta E_1<0$。第二个绝热过程，温度升高，系统做负功，$W_2<0$；内能升高，$\Delta E_2>0$。所以，$W_2=-W_1$，$\Delta E_2=-\Delta E_1$。

29. C 【考点】波的能量密度

【解析】波的能量密度是指媒质中每单位体积具有的机械能，单位为 $J\cdot m^{-3}$。

30. B 【考点】波的干涉

【解析】当两相干波源发出的波在某一点的相位差 $\Delta\Phi=\Phi_2-\Phi_1-2\pi(r_2-r_1)/\lambda$ 为 2π 的整数倍时，合振动的振幅为：$A=A_1+A_2$；当为 π 奇数倍时，合振动的振幅为：$A=|A_2-A_1|$。在波源连线的中垂线上，$r_2-r_1=0$，相位差 $\Delta\Phi=\Phi_2-\Phi_1=\pi$，故合振幅

为：$A=|A_2-A_1|=0$。

31. D 【考点】波动方程

【解析】在 $x=-2.5\text{m}$ 处的质元的波动方程为：$y=2\times10^{-2}\cos2\pi(10t+0.5)$。当 $t=0.25\text{s}$ 时，$y=2\times10^{-2}\cos6\pi$，此时质元处于最大位移处，故速度最小，即动能最小。在波动中，质元的动能和势能的变化是同相位的，同时达到最大值，又同时达到最小值，故势能此时也最小。

32. D 【考点】布儒斯特角

【解析】根据布儒斯特数学表达式可知，入射角 i_0 与折射角 γ 的关系为：$i_0+\gamma=\pi/2$，故光的折射角为：$\gamma=\dfrac{\pi}{2}-i_0$。

33. B 【考点】马吕斯定律

【解析】马吕斯定律为：$I=I_0\cos^2\alpha$。式中，I_0 为入射光强；α 为偏振化方向夹角。光强为 I_0 的自然光垂直入射通过第一个偏振片，变为线偏振光，光强为入射光强的一半$\dfrac{I_0}{2}$；通过第二个偏振片后的光强，由马吕斯定律可得：$I_2=\dfrac{1}{2}I_0\cos^2\alpha=\dfrac{I_0}{4}$。

34. A 【考点】单缝夫琅禾费衍射

【解析】在单缝夫琅禾费衍射实验中若单缝宽度为 a，单缝后面所加凸透镜的焦距为 f，焦平面上的光波会聚点距中心位置为 x 时，计算中常用近似关系 $\sin\varphi\approx x/f$，即单缝衍射明、暗条纹位置的计算公式为：

$$a\frac{x}{f}=\begin{cases}\pm k\lambda & (k=1,\ 2,\ 3\cdots)\text{暗纹}\\ \pm(2k+1)\dfrac{\lambda}{2} & (k=0,\ 1,\ 2,\ 3\cdots)\text{明纹}\end{cases}$$

在单缝衍射条纹中，相邻明(或暗)条纹的间距为：$\Delta x=\dfrac{f\lambda}{a}$

通常以 ±1 级暗纹之间所夹的宽度作为中央明条纹的宽度，故其半宽度为：$\Delta x=\dfrac{f\lambda}{a}$。

35. C 【考点】最小分辨角

【解析】最小分辨角的计算公式为：$\varphi_R=1.22\lambda/D$。式中，λ 为波长；D 为透镜直径。代入数据，计算可得：$\varphi_R=1.22\times550\times10^{-6}/3=2.24\times10^{-4}\text{rad}$。

36. C 【考点】衍射光栅

【解析】根据缺级条件，因为偶数级缺级，所以光栅常数 d 和缝宽的比为：$d/a=2$，即 $d=2a$。又因为 $d=a+b$，所以此时 $a=b$。

37. D 【考点】电子亚层

【解析】用 l 表示电子亚层，$l=0$，1，2，3，分别对应 s，p，d，f 亚层。在多电子原子中，l 决定亚层的能量，l 越大亚层能量越大，所以 f 亚层能量最大。

38. D 【考点】分子间力

【解析】CO 为极性分子，N_2 为非极性分子。色散力存在于非极性分子与非极性分子、非极性分子与极性分子、极性分子与极性分子之间；诱导力存在于非极性分子与极性分子、极性分子与极性分子之间；取向力存在于极性分子与极性分子之间。故极性分子

CO 与非极性分子 N_2 之间存在色散力和诱导力。另外，形成氢键需要有氢原子，故 CO 和 N_2 分子之间无氢键。

39. B 【考点】溶液的 pH 值计算

【解析】根据电离常数求氢氧根离子 OH^- 的溶度有：$C_{OH^-} = \sqrt{K_b^\theta C} = \sqrt{1.8 \times 10^{-5} \times 0.1} = 1.3416 \times 10^{-3}$，则：$pH = 14 - [-\lg(1.3416 \times 10^{-3})] = 11.13$。

40. B 【考点】电离常数和溶度积

【解析】$K_a^\ominus$、$K_b^\ominus$、$K^\ominus$分别为弱酸溶液的电离常数、弱碱溶液的电离常数和溶液的电离常数，与温度和物质本性有关，与物质的浓度无关。$K_{sp}^\ominus$为溶度积与温度和物质本性有关，温度越高，溶度积越大。

41. D 【考点】电极电势的影响因素

【解析】离子的浓度对电极电势有影响，四个选项的电极反应分别为：$Zn^{2+} + 2e^- = Zn$，$Br_2 + 2e^- = 2Br^-$，$AgI + e^- = Ag + I^-$，$MnO_4^- + 8H^+ + 5e^- = Mn^{2+} + 4H_2O$。故只有 D 项当 H^+浓度变化时，电极电势才会有变化，H^+浓度升高，电极电势升高。

42. B 【考点】电解反应方程式

【解析】Na_2SO_4 水溶液的电解实际上是电解水，阳极：$4OH^- - 4e^- = O_2(\uparrow) + 2H_2O$，阴极：$2H^+ + 2e^- = H_2(\uparrow)$，$Na^+$、$SO_4^{2-}$ 均不参与放电。

43. A 【考点】化学反应方向判断

【解析】化学反应的自发性判断依据是吉布斯函数变。当吉布斯函数变 $\Delta G = \Delta H - T\Delta S < 0$ 时，反应在任何温度下均能自发进行。式中，ΔH 为焓变；ΔS 为熵变。显然，只有 A 项可以一直满足条件。

44. C 【考点】有机物的命名

【解析】根据有机物命名的规则，A 项应为2-甲基丁烷；B 项应为3-甲基戊烷；D 项应为2,4-二甲基已烷。

45. B 【考点】有机物的化学反应

【解析】A 项，醇类有机物中的羟基与酸中的羧基会发生酯化反应，苯甲酸与山梨酸中均含有羧基，甲醇与二者均能发生反应。C 项，强碱氢氧化钠与酸均能发生中和反应。D 项，活泼金属钾与酸均能发生反应。B 项，溴水和山梨酸中的不饱和键发生加成反应，苯甲酸中没有不饱和键，不发生反应。

46. C 【考点】高聚物的特性

【解析】线型结构的高聚物具有热塑性，受热时，先软化，后变成流动的液体；体型结构的高聚物具有热固性，一经加工成型就不会受热熔化。

47. D 【考点】平面结构受力分析

【解析】先对 ED 部分进行受力分析，对 D 点取矩，由$\sum M_D = 0$，$F \cdot a - F_{yE} \cdot 2a = 0$，解得：$F_{yE} = F/2(\uparrow)$，则 $F_{xE} = F_{yE} = F/2(\leftarrow)$。对整体结构进行水平受力分析，由于支座 B 水平受力为0，则 $F_{xA} = F/2(\rightarrow)$，由此可知杆 AC 承受拉力。根据二力杆的性质，A 处约束力方向沿射线 CA，与 x 轴正向夹角为45°。

48. A 【考点】平面力系的平衡条件

【解析】平面力系中主动力不包括约束反力，故主动力系对 B 点的合力矩为：

$M - qa^2/2 = 20 - 20 = 0\text{kN} \cdot \text{m}$。

49. C 【考点】平面结构的受力分析

【解析】设 B 点的竖向反力竖直向上，对 A 点取矩得：$\sum M_A = 0$，即 $F_B \cdot 2a + qa \cdot \frac{3a}{2} - \frac{qa^2}{2} = 0$，解得：$F_B = \frac{1}{2}qa(\downarrow)$；再根据简支梁竖向力平衡，$\sum F_y = 0$，$F_B + F_A = 0$，解得：$F_A = \frac{1}{2}qa(\uparrow)$。

50. A 【考点】摩擦力的受力分析

【解析】进行受力分析，重力与外力沿斜面方向上的合力为：$F = F\cos\alpha - W\sin\alpha = W/5$，则滑块有沿斜面向上滑动的趋势，产生的静摩擦力应沿斜面向下，且最大静摩擦力 $f = \mu N = \mu(W\cos\alpha + F\sin\alpha) = 7W/25 > F = W/5$，所以物块处于静止状态。

51. B 【考点】点的运动方程

【解析】当 $t = 4\text{s}$ 时，点的位移：$x = 3 \times 4^3 + 4 + 2 = 198\text{m}$；位移对时间取一阶导数得速度：$v = 9t^2 + 1$，则 $t = 4\text{s}$ 时，$v = 145\text{m/s}$；速度对时间取一阶导数得加速度，解得：$a = 18t$，则当 $t = 4\text{s}$ 时，$a = 72\text{m/s}^2$。

52. D 【考点】加速度求解

【解析】曲线运动时的法向加速度为：$a_n = \frac{v^2}{\rho}$，ρ 为曲率半径；切向加速度为：$a_\tau = \frac{\mathrm{d}v}{\mathrm{d}t}$，解得：$a_\tau = \frac{\mathrm{d}v}{\mathrm{d}t} = \frac{\mathrm{d}^2 s}{\mathrm{d}t^2} = 6\text{m/s}^2$。

53. B 【考点】定轴转动的运动参数

【解析】点 A 的法向加速度为：$a_n = l \cdot \omega^2 = a \cdot \cos\alpha$，可得：$\omega = \sqrt{\frac{a\cos\alpha}{l}}$。令角加速度为 β，则点 A 的切向加速度为：$a_\tau = l \cdot \beta = a\sin\alpha$，可得：$\beta = \frac{a\sin\alpha}{l}$。

54. A 【考点】变加速度直线运动

【解析】在降落过程中，物体首先做加速度逐渐减小的加速运动；当空气阻力等于重力时，加速度为零，之后开始做匀速直线运动。故空气阻力等于重力时，速度即为最大速度：$mg = Kv^2$，解得：$v = \sqrt{\frac{mg}{K}}$。

55. C 【考点】弹簧做功与弹性势能

【解析】弹簧做正功，弹性势能减小；弹簧做负功，弹性势能增大。质点由位置 1 到位置 2，弹簧伸长量减小，弹性势能减小，弹簧做正功，大小为：$\frac{1}{2}k\Delta x_1^2 - \frac{1}{2}k\Delta x_2^2 = \frac{1}{2} \times 1960 \times 0.06^2 - \frac{1}{2} \times 1960 \times 0.04^2 = 1.96\text{J}$；位置 3 到位置 2，弹性势能增加，弹簧做负功，大小为：$\frac{1}{2}k\Delta x_3^2 - \frac{1}{2}k\Delta x_2^2 = \frac{1}{2} \times 1960 \times 0.02^2 - \frac{1}{2} \times 1960 \times 0.04^2 = -1.176\text{J}$。

56. B 【考点】动量守恒

【解析】系统初始总动量为 $I\omega$，小球达到 B 点稳定后的系统总动量为 $(I + mR^2)\omega_B$。根据动量守恒原理，有：$(I+mR^2)\omega_B=I\omega$，解得：$\omega_B=\dfrac{I\omega}{I+mR^2}$。

57. C 【考点】惯性力系简化

【解析】圆周运动其惯性力提供其转动的力，即 $F_I=ma_0$，其中 a_0 为质心 O 的加速度，可知 $F_I=0$。则惯性力主矩 $M_{IO}=J_O\varepsilon=\dfrac{1}{2}mr^2\varepsilon$。

58. B 【考点】自由振动的频率计算

【解析】自由振动的圆频率计算公式为：$\omega=\sqrt{\dfrac{k}{m}}$，故刚度系数为：$k=m\omega^2=5\times900=4500\text{N/m}$。

59. A 【考点】拉压杆的应力

【解析】设拉力为正，压力为负，从右向左截面轴力依次为 +10kN、-25kN、-20kN，所以最大拉力为 10kN。

60. B 【考点】剪切和挤压的实用计算

【解析】剪切强度条件为：$\tau=\dfrac{Q}{A_Q}\leqslant[\tau]$，$A_Q$ 为剪切面面积，且 $A_Q=\pi d^2/4$，故$\dfrac{4F}{\pi d^2}\leqslant[\tau]$；挤压强度条件为：$\sigma_{\text{bs}}=\dfrac{P_{\text{bs}}}{A_{\text{bs}}}\leqslant[\sigma_{\text{bs}}]$，$A_{\text{bs}}$为名义挤压面面积，且 $A_{bs}=dt$，故 $\dfrac{F}{dt}\leqslant[\sigma_{\text{bs}}]$。联立上述二式，可得：$d=\dfrac{4t[\sigma_{\text{bs}}]}{\pi[\tau]}$。

61. D 【考点】抗扭截面系数

【解析】圆杆扭转的剪应力计算公式为：$\tau_{\max}=T/W_P$。式中，T 为扭矩；W_P 为抗扭截面系数，且 $W_P=(\pi d^3)/16$。为使扭转最大切应力减小一半，则抗扭截面系数应放大一倍。设改变后的圆轴直径为 d_1，$[(\pi d_1^3)/16]=2(\pi d^3)/16$，解得：$d_1=\sqrt[3]{2}d$。

62. B 【考点】外力偶矩的计算

【解析】轴所传递功率、转速与外力偶矩(kN·m)的关系为：$m=9.55\dfrac{P}{n}$。式中，P 为传递功率(kW)，n 为转速(r/min)，m 为外力偶矩。则 P 相同时，n 越小，m 越大。

63. D 【考点】截面惯性矩的计算

【解析】(a)、(b)两图对 z 轴的截面惯性矩计算，分为两部分：圆弧之上的矩形部分和圆弧部分，圆弧部分对 z 轴的惯性矩相等，矩形部分对 z 轴的惯性矩需要采用平移轴定理，计算结果也相同，故 $I_{za}=I_{zb}$。对于(c)图，矩形部分不用平移轴定理，圆弧部分用平移轴定理，显然 $I_{zc}<I_{za}=I_{zb}$。

64. B 【考点】弯矩图的性质

【解析】弯矩图在支座 C 处有一个突变，突变大小即为支座 C 处的弯矩值，$m=10\text{kN}\cdot\text{m}$。弯矩图的斜率值即为剪力值，显然 BC 段截面剪力为零，AB 段截面剪力为 +5kN(顺时针)，因此根据 B 点截面处的竖向力平衡，可算得：$F=5\text{kN}$。

65. A 【考点】平面应力状态分析

【解析】图示单元体的最大主应力 σ_1 的方向可以看作是 σ_x 的方向(沿 x 轴)和纯剪切单元体最大拉应力的主方向(在第一象限沿 45°向上)叠加后的合应力的指向，故在第一象

限更靠近 x 轴。此外，也可以通过应力圆图解法判断。

66. B 【考点】轴心受压和偏心受压计算

【解析】AB 段截面轴心受压，截面最大压应力为：$\sigma_{AB\max}=\frac{F}{ab}$；$BC$ 段截面偏心受压，偏心距为 $a/2$，截面最大压应力为：$\sigma_{BC\max}=\frac{F}{A}+\frac{M}{W}=\frac{F}{2ab}+\frac{F\cdot\frac{a}{2}}{\frac{b}{6}(2a)^2}=\frac{5F}{4ab}$，故 $\sigma_{AB}=0.8\sigma_{BC}$。

67. C 【考点】内力图与外力之间的关系

【解析】弯矩图在中间处突变，则构件中间有集中力偶大小为 50kN·m；剪力图中间有突变，则说明构件中间有集中力，大小为 100kN。根据中间截面处的左右两侧剪力（顺时针为正）与集中荷载的平衡，则集中荷载竖直向下，C 项正确。

68. B 【考点】梁的弯曲正应力求解

【解析】构件的跨中弯矩：$M_z=\frac{Fl}{4}=\frac{4\times 100}{4}=100\text{kN}\cdot\text{m}$，跨中截面的惯性矩为：$I_z=\frac{bh^3}{12}$，则梁的最大弯曲正应力：$\sigma_z=\frac{M_z\cdot\frac{h}{2}}{\frac{bh^3}{12}}=\frac{6M_z}{bh^2}=\frac{6\times 100\times 10^6}{100\times 200^2}=150\text{MPa}$。

69. B 【考点】组合变形

【解析】截面受拉力，杆件产生轴向拉伸；但由于 F 没有作用在槽形截面的弯心处，F 对 z 轴和 y 轴都有偏心，故截面还将发生 xy 平面和 xz 平面内的双向弯曲。

70. A 【考点】压杆的长度系数

【解析】考虑两种极限情况：①假设弹簧刚度为零，即弹簧不存在，此时相当于压杆两端铰接，长度系数为 1；②假设弹簧刚度无限大，则相当于压杆一端为固定端，一端铰接，长度系数为 0.7。本题中的长度系数介于两种情况之间，故：$0.7<\mu<1$。

71. A 【考点】绝对压强的计算

【解析】一个标准大气压为：$p_0=101.325\text{kPa}$，则自由液面下 1m 处的绝对压强：$p=p_0+\rho gh=101.325+1\times 10^3\times 10\times 1\times 10^{-3}=111.325\text{kPa}=0.11\text{MPa}$。

72. A 【考点】质量守恒定律的运用

【解析】圆管的流量：$Q=\frac{\pi d_1^2}{4}\cdot v_1=\frac{\pi\times 0.2^2}{4}\times 9.55=0.3\text{m}^3/\text{s}$。根据质量守恒定律 $A_1v_1=A_2v_2$，得：$v_2=\frac{A_1v_1}{A_2}=\frac{0.3}{\frac{\pi d_2^2}{4}}=\frac{1.2}{\pi\times 0.3^2}=4.24\text{m/s}$。

73. D 【考点】层流和紊流的判别标准

【解析】区分层流和紊流根据雷诺数判断。雷诺数：$Re_k=\frac{v_kd}{\nu}$。本题中，$Re_k=\frac{v_kd}{\nu}=\frac{9\times 0.02}{0.00000114}=157894>2300$，故管中水流的流态为紊流；当雷诺数 $Re_k=2300$ 时，水流

流态转变的紊流流速为：$v_k=\dfrac{\nu Re_k}{d}=\dfrac{0.0114\times2300}{2}=13.11\text{cm/s}$。

74. C 【考点】边界层分离现象

【解析】当流体不是流经平板，而是流向曲面物体时，可能会产生边界层分离现象。绕流物体边界层分离后会形成尾流区，尾流区充斥着漩涡体的负压力，使绕流体上下游形成压差阻力，从而增加了潜体运动的压差阻力。

75. A 【考点】有压管流的水力计算

【解析】选上游水箱过流断面1—1和管道出口过流断面2—2，水平细管中心线平面为基准面，其能量方程为：

$$H+\frac{p}{\rho g}+0=0+0+\frac{\alpha_2 v_2^2}{2g}+h_{w1-2}$$

其中，$h_{w1-2}=\sum h_f+\sum h_m=\lambda\dfrac{L}{d}\dfrac{v_2^2}{2g}=0.02\times\dfrac{100}{0.2}\dfrac{v_2^2}{2g}=\dfrac{10v_2^2}{2g}$。

将 $\alpha_2=1.0$ 代入上式得：$v_2=2.67\text{m/s}$。根据流量计算公式解得：

$Q=\dfrac{\pi v_2}{4}d^2=0.0838\text{m}^3/\text{s}=83.8\text{L/s}$。

76. B 【考点】明渠均匀流基本公式

【解析】明渠均匀流的流量计算公式为：$Q=CA\sqrt{Ri}$。i 为底坡系数，断面面积 $A=bh$，谢才系数 $C=\dfrac{1}{n}R^{\frac{1}{6}}$，式中 n 为粗糙系数。分别计算矩形和方形的流量：①矩形，$A=a^2$，湿周 $\chi=2a+0.5a\times2=3a$，水力半径 $R=\dfrac{A}{\chi}=\dfrac{a^2}{3a}=\dfrac{a}{3}$；②方形，$A=a^2$，湿周 $\chi=a+2a=3a$，水力半径 $R=\dfrac{A}{\chi}=\dfrac{a^2}{3a}=\dfrac{a}{3}$。二者 A 和 R 均相同，故流量 Q 相等。

77. B 【考点】达西定律

【解析】渗流基本规律—达西定律渗流流速的基本公式为：

$$v=\frac{Q}{A}=\frac{kAJ}{A}=kJ$$

式中，k 为渗透系数；J 为水力坡度，$J=\dfrac{H_1-H_2}{L}=\dfrac{1.5-0.3}{2.4}=0.5$。

代入上式，基本流速为：$v=kJ=0.012\times0.5=0.006\text{cm/s}$。

78. B 【考点】雷诺数的意义

【解析】雷诺数是惯性力和黏性力的比，雷诺数越大，流体流动中惯性力的作用所占的比重越大，黏性效应占的比重越小，通常用雷诺数区分层流和紊流。

79. B 【考点】电场分布

【解析】一对正负点电荷周围的电场分布，电场线起始于正电荷，终止于负电荷，电场分布如题79解图所示，A 点在 q_1 和 q_2 连线中心，其电场强度方向为从 A 指向负电荷 q_2。

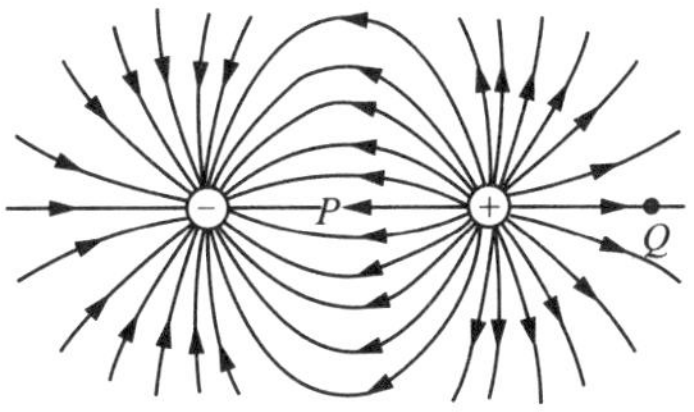

题 79 解图

80. C 【考点】电路的基本定律

【解析】电感公式 $u_L = \pm L\dfrac{\mathrm{d}i}{\mathrm{d}t}$，电容公式 $i_C = \pm C\dfrac{\mathrm{d}u_C}{\mathrm{d}t}$，本题电压电流取关联方向，取正。

81. B 【考点】基尔霍夫定律(KCL、KVL)

【解析】电流源电流由自身决定，电压由外电路决定。A 项，根据 KVL 定律，在任一瞬间，沿电路中的任一回路绕行一周，在该回路上电动势之和恒等于各电阻上的电压降之和，回路电压守恒，即 $I_1R_1 + I_3R_3 - U_{S1} = 0$。B 项，$I_2$ 与 I_3 方向相同，$I_2R_2 + I_3R_3 = U_{S2} \neq 0$。C 项，根据 KCL 定律，流入节点电流之和等于流出节点电流之和。$I_1 + I_2 - I_3 = 0$。D 项，I_2 与 I_{S2} 方向相反，大小相等，满足 $I_2 = -I_{S2}$。

82. A 【考点】正弦交流电的相量描述

【解析】由已知条件可知，正弦交流电的三要素：有效值为 10V；幅值为 $10\sqrt{2}$V，角频率为 ω；初相位 $\psi = -30°$，故 A 项正确。

83. B 【考点】RLC 并联电路

【解析】计算得

$$Z_{LC} = \frac{\mathrm{j}20 \cdot (-\mathrm{j}10)}{\mathrm{j}20 - \mathrm{j}10} = -\mathrm{j}20\Omega$$

$$Z = 20 + Z_{LC} = 20 - 20\mathrm{j} = 28.28\angle -45°\Omega$$

$$\dot{I} = \frac{\dot{U}}{Z} = \frac{100\angle 0°}{28.28\angle -45°} = 3.5\angle 45°\mathrm{A}$$

84. B 【考点】功率因数提高

【解析】A 项，S 闭合前，原电路为感性负载 $0 < \cos\varphi < 1$，并联合适的电容可以提高 $\cos\varphi$，但是电容太大使得补偿过度，会使总电流相位超前于电压，反而会使功率因数降低。C 项，并联电容补偿的是整个电路的功率因数，感性负载 RL 支路参数及端电压均未改变。故感性负载 $\cos\varphi$ 未变。D 项，并联电容提高功率因数，可使总电流减小。总电流减小时，可能出现过补偿现象，但是不是一定出现。

85. B 【考点】理想变压器

【解析】变压器空载运行时，原、副边电压之比等于匝数比，即：$U_1/U_2 = N_1/N_2 = K = 2$。理想变压器空载运行时，二次侧电流 $I_2 = 0$，$I_1 = I_{10}$，I_{10} 为原边电路的空载电流，数值很小，可忽略不计，即 $I_{10} = 0$。所以此时的 $U_1 = U$，故满足 $\dfrac{U}{U_2} = 2$。

86. C 【考点】三相异步电动机的 Y－△降压起动

【解析】正常工作时采用三角形接法的三相异步电动机，起动时先接成星形，待转速上升到接近额定转速时，再换接成三角形，这种方法叫 Y－△降压起动。由于电动机的转矩与电压的平方成正比，故采用 Y－△换接起动时起动电流、起动转矩都减小到直接起动时的$\left(\frac{1}{\sqrt{3}}\right)^2=\frac{1}{3}$。这种起动方式只能工作在空载或轻载起动的场合。本题中起动转矩：$66/3=22\text{N}\cdot\text{m}$，故前两者能正常起动，后两者无法正常起动。

87. D 【考点】信号的分类

【解析】除个别不连续点外，如果信号在所讨论的时间段内的任意时间点都有确定的函数值，则称此类信号为时间连续信号，简称连续信号，故上述电压信号为连续时间信号。

88. A 【考点】模拟信号的描述

【解析】1(t)表示单位阶跃函数，其定义为：

$$1(t)=\begin{cases}1(t>0)\\0(t<0)\end{cases}$$

则$1(t-1)$表示的信号表达形式为：

$$1(t-1)=\begin{cases}1(t>1)\\0(t<1)\end{cases}$$

将两个信号相减可知，A 项正确。

89. B 【考点】滤波器的应用

【解析】A 项，高通滤波器是指设截止频率为f_p，频率高于f_p的信号可以通过，而频率低于f_p的信号被衰减的滤波电路。B 项，低通滤波器是指低于f_p的信号可以通过，高于f_p的信号被衰减的滤波电路。C 项，带通滤波器是指设低频段的截止频率为f_{p1}，高频段的截止频率为f_{p2}，频率在f_{p1}到f_{p2}之间的信号可以通过，低于f_{p1}或高于f_{p2}的信号被衰减的滤波电路。D 项，带阻滤波器是指频率低于f_{p1}和高于f_{p2}的信号可以通过，频率在f_{p1}到f_{p2}之间的信号被衰减的滤波电路。显然，要去掉一个低频信号中的高频信号，要用低通滤波器。

90. A 【考点】逻辑表达式的化简

【解析】根据反演定律：$\overline{AB}=\overline{A}+\overline{B}$，$\overline{BC}=\overline{B}+\overline{C}$；由$\overline{B}+\overline{B}=\overline{B}$可得：$\overline{AB}+\overline{BC}=\overline{A}+\overline{B}+\overline{C}$。

91. A 【考点】门电路的逻辑功能

【解析】解法 1：$F=A\overline{B}+\overline{A}B=A\oplus B$

该门电路为异或门，状态表见题 91 解表。

题 91 解表　状态表

A	B	Y
0	0	0
0	1	1
1	0	1
1	1	0

按照以上状态表，可画出波形如题 91 解图所示。

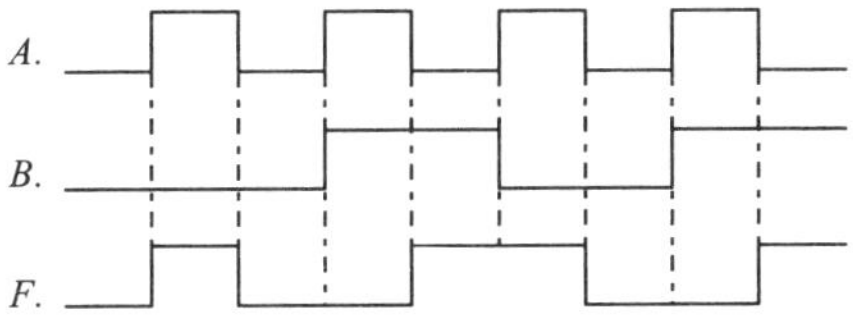

题 91 解图

解法 2：此题涉及“或与非”三种逻辑运算。“与”运算只有输入均为 1 时输出为 1，其余组合均为 0；“或”运算只要有一个输入为 1，输出均为 1；“非”运算输入与输出状态相反。根据题中所给逻辑运算关系可推知，该逻辑门为异或门。A 项正确。

92. A 【考点】十进制与 BCD 码的转换

【解析】BCD 码就是将十进制的数以 8421 的形式展开成二进制，例如：$0=0000$，即 $0\times2^0+0\times2^1+0\times2^2+0\times2^3=0$；$1=0001$，即 $1\times2^0+0\times2^1+0\times2^2+0\times2^3=1$；$2=0010$，即 $0\times2^0+1\times2^1+0\times2^2+0\times2^3=2$ 等。故 10 的 BCD 码为 00010000。

93. D 【考点】二极管整流电路

【解析】半波整流电路中，负载上整流电压的平均值为：

$$U_0=\frac{1}{2\pi}\int_0^{\pi}\sqrt{2}U\sin\omega t\mathrm{d}(\omega t)=\frac{\sqrt{2}}{\pi}U_i=0.45U_i$$

全波整流电路中整流电路的整流电压的平均值 U_0 比半波整流时增加了 1 倍，即：

$$U_0=2\times0.45U_i=0.9U_i$$

本题中，$U_i=\frac{10}{\sqrt{2}}\text{V}$，且 u_i 与 u_0 反向，代入上式得 $U_0=-0.9\times\frac{10}{\sqrt{2}}=-6.36\text{V}$

94. C 【考点】运算放大器的基本运算电路

【解析】当 A 端接输入电压，B 端接地时，电路为反相比例运算电路：

$u_0=-\frac{R_2}{R_1}u_i$，则 $10=-\frac{R_2}{R_1}\times(-2.5)$，解得：$\frac{R_2}{R_1}=4$。

当 A 端接地，B 端接输入电压时，为同相比例运算电路：

$u_0=(1+\frac{R_2}{R_1})u_i=(1+4)\times(-2.5)=-12.5\text{V}$。由于运算输出电压极限值为 $\pm11\text{V}$，故 $u_0=-11\text{V}$。

95. A 【考点】基本门电路

【解析】第一个图为与门电路：$F_1=A\cdot0=0$。与门运算是指，只要有一个输入为 0，输出即为 0。第二个图为或非门电路：$F_2=\overline{B+0}=\overline{B}$。或非门运算是指，先进行或门运算，再进行非门运算，本题中先进行或门运算输出为 B，再进行非门运算输出为 $\overline{B}$。故 A 项正确。

96. A 【考点】J－K 触发器

【解析】图(a)的触发器为下降沿触发的 JK 触发器，在 cp 第一个下降沿到来之前复位信号 $\overline{R}_D$ 清零，Q 初值为 0。$J=AQ$，$K=0$；在第一个时钟脉冲下降沿处 $A=1$，这时 $J=AQ=0$，$K=0$，JK 触发器状态不变，Q 输出仍为 0；当第二个下降沿来临时，$A=0$，$J=AQ=0$，$K=0$，JK 触发器状态仍然保持不变，Q 输出为 0。

97. B 【考点】计算机发展的人性化

【解析】未来计算机的发展将会更加的人性化和智能化，人性化表现为计算机更加智能，能够感受到使用者时刻变化的需求从而做出智能化的改变，即在使用上更好满足不同用户的不同需要。

98. B 【考点】计算机中的存储单元

【解析】计算机中一般以 8 位二进制数作为一个存储单元，即一个字节。

99. D 【考点】计算机操作系统

【解析】操作系统是控制其他程序运行，管理系统资源并为用户提供操作界面的系统软件的集合，其是一种管理电脑硬件与软件资源的程序，同时也是计算机系统的内核与基石。D 项，计算机操作系统不仅能够管理和使用各种软件资源，而且能够统一管理调度软硬件资源。

100. A 【考点】计算机软件系统的组成

【解析】软件分为系统、支撑和应用三类，三者为并列关系。系统软件主要指控制和协调计算机及外部设备工作的软件。通常指操作系统，如：Windows、Linux、DOS、Unix 等。支撑软件是支撑其他软件编写制作和维护的软件，如数据库、汇编语言汇编器、语言编译、连接器等，微软公司的 Visual Studio. NET 是目前微机普遍应用的支撑软件。应用软件使用各种程序设计语言编制的应用程序，分为通用应用软件和专用应用软件。

101. C 【考点】操作系统的管理

【解析】进程与处理器管理是操作系统资源管理功能的一个重要内容。在一个允许多道程序同时执行的系统中，操作系统会根据一定的策略将处理器交替地分配给系统内等待运行的程序，充分利用计算机系统中的软硬件资源。

102. D 【考点】图像数据的主要参数

【解析】图像都是由一些排成行列的像素组成的。影响计算机图像质量的主要参数有分辨率(包括屏幕分辨率、图像分辨率、像素分辨率)、颜色深度、图像文件的尺寸和文件保存格式等。

103. C 【考点】操作系统中的设备管理

【解析】设备管理中的设备是除 CPU 和内存储器以外的所有输入输出的设备。其主要功能是分配和回收外部设备以及控制外部设备按用户程序的要求进行操作等。

104. A 【考点】数字签名技术

【解析】数字签名技术是将摘要信息用发送者的私钥加密，与原文一起传送给接收者，防止被人(例如接收者)进行伪造的一种数据加密的网络安全技术。其作用是：保证信息传输的完整性、发送者的身份认证、防止交易中的抵赖发生。

105. D 【考点】计算机网络的功能

【解析】计算机网络的功能主要有数据通信、资源共享、提高计算机系统的可靠性和分布式处理，其中资源共享包括硬件资源共享、软件资源共享和数据共享。

106. A 【考点】计算机网络的分类

【解析】A 项，局域网(LAN)是指小区域(一个办公室、一栋大楼或一个校园)内的各种通信设备连在一起的网络。分布距离近，传输数据速率高。B 项，城域网(MAN)，其地理范围一般为一座城市，在一个大型城市或都市地区，一个 MAN 网络通常联结着多个 LAN 网。C 项，广域网(WAN)，所覆盖的范围比城域网(MAN)更广，它一般是在不同城市之间的 LAN 或者 MAN 网络互联，地理范围可从几百公里到几千公里。D 项，网际网又称互联网，在地理范围上而言，其是全球计算机的互联。

107. B 【考点】资金等值计算的常用公式及应用

【解析】实际利率 $i=\left(1+\frac{8\%}{4}\right)^4-1=8.2432\%$，则由一次支付现值公式可求得现值：

$P=\frac{F}{(1+i)^n}=\frac{300}{(1+0.082432)^3}=236.55$(万元)。

108. C 【考点】项目建设投资的构成

【解析】项目建设投资包括工程费用(建筑工程费用、设备购置费用、安装工程费用)、工程建设其他费用、预备费(基本预备费、涨价预备费)。

109. C 【考点】等额多次支付计算

【解析】由题意知，还款方式为等额还本支付方式，则每期还本金额为：2400/6 = 400 万元，在计算期内，随着本金偿还其计算利息的基数也会随之减小，于是，在第四年年初，已偿还本金数额为：400 × 3 = 1200 万元，则第四年期间利息为：(2400 − 1200) × 8% = 96 万元，故第四年年末的本息和为：400 + 96 = 496(万元)。

110. D 【考点】盈利能力分析

【解析】动态投资回收期是把投资项目各年的净现金流量按基准收益率折成现值之后，再来推算投资回收期，就是净现金流量累计现值等于零时的年份。此时，内部收益率等于基准收益率，不能判断净现值是否大于零。

111. C 【考点】影子价格

【解析】影子价格是社会处于某种最优状态下，能够反映社会劳动消耗、资源稀缺程度和最终产品需求状况的一种计算价格。影子价格应能够反映项目投入物和产出物的真实经济价值。进口产出的影子价格(到厂价) = 到岸价(CIF) × 影子汇率 + 进口费用 = 150 × 6.5 + 240 = 1215(元)。

112. B 【考点】互斥项目方案比选

【解析】对于若干个互斥方案，方案经济比选时，可两两比较，分别计算两个方案的差额内部收益率 ΔIRR，若差额内部收益率 ΔIRR 大于基准收益率 i_c，则投资大的方案较优。本题中，$\Delta IRR > i_0$，应选择投资大的方案乙。

113. D 【考点】改扩建项目的经济评价

【解析】对于改扩建项目需要正确识别和估算“有项目”、“无项目”、“现状”、“新增”、“增量”等五种状态下的资产、资源、效益和费用，应遵循“有无对比”的原则。

114. C 【考点】价值工程

【解析】价值系数等于功能评价系数与成本系数的比值，价值系数等于或接近于 1，表明方案的重要性与成本适应，较为合理。甲方案的价值系数为：0.85/0.92 = 0.924，乙方案的价值系数为：0.6/0.7 = 0.857，丙方案的价值系数为：0.94/0.88 = 1.068，丁方案的价值系数为：0.67/0.82 = 0.817；显然丙方案的价值系数更接近于 1。

115. C 【考点】《建筑法》有关建筑工程承发包的规定

【解析】《建筑法》第二十四条规定，提倡对建筑工程实行总承包，禁止将建筑工程肢解发包。建筑工程的发包单位可以将建筑工程的勘察、设计、施工、设备采购的一项或者多项发包给一个工程总承包单位；但是，不得将应当由一个承包单位完成的建筑工程肢解成若干部分发包给几个承包单位。第二十二条规定，建筑工程实行招标发包的，发包单位应当将建筑工程发包给依法中标的承包单位。建筑工程实行直接发包的，发包单位应当将建筑工程发包给具有相应资质条件的承包单位。故C项理解有偏差，不是“可以”，应是“应当”。

116. C 【考点】《建设工程安全生产管理条例》中施工单位的安全责任

【解析】《建设工程安全生产管理条例》第二十六条规定，施工单位应当在施工组织设计中编制安全技术措施和施工现场临时用电方案，对下列达到一定规模的危险性较大的分部分项工程编制专项施工方案，并附具安全验算结果，经施工单位技术负责人、总监理工程师签字后实施，由专职安全生产管理人员进行现场监督：(一)基坑支护与降水工程；(二)土方开挖工程；(三)模板工程；(四)起重吊装工程；(五)脚手架工程；(六)拆除、爆破工程；(七)国务院建设行政主管部门或者其他有关部门规定的其他危险性较大的工程。

117. C 【考点】招标文件的内容

【解析】招标文件包括：①投标邀请；②投标人须知(包括密封、签署、盖章要求等)；③投标人应当提交的资格、资信证明文件；④投标报价要求、投标文件编制要求和投标保证金交纳方式；⑤招标项目的技术规格、要求和数量，包括附件、图纸等；⑥合同主要条款及合同签订方式；⑦交货和提供服务的时间；⑧评标方法、评标标准和废标条款；⑨投标截止时间、开标时间及地点；⑩省级以上财政部门规定的其他事项。招标人应当在招标文件中规定并标明实质性要求和条件。

118. B 【考点】《合同法》中的承诺和生效

【解析】《合同法》第二十六条规定，采用数据电文形式订立合同的，承诺到达的时间适用本法第十六条第二款的规定。第十六条第二款规定，采用数据电文形式订立合同，收件人指定特定系统接收数据电文的，该数据电文进入该特定系统的时间，视为到达时间。本题中，甲施工单位在截止时间前向指定电文系统发送承诺，因此该电文进入系统的时间(2008年3月6日16:00)为承诺达到时间。(《合同法》自2021年1月1日起已废止，此条文已合并到《民法典》第四百九十二条，且已修改)

119. D 【考点】《环境保护法》中的“三同时”制度

【解析】《环境保护法》第四十一条规定，建设项目中防治污染的设施，应当与主体工程同时设计、同时施工、同时投产使用。防止污染的设施应当符合经批准的环境影响评价文件的要求，不得擅自拆除或者闲置。D项，防治污染的设施必须经原审批环境影响报告书的环境保护行政主管部门验收合格后，该建设工程项目方可投入生产或者使用。

120. D 【考点】《建设工程质量管理条例》中的监理依据

【解析】《建设工程质量管理条例》第三十六条规定，工程监理单位应当依照法律、法规以及有关的技术标准、设计文件和建设承包合同，代表建设单位对施工质量实施监理，并对施工质量承担监理责任。

2014年全国勘察设计注册工程师执业资格考试《公共基础考试》真题

单项选择题(共120题，每题1分。每题的备选项中只有一个最符合题意)

1. 若 $\lim\limits_{x \to 0}(1-x)^{\frac{k}{x}}=2$，则常数 k 等于(　　)。

A. $-\ln 2$　　B. $\ln 2$　　C. 1　　D. 2

2. 在空间直角坐标系中，方程 $x^2+y^2-z=0$ 表示的图形是(　　)。

A. 圆锥面　　B. 圆柱面　　C. 球面　　D. 旋转抛物面

3. 点 $x=0$ 是函数 $y=\arctan\dfrac{1}{x}$ 的(　　)。

A. 可去间断点　　B. 跳跃间断点　　C. 连续点　　D. 第二类间断点

4. $\dfrac{\mathrm{d}}{\mathrm{d}x}\displaystyle\int_{2x}^{0}\mathrm{e}^{-t^2}\mathrm{d}t$ 等于(　　)。

A. e^{-4x^2}　　B. $2\mathrm{e}^{-4x^2}$　　C. $-2\mathrm{e}^{-4x^2}$　　D. e^{-x^2}

5. $\dfrac{\mathrm{d}(\ln x)}{\mathrm{d}\sqrt{x}}$ 等于(　　)。

A. $\dfrac{1}{2x^{3/2}}$　　B. $\dfrac{2}{\sqrt{x}}$　　C. $\dfrac{1}{\sqrt{x}}$　　D. $\dfrac{2}{x}$

6. 不定积分 $\displaystyle\int\dfrac{x^2}{\sqrt[3]{1+x^3}}\mathrm{d}x$ 等于(　　)。

A. $\dfrac{1}{4}(1+x^3)^{\frac{4}{3}}$　　B. $(1+x^3)^{\frac{1}{3}}+C$

C. $\dfrac{3}{2}(1+x^3)^{\frac{2}{3}}+C$　　D. $\dfrac{1}{2}(1+x^3)^{\frac{2}{3}}+C$

7. 设 $a_n=\left(1+\dfrac{1}{n}\right)^n$，则数列 $\{a_n\}$ 是(　　)。

A. 单调增而无上界　　B. 单调增而有上界

C. 单调减而无下界　　D. 单调减而有上界

8. 下列说法中正确的是(　　)。

A. 若 $f'(x_0)=0$ 则 $f(x_0)$ 必是 $f(x)$ 的极值

B. 若 $f(x_0)$ 是 $f(x)$ 的极值，则 $f(x)$ 在点 x_0 处可导，且 $f'(x_0)=0$

C. 若 $f(x_0)$ 在点 x_0 处可导，则 $f'(x_0)=0$ 是 $f(x)$ 在 x_0 取得极值的必要条件

D. 若 $f(x_0)$ 在点 x_0 处可导，则 $f'(x_0)=0$ 是 $f(x)$ 在 x_0 取得极值的充分条件

9. 设有直线 L_1：$\dfrac{x-1}{1}=\dfrac{y-3}{-2}=\dfrac{z+5}{1}$ 与 L_2：$\begin{cases}x=3-t\\y=1-t\\z=1+2t\end{cases}$，则 L_1 与 L_2 的夹角 θ 等于(　　)。

A. $\dfrac{\pi}{2}$　　B. $\dfrac{\pi}{3}$　　C. $\dfrac{\pi}{4}$　　D. $\dfrac{\pi}{6}$

10. 微分方程 $xy' - y = x^2 e^{2x}$ 的通解 y 等于(　　)。

A. $x\left(\frac{1}{2}e^{2x} + C\right)$　　B. $x(e^{2x} + C)$　　C. $x\left(\frac{1}{2}x^2 e^{2x} + C\right)$　　D. $x^2 e^{2x} + C$

11. 抛物线 $y^2 = 4x$ 与直线 $x = 3$ 所围成的平面图形绕 x 轴旋转一周形成的旋转体体积是(　　)。

A. $\int_0^3 4x\mathrm{d}x$　　B. $\pi\int_0^3 (4x)^2\mathrm{d}x$　　C. $\pi\int_0^3 4x\mathrm{d}x$　　D. $\pi\int_0^3 \sqrt{4x}\mathrm{d}x$

12. 级数 $\sum_{n=1}^{\infty}(-1)^n \frac{1}{n^{p-1}}$(　　)。

A. 当 $1 < p \leqslant 2$ 时条件收敛　　B. 当 $p > 2$ 时条件收敛

C. 当 $p < 1$ 时条件收敛　　D. 当 $p > 1$ 时条件收敛

13. 函数 $y = C_1 e^{-x+C_2}$(C_1，C_2 为任意常数)是微分方程 $y'' - y' - 2y = 0$ 的(　　)。

A. 通解　　B. 特解

C. 不是解　　D. 解，既不是通解又不是特解

14. 设 L 为从点 $A(0,\ -2)$ 到点 $B(2,\ 0)$ 的有向直线段，则对坐标的曲线积分 $\int_L \frac{1}{x-y}\mathrm{d}x + y\mathrm{d}y$ 等于(　　)。

A. 1　　B. -1　　C. 3　　D. -3

15. 设方程 $x^2 + y^2 + z^2 = 4z$ 确定可微函数 $z = z(x,\ y)$，则全微分 $\mathrm{d}z$ 等于(　　)。

A. $\frac{1}{2-z}(y\mathrm{d}x + x\mathrm{d}y)$　　B. $\frac{1}{2-z}(x\mathrm{d}x + y\mathrm{d}y)$

C. $\frac{1}{2+z}(\mathrm{d}x + \mathrm{d}y)$　　D. $\frac{1}{2-z}(\mathrm{d}x - \mathrm{d}y)$

16. 设 D 是由 $y = x$，$y = 0$ 及 $y = \sqrt{a^2 - x^2}$ $(x \geqslant 0)$ 所围成的第一象限区域，则二重积分 $\iint_D \mathrm{d}x\mathrm{d}y$ 等于(　　)。

A. $\pi a^2/8$　　B. $\pi a^2/4$　　C. $3\pi a^2/8$　　D. $\pi a^2/2$

17. 级数 $\sum_{n=1}^{\infty}\frac{(2x+1)^n}{n}$ 的收敛域是(　　)。

A. $(-1,\ 1)$　　B. $[-1,\ 1]$　　C. $[-1,\ 0)$　　D. $(-1,\ 0)$

18. 设 $z = e^{xe^y}$，则 $\frac{\partial^2 z}{\partial x^2}$ 等于(　　)。

A. $e^{xe^y + 2y}$　　B. $e^{xe^y + y}(xe^y + 1)$　　C. e^{xe^y}　　D. $e^{xe^y + y}$

19. 设 $\boldsymbol{A}$，$\boldsymbol{B}$ 为三阶方阵，且行列式 $|\boldsymbol{A}| = -\frac{1}{2}$，$|\boldsymbol{B}| = 2$，$\boldsymbol{A}^*$ 为 $\boldsymbol{A}$ 的伴随矩阵，则行列式 $|2\boldsymbol{A}^*\boldsymbol{B}^{-1}|$ 等于(　　)。

A. 1　　B. -1　　C. 2　　D. -2

20. 下列结论中正确的是(　　)。

A. 如果矩阵 $\boldsymbol{A}$ 中所有顺序主子式都小于零，则 $\boldsymbol{A}$ 一定为负定矩阵

B. 设 $\boldsymbol{A} = (a_{ij})_{m\times n}$，若 $a_{ij} = a_{ji}$，且 $a_{ij} > 0(i,\ j = 1,\ 2\cdots,\ n)$，则 $\boldsymbol{A}$ 一定为正定矩阵

C. 如果二次型$f(x_1, x_2, \cdots, x_n)$中缺少平方项，则它一定不是正定二次型

D. 二次型$f(x_1, x_2, x_3)=x_1^2+x_2^2+x_3^2+x_1x_2+x_1x_3+x_2x_3$所对应的矩阵是$\begin{pmatrix}1&1&1\\1&1&1\\1&1&1\end{pmatrix}$

21. 已知n元非齐次线性方程组$\boldsymbol{Ax}=\boldsymbol{B}$，秩$r(\boldsymbol{A})=n-2$，$\boldsymbol{\alpha}_1$，$\boldsymbol{\alpha}_2$，$\boldsymbol{\alpha}_3$为其线性无关的解向量，$k_1$、$k_2$为任意常数，则$\boldsymbol{Ax}=\boldsymbol{B}$的通解为（　　）。

A. $x=k_1(\boldsymbol{\alpha}_1-\boldsymbol{\alpha}_2)+k_2(\boldsymbol{\alpha}_1+\boldsymbol{\alpha}_3)+\boldsymbol{\alpha}_1$

B. $x=k_1(\boldsymbol{\alpha}_1-\boldsymbol{\alpha}_3)+k_2(\boldsymbol{\alpha}_2+\boldsymbol{\alpha}_3)+\boldsymbol{\alpha}_1$

C. $x=k_1(\boldsymbol{\alpha}_2-\boldsymbol{\alpha}_1)+k_2(\boldsymbol{\alpha}_2-\boldsymbol{\alpha}_3)+\boldsymbol{\alpha}_1$

D. $x=k_1(\boldsymbol{\alpha}_2-\boldsymbol{\alpha}_3)+k_2(\boldsymbol{\alpha}_1+\boldsymbol{\alpha}_2)+\boldsymbol{\alpha}_1$

22. 设A与B是互不相容的事件，$P(A)>0$，$P(B)>0$，则下列式子一定成立的是（　　）。

A. $P(A)=1-P(B)$　　B. $P(A|B)=0$

C. $P(A|\overline{B})=1$　　D. $P(\overline{AB})=0$

23. 设(X, Y)的联合概率密度为$f(x, y)=\begin{cases}k, & 0<x<1,\ 0<y<x\\0, & 其它\end{cases}$，则数学期望$E(XY)$等于（　　）。

A. $\frac{1}{4}$　　B. $\frac{1}{3}$　　C. $\frac{1}{6}$　　D. $\frac{1}{2}$

24. 设$X_1, X_2, \cdots, X_n$与$Y_1, Y_2, \cdots, Y_n$都是来自正态总体$X\sim N(\mu, \sigma^2)$的样本，并且相互独立，$\overline{X}$与$\overline{Y}$分别是其样本均值，则$\dfrac{\sum_{i=1}^{n}(X_i-\overline{X})^2}{\sum_{i=1}^{n}(Y_i-\overline{Y})^2}$服从的分布是（　　）。

A. $t(n-1)$　　B. $F(n-1, n-1)$　　C. $\chi^2(n-1)$　　D. $N(\mu, \sigma^2)$

25. 在标准状态下，当氢气和氦气的压强与体积都相等时，氢气和氦气的内能之比为（　　）。

A. 5/3　　B. 3/5　　C. 1/2　　D. 3/2

26. 速率分布函数$f(v)$的物理意义为（　　）。

A. 具有速率v的分子数占总分子数的百分比

B. 速率分布在v附近的单位速率间隔中的分子数占总分子数的百分比

C. 具有速率v的分子数

D. 速率分布在v附近的单位速率间隔中的分子数

27. 有1mol刚性双原子分子理想气体，在等压过程中对外做功为W，则其温度变化ΔT为（　　）。

A. R/W　　B. W/R　　C. $2R/W$　　D. $2W/R$

28. 理想气体在等温膨胀过程中（　　）。

A. 气体做负功，向外界放出热量　　B. 气体做负功，从外界吸收热量

C. 气体做正功，向外界放出热量　　D. 气体做正功，从外界吸收热量

29. 一横波的波动方程是$y=2\times10^{-2}\cos2\pi\left(10t-\frac{x}{5}\right)$(SI)，$t=0.25$s，距离原点($x=0$)处最

近的波峰位置为(　　)。

A. ± 2.5m　　B. ± 7.5m　　C. ± 4.5m　　D. ± 5m

30. 一平面简谐波在弹性媒质中传播，在某一瞬时，某质元正处于其平衡位置，此时它的(　　)。

A. 动能为零，势能最大　　B. 动能为零，势能为零

C. 动能最大，势能最大　　D. 动能最大，势能为零

31. 通常人耳可听到的声波的频率范围是(　　)。

A. 20～200Hz　　B. 20～2000Hz

C. 20～20000Hz　　D. 20～200000Hz

32. 在空气中用波长为 λ 的单色光进行双缝干涉实验时，观测到相邻明条纹的间距为 1.33mm，当把实验装置放入水中(水的折射率 $n = 1.33$)时，则相邻明条纹的间距变为(　　)。

A. 1.33mm　　B. 2.66mm　　C. 1mm　　D. 2mm

33. 在真空中可见光的波长范围是(　　)。

A. 400～760nm　　B. 400～760mm　　C. 400～760cm　　D. 400～760m

34. 一束自然光垂直穿过两个偏振片，两个偏振片的偏振化方向成45°角。已知通过此两偏振片后的光强为 I，则入射至第二个偏振片的线偏振光强度为(　　)。

A. I　　B. $2I$　　C. $3I$　　D. $I/2$

35. 在单缝夫琅禾费衍射实验中，单缝宽度 $a = 1 \times 10^{-4}$m，透镜焦距 $f = 0.5$m。若用 $\lambda =$ 400nm 的单色平行光垂直入射，中央明纹的宽度为(　　)。

A. 2×10^{-3}m　　B. 2×10^{-4}m　　C. 4×10^{-4}m　　D. 4×10^{-3}m

36. 一单色平行光垂直入射到光栅上，衍射光谱中出现了五条明纹，若已知此光栅的缝宽 a 与不透光部分 b 相等，那么在中央明纹一侧的两条明纹级次分别是(　　)。

A. 1 和 3　　B. 1 和 2　　C. 2 和 3　　D. 2 和 4

37. 下列元素，电负性最大的是(　　)。

A. F　　B. Cl　　C. Br　　D. I

38. 在 $NaCl$、$MgCl_2$、$AlCl_3$、$SiCl_4$ 四种物质中，离子极化作用最强的是(　　)。

A. $NaCl$　　B. $MgCl_2$　　C. $AlCl_3$　　D. $SiCl_4$

39. 现有 100mL 浓硫酸，测得其质量分数为 98%，密度为 $1.84 g \cdot mL^{-1}$，其物质的量浓度为(　　)。

A. $18.4 mol \cdot L^{-1}$　　B. $18.8 mol \cdot L^{-1}$

C. $18.0 mol \cdot L^{-1}$　　D. $1.84 mol \cdot L^{-1}$

40. 已知反应(1)$H_2(g) + S(s) \rightleftharpoons H_2S(g)$，其平衡常数为 $K_1^{\ominus}$，(2)$S(s) + O_2(g) \rightleftharpoons SO_2(g)$，其平衡常数为 $K_2^{\ominus}$，则反应(3)$H_2(g) + SO_2(g) \rightleftharpoons O_2(g) + H_2S(g)$ 的平衡常数 $K_3^{\ominus}$ 是(　　)。

A. $K_1^{\ominus} + K_2^{\ominus}$　　B. $K_2^{\ominus} \cdot K_1^{\ominus}$　　C. $K_1^{\ominus} - K_2^{\ominus}$　　D. $K_1^{\ominus}/K_2^{\ominus}$

41. 有原电池(－)Zn | $ZnSO_4(c_1)$ || $CuSO_4(c_2)$ | Cu(＋)，如向铜半电池中通入硫化氢，则原电池电动势变化趋势是(　　)。

A. 变大　　B. 变小　　C. 不变　　D. 无法判断

42. 电解 NaCl 水溶液时，阴极上放电的离子是(　　)。

A. H^+　　B. OH^-　　C. Na^+　　D. Cl^-

43. 已知反应 $N_2(g)+3H_2(g)\rightarrow 2NH_3(g)$ 的 $\Delta_r H_m<0$，$\Delta_r S_m<0$，则该反应为(　　)。

A. 低温易自发，高温不易自发　　B. 高温易自发，低温不易自发

C. 任何温度都易自发　　D. 任何温度都不易自发

44. 下列有机物中，对于可能处在同一平面上的最多原子数目的判断，正确的是(　　)。

A. 丙烷最多有 6 个原子处于同一平面上

B. 丙烯最多有 9 个原子处于同一平面上

C. 苯乙烯(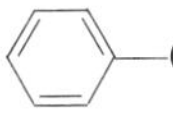—$CH=CH_2$)最多有 16 个原子处于同一平面上

D. $CH_3CH=CH-C\equiv C-CH_3$ 最多有 12 个原子处于同一平面上

45. 下列有机物中，既能发生加成反应和酯化反应，又能发生氧化反应的化合物是(　　)。

A. $CH_3CH=CHCOOH$　　B. $CH_3CH=CHCOOC_2H_5$

C. $CH_3CH_2CH_2CH_2OH$　　D. $HOCH_2CH_2CH_2CH_2OH$

46. 人造羊毛的结构简式为：$\left[CH_2-\underset{\displaystyle CN}{\underset{|}{CH}}\right]_n$，它属于(　　)。

①共价化合物；②无机化合物；③有机化合物；④高分子化合物；⑤离子化合物

A. ②④⑤　　B. ①④⑤　　C. ①③④　　D. ③④⑤

47. 将大小为 100N 的力 F 沿 x、y 方向分解，若 F 在 x 轴上的投影为 50N，而沿 x 方向的分力的大小为 200N，则 F 在 y 轴上的投影为(　　)。

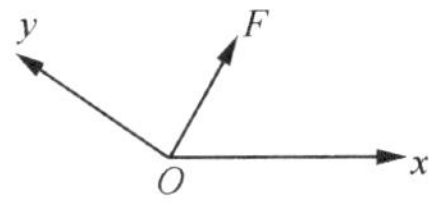

题 47 图

A. 0　　B. 50N　　C. 200N　　D. 100N

48. 图示边长为 a 的正方形物块 $OABC$，已知：力 $F_1=F_2=F_3=F_4=F$，力偶矩 $M_1=M_2=Fa$。该力系向 O 点简化后的主矢及主矩应为(　　)。

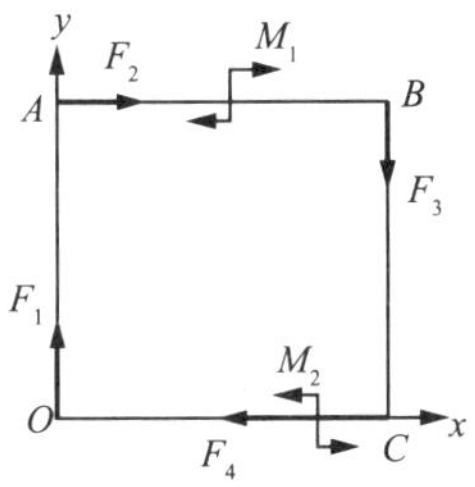

题 48 图

A. $F_R=0N$，$M_O=4Fa$(↻)　　B. $F_R=0N$，$M_O=3Fa$(↺)

C. $F_R=0N$，$M_O=2Fa$(↺)　　D. $F_R=0N$，$M_O=2Fa$(↻)

49. 在图示机构中，已知：F_p，$L=2m$，$r=0.5m$，$\theta=30°$，$BE=EG$，$CE=EH$。则支座 A 的约束力为(　　)。

A. $F_{Ax}=F_p(\leftarrow)$，$F_{Ay}=1.75F_p(\downarrow)$

B. $F_{Ax}=0$，$F_{Ay}=0.75F_p$(↓)

C. $F_{Ax}=0$，$F_{Ay}=0.75F_p$(↑)

D. $F_{Ax}=F_p$(→)，$F_{Ay}=1.75F_p$(↑)

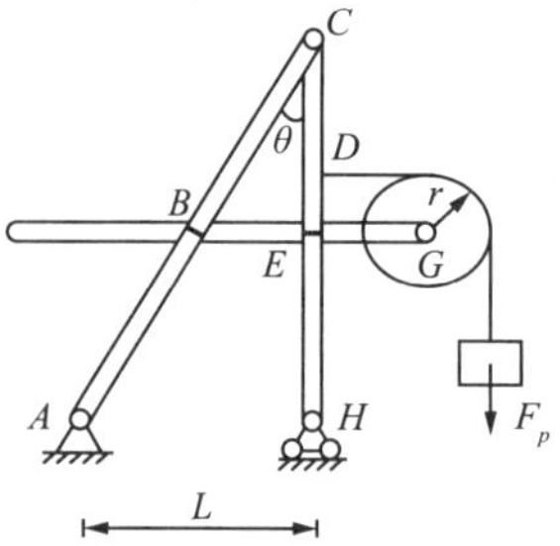

题 49 图

50. 图示不计自重的水平梁与桁架在 B 点铰接。已知：载荷 F_1、F 均与 BH 垂直，$F_1=8\text{kN}$，$F=4\text{kN}$，$M=6\text{kN}\cdot\text{m}$，$q=1\text{kN/m}$，$L=2\text{m}$。则杆件 1 的内力为(　　)。

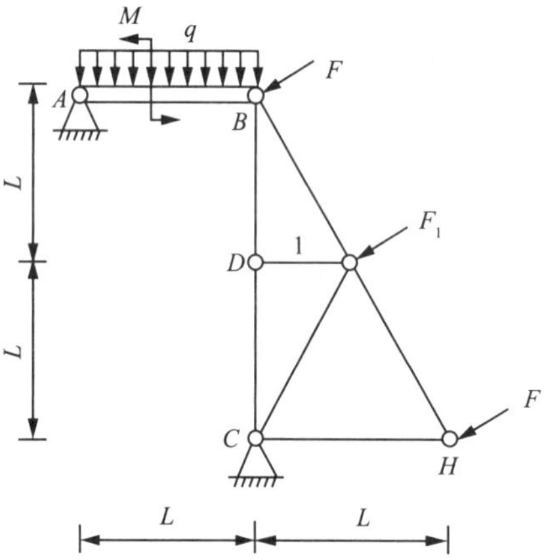

题 50 图

A. $F_1=0$　　B. $F_1=8\text{kN}$　　C. $F_1=-8\text{kN}$　　D. $F_1=-4\text{kN}$

51. 动点 A 和 B 在同一坐标系中的运动方程分别为 $\begin{cases}x_A=t\\y_A=2t^2\end{cases}$，$\begin{cases}x_B=t^2\\y_B=2t^4\end{cases}$，其中 x、y 以 cm 计，t 以 s 计，则两点相遇的时刻为(　　)。

A. $t=1\text{s}$　　B. $t=0.5\text{s}$　　C. $t=2\text{s}$　　D. $t=1.5\text{s}$

52. 刚体作平动时，某瞬时体内各点的速度与加速度为(　　)。

A. 体内各点速度不相同，加速度相同

B. 体内各点速度相同，加速度不相同

C. 体内各点速度相同，加速度也相同

D. 体内各点速度不相同，加速度也不相同

53. 杆 OA 绕固定轴 O 转动，长为 l。某瞬时杆端 A 点的加速度 a 如图所示。则该瞬时 OA 的角速度及角加速度为(　　)。

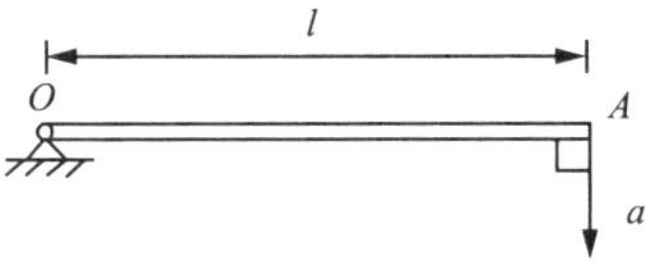

题 53 图

A. 0，$\frac{a}{l}$　　B. $\sqrt{\frac{a\cos\alpha}{l}}$，$\frac{a\sin\alpha}{l}$　　C. $\sqrt{\frac{a}{l}}$，0　　D. 0，$\sqrt{\frac{a}{l}}$

54. 在图示圆锥摆中，球 M 的质量为 m，绳长 l，若 α 角保持不变，则小球的法向加速度为(　　)。

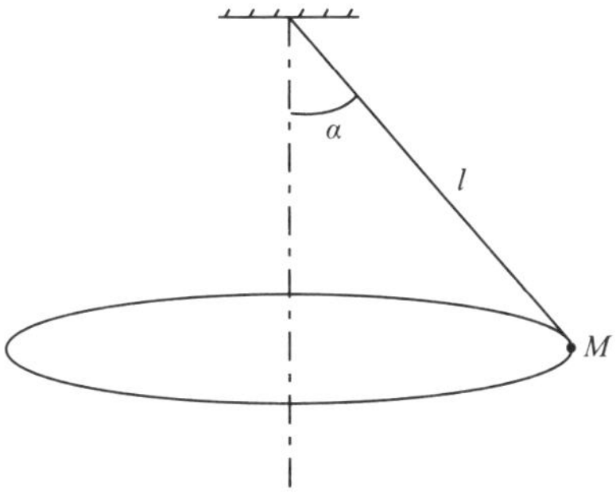

题 54 图

A. $g\sin\alpha$　　B. $g\cos\alpha$　　C. $g\tan\alpha$　　D. $g\mathrm{ctan}\alpha$

55. 图示均质链条传动机构的大齿轮以角速度 ω 转动，已知大齿轮半径为 R，质量为 m_1，小齿轮半径为 r，质量为 m_2，链条质量不计，则此系统的动量为(　　)。

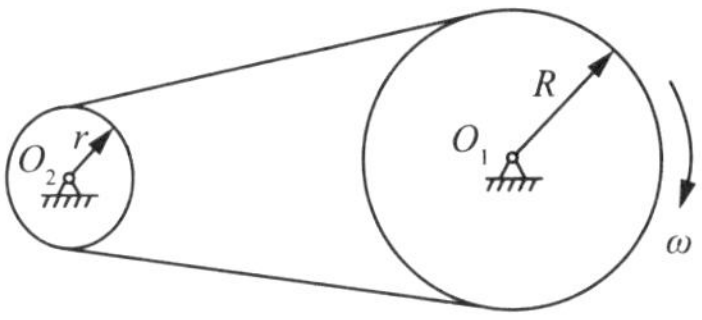

题 55 图

A. $(m_1+2m_2)v(\rightarrow)$　　B. $(m_1+m_2)v(\rightarrow)$

C. $(2m_2-m_1)v(\rightarrow)$　　D. 0

56. 均质圆柱体半径为 R，质量为 m，绕关于对纸面垂直的固定水平轴自由转动，初瞬时静止(G 在 O 轴的铅垂线上)，如图所示。则圆柱体在位置 $\theta=90°$时的角速度是(　　)。

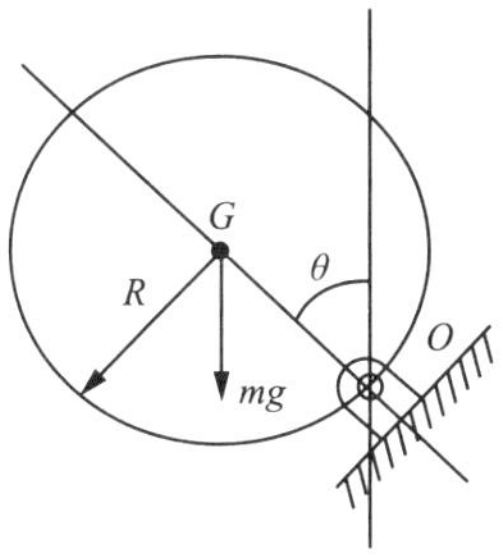

题 56 图

A. $\sqrt{\dfrac{g}{3R}}$　　B. $\sqrt{\dfrac{2g}{3R}}$　　C. $\sqrt{\dfrac{4g}{3R}}$　　D. $\sqrt{\dfrac{g}{2R}}$

57. 质量不计的水平细杆 AB 长为 L，在铅垂平面内绕 A 轴转动，其另一端固连质量为 m 的质点 B，在图示水平位置静止释放。则此瞬时质点 B 的惯性力为(　　)。

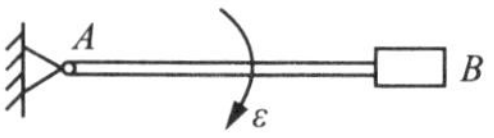

题 57 图

A. $F_g = mg$　　B. $F_g = \sqrt{2}mg$　　C. 0　　D. $F_g = \dfrac{\sqrt{2}}{2}mg$

58. 如图所示系统中，当物块振动的频率比为 1.27 时，k 的值是(　　)。

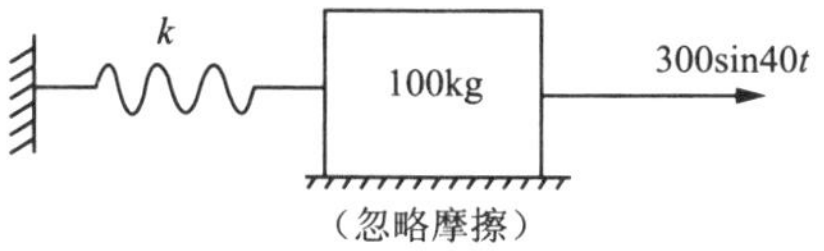

题 58 图

A. 1×10^5N/m　　B. 2×10^5N/m　　C. 1×10^4N/m　　D. 1.5×10^5N/m

59. 图示结构的两杆面积和材料相同，在铅直向下的力 F 作用下，下面正确的结论是(　　)。

A. C 点位移向下偏左，1 杆轴力不为零

B. C 点位移向下偏左，1 杆轴力为零

C. C 点位移铅直向下，1 杆轴力为零

D. C 点位移向下偏右，1 杆轴力不为零

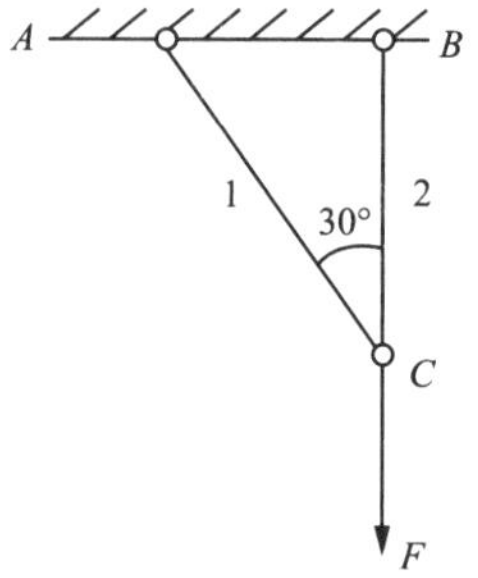

题 59 图

60. 圆截面杆 ABC 轴向受力如图。已知 BC 杆的直径 $d = 100$mm，AB 杆的直径为 $2d$，杆的最大的拉应力是(　　)。

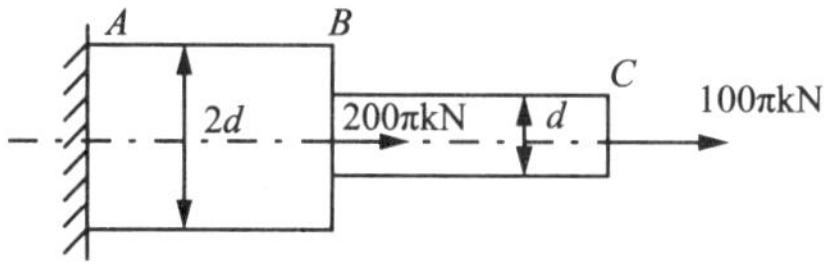

题 60 图

A. 40MPa　　B. 30MPa　　C. 80MPa　　D. 120MPa

61. 桁架由 2 根细长直杆组成，杆的截面尺寸相同，材料分别是结构钢和普通铸铁。在下列桁架中，布局比较合理的是(　　)。

A. 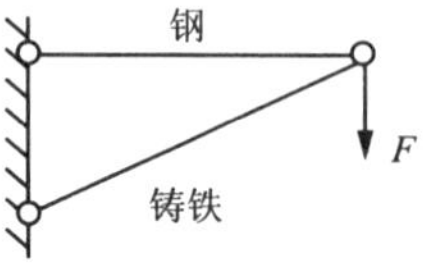

B. 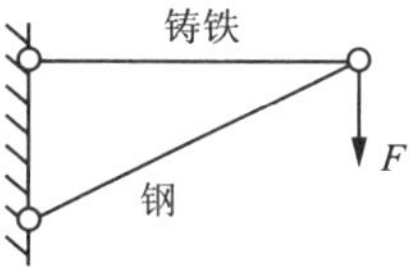

C. 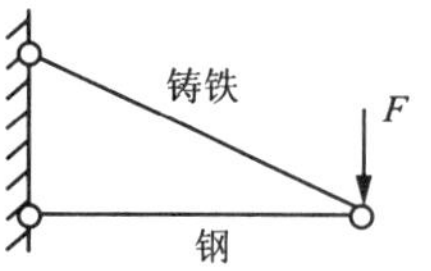

D. 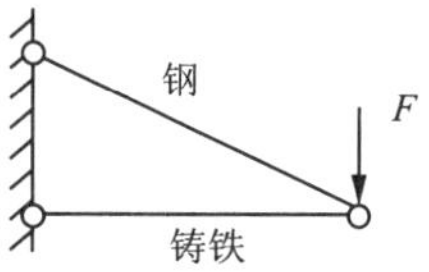

62. 冲床在钢板上冲一圆孔，圆孔直径 $d=100\text{mm}$，钢板的厚度 $t=10\text{mm}$，钢板的剪切强度极限 $\tau_b=300\text{MPa}$，需要的冲击力 F 是(　　)。

A. $F=300\pi\text{kN}$　　B. $F=3000\pi\text{kN}$

C. $F=2500\pi\text{kN}$　　D. $F=7500\pi\text{kN}$

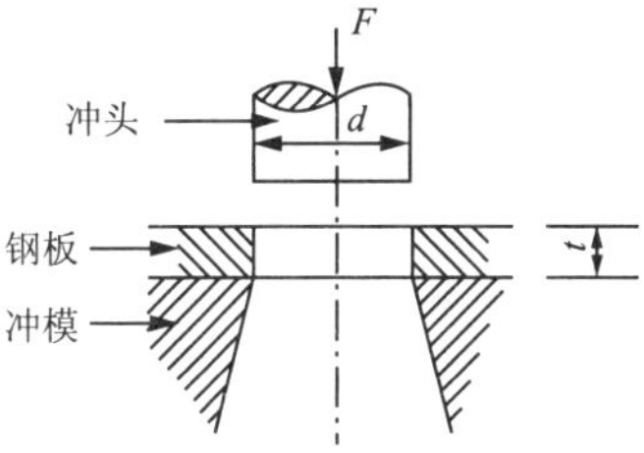

题 62 图

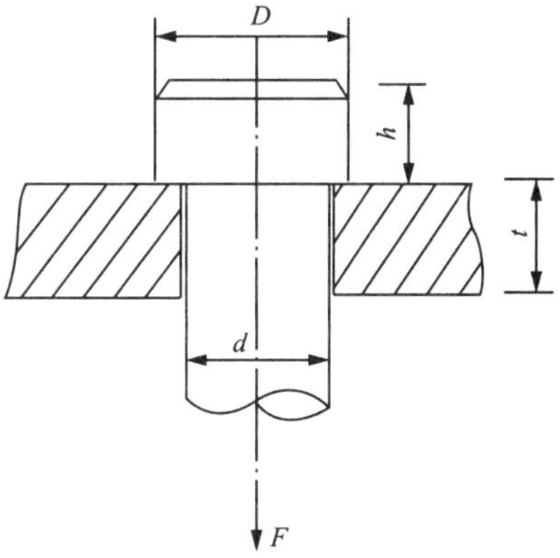

题 63 图

63. 螺钉受力如图，已知螺钉和钢板的材料相同，拉伸许用应力$[\sigma]$是剪切许用应力$[\tau]$的 2 倍，即$[\sigma]=2[\tau]$，钢板厚度 t 是螺钉头高度 h 的 1.5 倍，则螺钉直径 d 的合理值是(　　)。

A. $d=2h$　　B. $d=0.5h$　　C. $d^2=2Dt$　　D. $d^2=0.5Dt$

64. 图示受扭空心圆轴横截面上的切应力分布图，其中正确的是(　　)。

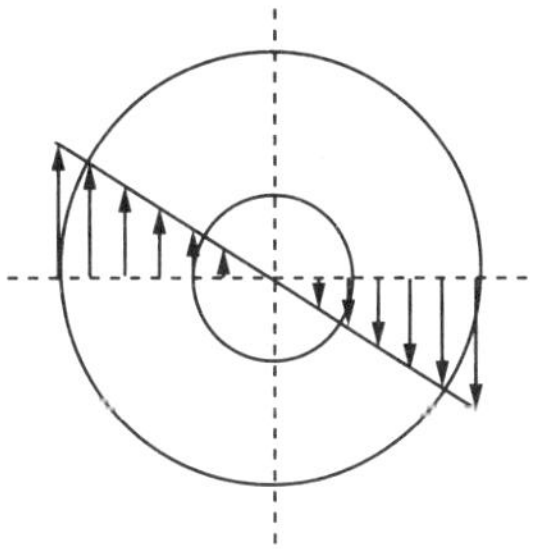
A.

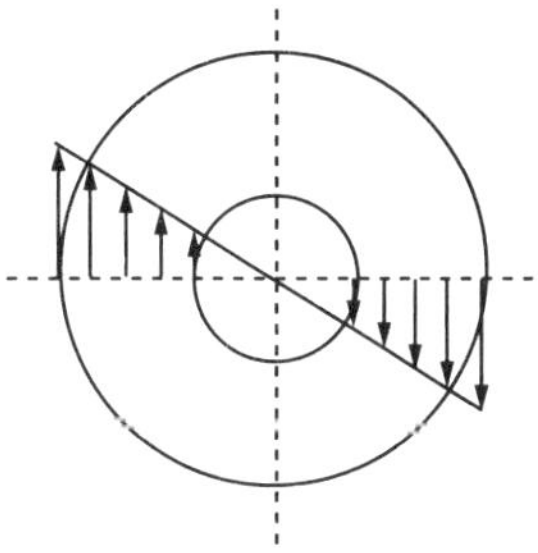
B.

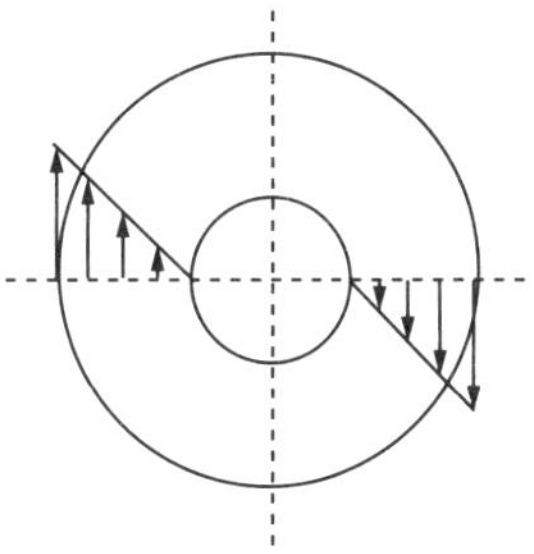
C.

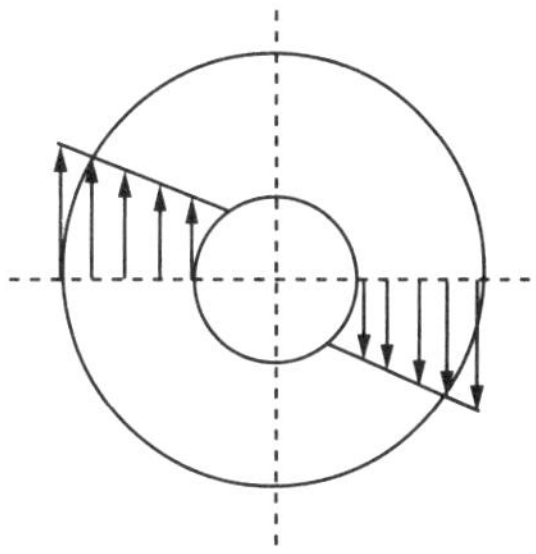
D.

65. 在一套传动系统中，有多根圆轴，假设所有圆轴传递的功率相同，但转速不同。各轴所承受的扭矩与其转速的关系是(　　)。

A. 转速快的轴扭矩大　　B. 转速慢的轴扭矩大

C. 各轴的扭矩相同　　D. 无法确定

66. 梁的弯矩图如图示，最大值在 B 截面。在梁的 A、B、C、D 四个截面中，剪力为零的截面是(　　)。

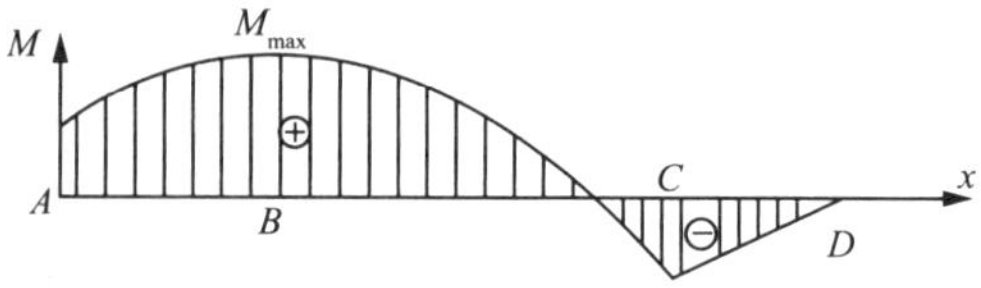

题 66 图

A. A 截面　　B. B 截面　　C. C 截面　　D. D 截面

67. 图示矩形截面受压杆，杆的中间段右侧有一槽，如图(a)所示。若在杆的左侧，即槽的对称位置也挖出同样的槽(如图(b))，则图(b)杆的最大压应力是图(a)最大压应力的(　　)。

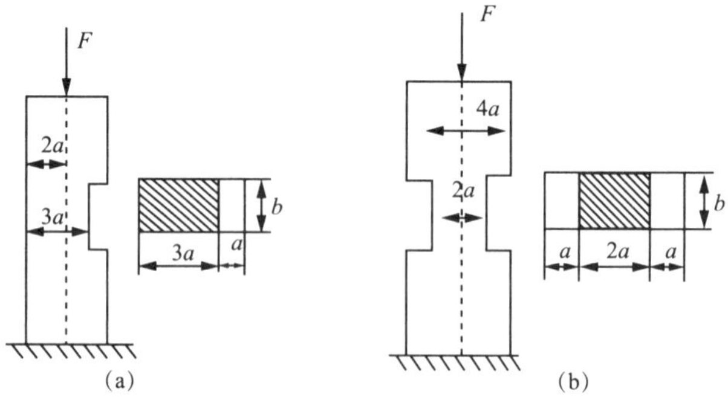

题 67 图

A. 3/4　　B. 4/3　　C. 3/2　　D. 2/3

68. 梁的横截面可选用图示空心矩形、矩形、正方形和圆形四种之一，假设四种截面的面积均相等，载荷作用方向铅垂向下，承载能力最大的截面是(　　)。

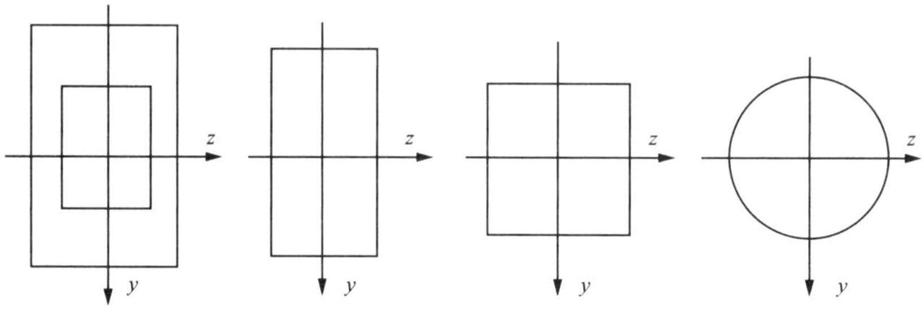

题 68 图

A. 空心矩形　　B. 实心矩形　　C. 正方形　　D. 圆形

69. 按照第三强度理论，图示两种应力状态的危险程度是(　　)。

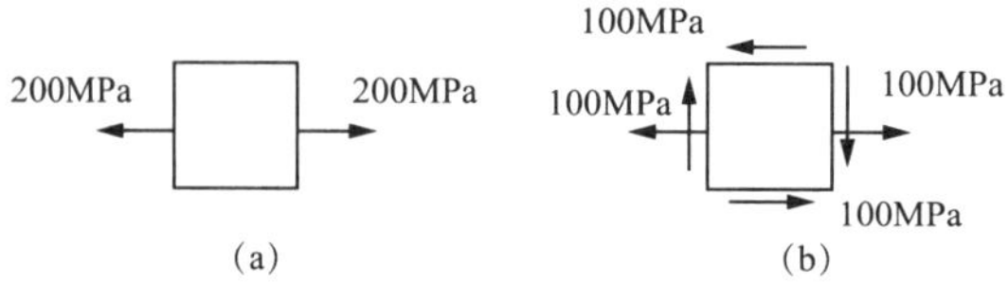

题 69 图

A. 无法判断　　B. 两者相同　　C. (a)更危险　　D. (b)更危险

70. 正方形截面杆 AB，力 F 作用在 xOy 平面内，与 x 轴夹角 α。杆距离 B 端为 a 的横截面上最大正应力在 $\alpha=45°$ 时的值是 $\alpha=0$ 时值的(　　)。

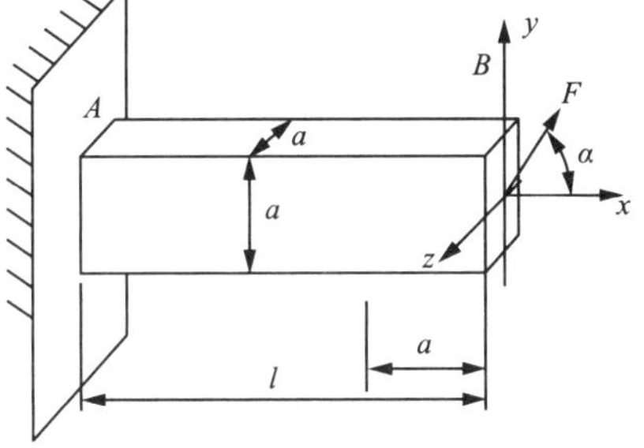

题 70 图

A. $\frac{7\sqrt{2}}{2}$倍　　B. $3\sqrt{2}$倍　　C. $\frac{5\sqrt{2}}{2}$倍　　D. $\sqrt{2}$倍

71. 如图水下有一半径为 $R=0.1\text{m}$ 的半球形侧盖，球心至水面距离 $H=5\text{m}$，作用于半球盖上水平方向的静水压力是(　　)。

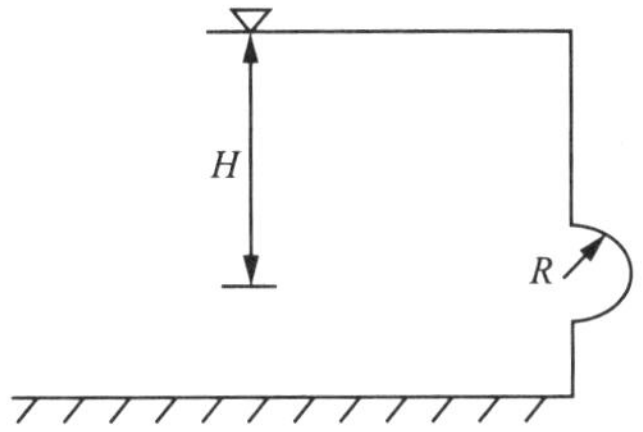

题 71 图

A. 0.98kN　　B. 1.96kN　　C. 0.77kN　　D. 1.54kN

72. 密闭水箱如图所示，已知水深 $h=2\text{m}$，自由面上的压强 $p_0=88\text{kN/m}^2$，当地大气压强为 $p_a=101\text{kN/m}^2$，则水箱底部 A 点的绝对压强与相对压强分别为(　　)。

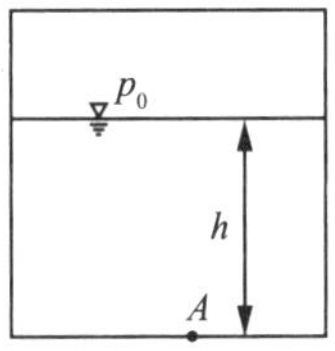

题 72 图

A. 107.6kN/m^2 和 -6.6kN/m^2　　B. 107.6kN/m^2 和 6.6kN/m^2

C. 120.6kN/m^2 和 -6.6kN/m^2　　D. 120.6kN/m^2 和 6.6kN/m^2

73. 下列不可压缩二维流动中，哪个满足连续方程？(　　)

A. $u_x=2x$，$u_y=2y$　　B. $u_x=0$，$u_y=2xy$

C. $u_x=5x$，$u_y=-5y$　　D. $u_x=2xy$，$u_y=-2xy$

74. 圆管层流中，下述错误的是(　　)。

A. 水头损失与雷诺数有关　　B. 水头损失与管长度有关

C. 水头损失与流速有关　　D. 水头损失与粗糙度有关

75. 主干管在 A、B 间是由两条支管组成的一个并联管路，两支管的长度和管径分别为 $l_1=1800\text{m}$，$d_1=150\text{mm}$，$l_2=3000\text{m}$，$d_2=200\text{mm}$，两支管的沿程阻力系数 λ 均为 0.01，若主干管流量 $Q=39\text{L/s}$，则两支管流量分别为(　　)。

A. $Q_1=12\text{L/s}$，$Q_2=27\text{L/s}$　　B. $Q_1=15\text{L/s}$，$Q_2=24\text{L/s}$

C. $Q_1=24\text{L/s}$，$Q_2=15\text{L/s}$　　D. $Q_1=27\text{L/s}$，$Q_2=12\text{L/s}$

76. 一梯形断面明渠，水力半径 $R=0.8\text{m}$，底坡 $i=0.0006$，粗糙系数 $n=0.05$，则输水流速为(　　)。

A. 0.42m/s　　B. 0.48m/s　　C. 0.6m/s　　D. 0.75m/s

77. 地下水的浸润线是指(　　)。

A. 地下水的流线　　B. 地下水运动的迹线

C. 无压地下水的自由水面线　　D. 土壤中干土与湿土的界限

78. 用同种流体，同一温度进行管道模型实验。按黏性力相似准则，已知模型管径 0.1m，模型流速 4m/s，若原型管径为 2m，则原型流速为(　　)。

A. 0.2m/s　　B. 2m/s　　C. 80m/s　　D. 8m/s

79. 真空中有三个带电质点，其电荷分别为 q_1、q_2 和 q_3，其中，电荷为 q_1 和 q_3 的质点位置固定，电荷为 q_2 的质点可以自由移动，当三个质点的空间分布如图所示时，电荷为 q_2 的质点静止不动，此时如下关系成立的是(　　)。

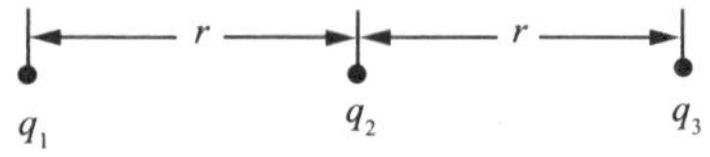

题 79 图

A. $q_1=q_2=2q_3$　　B. $q_1=q_3=|q_2|$

C. $q_1=q_2=-q_3$　　D. $q_2=q_3=-q_1$

80. 在图示电路中，$I_1=-4\text{A}$，$I_2=-3\text{A}$，则 $I_3=$(　　)。

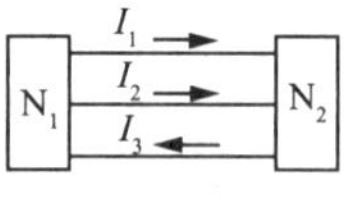

题 80 图

A. −1A　　B. 7A　　C. −7A　　D. 1A

81. 已知电路如图所示，其中，响应电流 I 在电压源单独作用时的分量为(　　)。

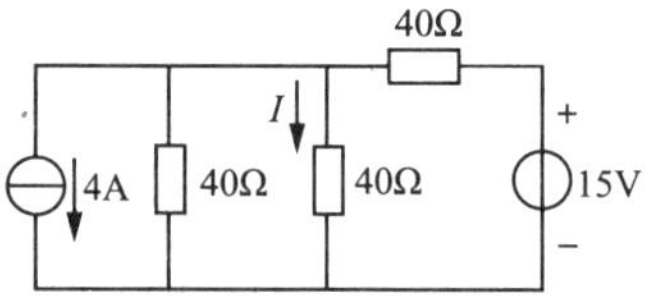

题 81 图

A. 0.375A　　B. 0.25A　　C. 0.125A　　D. 0.1875A

82. 已知电流 $i(t)=0.1\sin(\omega t+10^\circ)\text{A}$，电压 $u(t)=10\sin(\omega t-10^\circ)\text{V}$，则如下表述中正确的是(　　)。

A. 电流 $i(t)$ 与电压 $u(t)$ 呈反相关系

B. $\dot{I}=0.1\angle 10^\circ\text{A}$，$\dot{U}=10\angle -10^\circ\text{V}$

C. $\dot{I}=70.7\angle 10^\circ$mA，$\dot{U}=-7.07\angle 10^\circ$V

D. $\dot{I}=70.7\angle 10^\circ$mA，$\dot{U}=7.07\angle -10^\circ$V

83. 一交流电路由 R、L、C 串联而成，其中，$R=10\Omega$，$X_L=8\Omega$，$X_C=6\Omega$。通过该电路的电流为 10A，则该电路的有功功率、无功功率和视在功率分别为(　　)。

A. 1kW，1.6kVar，2.6kVA　　B. 1kW，200Var，1.2kVA

C. 100W，200Var，223.6VA　　D. 1kW，200Var，1.02kVA

84. 已知电路如图所示，设开关在 $t=0$ 时刻断开，那么，如下表述中正确的是(　　)。

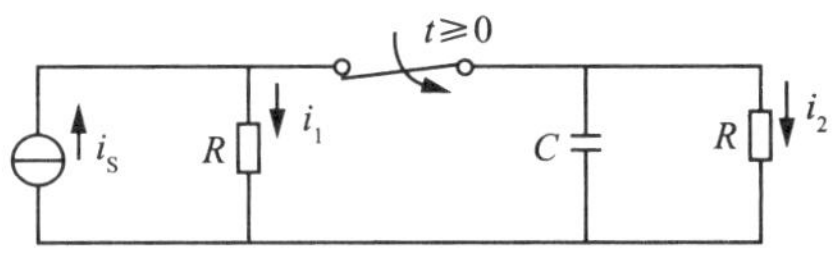

题 84 图

A. 电路的左右两侧均进入暂态过程

B. 电流 i_1 立即等于 i_S，电流 i_2 立即等于 0

C. 电流 i_2 由 $\frac{1}{2}i_S$ 逐步衰减到 0

D. 在 $t=0$ 时刻，电流 i_2 发生了突变

85. 图示变压器空载运行电路中，设变压器为理想器件，若 $u=\sqrt{2}U\sin\omega t$，则此时(　　)。

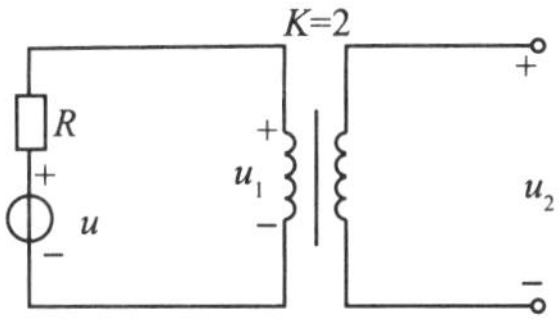

题 85 图

A. $U_1=\dfrac{\omega L\cdot U}{\sqrt{R^2+(\omega L)^2}}$，$U_2=0$　　B. $u_1=u$，$U_2=\frac{1}{2}U_1$

C. $u_1\neq u$，$U_2=\frac{1}{2}U_1$　　D. $u_1=u$，$U_2=2U_1$

86. 设某△接异步电动机全压起动时的起动电流 $I_{st}=30$A，起动转矩 $T_{st}=45$N·m，若对此台电动机采用Y－△降压起动方案，则起动电流和起动转矩分别为(　　)。

A. 17.32A，25.98N·m　　B. 10A，15N·m

C. 10A，25.98N·m　　D. 17.32A，15N·m

87. 图示电路的任意一个输出端，在任意时刻都只出现 0V 或 5V 这两个电压值(例如，在 $t=t_0$时刻获得的输出电压从上到下依次为 5V，0V，5V，0V)，那么，该电路的输出电压为(　　)

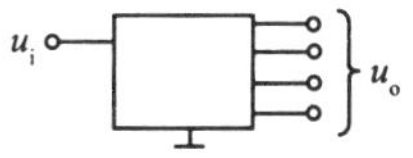

题 87 图

A. 是取值离散的连续时间信号

B. 是取值连续的离散时间信号

C. 是取值连续的连续时间信号

D. 是取值离散的离散时间信号

88. 图示非周期信号 $u(t)$ 如图所示，若利用单位阶跃函数 $\varepsilon(t)$ 将其写成时间函数表达式，则$u(t)$等于(　　)。

A. $5-1=4\text{V}$

B. $5\varepsilon(t)+\varepsilon(t-t_0)\text{V}$

C. $5\varepsilon(t)-4\varepsilon(t-t_0)\text{V}$

D. $5\varepsilon(t)-4\varepsilon(t+t_0)\text{V}$

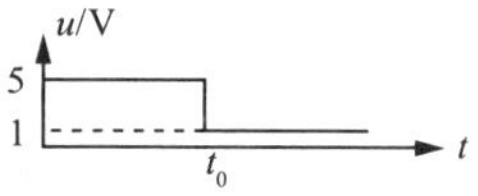

题 88 图

89. 模拟信号经线性放大器放大后，信号中被改变的量是(　　)。

A. 信号的频率

B. 信号的幅值频谱

C. 信号的相位频谱

D. 信号的幅值

90. 对逻辑表达式$(A+B)(A+C)$的化简结果是(　　)。

A. A

B. $A^2+AB+AC+BC$

C. $A+BC$

D. $(A+B)(A+C)$

91. 已知数字信号 A 和数字信号 B 的波形如图所示，则数字信号 $F=\overline{AB}$的波形为(　　)。

A.
B.
C.
D.

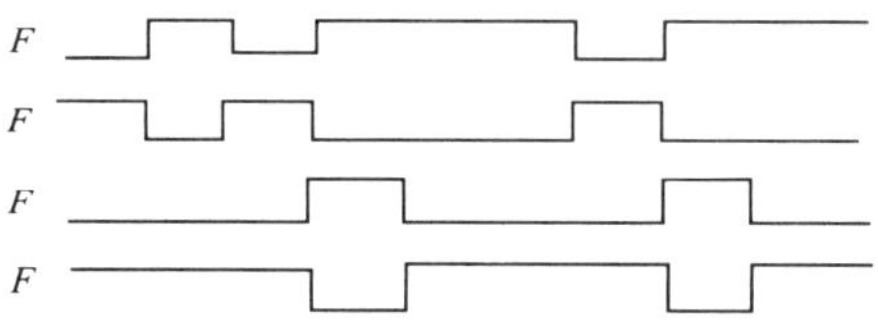

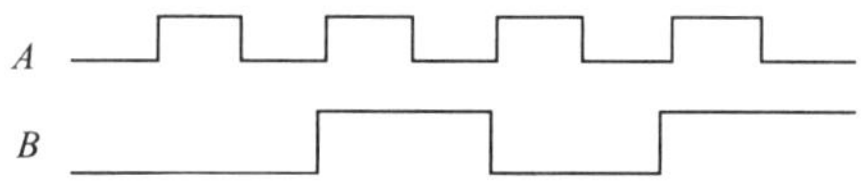

题 91 图

92. 逻辑函数 $F=f(A, B, C)$ 的真值表如下所示，由此可知(　　)。

A	B	C	F
0	0	0	1
0	0	1	0
0	1	0	0
0	1	1	1
1	0	0	1
1	0	1	0
1	1	0	0
1	1	1	1

A. $F=\overline{A}(\overline{B}C+B\overline{C})+A(\overline{B}\,\overline{C}+BC)$

B. $F=\overline{B}C+B\overline{C}$

C. $F=\overline{B}\,\overline{C}+BC$

D. $F=\overline{A}+\overline{B}+\overline{BC}$

93. 二极管应用电路如图(a)所示，电路的激励 u_i 如图(b)所示，设二极管为理想器件，则电路的输出电压 u_o 的平均值 $U_o=$(　　)。

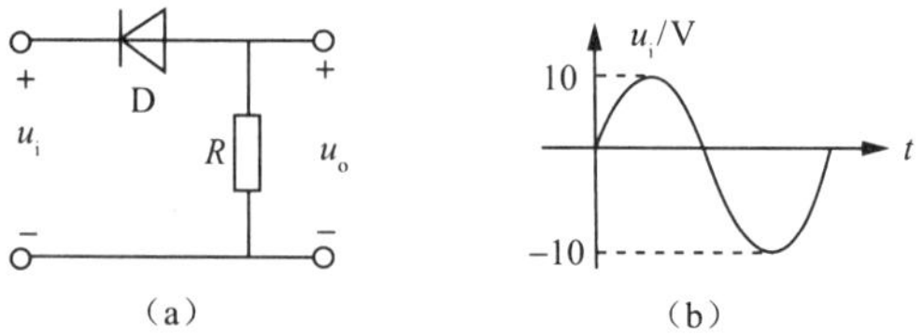

(a)　　(b)

题 93 图

A. $\dfrac{10}{\sqrt{2}}\times0.45=3.18\text{V}$

B. $10\times0.45=4.5\text{V}$

C. $-\dfrac{10}{\sqrt{2}}\times0.45=-3.18\text{V}$

D. $-10\times0.45=-4.5\text{V}$

94. 运算放大器应用电路如图所示，设运算放大器输出电压的极限值为 ±11V，如果将 2V 电压接入电路的“A”端，电路的“B”端接地后，测得输出电压为 -8V，那么，如果将 2V 电压接入电路的“B”端，而电路的“A”端接地，则该电路的输出电压 u_o 等于(　　)。

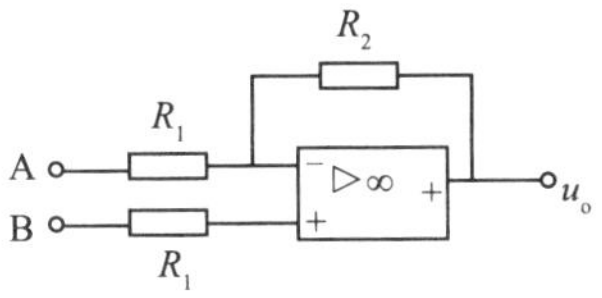

题 94 图

A. 8V　　B. -8V　　C. 10V　　D. -10V

95. 图(a)所示电路中，复位信号 $\overline{R}_D$，信号 A 及时钟脉冲信号 cp 如图(b)所示，经分析可知，在第一个和第二个时钟脉冲的下降沿时刻，输出 Q 先后等于(　　)。

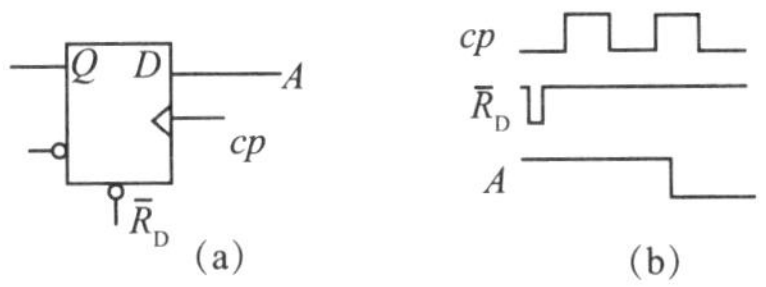

题 95 图

附：触发器的逻辑状态表为：

D	Q_{n+1}
0	0
1	1

A. 0、0　　B. 0、1　　C. 1、0　　D. 1、1

96. 图(a)所示电路中，复位信号、数据输入及时钟脉冲信号如图(b)所示，经分析可知，在第一个和第二个时钟脉冲的下降沿过后，输出 Q 先后等于(　　)。

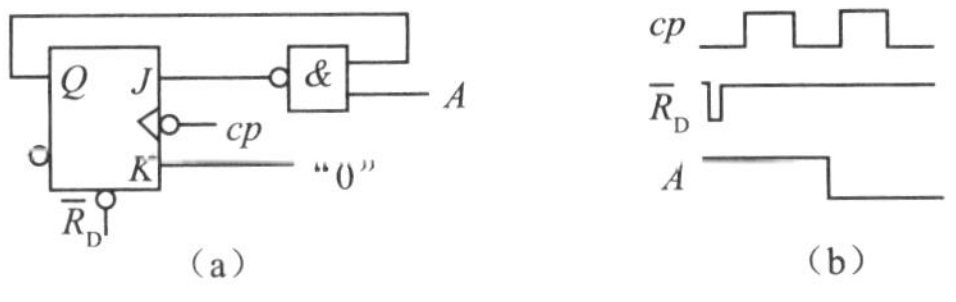

题 96 图

附：触发器的逻辑状态表为：

J	K	Q_{n+1}
0	0	Q_n
0	1	0
1	0	1
1	1	$\overline{Q_n}$

A. 0、0　　B. 0、1　　C. 1、0　　D. 1、1

97. 总线中的地址总线传输的是(　　)。

A. 程序和数据　　B. 主存储器的地址码或外围设备码

C. 控制信息　　D. 计算机的系统命令

98. 软件系统中，能够管理和控制计算机系统全部资源的软件是(   )。

A. 应用软件　　B. 用户程序　　C. 支撑软件　　D. 操作系统

99. 用高级语言编写的源程序，将其转化成能在计算机上运行的程序过程是(   )。

A. 翻译、连接、执行　　B. 编辑、编译、连接

C. 连接、翻译、执行　　D、编程、编辑、执行

100. 十进制数 256. 625 用十六进制表示则是(   )。

A. 110. B　　B. 200. C　　C. 100. A　　D. 96. D

101. 在下面有关信息加密技术的论述中，不正确的是(   )。

A. 信息加密技术是为提高信息系统及数据的安全性和保密性的技术

B. 信息加密技术是防止数据信息被别人破译而采用的技术

C. 信息加密技术是网络安全的重要技术之一

D. 信息加密技术是为清除计算机病毒而采用的技术

102. 可以这样来认识进程，进程是(   )。

A. 一段执行中的程序　　B. 一个名义上系统软件

C. 与程序等效的一个概念　　D. 一个存放在 ROM 中的程序

103. 操作系统中的文件管理是(   )。

A. 对计算机的系统软件资源进行管理　　B. 对计算机的硬件资源进行管理

C. 对计算机用户进行管理　　D. 对计算机网络进行管理

104. 在计算机网络中，常将负责全网络信息处理的设备和软件称为(   )。

A. 资源子网　　B. 通信子网　　C. 局域网　　D. 广域网

105. 若按采用的传输介质的不同，可将网络分为(   )。

A. 双绞线网、同轴电缆网、光纤网、无线网

B. 基带网和宽带网

C. 电路交换类、报文交换类、分组交换类

D. 广播式网络、点到点式网络

106. 一个典型的计算机网络系统主要是由(   )。

A. 网络硬件系统和网络软件系统组成

B. 主机和网络软件系统组成

C. 网络操作系统和若干计算机组成

D. 网络协议和网络操作系统组成

107. 如现在投资 100 万元，预计年利率为 10%，分 5 年等额回收，每年可回收(   )。(已知：$(A/P, 10\%, 5)=0.2638$，$(A/F, 10\%, 5)=0.1638$。)

A. 16. 38 万元　　B. 26. 38 万元　　C. 62. 09 万元　　D. 75. 82 万元

108. 某项目投资中有部分资金来源为银行贷款，该贷款在整个项目期间将等额偿还本息。项目预计年经营成本为 5000 万元，年折旧费和摊销费为 2000 万元，则该项目的年总成本费用应(   )。

A. 等于 5000 万元　　B. 等于 7000 万元

C. 大于 7000 万元　　D. 在 5000 万元与 7000 万元之间

109. 下列财务评价指标中，反映项目盈利能力的指标是(   )。

A. 流动比率　B. 利息备付率　C. 投资回收期　D. 资产负债率

110. 某项目第一年年初投资 5000 万元，此后从第一年年末开始每年年末有相同的净收益，收益期为 10 年。寿命期结束时的净残值为 100 万元。若基准收益率为 12%，则要使该投资方案的净现值为零，其年净收益应为(　　)。

(已知：$(P/A, 12\%, 10)=5.6500$；$(P/F, 12\%, 10)=0.3220$。)

A. 879.26 万元　B. 884.96 万元　C. 890.65 万元　D. 1610 万元

111. 某企业设计生产能力为年产某产品 40000 吨。在满负荷生产状态下，总成本为 30000 万元，其中固定成本为 10000 万元。若产品价格为 1 万元/吨，则以生产能力利用率表示的盈亏平衡点为(　　)。

A. 25%　B. 35%　C. 40%　D. 50%

112. 已知甲、乙为两个寿命期相同的互斥项目，通过测算得出：甲、乙两项目的内部收益率分别为 18% 和 14%，甲、乙两项目的净现值分别分为 240 万元和 320 万元。假如基准收益率为 12%，则以下说法中正确的是(　　)。

A. 应选择甲项目　B. 应选择乙项目

C. 应同时选择甲、乙两个项目　D. 甲、乙两项目均不应选择

113. 下列项目方案类型中，适于采用最小公倍数法进行方案比选的是(　　)。

A. 寿命期相同的互斥方案　B. 寿命期不同的互斥方案

C. 寿命期相同的独立方案　D. 寿命期不同的独立方案

114. 某项目整体功能的目标成本为 10 万元，在进行功能评价时，得出某一功能 F^* 的功能评价系数为 0.3，若其成本改进期望值为 −5000 元(即降低 5000 元)，则 F^* 的现实成本为(　　)。

A. 2.5 万元　B. 3 万元　C. 3.5 万元　D. 4 万元

115. 根据《建筑法》规定，对从事建筑业的单位实行资质管理制度，将从事建筑活动的工程监理单位，划分为不同的资质等级。监理单位资质等级的划分条件可以不考虑(　　)。

A. 注册资本　B. 法定代表人

C. 已完成的建筑工程业绩　D. 专业技术人员

116. 某生产经营单位使用危险性较大的特种设备，根据《安全生产法》规定，该设备投入使用的条件不包括(　　)。

A. 该设备应由专业生产单位生产

B. 该设备应进行安全条件论证和安全评价

C. 该设备须经取得专业资质的检测、检验机构检测、检验合格

D. 该设备须取得安全使用证或者安全标志

117. 根据《招标投标法》规定，某工程项目委托监理服务的招投标活动，应当遵循的原则是(　　)。

A. 公开、公平、公正、诚实信用

B. 公开、平等、自愿、公平、诚实信用

C. 公正、科学、独立、诚实信用

D. 全面、有效、合理、诚实信用

118. 根据《合同法》规定，要约可以撤回和撤销，下列要约，不得撤销的是(　　)。

A. 要约到达受要约人　　B. 要约人确定了承诺期限

C. 受要约人未发出承诺通知　　D. 受要约人即将发出承诺通知

119. 下列情形中，作出行政许可决定的行政机关或者其上级行政机关，应当依法办理有关行政许可的注销手续的是(　　)。

A. 取得市场准入行政许可的被许可人擅自停业、歇业

B. 行政机关工作人员对直接关系生命财产安全的设施监督检查时，发现存在安全隐患的

C. 行政许可证件依法被吊销的

D. 被许可人未依法履行开发利用自然资源义务的

120. 某建设工程项目完成施工后，施工单位提出工程竣工验收申请，根据《建设工程质量管理条例》规定，该建设工程竣工验收应当具备的条件不包括(　　)。

A. 有施工单位提交的工程质量保证金

B. 有工程使用的主要建筑材料、建筑构配件和设备的进场试验报告

C. 有勘察、设计、施工、工程监理等单位分别签署的质量合格文件

D. 有完整的技术档案和施工管理资料

答案及详解

单项选择题(共120题，每题1分。每题的备选项中只有一个最符合题意)

1. A **【考点】**极限的求解

【解析】$\lim\limits_{x\to0}(1-x)^{\frac{k}{x}}=\lim\limits_{x\to0}[(1-x)^{\frac{-1}{x}}]^{-k}=e^{-k}=2$，两边同时取自然对数，得：$-k=\ln2$，所以 $k=-\ln2$。

2. D **【考点】**二次曲面方程

【解析】在平面直角坐标系中，$z=x^2$ 为关于 z 轴对称的抛物线。方程 $x^2+y^2-z=0$ 表示的图形为在平面 xOz 内的抛物线 $z=x^2$ 绕 z 轴旋转得到的图形，即旋转抛物面。

3. B **【考点】**函数间断点及其类型

【解析】第一类间断点：如果 $f(x)$ 在点 x_0 处间断，且 $f(x_0^+)$、$f(x_0^-)$ 都存在。其中，如果 $f(x_0^+)\neq f(x_0^-)$，则称点 x_0 为函数 $f(x)$ 的跳跃间断点。本题中，因为 $y(0^+)=\frac{\pi}{2}$，$y(0^-)=-\frac{\pi}{2}$，$y(0^+)\neq y(0^-)$，所以点 $x=0$ 是函数 $y=\arctan\frac{1}{x}$ 的跳跃间断点。

4. C **【考点】**积分式的求导

【解析】如果 $\varphi(x)$ 可导，则：$\frac{d}{dx}\int_a^{\varphi(x)}f(t)dt=f[\varphi(x)]\varphi'(x)$。得：

$$\frac{d}{dx}\int_{2x}^{0}e^{-t^2}dt=-\frac{d}{dx}\int_0^{2x}e^{-t^2}dt=-2e^{-(2x)^2}=-2e^{-4x^2}$$

5. B **【考点】**复合函数的微积分

【解析】原式 $=\frac{d(\ln x)/dx}{d\sqrt{x}/dx}=\frac{1/x}{1/(2\sqrt{x})}=\frac{2}{\sqrt{x}}$。

6. D **【考点】**不定积分的求解

【解析】原式 $=\int\frac{1/3}{\sqrt[3]{1+x^3}}d(x^3)=\int\frac{1}{2}d(1+x^3)^{\frac{2}{3}}=\frac{1}{2}(1+x^3)^{\frac{2}{3}}+C$。

7. B **【考点】**函数的单调和有界性

【解析】判断 $\lim\limits_{n\to\infty}\frac{a_{n+1}}{a_n}$ 等价于判断 $\lim\limits_{n\to\infty}\sqrt[n]{a_n}$，因为 $\lim\limits_{n\to\infty}\sqrt[n]{a_n}>1$，所以 $\lim\limits_{n\to\infty}\frac{a_{n+1}}{a_n}>1$(单调递增)，又 $\lim\limits_{n\to\infty}a_n=e$，故数列 $\{a_n\}$ 单调增且有上界。

8. C **【考点】**函数的极值

【解析】当 $f(x_0)$ 在点 x_0 处可导时，若 $f(x)$ 在 x_0 取得极值，则可知 $f'(x_0)=0$；若 $f'(x_0)=0$，而 $f'(x_0^+)\cdot f'(x_0^-)\geq0$ 时，则 $f(x)$ 在 x_0 不能取得极值。因此，若 $f(x_0)$ 在点 x_0 处可导，则 $f'(x_0)=0$ 是 $f(x)$ 在 x_0 取得极值的必要条件。

9. B **【考点】**两直线夹角的计算

【解析】由题意可知，两直线的方向向量分别为：$\vec{n}_1=(1,\ -2,\ 1)$，$\vec{n}_2=(-1,\ -1,$

2），故 $\cos\theta=\dfrac{|m_1m_2+n_1n_2+p_1p_2|}{\sqrt{m_1^2+n_1^2+p_1^2}\cdot\sqrt{m_2^2+n_2^2+p_2^2}}=\dfrac{1}{2}$，所以 L_1 与 L_2 的夹角 $\theta=\dfrac{\pi}{3}$。

10. A 【考点】微分方程通解的求解

【解析】当 $x\neq0$ 时，原微分方程可改为：$y'-\dfrac{1}{x}y=xe^{2x}$，则：

$$y=e^{-\int-\frac{1}{x}dx}\left[\int xe^{2x}e^{\int-\frac{1}{x}dx}dx+C\right]=x\left(\frac{1}{2}e^{2x}+C\right)$$

11. C 【考点】定积分的应用

【解析】根据定积分的应用，抛物线 $y^2=4x$ 与直线 $x=3$ 所围成的平面图形绕 x 轴旋转一周形成的旋转体体积为 $V=\int_a^b\pi[f(x)]^2dx=\pi\int_a^b[f(x)]^2dx=\pi\int_0^3y^2dx=\pi\int_0^34xdx$。

12. A 【考点】级数条件收敛的判断

【解析】$\sum\limits_{n=1}^{\infty}(-1)^n\dfrac{1}{n^{p-1}}$ 条件收敛，即 $\sum\limits_{n=1}^{\infty}\dfrac{1}{n^{p-1}}$ 发散，$\sum\limits_{n=1}^{\infty}(-1)^n\dfrac{1}{n^{p-1}}$ 收敛。已知 $\sum\limits_{n=1}^{\infty}\dfrac{1}{n}$ 发散，故 $0<p-1\leqslant1$。所以当 $1<p\leqslant2$ 时，级数 $\sum\limits_{n=1}^{\infty}(-1)^n\dfrac{1}{n^{p-1}}$ 条件收敛。

13. D 【考点】二阶常系数齐次微分方程的通解

【解析】微分方程 $y''-y'-2y=0$ 的特征方程为：$r^2-r-2=0$，解特征方程得：$r_1=2$，$r_2=-1$，故该微分方程的通解应为：$y=C_1e^{2x}+C_2e^{-x}$。函数 $y=C_1e^{-x+C_2}=C_1e^{C_2}e^{-x}=Ce^{-x}$ 是微分方程的解，但既不是通解又不是特解。

14. B 【考点】曲线积分的计算

【解析】AB 直线的方程为：$y=x-2$，曲线积分 $\int_L\dfrac{1}{x-y}dx+ydy$ 化成 x 的积分有：$\int_0^2\dfrac{1}{x-(x-2)}dx+(x-2)dx=\int_0^2\left(x-\dfrac{3}{2}\right)dx=-1$。

15. B 【考点】全微分的计算

【解析】对等式两边同时取微分得：$2xdx+2ydy+2zdz=4dz$。所以，$dz=\dfrac{1}{2-z}(xdx+ydy)$。

16. A 【考点】二重积分的计算

【解析】直线 $y=x$，$y=0$ 及曲线 $y=\sqrt{a^2-x^2}(x\geqslant0)$ 所围成的是一个处于第一象限内的以 a 为半径的 $\dfrac{1}{8}$ 的圆的区域，而二重积分 $\iint\limits_D dxdy$ 表示上述区域的面积，所以二重积分 $\iint\limits_D dxdy=\int_0^{\frac{\pi}{4}}d\theta\int_0^a rdr=\dfrac{\pi a^2}{8}$。

17. C 【考点】级数的收敛域

【解析】采用排除法求解。当 $x=0$ 时，原级数可化为 $\sum\limits_{n=1}^{\infty}\dfrac{1}{n}$，级数是发散的，排除 AB 两项；当 $x=-1$ 时，代入可知级数是交错级数，收敛。

18. A 【考点】二阶偏导数

【解析】由于$\frac{\partial z}{\partial x}=e^{xe^y}\cdot e^y$，所以$\frac{\partial^2 z}{\partial x^2}=e^{xe^y}\cdot e^y\cdot e^y=e^{xe^y+2y}$。

19. A 【考点】行列式的计算

【解析】因为$|kA|=k^n|A|$，$|A^*|=|A|^{n-1}$，$|A^{-1}|=\frac{1}{|A|}$，而且A、B为三阶方阵，所以行列式$|2A^*B^{-1}|=2^3\times|A|^2\times\frac{1}{|B|}=8\times\frac{1}{4}\times\frac{1}{2}=1$。

20. C 【考点】二次型及其矩阵的正定性

【解析】由惯性定理可知，实二次型$f(x_1, x_2, \cdots, x_n)=x^{\mathrm{T}}Ax$经可逆线性变换化为标准型时，其标准型中正、负平方项的个数是唯一确定的。对于缺少平方项的n元二次型的标准形或规范形中正惯性指数不会等于未知数的个数n，所以一定不是正定二次型。

A 项，对称矩阵A为负定的充分必要条件是：奇数阶主子式为负，而偶数阶主子式为正。

B 项，对称矩阵A为正定的充分必要条件是：A的各阶主子式都为正。对于满足题干要求的矩阵$\begin{bmatrix}1&2\\2&1\end{bmatrix}$，其2阶主子式为负，故其不是正定矩阵。

D 项，二次型$f(x_1, x_2, x_3)=x_1^2+x_2^2+x_3^2+x_1x_2+x_1x_3+x_2x_3$所对应的矩阵为$\begin{bmatrix}1&\frac{1}{2}&\frac{1}{2}\\\frac{1}{2}&1&\frac{1}{2}\\\frac{1}{2}&\frac{1}{2}&1\end{bmatrix}$。

21. C 【考点】非齐次线性方程组的通解计算

【解析】$Ax=B$的通解为$Ax=0$的通解加上$Ax=B$的一个特解。因为$r(A)=n-2$，$Ax=0$的解由两个线性无关的向量组成，所以$\alpha_2-\alpha_1$、$\alpha_2-\alpha_3$是$Ax=0$的两个线性无关解。所以$Ax=B$的通解为$x=k_1(\alpha_1-\alpha_2)+k_2(\alpha_2-\alpha_3)+\alpha_1$。

22. B 【考点】事件的关系与运算

【解析】A与B是互不相容的事件，则$P(AB)=0$，所以$P(A|B)=\frac{P(AB)}{P(B)}=0$。

23. A 【考点】随机变量的数学期望

【解析】由于$\int_{-\infty}^{+\infty}\int_{-\infty}^{+\infty}f(x,y)\mathrm{d}x\mathrm{d}y=\int_0^1\int_0^x k\mathrm{d}y\mathrm{d}x=\frac{k}{2}=1$，解得：$k=2$。则：

$$E(XY)=\int_{-\infty}^{+\infty}\int_{-\infty}^{+\infty}xyf(x,y)\mathrm{d}x\mathrm{d}y=\int_0^1\int_0^x 2xy\mathrm{d}y\mathrm{d}x=\frac{1}{4}$$

24. B 【考点】样本与分布

【解析】若X、Y相互独立，且$X\sim\chi^2(n_1)$、$Y\sim\chi^2(n_2)$，则称$F=\frac{X/n_1}{Y/n_2}$服从F分布，记作$F\sim F(n_1,n_2)$。本题中，$\frac{\sum_{i=1}^{n}(X_i-\overline{X})^2}{\sigma^2}\sim\chi_1^2(n-1)$，$\frac{\sum_{i=1}^{n}(Y_i-\overline{Y})^2}{\sigma^2}\sim\chi_2^2(n-1)$，且

相互独立，所以$\dfrac{\sum_{i=1}^{n}(X_i-\overline{X})^2}{\sum_{i=1}^{n}(Y_i-\overline{Y})^2}$服从$F(n-1,n-1)$分布。

25. A 【考点】理想气体内能

【解析】由$E_{内}=\dfrac{m}{M}\dfrac{i}{2}RT=\dfrac{i}{2}pV$，对于单原子分子$i=3$，双原子分子$i=5$，即$i(H_2)=5$，$i(He)=3$；又$p(H_2)=p(He)$，$V(H_2)=V(He)$，故$\dfrac{E_{内}(H_2)}{E_{内}(He)}=\dfrac{i(H_2)}{i(He)}=\dfrac{5}{3}$。

26. B 【考点】麦克斯韦速率分布律

【解析】研究速率的分布，要知道气体在平衡状态下，总数为N的分子中，具有各种速率的分子各有多少，或它们各占分子总数的百分比为多大，以及大部分分子具有多大的速率等。麦克斯韦速率分布函数的表达式为：$f(v)=\lim\limits_{\Delta v\to 0}\dfrac{\Delta N}{N_0\Delta v}=\dfrac{dN}{N_0dv}$。其物理意义是分子速率在$v$附近单位速率区间内的分子数占总分子数的百分比。

27. B 【考点】热力学第一定律

【解析】质量一定的理想气体处于平衡态时的状态参量P、V、T之间的关系称为理想气体状态方程。理想气体状态方程式（克拉贝隆方程）为：$pV=nRT$，式中，p为气体压力；V为气体体积；n为气体物质的量；T为热力学温度；R为理想气体常数。$pV=RT$适用于1mol气体，该方程与气体的种类和工质经历的热力过程都无关。等压过程中，$p=$恒量，$W=p\Delta V$，利用状态方程$pV=RT$，则有：$W=R\Delta T$，$\Delta T=\dfrac{W}{R}$。

28. D 【考点】理想气体的等温膨胀过程

【解析】系统吸收或放出的热量等于系统内能增量与系统对外做功之和。理想气体的内能是温度的单值函数，等温膨胀过程中内能不变，理想气体膨胀对外界做功，因此从外界吸收能量。由热力学第一定律可知，等温过程系统吸热全部用来对外做功。

29. A 【考点】一维简谐波表达式

【解析】$t=0.25s$时，波形为：$y=2\times10^{-2}\cos2\pi\left(\dfrac{5}{2}-\dfrac{x}{5}\right)$，波峰位置即质点振幅最大的位置。又波峰位置的条件为：$\left(\dfrac{5}{2}-\dfrac{x}{5}\right)2\pi=2k\pi(k=0,\ \pm1,\ \pm2\cdots\cdots)$，则可求得距离原点$x=0$处最近的波峰位置为$\pm2.5m$。

30. C 【考点】简谐波的能量

【解析】谐振系统的总能量$W=\dfrac{1}{2}kA^2$是一恒量，动能和势能相位差$\pi/2$，动能达到最大时，势能最小为零，势能达到最大时，动能最小为零。波的传播过程中任一体积元的总能量随时间做周期性的变化；当质元处在平衡位置$y=0$时，动能与势能同时达最大值；当处于最大位移时，动能与势能同时达最小值。

31. C 【考点】声波的基础知识

【解析】在弹性媒质中传播的机械纵波，其频率在20～20000Hz之间，能引起人的听觉，这种波称为声波；频率高于20000Hz的波称为超声波，低于20Hz的称为次声波。

32. C 【考点】双缝干涉实验

【解析】单色光源 S 发出的光波到达距离 S 相等的双缝 S_1 和 S_2 后，再从 S_1 和 S_2 发出的光为两相干光源（频率相同、光振动的方向相同、相遇点相位差恒定），在空间叠加形成干涉现象，如果在双缝前放一屏幕，则屏幕将出现一系列趋于稳定的明暗相间的条纹，称杨氏双缝干涉。明暗条纹的位置由光程差决定，如果光程差为 $k\lambda$，则形成明条纹；如果光程差为 $(2k+1)/2\lambda$，则形成暗条纹。相邻明（或暗）纹的间距 $\Delta x=\dfrac{D}{d}\lambda$（$d$ 表示两光源的距离；D 表示光源到屏幕的距离）。在折射率为 n 的媒介中，相邻明（或暗）纹的间距为 $\Delta x=D\lambda(nd)$，因此在水中相邻明条纹的间距为：1.33mm/1.33=1mm。

33. A 【考点】光的基础知识

【解析】太阳辐射主要集中在可见光部分（0.4~0.76μm），波长大于可见光的红外线（>0.76μm）和小于可见光的紫外线（<0.4μm）的部分。一般人的眼睛可以感知的光的波长在400到760nm之间，红光760nm，紫光400nm，其他在中间按彩虹颜色顺序排列。红外线波长大于可见光，紫外线波长小于可见光。各种辐射的波长范围见题33解图。

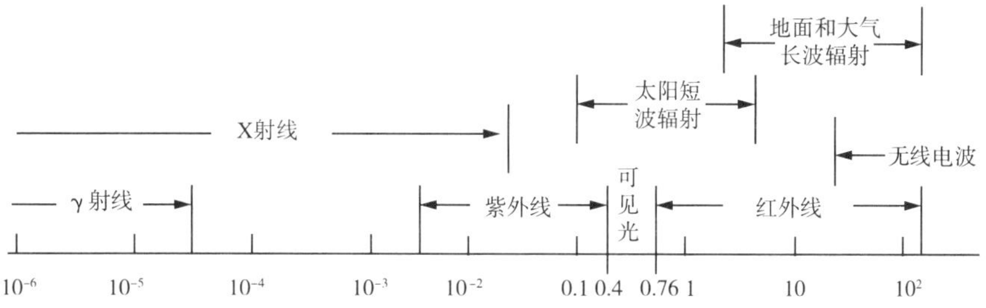

题33解图 各种辐射的波长范围

34. B 【考点】马吕斯定律

【解析】自然光通过偏振片后成为线偏振光，且光强减半。偏振光的光强通过马吕斯定律计算。设入射线偏振光的光强为 I_0，透过偏振化方向角度成 α 的偏振片后，透射光强（不计检偏器对光的吸收）为 I，则 $I=I_0\cos^2\alpha$。当 $\alpha=0°$或180°时，$I=I_0$，投射光强最大；当 $\alpha=90°$或270°时，$I=0$，投射光强最小。设本题中自然光光强为 I_0，透过第一个偏振片后光强变为 $I_0/2$，透过第二个偏振片后，透射光强为：$I=\dfrac{I_0}{2}\cos^2 45°=\dfrac{I_0}{4}$。本题问的是入射至第二个偏振片的光强，所以应为：$I_0/2=2I$。

35. D 【考点】单缝衍射

【解析】平行光线的衍射现象称为夫琅禾费衍射。单缝夫琅禾费衍射中央明纹的宽度计算公式为：$x=\dfrac{2f\lambda}{b}$。式中，b 为单缝宽度；f 为透镜焦距；λ 为入射波波长。则中央明纹的宽度为：$x=2\times0.5\times400\times10^{-9}/10^{-4}=4\times10^{-3}$m。相邻两级衍射暗纹中心的间距就是明纹的宽度。除中央明纹外，其余各级的明纹宽度为：$l=f\lambda/b$。

36. A 【考点】单缝衍射

【解析】当$\dfrac{a+b(\text{光栅常数})}{a(\text{缝宽})}$=整数时，根据夫琅禾费多缝衍射缺级原理可知，所有的 $2k$

级($k=1$，2，3，4，…)将缺级。根据题目可知，干涉条纹只有0级、1级、3级、-1级、-3级五条明纹，则0级边上是1级、3级或者-1级、-3级。

37. A 【考点】元素的电负性

【解析】电负性是周期表中各元素的原子吸引电子能力的一种相对标度，又称负电性。元素的电负性愈大，吸引电子的倾向愈大，非金属性也愈强。同一周期从左到右，主族元素的电负性逐渐增大；同一主族从上到下，元素的电负性逐渐减小。题中四种元素属同一主族，F在同主族最上，且为非金属性最强的元素，因此电负性最大。

38. D 【考点】离子的极化作用

【解析】电负性很小的金属原子和电负性很大的非金属原子相互靠近时，金属原子失去电子形成正离子，非金属原子得到电子形成负离子，由正、负离子靠静电引力形成的化学键称离子键。离子在外电场或另一离子作用下，发生变形产生诱导偶极的现象为离子极化。电荷数越多，半径越小，极化力越强。Na、Mg、Al、Si四种元素为同一周期元素，Si电荷最多且半径最小，因此$SiCl_4$离子极化作用最强。

39. A 【考点】溶液的浓度

【解析】溶液的浓度包括：①质量分数=溶质的质量/溶液的质量；②物质的量浓度=溶质的物质的量/溶液的体积；③质量摩尔浓度=溶质的物质的量/溶剂的质量；④摩尔分数=溶质的物质的量/(溶质的物质的量+溶剂的物质的量)。本题给定质量分数，求物质的量浓度。在溶液的单位体积V中，含有溶质A的“物质的量”n_A，其表达式为：$C_A=\dfrac{n_A(\mathrm{mol})}{V(\mathrm{L})}$。本题中，硫酸的摩尔数为：$n=\dfrac{100\times1.84\times0.98}{98}=1.84\mathrm{mol}$，其物质的量浓度为：$C_A=\dfrac{n_A(\mathrm{mol})}{V(\mathrm{L})}=\dfrac{1.84}{0.1}=18.4\mathrm{mol}\cdot\mathrm{L}^{-1}$。

40. D 【考点】平衡常数

【解析】当化学反应达到平衡时，生成物的相对浓度(或相对压力)以计量系数为指数的乘积与反应物的相对浓度(或相对压力)以计量系数为指数的乘积的比值为一常数，此常数称为该反应在该温度下的标准平衡常数，用$K^{\ominus}$表示。$K^{\ominus}$代表反应进行的程度，$K^{\ominus}$越大，表示反应进行的越彻底。如果某个反应可以表示为两个或多个反应的总和，则总反应的平衡常数等于各反应平衡常数的乘积。本题中，(1)、(2)式相减得(3)式，因此总式的$K_3^{\ominus}=K_1^{\ominus}/K_2^{\ominus}$。

41. B 【考点】原电池的电动势

【解析】原电池是将氧化还原反应的化学能转变为电能的装置，由两个半电池(电极)组成，原电池中电子流出的电极为负极(Zn极)，发生氧化反应；电子流入的电极为正极(Cu极)，发生还原反应。原电池之所以能产生电流，是由于两极具有不同的电位(电势)。电流由电势高的正极流向电势低的负极，电子则由负极流向正极。加入H_2S后在铜半电池中将产生CuS沉淀，Cu^{2+}浓度减小，因而原电池电动势减小。

42. A 【考点】电解反应方程式

【解析】电流通过电解液在电极上引起氧化还原反应的过程称为电解。电解池中有两极，与外电源负极相连的极称为阴极，与外电源正极相连的极称为阳极。电解时阳极上发生氧化反应，即负电荷失电子变为中性；阴极上发生还原反应，即正电荷得到电子变为中性。在 NaCl 水溶液电解反应中，总反应方程式为：$2NaCl + 2H_2O \xlongequal{电解} 2NaOH + Cl_2\uparrow + H_2\uparrow$；阳极反应为：$2Cl^- - 2e^- = Cl_2\uparrow$，阴极反应为：$2H^+ + 2e^- = H_2\uparrow$，所以阴极上放电的离子为 H^+。

43. A 【考点】化学反应方向的判断

【解析】判断化学反应自发性的条件参数为吉布斯函数 $\Delta G = \Delta H - T\Delta S$，当 $\Delta G < 0$，反应正向自发；当 $\Delta G = 0$，反应处于平衡状态；当 $\Delta G > 0$ 反应逆向自发。考虑 ΔH 和 ΔS 两个因素的影响，分以下 4 种情况：

①$\Delta H < 0$，$\Delta S > 0$，则 $\Delta G < 0$，反应在任何温度下均能正向自发；

②$\Delta H > 0$，$\Delta S < 0$，则 $\Delta G > 0$，反应在任何温度下均能正向非自发；

③$\Delta H > 0$，$\Delta S > 0$，升高至某温度时 ΔG 由正值变为负值，反应在低温时正向非自发，在高温时正向自发；

④$\Delta H < 0$，$\Delta S < 0$，降低至某温度时 ΔG 由正值变为负值，反应在高温时正向非自发，在低温时正向自发。

本题中，$\Delta H < 0$，$\Delta S < 0$，反应低温易自发，高温不易自发。

44. C 【考点】有机物分子中原子的共面

【解析】C 项，乙烯和苯是平面结构，故所有原子都有可能在一个平面上，即最多有 16 个原子处于一个平面上。A 项，甲烷是正四面体结构，丙烷中最多有 5 个原子处于同一平面上；B 项，碳碳双键为平面结构，而甲基为四面体结构，乙烯中 2 个 C 和 3 个 H 与甲基中的 1 个 C 和 1 个 H 可共面，即丙烯分子中最多有 7 个原子处于同一平面；D 项，乙烯是平面型结构，乙炔是直线型结构，烯烃至少 6 原子、炔烃至少 4 原子共线，烷基可提供 1 个在平面上，$CH_3CH = CH - C \equiv C - CH_2$ 最多有 10 个原子在同一平面上。

45. A 【考点】有机物的几种常见反应

【解析】加成反应是指不饱和键的 π 键断裂，两个一价的原子或原子团加到不饱和键的两个碳原子上的反应。能发生加成反应的有机物必须含有不饱和键，即包含双键或三键；酯化反应是醇跟羧酸或含氧无机酸生成酯和水的反应，能够发生酯化反应的有机物必须含有羧基(— COOH)或羟基(— OH)；而能发生氧化反应的有机物必须含有羟基(— OH)或者醛基(— CHO)。本题中，A 项为丙烯酸，烯烃能发生加成反应和氧化反应，酸可以发生酯化反应，满足条件。

46. C 【考点】化合物的概念

【解析】由低分子有机物(单体)相互连接形成高分子化合物的过程称为聚合反应。人造羊毛是由聚丙烯腈制造的合成纤维，是有机化合物。聚丙烯腈是由单体丙烯腈 $CH_2 = CH - CN$ 经加聚而成的高分子化合物，属于共价化合物。

47. A 【考点】力的分解和投影

【解析】由于力 $F = 100N$，且 F 在 x 轴上的投影为 50N，可得 F 作用方向与 x 轴夹角是 60°。又沿 x 轴的分力为 200N，可得 y 方向与 x 轴负方向夹角是 30°，故力 F 作用方向与 y 轴夹角是 90°，从而可得 F 在 y 轴上的投影为 0，且沿 y 方向的分力大小为 $100\sqrt{3}N$。

48. D 【考点】主矢、主矩和平面力系简化

【解析】根据力的平移定理，作用在刚体上的力可以向任意点 O 平移，但必须同时附加一个力偶，这一附加力偶的力偶矩等于平移前的力对平移点 O 之矩。所以该力系将 A、B 点的力平移到 O 点均需加一个顺时针方向，大小为 Fa 的力矩，C 点力的方向过 O 点则不产生力矩，因此，简化后：$F_R=0\text{N}$，$M_O=2Fa$，力矩方向为顺时针。

49. B 【考点】物体系统的平衡

【解析】取整体为研究对象，进行水平方向受力分析：$\sum x=0$，可知 $F_{Ax}=0$；再对 H 点取矩，$2F_{Ay}=(1+0.5)F_p$，可得 $F_{Ay}=0.75F_p$，方向向下。

50. A 【考点】平面桁架内力的计算

【解析】根据零杆判别法，若一不受外力作用的节点由三根杆构成(其中两根杆共线)，则第三根杆为零杆。本结构中，由于结点 D 不受外力作用，且两根杆件共线，则杆件 1 为零杆。

51. A 【考点】点的运动方程

【解析】相遇时有：$x_A=x_B$，$y_A=y_B$，联立方程组，解得：$t=1\text{s}$。则 A、B 两点在 $t=1\text{s}$ 时相遇。

52. C 【考点】刚体平动的基本知识

【解析】刚体作平动时，其上各点在运动时始终保持它的方向不变且运动轨迹形状相同。同一瞬时，刚体上各点的速度、加速度均相同。

53. A 【考点】角速度的求解

【解析】对于圆周运动，法向加速度 $a_{法向}=\omega^2R$，由于 A 点只有切向加速度，没有法向加速度，故 A 点处角速度 $\omega=0$；A 点处角加速度 $\alpha=\dfrac{a}{R}=\dfrac{a}{l}$。

54. C 【考点】角加速度的求解

【解析】小球在水平面内作圆周运动，向心力 $F_n=mg\tan\alpha=ma_n$，所以法向加速度为 $g\tan\alpha$，切向加速度为零。

55. D 【考点】动量定理

【解析】动量是指物体的质量与其运动速度的乘积，是物体机械运动强弱的一种度量。本题中，两齿轮质心速度 $v_C=0$，故系统动量为 0。

56. C 【考点】能量守恒定理

【解析】根据动能定理，$mgR=(1/2)\cdot J_O\cdot\omega^2$。其中，$J_O=(1/2)mR^2+mR^2=(3/2)mR^2$，代入可解得：$\omega=\sqrt{\dfrac{4g}{3R}}$。

57. A 【考点】惯性力的求解

【解析】设该瞬时杆质心的加速度为 a，方向向下。则该质点惯性力 $F_{IO}=ma$，方向向上。向 A 点简化，则 A 点虚加向上的惯性力 $F_{IO}=ma$，虚加逆时针惯性力偶 $M_{IO}=J_O\alpha=(mL^2)\cdot(a/L)=maL$。根据动静法对 A 点取矩，由 $\sum M_A(F)=0$，$mgL-M_{IO}=0$，解得 $a=g$。则此瞬时质点 B 的惯性力为：$F_{IO}=ma=mg$，方向向上。

58. A 【考点】物体的振动频率计算

【解析】已知频率比 $\dfrac{\omega}{\omega_0}=1.27$，且 $\omega=40\text{rad/s}$，$\omega_0=\sqrt{\dfrac{k}{m}}(m=100\text{kg})$，故：

$$k=\left(\frac{40}{1.27}\right)^2\times100=9.9\times10^4\approx1\times10^5\text{N/m}$$

59. A 【考点】杆件拉伸与压缩

【解析】在力 F 作用下，假设节点 C 铅直向下移动，此时杆 1 和杆 2 均产生变形。根据物理方程，杆 1 和杆 2 内部会产生轴力。取节点 C 为研究对象，根据节点 C 在水平方向的平衡可知，仅靠杆 1 的水平分量不足以使节点平衡，还需杆 2 向右的水平分量。因此，C 点位移应该向下偏左。注意题干中没有规定杆 2 为刚性杆。

60. A 【考点】拉压杆的应力

【解析】】杆 AB 和杆 BC 的轴力分别为：$F_{AB}=300\pi\text{kN}$，$F_{BC}=100\pi\text{kN}$。根据 $F=A\sigma$，解得：$\sigma_{AB}=30\text{MPa}$，$\sigma_{BC}=40\text{MPa}$。各杆应力不变，故其最大拉应力经计算为 BC 杆截面处 40MPa。

61. D 【考点】钢、铸铁拉伸

【解析】由于钢的抗拉性能较好而抗压性能较差，铸铁抗拉强度较差而抗压强度较好，故钢受拉力而铸铁受压力时布局较为合适。A、B 图布局受力如题 61 解图(a)所示，C、D 图布局受力如题 61 解图(b)所示。对上述四种布局进行受力分析，只有 AD 两项布局中钢承受拉力，铸铁承受压力，然而 A 项中铸铁杆件承受压力较大且长度较长，更容易失稳，因此 D 项布局比较合理。

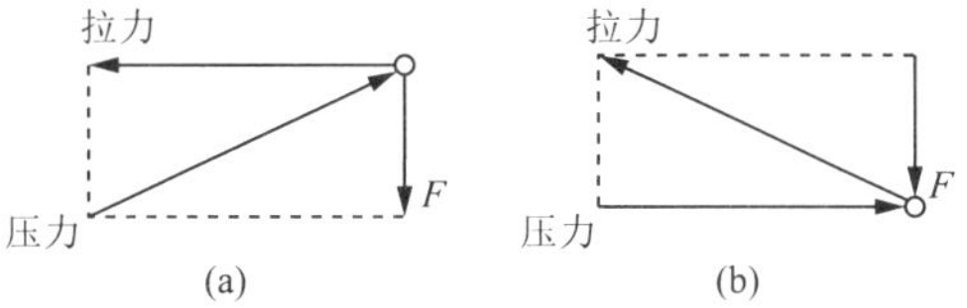

题 61 解图

62. A 【考点】剪切强度

【解析】受冲切面积 $A=\pi dt$，需要的冲切力 $F=\tau_b A$，代入数值得：$F=300\pi\text{kN}$。

63. A 【考点】剪切应力

【解析】对螺钉以及钢板进行受力分析可知，螺钉受轴向拉力，螺钉与钢板同时受剪切力。根据 $F=\sigma A$ 可知，剪切力危险点应出现在受力面小处，故出现在螺钉处。螺钉直径合理值即为轴向力等于剪切力时，即 $F_{轴}=\sigma A=\sigma\pi d^2/4=\tau A=\tau h\pi d$，则：$d=2h$。

64. B 【考点】切应力分布图的规律

【解析】圆杆受扭剪应力计算公式为：$\tau_\rho=T\rho/I_P$。式中，ρ 为横截面上任一点距圆心的距离；I_P 为极惯性矩，空心圆截面 $I_P=\pi(D^4-d^4)/32$。因此，无论是实心圆截面还是空心圆截面，其截面切应力分布与距圆心距离成正比，且空心圆内径中无应力。

65. B 【考点】圆轴的扭转

【解析】根据公式 $T=9550P/n$ 可知，在功率相同的情况下转速慢的轴扭矩大。式中，T 为扭矩(N·m)；P 为功率(kW)；n 为转速(r/min)；9550 为常系数。

66. B 【考点】剪切力和弯矩图

【解析】因为 $M=F\times L$，在弯矩图中，剪力为 0 意味着弯矩图中斜率为 0。图中 B 截面曲线连续且到达极值，故其剪力为 0。

67. A 【考点】横截面上压应力及组合变形

【解析】图(a)是偏心受压，在中间段危险截面上，外力作用点 O 与被削弱的截面形心 C 之间的偏心距$e=\frac{a}{2}$(见题 67 解图)，产生的附加弯矩 $M=F\cdot\frac{a}{2}$，故图(a)中的最大应力为：$\sigma_a=-\frac{F_N}{A_s}-\frac{M}{W}=-\frac{F}{3ab}-\frac{F\frac{a}{2}}{\frac{b}{6}(3a)^2}=-\frac{2F}{3ab}$。

图(b)虽然截面面积小，但却是轴向压缩，其最大压应力为：$\sigma_b=-\frac{F_N}{A_b}=-\frac{F}{2ab}$。

故$\frac{\sigma_b}{\sigma_a}=\frac{3}{4}$。

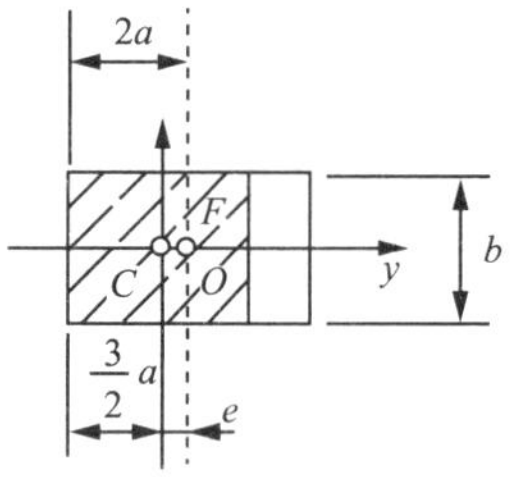

题 67 解图

68. A 【考点】不同形状的横截面的承载力分析

【解析】纯弯曲梁的正应力计算公式为：$\sigma=\frac{My}{I_z}$。承载能力最大的截面即是在面积相同的情况下 W 较大的截面。图 a 中空心矩形在相同面积下其 W 较大，故应选择空心矩形。

69. D 【考点】强度理论

【解析】第三强度理论为最大切应力理论，即 $\sigma_{r3}=\sigma_1-\sigma_3$。图(a)中，$\sigma_1=200\text{MPa}$，$\sigma_2=0$，$\sigma_3=0$，$\sigma_{r3}^a=\sigma_1-\sigma_3=200\text{MPa}$；

图(b)中，$\sigma_1=\frac{100}{2}+\sqrt{\left(\frac{100}{2}\right)^2+100^2}=161.8\text{MPa}$，$\sigma_2=0$，

$\sigma_3=\frac{100}{2}-\sqrt{\left(\frac{100}{2}\right)^2+100^2}=-61.8\text{MPa}$，$\sigma_{r3}^b=\sigma_1-\sigma_3=223.6\text{MPa}$。

故图(b)更危险。

70. A 【考点】平面应力状态分析

【解析】当 $\alpha=45°$时，分析杆件受力，此时其受到轴向力 $F\cos45°$与弯矩 $M=Fl\sin45°$的共同作用；当 $\alpha=0$ 时，$M=0$，$\sigma_2=F/A$。根据公式计算有：$\sigma_1=M/W+F/A=(Fa\sin45°)/(a^3/6)+F\cos45°/a^2=3\sqrt{2}F/a^2+\sqrt{2}F/2a^2=\frac{7\sqrt{2}}{2}F/a^2$。

71. D 【考点】作用于平面的液体总压力的计算

【解析】由于压强大小随深度线性变化，则作用于球心的压强可视作为作用在半球盖侧圆截面的平均压强，因此作用于半球盖水平方向的静水压力等效为球心处压强 p_c 与侧圆截面面积 A 的乘积，则水平静压力 $P_c=p_cA=\rho gh_c\pi r^2=1\times9.8\times5\times\pi\times(0.1)^2=1.54\text{kN}$。

72. B 【考点】不同的压强计算

【解析】密闭水箱底部 A 点的绝对压强为：$p' = p_0 + \gamma_w h = 88 + 9.8 \times 2 = 107.6\text{kN/m}^2$；相对压强为：$p = p' - p_a = 107.6 - 101 = 6.6\text{kN/m}^2$。

73. C 【考点】连续性方程

【解析】对于不可压缩流体，流过同一管路上各个界面的流量保持不变，微观上为各个方向的速度分量之和为 0，其微分形式连续性方程为：$\frac{\partial u_x}{\partial x} + \frac{\partial u_y}{\partial y} + \frac{\partial u_z}{\partial z} = 0$。将选项分别代入式中，只有 C 项满足连续方程。

74. D 【考点】圆管中层流运动

【解析】实际流体具有黏性，流动过程中会受到阻力的作用，产生损失，即水头损失。圆管层流时水头损失 h_f 的计算公式为：$h_f = \lambda \frac{L}{d}\frac{v^2}{2g}$。式中，$L$ 为管长；d 为管道内径；v 为断面平均流速；λ 为沿程阻力系数，在圆管层流时可按下式计算：$\lambda = \frac{64}{Re}$，其中 Re 为雷诺数。圆管中层流的水头损失与雷诺数有关，而与管壁粗糙度无关。

75. B 【考点】长管水力计算

【解析】对于并联管路，沿程水头损失相等，即 $h_f = S_1 L_1 Q_1^2 = S_2 L_2 Q_2^2$，$S = \frac{8\lambda}{d^5 \pi^2 g}$，可得：

$$\frac{Q_1}{Q_2} = \sqrt{\frac{S_2 L_2}{S_1 L_1}} = \sqrt{\frac{8\lambda L_2}{\pi^2 g d_2^5} \Big/ \frac{8\lambda L_1}{\pi^2 g d_1^5}} = \sqrt{\frac{L_2 \cdot d_1^5}{L_1 \cdot d_2^5}}$$

$$= \sqrt{\frac{3000}{1800} \cdot \left(\frac{0.15}{0.20}\right)^5} = 0.629$$

又 $Q_1 + Q_2 = 39\text{L/s}$，即 $0.629 Q_2 + Q_2 = 39\text{L/s}$，得：$Q_1 = 15\text{L/s}$、$Q_2 = 24\text{L/s}$。

76. A 【考点】明渠均匀流的水力计算

【解析】根据谢才公式计算，输水流速为：

$$v = C\sqrt{Ri} = \frac{1}{n}R^{\frac{1}{6}}\sqrt{Ri} = \frac{1}{0.05} \times 0.8^{\frac{1}{6}} \times \sqrt{0.8 \times 0.0006} = 0.42\text{m/s}$$

式中，C 为谢才系数，常用曼宁公式 $C = \frac{1}{n}R^{\frac{1}{6}}$ 计算；n 为粗糙系数；i 为坡度。

77. C 【考点】地下水的相关概念

【解析】在土建工程中，渗流主要是指水在地表以下土和岩层中的流动，所以渗流又称地下水流动。地下水面（包括无压水的自由表面及有压水的测压管水头面）在集水廊道未排水或抽水前的水面称地下水静水面，排水后到达恒定状态的水面称动水面，动水面的水面线又称浸润线。浸润面是指土壤中天然无压地下水水面。

78. A 【考点】相似准则

【解析】对于有压管流，影响流速分布的主要因素是黏滞力，故应采用雷诺模型，雷诺准数设计模型为：$(\text{Re})_\text{n} = (\text{Re})_\text{m}$，根据雷诺相似准则，$\frac{v_\text{n} d_\text{n}}{\mu_\text{n}} = \frac{v_\text{m} d_\text{m}}{\mu_\text{m}}$，有 $\frac{v_\text{n}}{v_\text{m}} = \frac{d_\text{m}}{d_\text{n}}$，$v_\text{n} = v_\text{m} \cdot (d_\text{m}/d_\text{n}) = 4 \times (0.1/2) = 0.2\text{m/s}$。

79. B 【考点】库仑定律

【解析】真空中两个静止点电荷相互作用力为：$F=k\dfrac{q_1q_2}{r^2}$。本题中，q_2 处于 q_1、q_3 连线的中点位置且静止不动，q_2 处于受力平衡状态，电荷平衡方程为：$k\dfrac{q_1q_2}{r^2}=k\dfrac{q_2q_3}{r^2}$，所以 q_1、q_3 所带电荷的性质相同且电荷量相等，即 $q_1=q_3=|q_2|$。

80. C 【考点】基尔霍夫电流定律

【解析】基尔霍夫电流定律揭示了节点中电荷守恒定律：在任何电路中，任何节点上的所有支路电流的代数和在任何时刻都等于0。KCL还可以去推广用于广义节点：在任一瞬间通过任一封闭面的电流的代数和也恒等于零。即：$I_1+I_2-I_3=0$，所以 $I_3=I_1+I_2=(-4)+(-3)=-7\text{A}$。

81. C 【考点】叠加定理

【解析】本题中，当电压源单独作用时，把电流源所在支路断开，即开路，但保留其电阻，电压源单独作用时等效电路如题81解图：

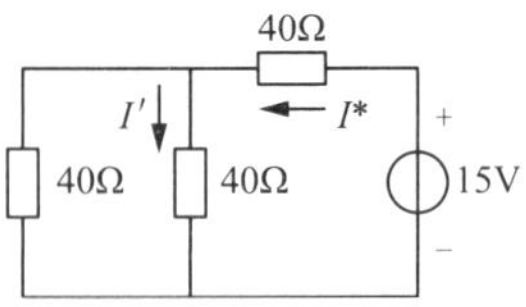

题81解图

则并联电路的电阻大小为：$\dfrac{40\times40}{40+40}=20\Omega$，所以干路电流为：$I_0=15/(40+20)=0.25\text{A}$，所以支路电流 $I=\dfrac{1}{2}I_0=0.125\text{A}$。

82. D 【考点】正弦交流电的相量表示

【解析】电流正弦量 $i(t)=I_{\text{m}}\sin(\omega t+\varphi_i)$ 相量形式表示为：$\dot{I}=\dfrac{I_{\text{m}}}{\sqrt{2}}\angle\varphi_i$；电压正弦量 $u(t)=U_{\text{m}}\sin(\omega t+\varphi_u)$ 相量形式表示为：$\dot{U}=\dfrac{U_{\text{m}}}{\sqrt{2}}\angle\varphi_u$。则：$\dot{I}=\dfrac{I_{\text{m}}}{\sqrt{2}}\angle\varphi_i=\dfrac{0.1}{\sqrt{2}}\angle10^\circ\text{A}=70.7\angle10^\circ\text{mA}$；$\dot{U}=\dfrac{U_{\text{m}}}{\sqrt{2}}\angle\varphi_u=\dfrac{10}{\sqrt{2}}\angle-10^\circ=7.07\angle-10^\circ\text{V}$。

83. D 【考点】交流电路功率

【解析】各元件的功率情况为：有功功率 $P=I^2R=10^2\times10=1000\text{W}=1\text{kW}$；无功功率 $Q=Q_{\text{L}}-Q_{\text{C}}=I^2(X_L-X_C)=10^2\times(8-6)=200\text{Var}$；视在功率 $S=\sqrt{P^2+Q^2}=\sqrt{1000^2+200^2}=1020\text{VA}=1.02\text{kVA}$。

84. C 【考点】电路暂态分析

【解析】$t=0_-$ 时，电路处于稳态。$i_1(0_-)=i_2(0_-)=(1/2)i_S$，$u_C(0_-)=i_2(0_-)\cdot R$。根据换路定律：$u_C(0_+)=u_C(0_-)=i_2(0_-)\cdot R=(1/2)i_SR$。$i_2(0_+)=\dfrac{u_C(0_+)}{R}=\dfrac{1}{2}i_S$，$i_1(0_+)=i_S$，$i_2(\infty)=0$。

A项，暂态过程为在阶跃电压作用下从开始发生变化到逐渐趋于稳态的过程，开关打开后，左边电路无储能元件，无暂态过程，右边电路出现暂态过程。

85. C 【考点】理想变压器

【解析】变压器空载运行时，原、副边电压之比等于匝数比，即$\frac{U_1}{U_2}=\frac{N_1}{N_2}=K=2$。理想变压器空载运行时，二次侧电流$I_2=0$，$I_1=I_{10}$，$I_{10}$为原边电路的空载电流。所以，$u=i_{10}R+u_1$，故满足$u_1\neq u$，$U_2=(1/2)U_1$。

86. B 【考点】三相异步电动机的 Y－△降压起动

【解析】正常工作时采用三角形接法的三相异步电动机，起动时先接成星形，待转速上升到接近额定转速时，再换接成三角形，这种方法叫 Y－△降压起动。由于电动机的转矩与电压的平方成正比，故采用 Y－△换接起动时起动电流、起动转矩都减小到直接起动时的$\left(\frac{1}{\sqrt{3}}\right)^2=\frac{1}{3}$。所以这种起动方式仅适用于电动机在空载或轻载起动的场合。则此台电动机降压起动的起动电流$I_{st}=\frac{1}{3}\times 30=10A$，起动转矩$T_{st}=\frac{1}{3}\times 45=15N\cdot m$。

87. A 【考点】信号的分类

【解析】根据独立变量取值的连续与离散型，信号可分为：①当信号对所有时间而不是按离散时间定义时，称其为连续时间信号，用数学函数$x(t)$表示，t为独立变量；②当时间只能取离散值时，称这种信号为离散时间信号，或称为序列。本题中，输出电压只有 0V 和 5V 两个数值，因此取值是离散的；在任意时刻均可输出，因此为连续时间信号。

88. C 【考点】连续信号的时域表达

【解析】图示的非周期信号利用可叠加性质，等效为两个阶跃信号：$u(t)=u_1(t)+u_2(t)$，$u_1(t)=5\varepsilon(t)$，$u_2(t)=-4\varepsilon(t-t_0)$。$u(t)$需满足在$t_0$之前取 5，$t_0$之后取 1，并且是以$t$为变量的函数，$u(t)=5\varepsilon(t)-4\varepsilon(t-t_0)V$。

89. D 【考点】模拟信号的增强

【解析】线性放大器是指输出信号幅度与输入信号幅度成正比的放大器。放大倍数为$A_u=\frac{u_o}{u_i}$。因此，信号中被改变的量是信号的幅值。它与非线性放大器的区别：线性放大器对于单一频率的信号输入，其输出没有产生其他额外的频率，而非线性放大器则通常产生输入信号的谐波信号。

90. C 【考点】逻辑函数式的化简

【解析】根据逻辑代数的分配律：

$$(A+B)(A+C)=A\cdot A+BA+AC+BC=A+AB+AC+BC=A(1+B+C)+BC=A+BC$$

91. D 【考点】数字信号的逻辑运算

【解析】$F=\overline{AB}$。与非门的逻辑功能：有 0 出 1，全 1 出 0。

92. C 【考点】逻辑函数的表示方法及其化简

【解析】通过状态表写出逻辑函数式步骤：①常采用与－或表达式的形式；②在状态表中选出使函数值为 1 的变量组合；③变量值为 1 的写成原变量，为 0 的写成反变量，得到其值为 1 的乘积项组合；④将这些乘积项加起来（逻辑或）得到与－或逻辑函数式。

根据逻辑代数运算，化简写出逻辑函数表达式，计算得到：

$$F=\overline{A}\,\overline{B}\,\overline{C}+\overline{A}BC+A\,\overline{B}\,\overline{C}+ABC=(\overline{A}+A)\overline{B}\,\overline{C}+(\overline{A}+A)BC=\overline{B}\,\overline{C}+BC$$

93. C 【考点】二极管单相整流电路

【解析】二极管具有单向导电性，由电路图可知当 u_i 为正半周时，二极管 D 反向截止，此时 $u_o=0$；当 u_i 为负半周时，二极管正向导通，因为二极管为理想器件，此时 $u_o=u_i$，该电路为半波整流电路，输出电压的平均值为：$U_o=-\frac{10}{\sqrt{2}}\times0.45=-3.18\text{V}$。

94. C 【考点】运算放大器的基本运算电路

【解析】当 A 端接输入信号，B 端接地时，电路为反相比例运算电路：$u_o=-\frac{R_2}{R_1}u_i$，则 $-8=-\frac{R_2}{R_1}\times2$，解得：$\frac{R_2}{R_1}=4$。当 A 端接地，B 端接输入电压时，电路为同相比例运算电路：$u_o=\left(1+\frac{R_2}{R_1}\right)u_i=(1+4)\times2=10\text{V}$。由于运算输出电压极限值为 $\pm11\text{V}$，$u_o=10\text{V}<11\text{V}$，故 $u_o=10\text{V}$。

95. D 【考点】D 触发器

【解析】图(a)的触发器为上升沿触发的 D 触发器，它的输出在上升沿到来的时刻跟随输入的变化，即 $Q_{n+1}=D$。在 cp 第一个上升沿到来之前复位信号 $\overline{R}_D$ 清零，此时 $Q=0$，$\overline{Q}=1$。在第一个上升沿到来时 $D=A=1$，则 $Q_{n+1}=D=1$；第二个上升沿到来时，$D=A=1$，则仍然有 $Q_{n+1}=D=1$。由于 D 触发器只在上升沿触发，在下降沿 D 触发器状态不变，故在第一、二个下降沿时 Q 均为 1。Q 波形如题 95 解图。

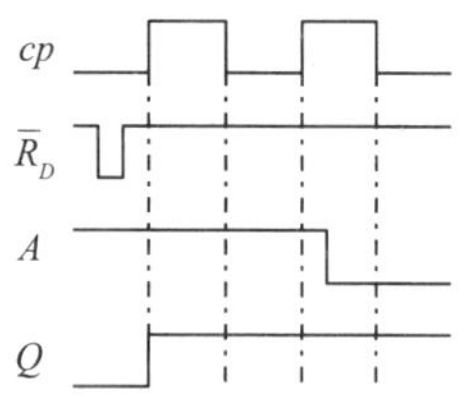

题 95 解图

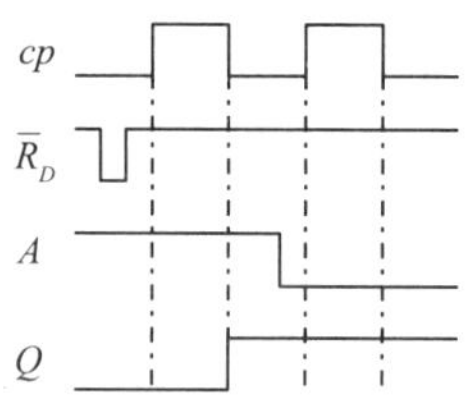

题 96 解图

96. D 【考点】JK 触发器

【解析】图(a)的触发器为下降沿触发的 JK 触发器，在 cp 第一个下降沿到来之前复位信号 $\overline{R}_D$ 清零，Q 初值为 0。$J=\overline{AQ}$，$K=0$；在第一个时钟脉冲下降沿处 $A=1$，这时 $J=\overline{AQ}=1$，$K=0$，JK 触发器状态置 1 即 $Q=1$；当第二个下降沿来临时，$A=0$，$J=\overline{AQ}=1$，$K=0$，JK 触发器状态仍然置 1，$Q=1$。见题 96 解图。

97. B 【考点】总线的概念

【解析】总线(Bus)是计算机各种功能部件之间传送信息的公共通信干线。根据总线传送信息的类别，可以把总线划分为数据总线、地址总线和控制总线，数据总线用来传送程序或数据；地址总线用来传送主存储器地址码或外围设备码；控制总线用来传送控制信息。

98. D 【考点】软件系统的概念

【解析】计算机软件系统是指计算机运行时所需的各种程序、数据以及有关的文档。软件是计算机的灵魂，包括指挥、控制计算机各部分协调工作并完成各种功能的程序和数据。操作系统是控制其他程序运行，管理系统资源并为用户提供操作界面的系统软件的集合。操作系统管理计算机系统的全部硬件资源，包括软件资源及数据资源，控制程序运行，改善人机界面，为其他应用软件提供支持等，使计算机系统所有资源最大限度地发挥作用，为用户提供方便的、有效的、友善的服务界面。

99. B 【考点】计算机程序执行的过程

【解析】一个计算机程序执行的过程可分为编辑、编译、连接和运行四个过程。用高级语言编写的程序成为编辑程序，编译程序是一种语言的翻译程序，翻译完的目标程序不能立即被执行，要通过连接程序将目标程序和有关的系统函数库以及系统提供的其他信息连接起来，形成一个可执行程序。

100. C 【考点】不同进制数值间的转换

【解析】计算机中一般使用二进制表示数据，为方便人机交互，有时也使用八进制和十六进制。十六进制的特点是：由 0 ~ 9、A ~ F 组成，0 ~ 9 对应 0 ~ 9，A ~ F 对应 10 ~ 15，借一当十六，逢十六进一。十进制数转换为 R 进制数中，整数部分可采用除 R 取余法，小数部分可采用乘 R 取整法。本题中，各进制数间的转换为：

$$(256.625)_{10}=(100000000.101)_2=(100.A)_H$$

101. D 【考点】信息加密技术

【解析】信息加密技术是利用数学或物理手段，对电子信息在传输过程中和存储体内进行保护，以防止泄漏的技术。信息加密技术作为网络安全的重要技术之一，其主要作用有：①提高信息系统及数据的安全性和保密性；②防止数据信息被别人破译；③控制对网络资源的访问。D 项，清除计算机病毒不属于信息加密技术的作用范畴。

102. A 【考点】进程的概念

【解析】进程是操作系统结构的基础，是一次程序的执行，是一个程序及其数据在处理机上顺序执行时所发生的活动。进程是一个具有一定独立功能的程序关于某个数据集合的一次运行活动。它是操作系统动态执行的基本单元，在传统的操作系统中，进程既是基本的分配单元，也是基本的执行单元。

103. A 【考点】文件管理的作用

【解析】文件管理是对计算机的系统软件资源进行管理，主要任务是向计算机用户提供一种简便、统一的管理和使用文件的界面。其任务是把存储、检索、共享和保护文件的手段，提供给操作系统本身和用户，以达到方便用户和提高资源利用率的目的。

104. A 【考点】不同类型的计算机网络

【解析】A 项，资源子网主要负责全网的信息处理，为网络用户提供网络服务和资源共享等功能。它主要包括网络中所有的主计算机、I/O 设备、终端、各种网络协议、网络软件和数据库等。B 项，通信子网是指网络中实现网络通信功能的设备及其软件的集合。C 项，局域网是指在某一区域内由多台计算机互联成的计算机组。D 项，广域网又称远程网。通常跨接很大的物理范围，所覆盖的范围从几十公里到几千公里，它能连接多个城市或国家，或横跨几个洲并能提供远距离通信，形成国际性的远程网络。

105. A 【考点】网络的分类

【解析】网络的分类方式有：①按地域范围划分，可分为局域网、城域网、广域网、互联网；②按信息交换方式划分，可分为报文交换、分组交换、电路交换；③按传输介质划分，可分为双绞线网、光纤网、同轴电缆网、无线网；④按网络拓扑结构划分，可分为总线型、树形、环形、星状网；⑤按传输信号划分，可分为基带网和宽带网；⑥按网络适用范围划分，可分为公用网和专用网。

106. A 【考点】计算机网络系统的组成

【解析】计算机系统由硬件和软件两大部分组成。其中，硬件是指构成计算机系统的物理实体(或物理装置)，如主板、机箱、键盘、显示器和打印机等。软件是指为运行、维护，管理和应用计算机所编制的所有程序的集合。

107. B 【考点】资金的时间价值

【解析】等值计算公式：$A=P(A/P,\ i,\ n)$。式中，i 为相对应的利率；P 为在第一计息期开始时发值；A 为各期的等额支付金额，发生在各期的期末。本题中，现值 $P=100$，$i=10\%$，$n=5$，则 $A=P(A/P,\ i,\ n)=100\times0.2638=26.38$(万元)。

108. C 【考点】总成本费用的估算

【解析】银行贷款利息属于财务费用，本题中，该项目的年总成本 = 经营成本 + 年折旧费和摊销费 + 银行贷款利息 = 5000 + 2000 + 银行贷款利息 = 7000 + 银行贷款利息 > 7000(万元)。

109. C 【考点】盈利能力分析

【解析】技术方案的盈利能力是指分析和测算拟定技术方案计算期的盈利能力和盈利水平。其主要分析指标包括方案财务内部收益率和财务净现值、资本金财务内部收益率、静态投资回收期、总投资收益率和资本金净利润率等，可根据拟定技术方案的特点及经济效果分析的目的和要求等选用。偿债能力指标主要有：借款偿还期、利息备付率、偿债备付率、资产负债率、流动比率和速动比率。

110. A 【考点】单一投资方案的评价

【解析】财务净现值是指用一个预定的基准收益率(或设定的折现率)i_c，分别把整个计算期间内各年所发生的净现金流量都折现到技术方案开始实施时的现值之和。净现值的计算公式为：$NPV=\sum_{t=0}^{n}(CI-CO)_t(1+i_c)^{-t}$。式中，$NPV$ 为财务净现值；$(CI-CO)_t$ 为技术方案第 t 年的净现金流量；i_c 为基准收益率；n 为技术方案计算期。根据题意，$F=100$，$NPV=0$，项目每年的净收益相同，折现求和得：$NPV=-5000+(CI-CO)(P/A,\ 12\%,\ 10)+100(P/F,\ 12\%,\ 10)=0$，代入数据计算得：$(CI-CO)=879.26$(万元)，即该项目的年净收益为 879.26 万元。

111. D 【考点】不确定性分析

【解析】生产能力利用率表示的盈亏平衡点 $BEP(\%)$，是指盈亏平衡点产销量占技术方案正常产销量的比重。以生产能力利用率表示的盈亏平衡点为：$BEP(\%)=\dfrac{C_F}{S_n-C_V-T}\times100\%$。式中，$BEP(\%)$为盈亏平衡点时的生产能力利用率；$C_F$ 为固定成本；S_n 为年营业收入；C_V 为年可变成本；T 为年营业税金及附加。

本题中，$C_F=10000$(万元)，$S_n=1\times40000=40000$(万元)，$C_V=20000$(万元)，$T=0$，则：$BEP(\%)=\dfrac{10000}{40000-20000}\times100\%=50\%$。

112. B 【考点】方案经济比选

【解析】方案经济比选可采用效益比选法，费用比选法和最低价格法。当比较方案的寿命一致时，通过计算各方案的净现值(*NPV*)来比较方案的优势的方法，选择净现值最大的方案为最优方案，计算各方案净现值时，采用的贴现率应该相同。本题中两个方案的内部收益率均大于基准收益率，但 $NPV_{甲}$ 小于 $NPV_{乙}$，所以选择净现值大的乙方案。

113. B 【考点】方案经济比选

【解析】最小公倍数法又称方案重复法，是以各备选方案计算期的最小公倍数作为各方案的共同计算期，假设各个方案均在这样一个共同的计算期内重复进行，对各方案计算期内各年的净现金流量进行重复计算，直至与共同的计算期相等。故寿命期不同的互斥方案适于采用最小公倍数法。

114. C 【考点】价值工程

【解析】功能 F^* 的目标成本 = 整体功能的目标成本 × 功能评价系数 = 10 × 0.3 = 3(万元)。又成本改进期望值 = 功能的目标成本 − 功能的现实成本，则其现实成本为：3 − (−0.5) = 3.5(万元)。

115. B 【考点】建筑活动的从业资格

【解析】根据《建筑法》第十三条规定，从事建筑活动的建筑施工企业、勘察单位、设计单位和工程监理单位，按照其拥有的注册资本、专业技术人员、技术装备和已完成的建筑工程业绩等资质条件，划分为不同的资质等级，经资质审查合格，取得相应等级的资质证书后，方可在其资质等级许可的范围内从事建筑活动。

116. B 【考点】设备投入使用的条件

【解析】《安全生产法》第三十七条规定，生产经营单位使用的危险物品的容器、运输工具，以及涉及人身安全、危险性较大的海洋石油开采特种设备和矿山井下特种设备，必须按照国家有关规定，由专业生产单位生产，并经具有专业资质的检测、检验机构检测、检验合格，取得安全使用证或者安全标志，方可投入使用。检测、检验机构对检测、检验结果负责。

117. A 【考点】招标投标活动的基本原则

【解析】《招标投标法》第五条规定，招标投标活动应当遵循公开、公平、公正和诚实信用的原则。

118. B 【考点】要约撤销的情形

【解析】《合同法》第十九条规定，有下列情形之一的，要约不得撤销：①要约人确定了承诺期限或者以其他形式明示要约不可撤销；②受要约人有理由认为要约是不可撤销的，并已经为履行合同做了准备工作。(《合同法》自 2021 年 1 月 1 日起已废止，此条文已合并到《民法典》第四百七十六条，且已修改)

119. C 【考点】行政许可的注销手续办理情形

【解析】《行政许可法》第七十条规定，有下列情形之一的，行政机关应当依法办理有关行政许可的注销手续：①行政许可有效期届满未延续的；②赋予公民特定资格的行政许可，该公民死亡或者丧失行为能力的；③法人或者其他组织依法终止的；④行政许可依法被撤销、撤回，或者行政许可证件依法被吊销的；⑤因不可抗力导致行政许可事项无法实施的；⑥法律、法规规定的应当注销行政许可的其他情形。

120. A 【**考点**】建设工程竣工验收应当具备的条件

【**解析**】《建设工程质量管理条例》第十六条规定，建设单位收到建设工程竣工报告后，应当组织设计、施工、工程监理等有关单位进行竣工验收。建设工程竣工验收应当具备下列条件：①完成建设工程设计和合同约定的各项内容；②有完整的技术档案和施工管理资料；③有工程使用的主要建筑材料、建筑构配件和设备的进场试验报告；④有勘察、设计、施工、工程监理等单位分别签署的质量合格文件；⑤有施工单位签署的工程保修书。

全国勘察设计注册工程师执业资格考试
《公共基础考试》模拟题(一)

单项选择题(共120题，每题1分。每题的备选项中只有一个最符合题意)

1. 设平面方程 $x+y+z+1=0$，直线方程为 $1-x=y+1=z$，则直线与平面(　　)。

A. 平行　　B. 垂直　　C. 重合　　D. 相交但不垂直

2. 设 $\vec{\alpha}=-\vec{i}+3\vec{j}+\vec{k}$，$\vec{\beta}=\vec{i}+\vec{j}+t\vec{k}$，已知 $\vec{\alpha}\times\vec{\beta}=-4\vec{i}-4\vec{k}$，则 t 等于(　　)。

A. -2　　B. 0　　C. -1　　D. 1

3. 设函数 $f(x)=\begin{cases}1+x, & x\geqslant 0\\ 1-x^2, & x<0\end{cases}$，在 $(-\infty, +\infty)$ 内(　　)。

A. 单调减少　　B. 单调增加　　C. 有界　　D. 偶函数

4. 函数 $y=\cos^2\dfrac{1}{x}$ 在 x 处的导数是(　　)。

A. $\dfrac{1}{x^2}\sin\dfrac{2}{x}$　　B. $-\sin\dfrac{2}{x}$　　C. $-\dfrac{2}{x^2}\cos\dfrac{1}{x}$　　D. $-\dfrac{1}{x^2}\sin\dfrac{2}{x}$

5. 设 $y=f(x)$ 是 (a, b) 内的可导函数，x，$x+\Delta x$ 是 (a, b) 内的任意两点，则(　　)。

A. $\Delta y=f'(x)\Delta x$

B. 在 x，$x+\Delta x$ 之间恰好有一点 ξ，使 $\Delta y=f'(\xi)\Delta x$

C. 在 x，$x+\Delta x$ 之间至少有一点 ξ，使 $\Delta y=f'(\xi)\Delta x$

D. 对于 x，$x+\Delta x$ 之间的任意一点 ξ，均有 $\Delta y=f'(\xi)\Delta x$

6. 若函数 $f(x)$ 在点 x_0 间断，$g(x)$ 在点 x_0 连续，则 $f(x)g(x)$ 在点 x_0(　　)。

A. 间断　　B. 连续

C. 第一类间断　　D. 可能间断可能连续

7. 设 $z=f(x^2-y^2)$，则 $\mathrm{d}z$ 等于(　　)。

A. $2x-2y$　　B. $2x\mathrm{d}x-2y\mathrm{d}y$

C. $f'(x^2-y^2)\mathrm{d}x$　　D. $2f'(x^2-y^2)(x\mathrm{d}x-y\mathrm{d}y)$

8. $\displaystyle\int\frac{\cos 2x}{\sin^2 x\cos^2 x}\mathrm{d}x$ 等于(　　)。

A. $\cot x-\tan x+C$　　B. $\cot x+\tan x+C$

C. $-\cot x-\tan x+C$　　D. $-\cot x+\tan x+C$

9. 若 $\displaystyle\int f(x)\mathrm{d}x=F(x)+C$，则 $\displaystyle\int\frac{1}{\sqrt{x}}f(\sqrt{x})\mathrm{d}x$ 等于(　　)。

A. $\dfrac{1}{2}F(\sqrt{x})+C$　　B. $2F(\sqrt{x})+C$　　C. $F(x)+C$　　D. $\dfrac{F(\sqrt{x})}{\sqrt{x}}$

10. $\dfrac{\mathrm{d}}{\mathrm{d}x}\displaystyle\int_0^{\cos x}\sqrt{1-t^2}\mathrm{d}t$ 等于(　　)。

A. $\sin x$　　B. $|\sin x|$　　C. $-\sin^2 x$　　D. $-\sin x|\sin x|$

11. 下列结论中正确的是(　　)。

A. $\int_{-1}^{1}\frac{1}{x^2}\mathrm{d}x$ 收敛　　B. $\frac{\mathrm{d}}{\mathrm{d}x}\int_0^{x^2}f(t)\mathrm{d}t=f(x^2)$

C. $\int_1^{+\infty}\frac{1}{\sqrt{x}}\mathrm{d}x$ 发散　　D. $\int_{-\infty}^{0}\mathrm{e}^{-\frac{x^2}{2}}\mathrm{d}x$ 发散

12. 曲面 $x^2+y^2+z^2=2z$ 之内以及曲面 $z=x^2+y^2$ 之外所围成的立体的体积 V 等于(　　)。

A. $\int_0^{2\pi}\mathrm{d}\theta\int_0^1 r\mathrm{d}r\int_r^{\sqrt{1-r^2}}\mathrm{d}z$　　B. $\int_0^{2\pi}\mathrm{d}\theta\int_0^r r\mathrm{d}r\int_{r^2}^{1-\sqrt{1-r^2}}\mathrm{d}z$

C. $\int_0^{2\pi}\mathrm{d}\theta\int_0^r r\mathrm{d}r\int_r^{1-r}\mathrm{d}z$　　D. $\int_0^{2\pi}\mathrm{d}\theta\int_0^1 r\mathrm{d}r\int_{1-\sqrt{1-r^2}}^{r^2}\mathrm{d}z$

13. 函数$\frac{1}{3-x}$展开成$(x-1)$的幂级数是(　　)。

A. $\sum_{n=0}^{\infty}\frac{x^n}{2^n}$　　B. $\sum_{n=0}^{\infty}\frac{(1-x)^n}{2}$　　C. $\sum_{n=0}^{\infty}\frac{(x-1)^n}{2^{n+1}}$　　D. $\sum_{n=0}^{\infty}(-1)^n\frac{x^n}{4^{n+1}}$

14. 已知级数 $\sum_{n=1}^{\infty}(u_{2n}-u_{2n+1})$ 是收敛的，则下列结论成立的是(　　)。

A. $\sum_{n=1}^{\infty}u_n$ 必收敛　　B. $\sum_{n=1}^{\infty}u_n$ 未必收敛　　C. $\lim\limits_{n\to\infty}u_n=0$　　D. $\sum_{n=1}^{\infty}u_n$ 发散

15. 微分方程$(3+2y)x\mathrm{d}x+(1+x^2)\mathrm{d}y=0$ 的通解为(　　)。

A. $1+x^2=Cy$　　B. $(1+x^2)(3+2y)=C$

C. $(3+2y)^2=\frac{C}{1+x^2}$　　D. $(1+x^2)^2(3+2y)=C$

16. 微分方程 $y''+ay'^2=0$ 满足条件 $y|_{x=0}=0$，$y'|_{x=0}=-1$ 的特解是(　　)。

A. $\frac{1}{a}\ln|1-ax|$　　B. $\frac{1}{a}\ln|ax|+1$　　C. $ax-1$　　D. $\frac{1}{a}x+1$

17. 设$\boldsymbol{\beta}_1$，$\boldsymbol{\beta}_2$ 是线性方程组 $\boldsymbol{Ax}=\boldsymbol{b}$ 的两个不同的解，$\boldsymbol{\alpha}_1$、$\boldsymbol{\alpha}_2$ 是导出组 $\boldsymbol{Ax}=\boldsymbol{0}$ 的基础解系，k_1、k_2 是任意常数，则 $\boldsymbol{Ax}=\boldsymbol{b}$ 的通解是(　　)。

A. $\frac{\boldsymbol{\beta}_1-\boldsymbol{\beta}_2}{2}+k_1\boldsymbol{\alpha}_1+k_2(\boldsymbol{\alpha}_1-\boldsymbol{\alpha}_2)$　　B. $\boldsymbol{\alpha}_1+k_1(\boldsymbol{\beta}_1-\boldsymbol{\beta}_2)+k_2(\boldsymbol{\alpha}_1-\boldsymbol{\alpha}_2)$

C. $\frac{\boldsymbol{\beta}_1+\boldsymbol{\beta}_2}{2}+k_1\boldsymbol{\alpha}_1+k_2(\boldsymbol{\alpha}_1-\boldsymbol{\alpha}_2)$　　D. $\frac{\boldsymbol{\beta}_1+\boldsymbol{\beta}_2}{2}+k_1\boldsymbol{\alpha}_1+k_2(\boldsymbol{\beta}_1-\boldsymbol{\beta}_2)$

18. 设$\boldsymbol{A}$ 是 $m\times n$ 的非零矩阵，$\boldsymbol{B}$ 是 $n\times l$ 非零矩阵，满足$\boldsymbol{AB}=\boldsymbol{0}$，以下选项中不一定成立的是(　　)。

A. $\boldsymbol{A}$ 的行向量组线性相关　　B. $\boldsymbol{A}$ 的列向量组线性相关

C. $\boldsymbol{B}$ 的行向量组线性相关　　D. $r(\boldsymbol{A})+r(\boldsymbol{B})\leqslant n$

19. 设$\boldsymbol{A}$ 是 3 阶实对称矩阵，$\boldsymbol{P}$ 是 3 阶可逆矩阵，$\boldsymbol{B}=\boldsymbol{P}^{-1}\boldsymbol{AP}$，已知 $\boldsymbol{\alpha}$ 是 $\boldsymbol{A}$ 的属于特征值 λ 的特征向量，则 $\boldsymbol{B}$ 的属于特征值 λ 的特征向量是(　　)。

A. $\boldsymbol{P\alpha}$　　B. $\boldsymbol{P}^{-1}\boldsymbol{\alpha}$　　C. $\boldsymbol{P}^{\mathrm{T}}\boldsymbol{\alpha}$　　D. $(\boldsymbol{P}^{-1})^{\mathrm{T}}\boldsymbol{\alpha}$

20. 设 $\boldsymbol{A}=\begin{pmatrix}1&1\\1&2\end{pmatrix}$，与 $\boldsymbol{A}$ 合同的矩阵是(　　)。

A. $\begin{pmatrix} 1 & -1 \\ -1 & 2 \end{pmatrix}$　B. $\begin{pmatrix} -1 & 1 \\ 1 & -2 \end{pmatrix}$　C. $\begin{pmatrix} 1 & 1 \\ -1 & -2 \end{pmatrix}$　D. $\begin{pmatrix} 1 & -1 \\ 1 & 2 \end{pmatrix}$

21. 若$P(A)=0.5$，$P(B)=0.4$，$P(\overline{A}-B)=0.3$，则$P(A\cup B)$等于(　　)。

A. 0.6　B. 0.7　C. 0.8　D. 0.9

22. 设随机变量$X\sim N(0,\sigma^2)$，则对于任何实数λ，都有(　　)。

A. $P(X\leqslant\lambda)=P(X\geqslant\lambda)$　B. $P(X\geqslant\lambda)=P(X\leqslant-\lambda)$

C. $X-\lambda\sim N(\lambda,\sigma^2-\lambda^2)$　D. $\lambda X\sim N(0,\lambda\sigma^2)$

23. 设随机变量X的概率密度为$f(x)=\begin{cases}\frac{3}{8}x^2, & 0<x<2\\ 0, & 其他\end{cases}$，则$Y=\frac{1}{X}$的数学期望是(　　)。

A. 3/4　B. 1/2　C. 2/3　D. 1/4

24. 设总体X的概率密度为$f(x,\theta)=\begin{cases}e^{-(x-\theta)}, & x\geqslant\theta\\ 0, & x<\theta\end{cases}$，而$X_1$，$X_2$，…，$X_n$是来自该总体的样本，则未知参数$\theta$的最大似然估计量是(　　)。

A. $\overline{X}-1$　B. $n\overline{X}$

C. $\min(X_1,X_2,\cdots,X_n)$　D. $\max(X_1,X_1,\cdots,X_n)$

25. 1mol刚性双原子理想气体，当温度为T时，每个分子的平均平动动能为(　　)。

A. $3/2RT$　B. $5/2RT$　C. $3/2kT$　D. $5/2kT$

26. 在恒定不变的压强下，气体分子的平均碰撞频率$\overline{Z}$与温度T的关系为(　　)。

A. $\overline{Z}$与T无关　B. $\overline{Z}$与$\sqrt{T}$成正比

C. $\overline{Z}$与$\sqrt{T}$成反比　D. $\overline{Z}$与T成反比

27. 气缸内有一定量的理想气体，先使气体做等压膨胀，直至体积加倍，然后做绝热膨胀，直至降到初始温度，在整个过程中，气体的内能变化ΔE和对外做工W为(　　)。

A. $\Delta E=0$，$W>0$　B. $\Delta E=0$，$W<0$　C. $\Delta E>0$，$W>0$　D. $\Delta E<0$，$W<0$

28. 一个气缸内有一定量的单原子分子理想气体，在膨胀过程中对外界做功209J，此过程中气体的内能增加120J，则外界传给气体的热量为(　　)。

A. −89J　B. 89J　C. 329J　D. 0

29. 已知平面简谐波的方程为$y=\mathrm{A}\cos(\mathrm{B}t-\mathrm{C}x)$，式中A、B、C为正常数，此波的波长和波速分别为(　　)。

A. $\frac{\mathrm{B}}{\mathrm{C}}$，$\frac{2\pi}{\mathrm{C}}$　B. $\frac{2\pi}{\mathrm{C}}$，$\frac{\mathrm{B}}{\mathrm{C}}$　C. $\frac{\pi}{\mathrm{C}}$，$\frac{2\mathrm{B}}{\mathrm{C}}$　D. $\frac{2\pi}{\mathrm{C}}$，$\frac{\mathrm{C}}{\mathrm{B}}$

30. 一平面简谐波在弹性媒质中传播，在某一瞬间，某质元正处于其平衡位置，此时它的(　　)。

A. 动能为零，势能最大　B. 动能为零，势能为零

C. 动能最大，势能最大　D. 动能最大，势能为零

31. 声音从声源发出，在均匀无限大的空气中传播的过程中，(　　)。

A. 声波的波速不断减小　B. 声波的波长不断减小

C. 声波的振幅不断减小　D. 声波的频率不断减小

32. 若用一片透明的云母片将杨氏双缝装置中的上面一条缝盖住，则(　　)。

A. 干涉图样不变　　B. 干涉图样反差

C. 干涉条纹上移　　D. 干涉条纹下移

33. 波长为 λ 的单色光垂直照射到置于空气中的玻璃劈尖上，玻璃的折射率为 n，则第三级暗条纹处的玻璃厚度为(　　)。

A. $\dfrac{3\lambda}{2n}$　　B. $\dfrac{\lambda}{2n}$　　C. $\dfrac{3\lambda}{2}$　　D. $\dfrac{2\lambda}{3n}$

34. 若在迈克尔逊干涉仪的可动反射镜 M 移动 0.620mm 过程中，观察到干涉条纹移动了 2300 条，则所用光波的波长为(　　)。

A. 269nm　　B. 539nm　　C. 2690nm　　D. 5390nm

35. 一平面简谐横波的波动表达式为 $y=0.05\cos(20\pi t+4\pi x)$(SI)，取 $k=0,\ \pm1,\ \pm2,\ \cdots$。则 $t=0.5\text{s}$ 时各波峰所在处的位置为(　　)。

A. $\dfrac{2k-10}{4}(\text{m})$　　B. $\dfrac{k+10}{4}(\text{m})$　　C. $\dfrac{2k-9}{4}(\text{m})$　　D. $\dfrac{k+9}{4}(\text{m})$

36. 一束自然光从空气投射到玻璃板表面上，当折射角为 30°时，反射光为完全偏振光，则此玻璃的折射率为(　　)。

A. $\dfrac{\sqrt{3}}{2}$　　B. $\dfrac{1}{2}$　　C. $\dfrac{\sqrt{3}}{3}$　　D. $\sqrt{3}$

37. 化学反应低温自发，高温非自发，该反应的(　　)。

A. $\Delta H<0$，$\Delta S<0$　　B. $\Delta H>0$，$\Delta S<0$

C. $\Delta H<0$，$\Delta S>0$　　D. $\Delta H>0$，$\Delta S>0$

38. 已知氯电极的标准电势为 1.358V，当氯离子浓度为 $0.1\text{mol}\cdot\text{L}^{-1}$，氯气分压为 $0.1\times100\text{kPa}$ 时，该电极的电极电势为(　　)。

A. 1.358V　　B. 1.328V　　C. 1.388V　　D. 1.417V

39. 已知下列电对电极电势的大小顺序为：$E(F_2/F^-)>E(Fe^{3+}/Fe^{2+})>E(Mg^{2+}/Mg)>E(Na^+/Na)$，则下列离子中最强的还原剂是(　　)。

A. F^-　　B. Fe^{2+}　　C. Na^+　　D. Mg^{2+}

40. 升高温度，反应速率常数增大的主要原因是(　　)。

A. 活化分子百分数增加　　B. 混乱度增加

C. 活化能增加　　D. 压力增大

41. 下列各波函数不合理的是(　　)。

A. $\psi(1,1,0)$　　B. $\psi(2,1,0)$　　C. $\psi(3,2,0)$　　D. $\psi(5,3,0)$

42. 将反应 $MnO_2+HCl\rightarrow MnCl_2+Cl_2+H_2O$ 配平后，方程中 $MnCl_2$ 的系数是(　　)。

A. 1　　B. 2　　C. 3　　D. 4

43. 某一弱酸 HA 的标准解离常数为 1.0×10^{-5}，则相应的弱酸强碱盐 MA 的标准水解常数为(　　)。

A. 1.0×10^{-9}　　B. 1.0×10^{-2}　　C. 1.0×10^{-19}　　D. 1.0×10^{-5}

44. 某化合物的结构式为 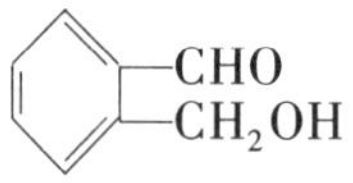

，该有机化合物不能发生的化学反应类型是(　　)。

A. 加成反应　　B. 还原反应　　C. 消除反应　　D. 氧化反应

45. 聚丙烯酸酯的结构式为 $\left[\!-CH_2-\underset{\displaystyle CO_2R}{\underset{|}{CH}}-\!\right]_n$ ，它属于(　　)。

①无机化合物；②有机化合物；③高分子化合物；④离子化合物；⑤共价化合物。

A. ①③④　　B. ①③⑤　　C. ②③⑤　　D. ②③④

46. 下列物质中不能使酸性高锰酸钾溶液褪色的是(　　)。

A. 苯甲醛　　B. 乙苯　　C. 苯　　D. 苯乙烯

47. 设力 F 在 x 轴上的投影为 F，则该力在 x 轴的垂直平面内任一轴上的投影(　　)。

A. 一定不等于零　　B. 不一定等于零

C. 一定等于零　　D. 等于 F

48. 在如图所示系统中，绳 DE 能承受的最大拉力为 10kN，杆重不计，则力 P 的最大值为(　　)kN。

A. 5　　B. 10　　C. 15　　D. 20

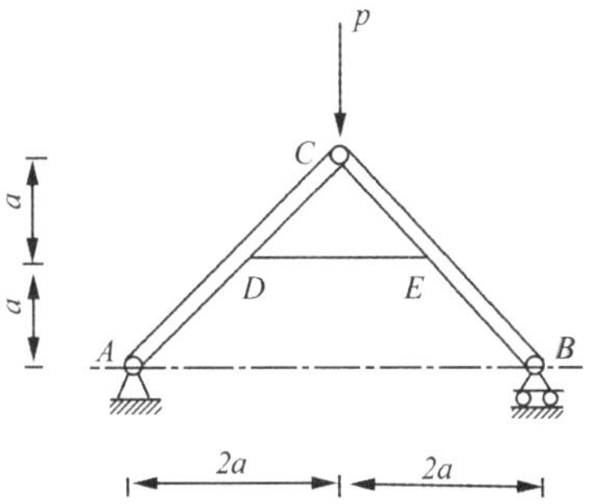

题 48 图

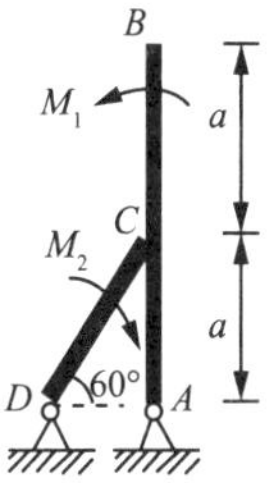

题 49 图

49. 已知杆 AB 和 CD 自重不计，且在 C 处光滑接触，若作用在 AB 杆上力偶的矩为 M_1，则欲使系统保持平衡，作用在 CD 杆上力偶的矩 M_2 的转向如图所示，其矩值为(　　)。

A. $M_2=M_1$　　B. $M_2=4M_1/3$

C. $M_2=2M_1$　　D. $M_2=3M_1$

50. 物块重 $W=100$N，置于倾角为 $\alpha=60°$的斜面上，如题 50 图所示。与斜面平行的力 $P=80$N，若物块与斜面间的静摩擦系数 $f=0.2$，则物块所受的摩擦力为(　　)。

A. 10N　　B. 20N

C. 6.6N　　D. 100N

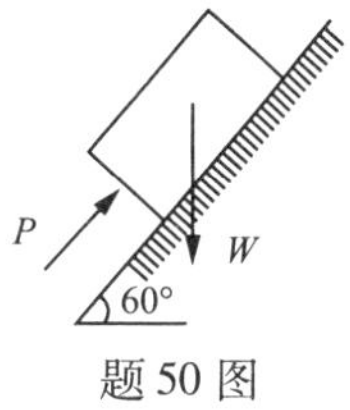

题 50 图

51. 若某点按 $s=8-2t^2$（s 以 m 计，t 以 s 计）的规律运动，则 $t=3$s 时点经过的路程为(　　)。

A. 10m　　B. 8m

C. 18m　　D. 8m～18m 以外的一个数值

52. 曲柄连杆机构在图示位置 B 点的速度 $\bar{v}_B$ 和加速度 $\bar{a}_B$ 分别为(　　)。

A. $v_B=r\omega(\uparrow)$；$a_B=\dfrac{1}{2}r\omega^2(\leftarrow)$　　B. $v_B=0$；$a_B=0$

C. $v_B=0$；$a_B=\frac{3}{2}r\omega^2(\leftarrow)$　　D. $v_B=r\omega(\uparrow)$；$a_B=\frac{3}{2}r\omega^2(\rightarrow)$

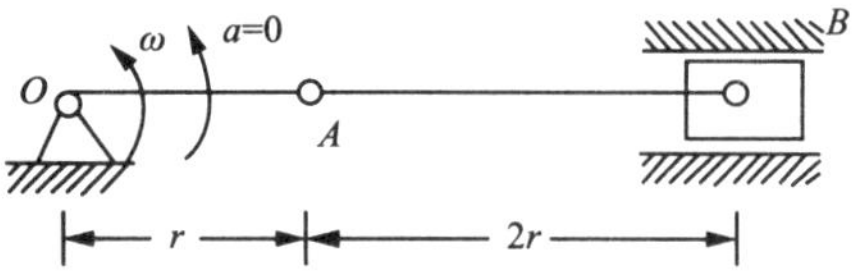

题 52 图

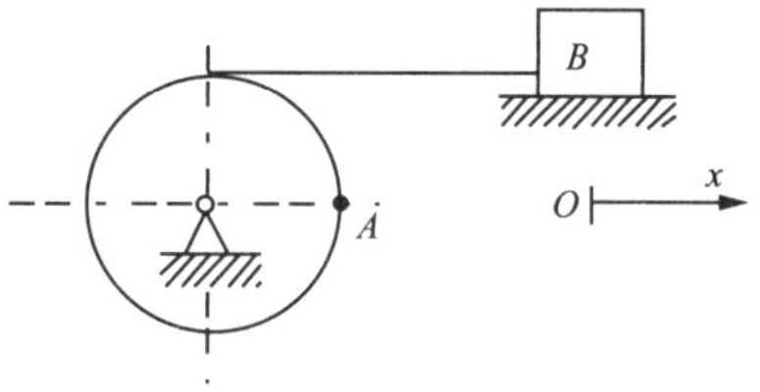

题 53 图

53. 图示绳子的一端绕在滑轮上，另一端与置于水平面上的物块 B 相连，若物块 B 的运动方程为 $x=kt^2$，其中 k 为常数，轮子半径为 R。则轮缘上 A 点的加速度大小为(　　)。

A. $2k$　　B. $\sqrt{\frac{4k^2t^2}{R}}$　　C. $\frac{2k+4k^2t^2}{R}$　　D. $\sqrt{4k^2+\frac{16k^4t^4}{R^2}}$

54. 如图所示，两个半径和质量相同的均质圆盘 A、B 放在光滑水平面上，分别受到 F_A、F_B 的作用，如图所示，如 $F_A=F_B$，但在盘上作用的位置不同，则此两圆盘在任一瞬时的质心加速度 a_{O_1} 和 a_{O_2} 的关系为(　　)。

A. a_{O_1} 与 a_{O_2} 异向等值

B. a_{O_1} 与 a_{O_2} 同向等值

C. a_{O_1} 与 a_{O_2} 同向，但 $a_{O_1}>a_{O_2}$

D. a_{O_1} 与 a_{O_2} 同向，但 $a_{O_1}<a_{O_2}$

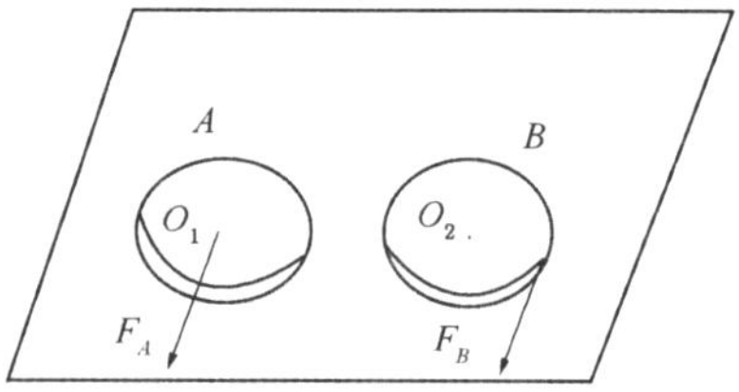

题 54 图

55. 均质圆盘质量为 m，半径为 R，在铅垂平面内绕 O 轴转动，图示瞬时角速度为 ω，则其对 O 轴的动量矩和动能的大小分别为(　　)。

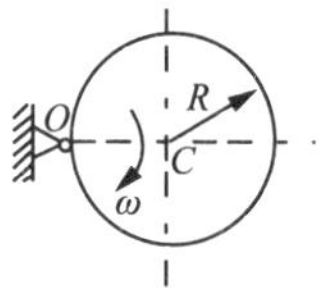

题 55 图

A. $mR\omega$，$\frac{1}{4}mR\omega$　　B. $\frac{1}{2}mR\omega$，$\frac{1}{2}mR\omega$

C. $\frac{1}{2}mR^2\omega$，$\frac{1}{2}mR^2\omega^2$　　D. $\frac{3}{2}mR^2\omega$，$\frac{3}{4}mR^2\omega^2$

56. 质量为 m，长为 $2l$ 的均质细杆初始位于水平位置，如图所示。A 端脱落后，杆绕轴 B 转动。当杆转到铅垂位置时，AB 杆角加速度的大小为(　　)。

A. 0　　B. $\frac{3g}{4l}$　　C. $\frac{3g}{2l}$　　D. $\frac{6g}{l}$

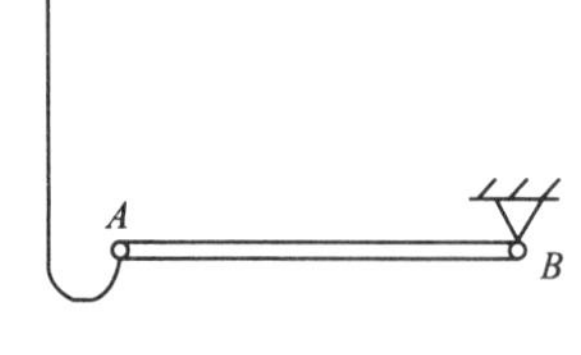

题 56 图

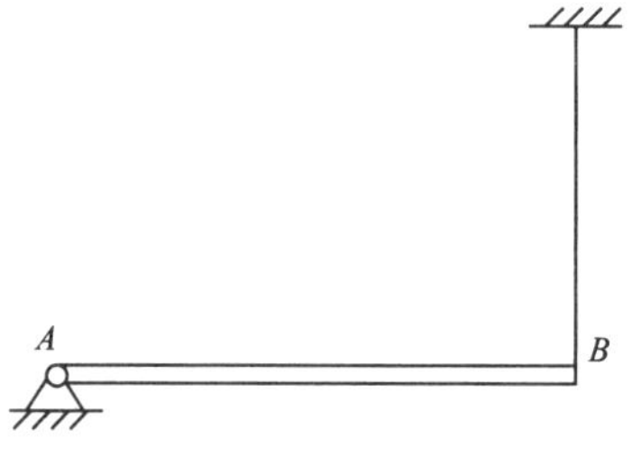

题 57 图

57. 均质细杆 AB 重 P，长 $2l$，A 端铰支，B 端用绳系住，处于水平位置，如图所示。当 B

端绳突然剪断瞬时，AB 杆的角加速度大小为$\frac{3g}{4l}$，则 A 处约束力大小为(　　)。

A. $F_{Ax}=0$，$F_{Ay}=0$　　B. $F_{Ax}=0$，$F_{Ay}=\frac{P}{4}$

C. $F_{Ax}=P$，$F_{Ay}=\frac{P}{2}$　　D. $F_{Ax}=0$，$F_{Ay}=P$

58. 图示一弹簧质量系统，置于光滑的斜面上，斜面的倾角 α 可以在 0 ~ 90°间改变，则随 α 的增大，系统振动的固有频率(　　)。

A. 增大　　B. 减小

C. 不变　　D. 不能确定

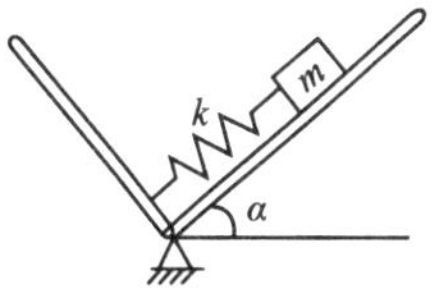

题 58 图

59. 在低碳钢拉伸试验中，冷作硬化现象发生在(　　)。

A. 弹性阶段　　B. 屈服阶段

C. 强化阶段　　D. 局部变形阶段

60. 螺钉受力如图所示，已知螺钉和钢板的材料相同，拉伸许用应力$[\sigma]$是剪切许可应力$[\tau]$的 2 倍，即$[\sigma]=2[\tau]$，钢板厚度 t 是螺钉头高度 h 的 1.5 倍，则螺钉直径 d 的合理值为(　　)。

A. $d=2h$

B. $d=0.5h$

C. $d^2=2Dt$

D. $d^2=0.5Dt$

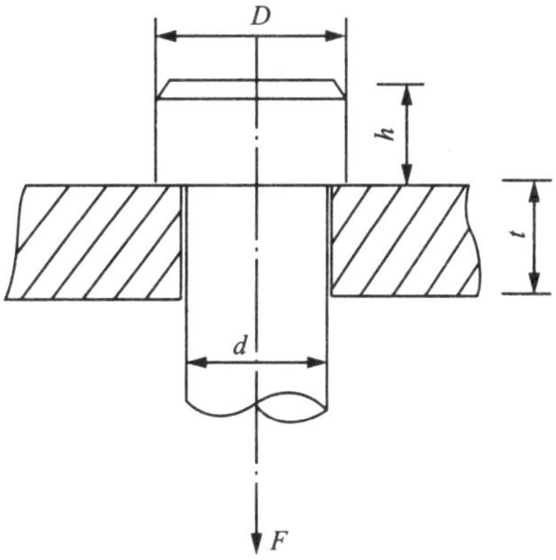

题 60 图

61. 直径为 d 的实心圆轴受扭，若使扭转角减小一半，圆轴的直径需变为(　　)。

A. $\sqrt[4]{2}d$　　B. $\sqrt[5]{2}d$

C. $0.5d$　　D. $2d$

62. 图(a)所示圆轴抗扭截面模量为 W_t，切变模量为 G。扭转变形后，圆轴表面 A 点处截取的单元体互相垂直的相邻边线改变了 γ 角，如图(b)所示。圆轴承受的扭矩 T 为(　　)。

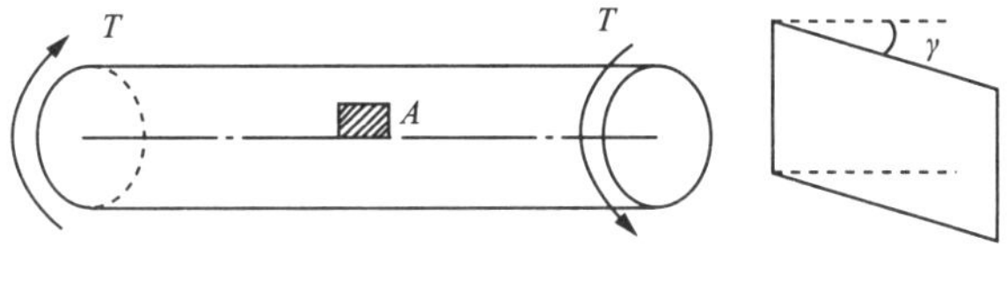

(a)　　(b)

题 62 图

A. $T=G\gamma W_t$　　B. $T=\frac{G\gamma}{W_t}$　　C. $T=\frac{\gamma}{G}W_t$　　D. $T=\frac{W_t}{G\gamma}$

63. 矩形截面挖去一个边长为 a 的正方形，如图所示，该截面对 z 轴的惯性矩 I_z 为(　　)。

A. $I_z=\frac{bh^3}{12}-\frac{a^4}{12}$　　B. $I_z=\frac{bh^3}{12}-\frac{13a^4}{12}$　　C. $I_z=\frac{bh^3}{12}-\frac{a^4}{3}$　　D. $I_z=\frac{bh^3}{12}-\frac{7a^4}{12}$

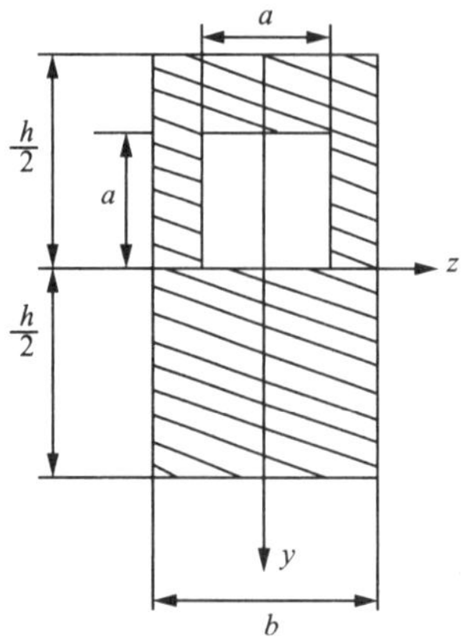

题 63 图

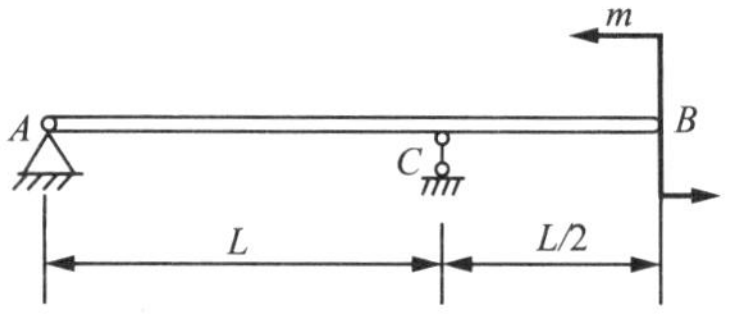

题 64 图

64. 图示外伸梁，A 截面的剪力为(　　)。

A. 0　　B. $\dfrac{3m}{2L}$　　C. $\dfrac{m}{L}$　　D. $-\dfrac{m}{L}$

65. 两根梁长度、截面形状和约束完全相同，一根材料为钢，另一根材料为铝。在相同的外力作用下发生弯曲形变，两者的不同之处为(　　)。

A. 弯曲内力　　B. 弯曲正应力　　C. 弯曲切应力　　D. 挠曲线

66. 图示四个悬臂梁中挠曲线是圆弧的为(　　)。

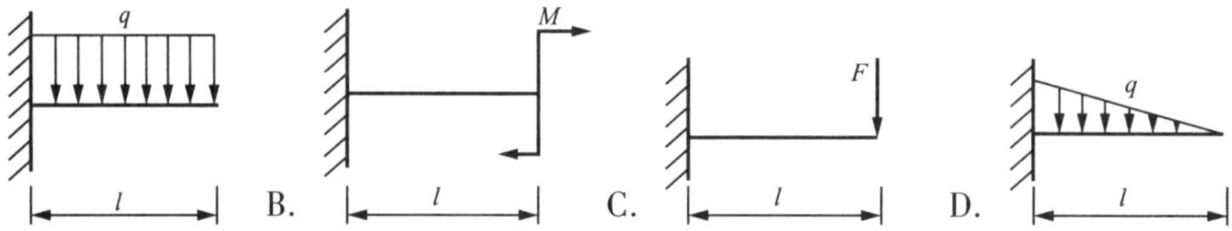

67. 受力体一点处的应力状态如图所示，该点的最大主应力 σ_1 为(　　)。

A. 70MPa　　B. 10MPa　　C. 40MPa　　D. 50MPa

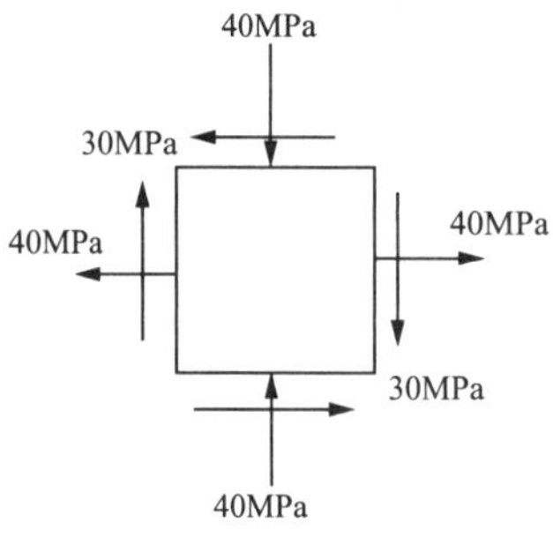

题 67 图

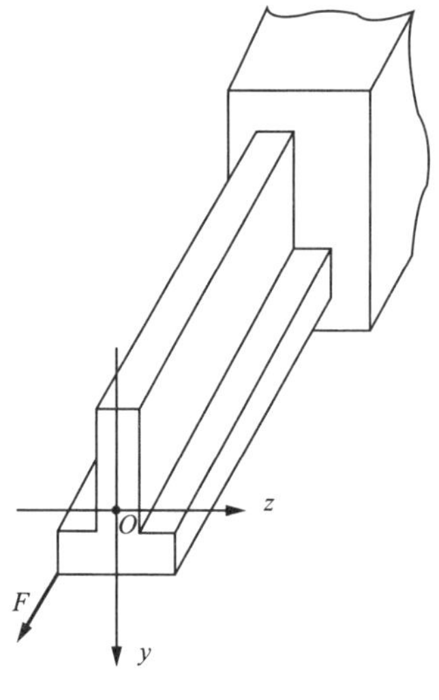

题 68 图

68. 图示 T 形截面杆，一端固定、一端自由，自由端的集中力 F 作用在截面的左下角点，并与杆件的轴线平行。该杆发生的变形为(　　)。

A. 绕 y 和 z 轴的双向弯曲　　B. 轴向拉伸和绕 y、z 轴的双向弯曲

C. 轴向拉伸和绕 z 轴弯曲　　D. 轴向拉伸和绕 y 轴弯曲

69. 图示圆轴，在自由端圆周边界承受竖直向下的集中力 F，按第三强度理论，危险截面的相当应力 σ_{eq3} 为(　　)。

A. $\sigma_{eq3}=\dfrac{16}{\pi d^3}\sqrt{(FL)^2+4(\dfrac{Fd}{2})^2}$

B. $\sigma_{eq3}=\dfrac{16}{\pi d^3}\sqrt{(FL)^2+(\dfrac{Fd}{2})^2}$

C. $\sigma_{eq3}=\dfrac{32}{\pi d^3}\sqrt{(FL)^2+4(\dfrac{Fd}{2})^2}$

D. $\sigma_{eq3}=\dfrac{32}{\pi d^3}\sqrt{(FL)^2+(\dfrac{Fd}{2})^2}$

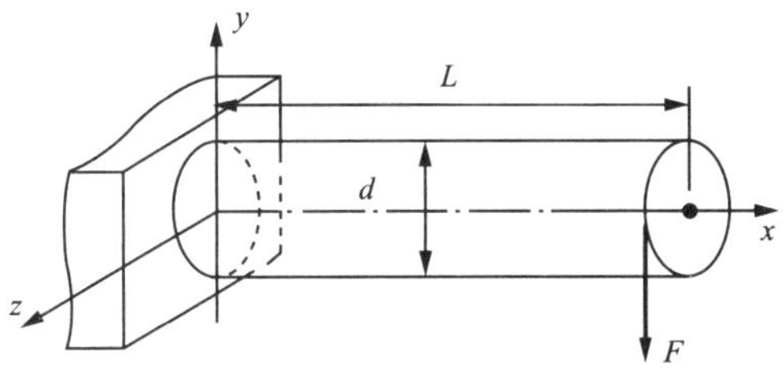

题 69 图

70. 两根完全相同的细长(大柔度)压杆 AB 和 CD 如图所示，杆的下端为固定铰链约束，上端与刚性水平杆固结。两杆的弯曲刚度均为 EI，其临界载荷 F_a 为(　　)。

A. $2.04\times\dfrac{\pi^2 EI}{L^2}$

B. $4.08\times\dfrac{\pi^2 EI}{L^2}$

C. $8\times\dfrac{\pi^2 EI}{L^2}$

D. $2\times\dfrac{\pi^2 EI}{L^2}$

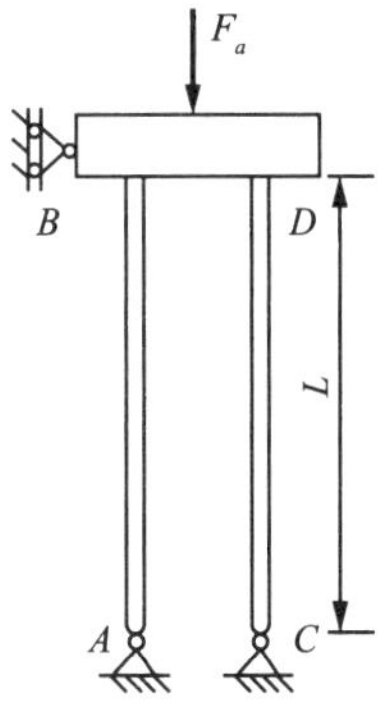

题 70 图

71. 静止的流体中，任一点的压强的大小与下列哪一项无关?(　　)

A. 当地重力加速度　　B. 受压面的方向

C. 该点的位置　　D. 流体的种类

72. 静止油面(油面上为大气)下 3m 深度处的绝对压强为下列哪一项?(　　)(油的密度为 800kg/m^3，当地大气压为 100kPa)

A. 3kPa　　B. 23.5kPa　　C. 102.4kPa　　D. 123.5kPa

73. 根据恒定流的定义，下列说法中正确的是(　　)。

A. 各断面流速分布相同

B. 各空间点上所有运动要素均不随时间变化

C. 流线是相互平行的直线

D. 流动随时间按一定规律变化

74. 正常工作条件下的薄壁小孔口与圆柱形外管嘴，直径 d 相等，作用水头 H 相等，则孔口流量 Q_1 和孔口收缩断面流速 v_1 与管嘴流量 Q_2 和管嘴出口流速 v_2 的关系是(　　)。

A. $v_1<v_2$，$Q_1<Q_2$　　B. $v_1<v_2$，$Q_1>Q_2$

C. $v_1>v_2$，$Q_1<Q_2$　　D. $v_1>v_2$，$Q_1>Q_2$

75. 明渠均匀流只能发生在(　　)。

A. 顺坡棱柱形渠道　　　　B. 平坡棱柱形渠道

C. 逆坡棱柱形渠道　　　　D. 变坡棱柱形渠道

76. 在流量，渠道断面形状和尺寸，壁面粗糙系数一定时，随底坡的增大，正常水深将会(　　)。

A. 减小　　B. 不变　　C. 增大　　D. 随机变化

77. 有一个普通完全井，其直径为1m，含水层厚度为$H=11\text{m}$，土壤渗透系数$k=2\text{m/h}$。抽水稳定后的井中水深$h_0=8\text{m}$，估算井的出水量(　　)。

A. $0.084\text{m}^3/\text{s}$　　B. $0.017\text{m}^3/\text{s}$　　C. $0.17\text{m}^3/\text{s}$　　D. $0.84\text{m}^3/\text{s}$

78. 研究船体在水中航行的受力试验，其模型设计应采用(　　)。

A. 雷诺准则　　B. 弗劳德准则　　C. 韦伯准则　　D. 马赫准则

79. 在静电场中，有一个带电体在电场力的作用下移动，由此所作的功的能量来源是(　　)。

A. 电场能　　　　B. 带电体自身的能量

C. 电场能和带电体自身的能量　　　　D. 电场外部能量

80. 图示电路中，$u_S=10\text{V}$，$i=1\text{mA}$，则(　　)。

A. 因为$i_2=0$，使支流$i_1=1\text{mA}$　　B. 因为参数C未知，无法求出电流i_2

C. 虽然电流i_2未知，但是$i>i_1$成立　　D. 电容存储的能量为0

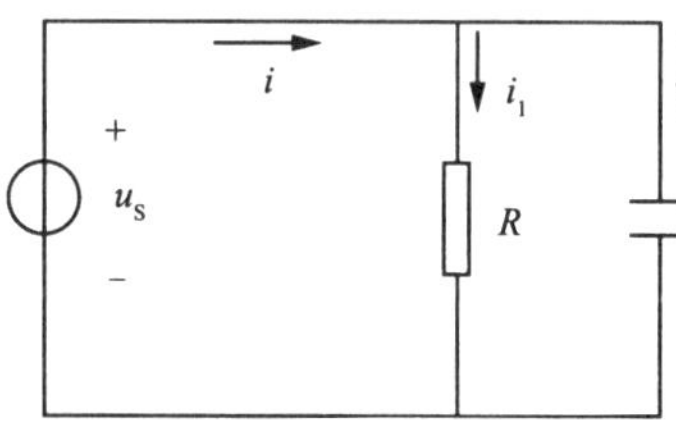

题80图

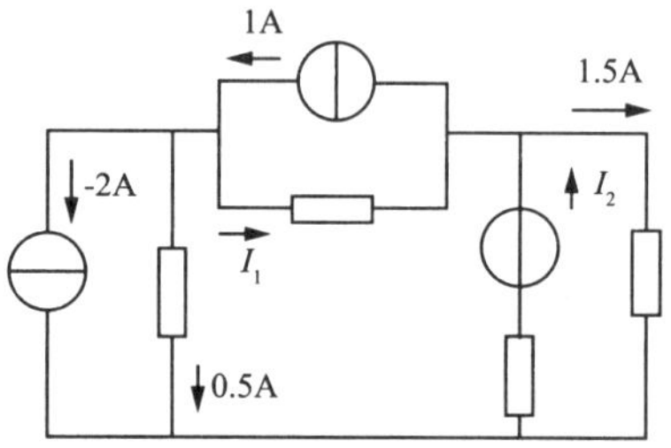

题81图

81. 图示电路中，电流I_1和电流I_2分别为(　　)。

A. 2.5A和1.5A　　B. 1A和0A　　C. 2.5A和0A　　D. 1A和1.5A

82. 正弦交流电压的波形图如图所示，该电压的时域解析表达式为(　　)。

A. $u(t)=155.56\sin(\omega t-5°)\text{V}$　　B. $u(t)=155.56\sin(314t-90°)\text{V}$

C. $u(t)=155.56\sin(50t+60°)\text{V}$　　D. $u(t)=155.56\sin(314t-60°)\text{V}$

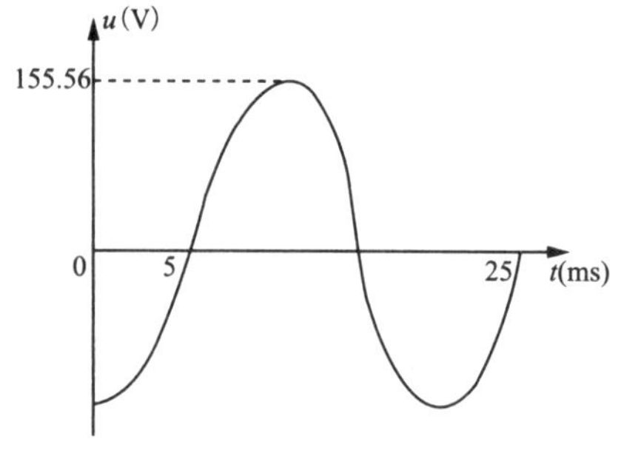

题82图

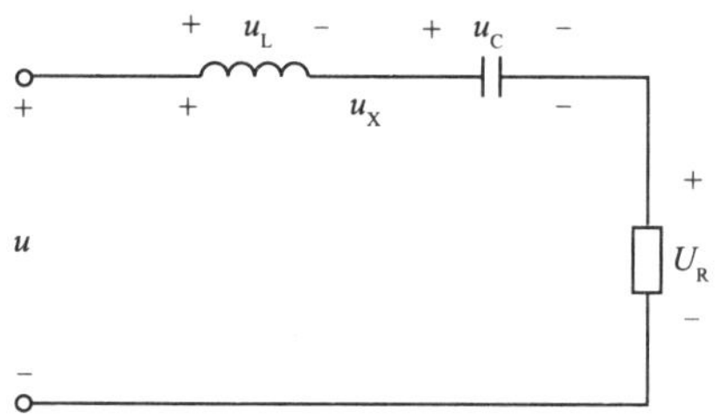

题83图

83. 图示电路中，若 $u=U_M\sin(\omega t+\psi_u)$，则下列表达式中一定成立的是(　　)。

式 1：$u=u_R+u_L+u_C$

式 2：$u_X=u_L-u_C$

式 3：$U_X<U_L$ 以及 $U_X<U_C$

式 4：$U^2=U_R^2+(U_L+U_C)^2$

A. 式 1 和式 3　　　　B. 式 2 和式 4

C. 式 1、式 3 和式 4　　　　D. 式 2 和式 3

84. 图 a)所示电路的激励电压如图 b)所示，那么，从 $t=0$ 时刻开始，电路出现暂态过程的次数和在换路时刻发生跳变的量分别是(　　)。

A. 3 次，电感电压　　　　B. 4 次，电感电压和电容电压

C. 3 次，电容电流　　　　D. 4 次，电阻电压和电感电压

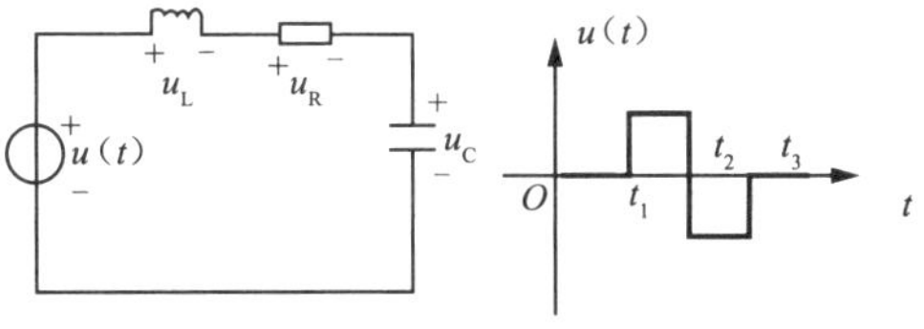

a)　　　　b)

题 84 图

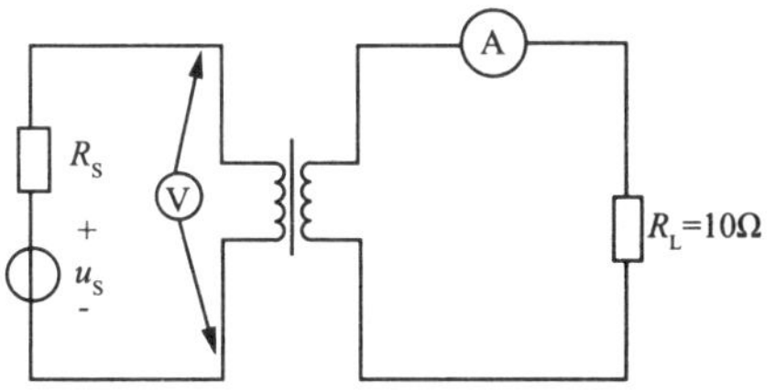

题 85 图

85. 在信号源(u_S，R_S)和电阻 R_L 之间插入一个理想变压器，如图所示，若电压表和电流表的读数分别为 100V 和 2A，则信号源供出电流的有效值为(　　)。

A. 0.4A　　B. 10A　　C. 0.28A　　D. 7.07A

86. 三相异步电动机的工作效率与功率因数随负载的变化规律是(　　)。

A. 空载时，工作效率为 0，负载越大功率越高

B. 空载时，功率因数较小，接近满负荷时达到最大值

C. 功率因数与电动机的结构和参数有关，和负载无关

D. 负载越大，功率因数越大

87. 在如下关于信号和信息的说法中，正确的是(　　)。

A. 信息含于信号之中

B. 信号含于信息之中

C. 信息是一种特殊符号

D. 同一信息只能承载在一种信号之中

88. 数字信号如图所示，如果用其表示数值，那么，该数字信号表示的数量是(　　)。

题 88 图

A. 3 个 0 和 3 个 1　　　　B. 一万零一十一

C. 3　　　　D. 19

89. 用传感器对某管道中流动的液体流量 $x(t)$ 进行测量，测量结果为 $u(t)$，用采样器对 $u(t)$ 采样后得到信号 $u^*(t)$，那么(　　)。

A. $x(t)$和$u(t)$均随时间连续变化，因此均是模拟信号

B. $u^*(t)$仅在采样点上有定义，因此是离散信号

C. $u^*(t)$仅在采样点上有定义，因此是数字信号

D. $u^*(t)$是$x(t)$的模拟信号

90. 下图所示电路的逻辑式是(　　)。

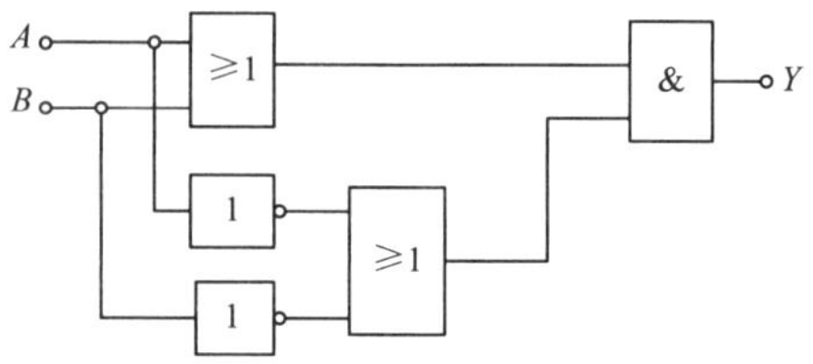

题 90 图

A. $Y = AB(\overline{A} + \overline{B})$　　　　B. $Y = A\overline{B} + B\overline{A}$

C. $Y = (A + B)\overline{A}\,\overline{B}$　　　　D. $Y = AB + \overline{A}\,\overline{B}$

91. 模拟信号放大器是完成对输入模拟量(　　)。

A. 幅度的放大　　　　B. 频率的放大

C. 幅度和频率的放大　　　　D. 低频成分的放大

92. 某逻辑问题的真值表如下表所示，由此可以得到，该逻辑问题的输入输出之间的关系为(　　)。

C	A	B	F
1	0	0	1
1	0	1	0
1	1	0	0
1	1	1	1

A. $F = 0 + 1 = 1$　　　　B. $F = \overline{A}\,\overline{B}C + ABC$

C. $F = A\,\overline{B}C + A\,\overline{B}C$　　　　D. $F = \overline{A}\,\overline{B} + AB$

93. 单相全波整流电路如题 93 图所示，已知 $R_L = 80\Omega$，$U_o = 110V$，忽略整流二极管的正向压降，每个二极管所承受的最高反向电压 U_{DRM} 为(　　)V。

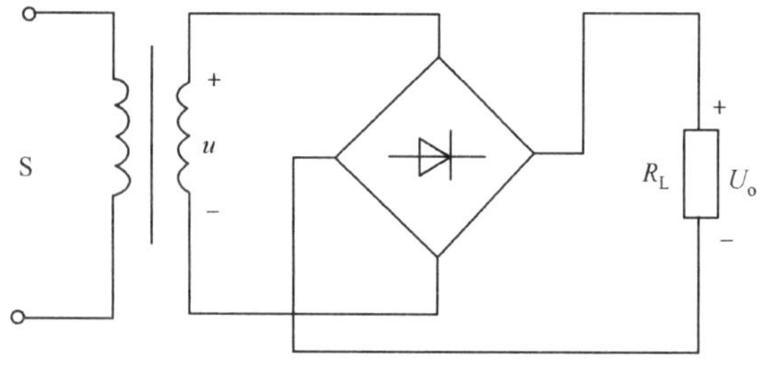

题 93 图

A. 122　　　　B. 155　　　　C. 173　　　　D. 190

94. 将放大倍数为 1，输入电阻为 100Ω，输出电阻为 50Ω 的射极输出器插接在信号源(u_S，R_S)与负载(R_L)之间，形成图 b)电路，与图 a)电路相比，负载电压的有效值(　　)。

A. $U_{L2} > U_{L1}$

B. $U_{L2} = U_{L1}$

C. $U_{L2} < U_{L1}$

D. 因为 U_S 未知，不能确定 U_{L1} 和 U_{L2} 之间的关系

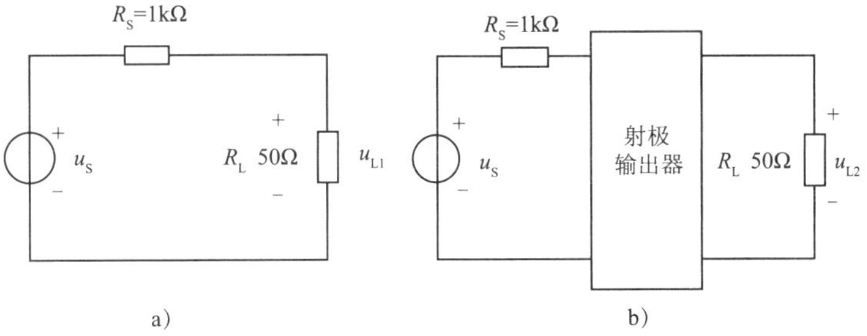

题 94 图

95. 数字信号 B = 1 时，图示两种基本门的输出分别为(　　)。

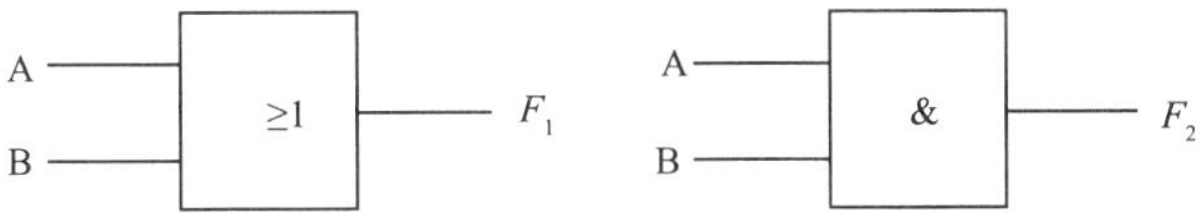

题 95 图

A. $F_1 = A$，$F_2 = 1$　　B. $F_1 = 1$，$F_2 = A$

C. $F_1 = 1$，$F_2 = 0$　　D. $F_1 = 0$，$F_2 = A$

96. D 触发器电路如题 96 图所示，在 cp 脉冲作用下，Q 端的输出波形为(　　)。

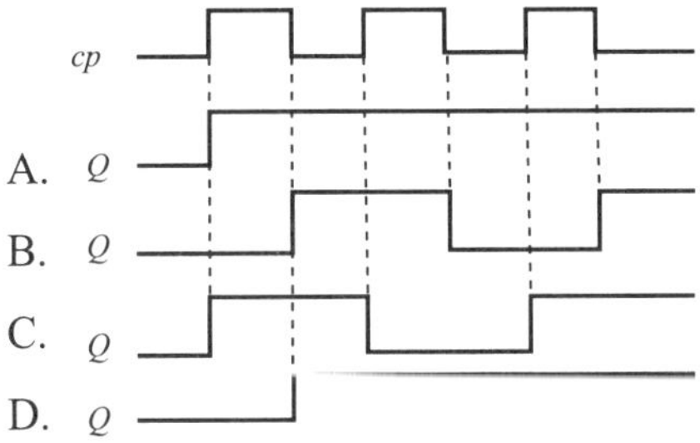

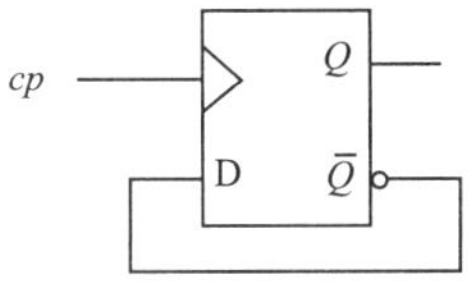

题96图

97. 存储器的主要功能是(　　)。

A. 自动计算　　B. 进行输入/输出

C. 存放程序和数据　　D. 进行数值计算

98. 按照应用和虚拟机的观点，软件可分为(　　)。

A. 系统软件，多媒体软件，管理软件

B. 操作系统，硬件管理软件和网络软件

C. 网络系统，应用软件和程序设计语言

D. 系统软件，支撑软件和应用类软件

99. 信息有多个特征，下列四条关于信息特征的叙述中，有错误的一条是(　　)。

A. 信息的可识别性，信息的可变性，信息的可流动性

B. 信息的可处理性，信息的可存储性，信息的属性

C. 信息的可再生性，信息的有效和无效性，信息的可使用性

D. 信息的可再生性，信息的独立存在性，信息的不可失性

100. 将八进制数 763 转换成相应的二进制数，其正确结果是(　　)。

A. 110101110　　B. 110111100　　C. 100110101　　D. 111110011

101. 计算机的内存储器以及外存储器的容量通常是(　　)。

A. 以字节即 8 位二进制数为单位来表示

B. 以字节即 16 位二进制数为单位来表示

C. 以二进制数为单位来表示

D. 以双字即 32 位二进制数为单位来表示

102. 操作系统是一个庞大的管理系统控制程序，它由五大管理系统组成。在下面的四个选项中，不属于这五大管理系统的是(　　)。

A. 作业管理，存储管理　　B. 设备管理，文件管理

C. 进程管理，存储管理　　D. 中断管理，电源管理

103. 在 Windows 中，对存储器采用分页存储管理技术时，规定一个页的大小为(　　)。

A. 4G 字节　　B. 4K 字节　　C. 128M 字节　　D. 16K 字节

104. 为解决主机与外围设备的操作速度不匹配的问题，Windows 采用了(　　)。

A. 缓冲技术　　B. 流水线技术

C. 中断技术　　D. 分段分页技术

105. 计算机网络技术涉及(　　)。

A. 通信技术和半导体工艺技术　　B. 网络技术和计算机技术

C. 通信技术和计算机技术　　D. 航天技术和计算机技术

106. 计算机网络是一个复合系统，共同遵守的规则称为网络协议。网络协议主要由(　　)。

A. 语句、语义和同步三个要素构成

B. 语法、语句和同步三个要素构成

C. 语法、语义和同步三个要素构成

D. 语法、语义和异步三个要素构成

107. 关于现金流量的下列说法中，正确的是(　　)。

A. 同一时间点上的现金流入和现金流出之和，称为净现金流量

B. 现金流量图表示现金流入、现金流出及其与时间的对应关系

C. 现金流量图的零点表示时间序列的起点，同时也是第一个现金流量的时间点

D. 垂直线的箭头表示现金流动的方向，箭头向上表示现金流出，即表示费用

108. 项目前期研究阶段的划分，下列正确的是(　　)。

A. 规划、机会研究和项目建议书

B. 机会研究、项目建议书和可行性研究

C. 规划、机会研究、项目建议书和可行性研究

D. 规划、机会研究、项目建议书、可行性研究、后评价

109. 某项目建设期 3 年，共贷款 1000 万元，第一年贷款 200 万元，第二年贷款 500 万元，第三年贷款 300 万元，贷款在各年内均衡发生，贷款年利率为 7%，建设期内不支付利息，建设期利息为(　　)。

A. 98.00 万元　　B. 101.22 万元　　C. 138.46 万元　　D. 62.33 万元

110. 下列不属于股票融资特点的是(　　)。

A. 股票融资所筹备资金是项目的股本资金，可作为其他方式筹资的基础

B. 股票融资所筹资金没有到期偿还的问题

C. 普通股票的股利支付，可视融资主体的经营好坏和经营需要而定

D. 股票融资的资金成本较低

111. 融资前分析和融资后分析的关系，下列说法中正确的是(　　)。

A. 融资前分析是考虑债务融资条件下进行的财务分析

B. 融资后分析应广泛应用于项目各阶段的财务分析

C. 在规划和机会研究阶段，一般只进行融资前分析

D. 一个项目财务分析中融资前和融资后分析两者必不可少

112. 经济效益计算的原则是(　　)。

A. 增量分析的原则

B. 考虑关联效果的原则

C. 以全国居民作为分析对象的原则

D. 支付意愿原则和接受补偿意愿原则

113. 某建设项目年设计生产能力为 8 万台，年固定成本为 1200 万元，产品单台销售价为 1000 元，单台产品可变成本为 600 元，单台产品销售税金及附加为 150 元，则该项目的盈亏平衡点的产销量为(　　)。

A. 48000 台　　B. 12000 台　　C. 30000 台　　D. 21819 台

114. 下列可以提高产品价值的是(　　)。

A. 功能不变，提高成本

B. 成本不变，降低功能

C. 成本增加一些，功能有很大的提高

D. 功能很大降低，成本降低一些

115. 按照《建筑法》规定，建设单位申领施工许可证，应该具备的条件之一是(　　)。

A. 拆迁工作已经完成

B. 已经确定监理企业

C. 有保证工程质量和安全的具体措施

D. 建设资金全部到位

116. 根据《招标投标法》的规定，下列包括在招标公告中的是(　　)。

A. 招标项目的性质、数量　　B. 招标项目的技术要求

C. 对招标人员资格的审查标准　　D. 拟签订合同的主要条款

117. 按照《民法典》的规定，招标人在招标时，招标公告属于合同订立过程中的(　　)。

A. 邀约　　B. 承诺　　C. 要约邀请　　D. 以上都不是

118. 根据《节约能源法》的规定，为了引导用能单位和个人使用先进的节能技术、节能产品，国务院管理节能工作的部门会同国务院有关部门(　　)。

A. 发布节能技术政策大纲

B. 制定并公布节能技术、节能产品的推广目录

C. 支持科研单位和企业开展节能技术应用研究

D. 开展节能共性和关键技术，促进节能技术创新和成果转化

119. 根据《环境保护法》的规定，有关环境质量标准的下列说法中，正确的是(　　)。

A. 对国家污染物排放标准中已经做出规定的项目，不得再制定地方污染物排放标准

B. 地方人民政府对国家环境质量标准中未做出规定的项目，不得制定地方标准

C. 地方污染物排放标准必须经过国务院环境保护主管部门的审批

D. 向已有地方污染物排放标准的区域排放污染物的，应当执行地方排放标准

120. 根据《建设工程勘察设计管理条例》的规定，编辑初步设计文件应当(　　)。

A. 满足编制方案设计文件和控制概算的需要

B. 满足编制施工招标文件、主要设备材料订货和编制施工图设计文件的需要

C. 满足非标准设备制作，并注明建筑工程合理使用年限

D. 满足设备材料采购和施工的需要

答案及详解

单项选择题（共 120 题，每题 1 分。每题的备选项中只有一个最符合题意）

1. **【答案】**D

【解析】平面的法向向量为（1，1，1），直线的方向向量为（-1，1，1）。由于$\frac{1}{-1}\neq\frac{1}{1}=\frac{1}{1}$，即平面的法向向量和直线的方向向量不平行，所以直线与平面不垂直。又$1\times(-1)+1\times1+1\times1=1\neq0$，即平面的法向向量和直线的方向向量不垂直，所以直线与平面不平行。故直线与平面相交但不垂直。

2. **【答案】**C

【解析】依题意可以得到：$\vec{\alpha}\times\vec{\beta}=\begin{pmatrix}\vec{i} & \vec{j} & \vec{k}\\ -1 & 3 & 1\\ 1 & 1 & t\end{pmatrix}=(3t-1)\vec{i}+(t+1)\vec{j}-4\vec{k}=-4\vec{i}-4\vec{k}$。

根据对应分量的系数相等可知：$3t-1=-4$，解得：$t=-1$。

3. **【答案】**B

【解析】对函数求导得：$f'(x)=\begin{cases}1, & x\geqslant0\\ -2x, & x<0\end{cases}$，$f'(x)>0$，则$f(x)$在$(-\infty, +\infty)$内单调增加。

4. **【答案】**A

【解析】由复合函数求导法则，有：

$$y'=\left(\cos^2\frac{1}{x}\right)'=2\cos\frac{1}{x}\left(\cos\frac{1}{x}\right)'=2\cos\frac{1}{x}\left(-\sin\frac{1}{x}\right)\left(-\frac{1}{x^2}\right)=\frac{1}{x^2}\sin\frac{2}{x}$$

5. **【答案】**C

【解析】根据拉格朗日中值定理可知，如果函数$f(x)$在闭区间$[a, b]$上连续，在开区间(a, b)内可导，则至少存在一点$\varepsilon\in(a, b)$，使得下式成立：$f(b)-f(a)=f'(\varepsilon)(b-a)$。因此，依题意可得，$y=f(x)$在闭区间$[x, x+\Delta x]$上可导，满足拉格朗日中值定理，即在$[x, x+\Delta x]$之间至少有一点$\xi$使$\Delta y=f'(\xi)\Delta x$。

6. **【答案】**D

【解析】可用举例法来判断。设$x_0=0$，函数$f(x)=\begin{cases}1, & x\geqslant0\\ -1, & x<0\end{cases}$，$g(x)=0$，则$f(x)$在点$x_0$间断，$g(x)$在点$x_0$连续，而函数$f(x)g(x)=0$在点$x_0=0$处连续；另设$x_0=0$，函数$f(x)=\begin{cases}1, & x\geqslant0\\ -1, & x<0\end{cases}$，$g(x)=1$，同理可以判断，函数$f(x)g(x)=0$在点$x_0=0$处间断。故$f(x)g(x)$在$x_0$处可能间断可能连续。

7. **【答案】**D

【解析】此题为复合函数的求微分，需要分层求导，对函数两边求微分得：

$$dz=2f'(x^2-y^2)(xdx-ydy)$$

8. 【答案】C

【解析】连续函数可积分，所以积分可得：

$$\int\frac{\cos2x}{\sin^2x\cos^2x}dx=\int\frac{\cos^2x-\sin^2x}{\sin^2x\cos^2x}dx=\int\frac{1-\tan^2x}{\sin^2x}dx=\int(\tan^2x-1)d\cot x$$

$$=\int\left(\frac{1}{\cot^2x}-1\right)d\cot x=-\tan x-\cot x+C$$

9. 【答案】B

【解析】$\int\frac{1}{\sqrt{x}}f(\sqrt{x})dx=2\int\frac{1}{2\sqrt{x}}f(\sqrt{x})dx=2\int f(\sqrt{x})d\sqrt{x}$。

又已知 $\int f(x)dx=F(x)+C$，故 $\int\frac{1}{\sqrt{x}}f(\sqrt{x})dx=2\int f(\sqrt{x})d\sqrt{x}=2F(\sqrt{x})+C$。

10. 【答案】D

【解析】此题为积分函数的求导，需要对积分求导后再对内层函数求导：

$$\frac{d}{dx}\int_0^{\cos x}\sqrt{1-t^2}dt=(\cos x)'\sqrt{1-\cos^2x}=-\sin x|\sin x|$$

11. 【答案】C

【解析】C 项，$\int_1^{+\infty}\frac{1}{\sqrt{x}}dx=\lim\limits_{a\to+\infty}\int_1^a\frac{1}{\sqrt{x}}dx=\lim\limits_{a\to+\infty}2\sqrt{a}-2$，发散。

A 项，在 $x=0$ 处无定义，故 $\int_{-1}^{1}\frac{1}{x^2}dx=\int_{-1}^{0}\frac{1}{x^2}dx+\int_{0}^{1}\frac{1}{x^2}dx$，不收敛。

B 项，$\frac{d}{dx}\int_0^{x^2}f(t)dt=f(x^2)\cdot2x$。

D 项，$\int_{-\infty}^{0}e^{-\frac{x^2}{2}}dx=\sqrt{\frac{\pi}{2}}$，收敛。

12. 【答案】D

【解析】记曲面 $x^2+y^2+z^2=2z$ 之内以及曲面 $z=x^2+y^2$ 之外所围成的立体为 Ω，Ω 的图形如题 12 解图所示，Ω 的体积 $V=\iiint\limits_{\Omega}dV$。因 Ω 在 xOy 面的投影是圆域 $x^2+y^2\leq1$，所以有：$0\leq\theta\leq2\pi$。z 是从球面 $x^2+y^2+z^2=2z$ 的下半部到抛物面 $z=x^2+y^2$，化为柱坐标有：$1-\sqrt{1-r^2}\leq z\leq r^2$，故原积分化为柱坐标下的三重积分有：

$$V=\iiint\limits_{\Omega}dV=\iiint\limits_{\Omega}rdrd\theta dz=\int_0^{2\pi}d\theta\int_0^1rdr\int_{1-\sqrt{1-r^2}}^{r^2}dz$$

13. 【答案】C

【解析】由 $\frac{1}{1-x}=\sum\limits_{n=0}^{\infty}x^n$，$x\in(-1,1)$，得：$\frac{1}{3-x}=\frac{1}{2}\cdot\frac{1}{1-\frac{x-1}{2}}=\frac{1}{2}\sum\limits_{n=0}^{\infty}\left(\frac{x-1}{2}\right)^n$，定义域为：$-1<x<3$。

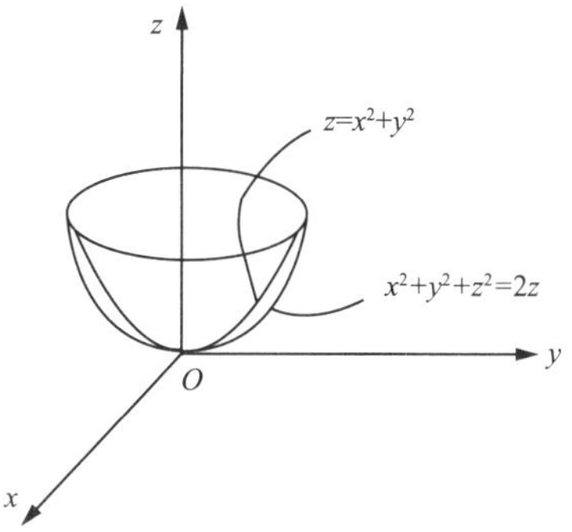

题 12 解图

14. 【答案】B

【解析】采用举例法求解：取级数 $\sum\limits_{n=1}^{\infty} 1$，级数 $\sum\limits_{n=1}^{\infty}(1-1)$ 收敛，但级数 $\sum\limits_{n=1}^{\infty} 1$ 发散；再取级数 $\sum\limits_{n=1}^{\infty}\frac{1}{n^2}$，$\sum\limits_{n=1}^{\infty}\left[\frac{1}{(2n)^2}-\frac{1}{(2n+1)^2}\right]=\sum\limits_{n=1}^{\infty}\frac{4n+1}{4n^2(2n+1)^2}$ 收敛，而 $\sum\limits_{n=1}^{\infty}\frac{1}{n^2}$ 也收敛。

15. 【答案】B

【解析】分离变量可以得到：$-\frac{1}{3+2y}\mathrm{d}y=\frac{x}{1+x^2}\mathrm{d}x$。对等式两边积分得：$-\int\frac{1}{3+2y}\mathrm{d}y=\int\frac{x}{1+x^2}\mathrm{d}x$，整理得：$-\frac{1}{2}\ln(3+2y)=\frac{1}{2}\ln(1+x^2)+C$，即 $(1+x^2)(3+2y)=C$。

16. 【答案】A

【解析】将已知条件 $y|_{x=0}=0$，$y'|_{x=0}=-1$ 代入 4 个选项中，只有 A 项符合要求。

17. 【答案】C

【解析】非齐次线性方程组 $\boldsymbol{Ax}=\boldsymbol{b}$ 的通解由导出组 $\boldsymbol{Ax}=\boldsymbol{0}$ 的基础解系与某一特解构成。

A 项，$\frac{\boldsymbol{\beta}_1-\boldsymbol{\beta}_2}{2}$、$\boldsymbol{\alpha}_1-\boldsymbol{\alpha}_2$ 都是导出组 $\boldsymbol{Ax}=\boldsymbol{0}$ 的一个解，该项中不包含特解；

B 项，$\boldsymbol{\beta}_1-\boldsymbol{\beta}_2$ 是导出组 $\boldsymbol{Ax}=\boldsymbol{0}$ 的一个解，该项也不包含特解；

C 项，$\frac{\boldsymbol{\beta}_1+\boldsymbol{\beta}_2}{2}$是 $\boldsymbol{Ax}=\boldsymbol{b}$ 的特解，$\boldsymbol{\alpha}_1-\boldsymbol{\alpha}_2$ 与 $\boldsymbol{\alpha}_1$ 线性无关，可作为导出组 $\boldsymbol{Ax}=\boldsymbol{0}$ 的基础解系；

D 项，包含特解，但 $\boldsymbol{\beta}_1-\boldsymbol{\beta}_2$ 与 $\boldsymbol{\alpha}_1$ 未必线性无关，不能作为导出组 $\boldsymbol{Ax}=\boldsymbol{0}$ 的基础解系。

18. 【答案】A

【解析】由 $\boldsymbol{AB}=\boldsymbol{0}$ 可得，$r(\boldsymbol{A})+r(\boldsymbol{B})\leqslant n$。又由于 $\boldsymbol{A}$，$\boldsymbol{B}$ 都是非零矩阵，可知 $r(\boldsymbol{A})>0$，$r(\boldsymbol{B})>0$，得：$r(\boldsymbol{A})<n$，$r(\boldsymbol{B})<n$。因此 $\boldsymbol{A}$ 的列向量组线性相关，$\boldsymbol{B}$ 的行向量组线性相关。

19. 【答案】B

【解析】$\boldsymbol{\alpha}$ 是 $\boldsymbol{A}$ 的属于特征值 λ 的特征向量，则有 $\boldsymbol{A\alpha}=\lambda\boldsymbol{\alpha}$。又由 $\boldsymbol{B}=\boldsymbol{P}^{-1}\boldsymbol{AP}$ 可得，$\boldsymbol{A}=\boldsymbol{PBP}^{-1}$。因此，$\boldsymbol{PBP}^{-1}\boldsymbol{\alpha}=\lambda\boldsymbol{\alpha}$，整理得：$\boldsymbol{BP}^{-1}\boldsymbol{\alpha}=\lambda\boldsymbol{P}^{-1}\boldsymbol{\alpha}$。令 $\boldsymbol{P}^{-1}\boldsymbol{\alpha}=\boldsymbol{\beta}$，则 $\boldsymbol{B\beta}=\lambda\boldsymbol{\beta}$。故 $\boldsymbol{B}$ 的属于特征值 λ 的特征向量是 $\boldsymbol{P}^{-1}\boldsymbol{\alpha}$。

20. 【答案】A

【解析】矩阵 $\boldsymbol{A}$ 为实对称矩阵，合同矩阵的特征值相同，矩阵 $\boldsymbol{A}$ 的特征方程与 $\begin{pmatrix} 1 & -1 \\ -1 & 2 \end{pmatrix}$ 的特征方程一致，均为：$\lambda^2-3\lambda+1=0$。故特征值相同，因此两矩阵合同。

21. 【答案】B

【解析】由题意可知：$P(\overline{A}-B)=1-P(A+B)=1-P(A\cup B)=0.3$，则 $P(A\cup B)=0.7$。

22. 【答案】B

【解析】由正态分布的性质可得：A 项，$P(X\leqslant\lambda)=1-P(X>\lambda)$；B 项，$P(X\geqslant\lambda)=P(X\leqslant-\lambda)$；C 项，$X-\lambda\sim N(-\lambda,\sigma^2)$；D 项，$\lambda X\sim N(0,\lambda^2\sigma^2)$。

23. 【答案】A

【解析】由题意，$Y=\dfrac{1}{X}$ 的数学期望为

$$E(Y)=\int_{-\infty}^{+\infty}\frac{1}{x}f(x)\mathrm{d}x=\int_0^2\frac{3}{8}x\mathrm{d}x=\frac{3}{16}x^2\big|_0^2=\frac{3}{4}$$

24. 【答案】C

【解析】计算最大似然估计的方法步骤如下：①计算似然函数 $L(\theta)$；②计算似然函数的对数 $\ln L(\theta)$；③求导数 $\dfrac{\partial}{\partial\theta}\ln L(\theta)$；④解似然方程 $\dfrac{\partial}{\partial\theta}\ln L(\theta)=0$。只要似然方程的解是唯一的，似然方程的解便是 θ 的最大似然估计。

本题的似然函数为：$L(\theta)=\prod\limits_{i=1}^{n}\mathrm{e}^{-(x_i-\theta)}$，似然函数的对数为：$\ln L(\theta)=n\theta-\sum\limits_{i=1}^{n}x_i$。又 $\dfrac{\partial}{\partial\theta}\ln L(\theta)=n$ 无解，而 $\ln L=n\theta-\sum\limits_{i=1}^{n}x_i$ 关于 θ 单调递增，要使 $\ln L$ 达到最大，θ 应最大。由题意可知，$x_i\geqslant\theta$，故 θ 的最大值为 $\min(X_1,X_2,\cdots X_n)$。

25. 【答案】C

【解析】能量按自由度均分原理规定，在温度为 T 的平衡状态下，分子的每一个自由度都具有相同的平均动能，其值为 $kT/2$，则分子平均动能 =（平均平动动能 + 平均转动动能）$=ikT/2$，其中 i 为总自由度数。对于刚性双原子分子，其自由度为 5，因此平均动能 $\overline{\varepsilon}=5kT/2$。而根据分子平动原理，分子平均平动动能 $\varepsilon_{平动}=3kT/2$。

26. 【答案】C

【解析】由压强 $p=\dfrac{nkT}{V}$，得：$n=\dfrac{pV}{kT}$。分子平均碰撞频率 $\overline{Z}=\sqrt{2}\pi d^2n\overline{v}$，其中 $\overline{v}=1.60\sqrt{\dfrac{RT}{M}}$，代入可得：$\overline{Z}=\sqrt{2}\pi d^2\dfrac{pV}{kT}1.60\sqrt{\dfrac{RT}{M}}=\sqrt{2}\pi d^2\dfrac{pV}{k}1.60\sqrt{\dfrac{R}{MT}}\propto\dfrac{1}{\sqrt{T}}$。其中压强 p 恒定，其余都是常数，故 $\overline{Z}$ 与 $\sqrt{T}$ 成反比。

27. 【答案】A

【解析】因为气体内能只与温度有关，温度最后回到初始温度，则内能不变，$\Delta E=0$。本题中，两个过程都对外做功，$W_1>0$，$W_2>0$，从而：$W=W_1+W_2>0$。

28. 【答案】C

【解析】根据热力学第一定律，$\Delta Q=\Delta E+\Delta A$，由 $\Delta E=120\text{J}$，$\Delta A=209\text{J}$，得：$\Delta Q=$

329J，系统吸收热量为 329J，即外界对系统做功 329J。

29. 【答案】B

【解析】平面简谐波的表达式为：$y=A\cos\omega\left(t-\frac{x}{u}\right)+\phi_0$。已知 $y=A\cos B\left(t-\frac{x}{B/C}\right)$，则波速 $u=\frac{B}{C}$，角频率为 $\omega=B$。故周期 $T=\frac{2\pi}{\omega}=\frac{2\pi}{B}$，波长 $\lambda=uT=\frac{2\pi}{C}$。

30. 【答案】C

【解析】在波动中，质元的动能和势能的变化是同相位的。动能达到最大时，势能也最大。动能为零，势能也等于零。处于平衡位置时，速度最大，形变也最大。所以质元的动能和势能都出现最大值。

31. 【答案】C

【解析】波速只与介质有关，所以不变，频率只与波源有关，也不发生变化，根据 $u=\lambda\upsilon$ 可知，波长也不发生变化，声音在媒介中传递时能量逐渐减小，能量与振幅的平方成正比，所以振幅减弱。

32. 【答案】C

【解析】覆盖云母片后，从该缝发出的光到达屏上任一点的光程为 $r_1+(n-1)e$，比未覆盖时增大，因此新的零级条纹应在原零级条纹的上面，即干涉条纹上移。

33. 【答案】A

【解析】暗条纹出现的条件为：$\delta=2ne+\frac{\lambda}{2}=(2k+1)\frac{\lambda}{2}$。式中，$k=0$，1，2…；$e$ 为玻璃厚度。则出现第三级暗条纹时，$k=3$，则 $2ne+\frac{\lambda}{2}=\frac{7\lambda}{2}$，即得：$e=\frac{3\lambda}{2n}$。

34. 【答案】B

【解析】由迈克尔逊干涉仪的原理可知，当可动反射镜 M 移动$\frac{\lambda}{2}$的距离，视场中看到干涉条纹移动 1 条，则 $\Delta d=\Delta N\frac{\lambda}{2}$。故波长为：$\lambda=\frac{2\Delta d}{\Delta N}=\frac{2\times0.620\times10^6}{2300}=539.1\text{nm}$。

35. 【答案】A

【解析】依题意 $t=0.5\text{s}$ 时，$y=0.05\cos(20\pi t+4\pi x)=0.05$，解得：$x=\frac{2k-10}{4}=\frac{k-5}{2}$。

36. 【答案】D

【解析】因为折射角为 30°，且反射光为完全偏振光，故入射角 $i_0=60°$。由布儒斯特定律可得：$\tan i_0=\frac{n_2}{n_1}$。故玻璃的折射率为：$n_2=n_1\tan i_0=1\times\sqrt{3}=\sqrt{3}$。

37. 【答案】A

【解析】恒温、恒压下化学反应自发进行方向的判据是化学反应的吉布斯函数变，用 ΔG 表示。并且 $\Delta G=\Delta H-T\Delta S$，当 $\Delta G<0$ 时，为自发过程，过程能向正方向进行。故当降低温度有利于反应自发进行时，$\Delta H<0$，$\Delta S<0$。

38. 【答案】C

【解析】此反应中，Cl_2 的化合价分别由 0 降到 -1，被还原，为氧化剂。由能斯特方程

$\varphi=\varphi^{\theta}+\frac{0.059}{n}\lg\frac{C^{a}_{氧化型}}{C^{b}_{还原型}}$得，$\varphi=\varphi^{\theta}+\frac{0.059}{n}\lg\frac{C^{a}_{氧化型}}{C^{b}_{还原型}}=1.358+\frac{0.059}{2}\lg\frac{0.1}{0.1^{2}}=1.3875V$。

39. 【答案】B

【解析】电极电位代数值越小，表示电对中还原态物质越容易失去电子，其还原性越强。还原剂的还原性依次为 $Na > Mg > Fe^{2+} > F^{-}$。

40. 【答案】A

【解析】升高温度，分子获得能量，活化分子百分数增加，导致反应速率常数增大。

41. 【答案】A

【解析】看波函数 $\psi(n, l, m)$ 是否合理，即要确定一个波函数是否存在，就要看主量子数 n、角量子数 l、磁量子数 m 是否合理。取值规则为：$n=1, 2, 3\cdots, \infty$，n 为自然整数；$l=0, 1, 2, \cdots, (n-1)$；$m=0, \pm1, \pm2, \cdots, \pm l$，同时主量子数 n 应大于角量子数 l，故 A 项不正确。

42. 【答案】A

【解析】反应方程式配平后为：$MnO_2+4HCl=MnCl_2+Cl_2+2H_2O$，配平后 $MnCl_2$ 的系数为 1。

43. 【答案】A

【解析】对于弱酸强碱盐，其水解平衡常数 $K_b^{\ominus}$，相应的弱酸电离常数 $K_a^{\ominus}$ 及水的离子积常数 $K_w^{\ominus}$ 之间的关系为：$K_b^{\ominus}=\frac{K_w^{\ominus}}{K_a^{\ominus}}$。则 $K_b^{\ominus}=\frac{K_w^{\ominus}}{K_a^{\ominus}}=\frac{1.0\times10^{-14}}{1.0\times10^{-5}}=1.0\times10^{-9}$。

44. 【答案】C

【解析】该化合物含有醛基、羟基，因此可发生加成、氧化、还原反应，但由于羟基碳原子与苯环相连，故不能发生消除反应。

45. 【答案】C

【解析】聚丙烯酸酯是一种典型的高分子化合物，高分子化合物属于有机化合物，一般有机化合物都是以共价键结合形成的化合物，所以也是共价化合物。

46. 【答案】C

【解析】苯甲醛、乙苯、苯乙烯均能被酸性高锰酸钾溶液氧化，而酸性高锰酸钾溶液不能氧化苯。芳香烃中苯环较稳定，普通情况下与氧化剂不作用。苯环带有侧链时，不论侧链的长短如何，都是侧链中直接与苯环连接的碳原子被氧化变为羧基。

47. 【答案】C

【解析】根据静力平衡原理可得，力 F 与 x 轴平行。因此，与 x 轴垂直的平面内的任一轴与力 F 垂直，则力 F 在任一轴的投影一定等于零。

48. 【答案】B

【解析】从图中可知，支座 B 处只受向上的支座反力，由 $\sum M_A=P\times2a-R_B\times4a=0$，可求出 B 处支座反力 $R_B=\frac{1}{2}P(\uparrow)$，故 A 处支座反力 $R_A=\frac{1}{2}P(\uparrow)$。设绳 DE 此时承受的拉力为 10kN，取体系的一半分析，由 $\sum M_C=R_A\times2a-10\times a=0$，求出力 $P=10\text{kN}$。

49. 【答案】A

【解析】把 CD、AB 杆看成一个整体，因 AD 两点均为铰接，对整体不产生力矩，则使系统保持平衡，需满足$\sum M=0$，故$M_2=M_1$。

50.【答案】C

【解析】对物体自身重力进行分解，平行于斜面向下的力$W_1=W\cdot\sin60°\approx86.6\text{N}>80\text{N}$，因此物体有向下滑动的趋势，最大摩擦力$F_s=f\cdot W\cdot\cos60°=10\text{N}$。$W_1=86.6N<P+F_s=80+10=90\text{N}$，表明静摩擦力足以使得物体保持静止，不会出现滑动的情况，因此物体所受的静摩擦力$F=W_1-P=86.6-80=6.6\text{N}$。

51.【答案】C

【解析】由运动方程$s=8-2t^2$可知，$s|_{t=0}=8\text{m}$，$s|_{t=3}=8-2\cdot3^2=-10\text{m}$。故总路程为：$8-(-10)=18\text{m}$。

52.【答案】C

【解析】图示位置时，OA杆处于水平状态，A点无水平向速度，因此在连杆AB的限制作用下，B点的速度为零；由于A点绕O点作角速度为ω的圆周运动，因此A点的竖向速度为rw，向心加速度为：$a_A=r\omega^2$，方向为$A\rightarrow O$，在A点的线运动影响下，AB杆绕B点作角速度为$\omega/2$的旋转运动，B点相对于A点的加速度为：$a_{BA}=2r\left(\frac{\omega}{2}\right)^2=\frac{1}{2}r\omega^2$，方向为$B\rightarrow A$，因此$B$点的加速度为：$a_B=a_A+a_{BA}=\frac{3}{2}r\omega^2$。

53.【答案】D

【解析】A点的速度大小和物块B的速度大小是一致的，即$v_A=\frac{\mathrm{d}x}{\mathrm{d}t}=2kt$。且$A$点的切向加速度大小和物块$B$的加速度大小是一致的，即$a_{\tau,A}=\frac{\mathrm{d}^2x}{\mathrm{d}t^2}=2k$。又由于$a_{n,A}=\frac{v_2}{R}=\frac{(2kt)^2}{R}=\frac{4k^2t^2}{R}$，则$A$点的全加速度为：$a=\sqrt{a_n^2+a_\tau^2}=\sqrt{4k^2+\frac{16k^4t^4}{R^2}}$。

54.【答案】B

【解析】质心加速度仅与作用在结构上的合外力大小和方向有关，与作用点位置无关，由于两盘受到相同大小与方向的集中力作用，因此它们的质心加速度同向等值。作用点位置不同，则圆盘的角加速度不同。

55.【答案】D

【解析】均质圆盘对转轴O的转动惯量为：$J_O=J_C+mR^2=\frac{1}{2}mR^2+mR^2=\frac{3}{2}mR^2$，则其对$O$轴的动量矩为：$L_O=J_O\omega=\frac{3}{2}mR^2\omega$，动能为：$T=\frac{1}{2}J_O\omega^2=\frac{3}{4}mR^2\omega^2$。

56.【答案】A

【解析】受力分析可知，在杆转到铅垂位置时，其向心力与重力方向均在竖直方向，其水平方向无作用力，故此时AB杆切向加速度为0，故其角加速度为：$\vec{\beta}=\vec{\alpha}\times\vec{r}=0$。

57.【答案】B

【解析】运动分析，当B端绳突然剪断瞬时，角速度$\omega=0$，所以其法向加速度为：$a_{Cn}=l\omega^2=0$，切向加速度为：$a_C=a_{C\tau}=la=\frac{3}{4}g$。受力分析，$AB$杆受主动力$P$、约束反力

F_{Ax}和F_{Ay}，惯性力主矢$F_I=ma_C$，方向与a_C相反，惯性力主矩$M_{IC}=J_C\alpha$与α相反。受力图如题57解图所示，图中C为质心。列动静法平衡方程$\sum F_y=0$，$F_{Ay}+F_1-P=0$，可得：$F_{Ay}=P-F_1=P-\frac{3}{4}mg=\frac{P}{4}$；由$\sum F_x=0$，得：$F_{Ax}=0$。

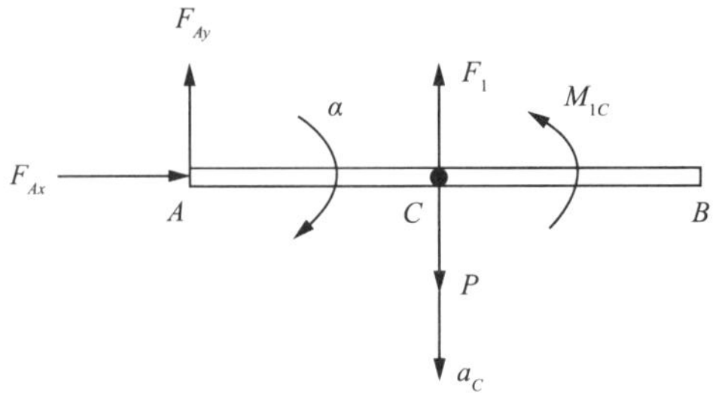

题57解图

58. 【答案】C

【解析】系统振动的固有频率只与自身固有的m和k有关，与倾角α无关。

59. 【答案】C

【解析】金属材料在常温或再结晶温度以下的加工产生强烈的塑性变形，使晶格扭曲、畸变，晶粒产生剪切、滑移，晶粒被拉长，这些都会使表面层金属的硬度增加，减少表面层金属变形的塑性，称为冷作硬化。冷作硬化发生在强化阶段。

60. 【答案】A

【解析】根据铆钉杆的拉伸强度公式，有：$\sigma=\frac{F_N}{A}=\frac{F\cdot 4}{\pi d^4}=[\sigma]$；根据螺钉帽的剪切公式，有：$\tau=\frac{F_s}{A_s}=\frac{F}{\pi dh}=[\tau]$。已知$[\sigma]=2[\tau]$，则有：$\frac{F\cdot 4}{\pi d^2}=2\frac{F}{\pi dh}$，解得：$d=2h$。

61. 【答案】A

【解析】已知$\varphi_1=\frac{\varphi}{2}$，即$\frac{Tl}{CI_{p1}}=\frac{1}{2}\frac{Tl}{GI_p}$，得：$I_{p1}=2I_p$。

设圆轴的直径需变为d_1，则$\frac{\pi}{64}d_1^4=2\cdot\frac{\pi}{64}d^4$，得：$d_1=\sqrt[4]{2}d$。

62. 【答案】A

【解析】根据题意，圆轴表面剪应变为γ，则根据剪切胡克定律，求得圆轴表面最大剪应力$\tau_{\max}=G\gamma$。再根据扭转剪应力计算公式$\tau_{\max}=T/W_t$，代入$\tau_{\max}=G\gamma$可解得：$T=G\gamma W_t$。

63. 【答案】C

【解析】该截面对应z轴的惯性矩$I_z=$矩形截面对应z轴的惯性矩$-$正方形对应z轴的惯性矩。而矩形截面对应z轴的惯性矩为：$I_{z,矩}=\frac{1}{12}bh^3$。正方形对应z轴的惯性矩运用平行移轴公式为：$I_{z,方}=\frac{1}{12}a^4+\left(\frac{1}{2}a\right)^2a^2=\frac{1}{3}a^4$。故$I_z=I_{z,矩}-I_{z,方}=\frac{1}{12}bh^3-\frac{1}{3}a^4$。

64. 【答案】C

【解析】设F向上，取整体平衡对点C列式：$\sum M_C=0$，得：$FL=m$，因此A截面的剪力为：$F_{SA}=F=\frac{m}{L}$。

65.【答案】D

【解析】梁的弯曲正应力为：$\sigma=\frac{M_y}{I_z}y$，梁的弯曲切应力为：$\tau=\frac{QS_z^*}{bI_z}$，均与梁的材料无关。又梁的挠度为：$v=-\iint\frac{M(x)}{EI_z}\mathrm{d}x\mathrm{d}x+Cx+D$，因为钢和铝的弹性模量不同，而只有挠度涉及弹性模量，故两者的挠曲线不同。

66.【答案】B

【解析】挠曲线是通过曲线方程描述出来的。B 项的挠曲线方程为：$\omega=\frac{Mx^2}{2EI}$，则可知曲线轨迹为圆弧。

67.【答案】D

【解析】由图可知，$\sigma_x=40\text{MPa}$，$\sigma_y=-40\text{MPa}$，$\tau_x=30\text{MPa}$。由最大主应力计算公式，可得：$\sigma_{\max}=\frac{\sigma_x+\sigma_y}{2}+\sqrt{\left(\frac{\sigma_x-\sigma_y}{2}\right)^2+\tau_x^2}=\sqrt{\left(\frac{40-(-40)}{2}\right)^2+30^2}=50\text{MPa}$。

68.【答案】B

【解析】将力 F 移动至形心处，同时受到两个方向 y 轴和 x 轴上的弯矩及轴向力作用，故此时杆的变形应为轴向拉伸和绕 y、z 轴的双向弯曲。

69.【答案】D

【解析】把 F 力向轴线 x 平移并加一个附加力偶，则使圆轴产生弯曲和扭转组合变形。最大弯矩 $M=FL$，最大扭矩 $T=F\cdot\frac{d}{2}$。则有 $\sigma=\frac{M}{W_z}=\frac{FL}{W_Z}$，$\tau=\frac{T}{W_p}=\frac{T}{2W_z}=\frac{F\frac{d}{2}}{2W_z}$。

按照第三强度理论，代入数据，危险截面的相当应力为：

$$\sigma_{r3}=\sqrt{\sigma^2+4\tau^2}=\sqrt{\left(\frac{FL}{W_z}\right)^2+\left(\frac{F\frac{d}{2}}{W_z}\right)^2}=\frac{32}{\pi d^3}\sqrt{(FL)^2+\left(\frac{Fd}{2}\right)^2}$$

70.【答案】B

【解析】图示结构的临界载荷应该使压杆 AB 和 CD 同时到达临界载荷，即为压杆 AB（或 CD）临界载荷的两倍，故有：$F_a=2F_{cr}=2\times\frac{\pi^2EI}{(\mu L)^2}$。又因为一端固定一端铰支时，$\mu=0.7$，故 $F_a=2F_{cr}=2\times\frac{\pi^2EI}{(0.7L)^2}=4.08\times\frac{\pi^2EI}{L^2}$。

71.【答案】B

【解析】静水压强有两个特性：①垂直于作用面；②同一点上的静水压强在各个方向上相等，与作用面的方位无关。压强 $P=\rho gh$，密度 ρ 与流体种类有关，g 为当地重力加速度。

72.【答案】D

【解析】由静水压强基本方程 $p=p_0+\rho gh$，可计算该点处的压强。又 g 为当地重力加速度，则 $p=p_0+\rho gh=100+\dfrac{800\times9.8\times3}{1000}=123.52\text{kPa}$。

73. 【答案】B

【解析】各点运动要素不随时间而变化的流体运动称为恒定流。流线是相互平行的直线的流体运动属于渐变流。

74. 【答案】C

【解析】相同直径、相同水头的孔口流速大于圆柱形外管嘴流速，但流量小于后者。因为薄壁小孔口与圆柱形外管嘴流量均可用公式 $Q=\mu A\sqrt{2gH}$，而面积 $A=\dfrac{\pi}{4}d^2$。对于薄壁小孔口，$\mu=0.62$；对于管嘴出流，$\mu=0.82$。故 $Q_1<Q_2$。

75. 【答案】A

【解析】水力坡度 = 水面坡度 = 河底坡度，是明渠均匀流的特性。产生明渠均匀流必须满足以下条件：①渠中流量保持不变；②渠道为长直棱柱体；③顺坡渠道；④渠壁粗糙系数沿程不变，没有局部损失；⑤底坡不变、断面形状与面积不变等。故明渠均匀流只能发生在顺坡棱柱形渠道。

76. 【答案】A

【解析】根据谢才公式：$v=C\sqrt{Ri}$，在题设条件下，C、R 一致，当底坡 i 增大时，流速 v 增大，水深减小。

77. 【答案】B

【解析】潜水完全井产水量公式为：$Q=1.366\cdot k\dfrac{H^2-h^2}{\ln\dfrac{R}{r_0}}$。根据经验公式估算影响半径：$R=3000S\sqrt{k}$，其中 $S=H-h$。代入数据，得：$R=3000\times3\sqrt{\dfrac{2}{3600}}=212.1\text{m}$。故井的出水量为：$Q=1.366\times\dfrac{2}{3600}\times\dfrac{11^2-8^2}{\ln\dfrac{212.1}{0.5}}=0.01643\text{m}^3/\text{s}$。

78. 【答案】B

【解析】从理论上讲，流动相似应要求所有作用力都相似，一般情况下同时满足两个或两个以上作用力相似是很难实现的。实际应用中，通常只保证主要作用力相似，对于有压管流、潜体绕流等，一般为黏性力起主要作用，相似条件依赖于雷诺准则，对于明渠水流、绕桥墩的水流、自由式孔口出流等，主要是受重力影响，相似条件依赖于弗劳德准则。

79. 【答案】C

【解析】电荷在电场中具有电势能，电场力(对电荷)做功使(电荷)电势能改变。所做的功的能量来源一方面来自电场能，另一方面来自带电体自身的能量。

80. 【答案】A

【解析】在直流电源的作用下，电路中的电容可以看做断路，因此 $i=i_1=1\text{mA}$。电容两端电压不为0，因此储存着能量，与电压的平方成正比。

81. 【答案】C

【解析】根据基尔霍夫电流定律：任一电路，任何时刻，任一节点电流的代数和为0，即$\sum i=0$。由 KCL 定律，有：$I_1=1-(-2)-0.5=2.5\text{A}$，$I_2=1.5+1-I_1=0\text{A}$。

82. 【答案】B

【解析】交流电压的时域表达式为：$u(t)=U_{\text{m}}\sin(\omega_{\text{t}}+\varphi_{\text{u}})\text{V}$。式中，$U_{\text{m}}=155.56\text{V}$；$T=20\text{ms}$；$\omega=2\pi f=2\pi\dfrac{1}{T}=314\text{rad/s}$；$\varphi_{\text{u}}=\dfrac{-5}{20}\times360°=-90°$；从而该电压的时域解析表达式为：$u(t)=155.56\sin(314t-90°)\text{V}$。

83. 【答案】A

【解析】在正弦交流电路中，分电压与总电压的大小符合相量关系，电感电压超前电流 90°，电容电压落后电流 90°。则式 2 应为：$u_{\text{X}}=u_{\text{L}}+u_{\text{C}}$，式 4 应为：$U^2=U_{\text{R}}^2+(U_{\text{L}}-U_{\text{C}})^2$。

84. 【答案】A

【解析】由图 b 可知，输入电压发生了 3 次突变，由换路定则可知，电感上的电流是不能跳变的，因 LC 串联，电容上的电流也不能跳变，即发生了 3 次暂态过程，电感电压发生跳变。

85. 【答案】A

【解析】理想变压器的内部损耗为零，则有：$U_1I_1=U_2I_2$。而副边电压为：$U_2=I_2R_2=2\times10=20\text{V}$，则原边绕组匝数为副边绕组的 5 倍。因此原边电流为副边电流的 1/5 倍，即 0.4A。

86. 【答案】B

【解析】三相异步电动机的功率因数($\cos\varphi$)和效率均与负载的状态有关，电机空载时，电机无有功功率输出，功率因数很低(大约为 0.2~0.3)，但负载过大时电动机的功率因数和效率也会降低，只有在负载近于满载时才达到最大值。

87. 【答案】A

【解析】“信息”是指人们通过感观接收到的关于客观事物的变化情况；“信号”是信息的表现形式，可以说是传递信息的工具。信息是存在于信号之中的。

88. 【答案】D

【解析】数字信号通常用二进制代码表示。将该二进制代码表示为十进制数如下：
$(010011)_{\text{B}}=1\times2^4+1\times2^1+1\times2^0=16+2+1=19$。

89. 【答案】B

【解析】模拟信号是对实际物理量测量的结果，通常是指电信号；采样信号 $u^*(t)$是在时间上离散，数值连续(仅在采样点上有定义的离散信号)；而数字信号定义为时间上和数值上均离散的电信号。

90. 【答案】B

【解析】用逻辑代数公式计算，注意与、或、非门的表示方式，图中的逻辑表示为 $Y=(A+B)(\overline{A}+\overline{B})=A\overline{B}+B\overline{A}$。

91. 【答案】A

【解析】信号的放大过程可以理解为一种能量转换过程，电子电路的放大理论就是在较微弱的信号控制下把电源的能量转换成具有较大能量的信号。模拟信号放大的核心问题是保证放大前后的信号是同一个信号，即经过放大处理后的信号不能失真、信号的形状或频谱结构保持不变，即信号所携带的信息保持不变。

92. 【答案】B

【解析】数值“0”和“1”表示扩及变量的取值，“0”表示“假”(F)，“1”表示“真”(T)。根据真值表所列的逻辑关系，将所有使 $F=1$ 的那些输入变量的组合相加，可以写出表达式(其中 A 为高位，C 为低位)：$F=\overline{A}\,\overline{B}C+ABC$。

93. 【答案】C

【解析】单相全波整流电路电压计算公式为：$U_d=\dfrac{1}{\pi}\int_{\alpha}^{\pi+\alpha}\sqrt{2}U_2\sin\omega t\mathrm{d}(\omega t)=0.9U_2\cos\alpha$，输出电压的平均值 $U_o=0.9U$，则 $U=122\mathrm{V}$。单相桥式整流电路，二极管截止时所承受的最高反向电压为：$U_{DRM}=\sqrt{2}U=173\ \mathrm{V}$。

94. 【答案】C

【解析】理解放大电路输入电阻和输出电阻的概念，利用其等效电路计算可得：图 a)的负载电压为：$U_{L1}=\dfrac{R_L}{R_S+R_L}U_S=\dfrac{50}{1000+50}\times U_S=\dfrac{U_S}{21}$。

将图 b)所示电路改画为题 94 解图后，计算如下：

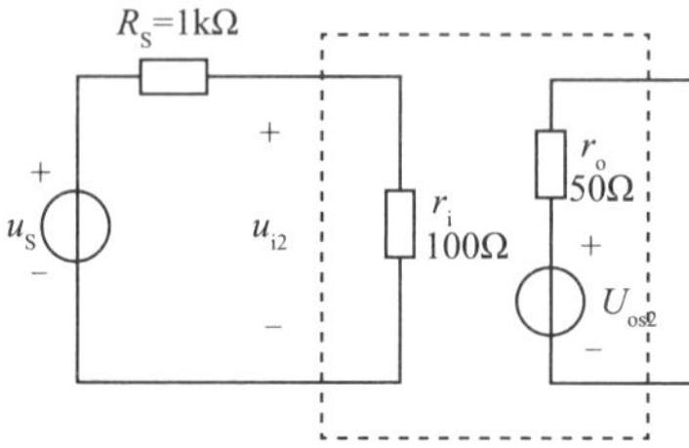

题 94 解图

$U_{os2}=U_{i2}A_{u2}=\dfrac{100U_S}{100+1000}\times 1=\dfrac{U_S}{11}$，$U_{L2}=\dfrac{R_L}{R_L+r_o}U_{os2}=\dfrac{50}{50+50}\times\dfrac{U_S}{11}=\dfrac{U_S}{22}$，所以 $U_{L2}<U_{L1}$。

95. 【答案】B

【解析】第一个为或门，第二个为与门。$F_1=A+B=A+1=1$，$F_2=A\cdot B=A\cdot 1=A$。

96. 【答案】C

【解析】D 触发器为 cp 信号上升沿有效，图中 $D=\overline{Q}$，而 $Q_{n+1}=D_n$，所以 $Q_{n+1}=\overline{Q}_n$。这表明一个 cp 脉冲后 Q 端的状态对应 cp 脉冲前 $\overline{Q}$ 端的状态，即 Q 的状态在每次脉冲后反转。

97. 【答案】C

【解析】存储器是用来存放正在执行的程序和当前使用的数据的部件，它本身并无运算能力。

98. 【答案】D

【解析】按照应用和虚拟机的观点，软件可分为：①系统软件，居于计算机系统中最靠近硬件的一层，其他软件一般都通过系统软件发挥作用；②支撑软件，支撑应用软件的开发与维护的软件，随着计算机科学技术的发展，软件的开发和维护的代价在整个计算机系统中所占的比重很大，远远超过硬件；③应用类软件，是特定应用领域专用的软件。

99. 【答案】D

【解析】信息的主要特征有：①信息的可变性；②信息的可识别性；③信息的可流动性；④信息的可使用性；⑤信息的可处理性；⑥信息的有效和无效性；⑦信息的可再生性；⑧信息的可存储性。

100. 【答案】D

【解析】八进制7对应二进制111，八进制6对应二进制110，八进制3对应二进制011。故八进制数763转换成相应的二进制数为111110011。

101. 【答案】A

【解析】字节是数据存储中最常用的基本单位。8位二进制构成一个字节。

102. 【答案】D

【解析】一般来说，操作系统可以分为五大管理功能部分：①设备管理，主要是负责内核与外围设备的数据交互，实质是对硬件设备的管理，包括对输入输出设备的分配、初始化、维护与回收等。②作业管理。这部分功能主要是负责人机交互，图形界面或者系统任务的管理。③文件管理。这部分功能涉及文件的逻辑组织和物理组织，目录结构和管理等。④进程管理。说明一个进程存在的唯一标志是进程控制块(PCB)，负责维护进程的信息和状态。进程管理实质上是系统采取某些进程调度算法来使处理合理地分配给每个任务使用。⑤存储管理，数据的存储方式和组织结构。

103. 【答案】B

【解析】Windows中，对存储器的管理采取分段存储、分页存储管理技术。一个页的大小规定为4K字节。

104. 【答案】A

【解析】Windows采用了缓冲技术来解决主机与外设的速度不匹配问题，如使用磁盘高速缓冲存储器，以提高磁盘存储速率，改善系统整体功能。

105. 【答案】C

【解析】计算机网络是计算机技术和通信技术的结合产物。计算机网络包括计算机和网络两部分。其中计算机又称电子计算机，是一种能够按照程序运行，自动、高速处理海量数据的现代化智能电子设备，由硬件和软件所组成。而网络就是用物理链路将各个孤立的工作站或主机相连在一起，组成数据链路，从而达到资源共享和通信的目的。

106. 【答案】C

【解析】网络协议主要的三个要素是：①语法，是用户数据与控制信息的结构与格式，以及数据出现的顺序；②语义，是解释控制信息每个部分的意义，规定了需要发出何种控制信息，以及完成的动作与做出什么样的响应；③同步，是对事件发生顺序的详细说明。

107. 【答案】B

【解析】现金流量图是在时间坐标轴上，用带箭头的短线条表示一个建设项目或一个企业的资金活动规律的图形。现金流量图表示的是现金流入、现金流出与时间的对应关系。A项，同一时间点上的现金流入和现金流出之差，称为净现金流量；C项，现金流量图的零点表示时间序列的起点，但第一个现金流量不一定发生在零点；D项，箭头向上表示现金流入，向下表示现金流出。

108.【答案】B

【解析】投资项目前期研究可分为机会研究（规划）阶段、项目建议书（初步可行性研究）阶段、可行性研究阶段。

109.【答案】B

【解析】贷款在各年内均衡发生，建设期内不支付利息，则建设期利息公式为：$Q=\sum\left[(P_{t-1})\cdot\frac{A_t}{2}\right]\cdot i$。式中，$P_{t-1}$ 为建设期第 $t-1$ 年末借款累计；A_t 为建设期第 t 年借款额；i 为借款年利率。根据题意，有：

第 1 年利息：$(200/2)\times7\%=7$（万元）；

第 2 年利息：$(200+500/2+7)\times7\%=31.99$（万元）；

第 3 年利息：$(200+500+300/2+7+31.99)\times7\%=62.23$（万元）；

建设期贷款利息：$7+31.99+62.23=101.22$（万元）。

110.【答案】D

【解析】项目资本金（即权益资金）对项目来说是非债务资金。项目法人不承担资本金的任何利息和债务，没有按期还本付息的压力。股利的支付依投产后的经营状况而定，项目法人的财务负担较小。债务资金的使用上有时间性限制，到期必须偿还；不管企业经营好坏，均得按期还本付息，形成企业的财务负担；资金成本一般比权益资金（即股票融资）低。

111.【答案】C

【解析】融资前分析不考虑融资方案，在规划和机会研究阶段，一般只进行融资前分析。财务分析可分为融资前分析和融资后分析，一般宜先进行融资前分析，在融资前分析结论满足要求的情况下，再初步设定融资方案，进行融资后分析。融资前分析是技术方案初步投资决策与融资方案研究的依据和基础，融资后分析用于比选融资方案，帮助投资者做出融资决策。一个项目财务分析中可以只包含融资前分析。

112.【答案】D

【解析】项目的经济效益是指项目对提高社会福利和社会经济所作的贡献，包括项目的直接效益和间接效益；项目的经济费用是指整个社会为项目所付出的代价。经济效益的计算应遵循支付意愿原则和接受补偿意愿原则（项目产出物的正面效果的计算遵循支付意愿原则；项目产生物的负面效果的计算遵循接受补偿意愿原则），经济费用的计算（项目投入物的经济价值计算）应遵循机会成本的原则。

113.【答案】A

【解析】盈亏平衡点产量公式为：

$$BEP_{产量}=\frac{年固定总成本}{单位产品销售价格-单位产品可变成本-单位产品营业税金及附加}。$$

将数据代入公式得，盈亏平衡点产销量 $=1200\times10^4/(1000-600-150)=48000$（台）。

114.【答案】C

【解析】由价值的表达式价值$(V)=\frac{功能(F)}{成本(C)}$，可知，在成本不变的情况下，价值与功能成正比；功能不变的情况下，价值与成本成反比。由此可以得出提高产品或作业价值的 5 种主要途径：①成本不变，提高功能；②功能不变，降低成本；③成本略有增加，功能较大幅度提高；④功能略有下降，成本大幅度降低；⑤成本降低，功能提高，则价值更高。

115.【答案】C

【解析】根据《建筑法》第八条，申请领取施工许可证，应当具备下列条件：①已经办理该建筑工程用地批准手续；②在城市规划区的建筑工程，已经取得规划许可证；③需要拆迁的，其拆迁进度符合施工要求；④已经确定建筑施工企业；⑤有满足施工需要的施工图纸及技术资料；⑥有保证工程质量和安全的具体措施；⑦建设资金已经落实；⑧法律、行政法规规定的其他条件。

116.【答案】A

【解析】《招标投标法》第十六条规定，招标人采用公开招标方式的，应当发布招标公告。依法必须进行招标的项目的招标公告，应当通过国家指定的报刊、信息网络或者其他媒介发布。招标公告应当载明招标人的名称和地址、招标项目的性质、数量、实施地点和时间以及获取招标文件的办法等事项。

117.【答案】C

【解析】《民法典》第四百七十三条规定，要约邀请是希望他人向自己发出要约的表示。拍卖公告、招标公告、招股说明书、债券募集办法、基金招募说明书、商业广告和宣传、寄送的价目表等为要约邀请。商业广告和宣传的内容符合要约条件的，构成要约。

118.【答案】B

【解析】《节约能源法》第五十八条规定，国务院管理节能工作的部门会同国务院有关部门制定并公布节能技术、节能产品的推广目录，引导用能单位和个人使用先进的节能技术、节能产品。国务院管理节能工作的部门会同国务院有关部门组织实施重大节能科研项目、节能示范项目、重点节能工程。

119.【答案】D

【解析】《环境保护法》第十六条规定，国务院环境保护行政主管部门根据国家环境质量标准和国家经济、技术条件，制定国家污染物排放标准。省、自治区、直辖市人民政府对国家污染物排放标准中未作规定的项目，可以制定地方污染物排放标准；对国家污染物排放标准中已作规定的项目，可以制定严于国家污染物排放标准的地方污染物排放标准。地方污染物排放标准应当报国务院环境保护行政主管部门备案。

120.【答案】B

【解析】《建设工程勘察设计管理条例》第二十六条规定，编制建设工程勘察文件，应当真实、准确，满足建设工程规划、选址、设计、岩土治理和施工的需要。编制方案设计文件，应当满足编制初步设计文件和控制概算的需要。编制初步设计文件，应当满足编制施工招标文件、主要设备材料订货和编制施工图设计文件的需要。编制施工图设计文件，应当满足设备材料采购、非标准设备制作和施工的需要，并注明建设工程合理使用年限。

全国勘察设计注册工程师执业资格考试
《公共基础考试》模拟题(二)

单项选择题(共 120 题，每题 1 分。每题的备选项中只有一个最符合题意)

1. 若 $\lim\limits_{x\to0}\dfrac{\sin x}{e^x-a}(\cos x-b)=5$，则(　　)。

A. $a=1$，$b=4$　　B. $a=1$，$b=-4$　　C. $a=-1$，$b=4$　　D. $a=-1$，$b=-4$

2. 设 $y=f(\ln x)$，其中 f 为可导函数，则 $y'=$(　　)。

A. $\dfrac{f'(x)}{x}$　　B. $\dfrac{f'(\ln x)}{x}$　　C. $\dfrac{f'(\ln x)}{\ln x}$　　D. $\dfrac{f'(\ln x)}{x\ln x}$

3. 若向量 $\boldsymbol{\alpha}$，$\boldsymbol{\beta}$ 满足 $|\boldsymbol{\alpha}|=4$，$|\boldsymbol{\beta}|=2$，若 $|\boldsymbol{\alpha}\times\boldsymbol{\beta}|=8$，则 $\boldsymbol{\alpha}\cdot\boldsymbol{\beta}=$(　　)。

A. 8　　B. -8　　C. 4　　D. 0

4. 微分方程 $y'=e^{x-y}$ 满足 $y(1)=\ln2$ 的特解是(　　)。

A. $\ln(e^x+2)$　　B. $\ln(e^x+1)$　　C. $\ln(e^x+2-e)$　　D. e^x+2

5. 函数 $f(x)=\begin{cases}x^2\sin\dfrac{1}{x}, & x\neq0\\ 0, & x=0\end{cases}$ 在点 $x=0$ 处(　　)。

A. 不连续　　B. 连续但不可导
C. 可导但导函数不连续　　D. 导函数连续

6. 积分 $\int_0^{\pi}\sqrt{1-\sin x}\,dx=$(　　)。

A. π　　B. $\pi/2$　　C. $\sqrt{2}+1$　　D. $4(\sqrt{2}-1)$

7. $\int_{-\infty}^{+\infty}\dfrac{dx}{x^2+2x+2}=$(　　)。

A. $\pi/2$　　B. $\pi/3$　　C. π　　D. 2π

8. 已知 D 是由圆周 $x^2+y^2=4$ 所围成的闭区域，则 $\iint\limits_D e^{x^2+y^2}d\sigma=$(　　)。

A. e^4　　B. e　　C. $\pi(e^4-1)$　　D. $\pi(e^4+1)$

9. 如果奇函数 $f(x)$ 在区间 $[3,\ 7]$ 上是增函数且最大值为 5，则 $f(x)$ 在区间 $[-7,\ -3]$ 上是(　　)。

A. 增函数且最小值是 -5　　B. 增函数且最大值是 -5
C. 减函数且最小值是 -5　　D. 减函数且最大值是 -5

10. 设函数 $f(x,\ y)$ 连续，则二次积分 $\int_{\frac{\pi}{2}}^{\pi}dx\int_{\sin x}^{1}f(x,\ y)dy$ 等于(　　)。

A. $\int_0^1dy\int_{\pi+\arcsin y}^{\pi}f(x,\ y)dx$　　B. $\int_0^1dy\int_{\pi-\arcsin y}^{\pi}f(x,\ y)dx$
C. $\int_0^1dy\int_{\frac{\pi}{2}}^{\pi+\arcsin y}f(x,\ y)dx$　　D. $\int_0^1dy\int_{\frac{\pi}{2}}^{\pi-\arcsin y}f(x,\ y)dx$

11. 函数 $f(x)=1/x$ 展开成 $x-3$ 的幂级数为(　　)。

A. $\sum_{n=0}^{\infty}\frac{1}{3^n}(x-3)^n$，$x\in(0,\ 6)$

B. $\sum_{n=0}^{\infty}\frac{1}{3^{n+1}}(x-3)^n$，$x\in(0,\ 6)$

C. $\sum_{n=0}^{\infty}\frac{(-1)^n}{3^n}(x-3)^n$，$x\in(0,\ 6)$

D. $\sum_{n=0}^{\infty}\frac{(-1)^n}{3^{n+1}}(x-3)^n$，$x\in(0,\ 6)$

12. 由 $y=x^3$，$x=2$，$y=0$ 所围成的图形绕 x 轴旋转所得的体积为(　　)。

A. $91\pi/3$　　B. $128\pi/7$　　C. 4π　　D. $33\pi/5$

13. 下列各级数中发散的是(　　)。

A. $\sum_{n=1}^{\infty}\frac{1}{2n-1}$

B. $\sum_{n=1}^{\infty}\frac{1}{[\ln(n+1)]^n}$

C. $\sum_{n=1}^{\infty}(-1)^n\ln\left(1+\frac{1}{\sqrt{n}}\right)$

D. $\sum_{n=1}^{\infty}(-1)^{n-1}\left(\frac{2}{3}\right)^n$

14. 设 $f(x)=\frac{e^{\frac{1}{x}}-1}{e^{\frac{1}{x}}+1}$，则 $x=0$ 是 $f(x)$ 的(　　)。

A. 可去间断点　　B. 跳跃间断点　　C. 第二类间断点　　D. 连续点

15. 函数 $y=x^3-5x^2+3x+5$ 的拐点是(　　)。

A. $(-5/3,\ 20/27)$

B. $(5/3,\ 20/27)$

C. $(-5/3,\ -20/27)$

D. $(5/3,\ -20/27)$

16. 二元函数 $f(x,\ y)=4(x-y)-x^2-y^2$ 的极值为(　　)。

A. 6　　B. 7　　C. 8　　D. 9

17. 幂级数 $\sum_{n=0}^{\infty}\frac{x^{2n}}{(2n)!}$ 的和函数是(　　)。

A. $(e^x+e^{-x})/2$　　B. $(e^x-e^{-x})/2$　　C. $(\sin x+\cos x)/2$　　D. $(\sin x-\cos x)/2$

18. 设 $u=e^{x^2}\sin\frac{x}{y}$，则 $\partial u/\partial x=$(　　)。

A. $e^{x^2}\sin\frac{1}{y}$

B. $2xe^{x^2}\sin\frac{1}{y}$

C. $2xe^{x^2}\sin\frac{x}{y}+\frac{1}{y}e^{x^2}\cos\frac{x}{y}$

D. $2xe^{x^2}\sin\frac{x}{y}+e^{x^2}\cos\frac{x}{y}$

19. 已知齐次方程组

$$\begin{cases}x_1+2x_2+x_3=0\\x_1+ax_2+2x_3=0\\ax_1+4x_2+3x_3=0\\2x_1+(a+2)x_2-5x_3=0\end{cases}$$

有非零解，则 a 等于(　　)。

A. 1　　B. 2　　C. 3　　D. 4

20. 下列矩阵中，正定矩阵的是(　　)。

A. $\begin{pmatrix}1&2&1\\2&5&0\\1&0&-3\end{pmatrix}$　　B. $\begin{pmatrix}1&3&4\\3&9&2\\4&2&6\end{pmatrix}$　　C. $\begin{pmatrix}1&2&3\\2&5&7\\3&7&10\end{pmatrix}$　　D. $\begin{pmatrix}2&-2&0\\-2&5&-1\\0&-1&2\end{pmatrix}$

21. 已知 $\alpha=(1, -2, 3)^{T}$ 是矩阵 $A=\begin{bmatrix}3 & 2 & -1\\ a & -2 & 2\\ 3 & b & -1\end{bmatrix}$ 的一个特征向量，则(　　)。

A. $a=-2$，$b=6$　　B. $a=2$，$b=-6$

C. $a=-2$，$b=-6$　　D. $a=2$，$b=6$

22. 设 A，B 为随机事件，已知 $P(A)=1/4$，$P(B|A)=1/2$，$P(A|B)=1/3$，则 $P(A\cup B)=$(　　)。

A. 1/8　　B. 1/4　　C. 3/8　　D. 1/2

23. 设随机变量 X 的概率密度为 $f(x)=\begin{cases}e^{-x}, & x>0\\ 0, & x\leqslant 0\end{cases}$，则 $Y=e^{-2X}$ 的数学期望是(　　)。

A. 2　　B. 3　　C. 1/2　　D. 1/3

24. 设 X_1，X_2，…，X_m 为来自二项分布总体 $B(n, p)$ 的简单随机样本，$\overline{X}$ 和 S^2 分别为样本均值和样本方差。若 $\overline{X}+kS^2$ 为 np^2 的无偏估计量，则 k 等于(　　)。

A. 1　　B. −1　　C. 2　　D. −2

25. 一定量的某种理想气体，当温度不变时，其压强随体积的增大而(　　)；当体积不变时，其压强随温度的升高而(　　)。

A. 变小；变小　　B. 变小；增大　　C. 增大；变小　　D. 增大；增大

26. 1mol 氦气和 1mol 氧气(视为刚性双原子分子理想气体)，当温度为 T 时，其内能分别为(　　)。

A. $3RT/2$；$5kT/2$　　B. $3kT/2$；$5kT/2$

C. $3RT/2$；$3RT/2$　　D. $3RT/2$；$5RT/2$

27. 对于室温下定体摩尔热容 $C_{V,m}$ 为 $5R/2$ 的理想气体，在等压膨胀的情况下，系统对外所做的功与从外界吸收的热量之比 W/Q 等于(　　)。

A. 1/3　　B. 1/4　　C. 2/5　　D. 2/7

28. 一刚性容器被绝热材料所包裹。容器内有一隔板将容器分成两部分，一部分有气体，另一部分为真空。假设气体为理想气体，若轻轻将隔板抽开，此容器内气体的内能 ΔE(　　)。

A. $\Delta E>0$　　B. $\Delta E=0$　　C. $\Delta E<0$　　D. 无法确定

29. 一平面简谐波在弹性介质中传播，若一介质质元在 t 时刻的波的能量是 10J，则在 $(t+T)$（T 为波的周期）时刻该介质质元的振动动能是(　　)。

A. 0J　　B. 1J　　C. 5J　　D. 10J

30. 波动的能量与哪些物理量有关？(　　)

A. 介质的密度

B. 介质的密度和波动的角频率

C. 介质的密度、波动的角频率和振幅

D. 介质的密度、波动的角频率、振幅和传播速度

31. 一平面简谐波的频率为 500Hz，在密度为 $\rho=1.3\text{kg/m}^3$ 的空气中以 $v=340\text{m/s}$ 的速度传播，到达人耳时振幅约为 $A=1.0\times10^{-4}\text{m}$。则波在耳中的平均能量密度和声强分别为(　　)。

A. $1.27\times10^{-1}J/m^3$；$43.8W/m^3$　　B. $1.27\times10^{-1}J/m^3$；$21.8W/m^3$
C. $6.41\times10^{-2}J/m^3$；$43.8W/m^3$　　D. $6.41\times10^{-2}J/m^3$；$21.8W/m^3$

32. 在单缝衍射中，将整个装置浸入水中，使缝宽 b 不变，而将屏幕右移至新装置的焦平面上，屏幕上的衍射条纹将如何变化？(　　)

A. 变密　　B. 变稀　　C. 不变　　D. 无法确定

33. 在单缝夫琅和费衍射实验中，若减小缝宽，其他条件不变，则中央明条纹(　　)。

A. 宽度变小　　B. 宽度变大
C. 宽度不变，且中心强度也不变　　D. 宽度不变，但中心强度变小

34. 通过尼科尔棱镜观察部分偏振光，当尼科尔棱镜从光强为极大的位置转过60°角时，光强减为一半，则此时最大光强与最小光强的关系为(　　)。

A. $I_{max}=I_{min}/2$　　B. $I_{max}=I_{min}$
C. $I_{max}=2I_{min}$　　D. $I_{max}=3I_{min}$

35. 在某个单缝衍射实验中，光源发出的光含有两种波长 λ_1 和 λ_2，垂直入射于单缝上，假如 λ_1 的第一级衍射极小与 λ_2 的第二级衍射极小相重合，则 λ_1 和 λ_2 的关系为(　　)。

A. $\lambda_1=\lambda_2$　　B. $\lambda_1=2\lambda_2$　　C. $\lambda_1=3\lambda_2$　　D. $\lambda_1=4\lambda_2$

36. 一单色平行光垂直入射到光栅上，已知衍射图中缺级的级数为 $k=3$，6，…，则光栅的缝宽 a 与不透光部分 b 的关系为(　　)。

A. $b=a$　　B. $b=2a$　　C. $b=3a$　　D. $b=4a$

37. 元素 Cu 的核外电子分布式为(　　)。

A. $1s^22s^22p^63s^23p^6$　　B. $1s^22s^22p^63s^23p^64s^13d^{10}$
C. $1s^22s^22p^63s^23p^63d^{10}4s^1$　　D. $1s^22s^22p^63s^23p^64s^1$

38. 某原子序数为 16 的元素，其基态原子的核外电子分布中，未成对电子数是(　　)。

A. 1　　B. 2　　C. 3　　D. 4

39. 向含有 0.1mol/L $CuSO_4$ 和 1.0mol/L HCl 混合液中不断通入 H_2S 气体，计算溶液中残留的 Cu^{2+} 离子浓度为(　　)。

已知 $K_{a1}=1.1\times10^{-7}$，$K_{a2}=1.3\times10^{-13}$，$K_{sp(CuS)}=6.3\times10^{-36}$，$H_2S$ 饱和溶液中的浓度为 0.1mol/L。

A. 6.3×10^{-12}mol/L　　B. 6.3×10^{-15}mol/L
C. 3.7×10^{-12}mol/L　　D. 3.7×10^{-15}mol/L

40. 下列混合溶液，(　　)是缓冲溶液。

A. 等物质的量的盐酸和氨水　　B. 恒量的盐酸与过量的氨水
C. 恒量的氨水与过量的盐酸　　D. 等物质的量的盐酸与氯化铵

41. 对于反应 $C(s)+H_2O(g)\!=\!=\!=CO(g)+H_2(g)$，在恒温时增大系统的总压力，其标准平衡常数 $K^{\ominus}$ 将(　　)，其化学平衡将(　　)移动。

A. 变小；向右　　B. 不变；向左
C. 变大；向左　　D. 不变；向右

42. 催化剂可加快反应速率，主要是因为催化剂可使反应的(　　)降低。

A. E_a　　B. $\Delta_rG_m^{\ominus}$　　C. $\Delta_rH_m^{\ominus}$　　D. $K^{\ominus}$

43. 某电池的电池符号为$(-)Pt|A^{3+},A^{2+}||B^{4+},B^{3+}|Pt(+)$，则此电池反应的产物应

为(　　)。

A. A^{3+}, B^{4+}　　B. A^{3+}, B^{3+}　　C. A^{2+}, B^{4+}　　D. A^{2+}, B^{3+}

44. 按系统命名法命名，下列有机化合物命名正确的是(　　)。

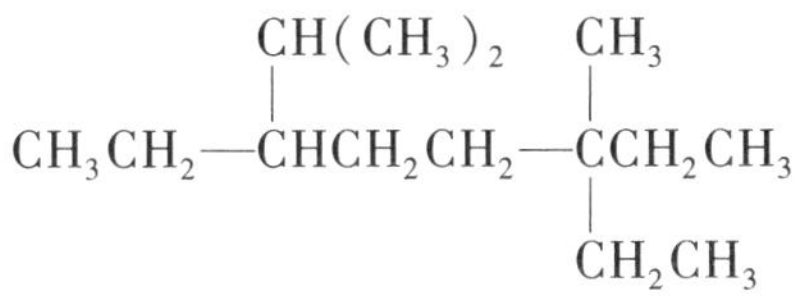

A. 2,6-二甲基-3,6-二乙基辛烷

B. 3,7-二甲基-3,6-二乙基辛烷

C. 2,5-二甲基-3,5-二乙基辛烷

D. 2,6-二甲基-3,6-二乙基壬烷

45. 下列化合物中属于酮类有机化合物的是(　　)。

A. RCHO　　B. $R-\underset{\underset{O}{\|}}{C}-R'$　　C. R－OH　　D. RCOOH

46. 下列制作铅笔的材料与相应工业不对应的是(　　)。

A. 橡皮擦—橡胶工业　　B. 铝合金片—冶金工业

C. 铅笔芯—电镀工业　　D. 铅笔漆—涂料工业

47. 如图所示，力 F_P 沿其作用线由 D 滑移到 E 点，则 A、B、C 三铰处的约束力(　　)。

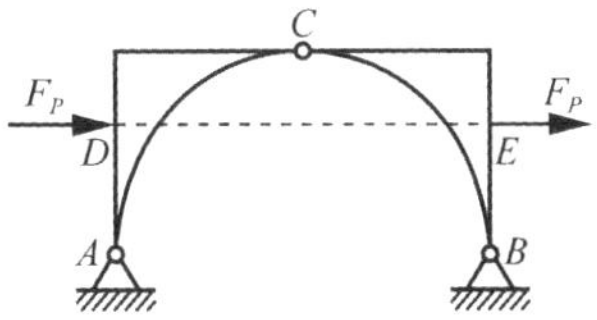

题 47 图

A. 都不变　　B. 都改变

C. 只有 C 铰约束力不变　　D. 只有 C 铰约束力改变

48. 如图所示，在拱 CB 上作用有一力偶 M，铰链 B 的约束力为(　　)。

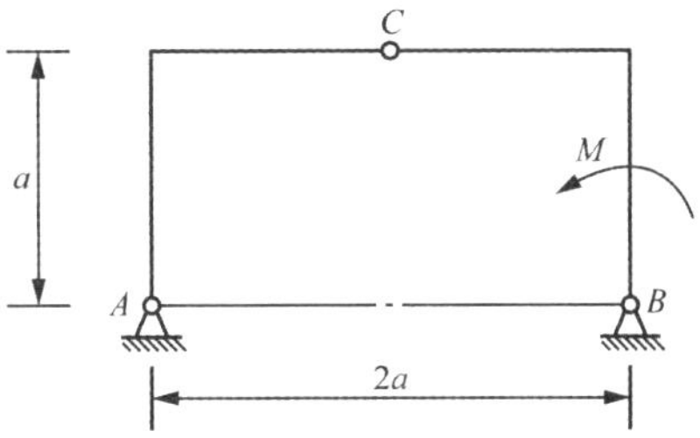

题 48 图

A. M/a　　B. $M/(2a)$　　C. $\dfrac{M}{\sqrt{2}a}$　　D. $\dfrac{M}{\sqrt{5}a}$

49. 如图所示力系中，$F_1 = F_2 = F_3 = F_4 = F$，则此力系向 A 点简化的结果是(　　)。

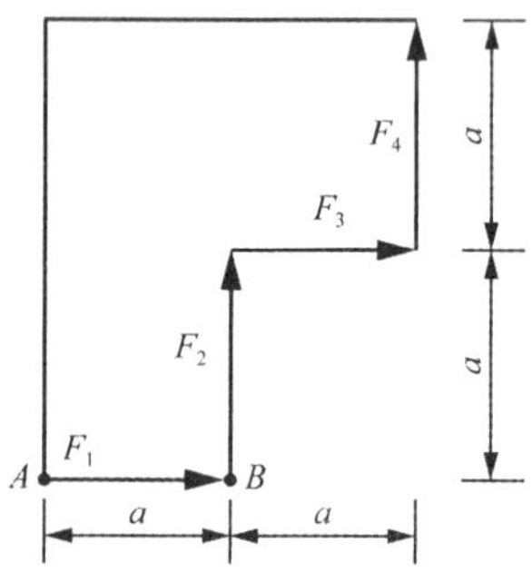

题 49 图

A. 主矢为$\sqrt{2}F$(↗)，主矩 $2Fa$(逆时针旋转)

B. 主矢 $2\sqrt{2}F$(↗)，主矩 $2Fa$(逆时针旋转)

C. 主矢$\sqrt{2}F$(↗)，主矩为 0

D. 主矢 $2\sqrt{2}F$(↗)，主矩为 0

50. 如图所示，一重为 G 的重物静止在斜面上，摩擦角为 φ_{max}。其顶部由铅垂方向的绳子拉住，则重物受到斜面约束力的方向以及 θ 与 φ_{max} 的关系是(　　)。

A. 垂直于斜面；$\theta \leqslant \varphi_{max}$

B. 竖直向上；$\theta \leqslant \varphi_{max}$

C. 垂直于斜面；$\theta > \varphi_{max}$

D. 竖直向上；$\theta > \varphi_{max}$

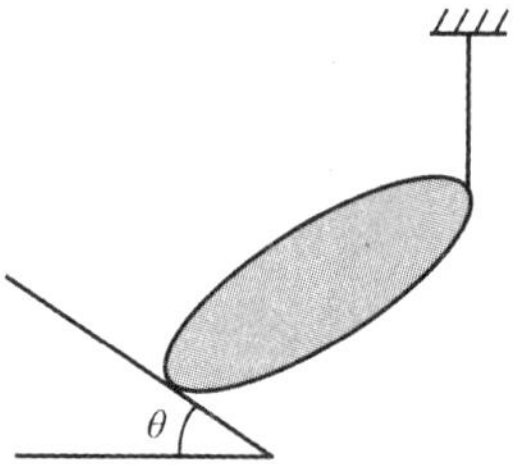

题 50 图

51. 动点 A 和 B 在同一直角坐标系中的运动方程分别为

$$\begin{cases} x_A = t \\ y_A = 2t^2 \end{cases}$$

$$\begin{cases} x_B = t^2 \\ y_B = 2t^4 \end{cases}$$

式中，x、y 以 mm 计，t 以 s 计。则在两点相遇的瞬时 A、B 速度的比值为(　　)。

A. 1　　B. 1/2　　C. 2　　D. 4

52. 绳子的一端绕在内滑轮上，另一端与置于水平面上的物块 B 相连，如图所示。若物块 B 的运动方程为 $x = kt^2$，其中 k 为常数，外轮子半径为 R。则轮缘上 A 点的加速度的大小为(　　)。

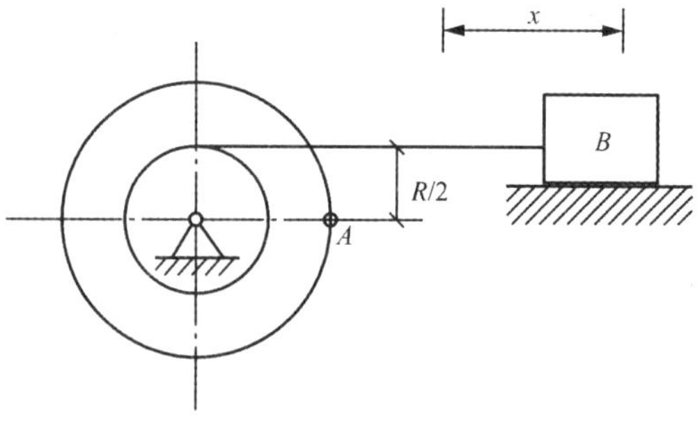

题 52 图

A. $\left(4k^2+\dfrac{16k^4t^4}{R^2}\right)^{\frac{1}{2}}$　　B. $\left(\dfrac{16k^2t^2}{R^2}\right)^{\frac{1}{2}}$

C. $\left(16k^2+\dfrac{256k^4t^4}{R^2}\right)^{\frac{1}{2}}$　　D. $2k+\dfrac{4k^2t^2}{R}$

53. 在图所示机构中，$O_1A /\!/ O_2B$，$O_1A>O_2B$，$O_1A\perp O_1O_2$，$\omega_1\neq0$，则 ω_1（　　）ω_2。

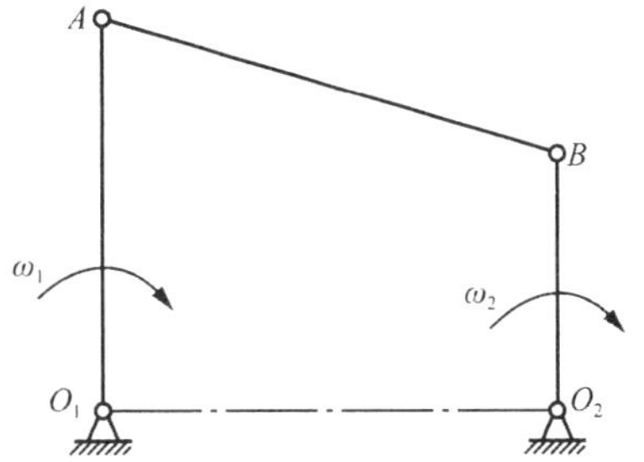

题 53 图

A. =　　B. >　　C. <　　D. 无法确定

54. 简支梁受力如图所示，支座 A、B 的约束力为(　　)。

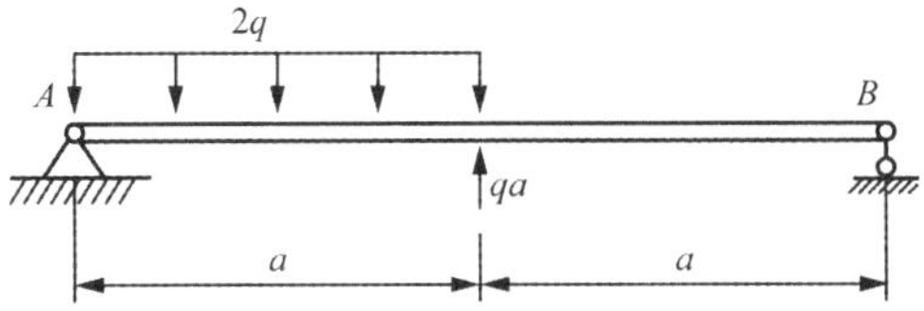

题 54 图

A. $F_A=0$，$F_B=0$　　B. $F_A=qa(\uparrow)$，$F_B=0$

C. $F_A=qa(\uparrow)$，$F_B=qa(\uparrow)$　　D. $F_A=2qa(\uparrow)$，$F_B=qa(\uparrow)$

55. 杆 OA 与均质圆轮的质心用光滑铰链 A 连接，如图所示，杆 OA 质量为 M，长为 L，转动的角速度为 ω，圆轮质量为 m，半径为 r，圆轮绕 A 点的角速度为 ω_1，则系统动能为(　　)。

A. $ML^2\omega^2/6+mr^2\omega_1^2/4$

B. $\dfrac{1}{2}\left(\dfrac{1}{3}ML^2+mL^2\right)\omega^2+\dfrac{1}{4}mr^2\omega_1^2$

C. $mL^2\omega^2/2+mr^2\omega_1^2/4$

D. 无法判断

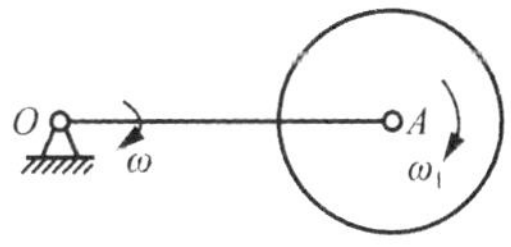

题 55 图

56. 如图所示均质细杆重力为 G、长为 l，用两根不可伸长的细绳悬挂成水平位置。今突然剪断右边的细绳，则该瞬时杆 AB 的角加速度 $\alpha_{AB}=$(　　)。

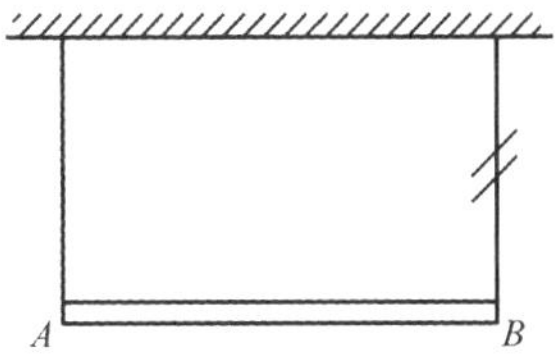

题 56 图

A. $\frac{g}{l}$　　B. $\frac{g}{2l}$　　C. $\frac{3g}{2l}$　　D. $\frac{3g}{4l}$

57. 质量为 m，半径为 R 的均质圆盘，绕垂直于图面的水平轴 O 转动，其角速度为 ω。在图示瞬时，角加速度为 α，盘心 C 在其最低位置，此时将圆盘的惯性力系向 O 点简化，其惯性力主矢和惯性力主矩的大小分别为(　　)。

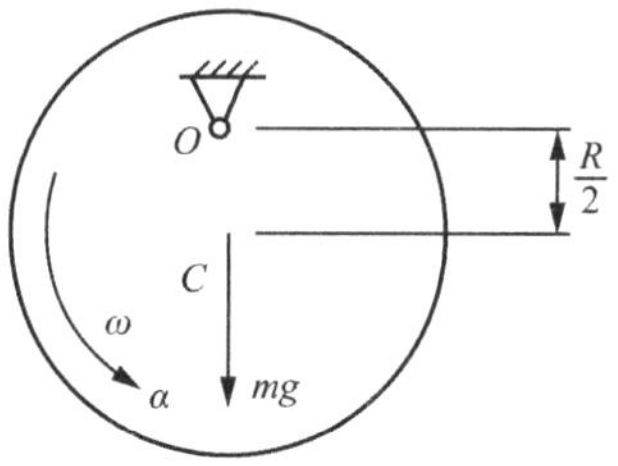

题 57 图

A. $\frac{1}{2}mR\sqrt{\omega^4+\alpha^2}$，$3mR^2\alpha/4$　　B. $mR\alpha/2$，$3mR^2\alpha/4$

C. $\frac{1}{2}mR\sqrt{\omega^4+\alpha^2}$，$mR^2\alpha/2$　　D. $mR\alpha/2$，$mR^2\alpha/2$

58. 如图所示系统中，给物块施加一个初速度 v_0，已知弹簧刚度系数 k 为 2×10^5N/m，则结构振动的频率为(　　)。

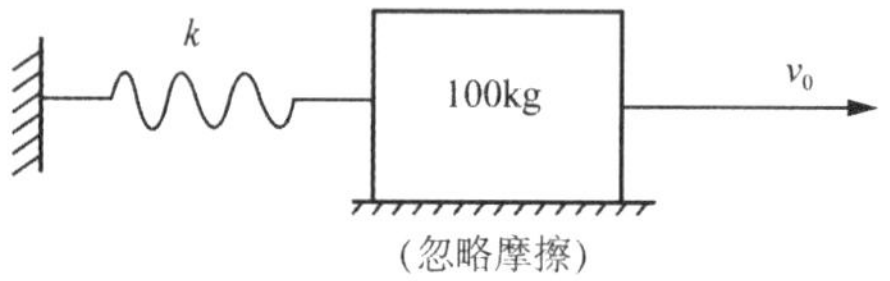

题 58 图

A. 44.7rad/s　　B. 22.4rad/s　　C. 50rad/s　　D. 20rad/s

59. 如图所示结构的两杆面积和材料相同，在铅直向下的力 F 作用下，下面正确的结论是(　　)。

A. C 点位移向下偏左，1 杆轴力不为零

B. C 点位移向下偏左，1 杆轴力为零

C. C 点位移铅直向下，1 杆轴力为零

D. C 点位移向下偏右，1 杆轴力不为零

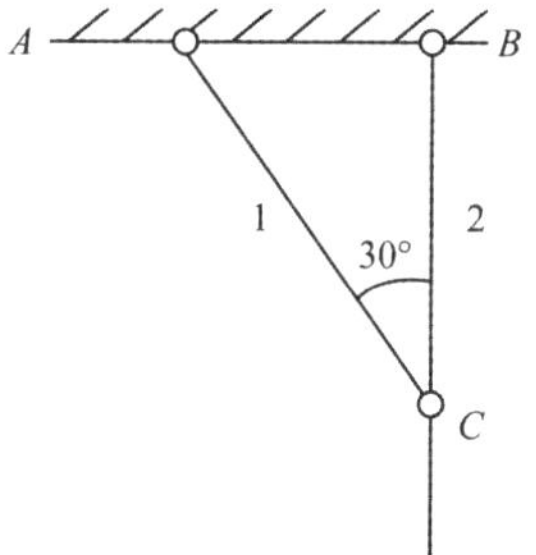

题 59 图

60. 木榫接头如图所示。已知尺寸和受力情况，则接头的挤压应力和切应力分别为(　　)。

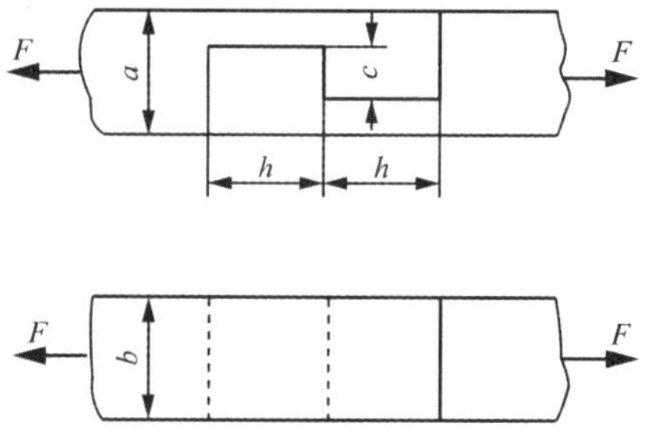

题 60 图

A. $\dfrac{F}{b(a-c)}$，$\dfrac{F}{bh}$　　B. $\dfrac{F}{b(a-c)}$，$\dfrac{F}{2bh}$　　C. $\dfrac{F}{bc}$，$\dfrac{F}{bh}$　　D. $\dfrac{F}{bc}$，$\dfrac{F}{2bh}$

61．某连接件由插销连接，载荷和尺寸如图所示，牵扯力 $F=15\text{kN}$，直径 $d=20\text{mm}$，连接的板件厚度 $\delta=8\text{mm}$。现需要分别按照剪切强度和抗压强度校核该插销是否安全。校核的剪应力和挤压应力分别为(　　)。

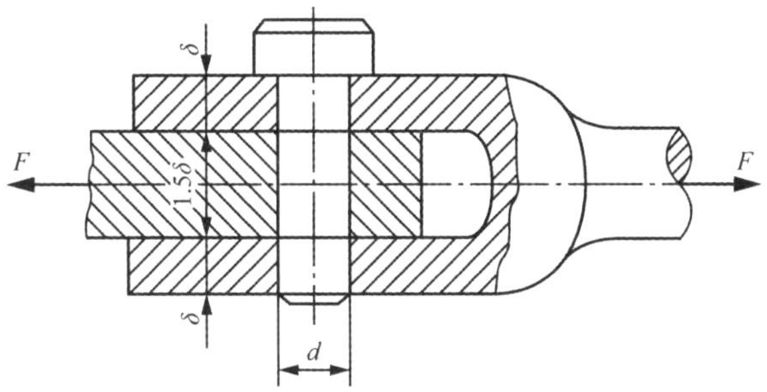

题 61 图

A. 23.9MPa，46.9MPa　　B. 23.9MPa，62.5MPa

C. 12MPa，46.9MPa　　D. 12MPa，62.5MPa

62．图示受扭空心圆轴横截面上的切应力分布图，其中正确的是(　　)。

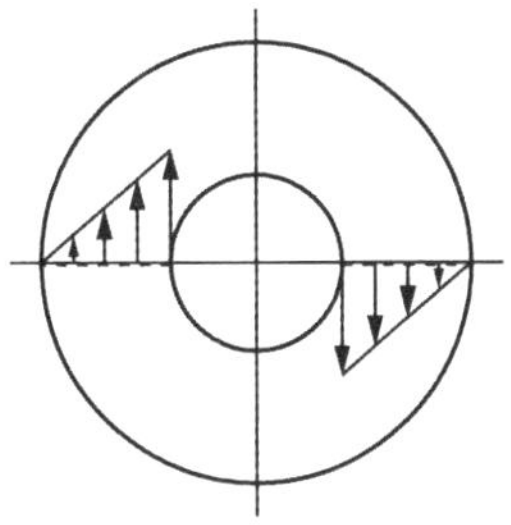

A.

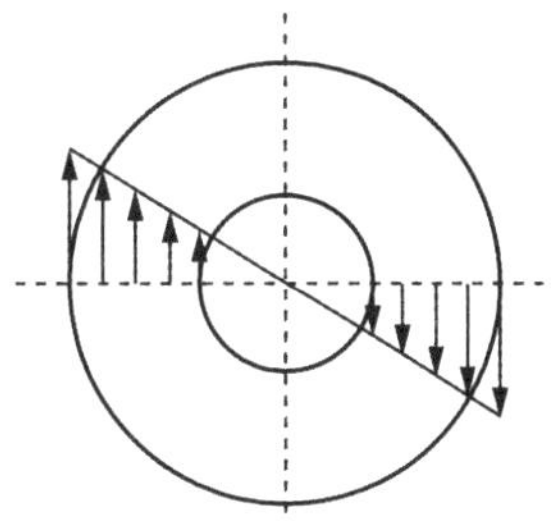

B.

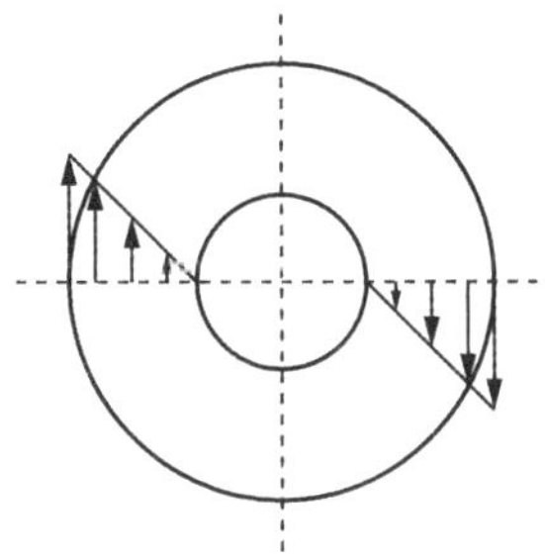

C.

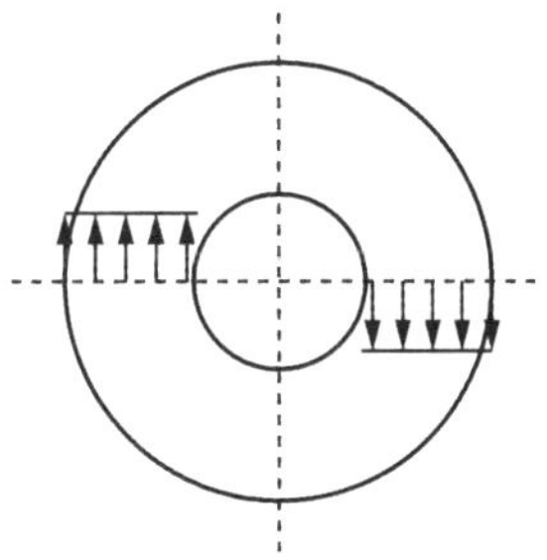

D.

63．如图所示实心圆轴 CD，其横截面积为 A，承受扭力矩 M 的作用。根据刚度条件确定扭力矩 M 的许用值为 M_1。当该实心圆轴的横截面积变为 $2A$ 时，根据刚度条件确定的扭力矩 M 的许用值为(　　)。

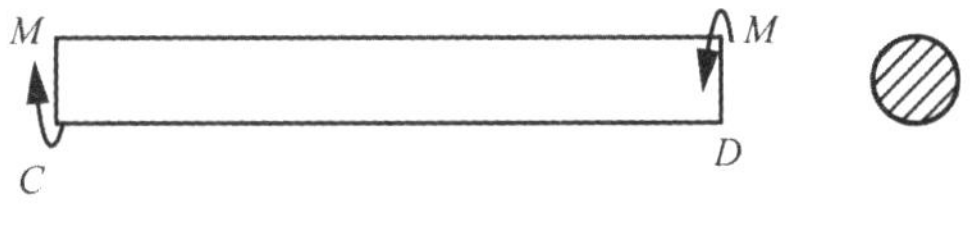

题 63 图

A. $8M_1$　　B. $4\sqrt{2}M_1$　　C. $4M_1$　　D. $2\sqrt{2}M_1$

64．某梁的弯矩图如图所示，则下列说法中正确的是(　　)。

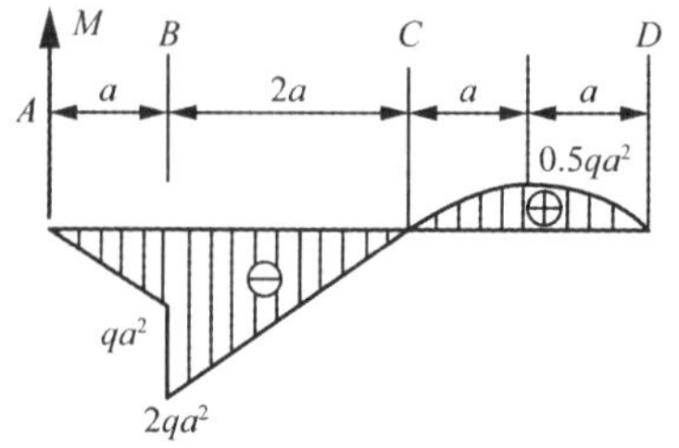

题 64 图

A. B 截面处作用集中力，CD 段的均布载荷 $q=0$

B. B 截面处作用集中力，CD 段的均布载荷 $q\neq0$

C. B 截面处作用集中力偶，CD 段的均布载荷 $q\neq0$

D. B 截面处作用集中力偶，CD 段的均布载荷 $q=0$

65. 已知某根梁的剪力图和弯矩图如下，则对应的载荷情况正确的是(　　)。

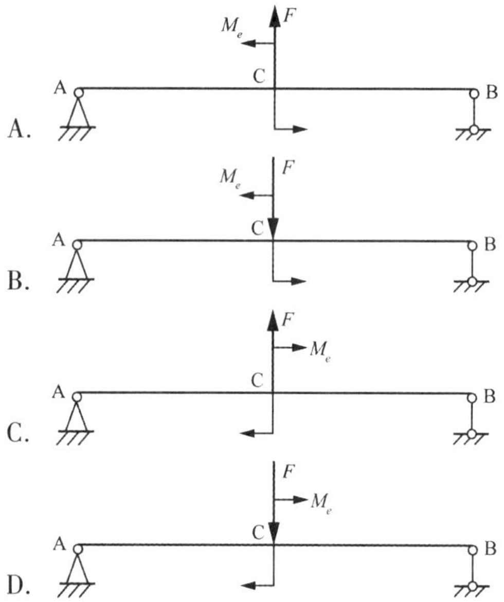

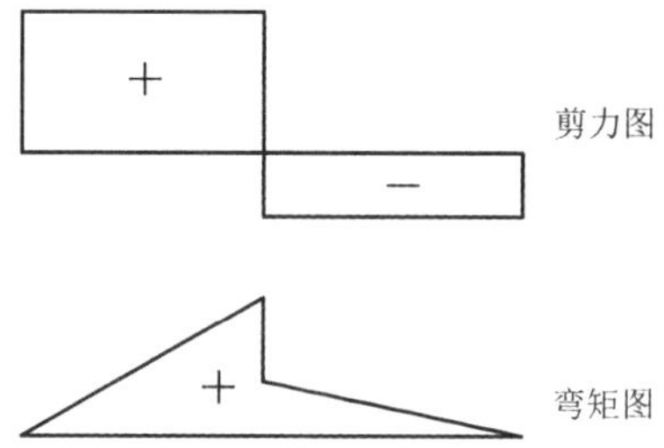

题 65 图

66. 臂梁 AB 由三根相同的矩形截面直杆胶合而成，长为 l，材料的许可应力为$[\sigma]$。若胶合面开裂，假设开裂后三根杆的挠曲线相同，接触面之间无摩擦力。则在梁承载能力范围之内开裂前后的 B 端挠度之比为(　　)。

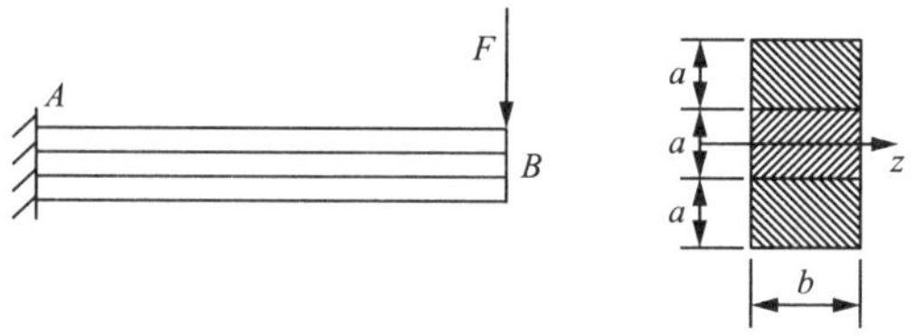

题 66 图

A. 1/9　　B. 1/3　　C. 两者相同　　D. 3 倍

67. 如图所示，在悬臂梁的自由端悬挂一重量为 P 的重物，梁的材料的弹性模量为 E。若现在需要能够提起 $8P$ 的重物而且保证自由端 B 的位移与之前的位移一致，可以仅仅通过改变梁的截面高度来实现，则新的截面高度为之前截面高度的(　　)倍。

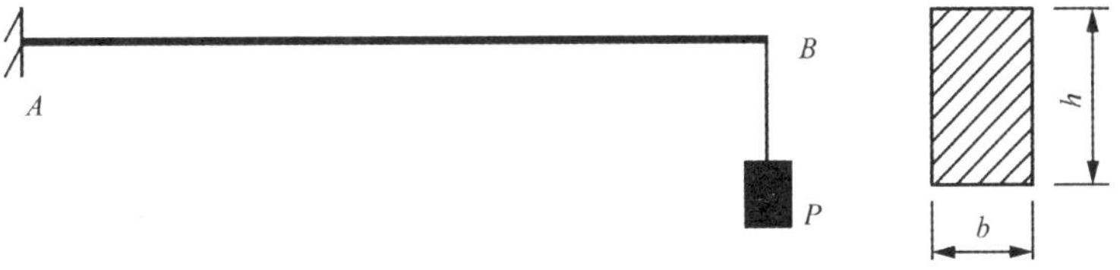

题 67 图

A. 8　　B. 6　　C. 4　　D. 2

68. 图示变截面短杆，图(a)的最大压应力是图(b)的最大压应力的(　　)倍。

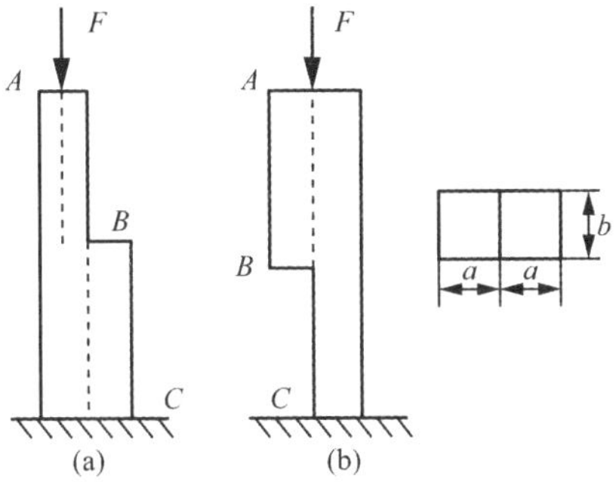

题 68 图

A. 1/2　　B. 3/8　　C. 5/16　　D. 7/32

69. 图示圆截面钢杆，已知直径 d 和长度 l，自由端截面上承受两个集中力。其中，F_1 作用点位于端截面，其作用线平行于 x 轴；F_2 的作用线通过端截面圆心平行于 y 轴，如图所示，那么该圆轴的变形形式为(　　)。(不考虑横梁的横向剪力效应)

A. 拉伸和扭转　　B. 拉伸和弯曲　　C. 扭转和弯曲　　D. 拉伸、扭转和弯曲

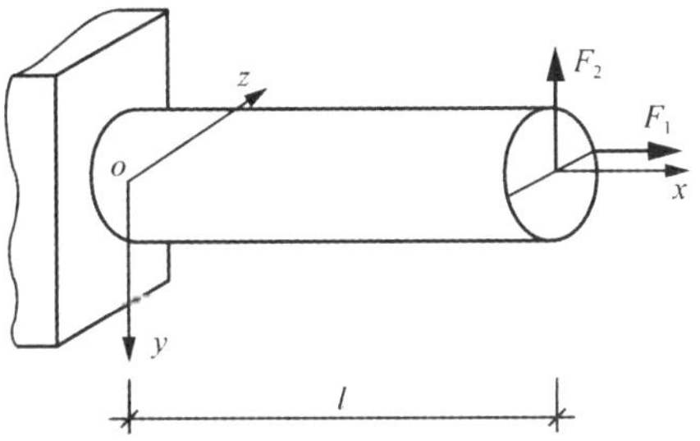

题 69 图

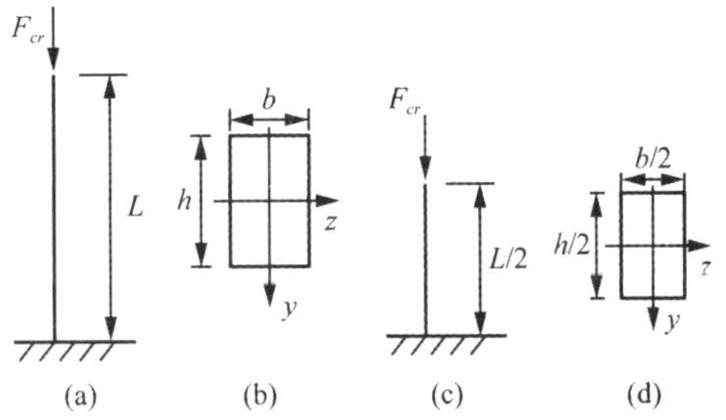

题 70 图

70. 一端固定一端自由的细长(大柔度)压杆，长为 L(图 a)，当杆的长度减小一半(图 c)而且截面的尺寸都减小一半(图 d)时，其临界载荷 F_{cr}是原来的(　　)。

A. 1/8　　B. 1/4　　C. 4　　D. 8

71. (　　)反映了流体黏性的大小，其值越大，流体抵抗剪切变形的能力越大。

A. 运动黏度　　B. 速度梯度　　C. 动力黏度　　D. 剪切变形速度

72. 密闭容器内自由表面绝对压强 $p_0=80\text{kN/m}^2$，当地大气压强为 $p_a=101\text{kN/m}^2$，则液面下水深 2m 处的相对压强为(　　)。

A. -19.6kN/m^2　　B. -1.4kN/m^2　　C. 1.4kN/m^2　　D. 19.6kN/m^2

73. 关于流线，正确的说法是(　　)。

A. 流线表示不同时刻的流动趋势　　B. 无论何种流动，流线与迹线均不重合

C. 流线密处流速快，流线疏处流速慢　　D. 流线可以是任何线段

74. 输油管直径为150mm，流量为16.3m^3/h，油的运动黏滞系数为0.2cm^2/s，则1000m管道的沿程损失为(　　)。

A. 0.074m　　B. 0.74m　　C. 7.4m　　D. 74m

75. 某常水头薄壁小孔口自由出流，$H_0=6m$，孔口直径$d=10mm$，流量系数$\mu=0.62$，该小孔口的出流量为(　　)。

A. 0.34L/s　　B. $4.43\times10^{-4}m^3/s$　　C. 0.47L/s　　D. $5.28\times10^{-4}m^3/s$

76. 下列关于水力最优断面的说法错误的是(　　)。

A. 水力最优断面是指当i、n和A一定，使所通过的流量Q最大的断面形状

B. 在相同面积的过水断面中，圆管的输水能力最好

C. 矩形截面的水力最优断面，$b=2h$

D. 明渠均匀流输水能力只与水力最优断面有关

77. 下图为不透水层上的排水廊道，已知：垂直于纸面方向长100m，廊道水深$h=2m$，含水层中水深$H=4m$，土壤的渗透系数$k=0.001cm/s$，廊道的影响半径$R=200m$，则廊道的排水流量Q为(　　)。

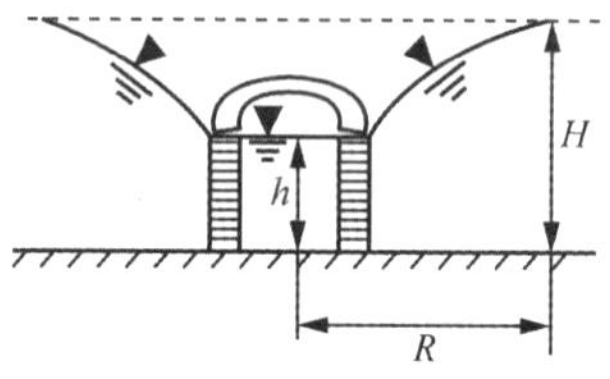

题77图

A. $3\times10^{-3}m^3/s$　　B. $6\times10^{-3}m^3/s$　　C. $6\times10^{-5}m^3/s$　　D. $3\times10^{-5}m^3/s$

78. 烟气在加热炉回热装置中流动，拟用空气介质进行实验。已知空气黏度$\upsilon_{空气}=15\times10^{-6}m^2/s$，烟气运动黏度$\upsilon_{烟气}=60\times10^{-6}m^2/s$，烟气流速$v_{烟气}=4m/s$，如若实际与模型长度的比尺$\lambda_1=8$，则模型空气的流速应为(　　)。

A. 1m/s　　B. 2m/s　　C. 4m/s　　D. 8m/s

79. 关于电场线的以下说法中，正确的是(　　)。

A. 电场线上每一点的切线方向都跟电荷在该点的受力方向相同

B. 沿电场线的方向，电场强度越来越小

C. 电场线越密的地方同一试探电荷受到的电场力就越大

D. 顺着电场线移动电荷，电荷受到的电场力大小一定不变

80. 在图示电路中，假设绕行方向为逆时针方向，则可列回路电压方程为(　　)。

A. $I_3R_3-E_2+I_2R_2-I_1R_1+E_1=0$

B. $I_1R_3-E_2+I_2R_2+I_1R_1-E_1=0$

C. $-I_3R_3+E_1-I_1R_1+I_2R_2-E_2=0$

D. $-I_3R_3-E_1+I_1R_1-I_2R_2+E_2=0$

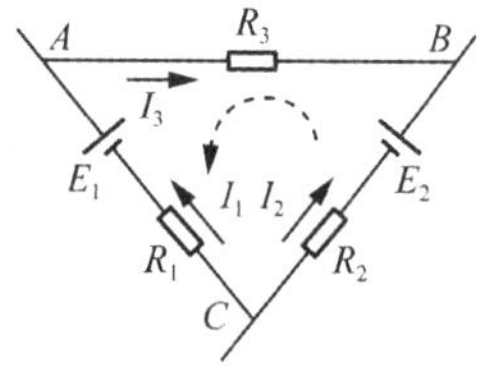

题80图

81. 图示电路中，当$U_S=0$时，$I=-6A$，当$U_S=18V$时，则I为(　　)。

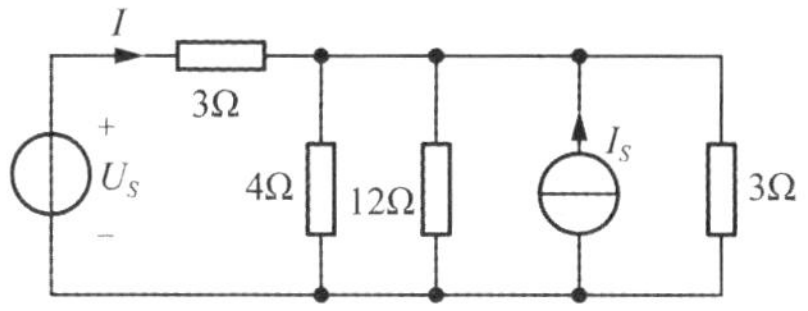

题 81 图

A. −4A　　B. 6A　　C. 4A　　D. −2A

82. 若已知两个同频率电压的相量分别为 $\dot{U}_{AB}=(20+\mathrm{j}50)$V 和 $\dot{U}_{BC}=(10-\mathrm{j}20)$V，则电压 U_{AC} 等于(　　)。

A. $60\sqrt{2}$V　　B. 60V　　C. $30\sqrt{2}$V　　D. 30V

83. 一交流电路由 R、L、C 串联而成，其中，$R=10\Omega$，$X_L=8\Omega$，$X_C=6\Omega$。通过该电路的电流为 10A，则该电路的有功功率和功率因数分别为(　　)。

A. 1kW，0.95　　B. 100W，0.98　　C. 100W，0.95　　D. 1kW，0.98

84. 在如图所示电路中，开关 S 在 $t=0$ 瞬间闭合，若 $u_C(0_-)=0$V，则 $i_1(0_+)=$(　　)。

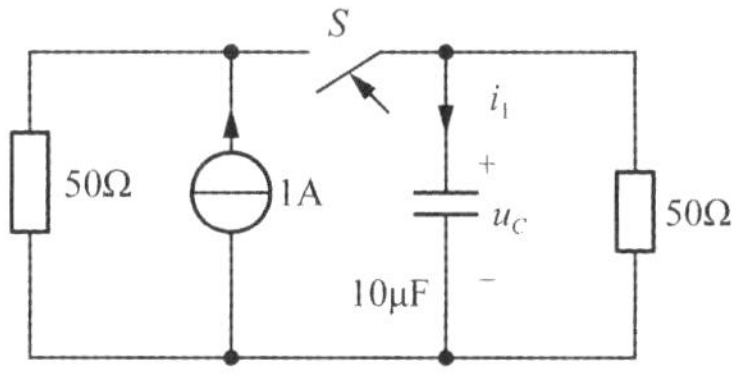

题 84 图

A. 0A　　B. 0.5A　　C. 1A　　D. 1.5A

85. 如图所示，理想变压器的副线圈上通过输电线接两个相同的灯泡 L_1 和 L_2，输电线的等效电阻为 R，开始时开关 S 断开，当 S 接通时，以下说法错误的是(　　)。

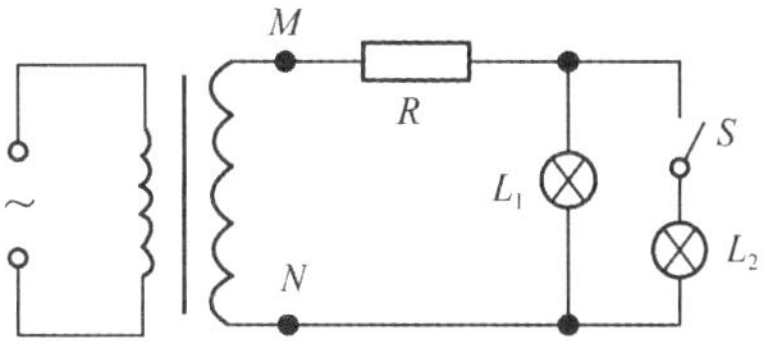

题 85 图

A. 副线圈两端 M、N 的输出电压减小　　B. 副线圈输电线等效电阻 R 上的电压增大

C. 通过灯泡 L_1 的电流减小　　D. 原线圈中的电流增大

86. 在电动机的继电接触控制电路中，熔断器、热继电器和接触器的作用分别是(　　)。

A. 过载保护、短路保护、欠压保护　　B. 过载保护、欠压保护、短路保护

C. 短路保护、过载保护、欠压保护　　D. 短路保护、欠压保护、过载保护

87. 用湿度传感器对室内的湿度 $v(t)$ 进行测量，测量结果为 $x(t)$，用采样器对 $x(t)$ 采样后得到信号 $x^*(t)$，那么(　　)。

A. $v(t)$ 和 $x(t)$ 均随时间连续变化，因此均是模拟信号

B. $x^*(t)$ 在时间上离散，因此是数字信号

C. $x^*(t)$ 是 $v(t)$ 的模拟信号

D. $x^*(t)$ 经过幅度的量化，就可转化为数字信号

88. 信号 $f(t)$ 的波形图如图(a)所示，请由图(a)给出图(b)所示信号的表达式(　　)。

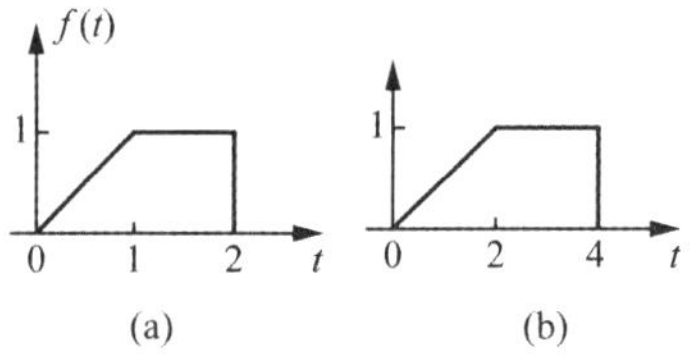

题 88 图

A. $f(2t)$　　B. $f(0.5t)$　　C. $f(t-2)$　　D. $f(2t+2)$

89. 已知信号 $x(t)$ 如图所示，在发送中混入了高频噪声，接收端在接收时需要通过怎样处理才能恢复信号，同时去除 $x(t)$ 中的直流分量？(　　)

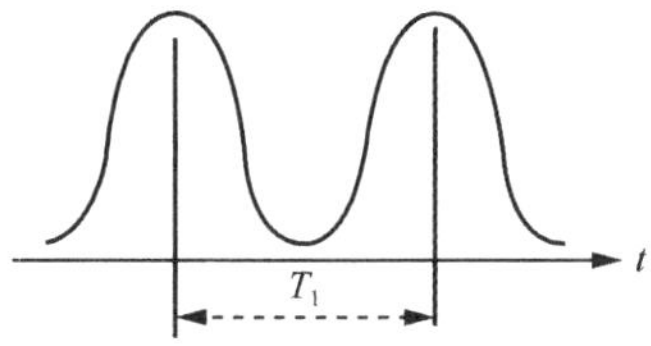

题 89 图

A. 先经过带阻滤波器、再经过低通滤波器

B. 只需经过高通滤波器

C. 先经过高通滤波器、再经过低通滤波器

D. 只需经过低通滤波器

90. 对逻辑表达式 $(A+B)(\overline{\overline{A}B\overline{C}})$ 的化简结果是(　　)。

A. $A+\overline{B}+BC$　　B. $A+BC$　　C. $A\overline{B}+BC$　　D. $A+C$

91. 已知 A、B 波形如图，若 $L=AB+\overline{A}\,\overline{B}$，则 L 可表示为(　　)。

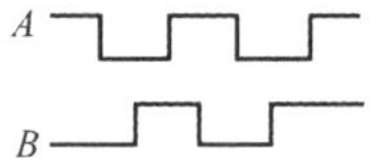

题 91 图

A. 10011001　　B. 11001010　　C. 01010101　　D. 00110011

92. 十进制数字 59 的 BCD 码为(　　)。

A. 01011001　　B. 00111011　　C. 10010101　　D. 11011100

93. 二极管电路如图(a)所示，设输入电压 $v_I(t)$ 波形如图(b)所示，设二极管是理想的，则 $t=1\text{ms}$，$t=4\text{ms}$ 时刻，$v_O(t)$ 分别等于(　　)。

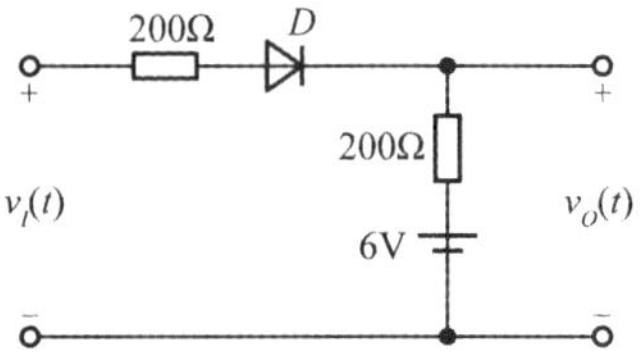

题 93 图(a)

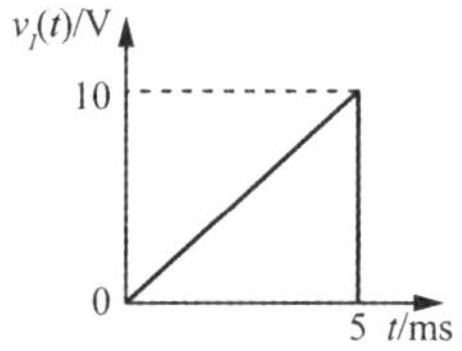

题 93 图(b)

A. 6V，6V　　B. 6V，7V　　C. 4V，6V　　D. 4V，7V

94. 某放大电路在负载开路时的输出电压为 4V，接入 12kΩ 的负载电阻后，输出电压降为 3V，这说明放大电路的输出电阻为(　　)。

A. 19kΩ　　　B. 2kΩ　　　C. 4kΩ　　　D. 3kΩ

95. 已知某电路的真值表如下表所示，该电路的逻辑表达式为(　　)。

题 95 表

A B C	F	A B C	F
0 0 0	0	1 0 0	0
0 0 1	1	1 0 1	1
0 1 0	0	1 1 0	1
0 1 1	1	1 1 1	1

A. $F = C$　　　B. $F = ABC$　　　C. $F = AB + C$　　　D. 都不是

96. 图(a)所示电路中，时钟脉冲、复位信号及数据输入信号如图(b)所示，经分析可知，在第一个和第二个时钟脉冲的下降沿过后，输出 Q 先后等于(　　)。

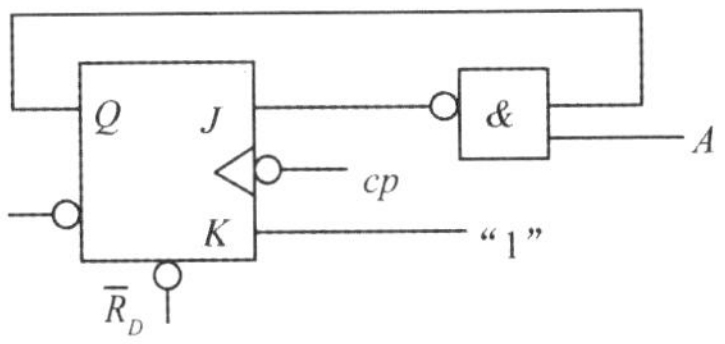

题 96 图(a)

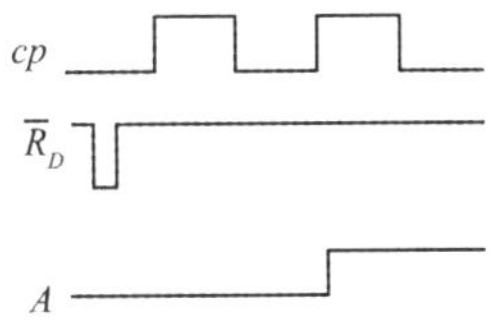

题 96 图(b)

附：触发器的逻辑状态表为：

J	K	Q_{n+1}
0	0	Q_n
0	1	0
1	0	1
1	1	$\overline{Q_n}$

A. 01　　　B. 00　　　C. 11　　　D. 10

97. 电源断电后信息不会丢失，经常用来存放监控和诊断程序的存储器是(　　)。

A. RAM　　　B. ROM　　　C. Cache　　　D. 辅助存储器

98. 计算机最小的存储信息单位是(　　)。

A. 字符　　　B. 字　　　C. bit　　　D. Byte

99. 十进制 153 转换成二进制数应为(　　)。

A. 10011001　　　B. 10100001　　　C. 10000110　　　D. 1110110

100. 按照国际电联的定义，以下不属于媒体分类的是(　　)。

A. 感觉媒体　　　B. 数字媒体　　　C. 存储媒体　　　D. 显示媒体

101. 操作系统的存储管理功能主要管理的是(　　)。

A. 处理机资源　　　B. 硬盘资源　　　C. 内存资源　　　D. 文件资源

102. 操作系统中采用虚拟存储技术，实际上是为实现(　　)。

A. 在一个较小内存储空间上，运行一个较小的程序

B. 在一个较小内存储空间上，运行一个较大的程序

C. 在一个较大内存储空间上，运行一个较小的程序

D. 在一个较大内存储空间上，运行一个较大的程序

103. 以下不属于进程特征的是(　　)。

A. 动态性　　B. 随机性　　C. 异步性　　D. 并发性

104. 计算机病毒具有(　　)。

A. 传染性、潜伏性、破坏性　　B. 寄生性、破坏性、易读性

C. 潜伏性、破坏性、免疫性　　D. 传染性、依附性、安全性

105. 下面对局域网、城域网、广域网说法不正确的是(　　)。

A. 局域网、城域网、广域网的英文简写分别为 LAN、MAN、WAN

B. 局域网一般位于一个建筑物或一个单位内

C. 广域网多采用 ATM 技术做骨干网

D. 广域网的地理范围可从几百公里到几千公里

106. 计算机病毒是一种程序，通常它隐藏在(　　)中。

A. 控制器　　B. 运算器　　C. 只读存储器　　D. 可执行文件

107. 某施工企业向银行借款 250 万元，期限 2 年，年利率 6%，半年复利计息一次，第二年末还本付息，则到期企业需支付给银行的利息为(　　)万元。

A. 30.00　　B. 30.45　　C. 30.90　　D. 31.38

108. 名义利率 12%，每季度付利息一次，则实际年利率为(　　)。

A. 12.68%　　B. 12.55%　　C. 12.49%　　D. 12.00%

109. 总融资金额为 4000 万元普通股，融资费用率为 3%，第一年股利率为 12%，以后每年增长 7%，问：这笔普通股的资金成本为(　　)。

A. 18.26%　　B. 19.75%　　C. 18.61%　　D. 19.37%

110. 某工厂投资 36000 元购置一台机器，使用寿命为 5 年，采用直线法计提折旧，预计残值为 6000 元，5 年中每年收入 23000 元，运行成本为 5000 元，则该工厂每年的净现金流量为(　　)。

A. 23000 元　　B. 24000 元　　C. 28000 元　　D. 29000 元

111. 对于待定的投资方案，若基准收益率增大，则投资方案评价指标的变化规律是(　　)。

A. 财务净现值与内部收益率均减小　　B. 财务净现值与内部收益率均增大

C. 财务净现值减小，内部收益率不变　　D. 财务净现值增大，内部收益率减小

112. 某技术方案估计年总成本费用为 8000 万元，其中外购原材料、燃料及动力费为 4500 万元，折旧费为 800 万元，摊销费为 200 万元，修理费为 500 万元，利息支出为 210 万元。则该技术方案的年经营成本为(　　)万元。

A. 4500　　B. 6290　　C. 6790　　D. 7290

113. 关于改扩建项目的经济评价，下列说法不正确的是(　　)。

A. “无项目”和“有项目”的计算口径和范围要一致

B. 经济费用效益分析采用一般建设项目的经济费用效益分析原理

C. 财务分析一般只按项目一个层次进行财务分析

D. 应分析项目对既有企业的贡献

114. 价值工程应用中，如果评价对象的价值系数 $V<1$，则正确的策略是(　　)。

A. 剔除不必要功能或降低现实成本　　B. 剔除过剩功能及降低现实成本

C. 不作为价值工程改进对象　　D. 提高现实成本或降低功能水平

115. 根据《建筑法》，建筑工程分包企业应当接受(　　)的质量管理。

A. 咨询单位　　B. 总承包单位　　C. 监理单位　　D. 建设单位

116. 依据《安全生产法》的规定，某公司安全生产管理人员在检查本公司的安全生产状况和事故隐患工作时，下列做法正确的是(　　)。

A. 对检查中发现的安全问题，立即处理，同时向主管的负有安全监管职责的部门报告，检查处理及报告情况如实记录在案

B. 对检查中发现的安全问题，立即报告本公司有关负责人，同时向主管的有安全监管职责的部门报告，报告情况如实记录在案

C. 对检查中发现的重大事故隐患，立即向本公司有关负责人报告，有关负责人不及时处理的，可以向主管的负有安全监管职责的部门报告

D. 对检查中发现的重大事故隐患，立即处理，并向本公司主要负责人报告，同时立即向主管的负有安全监管职责的部门报告

117. 根据《招标投标法》，投标人补充、修改或者撤回已提交的投标文件，并书面通知招标人的时间期限应在(　　)。

A. 评标截止时间前　　B. 评标开始前

C. 提交投标文件的截止时间前　　D. 投标有效期内

118. 按照《民法典》的规定，下列情形中，要约不失效的是(　　)。

A. 要约被拒绝

B. 要约被依法撤销

C. 承诺期限届满，受要约人未作出承诺

D. 受要约人对要约的内容作出非实质性变更

119. 根据《建设工程质量管理条例》规定，下列有关建设工程质量保修的说法中，错误的是(　　)。

A. 建设工程总承包单位向建设单位提交工程竣工验收报告时，应当向建设单位出具质量保修书

B. 供热与供冷系统，为两个采暖期、供冷期

C. 基础设施工程、屋面防水工程和主体结构工程的最低保修期限为设计文件规定的该工程的合理使用年限

D. 建设工程在超过合理使用年限后需要继续使用的，产权所有人应当委托具有相应资质等级的勘察、设计单位鉴定

120. 施工企业在施工过程中发现设计文件和图纸有差错的，应当(　　)。

A. 继续按设计文件和图纸施工

B. 对设计文件和图纸进行修改，按修改后的设计文件和图纸进行施工

C. 对设计文件和图纸进行修改，征得设计单位同意后按修改后的设计文件和图纸进行施工

D. 及时提出意见和建议

答案及详解

单项选择题（共 120 题，每题 1 分，每题的备选项中只有一个最符合题意）

1.【**答案**】B

【**解析**】由分子 $\lim_{x\to 0}[\sin x(\cos x-b)]=0$，可得分母 $\lim_{x\to 0}(e^x-a)=0$，计算得 $a=1$。利用等价无穷小及 $a=1$，原极限化为

$$\lim_{x\to 0}\frac{\sin x}{e^x-1}(\cos x-b)=\lim_{x\to 0}\frac{x}{x}(\cos x-b)=1-b=5$$

计算得 $b=-4$。

2.【**答案**】B

【**解析**】$y=f(\ln x)$可以写成两个函数 $y=f(u)$，$u=\ln x$ 的复合，故

$$y'=\frac{df}{du}\cdot\frac{du}{dx}=\frac{f'(\ln x)}{x}$$

3.【**答案**】D

【**解析**】设向量 $\boldsymbol{\alpha}$，$\boldsymbol{\beta}$ 的夹角为 θ，由 $|\boldsymbol{\alpha}\times\boldsymbol{\beta}|=|\boldsymbol{\alpha}||\boldsymbol{\beta}|\sin\theta=8$，可知 $\sin\theta=1$。故 $\theta=90°$，$\boldsymbol{\alpha}\cdot\boldsymbol{\beta}=|\boldsymbol{\alpha}||\boldsymbol{\beta}|\cos\theta=0$。

4.【**答案**】C

【**解析**】因为 $y'=e^{x-y}$，所以 $dy/dx=e^x/e^y$，得 $\int e^y dy=\int e^x dx$，则 $e^y=e^x+C$，因此 $y=\ln(e^x+C)$。又 $y(1)=\ln 2$，解得 $C=2-e$，即 $y=\ln(e^x+2-e)$。

5.【**答案**】C

【**解析**】因为

$$\left|x^2\sin\frac{1}{x}\right|\leqslant x^2$$

所以由夹逼定理可得

$$\lim_{x\to 0}f(x)=0=f(0)$$

所以 $f(x)$在 $x=0$ 点连续。又因为无穷小量×有界量=无穷小量，则

$$\lim_{\Delta x\to 0}\frac{\Delta y}{\Delta x}=\lim_{\Delta x\to 0}\frac{f(0+\Delta x)-f(0)}{\Delta x}=\lim_{\Delta x\to 0}\frac{\Delta x^2\sin\frac{1}{\Delta x}}{\Delta x}=\lim_{\Delta x\to 0}\Delta x\sin\frac{1}{\Delta x}=0$$

所以 $f(x)$在 $x=0$ 点可导，$f(x)$的导函数为

$$f'(x)=\begin{cases}2x\sin\frac{1}{x}-\cos\frac{1}{x}, & x\neq 0\\ 0, & x=0\end{cases}$$

则 $\lim_{x\to 0}f'(x)$不存在，所以 $f(x)$的导函数不连续。

6.【**答案**】D

【**解析**】计算得

$$\int_0^{\pi}\sqrt{1-\sin x}\mathrm{d}x=\int_0^{\pi}\sqrt{\sin^2\frac{x}{2}+\cos^2\frac{x}{2}-2\sin\frac{x}{2}\cdot\cos\frac{x}{2}}\mathrm{d}x$$
$$=\int_0^{\pi}\sqrt{\left(\sin\frac{x}{2}-\cos\frac{x}{2}\right)^2}\mathrm{d}x$$
$$=\int_0^{\frac{\pi}{2}}\left(\cos\frac{x}{2}-\sin\frac{x}{2}\right)\mathrm{d}x+\int_{\frac{\pi}{2}}^{\pi}\left(\sin\frac{x}{2}-\cos\frac{x}{2}\right)\mathrm{d}x$$
$$=4(\sqrt{2}-1)$$

7. 【答案】C

【解析】计算得

$$\int_{-\infty}^{+\infty}\frac{\mathrm{d}x}{x^2+2x+2}=\int_{-\infty}^{0}\frac{\mathrm{d}(x+1)}{(x+1)^2+1}+\int_0^{+\infty}\frac{\mathrm{d}(x+1)}{(x+1)^2+1}$$
$$=[\arctan(x+1)]_{-\infty}^{0}+[\arctan(x+1)]_0^{\infty}$$
$$=\left[\frac{\pi}{4}-\left(-\frac{\pi}{2}\right)\right]+\left(\frac{\pi}{2}-\frac{\pi}{4}\right)=\pi$$

8. 【答案】C

【解析】在极坐标中，积分区域 $D=\{(\rho,\theta)\mid 0\leqslant\rho\leqslant 2,\ 0\leqslant\theta\leqslant 2\pi\}$，则

$$\iint\limits_D \mathrm{e}^{x^2+y^2}\mathrm{d}\sigma=\iint\limits_D \mathrm{e}^{\rho^2}\rho\mathrm{d}\rho\mathrm{d}\theta=\int_0^{2\pi}\mathrm{d}\theta\int_0^2\mathrm{e}^{\rho^2}\rho\mathrm{d}\rho=2\pi\cdot\left[\frac{\mathrm{e}^{\rho^2}}{2}\right]\Bigg|_0^2=\pi(\mathrm{e}^4-1)$$

9. 【答案】A

【解析】奇函数 $f(x)$ 在区间 $[3,\ 7]$ 上是增函数且最大值为 5，则得 $f(7)=5$，利用奇函数的性质，知 $f(x)$ 在区间 $[-7,\ -3]$ 上也是增函数，则 $f(x)$ 在区间 $[-7,\ -3]$ 上有最小值 $f(-7)=-f(7)=-5$。

10. 【答案】B

【解析】通过观察选项，知题意要求将先 y 后 x 的二次积分转化为先 x 后 y 的二次积分，通过已知二次积分表达式，知

$$\begin{cases}\dfrac{\pi}{2}\leqslant x\leqslant\pi & ①\\ \sin x\leqslant y\leqslant 1 & ②\end{cases}$$

通过①式知 x 为第二象限的角，因此得

$$\begin{cases}\pi-\arcsin y\leqslant x\leqslant\pi\\ 0\leqslant y\leqslant 1\end{cases}$$

因此答案选 B。

11. 【答案】D

【解析】利用

$$\frac{1}{1-x}=\sum_{n=0}^{\infty}x^n,\ x\in(-1,\ 1)$$

得

$$\frac{1}{x}=\frac{1}{3+x-3}=\frac{1}{3}\cdot\frac{1}{1+\dfrac{x-3}{3}}=\frac{1}{3}\cdot\frac{1}{1-\left(-\dfrac{x-3}{3}\right)}$$

$$=\frac{1}{3}\cdot\sum_{n=0}^{\infty}\left(-\frac{x-3}{3}\right)^n,\ \frac{3-x}{3}\in(-1,\ 1)$$

即

$$\frac{1}{x}=\sum_{n=0}^{\infty}\frac{(-1)^n}{3^{n+1}}(x-3)^n,\ x\in(0,\ 6)$$

12. 【答案】B

【解析】图形绕 x 轴旋转，该体积为

$$V=\int_0^2\pi(x^3)^2\mathrm{d}x=\frac{128}{7}\pi$$

【说明】由连续曲线 $y=f(x)$，直线 $x=a$、$x=b$ 及 x 轴所围成的曲边梯形绕 x 轴旋转一周而成的立体，其体积公式为

$$V=\int_a^b\pi[f(x)]^2\mathrm{d}x$$

13. 【答案】A

【解析】A 项，因为

$$\lim_{n\to\infty}\frac{\frac{1}{2n-1}}{\frac{1}{n}}=\frac{1}{2}$$

而 $\sum_{n=1}^{\infty}\frac{1}{n}$ 发散，故由极限形式的比较审敛法知 $\sum_{n=1}^{\infty}\frac{1}{2n-1}$ 发散。B 项，因为

$$\lim_{n\to\infty}\sqrt[n]{u_n}=\lim_{n\to\infty}\frac{1}{\ln(n+1)}=0<1$$

由根值审敛法知 $\sum_{n=1}^{\infty}\frac{1}{[\ln(n+1)]^n}$ 收敛。C 项，级数为一个交错级数，又 $\ln\left(1+\frac{1}{\sqrt{n}}\right)$ 随着 n 的增大，其值越来越小，且

$$\lim_{n\to\infty}\ln\left(1+\frac{1}{\sqrt{n}}\right)=0$$

利用莱布尼兹定理知 $\sum_{n=1}^{\infty}(-1)^n\ln\left(1+\frac{1}{\sqrt{n}}\right)$ 收敛。D 项，$\sum_{n=1}^{\infty}(-1)^{n-1}\left(\frac{2}{3}\right)^n$ 是关于公比 $q=-2/3$ 的等比级数，$|q|=2/3<1$，收敛。

14. 【答案】B

【解析】计算得

$$f(0^-)=\lim_{x\to0^-}f(x)=-1$$
$$f(0^+)=\lim_{x\to0^+}f(x)=1$$

因为 $f(0^+)$、$f(0^-)$ 均存在，但 $f(0^+)\neq f(0^-)$，所以 $x=0$ 是 $f(x)$ 的跳跃间断点。

【说明】函数间断点的类型：

①第一类间断点

a. 可去间断点：在间断点处函数左右极限相等。

b. 跳跃间断点：在间断点处函数左右极限不相等。

②第二类间断点

a. 无穷间断点：在间断点处函数极限为无穷大(或无穷小)。

b. 振荡间断点：在趋近间断点的过程中，函数值在某个区间内变动无限多次。

15. 【答案】B

【解析】计算得 $y'=3x^2-10x+3$，$y''=6x-10$，令 $y''=0$，计算得 $x=5/3$。通过计算知，y''在 $x=5/3$ 的左、右两侧异号，又 $y(5/3)=20/27$，所以点$(5/3, 20/27)$为拐点。

16. 【答案】C

【解析】由方程组

$$\begin{cases} f_x=4-2x=0 \\ f_y=-4-2y=0 \end{cases}$$

求得驻点$(2, -2)$。又 $A=f_{xx}(2, -2)=-2<0$，$B=f_{xy}(2, -2)=0$，$C=f_{yy}(2, -2)=-2$，$AC-B^2>0$。

由判断极值的充分条件知：在点$(2, -2)$处，函数取得极大值$f(2, -2)=8$。

17. 【答案】A

【解析】因为

$$e^x=\sum_{n=0}^{\infty}\frac{x^n}{n!}=1+x+\frac{x^2}{2!}+\cdots+\frac{x^n}{n!}+\cdots$$

$$e^{-x}=\sum_{n=0}^{\infty}\frac{(-1)^n x^n}{n!}=1-x+\frac{x^2}{2!}-\cdots+\frac{(-1)^n x^n}{n!}+\cdots$$

两式相加得

$$e^x+e^{-x}=2\left[1+\frac{x^2}{2!}+\cdots+\frac{x^2 n}{(2n)!}+\cdots\right]=2\sum_{n=0}^{\infty}\frac{x^2 n}{(2n)!}$$

故有

$$\sum_{n=0}^{\infty}\frac{x^{2n}}{(2n)!}=\frac{e^x+e^{-x}}{2}$$

18. 【答案】C

【解析】计算得

$$\frac{\partial u}{\partial x}=(2xe^{x^2})\sin\frac{x}{y}+e^{x^2}\left(\cos\frac{x}{y}\cdot\frac{1}{y}\right)=2xe^{x2}\sin\frac{x}{y}+\frac{1}{y}e^{x2}\cos\frac{x}{y}$$

19. 【答案】B

【解析】齐次方程组有非零解的充要条件是系数矩阵的秩小于 n。因为

$$A=\begin{pmatrix}1 & 2 & 1 \\ 1 & a & 2 \\ a & 4 & 3 \\ 2 & a+2 & -5\end{pmatrix}\to\begin{pmatrix}1 & 2 & 1 \\ 0 & a-2 & 1 \\ 0 & 4-2a & 3-a \\ 0 & a-2 & -7\end{pmatrix}\to\begin{pmatrix}1 & 2 & 1 \\ 0 & a-2 & 1 \\ 0 & 0 & 5-a \\ 0 & 0 & -8\end{pmatrix}$$

得秩 $r(A)<3$，计算得 $a=2$。

【说明】若 n 元齐次线性方程组 $Ax=0$ 有非零解，则 $r(A)<n$。

20. 【答案】D

【解析】A 项，$a_{33}=-3<0$，不是正定矩阵；B 项，二阶主子式 $\begin{vmatrix}1 & 3 \\ 3 & 9\end{vmatrix}=0$；C 项，矩阵

对应的行列式 $|A|=0$，不是正定矩阵；D 项，矩阵的三个顺序主子式 $\Delta_1=2$，$\Delta_2=6$，$\Delta_3=10$ 全大于 0，因此 D 项的矩阵为正定矩阵。

21. 【答案】A

【解析】由特征值、特征向量定义，有

$$\begin{bmatrix} 3 & 2 & -1 \\ a & -2 & 2 \\ 3 & b & -1 \end{bmatrix}\begin{bmatrix} 1 \\ -2 \\ 3 \end{bmatrix}=\lambda\begin{bmatrix} 1 \\ -2 \\ 3 \end{bmatrix}$$

即

$$\begin{cases} 3-4-3=\lambda \\ a+4+6=-2\lambda \\ 3-2b-3=3\lambda \end{cases}$$

可解出 $a=-2$，$b=6$。

22. 【答案】D

【解析】由 $P(A)=1/4$，$P(B|A)=1/2$，得 $P(AB)=P(A)P(B|A)=1/8$，而 $P(A|B)=P(AB)/P(B)=1/3$，则 $P(B)=3/8$，所以 $P(A\cup B)=P(A)+P(B)-P(AB)=1/4+3/8-1/8=1/2$。

23. 【答案】D

【解析】由题意，$Y=\mathrm{e}^{-2X}$ 的数学期望为

$$\begin{aligned} E(Y)=E(\mathrm{e}^{-2X})&=\int_{-\infty}^{+\infty}\mathrm{e}^{-2x}f(x)\mathrm{d}x \\ &=\int_{-\infty}^{0}\mathrm{e}^{-2x}\cdot 0\mathrm{d}x+\int_{0}^{+\infty}\mathrm{e}^{-2x}\cdot\mathrm{e}^{-x}\mathrm{d}x \\ &=\int_{0}^{+\infty}\mathrm{e}^{-3x}\mathrm{d}x=-\frac{1}{3}\mathrm{e}^{-3x}\Big|_0^{\infty}=\frac{1}{3} \end{aligned}$$

24. 【答案】B

【解析】由题设可知，$E(\overline{X})=np$，$E(S^2)=np(1-p)$。若 $\overline{X}+kS^2$ 为 np^2 的无偏估计量，则 $E(\overline{X}+kS^2)=np^2$，得 $np+knp(1-p)=np^2$，解得 $k=-1$。

25. 【答案】B

【解析】压强是系统中大量分子在单位时间内对单位面积器壁碰撞的结果，可由公式 $p=2n\bar{\varepsilon}_k/3$ 定量描述。式中 n 为单位体积内的分子数，与一定量气体的体积有关；分子的平均平动动能 $\bar{\varepsilon}_k$ 与温度有关。当温度不变，体积增大时，n 减小，因此压强减小；当体积不变，温度升高时，$\bar{\varepsilon}_k$ 由于温度的升高而增大，从而导致压强增大。

26. 【答案】D

【解析】温度为 T 时，一个理想气体分子热运动的平均动能为 $ikT/2$，其中 i 是自由度。氦气 $i=3$(单原子)，氧气 $i=5$(刚性双原子分子)。而 1mol 理想气体分子的内能，是指 1mol 气体分子的平均动能总和，即 $E=N_AikT/2=iRT/2$。

27. 【答案】D

【解析】$C_{p,m}=C_{V,m}+R=7R/2$，等压膨胀的情况下，系统从外界吸收的热量 $Q=\Delta H=nC_{p,m}\Delta T$，内能增量 $\Delta U=nC_{V,m}\Delta T$，系统对外做功 $W=Q-\Delta U=n(C_{p,m}-C_{v,m})\Delta T=$

$nR\Delta T$，从而得

$$\frac{W}{Q}=\frac{nR\Delta T}{nC_{p,m}\Delta T}=\frac{R}{7R/2}=\frac{2}{7}$$

28. 【答案】B

【解析】根据热力学第一定律 $Q=\Delta E+W$，绝热 $Q=0$，气体在充满整个容器的过程中（又称气体自由膨胀），对外没有做功，即 $W=0$，因此 $\Delta E=0$，系统（气体）的内能不变。

29. 【答案】C

【解析】同一质元在经过若干个周期后总能量不变，而质元的波动能量在任意时刻 t 都有：$\Delta E_k=\Delta E_p=E/2=5\text{J}$。

30. 【答案】C

【解析】由平均能量密度 $\overline{\omega}=\rho\omega^2A^2/2$ 可知，波动的能量与介质的密度 ρ、波动的角频率 ω 和振幅 A 有关。

31. 【答案】D

【解析】由波的能量密度公式 $\overline{w}=(1/2)\rho\omega^2A^2$，其中 $\omega=2\pi f$，得：

$$\overline{w}=\frac{1}{2}\rho\omega^2A^2=\frac{1}{2}\times1.3\times(2\pi\times500)^2\times(10^{-4})^2\text{J/m}^3=6.41\times10^{-2}\text{J/m}^3$$

声强为：$I=\overline{w}u=6.41\times10^{-2}\times340=21.8\text{W/m}^2$。

32. 【答案】A

【解析】单缝衍射中央明纹的宽度公式为 $\Delta x_0=2\lambda f/(nb)$，其他各级明纹的宽度公式为：$\Delta x=\lambda f/(nb)$。由于水的折射率大于 1，故衍射条纹变密。

33. 【答案】B

【解析】单缝夫琅和费衍射的中央明纹宽度为：$\Delta x_0=2\lambda f/a$。对于给定波长的单色光，若减小缝宽 a，中央明纹宽度 Δx_0 变大。

34. 【答案】D

【解析】由于入射光是部分偏振光，旋转尼科尔棱镜时，可以观察到最大光强 $I_{\max}$ 和最小光强 $I_{\min}$，当尼科尔棱镜从光强为极大的位置转过 60°角时，有：$I=I_{\max}\cos^2\alpha+I_{\min}\sin^2\alpha=I_{\max}/4+3I_{\min}/4=I_{\max}/2$，故 $I_{\max}=3I_{\min}$。

35. 【答案】B

【解析】由单缝衍射暗纹公式得 $a\sin\theta_1=1\lambda_1$，$a\sin\theta_2=2\lambda_2$。由题意可知 $\theta_1=\theta_2$，则 $\sin\theta_1=\sin\theta_2$，故 $\lambda_1=2\lambda_2$。

36. 【答案】B

【解析】光栅衍射中，如果衍射角 θ 的某些值满足光栅方程的主明纹条件，而又满足单缝衍射的暗纹条件，这些主明纹将消失，这一现象称为缺级。

光栅方程 $(a+b)\sin\theta=k\lambda$，单缝衍射暗纹条件 $a\sin\theta=k'\lambda$，联立可得：

$$k=\frac{a+b}{a}k'$$

依题，取 $k=3$，$k'=1$，得 $b=2a$。

37. 【答案】C

【解析】29 号元素为铜，核外电子数为 29，按照能量最低原理，电子分布式应为

$1s^22s^22p^63s^23p^64s^23d^9$。根据洪特规则，$3d^{10}$为全充满稳定，因此4s轨道的一个电子调整到3d；又由于屏蔽效应导致4s轨道电子受原子核的吸引力减小，轨道能量升高，所以填充满电子之后，3d轨道的能量比4s轨道能量低。因此最终电子分布式为$1s^22s^22p^63s^23p6^3d^{10}4s^1$。

38. 【答案】B

【解析】根据洪特规则，在相同能量的轨道上，电子在排布的时候优先进入空轨道，每个轨道中的单电子取得相同自旋。原子序数为16的元素基态原子的核外电子分布为$1s^22s^22p^63s^23p^4$，其最外层的3个3p轨道上有4个电子，其中一个轨道上被一对电子所占据，另外两个轨道上分别被两个自旋方向相同的单电子所占据。因此，该元素的未成对电子数为2。

39. 【答案】B

【解析】设反应后溶液中残留的Cu^{2+}浓度为$x$mol/L，假设溶液中Cu^{2+}全部沉淀，则溶液中H^+浓度为1.2mol/L＝1.0mol/L（原溶液中的HCl浓度）＋0.2mol/L（0.1mol/LCu^{2+}与H_2S反应得到的氢离子），若残留Cu^{2+}浓度为$x$mol/L，则溶液中氢离子浓度为$(1.2-2x)$mol/L。

	Cu^{2+}	+	H_2S	$\rightleftharpoons$	CuS(s) +	$2H^+$
平衡浓度(mol/L)	x		0.1			$1.2-2x$

$$K=\frac{K_{a1}\cdot K_{a2}}{K_{sp}}=\frac{1.1\times10^{-7}\times1.3\times10^{-13}}{6.3\times10^{-36}}=2.27\times10^{15}$$

$$2.27\times10^{15}=\frac{c_{H^+}^2}{c_{Cu^{2+}}\cdot c_{H_2S}}=\frac{(1.2-2x)^2}{x\times0.1}$$

解得：$x=6.3\times10^{-15}$mol/L。

40. 【答案】B

【解析】缓冲溶液是弱酸及弱酸盐（或弱碱及弱碱盐）的混合液，其缓冲原理是单相同离子效应。A项相当于单一的氯化铵溶液，不是缓冲溶液；B项相当于弱碱$NH_3\cdot H_2O$与其共轭酸NH_4^+的混合溶液，为缓冲溶液；C项相当于氯化铵与盐酸的混合溶液，同样不是缓冲溶液；D项为氯化铵与盐酸的混合溶液，不是缓冲溶液；B项相当于弱碱$NH_3\cdot H_2O$与其共轭酸NH_4^+的混合溶液，为缓冲溶液。

41. 【答案】B

【解析】恒温条件下$K^{\ominus}$不变；对于有气体参与的可逆反应，增大压力有利于化学平衡向气态反应分子数减小的方向移动。

42. 【答案】A

【解析】催化剂之所以可以加快反应速率，是因为它改变了反应的历程，降低了反应的活化能E_a，增加了活化分子百分数。

43. 【答案】B

【解析】负极反应：$A^{2+}\longrightarrow A^{3+}+e^-$

正极反应：$B^{4+}+e^-\longrightarrow B^{3+}$

电池总反应：$A^{2+}+B^{4+}\longrightarrow A^{3+}+B^{3+}$

可知电池反应的产物为 A^{3+} 和 B^{3+}。

44. 【答案】A

【解析】取最长碳链为主链，若多条碳链碳原子数相同时，则选择取代基多的碳链为主链，编号要使取代基位号最小。按上述命名规则可知，最长碳链为八个碳原子，化合物命名为2,6-二甲基-3,6-二乙基辛烷，则可知A项正确。

45. 【答案】B

【解析】酮类化合物所包含的官能团是羰基，且羰基碳原子上连接的为两个烃基，B为酮类有机化合物的通式。

46. 【答案】C

【解析】A项，橡皮擦主要由增塑剂和橡胶合成，属于橡胶工业；B项，冶炼金属铝属于冶金工业；C项，铅笔芯的主要成分是石墨，石墨比较软，刻画时容易留痕迹，铅笔芯生产与电镀工业无关；D项，铅笔漆属于涂料的一种。

47. 【答案】B

【解析】当力作用在 D 点时，构件 BCE 为二力构件，可判断 B 点与 C 点的约束力方向，根据整体平衡的三力汇交原理，可确定 A 点的约束力，受力图如题47解图(a)所示。当力作用在 E 点时，构件 ACD 为二力构件，可判断 A 点与 C 点的约束力方向，根据整体平衡的三力汇交原理，可确定 B 点的约束力，受力图如题47解图(b)所示。所以 A、B 两铰的约束力明显发生了改变，铰 C 约束力的大小没有改变，方向发生了改变。

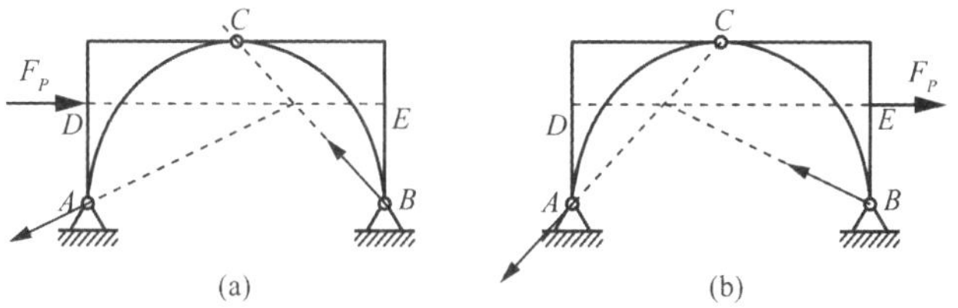

题47解图

48. 【答案】C

【解析】构件 AC 为二力构件，约束力作用线沿着 AC 方向，如图；构件 BC 上主动力只有主动力偶，所以 BC 构件的两个约束反力必定构成一对力偶(大小相等、方向相反)，与主动力保持平衡，即 $M=F_Bd$，力臂 d 为$\sqrt{2}a$，因此 $F_B=\dfrac{M}{\sqrt{2}a}$。

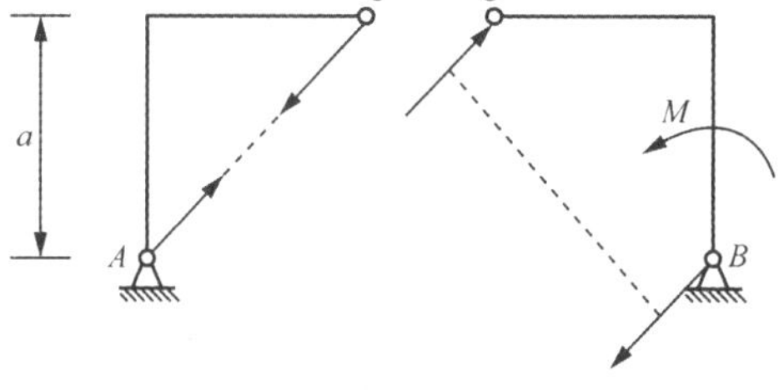

题48解图

49. 【答案】B

【解析】将4个力矢量都向 A 点简化：F_1 简化为过 A 点力矢量 $F(\rightarrow)$，力偶为0；F_2 简

化为过 A 点的力矢量 $F(\uparrow)$，力偶为 Fa（逆时针）；F_3 简化为过 A 点的力矢量 $F(\rightarrow)$，力偶为 Fa（顺时针）；F_4 简化为过 A 点的力矢量 $F(\uparrow)$，力偶为 $2Fa$（逆时针）。因此，主矢为 $2\sqrt{2}F(\nearrow)$，主矩为 $2Fa$（逆时针）。

50. **【答案】**B

【解析】处于平衡的重物受到三个力的作用，分别是重力 G、绳子拉力 T 和斜面作用的全反力 F，因为重力和绳子拉力平行，根据三力汇交或平行原理，所以全反力必定竖直向上，如图。由此全反力与斜面的夹角为 θ，根据摩擦自锁条件，则有 $\theta \leqslant \varphi_{max}$。

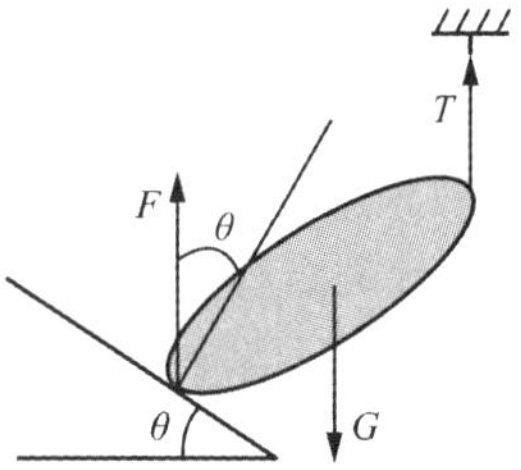

题 50 解图

51. **【答案】**B

【解析】两点相遇的条件为：

$$\begin{cases} x_A = x_B \\ y_A = y_B \end{cases}$$

即

$$\begin{cases} t = t^2 \\ 2t^2 = 2t^4 \end{cases}$$

解得相遇时间 $t = 1\text{s}$。

质点 A 的速度为：

$$v_A = \sqrt{(\dot{x}_A)^2 + (\dot{y}_A)^2} = \sqrt{1^2 + (4\times1)^2} = \sqrt{17}\text{mm/s}$$

质点 B 的速度为：

$$v_B = \sqrt{(\dot{x}_B)^2 + (\dot{y}_B)^2} = \sqrt{(2\times1)^2 + (8\times1^3)^2} = 2\sqrt{17}\text{mm/s}$$

所以 $v_A/v_B = 1/2$。

52. **【答案】**C

【解析】由物块 B 的运动方程可知物块的速度和加速度分别为 $v = 2kt$，$a = 2k$。因此滑轮的角速度和角加速度分别为 $\omega = 4kt/R$，$\alpha = 4k/R$，A 点的加速度为切向加速度与法向加速度的合成加速度，大小为：

$$a_A = \sqrt{a_n^2 + a_t^2} = \sqrt{(\omega^2R)^2 + (\alpha R)^2} = \sqrt{\frac{256k^4t^4}{R^2} + 16k^2}$$

53. **【答案】**C

【解析】图示机构中，O_1A 杆绕着 O_1 定轴转动，O_2B 杆绕着 O_2 定轴转动，A、B 点的速度方向均为水平向右，如图所示。此时 AB 杆处于瞬时平动，杆上任意两点的速度和加速度都相等，所以 $v_A = v_B$，即 $\omega_1 \cdot O_1A = \omega_2 \cdot O_2B$，因为 $O_1A > O_2B$，所以 $\omega_1 < \omega_2$。

54. **【答案】**B

【解析】设 B 支座的反力竖直向上，则$\sum M_A=2qa\cdot a/2-qa\cdot a-F_B\cdot 2a=0$，得 $F_B=0$。再设 A 处支座反力向上，由$\sum F_y=F_A+qa-2qa=0$，解得：$F_A=qa(\uparrow)$。

55. 【答案】B

【解析】杆 OA 为定轴转动，动能为 $E_L=J_O\omega^2/2$，$J_O=ML^2/3$；圆轮的动能为圆轮随质心 A 一起平动的动能加上绕质心转动的动能，即 $E_r=mv_A^2/2+J_A\omega_1^2/2$，$J_A=mr^2/2$，因此系统总动能为：

$$\begin{aligned}E_k&=E_L+E_r=\frac{1}{2}J_O\omega^2+\frac{1}{2}mv_A^2+\frac{1}{2}J_A\omega_1^2\\&=\frac{1}{6}ML^2\omega^2+\frac{1}{2}m(\omega L)^2+\frac{1}{4}mr^2\omega_1^2\\&=\frac{1}{2}\left(\frac{1}{3}ML^2+mL^2\right)\omega^2+\frac{1}{4}mr^2\omega_1^2\end{aligned}$$

56. 【答案】C

【解析】剪断瞬时，杆 AB 作绕 A 点的定轴运动。受力及运动如图所示。由动量矩定理可得

$$J_A\alpha=\frac{1}{2}Gl$$

$$J_A=\frac{1}{3}ml^2$$

所以 $\alpha=\dfrac{3g}{2l}$

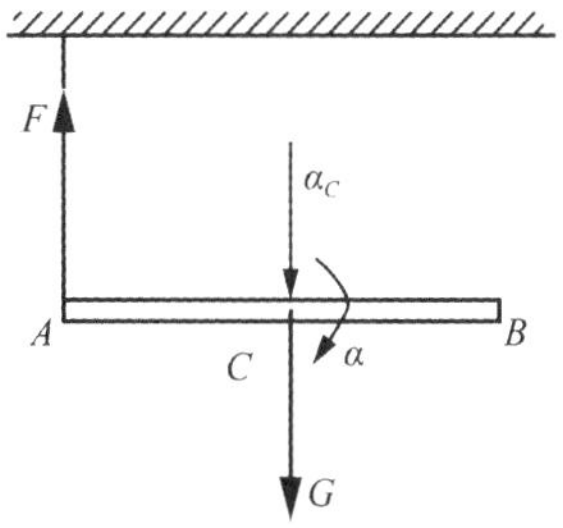

题 56 解图

57. 【答案】A

【解析】对于定轴转动刚体，惯性力系一般向转轴简化，得到一过转轴的惯性主矢和绕转轴的惯性主矩。惯性主矢 $F_I=-ma_C$，惯性主矩 $M_{OI}=-J_O\alpha$，其中 $J_O=J_C+m(R/2)^2=mR^2/2+mR^2/4=3mR^2/4$

$$a_C=\sqrt{a_C^{n2}+a_C^{t2}}=\sqrt{\left(\omega^2\frac{R}{2}\right)^2+\left(\alpha\frac{R}{2}\right)^2}=\frac{R}{2}\sqrt{\omega^4+\alpha^2}$$

因此惯性力主矢为

$$F_I=-ma_C=-\frac{1}{2}mR\sqrt{\omega^4+\alpha^2}$$

惯性力主矩为 $M_{OI}=-J_O\alpha=-3mR^2\alpha/4$。

58. 【答案】A

【解析】当作自由振动时，振动的频率为系统的固有频率。固有频率为

$$\omega_0=\sqrt{\frac{k}{m}}=\sqrt{\frac{2\times10^5}{100}}\text{rad/s}=44.7\text{rad/s}$$

59. 【答案】A

【解析】在力 F 作用下，假设节点 C 铅直向下移动，此时杆 1 和杆 2 均产生变形。根据物理方程，杆 1 和杆 2 内部会产生轴力。取节点 C 为研究对象，根据节点 C 在水平方向的平衡可知，仅靠杆 1 的水平分量不足以使节点平衡，还需杆 2 向右的水平分量，如题 59 解图所示。因此，C 点位移应该向下偏左。

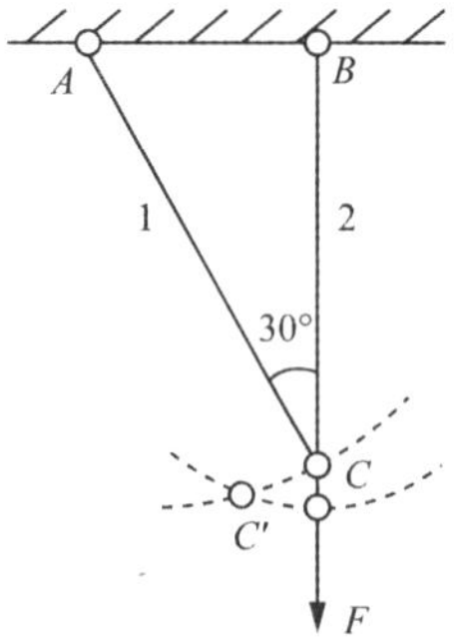

题 59 解图

60. 【答案】C

【解析】图示构件的挤压面为 $A_{bs}=bc$，剪切面为 $A_s=bh$，所以挤压应力和剪切应力分别为

$$\sigma_{bs}=\frac{F}{A_{bs}}=\frac{F}{bc}$$

$$\tau=\frac{F}{A_s}=\frac{F}{bh}$$

61. 【答案】B

【解析】构件受力分析如图。

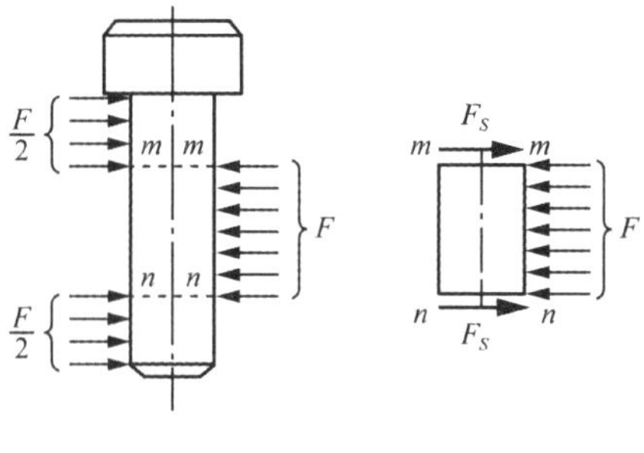

题 61 解图

①剪应力

插销有两个剪切面分别是 $m-m$ 和 $n-n$ 截面，单个剪切面面积为 $A=\pi d^2/4=(1/4)\times\pi\times20^2=100\pi\text{mm}^2$。则剪应力为

$$\tau=\frac{F_S}{2A}=\frac{15\times10^3}{2\times100\pi}=23.9\text{MPa}$$

②挤压应力

挤压力为 F，挤压面积为相应的挤压高度与插销直径的乘积。在插销的上下段和中间段都存在挤压，挤压面积取这两部分中较小的一个，$1.5\delta d < (\delta+\delta)d$，应校核中间段的挤压程度，所以挤压面积为 $A_{bs}=1.5\delta d$。挤压应力为

$$\tau=\frac{F}{A_{bs}}=\frac{F}{1.5\delta d}=\frac{15\times10^3}{1.5\times8\times20}=62.5\text{MPa}$$

62. 【答案】B

【解析】圆杆受扭剪应力计算公式为：$\tau_\rho=T\rho/I_P$。式中，ρ 为横截面上任一点距圆心的距离；I_P 为极惯性矩，空心圆截面 $I_P=\pi(D^4-d^4)/32$。因此，无论是实心圆截面还是空心圆截面，其截面切应力分布与距圆心距离成正比，且空心圆内径中无应力。

63. 【答案】C

【解析】面积扩大 2 倍，直径扩大$\sqrt{2}$倍

刚度条件：

$$\frac{\mathrm{d}\varphi}{\mathrm{d}x}=\frac{M}{GI_p}=\frac{32M_1}{G\pi d^4}=[\dot{\varphi}]\Rightarrow\frac{32M_2}{G\pi(\sqrt{2}d)^4}=[\dot{\varphi}]\Rightarrow M_2=4M_1$$

64. 【答案】C

【解析】由弯矩图可知，在 B 截面处弯矩突变，则表示在此处作用有集中力偶，而且方向为逆时针；根据弯矩、剪力和载荷集度的微分关系，弯矩方程的一阶导为剪力方程，剪力方程的一阶导即弯矩方程的二阶导为载荷集度 q，因此在 CD 段，弯矩呈向上凸的抛物线，则二阶导小于零，即载荷集度 $q<0$，方向指向下。

65. 【答案】B

【解析】根据剪力图在跨度中央的剪力减小，所以在跨度中央作用一个向下竖直集中的载荷；弯矩图在跨度中央出现了明显的突降，所以在此截面作用了一逆时针的力偶，B 项合理。

66. 【答案】A

【解析】开裂后三根杆的挠曲线相同，表明三根杆所受载荷相同，均为 $F/3$。

开裂前自由端挠度为：

$$\delta_1=\frac{F_1l^3}{3EI_1}=\frac{Fl^3}{3E\dfrac{b(3a)^3}{12}}=\frac{4Fl^3}{27Eba^3}$$

开裂后自由端挠度为：

$$\delta_2=\frac{F_2l^3}{3EI_2}=\frac{Fl^3}{3\times3E\dfrac{ba^3}{12}}=\frac{4Fl^3}{3Eba^3}$$

所以 $\delta_1/\delta_2=1/9$。

67. 【答案】D

【解析】悬臂梁的自由端挠度为：

$$\Delta_{By}=\frac{P_1l^3}{3EI_1}=\frac{P_2l^3}{3EI_2}$$

所以

$$\frac{I_2}{I_1}=\frac{\frac{1}{12}bh_2^3}{\frac{1}{12}bh_1^3}=\frac{P_2}{P_1}=8$$

解得：$h_2/h_1=2$。

68.【答案】C

【解析】图(a)，AB 段为轴心受压，压应力为 $\sigma_1=F/(ab)$，BC 段为偏心受压，压应力为：

$$\sigma_2=\frac{F}{A}+\frac{M}{W}=\frac{F}{2ab}+\frac{Fa/2}{\frac{b}{6}(2a)^2}=\frac{5F}{4ab}$$

图(b)，AB 段为轴心受压，压应力为 $\sigma_3=F/(2ab)$，BC 段为偏心受压，压应力为

$$\sigma_4=\frac{F}{A}+\frac{M}{W}=\frac{F}{ab}+\frac{Fa/2}{\frac{b}{6}a^2}=\frac{4F}{ab}$$

所以，$\sigma_2/\sigma_4=5/16$。

69.【答案】B

【解析】图示圆轴，在 F_1 的作用下，圆轴受力属于偏心受拉，变形为拉伸和弯曲；在 F_2 作用下，圆轴是单纯的受弯构件。所以该圆轴的变形形式是拉伸和弯曲。

70.【答案】B

【解析】第一根压杆的临界载荷为：

$$F_{cr1}=\frac{\pi^2EI_{y1}}{(\mu l_1)^2}=\frac{\pi^2Ehb^3}{48l^2}$$

第二根压杆的临界载荷为：

$$F_{cr2}=\frac{\pi^2EI_{y2}}{(\mu l_2)^2}=\frac{\pi^2E\frac{h}{2}\left(\frac{b}{2}\right)^3}{48\left(\frac{l}{2}\right)^2}=\frac{\pi^2Ehb^3}{4\times48l^2}$$

所以，$F_{cr2}/F_{cr1}=1/4$。

71.【答案】C

【解析】动力黏度 μ 反映了流体黏性的大小，μ 值越大，流体抵抗剪切变形的能力就越大；运动粘度 $\upsilon=\mu/\rho$，该性质还与流体的密度有关；速度梯度 $\mathrm{d}u/\mathrm{d}y=\tau/\mu$，即剪切变形速度，是随流体性质和外力变化的物理量。

72.【答案】B

【解析】水深 2m 处的绝对压强为：$p'=p_0+\rho gh=80+1\times9.8\times2=99.6\mathrm{kN/m^2}$，相对压强为：$p=p'-p_a=99.6-101=-1.4\mathrm{kN/m^2}$。

73.【答案】C

【解析】流线的定义为：对于某一固定时刻而言，曲线上任一点的速度方向与曲线在该点的切线方向重合。流线的基本性质：①过空间某点在同一时刻只能作一根流线；②流线不能转折，因为折点处会有两个流速向量，流线只能是光滑的连续曲线；③对流速不

随时间变化的恒定流动，流线形状不随时间改变，与迹线重合，对非恒定流流线形状随时间而改变；④流线密处流速快，流线疏处流速慢。

74. 【答案】B

【解析】首先需要判断其流态，才能计算流动阻力系数。其计算过程如下：

①判断流态计算流速

$$v=\frac{4Q}{\pi d^2}=\frac{4\times16.3}{3600\times3.14\times0.15^2}=0.256\mathrm{m/s}$$

$$\mathrm{Re}=\frac{vd}{\upsilon}=\frac{0.256\times0.15}{0.2\times10^{-4}}=1920<2300$$

所以其流态为层流；

②流体流动阻力系数

$$\lambda=\frac{64}{\mathrm{Re}}=\frac{64}{1920}=0.0333$$

③沿程阻力

$$h_f=\lambda\frac{l}{d}\cdot\frac{v^2}{2g}=0.0333\times\frac{1000}{0.15}\times\frac{0.256^2}{2\times9.8}=0.74\mathrm{m}$$

75. 【答案】D

【解析】由孔口流量公式，得

$$Q=\mu A\sqrt{2gH_0}=0.62\times\frac{3.14\times0.01^2}{4}\times\sqrt{2\times9.8\times6}=5.28\times10^{-4}\mathrm{m^3/s}=0.528\mathrm{L/s}$$

76. 【答案】D

【解析】谢才曼宁公式为：

$$Q=\frac{1}{n}AR^{2/3}i^{1/2}=\frac{i^{1/2}}{n}\frac{A^{5/3}}{\chi^{2/3}}$$

故可知，明渠均匀流输水能力与底坡 i、粗糙系数 n 以及过流断面的大小和形状等有关。

77. 【答案】C

【解析】集水廊道单侧出流量

$$q=\frac{k(H^2-h^2)}{2L}$$

集水廊道两侧的总流量 $Q=2qL_0$，代入数据 $L=R=200\mathrm{m}$，$L_0=100\mathrm{m}$，解得：$Q=6\times10^{-5}\mathrm{m^3/s}$。

78. 【答案】D

【解析】根据雷诺相似准则，$\lambda_v\lambda_l/\lambda_\nu=1$。黏度比尺 $\lambda_\nu=60/15=4$，长度比尺 $\lambda_l=8$，故流速比尺 $\lambda_v=0.5$。由于 $\lambda_v=v_p/v_m=v_{烟气}/v_{空气}$，故

$$v_{空气}=\frac{v_{烟气}}{\lambda_v}=\frac{4}{0.5}=8\mathrm{m/s}$$

79. 【答案】C

【解析】A 项错误，电场线上每一点的切线方向是电场强度的方向，与正电荷在该点受力的方向相同，与负电荷受力的方向相反；B 项错误，电场强度的大小与电场线的方向无关，而与电场线的疏密程度有关，故沿电场线的方向电场强度可能增大、减小或不

变；D 项错误，电荷受到的电场力与电场强度成正比，因电场强度大小沿电场线可能变化，故电场力大小亦可能变化；C 项正确，在电场线越密的地方，场强越大，则电荷受到的电场力就越大。

80. 【答案】C

【解析】由 KVL 定律 $\sum u=0$，支路电压的参考方向与回路绕行方向一致者，该电压前取“+”号，反之取“-”号，故回路电压方程为 $-I_3R_3+E_1-I_1R_1+I_2R_2-E_2=0$。

81. 【答案】D

【解析】由叠加定理，I 为电路中两个独立源单独作用时在该处分别产生电流的叠加。当 $U_S=0$ 时，相当于 I_S 单独作用，$I'=-6\text{A}$；当 $U_S=18\text{V}$ 单独作用时，I_S 视为开路，总电阻 $R_{eq}=3+(4/\!/12/\!/3)=4.5\Omega$，$I''=U_S/R_{eq}=4\text{A}$。故 $I=I'+I''=-2\text{A}$。

82. 【答案】C

【解析】先通过相量进行计算，然后对结果取模。$\dot{U}_{AC}=\dot{U}_{AB}+\dot{U}_{BC}=(30+\text{j}30)\text{V}$，则

$$U_{AC}=30\sqrt{2}\text{V}$$

83. 【答案】D

【解析】有功功率为消耗在电阻上的功率，则 $P=I^2R=10^2\times10\text{W}=1000\text{W}$；无功功率为消耗在电抗上的功率，则 $Q=Q_L-Q_C=I^2(X_L-X_C)=10^2\times(8-6)\text{Var}=200\text{Var}$。又由功率因数的定义可知

$$\lambda=\frac{P}{S}=\frac{P}{\sqrt{P^2+Q^2}}=0.98$$

84. 【答案】C

【解析】由换路定则可知，$u_C(0_+)=u_C(0_-)=0\text{V}$，则在 0_+ 时刻，u_C 相当于一个 0V 的电压源，此时 1A 的电流源被电容支路短路，可得 $i_1(0_+)=1\text{A}$。

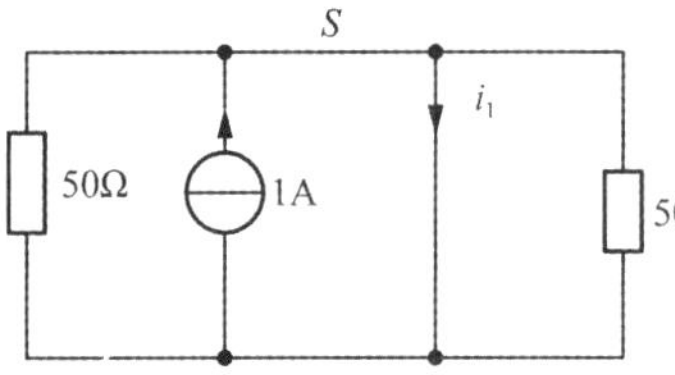

题 84 解图

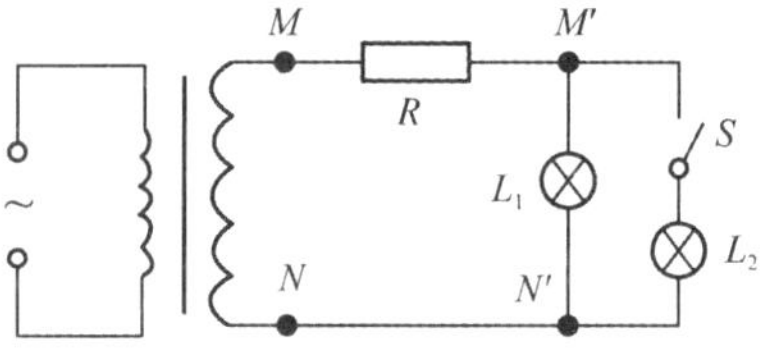

题 85 解图

85. 【答案】A

【解析】A 项错误，理想变压器原、副线圈的电压比只由匝数比决定，原线圈两端电压不变，副线圈两端 M、N 的输出电压也不变；BCD 三项均正确，当 S 接通时，M' 和 N' 之间变成两个灯泡并联，其阻值变小，由串联分压原理可知，此时 R 上的电压、电流均增大，原线圈中的电流也随之增大，灯泡 L_1 的电压、电流均减小。

86. 【答案】C

【解析】在电动机的继电接触控制电路中，熔断器对电路实现短路保护，热继电器对电路实现过载保护，接触器起欠压保护和行程保护的作用。

87. 【答案】D

【解析】A 项，由原始形态(光、热等物理量)转换而来的连续时间信号，通常是指电信

号，称作模拟信号。B 项，模拟信号不仅要经过抽样过程，还要在信号的幅度上进行量化才是数字信号。C 项，模拟信号是连续的时间信号，而采样信号是离散的时间信号。

88. 【答案】B

【解析】由图可看出，图(b)所示信号是$f(t)$信号在时间轴上扩展 2 倍得到的，所以图(b)所示信号为$f(0.5t)$。

89. 【答案】C

【解析】去掉高频噪声，需要通过低通滤波器；去除直流分量，需要通过高通滤波器。

90. 【答案】B

【解析】结合互补律、重叠律、反演律对表达式进行化简：

$$\begin{aligned}(A+B)(\overline{\overline{A}B\overline{C}}) &= (A+B)(A+\overline{B}+C)\\ &= A+A\overline{B}+AC+AB+B\overline{B}+BC\\ &= A(1+\overline{B}+C+B)+B\overline{B}+BC\\ &= A+BC\end{aligned}$$

91. 【答案】C

【解析】由波形可知，信号 A：10011001，信号 B：00110011，则 AB：00010001，$\overline{A}\ \overline{B}$：01000100，故 L：01010101。

92. 【答案】A

【解析】BCD 码用 4bit 二进制代码表示十进制数的 1 个位，所以 BCD 码是 $5_{10}=0101_2$ 和 $9_{10}=1001_2$ 的组合，即 $59_{10}=01011001_2$。

93. 【答案】B

【解析】当 $t=1\text{ms}$ 时，输入电压 $v_I(t)=2\text{V}<6\text{V}$ 时，二极管截止，输出电压 $v_O(t)=6\text{V}$；当 $t=4\text{ms}$ 时，输入电压 $v_I(t)=8\text{V}>6\text{V}$，二极管导通，输出电压为

$$v_O(t)=\frac{200}{200+200}\times[v_I(t)-6\text{V}]+6\text{V}=3+0.5v_I(t)$$

代入解得：$v_O(t)=7\text{V}$。

94. 【答案】C

【解析】接入负载后的输出电压为负载开路时输出电压的 3/4，所以分压电阻值为负载电阻值的 3 倍，即放大电路的输出电阻为 4kΩ。

95. 【答案】C

【解析】A 项，当 $A=1$，$B=1$，$C=0$ 时，$F=1\neq C$；B 项，当 $A=0$，$B=0$，$C=1$ 时，$F=1$，$ABC=0$；C 项，经计算所有的取值均符合。

96. 【答案】D

【解析】触发器 cp 下降沿触发，存在复位端，$J=\overline{AQ}$；通过复位端复位，Q 初始值为 0，在第一个时钟脉冲下降沿处 A 为低电平，取值为 0，这时 J 取值 1，K 取值 1，对照触发器的逻辑状态表知 Q 应该进行取反操作，因此 Q 输出为 1；当第二个下降沿来临时，A 取值为 1，此时 J 为 0，K 为 1，对照触发器逻辑状态表知 Q 输出为 0。

97. 【答案】B

【解析】A 项，随机存储器(RAM)：可随机读出和写入信息，用来存放用户的程序和数据，关机后 RAM 中的内容自动消失，并不可恢复。B 项，只读存储器(ROM)：是一种

只能读不能写入的存储器，最大特点是电源断电后信息不会丢失，经常用来存放监控和诊断程序。C 项，高速缓冲存储器(Cache)：在逻辑上位于 CPU 和内存之间，其运算速度高于内存而低于 CPU，其作用是减少 CPU 的等待时间，提高 CPU 的读写速度，而不会改变内存的容量。D 项，辅助存储器：也称外存储器，存储容量大，外存分为磁表面存储器和光存储器两大类。

98. 【答案】C

【解析】比特，记为 bit，是计算机最小的存储信息单位，是用 0 或 1 来表示的一个二进制位数。

99. 【答案】

【解析】计算过程如下：

十进制数	余数	
2⌊153	…………1	转换结果的最低位 ↑
2⌊76	…………0	
2⌊38	…………0	
2⌊19	…………1	
2⌊9	…………1	
2⌊4	…………0	
2⌊2	…………0	
1	…………1	转换结果的最高位

因此$(153)_{10}=(10011001)_2$。

100. 【答案】B

【解析】按照国际电联的定义，媒体分为五类：①感觉媒体；②表示媒体；③显示媒体；④存储媒体；⑤传输媒体。

101. 【答案】C

【解析】系统的设备资源和信息资源都是操作系统根据用户需求按一定的策略来进行分配和调度的。操作系统的存储管理就负责把内存单元分配给需要内存的程序以便让它执行，在程序执行结束后将它占用的内存单元收回以便再使用。

102. 【答案】B

【解析】操作系统中采用虚拟存储技术是为了给用户提供更大的随机存取空间而采用的一种存储技术。它将内存与外存结合使用，好像有一个容量极大的内存储器，工作速度接近于主存，在整机形成多层次存储系统。

103. 【答案】B

【解析】进程具有四个特征：①动态性；②并发性；③独立性；④异步性。

104. 【答案】A

【解析】计算机病毒特点包括非授权执行性、复制传染性、依附性、寄生性、潜伏性、破坏性、隐蔽性、可触发性。

105. 【答案】C

【解析】C 项，多采用 ATM 技术做骨干网的是城域网。

106. 【答案】D

【解析】计算机病毒是一段程序，一般可以隐藏在引导扇区、可执行文件或者是寄存在 Office 文档中。

107. 【答案】D

【解析】到期企业需支付给银行的利息有两种方法计算：

方法一：$I=250\times(1+6\%/2)^4-250=31.38$（万元）。

方法二：先计算年实际利率 $i_{eff}=(1+r/m)^m-1=(1+6\%/2)^2-1=6.09\%$，则：$I=250\times[1+6.09\%]^2-250=31.38$（万元）。

108. 【答案】B

【解析】由题意，实际年利率

$$i=\left(1+\frac{r}{m}\right)^m-1=\left(1+\frac{12\%}{4}\right)^4-1=12.55\%$$

式中，r 为名义利率；m 为计息周期数。

109. 【答案】D

【解析】由普通股的资金成本计算公式，计算有：

$$K_c=\frac{D_c}{P_c(1-f)}+G=\frac{4000\times12\%}{4000\times(1-3\%)}+7\%=19.37\%$$

110. 【答案】B

【解析】由题意知，采用直线法计提折旧，则

年折旧额＝（设备原值－残值）/折旧年限＝（36000－6000）/5＝6000（元）

于是，每年的净现金流量＝现金流入－现金流出＝23000－5000＋6000＝24000（元）。

111. 【答案】C

【解析】折现率是决定现值大小的一个重要因素。当基准收益率增大时，折现率越大，财务净现值越小；财务内部收益率的大小不受外部参数影响，完全取决于技术方案投资过程净现金流量系列的情况。

112. 【答案】C

【解析】经营成本作为技术方案现金流量表中运营期现金流出的主体部分，是从技术方案本身考察的，在一定期间（通常为一年）内由于生产和销售产品及提供服务而实际发生的现金支出。则该技术方案的年经营成本为：经营成本＝总成本费用－折旧费－摊销费－利息支出＝8000－800－200－210＝6790（万元）。

113. 【答案】C

【解析】改扩建项目经济评价的特点包括：①需要正确识别和估算“有项目”“无项目”“现状”“新增”“增量”等几种状态下的资产、资源、效益和费用，“无项目”和“有项目”的计算口径和范围要一致；②应明确界定项目的效益和费用范围；③财务分析采用一般建设项目财务分析的基本原理和分析指标，一般要按项目和企业两个层次进行财务分析；④应分析项目对既有企业的贡献；⑤改扩建项目的经济费用效益分析采用一般建设项目的经济费用效益分析原理；⑥需要根据项目目的、项目和企业两个层次的财务分析结果和经济费用效益分析结果，结合不确定性分析、风险分析结果等进行多指标投融资决策；⑦需要合理确定计算期、原有资产利用、停产损失和沉没成本等问题。

114. 【答案】B

【解析】价值系数的计算结果有以下三种情况：①$V=1$；②$V<1$；③$V>1$。其中，$V<1$ 时，即功能现实成本大于功能评价值。表明评价对象的现实成本偏高，而功能要求不

高。这时，一种可能是存在着过剩的功能；另一种可能是功能虽无过剩，但实现功能的条件或方法不佳，以致使实现功能的成本大于功能的实际需要。这两种情况都应列入功能改进的范围，并且以剔除过剩功能及降低现实成本为改进方向，使成本与功能比例趋于合理。

115. 【答案】B

【解析】《建筑法》第二十九条规定，建筑工程总承包单位按照总承包合同的约定对建设单位负责；分包单位按照分包合同的约定对总承包单位负责。总承包单位和分包单位就分包工程对建设单位承担连带责任。

116. 【答案】C

【解析】《安全生产法》第四十六条规定，生产经营单位的安全生产管理人员应当根据本单位的生产经营特点，对安全生产状况进行经常性检查；对检查中发现的安全问题，应当立即处理；不能处理的，应当及时报告本单位有关负责人，有关负责人应当及时处理。检查及处理情况应当如实记录在案。生产经营单位的安全生产管理人员在检查中发现重大事故隐患，依照前款规定向本单位有关负责人报告，有关负责人不及时处理的，安全生产管理人员可以向主管的负有安全生产监督管理职责的部门报告，接到报告的部门应当依法及时处理。

117. 【答案】C

【解析】《招标投标法》第二十九条规定，投标人在招标文件要求提交投标文件的截止时间前，可以补充、修改或者撤回已提交的投标文件，并书面通知招标人。补充、修改的内容为投标文件的组成部分。

118. 【答案】D

【解析】《民法典》第四百七十八条规定，有下列情形之一的，要约失效：①要约被拒绝；②要约被依法撤销；③承诺期限届满，受要约人未作出承诺；④受要约人对要约的内容作出实质性变更。

119. 【答案】C

【解析】根据《建设工程质量管理条例》第四十条规定，屋面防水工程、有防水要求的卫生间、房间和外墙面的防渗透的最低保修期限为 5 年。

120. 【答案】D

【解析】D 项，根据《建设工程质量管理条例》第二十八条规定，施工单位在施工过程中发现设计文件和图纸有差错的，应当及时提出意见和建议。